普通高等教育"十一五"国家级规划教材
同济大学"十二五"本科规划教材

功能高分子材料

（第 2 版）

王国建　编著

图书在版编目(CIP)数据

功能高分子材料/王国建编著. --2版. --上海:同济大学出版社,2014.6(2019.7重印)

ISBN 978-7-5608-5415-1

Ⅰ. ①功… Ⅱ. ①王… Ⅲ. ①功能材料—高分子材料—高等学校—教材 Ⅳ. ①TB324

中国版本图书馆CIP数据核字(2014)第019739号

普通高等教育"十一五"国家级规划教材

同济大学"十二五"本科规划教材

功能高分子材料(第2版)

王国建 编著

责任编辑 季 慧 助理编辑 陆克丽霞 责任校对 徐春莲 封面设计 陈益平

出版发行 同济大学出版社 www.tongjipress.com.cn

(地址:上海市四平路1239号 邮编:200092 电话:021—65985622)

经 销 全国各地新华书店

印 刷 常熟市大宏印刷有限公司

开 本 787mm×1092mm 1/16

印 张 24

字 数 599000

版 次 2014年6月第2版 2019年7月第4次印刷

书 号 ISBN 978-7-5608-5415-1

定 价 58.00元

前　言

本教材自2010年作为“普通高等教育‘十一五’国家级规划教材”出版以来，受到广大师生的好评，也收到不少师生提出的意见和建议。对广大师生的厚爱，在此深表感谢。

功能高分子材料是高分子材料中研究、开发、生产和应用最活跃的部分，发展十分迅速。尤其是高分子化学领域的辉煌研究成果对功能高分子材料的发展起了更为积极的推动作用。因此，及时总结功能高分子的最新研究成果，将它们补充到《功能高分子材料》教材中去，显然是十分必要的。借“同济大学‘十二五’本科规划教材”立项的东风，使这一愿望得以实现。

本教材是在2010年“普通高等教育‘十一五’国家级规划教材”《功能高分子材料》的基础上，结合本人对功能高分子材料的进一步理解所修改的。重点修改、补充了第1章“绪论”、第2章“功能高分子的设计与制备”、第3章“高分子分离材料”和第8章“高吸液性树脂”等章节，并对其他各章的文字、图表和部分内容作了修改和完善。

功能高分子材料品种繁多、功能各异，应用广泛。但作为教材，既要考虑内容的系统性、完整性，又要遵循教学规律，考虑学时的限制。因此要将如此丰富的内容在一本教材中完全反映出来显然不太现实。故本教材并未对第1版的内容进行扩充，希望在今后适当的时候以适当的形式另行整理。

本教材得到“同济大学‘十二五’本科规划教材”立项，并得到同济大学教材建设专项基金资助，在此一并予以感谢。

王国建

2014年5月于同济大学

第1版前言

功能高分子材料是高分子材料中研究、开发、生产和应用最活跃的领域之一。它们所包括的品种繁多、功能各异,应用广泛,在经济建设、科学研究和日常生活中发挥着极其重要的作用。

自从20世纪20年代高分子科学建立以来,功能高分子就随之发展起来,至今成为高分子科学中的一种重要领域。功能高分子通过其结构、组成和聚集态的多样性展示给人们各种特殊功能,如离子交换性、导电性、光学性能、高吸水性、催化作用和医疗作用等。尤其是20世纪下半叶以来,高分子化学中的许多重要发现和发明使得高分子材料的设计越来越得心应手,使得功能高分子材料在设计、合成、结构与性能的表征等方面均有了很大的发展。因此,高等院校高分子材料类专业的学生了解和掌握一些特种与功能高分子材料方面的知识是十分必要的。国内已有许多院校的高分子材料类专业开设了相关的课程。据了解,目前国内外介绍功能高分子的书籍虽然很多,但适合作为本科生教材的却并不多见。2003年由赵文元和王亦军合编的《功能高分子材料化学》是一本功能高分子方面较好的教材,但该教材的内容范围较宽,程度较深,更适合于作为研究生教材使用。1996年,作者曾根据长期教学和科研经验编写了《功能高分子》一书,受到广大教师、学生和工程技术人员的好评,被许多学校相关专业选为教材。但现在看来,这本书的有些内容已经老化,很多内容有了新的发展。2004年,作者得到同济大学教材建设专项基金资助,编撰了《特种与功能高分子材料》一书。2006年,作者受华东理工大学出版社委托,组织编写了《功能高分子材料》研究生教材。但这两本教材的内容相对本科生来说,显得偏多偏深。因此,重新编写一本这方面的教材已经十分必要。借国家"普通高等教育'十一五'国家级规划教材"立项的东风,使得这一愿望得到满足。

本教材是在2004年由中国石化出版社出版的《特种与功能高分子材料》基础上改编的。本次修改将特种高分子材料部分(如"智能高分子与高分子凝胶"、"环境可降解高分子材料"等章节)从原教材中分离出去,准备今后单独成册。保留并修改原教材中功能高分子的内容,增加"高分子表面活性剂"、"高分子染料"和"高分子食品添加剂"等精细高分子的内容。修订内容占原教材的50%左右。对部分应用尚不普遍,或未形成体系的功能高分子材料,本书受篇幅限制,只能忍痛割爱,暂不编入,待以后有机会再予补充。编著过程中力图以通俗简洁的语言介绍各种新技术的发展历史、基本原理、主要应用和发展方向。做到理论联系实际,尽可能反映这些领域的最新研究和应用情况。

新修订的《功能高分子材料》教材定位在材料类和化学化工类专业的本科生,以扩大知识面为主要教学目的。因此在修订过程中将遵循"讲清原理、突出结构、兼顾制备、充分举例、提高趣味"的原则,重点放在各类功能高分子材料的作用原理的叙述方面,以讨论功能高分子材料结构与性能之间的关系为主线,兼顾其制备方法。对功能高分子材料的应用仅作知识性介绍，点到为止。撰写风格上力图通俗易懂，循序渐进，避免高深和特别专门的理论，尤其避免复杂的数学推导。根据功能高分子"新、奇、特"的特点，加强教材的知识性、趣味性和可读性。考虑到教材的特点，每章结束后安排一定数量的思考题，便于学生复习和巩固所学的内容。

本书在编写过程中，重点参考了何天白、胡汉杰编著的《功能高分子与新技术》，马建标、李晨曦编著的《功能高分子材料》，赵文元、王亦军编著的《功能高分子材料化学》，郭卫红、汪济奎编著的《现代功能材料及其应用》，马光辉、苏志国编著的《新型高分子材料》，张宝华、张剑秋编著的《精细高分子合成与性能》和焦剑、姚军燕编著的《功能高分子材料》等著作，从中受到不少启发和教益，在此一并感谢。

本书可作为高等院校高分子材料及相关专业本科生的教材，也可供从事特种与功能高分子材料研究、应用的工程技术人员参考之用。

本书的第1、2、6、7、8、11章由王国建撰写，第3、4、5、9、10章由刘琳撰写，全书由王国建审校定稿。

由于本书涉及的内容较为广泛，信息量较大，加上作者才疏学浅，尽管作者在编著过程中力图正确和准确，但书中一定有不少疏漏和谬误，敬请读者不吝指正。

本书得到国家"普通高等教育'十一五'国家级规划教材"立项，并得到同济大学教材建设专项基金资助，在此一并予以感谢。

王国建

2009年6月于同济大学

目 录

1 绪 论

1.1 功能高分子材料的概念

功能高分子材料是近半个世纪来发展最为迅速,与其他领域交叉最为广泛的一个领域。它以高分子化学、高分子物理、高分子材料学、有机化学、无机化学为基础,并与物理学、医学、电学、光学、生物学、仿生学等多门学科紧密结合,为人们展示了一个丰富多彩的材料世界。

功能高分子材料,简称功能高分子(functional polymers),又称特种高分子(speciality polymers)或精细高分子(fine polymers)。但要对它下一个定义,特别是下一个严格的、科学的定义却并不容易。究竟什么是功能高分子,如何界定功能高分子材料的范围,这一问题长期以来未能得到解决,目前仍是一个值得探讨的问题。

性能和功能,这两个词的科学概念,在中文中没有十分明确的界限。但英语中的performance与function和德语中的Eigenschaft与Function,其含义则有较严格的区分。一般说来,性能是指材料对外部作用的抵抗特性。例如,材料在载荷作用下抵抗破坏的能力表现为材料的强度、模量等,即力学性能;对火焰或热的抵抗表现为燃烧性能和耐热性;对光、电、化学药品的抵抗,则表现为材料的耐光性、绝缘性、防腐蚀性等。功能则是指从外部向材料输入信号时,材料内部发生质和量(化学的和物理的)的变化而产生输出的特性。例如,材料在受到外部光线的输入时,材料可以输出电性能,称为材料的光电功能;材料在受到多种介质作用时,能有选择地分离出其中某些介质,称为材料的选择分离性。此外,如压电性、药物缓释放性等,都属于"功能"的范畴。

功能高分子材料本身又可分为两大类:一类是对来自外界或内部的各种信息,如负载、应力、应变、振动、热、光、电、磁、化学辐射等信号的变化具有感知能力的材料,称为"敏感材料;另一类是在外界环境发生变化时能做出适当的反应并产生相应动作的材料,称为"机敏材料",如变色镜片、变色玻璃是一种自行调节透光性能、自动屏蔽强光的机敏材料。

由此可见,功能高分子材料和高性能高分子材料并不是一回事。但它们都应该算入特种高分子的范畴。因此,特种高分子应该是包含更广泛的高分子材料范畴。

从另一方面来看,特种高分子的概念是相对于通用高分子而言的。长期以来,人们对高分子材料的认识为:分子是由许多重复单元组成的,相对分子质量很大(一般大于10^4),而且没有确定值,只有一定的相对分子质量分布范围。其特点为难以形成完整的晶体,没有明显的熔点,在常规溶剂中溶解困难或缓慢,不导电,一般情况下为化学惰性等。应用中面广量大,价格较低。根据其性质和用途可分为五个大类:化学纤维、塑料、橡胶、油漆涂料、黏合剂。这些高分子材料被称为通用高分子材料。然而随着科技水平的进步以及人们在生产和生活方面中对具有特殊性能或功能的高分子材料的需求,近年来人们开发出了众多的有着不同于以上特征并带有特殊物理、力学、化学性质和功能的高分子材料,其性能和功能都大大超出了原有通用高分子材料的范畴,这些高分子材料通常被称为特种高分子材料。更进一步,特种高分子材料又可细分为功能高分子和高性能高分子两类。前者为具有某些特殊功能的高分子，例如感光高分子、导电高分子、光电转换高分子、医用高分子、高分子药物、高分子催化剂、高分子试剂等；后者则为具有超越常规的物理、化学、力学、热学、电学等性能的高分子，例如耐高温高分子、生物降解高分子、高吸水性高分子、高分子液晶等。

近年来，一类更新概念的高分子材料应运而生——智能高分子材料。智能高分子材料是指在感受环境条件变化的信息后，能进行判断、处理并作出反应，以改变自身的结构与功能，使之与外界环境相协调的具有自适应性的高分子材料。智能材料通常不是一种材料，而是一个材料系统，是一个由多种材料单元通过有机复合或科学组装而构成的材料系统。因此一种智能高分子材料中往往包含了多种功能高分子材料。可以说，智能高分子材料比功能高分子材料具有更高的层次。但是智能高分子材料仍然属于特种高分子的范畴。

从实用角度来看，对功能材料来说，人们着眼于它们所具有的独特的功能；而对高性能材料而言，人们关心的是它与通用材料在性能上的差异。

功能高分子是高分子学科中发展最快、研究最活跃的新领域。其研究的主要目标和内容包括新材料的制备方法、物理化学性能表征、结构与性能之间的关系、应用开发研究等几个方面。其中，结构与性能之间的关系研究建立起聚合物结构与性能或功能之间的关系理论，以此理论可指导开发性能更好、功能更强的，或具有全新功能的高分子材料。与其他材料一样，功能高分子材料的性能和功能与其化学组成、分子结构和聚集状态存在密切关系，即构效关系。例如，导电高分子的导电能力依赖大分子中的线性共轭结构；高分子化学试剂的反应能力不仅与分子中的反应性官能团有关，而且与其相连接的高分子骨架相关；感光高分子材料的光吸收和能量转移性质也都与官能团的结构和聚合物骨架存在对应关系；而高分子功能膜的性能不仅取决于材料的微观组成和结构，而且与其超分子组装结构密切相关。

至今为止，人们对功能高分子的认识还仅仅停留在十分肤浅的程度上，远远没有达到自由王国的境地。许多未知领域正等待着人们去研究和开发。

1.2 功能高分子材料研究的内容

1.2.1 功能高分子材料的分类

日本著名功能高分子专家中村茂夫教授认为，功能高分子可以从以下几个方面来分类。

1. 力学功能材料

(1) 强化功能材料，如超高强材料、高结晶材料等。

(2) 弹性功能材料，如热塑性弹性体等。

2. 化学功能材料

(1) 分离功能材料，如分离膜、离子交换树脂、高分子络合物等。

(2) 反应功能材料，如高分子催化剂、高分子试剂等。

(3) 生物功能材料，如固定化酶、生物反应器等。

3. 物理化学功能材料

(1) 耐高温高分子、高分子液晶等。

(2) 电学功能材料，如导电性高分子、超导性高分子，感电子性高分子等。

(3) 光学功能材料，如感光性高分子、导光性高分子，光敏性高分子等。

(4) 能量转换功能材料、压电性高分子、热电性高分子等。

4. 生物化学功能材料

(1) 人工脏器用材料,如人工肾、人工心肺等。

(2) 高分子药物,如药物活性高分子、缓释性高分子药物、高分子农药等。

(3) 生物分解材料,如可降解性高分子材料等。

从上述分类方法不难看出,它的内容实际上已包含了特种高分子的全部内容。

国内功能高分子的分类方法比上述方法要简单得多,但更直观,实用性更强。通常人们对功能高分子材料的划分普遍采用按其性质、功能或实际用途划分的方法,可以将其划分为8种类型。

(1) 反应性高分子材料,包括高分子试剂、高分子催化剂和高分子染料,特别是高分子固相合成试剂和固定化酶试剂等。

(2) 光敏型高分子,包括各种光稳定剂、光刻胶,感光材料、非线性光学材料、光导材料和光致变色材料等。

(3) 电性能高分子材料,包括导电聚合物、能量转换型聚合物、电致发光和电致变色材料以及其他电敏感性材料等。

(4) 高分子分离材料,包括各种分离膜、缓释膜和其他半透性膜材料、离子交换树脂、高分子螯合剂、高分子絮凝剂等。

(5) 高分子吸附材料,包括高分子吸附性树脂、高吸水性高分子等。

(6) 高分子智能材料,包括高分子记忆材料、信息存储材料和光、磁、pH、压力感应材料等。

(7) 医药用高分子材料,包括医用高分子材料、药用高分子材料和医药用辅助材料等。

(8) 其他类型功能高分子材料,随着功能高分子材料研究和开发工作的不断推进,越来越多的功能高分子材料被开发出来,展示还难以归类,如高分子表面活性剂、农用高分子,等等。

在实际应用中,对功能高分子材料的分类更着眼于高分子材料的实际用途,因此可划分成更多的类型,至今尚无权威的定论。本书将按照人们习惯的分类方法,即按材料的实际用途介绍重要的功能高分子材料。

1.2.2 功能高分子材料结构与性能间的关系

材料的性能和功能是通过其不同层次的结构反映出来的。不同的功能高分子材料因其展现的功能不同,依据的结构层次也有所不同。其中,比较重要的结构层次包括材料的化学组成、官能团的种类、聚集态结构、超分子组装结构等的影响。

1. 化学组成对高分子材料功能性的影响

化学组成是区别不同高分子材料的最基本要素。不同化学组成的高分子材料有不同的性能和功能,这在功能高分子材料中表现得尤为突出。聚乙烯和聚乙炔均为由碳氢元素构成的聚合物,但组成两者的元素数量不同,构成化学键的电子结构也不同,导致性能截然不同。前者是一种应用广泛的通用高分子材料,后者则表现出良好的导电性能,属功能高分子范畴。

2. 官能团的种类对高分子材料功能性的影响

功能高分子表现出来的特殊性质往往主要取决于分子中的官能团的种类和性质。如具有相同高分子骨架(如交联的聚苯乙烯),但所连接的官能团分别为季胺基和磺酸基时,前者可作为强碱性离子交换树脂,后者则为强酸性离子交换树脂。可见其性质主要依赖于结构中的官能团的性质，高分子骨架仅仅起支撑、分隔、固定和降低溶解度等辅助作用。

又如在聚乙烯醇骨架上连接过氧酸基团，可制备具有氧化性能的高分子氧化剂；而连接上N,N-二取代联吡啶基团后，则具有电致发光功能。这些官能团常常在小分子中也表现出类似作用。功能高分子材料的研究就是通过聚合、接枝、共混、组装等化学和物理过程将这些官能团引入高分子中，赋予高分子材料以特殊的功能。

在某些情况下，功能高分子的功能必须由官能团和高分子骨架协同作用而完成。如固相合成用高分子试剂是比较具有代表性的例子。固相合成试剂是带有化学反应活性基团的高分子，可用作固相合成的载体。固相试剂与小分子试剂进行单步或多步高分子反应形成化学键，过量的试剂和副产物通过简单的过滤方法除去，得到的合成产物通过化学键的水解从载体上脱下。显然，在固相合成过程中，高分子试剂的功能是通过高分子骨架和官能团共同完成的。没有聚合物骨架的参与，就没有固相合成，有的只是小分子酯化反应；而没有官能团，聚合物中就没有反应活性点，固相反应也无从发生。

而在某些情况下，官能团在功能高分子中只起辅助作用。利用官能团的引入改善高分子的溶解性能、降低玻璃化转变温度、改变表面润湿性和提高机械强度等。例如在高分子分离膜中引入极性基团，可提高膜材料的润湿性。但膜材料的分离功能并不是由极性基团提供的，官能团在这里只是起了辅助的作用。

在功能高分子中，一种特殊的情况是官能团与聚合物骨架不能区分，官能团是聚合物骨架的一部分，或者说聚合物骨架本身起着官能团的作用。这方面的典型例子有主链型聚合物液晶和导电聚合物。在主链型高分子液晶中，在形成液晶时起主要作用的刚性结构处在聚合物主链上，聚合物骨架本身起着官能团的作用。电子导电型聚合物是由具有线性共轭结构的大分子构成，如聚乙炔和聚苯胺等。线性共轭结构在提供导电能力的同时，也是高分子骨架的一部分。

3. 高分子骨架对高分子材料功能性的影响

在很多情况下，小分子物质本身并没有特殊的功能性。但转变为高分子后，却表现出良好的功能性。显然，高分子骨架或高分子结构对材料的功能性起了关键的作用。

例如，不少聚氨基酸具有良好的抗菌活性，但其相应的低分子氨基酸却并无药理活性。实验结果显示，2.5μg/mL 的聚 L-赖氨酸可以抑制 E. Coli 菌(大肠杆菌)，但小分子的 L-赖氨酸却无此药理活性；而 L-赖氨酸的二聚体的浓度要高至聚 L-赖氨酸的 180 倍才显示出相同的效果。对 S. Aureus 菌(金黄色葡萄球菌)的抑制能力基本上也遵循此规律。

相反的情况也同样存在。在有些情况下，低分子药物高分子化后，药效随高分子化而降低，甚至消失。例如，著名的抗癌药 DL-对(二氯乙基)氨基苯丙氨酸在变成聚酰胺型聚合物后，完全失去药效。

上述例子表明，高分子骨架对高分子材料功能性有十分重要的影响。

功能高分子材料中的骨架结构主要有两类：一类是线形结构(包括支链形结构)，另外一类是交联结构。作为功能高分子材料的骨架，这两种聚合物骨架具有明显不同的性质，因此其使用范围也不同。线性聚合物溶解性能较好，能够在适宜的溶剂中形成分散态溶液，在制备和加工过程中易于选择适当的溶剂；玻璃化温度较低，黏弹性好，易于使小分子和离子扩散其中，适合于作反应性材料和聚合物电解质。交联型聚合物骨架具有耐溶剂性，便于高分子试剂的回收，同时有利于提高机械强度。交联型骨架的功能高分子有微孔型或凝胶型离子交换树脂和吸附树脂、高吸水性树脂、医用高分子、组织工程材料等。

高分子骨架的性质除了赋予功能高分子材料多孔性、稳定性、透过性之外，还可提供溶剂化性能和反应性能等性质。如反应性功能高分子材料要求聚合物有一定的溶胀性能以及一定的孔隙率和孔径，以满足反应物质扩散的需要。高分子功能膜材料要求聚合物骨架有微孔结构和扩散功能，用以满足其他被分离物质在膜中的选择透过功能。骨架的稳定性包括机械稳定性和化学稳定性。有些场合其机械稳定性是关键，如高分子液晶材料；有些场合骨架的化学稳定性更为重要，如反应性高分子试剂和高分子催化剂等。

带有某种官能团的高分子化合物与相应的小分子化合物在物理、化学性质上有明显的不同，如挥发性、溶解性以及结晶度下降，高分子骨架对官能团的高度浓缩作用和模板作用等。由于引入高分子骨架而引起的这些明显的性质变化称为高分子效应。下面是几种常见的高分子效应。

1）高分子骨架的支撑作用

大部分功能高分子材料中的官能团是连接到高分子骨架上的，骨架的支撑作用对材料的性质产生很多影响。如官能团稀疏地连接到刚性的骨架上制成的高分子试剂具有类似合成反应中的“无限稀释”作用，使得每个官能团之间没有相互干扰，从而在固相合成中能得到高纯度的产物。高分子骨架的构象、构型、结晶度、次级结构都对功能基团的活性和功能产生重要的影响。

2）高分子骨架的物理效应

由于高分子骨架的引入使得材料的挥发性、溶解性都大大下降。当引入某些交联聚合物作骨架时，材料在溶剂中只溶胀不溶解。挥发性的降低可以提高材料的稳定性。

在制备某些氧化还原试剂时，由于克服了小分子试剂的挥发性，从而降低了材料的毒性，消除了一些生产过程中的不良气味。溶解度的降低使高分子试剂便于再生利用，使固相合成变为现实。利用功能化高分子的不溶性质，可将其应用于水处理、化学分析等方面。

3）高分子骨架的模板效应

模板效应是利用高分子骨架的空间结构，通过其构型和构象建立起的独特的局部空间环境，为有机合成提供一个类似于工业浇铸过程中使用的模板的作用，从而有利于立体选择性合成乃至光学异构体的合成。

4）高分子骨架的稳定作用

由于引入高分子骨架后，材料的熔点和沸点均大大上升，挥发性则大大下降，扩散速率也随之下降。因此可以提高某些敏感型小分子试剂的稳定性。此外，高分子化后分子间的作用力增加，材料的力学性能也会提高。

5）高分子骨架的其他作用

由于高分子骨架结构的特殊性，它还会引起其他一些特殊的功能。例如，利用聚合物主链的刚性结构可以直接参与主链型聚合物液晶的形成；利用高分子链的线性共轭结构，使聚乙炔、聚芳杂环等材料成为聚合物导电体；利用大多数高分子骨架在生物体内的不可吸收性，可以将某些对人体有害的使用添加剂，如食用色素、甜味剂等高分子化，以降低对人体的毒害；将有机染料高分子化不仅能降低染料的迁移性，提高色牢度，还可降低其毒性。

4. 聚集态结构对高分子材料功能性的影响

高分子材料的性能在很大程度上依赖于其聚集态结构，这一点已成为大家的共识。同样，聚集态结构对高分子材料的功能性也有极其重要的作用。同一种材料处于不同的聚集态结构时，其表现的功能性可能差别很大。

例如，作为高分子分离膜的材料必须具有一定的结晶性，而且在形成膜以后，膜的表面层必须存在一定的结晶，否则选择性分离效果大大下降。

高分子液晶更是一类强烈依赖聚集态结构的功能高分子材料。由对羟基苯甲酸(PHB)与聚对苯二甲酸乙二醇酯(PET)共聚制得的PET/PHB共聚酯在加热到300℃左右后快速冷却，可得到分子排列较规整的高分子液晶材料，具有十分优异的力学性能。而若将其加热到400℃以上再快速冷却，得到的是无定型的高分子材料，性能与普通的PET材料差别并不十分明显。聚集态结构在此充分显示了它的作用。

5. 超分子结构对高分子材料功能性的影响

超分子结构在生物体中到处可见。如骨组织就是自组装的超分子结构的典型例子。骨组织中最基本的材料为胶原微纤和羟基磷灰石(HA)结晶。胶原微纤由胶原分子通过三重螺旋自组装形成，而HA纳米晶体的 c 轴沿胶原微纤长轴取向，在微纤内生长。最终形成具有很高力学强度的骨结构。根据骨组织的结构，人们开始研究人工仿生股骨材料，通过制备有机纳米相，控制无机组分结晶的成核与生长。这些都是超分子结构在功能高分子材料中的具体应用。

1.2.3 功能高分子材料的研究方法

如上所述，材料的性能都是与其化学和物理结构紧密相关的。因此，研究功能高分子材料的化学组成、分子结构、聚集态结构以及宏观性能就成为功能高分子材料研究的重要内容之一。

1. 功能高分子材料的化学组成研究

功能高分子材料的化学组成研究包括元素组成及其相对数量的分析。通常可以采用化学分析法、元素分析法、质谱法和色谱法。

高分子化合物的元素分析往往要借助于热裂解法，将高分子在无氧条件下进行加热分解，然后用各种物理或化学方法对分解产物进行分析，从而得到高分子化学组成的信息。质谱法除了可以得到元素组成的信息之外，根据被电子轰击造成的碎片离子的质量和丰度数据，对高分子材料结构的推断也可以提供有用的信息。色谱法既可以对高分子裂解碎片进行分离分析，也可以对聚合物中的小分子进行分离鉴定，是高分子材料热裂解分析中最常用的分析方法。高分子材料的分子量一般采用端基分析法、渗透压法、黏度法和凝胶渗透色谱法测定，得到平均分子量和分子量分布数据。用不同方法得到的分子量具有不同的含义。一般都是相对分子量。但是若将凝胶渗透色谱法与激光光散射法联用，可以测得绝对分子量，准确度最高，速度也比较快。

2. 功能高分子材料的化学结构分析

化学结构分析是了解分子中各种元素的结合顺序和空间排布情况的重要手段，而这种结构顺序和空间排布是决定材料千变万化性质的主要因素之一。早期对化合物的结构分析常采用化学分析法(官能团分析)和合成模拟法。随着近代仪器分析方法的出现和完善，仪器分析法已经成为研究高分子材料化学结构的主要表征工具。红外光谱法、紫外光谱法、核磁共振谱法和质谱法被称为近代化学结构分析的四大光谱，在功能高分子化学结构表征中同样起着极其重要的作用。

在功能高分子结构分析中，红外光谱主要提供分子中各种官能团的信息。需要指出的是，红外光谱对测定不对称结构的原子或基团十分有效，但对对称结构原子或基团的信息提供甚少，在这一方面，拉曼(Raman)光谱正好与之互补。一般来说，分子的对称性越高，红外光谱与拉曼光谱的区别就越大；极性官能团的红外谱带较为强烈，而非极性官能团的拉曼谱带则更为强烈。例如,在许多情况下,C ═C 伸缩振动的拉曼光谱比相应的红外光谱更明显,而 C ═O 伸缩振动的红外光谱比相应的拉曼光谱更强烈。又如,对碳链聚合物来说,分子链上的取代基用红外光谱较易检测,而碳链结构则采用拉曼光谱更易表征。

核磁共振谱和质谱主要提供分子内元素连接次序和空间分布的信息;而紫外光谱可以提供分子内发色基团、不饱和键和共轭结构的信息。

此外,光电子能谱对于测定有机和无机离子,以及元素的价态是非常好的工具。

3. 功能高分子聚集态结构的表征

功能高分子材料的聚集态结构包括高分子的无定型结构、结晶态结构、取向态结构、液晶态结构和共混体系的织态结构等。

对高分子聚集态结构进行表征的最有力工具是扫描电子显微镜和透射电子显微镜。电子显微镜的高分辨率,可以观察到分子几个纳米以下的结构,从而提供大量可靠的聚集态结构信息。除此之外,X 射线衍射、小角度 X 射线散射、热分析法等也可以为聚集态结构分析提供补充信息。

总的来说,与小分子晶体相比,高分子的晶态结构完整性比较差。因此得到的晶体衍射图形不如小分子晶体的图形清晰,晶胞常数的准确计算也比较困难。

通过测定功能高分子的热性能可以得到许多有关高分子聚集态结构、相态转变以及化学反应性质的数据。热分析方法主要包括差热分析法(DTA)、示差扫描量热分析(DSC)和热失重分析(TGA)等。

DTA 可以测定试样在程序升温时吸收或放出热量的变化。任何物质当发生相变、晶态变化、化学变化都会伴有热量的变化,因此,从 DTA 分析得到的热量与温度曲线,可以得到高分子材料各种物理化学变化发生的温度和程度信息。

DSC 是一种在程序控制温度下,测量输入到试样和参比物的能量差随温度或时间变化的一种技术,可以定量测定高分子材料在受热过程中因各种物理、化学变化产生的热量,从而了解这些变化的性质和程度。目前 DSC 已经成为高分子材料结构表征中最常用的方法之一。

TGA 测定的是被测物受热后样品质量发生的变化。根据 TGA 分析,可以得到被测物温度与质量的关系曲线或加热时间与质量的关系。当高分子材料受热后发生的物理和化学变化伴有质量变化时,比如分解、挥发等过程,从 TGA 分析就可以得到准确的热力学信息。

核磁共振法也是研究高分子聚集态结构常用的手段。通过观察相邻质子耦合常数和化学位移的变化来判断高分子材料的结晶度和分子在晶体中的排列情况。

通过色谱法测定也可以得到相转变、结晶等热力学数据和扩散系数等与聚集态结构有关的信息,从而可以间接了解其聚集态结构。

4. 功能高分子宏观结构分析

功能高分子材料的宏观结构是指建立在聚合物化学结构、晶体结构和聚集态结构之上的相对大尺寸结构。例如,高分子膜材料的膜厚、孔形和孔径;高分子吸附材料的孔隙率、孔径和外形;高分子催化剂的粒径和孔隙率等均属于这一范畴。这些性质对于那些依靠表面特征发挥功能作用的功能高分子材料来说有着特殊的重要意义。譬如用于化学反应的高分子试剂和高分子催化剂;用于分析、分离、收集痕量化学物质用的高分子吸附剂;用于气体和液体分离的高分子膜材料等,宏观结构的测定都具有重要的意义。

一般来说,高分子材料的表面结构可以用电子显微镜或光学显微镜直接观察;孔隙率和比表面积可以用吸附法或吸收法测定;粒径则可采用激光光散射等方法测定。除了上述方法之外,功能高分子材料的宏观结构还可以通过光、电分析等手段间接测定。

5. 功能高分子的性能测定和机理研究

一般来说,功能高分子性能测定没有统一的普适方法,而是要依赖于材料所应用领域的科学研究成果和分析测定手段。例如,导电高分子可采用电导测定方法测定其导电能力;高分子功能膜材料可采用真空渗透等方法测定其透过能力;光敏高分子材料要用光学和化学方法测定其对光的敏感度和光化学反应程度;药用高分子和医用高分子材料要用生物学和医学方法检验其临床效果;高分子催化剂和高分子试剂要用反应动力学和化学热力学等方法测定其催化能力或反应活性,等等。

功能高分子的作用机理研究是功能高分子材料研究的最高层次,难度较大。功能高分子表现出的功能都是分子内各官能团、聚合物骨架、材料的形态结构等因素综合作用的结果,因此,功能高分子的作用机理研究一般要将性能研究与结构表征手段相结合,给出作用机制模型。这就不仅要求研究手段先进,而且需要多种方法的综合运用,借鉴和移植其他学科的成果和技术,善于利用逆向思维等思考方式,并采用合适的理论进行解释,才能最后得出结果。

1.3 功能高分子材料的发展与展望

1.3.1 功能高分子发展的背景

功能高分子材料是一门十分年轻的学科。它的发展主要基于两个重要的背景:经济的需要和科学技术的需要。

1. 经济发展对功能高分子材料的促进

自从施道丁格(H. Staudinger)建立大分子概念以来,高分子材料以惊人的速度得到发展。1935年,美国学者卡罗泽斯(W. h. Carothers)发明了尼龙-66,并于1938年实现了生产工业化。1953年,齐格勒(Ziegler)催化剂的问世使高密度聚乙烯在德国Hochst公司首先实现了工业化。次年,意大利人那塔(Natta)发明了Natta催化剂,使聚丙烯成为有用材料,并于1957年在意大利的Monfecutin公司实现工业化。20世纪60—70年代,高分子材料工业化已基本完善,解决了人们的衣着、日用品和工农业材料等需求。从品种来说,发展了通用高分子、工程用高分子和特种高分子三大系列。通用高分子和工程用高分子的世界总产量已超过几千万吨/年,特种高分子则为几十万吨/年。

然而,1973年和1978年两次世界性的石油大危机,使原油价格猛涨。以石油为主要原料的高分子材料成本呈直线上升,商品市场陷入极为困难的处境。在这样的经济背景下,迫使人们试图用同样的原材料,去制备价值更高的产品。功能高分子在这种外部条件促使下迅速地发展了起来。从表1-1的数据可以看出,发展功能高分子材料可以获得较高的经济效益。

表1-1　　各种高分子材料的产量和价格比*

品　种	主要产品举例	产量/(万吨·年$^{-1}$)	价格比
通用高分子材料	LDPE,HDPE,PVC,PP,PS	>1000	1
中间高分子材料	ABS,PMMA	100～1000	1～2
工程高分子材料	PA,PC,POM,PBT,PPO	20～80	2～4
特种高分子材料	有机氟材料,耐热性高分子,各种功能高分子	1～20	10～100

注:价格比以通用高分子为1计。

2. 科学技术发展对功能高分子的需求

20世纪80—90年代，科学技术有了迅速发展。能源、信息、电子和生命科学等领域的发展，对高分子材料提出了新的要求。即要求高分子材料具有迄今还不曾有过的高性能和高功能，甚至要求既具有高功能亦具有高性能的高分子材料。在这一方面，可举出许多例子。

(1) 新能源的要求。太阳能和氢将成为今后的主要能源。光电转换材料就成为太阳能利用的关键。硅材料已进入了实用阶段。然而，按现在的能量转换效率，对单晶硅的需要量实在太大。以日本为例，若利用太阳能达到当前日本电力的1%，就需100μm的单晶硅至少2.7万吨。这相当于日本目前单晶硅总产量的90倍。从能耗和经济效益看，都是很不现实的。为此，人们把注意力转向能耗低的高分子材料，转向可高效转换太阳能的功能高分子材料。氢能源的利用，则使既有极高分离效率又极为经济的高分子分离膜有了长足的发展。

(2) 交通和宇航技术的要求。既高速又节约能源是交通运输和宇航事业迫切需要解决的课题。采用功能高分子材料，在一定程度上解决了该难题。就目前的成就来看，波音757，767飞机采用Kavlar纤维增强材料(一种由高分子液晶纺丝而成的高强纤维增强的材料)，可省油50%。汽车工业采用高分子材料而实现轻型化，从而达到省油和高速的目的。

(3) 微电子技术的要求。高度集成化是微电子工业发展的趋势。存储容量将从目前的16K发展到256K。此时相应的电路细度仅为1.5μm。因此，高功能的光致抗蚀材料(感光高分子)已成为微电子工业的关键材料之一。

(4) 生命科学的要求。人类对生命奥秘的探索，对建立一个洁净、安全的世界的渴望，对征服癌症等疾病的努力，均对高分子材料提出了功能的要求。例如，生物分离介质的研制成功，使生命组成的各种组分能得以精细地分级，对生命科学的贡献将是十分重大的。可降解性高分子材料的问世，将大大减缓白色污染对人类的危害。

总之，功能高分子材料在国民经济建设和日常生活中将发挥越来越重要的作用，其发展前景不可估量。当然，目前的成就尚处于十分初级的阶段，有待于进一步研究和探索。

1.3.2 功能高分子的发展历程与展望

功能高分子材料的发展可以追溯到很久以前，如光敏高分子材料和离子交换树脂都有很长的历史。但功能高分子材料作为一个完整的学科则是从20世纪80年代中后期开始的。

最早的功能高分子可追溯到1935年离子交换树脂的发明。20世纪50年代，美国人开发了感光高分子用于印刷工业，后来又发展到在电子工业和微电子工业中应用。1957年发现了聚乙烯基咔唑的光电导性，打破了多年来认为高分子材料只能是绝缘体的观念。1966年Little提出了超导高分子模型，预计了高分子材料超导和高温超导的可能性，随后在1975年发现了聚氮化硫的超导性。1993年，俄罗斯科学家报道了在经过长期氧化的聚丙烯体系中发现了室温超导体，这是迄今为止唯一报道的超导性有机高分子。20世纪80年代，高分子传感器、人工脏器、高分子分离膜等技术得到快速发展。1991年发现了尼龙11的铁电性，1994年塑料柔性太阳能电池在美国阿尔贡实验室研制成功，1997年发现聚乙炔经过掺杂具有金属导电性，导致了聚苯胺、聚吡咯等一系列导电高分子的问世。这一切都反映了功能高分子日新月异的发展。

其中从20世纪50年代发展起来的光敏高分子化学，在光聚合、光交联、光降解、光致发光、光致变色以及光导机理的研究方面都取得了重大突破，特别在过去20多年中有了快速发展，并在工业上得到广泛应用。比如光敏涂料、光致抗蚀剂、光稳定剂、光可降解材料、光刻胶、感光性树脂以及光致发光和光致变色高分子材料都已经工业化。近年来高分子非线性光学材料也取得了突破性进展。

反应型高分子是在有机合成和生物化学领域的重要成果，已经开发出众多新型高分子试剂和高分子催化剂应用到科研和生产过程中，在提高合成反应的选择性、简化工艺过程以及化工过程的绿色化方面做出了贡献。更重要的是由此发展而来的固相合成方法和固定化酶技术开创了有机合成机械化、自动化、有机反应定向化的新时代，在分子生物学研究方面起到了关键性作用。

电活性高分子材料的发展导致了导电聚合物、聚合物电解质、聚合物电极的出现。此外超导、电致发光、电致变色聚合物也是近年来的重要研究成果，其中以电致发光材料制作的彩色显示器已经被日本和美国公司研制成功，有望成为新一代显示器件。此外众多化学敏感器和分子电子器件的发明也得益于电活性聚合物和修饰电极技术的发展。

高分子分离膜材料与分离技术的发展在复杂体系的分离技术方面独辟蹊径，开辟了气体分离、苦咸水脱盐、液体消毒等快速、简便、低耗的新型分离替代技术，也为电化学工业和医药工业提供了新型选择性透过和缓释材料。高分子化的 LB 膜和 SA 膜在新型光电子器件研究方面也显示出巨大的应用前景。目前高分子分离膜在海水淡化方面已经成为主角，已经拥有制备 18 万吨/日纯水设备的能力。

医药用功能高分子是目前发展非常迅速的一个领域，高分子药物、高分子人工组织器官、高分子医用材料在定向给药、器官替代、整形外科和拓展治疗范围等方面做出了相当大的贡献。

功能高分子材料还是一门涉及范围广泛，与众多学科相关的新兴边缘学科，涉及内容包括有机化学、无机化学、光学、电学、结构化学、生物化学、电子学、甚至医学等众多学科，是目前国内外异常活跃的一个研究领域。每年都有大量的有关文献报道涌现。可以说，功能高分子材料在高分子科学中的地位，相当于精细化工在化工领域内的地位。因此，也有人称功能高分子为精细高分子，其内涵指其产品的产量小，产值高，制造工艺复杂。功能高分子材料之所以能成为国内外材料学科的重要研究热点之一，最主要的原因在于它们具有独特的“性能”和“功能”，可用于替代其他功能材料，并提高或改进其性能，使其成为具有全新性质的功能材料。可以预计，在今后很长的历史时期中，功能高分子材料研究将代表了高分子材料发展的主要方向。

在功能高分子发展的基础上，智能高分子脱颖而出，表明人类改造自然的能力提高到了一个新的水平。智能高分子材料的发展是建立在人类的需要和材料科学的发展的基础上的。随着人们对智能高分子材料的不断深入认识，具有热敏、压敏、声敏、光敏、离子敏、生物敏、力敏等功能的智能高分子材料将形成一个新的研究热潮。这类材料的性能与电、磁、光、热、化学物质等密切相关，是研制高技术产品、高附加值材料的基础，将成为 21 世纪材料科学研究的热点。智能材料将为人类未来的生活注入新的活力，这些材料所具有的奇妙功能与人类的奇智妙想相结合，必将把人类社会带入一个更加文明灿烂的新时代。

思考题

1. 性能、功能和智能三者有什么关系与区别？功能高分子和高性能高分子有什么不同？
2. 功能高分子主要有哪些类型？举出您身边的几种功能高分子的例子。

3. 为什么自20世纪70年代以来功能高分子材料会异常迅速地发展，其背景和动力是什么？
4. 功能高分子发展的前景如何？您能否对国内功能高分子的现状和发展趋势作一评价？
5. 功能高分子的研究主要有哪些方法？您能举出几个红外光谱、核磁共振和热分析用于表征功能高分子结构的例子吗？

参考文献

[1] 日本高分子学会高分子实验编委会编. 功能高分子[M]. 李福绵，译. 北京：科学出版社，1983.
[2] 永松元太郎. 感光性高分子[M]. 丁一，译. 北京：科学出版社，1984.
[3] 精细化学品词典编辑委员会. 精细化学品词典[M]. 禹茂章，等，译. 北京：化学工业出版社，1987.
[4] 雀部博之. 导电高分子材料[M]. 北京：科学出版社，1989.
[5] 钱庭宝，刘维林. 离子交换树脂应用手册[M]. 天津：南开大学出版社，1989.
[6] 李善君，纪才圭. 高分子光化学原理及应用[M]. 上海：复旦大学出版社，1993.
[7] SHIBAEV V P, LAM L. Liquid crystalline and mesomorphic polymers [M]. Berlin: Springer Verlag，1994.
[8] 周其凤，王新久. 液晶高分子[M]. 北京：科学出版社，1994.
[9] 薛奇. 高分子结构研究中的光谱方法[M]. 北京：高等教育出版社，1995.
[10] 何炳林，黄文强. 离子交换与吸附树脂[M]. 上海：上海科技教育出版社，1995.
[11] 李新贵，黄美荣. 高级液晶聚合物材料工程[M]. 上海：华东师范大学出版社，2000.
[12] 何天白，胡汉杰. 功能高分子与新技术[M]. 北京：化学工业出版社，2001.
[13] 郭红卫，汪济奎. 现代功能材料及其应用[M]. 北京：化学工业出版社，2002.
[14] 赵文源，王亦军. 功能高分子化学[M]. 2版. 北京：化学工业出版社，2003.
[15] 姚日生，董岸杰，刘永琼. 药用高分子材料[M]. 北京：化学工业出版社，2003.
[16] 陈莉. 智能高分子材料[M]. 北京：化学工业出版社，2005.
[17] 王培铭，许乾慰. 材料研究方法[M]. 北京：科学出版社，2005.
[18] 辛志荣，韩冬冰. 功能高分子材料概论[M]. 北京：中国石化出版社，2009.
[19] 罗祥林. 功能高分子材料[M]. 北京：化学工业出版社，2010.
[20] 马建标. 功能高分子材料[M]. 2版. 北京：化学工业出版社，2010.

2 功能高分子的设计与制备

2.1 概述

功能高分子材料的特点在于它们特殊的“功能”，因此在制备这些高分子材料的时候，分子设计成为十分关键的研究内容。设计一种能满足一定需要的功能高分子材料是高分子化学研究的一项主要目标。具有良好性质与功能的高分子材料的制备成功与否，在很大程度上取决于设计方法和制备路线的制定。

2.1.1 材料的功能化设计

功能材料所具有的特定功能是与材料的特定结构相联系的。为了制备功能材料，必须事先对其结构进行设计，并按一定的方法实现这种设计。

材料的功能显示过程是指向材料输入某种能量或刺激，经过材料的传输或转换，再作为输出或反馈提供给外界环境的一种作用。按其功能的显示过程，材料的功能可分为一次功能和二次功能。

所谓一次功能，是指当向材料输入的能量或刺激与从材料输出的能量或刺激形式相同，材料仅起了能量或刺激传送器的作用。以一次功能为使用目的的材料又称为载体材料。材料的一次功能主要有如下一些类型：

(1) 力学功能。如惯性、黏性、流动性、润滑性、成型性、超塑性、高弹性、振动性和防震性等。

(2) 声功能。如隔音性和吸音性等。

(3) 热功能。如传热性、隔热性、吸热性和蓄热性等。

(4) 电功能。如导电性、超导性和绝缘性等。

(5) 磁功能。如硬磁性、软磁性、半硬磁性等。

(6) 光功能。如遮光性、透光性、折射光性、反射光性、偏振光性、分光性、聚光性等。

(7) 化学功能。如吸附作用、气体吸收性和催化作用等。

(8) 其他功能。如放射特性、电磁波特性等。

所谓二次功能，则是指当向材料输入的能量和刺激与从材料输出能量和刺激形式不同时，材料起了能量或刺激转换器的作用。材料的二次功能又称为高次功能。有人认为这种材料才是真正的功能材料。二次功能按能量或刺激的转换形式可分为以下几类：

(1) 光能与其他形式能量的转换。如光合成反应、光分解反应、光聚合反应、化学发光、光致抗蚀、光致变色、光致伸缩效应、光生伏特效应和光导电效应等。

(2) 电能与其他形式能量的转换。如电磁效应、电阻发热效应、热电效应、电致伸缩效应、场致发光效应、电化学效应和电光效应等。

(3) 磁能与其他形式能量的转换。如光磁效应、热磁效应、磁致伸缩效应、磁冷冻效应和磁性转变等。

(4) 机械与其他形式能量的转换。如形状记忆效应、热弹性效应、机械化学效应和光弹性效应等。

材料的功能化设计，就是赋予材料以一次功能或二次功能特性的科学方法。材料的功能设计是一个复杂的过程，如材料的制备与存在状态往往属于非平衡热力学；有些结构敏感性质的可变因素太多，即使一个微小缺陷都会产生很大影响；材料表面与内部结构及性质的不一致性；复杂的环境因素等。因此，为实现材料的功能化设计，必须开展深入的基础研究，以了解物质结构与性能的关系，建立正确的物理模型，更重要的是要不同学科的通力合作。

2.1.2 功能高分子材料的设计

功能高分子材料的制备通常是通过化学或物理的方法将功能基团或结构引入高分子骨架的过程。功能高分子材料的特点在于它们特殊的“性能”和“功能”，因此在制备这些高分子材料的时候，分子设计成为十分关键的研究内容。设计一种能满足一定需要的功能高分子材料是高分子化学研究的一项主要目标。具有良好性质与功能的高分子材料的制备成功与否，在很大程度上取决于设计方法和制备路线的制定。功能高分子材料的制备是通过化学或者物理的方法按照材料的设计要求将功能基团与高分子骨架相结合，从而实现预定功能。从20世纪50年代起，活性聚合等一大批高分子合成新方法的出现，为高分子的分子结构设计提供了强有力的手段，功能高分子的制备越来越“随心所欲”。从目前采用的制备方法来看，功能高分子材料的制备可归纳为以下四种类型，即通过功能小分子材料的高分子化、已有高分子材料的功能化、多功能材料的复合以及已有功能高分子材料的功能扩展。

本章由近年来高分子合成的新方法开始，介绍几种具有代表性的功能高分子材料设计和制备的基本思路和方法。

2.2 高分子合成新技术

2.2.1 活性与可控聚合

1. 活性与可控聚合的概念

活性聚合是1956年美国科学家Szwarc等人在研究萘钠在四氢呋喃中引发苯乙烯聚合时发现的一种具有划时代意义的聚合反应。其中，阴离子活性聚合是最早被人们发现，而且是目前唯一一个得到工业应用的活性聚合方法。目前，这一领域已经成为高分子科学中最受科学界和工业界关注的热点话题。

1956年，Szwarc等人发现，在无水、无氧、无杂质、低温条件下，以四氢呋喃为溶剂，萘钠为引发剂引发的苯乙烯阴离子聚合不存在任何链终止反应和链转移反应，得到的聚合物溶液在低温、高真空条件下存放数月，其活性种浓度保持不变。若再加入苯乙烯，聚合反应可继续进行，得到更高相对分子质量的聚苯乙烯。而若加入第二种单体(如丁二烯)，可得到纯的苯乙烯-丁二烯嵌段共聚物。基于此发现，Szwarc等人第一次提出了活性聚合(living polymerization)的概念。

活性聚合最典型的特征是引发速率远远大于增长速率，并且在特定条件下不存在链终止反应和链转移反应，亦即活性中心不会自己消失。这些特点导致了聚合产物的相对分子质量可控、相对分子质量分布很窄，并且可利用活性端基制备含有特殊官能团的高分子材料。

目前已经开发成功的活性聚合主要是阴离子活性聚合。其他各种聚合反应类型(阳离子聚合、自由基聚合等)的链转移反应和链终止反应一般不可能完全避免，但在某些特定的条件下，链转移反应和链终止反应可以被控制在最低限度，使链转移反应和链终止反应与链增长反应相比可忽略不计。这样，聚合反应就具有了活性的特征。通常称这类虽存在链转移反应和链终止反应但宏观上类似于活性聚合的聚合反应为“可控聚合”。目前，阳离子可控聚合、原子转移自由基聚合、基团转移聚合、活性开环聚合、活性开环歧化聚合等一大批“可控聚合”反应被开发出来，为制备功能高分子提供了极好的条件。

2. 阴离子活性聚合

与自由基聚合相比，阴离子聚合有以下几个明显的特征：

1) 聚合反应速率极快

在引发阶段，引发剂可迅速全部转变为活性种，浓度可高达 $10^{-2}\sim10^{-3}$ mol/L，而在自由基聚合中自由基浓度为 $10^{-7}\sim10^{-9}$ mol/L。因此阴离子聚合的速率极快，通常在几分钟内即可告完成。

2) 单体对引发剂有强烈的选择性

在自由基聚合中，引发剂对各种单体基本上是通用的。而对阴离子聚合来说，单体对引发剂有强烈的选择性。对于 A、B 两种都能进行阴离子聚合的单体，某种引发剂能引发单体 A 聚合，但不一定能引发单体 B 聚合。如烷基锂能引发苯乙烯和硝基乙烯聚合，而吡啶只能引发硝基乙烯聚合。

阴离子聚合的引发剂可看作 Lewis 碱。碱性越强越活泼。单体可看作是 Lewis 酸，其酸值用 pK_a表示。pK_a为电离平衡常数的负对数。其值越小，酸性越强，所对应的阴离子越稳定。因此单体的 pK_a越小越活泼。

碱性强的引发剂可引发酸性弱的和强的单体，碱性弱的引发剂只能引发酸性强的单体，实例见图 2-1。

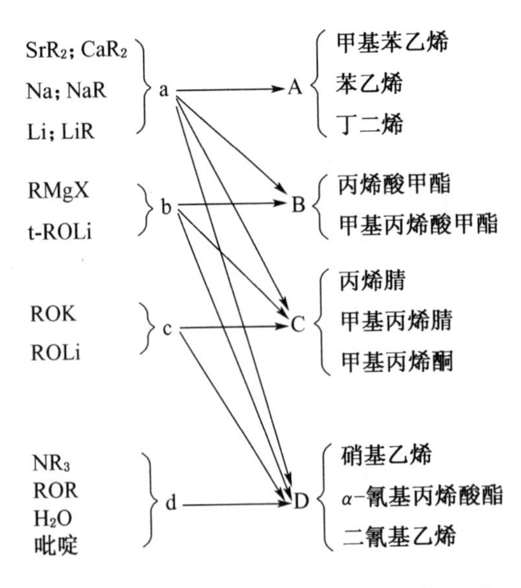

图 2-1　阴离子聚合中引发剂与单体的匹配

3）无链终止反应

阴离子聚合最典型的特征是在特定条件下不存在链终止反应。在自由基聚合中，链终止反应速率常数比链增长反应速率常约大 10^4 倍，偶合和歧化反应的活化能接近于零，自由基的平均寿命只有1至几秒，因此链终止反应不可避免。而阴离子聚合的活性链端带有相同的电荷，不可能发生偶合或歧化终止反应。而且从活性链上脱去 H^- 十分困难，用烷基锂引发苯乙烯、丁二烯在脂肪烃、苯或醚类溶剂中聚合基本上不存在链转移反应，因此活性种不会自动消失。

阴离子活性链极易被水、酸、醇等带有活泼氢的化合物所终止。因此，如果体系不纯时也得不到活性聚合物。

4）多种活性种共存

阴离子聚合的另一个特征是在同一个反应体系中可同时存在两种或两种以上的活性种。例如，在极性溶剂中，可存在共价键、离子紧对、离子松对和自由阴离子等离子形式。聚合活性顺序依次为：自由离子＞离子松对＞离子紧对＞共价键。随着溶剂介电常数和给电子指数的增加（极性增加），有利于离子松对和自由离子的形成。

在非极性溶剂中，引发剂往往可存在单量体和缔合体两种形式。单量体的聚合活性大于缔合体。随着溶剂的极性增加，平衡向左移动，有利于单量体的形成。

$$nA^-X^+ \rightleftharpoons (A^-,X^+)_n$$

溶剂性质的改变影响活性种的类型和相对量，因此对聚合速率有极大影响。例如：正丁基锂引发苯乙烯的聚合，在THF中聚合比在环己烷中聚合的表观速率大1000倍左右。同时溶剂的改变还影响聚合产物的微观结构。

5）相对分子质量分布很窄

在自由基聚合中，由于瞬间自由基浓度随转化率上升而变化，以及聚合活性链存在各种形式的终止和转移，因此聚合产物的相对分子质量分布很宽。

阴离子聚合中虽然存在多种活性种，每种活性种的增长速率常数不同。如果活性种之间的转换速率比增长速率慢，则最终的相对分子质量分布就会出现两个峰。但在通常情况下活性种之间的转换速率远远大于链增长速率，因而多种活性种的存在并不影响产物的相对分子质量分布。

许多阴离子聚合的相对分子质量分布接近Poisson分布，其前提是：

(1) 相对于链增长反应，引发反应的速率非常快。

(2) 无链终止反应或链转移反应。

(3) 与链增长反应相比，链解聚反应速率非常慢。

(4) 体系中各试剂能有效混合。

Poisson分布非常窄，平均相对分子质量为500000的聚合物，有95%的聚合物分子量与平均相对分子质量相差在10%以内。按此计算，相对分子质量分布指数等于1.002。实际上的相对分子质量分布指数≤1.1。

由于在阴离子活性聚合的基元反应中，引发速率远远大于增长速率，因此阴离子活性聚合的速率可简单地由增长速率表示，聚合速率与单体浓度之间的关系为一级动力学关系。

$$R_p = k_p[M^-][M] \tag{2-1}$$

式中，$[M^-]$ 为阴离子活性中心浓度。由于阴离子活性聚合的引发速率大于增长速率，亦即聚合开始前，引发剂已经全部定量转变为活性中心，则 $[M^-]$ 就等于引发剂浓度，因此式(2-1)可表示为：

$$R_p = k_p[C][M] \tag{2-2}$$

其中，[C]为引发剂浓度。

阴离子聚合的 k_p 与自由基聚合的 k_p 基本相当，但阴离子聚合时活性中心浓度远远大于自由基聚合的活性中心浓度，通常自由基聚合的活性中心浓度为 $10^{-9} \sim 10^{-7}$ mol/L，而阴离子聚合的活性中心浓度可高达 $10^{-3} \sim 10^{-2}$ mol/L，因此，阴离子聚合的速率通常比自由基聚合要大 $10^5 \sim 10^6$ 倍。

如果阴离子活性聚合符合以下条件：①引发剂全部迅速地转变为活性中心；②搅拌良好，单体分布均匀，所有增长链同时开始增长；③体系纯净，无杂质；④无链转移反应；⑤无解聚反应。则当单体转化率为100%时，活性聚合物的聚合度应该等于每个活性中心上加成的单体数，即单体浓度与活性中心浓度之比。

$$\overline{X}_n = \frac{[M]}{\frac{[M]}{n}} = \frac{n[M]}{[C]} \tag{2-3}$$

式中，[C]为引发剂浓度，n 为每一大分子链上的活性中心数，双阴离子活性链的 n 为 2，单阴离子活性链的 n 为 1。

阴离子活性聚合产物的分子量分布服从 Poisson 分布，理论研究表明，重均聚合度与数均聚合度之比有以下关系：

$$\frac{\overline{X}_w}{\overline{X}_n} = 1 + \frac{\overline{X}_n}{(\overline{X}_n + 1)^2} \approx 1 + \frac{1}{\overline{X}_n} \tag{2-4}$$

当 $\overline{X}_n$ 很大时，$\overline{X}_w/\overline{X}_n$ 接近于 1，分布成单分散状态。目前，已知通过阴离子活性聚合得到的最窄相对分子质量分布指数为 1.04。

阴离子活性聚合一般适合于非极性的单体，如苯乙烯、共轭二烯烃等，而极性单体（如丙烯酸酯、甲基丙烯酸酯等）则由于存在易吸水、难精制、副反应多而很难进行活性聚合。

通过长期的研究，人们发现通过在极性单体聚合过程中采用以下措施，也可使其实现活性聚合：

(1) 使用体障碍大、活性小的引发剂。如在 THF 溶剂中用 1,1-二苯基己基锂（或三苯基甲基锂）引发 MMA 聚合时，可实现活性聚合。

(2) 使用合适的添加剂，可使极性单体碳阴离子安定化。如无机盐 LiCl 可使极性单体阴离子活性中心稳定性大大提高。又如在二苯并-18-冠醚-6 存在下，以 ph_2CHNa 引发 MMA 聚合时，无论在极性溶剂（THF）或非极性溶剂（甲苯）中，均实现了活性聚合，而且聚合温度可提高到 0℃以上。

(3) 采用低温反应。在较低温度（如－78℃）下聚合时，可完全避免活性端基发生环化反应而生成低聚物。在此条件下 MMA 的聚合反应具备活性聚合的全部特征。

3. 阳离子活性聚合

阳离子聚合是连锁聚合中的又一重要分支，它的发明可追溯到 20 世纪初。至 20 世纪 40 年代已出现了阳离子聚合的工业产品——聚异丁烯和丁基橡胶。阳离子聚合和阴离子聚合虽同属离子型聚合，但大量实验研究表明，阳离子聚合不像阴离子聚合那样容易控制，阳离子活性中心的稳定性极差。因此，自 1956 年发现阴离子活性聚合以来，阳离子活性聚合的探索研究一直在艰难地进行，但长期以来成效不大，因此曾一度导致研究者失去信心。直到1984年，阳离子活性聚合研究出现了转机，Higashimura首先报道了烷基乙烯基醚的阳离子活性聚合，随后又由Kennedy发展了异丁烯的阳离子活性聚合，阳离子聚合取得了划时代的突破。在随后的数年中，阳离子活性聚合在聚合机理、引发体系、单体和合成应用等方面都取得了重要进展。

Higashimura等人在用HI/I_2引发烷基乙烯基醚的阳离子聚合中，发现聚合过程与阴离子活性聚合相似，具有活性聚合的典型特征，从而被公认为第一例阳离子活性聚合。其特征主要为：

(1) 数均相对分子质量与单体转化率呈线性关系。

(2) 向已完成的聚合反应体系中追加单体，数均相对分子质量继续成比例增长。

(3) 聚合速率与HI的初始浓度$[HI]_0$成正比。

(4) 引发剂中I_2浓度增加只影响聚合速率，对相对分子质量无影响。

(5) 在任意转化率下，产物的相对分子质量分布均很窄，$\overline{M}_w/\overline{M}_n<1.1$。

对用HI/I_2引发体系在−40℃下甲苯中引发2-乙酰氧乙基乙烯基醚(AcOVE)的聚合过程中进行追加单体的实验如图2-2所示。图2-2中数据表明，在追加单体前后的聚合都是定量进行的，聚合物的相对分子质量都随转化率的增加成比例的上升，形成的聚合物的相对分子质量分布在任何转化率时都很窄($\overline{M}_w/\overline{M}_n<1.2$)。单体追加后，$\overline{M}_n$平滑地线性增长表明，在第一阶段形成的全部聚合物链都具有活性，即聚合无诱导期。而且在这聚合过程中，活性中心数都保持恒定。

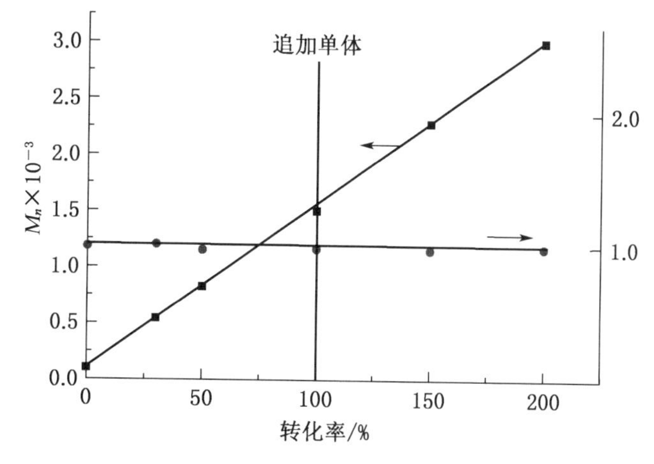

图2-2　用HI/I_2引发AcOVE聚合时单体转化率与$\overline{M}_n$和$\overline{M}_w/\overline{M}_n$的关系

对于一般阳离子聚合来说，碳阳离子活性中心的不稳定是其固有的缺点，因此，选择和设计亲核反离子，提高碳阳离子增长链的稳定性是实现阳离子活性聚合的关键。一般来说，反离子的亲核性越强，碳阳离子的稳定性越好，但太强时则失去活性。

在离子型聚合体系中，往往存在多种活性中心，处于动态平衡之中，如图2-3所示。

$$\sim\!\sim C^{\delta+}\!-\!X^{\delta-} \rightleftharpoons \sim\!\sim C^{\delta+}\!-\!-X^{\delta-} \rightleftharpoons \sim\!\sim C^{+}\cdot X^{-} \rightleftharpoons \sim\!\sim C^{+}/X^{-} \rightleftharpoons \sim\!\sim C^{+}/\!/X^{-} \rightleftharpoons \sim\!\sim C^{+}+X^{-}$$

极性共价键	共价键络合物	紧离子对	溶剂隔离离子对	溶剂化离子对	自由离子
无引发活性	阳离子活性聚合			非活性阳离子聚合	

图2-3　离子型聚合体系中的多种活性中心的动态平衡

上述活性中心谱中，极性共价键没有引发活性，自由离子的活性太强，只能引发包括有链转移和链终止的阳离子聚合。只有中间部分是离子性较适中的活性种，可引发阳离子活性聚合。若通过适当方式在上述平衡体系中引入共用阴离子，降低极性共价键和强离子性活性种的浓度，就可将普通的阳离子聚合转变为阳离子活性聚合。研究表明，通过采用以下两条途径可实现阳离子活性聚合：①设计匹配性亲核反离子；②外加 Lewis 碱。例如，对第一条途径，采用 HI/I_2 引发体系引发烷基乙烯基醚可实现阳离子活性聚合，其反应机理如图 2-4 所示。

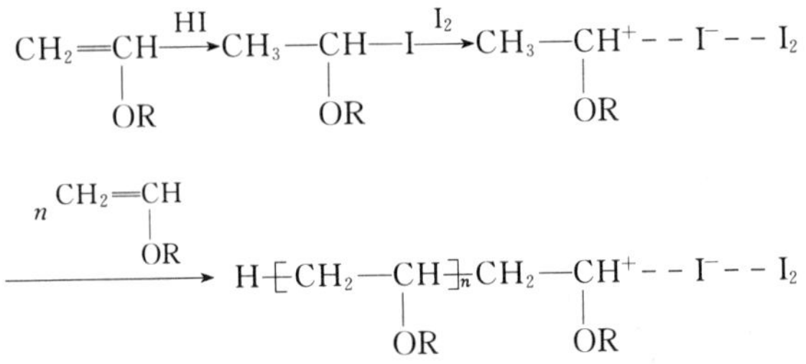

$$CH_2{=}CH(OR) \xrightarrow{HI} CH_3{-}CH(OR){-}I \xrightarrow{I_2} CH_3{-}CH^+(OR)\cdots I^-\cdots I_2$$

$$\xrightarrow{n\,CH_2{=}CH(OR)} H{+}CH_2{-}CH(OR){+}_n CH_2{-}CH^+(OR)\cdots I^-\cdots I_2$$

图 2-4　HI/I_2 引发烷基乙烯基醚聚合机理

由图 2-4 可见，反应体系中 HI 作为引发剂引发单体产生活性末端，而 I_2 可称为活化剂或共引发剂，它通过亲核作用于 I^- 形成 $I^-\cdots I_2$ 络合物，减弱了 I^- 的亲核性，结果不仅使活性中心的活性增大，而且使本来不稳定的碳阳离子稳定在活性状态。

第二条途径是在二氯乙基铝（$EtAlCl_2$）引发剂的基础上发展起来的，$EtAlCl_2$ 产生的阴离子亲核性太弱，不能使碳阳离子增长活性中心稳定。在上述体系中适量加入 Lewis 碱，则体系转变为活性聚合体系。例如采用二氯乙基铝/乙酸乙酯引发烷基乙烯基醚的聚合反应按图2-5所示机理进行。

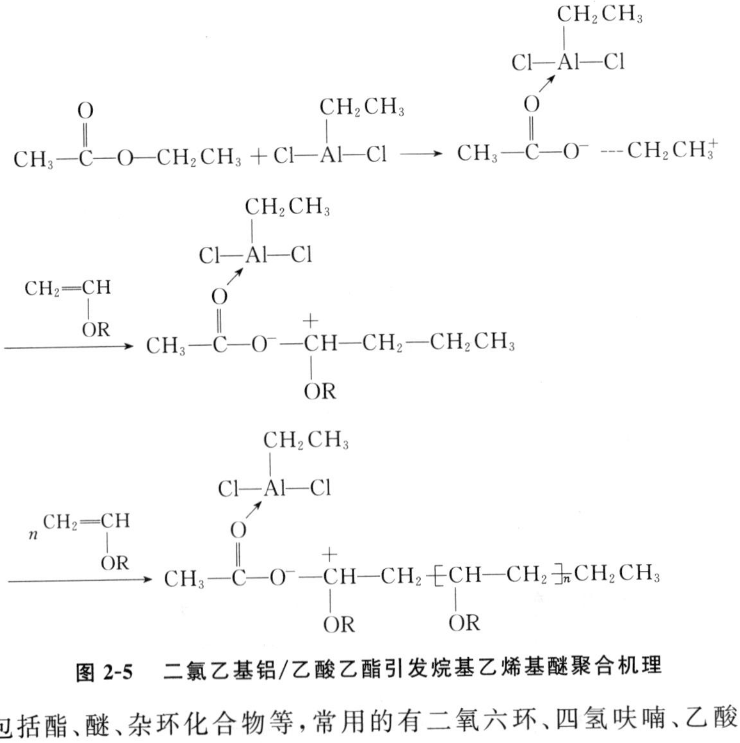

$$CH_3{-}C({=}O){-}O{-}CH_2CH_3 + Cl{-}Al(CH_2CH_3){-}Cl \longrightarrow CH_3{-}C({=}O{\rightarrow}AlCl_2CH_2CH_3){-}O^-\cdots CH_2CH_3^+$$

$$\xrightarrow{CH_2{=}CH(OR)} CH_3{-}C({=}O{\rightarrow}AlCl_2CH_2CH_3){-}O^-{-}\overset{+}{C}H(OR){-}CH_2{-}CH_2CH_3$$

$$\xrightarrow{n\,CH_2{=}CH(OR)} CH_3{-}C({=}O{\rightarrow}AlCl_2CH_2CH_3){-}O^-{-}\overset{+}{C}H(OR){-}CH_2{+}CH(OR){-}CH_2{+}_n CH_2CH_3$$

图 2-5　二氯乙基铝/乙酸乙酯引发烷基乙烯基醚聚合机理

Lewis 碱包括酯、醚、杂环化合物等，常用的有二氧六环、四氢呋喃、乙酸乙酯、酸酐、硫砜等。

在阳离子聚合中，活性中心的反应性与稳定性是碳阳离子和反离子间相互作用大小的综合反映，它不仅取决于反离子的亲核性、单体分子的亲核性，也与碳阳离子的亲电性有关。活性链端碳阳离子的亲电性是由形成碳阳离子的单体本身结构所决定的。因此，不同化学结构和性质的单体，进行阳离子活性聚合所需的引发体系通常是不同的。目前，可进行阳离子活性聚合的单体主要有烷基乙烯基醚类单体、异丁烯类单体、苯乙烯及其衍生物、二烯烃类单体和环烯烃类单体。

用于烷基乙烯基醚类单体的引发体系主要包括 HI/I_2 引发体系、HI/ZnX_2 或 HI/SnX_4 引发体系、一元磷酸酯/ZnX_2 引发体系、三甲基硅化合物/ZnX_2/给电子体引发体系、羧酸/$ZnCl_2$ 引发体系和 Lewis 酸/Lewis 碱引发体系。

目前，异丁烯阳离子活性聚合的引发体系主要为有机叔烃基化合物/Lewis 酸。这个引发体系中，Lewis 酸主要为三氯化硼（BCl_3）和四氯化钛（$TiCl_4$）等，有机叔烃基化合物则包括有机叔氯化合物、有机叔酯化合物、有机叔醚化合物、有机叔醇化合物、有机叔过氧化物等。在上述引发剂体系的基础上添加电子给予性强的亲核试剂，如二甲基亚砜(DMSO)、二甲基甲酰胺(DMF)、三乙胺、吡啶及其衍生物等，可进一步改善聚合反应活性特征，提高引发剂效率，较少副反应，有利于降低分子量分布。

苯乙烯及其衍生物的阳离子聚合因难以形成稳定的碳阳离子增长活性中心，因此很难进行活性聚合。近年来，随着烷基乙烯基醚和异丁烯阳离子活性聚合的成功，推动了苯乙烯及其单体阳离子活性聚合研究的发展，并已取得了较好的成绩。

苯环上取代基位置和性质的不同，导致单体的反应活性有明显的不同，所以采用的引发体系也有很大差别。将 HI/ZnI_2 引发体系用于对甲氧基苯乙烯和对特丁氧基苯乙烯，在室温下就可得到阳离子活性聚合物，产物的相对分子质量分布很窄，且相对分子质量相当大（$\overline{DP}_n \geqslant 1000$）。用 I_2 引发对甲氧基苯乙烯在－15℃下也实现了阳离子活性聚合。表 2-1 列举了部分苯乙烯及其部分衍生物单体的阳离子活性聚合体系。

表 2-1　苯乙烯及其部分衍生物单体的阳离子活性聚合体系

单　体	引发体系
苯乙烯	乙酸对甲基苯基酯/三氯化硼、甲基磺酸/四氯化锡/四丁基氯化铵、氯乙苯/四氯化锡/四丁基氯化铵、氯乙苯/三氯化钛/四丁基氯化铵
对烷基苯乙烯	乙酸对甲基苯基酯/三氯化硼、乙酰磺酸/四丁基高氯酸氨、HI/ZnI_2/四丁基氯化铵、$HI/ZnCl_2$
对卤苯乙烯(氯、氟)	2-甲基-4,4-二甲基-2-氯戊烷/$TiCl_4$/给电子体试剂
对甲氧基苯乙烯	碘、HI/ZnI_2、HI/ZnI_2/四丁基氯化铵、HI/I_2/四丁基氯化铵、$YbOSO_2CF_3$
α-甲基苯乙烯	$CH_3CH(OCH_2CH_2Cl)Cl/SnCl_4$、$(CH_3)_3CH_2C(CH_3)_2CH_2C(Ph)_2Cl/SnCl_4$、2-甲基-4,4-二甲基-2-氯戊烷/$TiCl_4$/给电子体试剂

阳离子活性聚合中的二烯烃单体主要是 1,3-戊二烯。1,3-戊二烯的阳离子聚合通常采用质子酸或 Lewis 酸作为引发剂。质子酸引发时，一般只能形成相对分子质量较小的齐聚物；而由 $AlCl_3$、$AlBr_3$、$BFOEt_2$、$TiCl_4$、$SbCl_5$ 等 Lewis 酸作引发剂时，可得到相对分子质量较大的聚合物。由于 1,3-戊二烯活性较大，单独采用 Lewis 酸作引发剂时存在较多副反应，甚至伴随交联产物的形成。在 Lewis 酸引发剂的基础上添加 Lewis 碱可抑制交联反应和其他副反应的发生，提高聚合过程的活性特征。

能够进行碳阳离子聚合的环烯烃单体主要有茚和 α-蒎烯。茚可在如枯基醚或枯基氯与 $TiCl_4$ 组成的引发体系作用下进行活性聚合。α-蒎烯是一种难聚合单体，主要采用以 Lewis 酸（如 $AlCl_3$、$TiCl_4$ 等）为基础的体系引发其聚合反应。其聚合过程包括开环、异构化、聚合反应等多个步骤。这些单体的阳离子活性聚合机理尚无系统研究。

在对阳离子活性聚合的深入研究中，人们发现许多所谓的阳离子活性聚合并非真正意义上的活性聚合。聚合过程中的链转移反应和链终止反应并没有完全消除，只是在某种程度上被掩盖了，因此表现为活性聚合的特征。因此，这些聚合过程可称为表观活性聚合和准活性聚合。两者的区别在于前者是指体系中存在一定程度的向单体链转移，后者则是指体系中存在可逆链转移反应和链终止反应的聚合体系。

4. 活性离子型开环聚合

活性开环聚合是正在发展的一个研究领域，和烯类活性聚合一样具有重要的意义。

1）环硅氧烷的开环聚合

三甲基环三硅氧烷（D_3）可以被 BuLi 进行阴离子活性开环聚合，也可用 CF_3SO_3H 进行阳离子活性开环聚合。聚二甲基硅氧烷（PDMS）具有柔软、抗水、高 O_3 透过性、高热稳定性、低表面张力以及优良的生物相容性，从而作为嵌段材料受到重视。利用 D_3 的阴离子开环聚合可制备 PDMS 与 PMMA 的嵌段共聚物，方法有如下两种：一是先制备双阴离子，如二苯酮与金属钾反应的产物（图 2-6），其中氧阴离子先引发 D_3 聚合，然后碳阴离子引发 MMA 聚合。

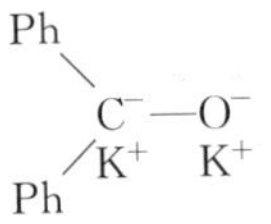

$$Ph_2C^{-}(K^{+})—O^{-}\ K^{+}$$

图 2-6　二苯酮与金属钾反应的产物结构

另一种方法是先制备端羟基的 PMMA，然后将端羟基转变为氧阴离子引发 D_3 聚合。

通过环硅氧烷的活性开环聚合还可以制备软段为 PDMS 的与环氧树脂组成的多嵌段聚合物，方法是先制备两端为羧基的 PMDS 与氨乙基—2,6—二氮杂己烷的反应物，然后由此反应物与环氧树脂反应得到多嵌段共聚物（图 2-7）。

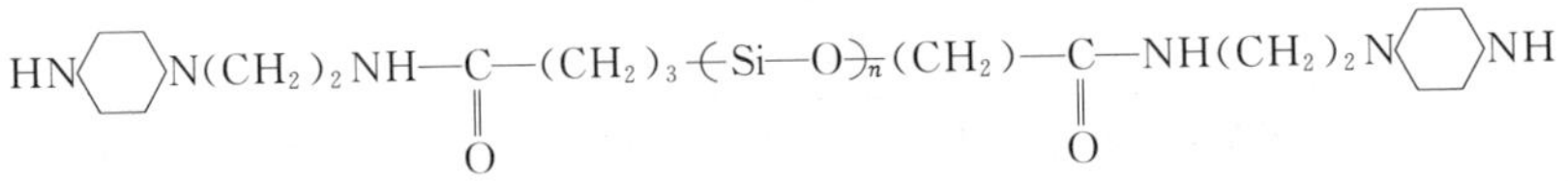

$$HN\langle\rangle N(CH_2)_2NH—\underset{\underset{O}{\|}}{C}—(CH_2)_3—(Si—O)_n—(CH_2)—\underset{\underset{O}{\|}}{C}—NH(CH_2)_2N\langle\rangle NH$$

图 2-7　有机硅氧烷嵌段共聚物结构

两端为羧基的 PDMS 可用 CF_3SO_3H（三氟甲基磺酸）作催化剂使 D_4（八甲基环四硅氧烷）活性开环聚合得到。

2）环醚的开环聚合

环醚主要是指环氧乙烷、环氧丙烷、四氢呋喃等。它们的聚合物都是制备聚氨酯的重要原料。

环氧乙烷和环氧丙烷都是三元环，开环容易，因此阴离子聚合和阳离子聚合均可进行。四苯基卟啉/烷基氯化铝（TPP/AlCl）可使环氧乙烷和环氧丙烷进行阴离子活性开环聚合。TPP/AlCl 还可进行环氧化物与 CO_2 的交替活性共聚制备聚碳酸酯，以及环氧化物与酸酐的交替共聚制备聚酯。另外，TPP/AlCl 还可使极性单体如 MMA 进行活性聚合。四氢呋喃为四元环，较稳定，阴离子聚合不能进行，而只能进行阳离子聚合。碳阳离子与较大的反离子组成的引发剂可引发四氢呋喃的阳离子活性聚合。例如 $Ph_3C^+SbF_6^-$ 可在－58℃下引发四氢呋喃聚合，得到的聚合物的相对分子质量分散指数为1.04。图2-8所显示的一级动力学关系曲线和图2-9所显示的转化率-聚合度关系曲线清楚地说明了四氢呋喃碳阳离子聚合的活性特征。

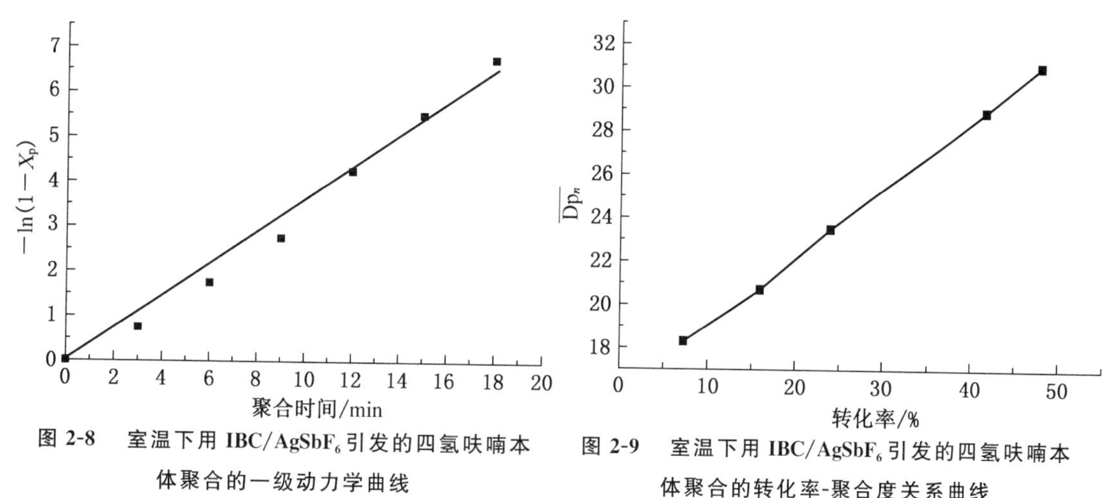

图2-8 室温下用 $IBC/AgSbF_6$ 引发的四氢呋喃本体聚合的一级动力学曲线

图2-9 室温下用 $IBC/AgSbF_6$ 引发的四氢呋喃本体聚合的转化率-聚合度关系曲线

5. 基团转移聚合

基团转移聚合反应(Group Transfer Polymerization，GTP)作为一种新的活性聚合技术，是1983年由美国杜邦公司的O. W. Webster等人首先报道的。它是除自由基、阳离子、阴离子和配位阴离子型聚合外的第五种连锁聚合技术，一经公布即受到全世界高分子学术界的极大兴趣和高度重视，被认为是继20世纪50年代Ziegler和Natta发现用配位催化剂使烯烃定向聚合Szwarc发明阴离子活性聚合之后的又一重要的新聚合技术。

所谓基团转移聚合，是以α、β-不饱和酯、酮、酰胺和腈类等化合物为单体，以带有硅、锗、锡烷基等基团的化合物为引发剂，用阴离子型或路易士酸型化合物作催化剂，选用适当的有机物为溶剂，通过催化剂与引发剂端基的硅、锗、锡原子配位，激发硅、锗、锡原子，使之与单体碳基上的氧原子或氮原子结合成共价键，单体中的双键与引发剂中的双键完成加成反应，硅、锗、锡烷基团移至末端形成“活性”化合物的过程。以上过程反复进行，得到相应的聚合物。

与其他连锁聚合反应类似，基团转移聚合也可分为下列3个基元反应。

1) 链引发反应

Webster等人将少量的二甲基乙烯酮甲基三甲基硅烷基缩醛(以MTS表示)为引发剂，与大量甲基丙烯酸甲酯(MMA)单体在阴离子催化剂(HF_2^-)作用下发生下列加成反应(图2-10)：

反应中，引发剂上的三甲基硅转移到MMA的羰基上，双键上带有负电性的α碳原子向单体上带有正电性的双键α碳原子加成，结果在新生成的中间体I的端基上重新产生一个三甲基硅氧基和一个双键。

2) 链增长反应

显然，上述加成产物I的一端仍具有与MTS相似的结构，可与MMA的羰基氧原子进一步进行加成反应。这种过程可反复进行，直至所有单体全部消耗完毕，最后得到高聚物。所以，基团转移聚合的实际过程是活泼的三甲基硅基团首先从引发剂MTS转移到加成产物I上，然后又不断向MMA单体转移，从而使分子不断增长，“基团转移聚合反应”由此得名。增

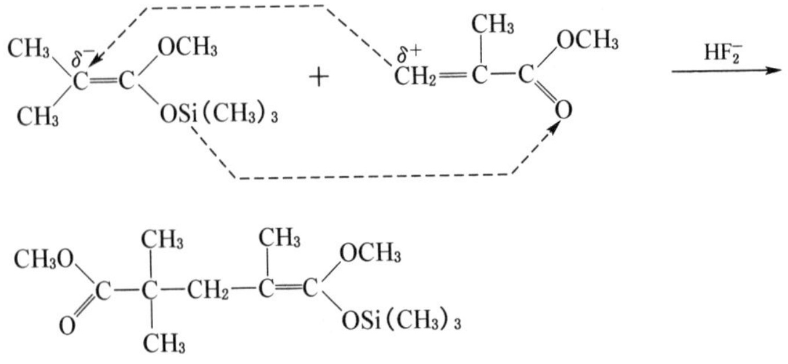

（Ⅰ）

图 2-10　基团转移聚合链引发反应示意图

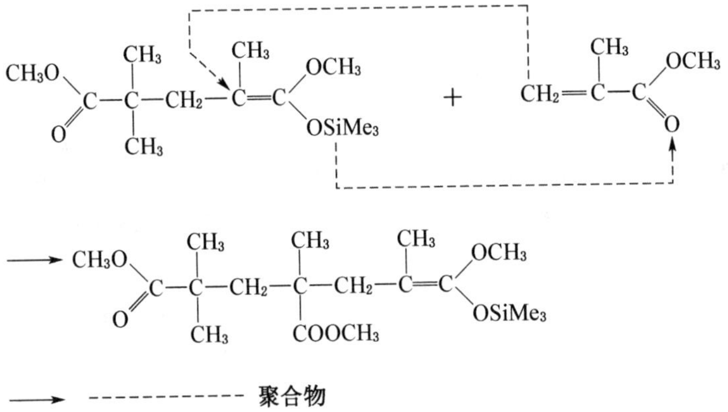

聚合物

（Ⅱ）

图 2-11　基团转移聚合链增长反应示意图

长反应过程可如图 2-11 所示。

3）链终止反应

从活性聚合物（II）可见，在加入终止剂之前，增长的聚合物链均含有三甲基硅氧基末端基，它具有向剩余的同一单体或不同单体继续加成的能力，因此是一种活性聚合物链。与阴离子聚合一样，这种活性链也可以通过人为加入可与末端基发生反应的物质将其杀死，即进行链终止反应。例如，以甲醇为终止剂时发生如下的反应（图 2-12）：

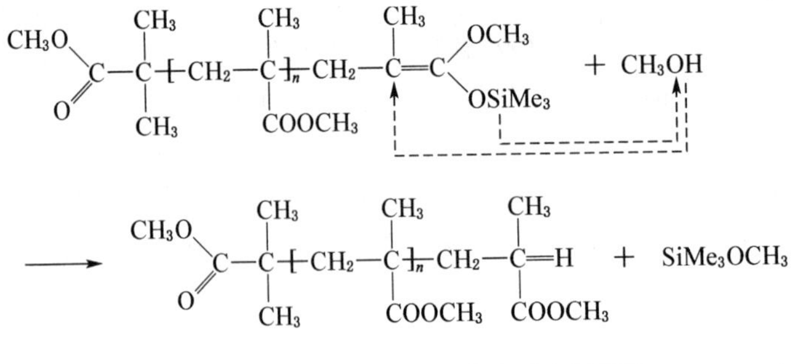

图 2-12　基团转移聚合链终止反应示意图

与阴离子活性聚合一样，在聚合体系中如果存在可能与活性中心发生反应的杂质，如活泼氢（质子）等，则活性链将被终止。因此，一般要求聚合体系十分纯净。

由于基团转移聚合技术与阴离子型聚合一样，均属“活性聚合”范畴，故此种聚合体系在室温下也比较稳定，存放若干天后当加入相应的单体仍具有连续加成的能力。加上引发剂的引发速率大于或等于链增长速率，因此所有被引发的活性中心都会同时发生链增长反应，从而获得相对分子质量分布很窄的、具有“泊松”分布的聚合物，一般 $D=1.03\sim1.2$。同时，产物的聚合度可以用单体和引发剂两者的摩尔浓度比来控制（$DP=[M]/[I]$）。

当 $\overline{M}_n$ 在 1000～20000 之间时，产物的聚合度及其分布可以比较准确地控制，但要制取更高聚合度的聚合物时，控制窄分布就比较困难，因为这时所需引发剂用量少，容易受体系中杂质的干扰。然而，当使用高纯度的单体、试剂和溶剂时，也曾制得数均相对分子质量高达 10～20 万的聚合物。

除了按上述机理反应的基团转移聚合外，后来又发明了另一种基团转移聚合——Aldol-基团转移聚合。

Sogah 发现以苯甲醛为引发剂，以 $ZnBr_2$ 或 Bu_2A1C1 为催化剂，硅烷基乙烯醚作单体，通过基团转移聚合技术导致连续的醛醇缩合，可直接合成聚乙烯醇。与一般的基团转移聚合不同的是，在这一聚合过程中—SR_3 是由单体向引发剂转移开始的，结果使活性聚合物链末端继续保持含有醛基，这样，通过单体不断向醛基转移，最终形成高聚物（图 2-13）：

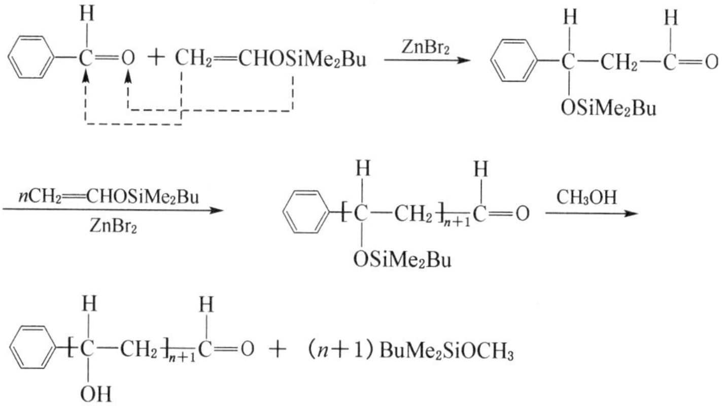

$$C_6H_5-CH=O + CH_2=CHOSiMe_2Bu \xrightarrow{ZnBr_2} C_6H_5-CH(OSiMe_2Bu)-CH_2-CH=O$$

$$\xrightarrow[ZnBr_2]{nCH_2=CHOSiMe_2Bu} C_6H_5\text{-}[CH(OSiMe_2Bu)-CH_2]_{n+1}\text{-}CH=O \xrightarrow{CH_3OH}$$

$$C_6H_5\text{-}[CH(OH)-CH_2]_{n+1}\text{-}CH=O + (n+1)BuMe_2SiOCH_3$$

图 2-13　A1dol-基团转移聚合过程示意图

此聚合反应的特点是不仅引发剂为苯甲醛，而且催化剂用量仅为单体量的 $10^{-4}\sim10^{-2}\%$（mol），即足以使反应顺利进行到底。

由于上述反应是通过醛醇缩合而导致发生—SiR_3 基团的转移，故又称 A1dol-GTP。据研究认为，这种基团转移聚合的反应机理可能是引发剂先通过与催化剂配位活化，再与单体形成中间体，然后分解出催化剂并完成下列转移和加成反应（图 2-14）：

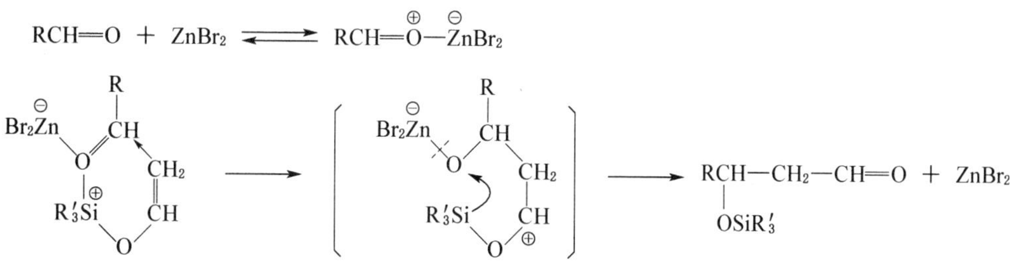

$$RCH=O + ZnBr_2 \rightleftharpoons RCH=\overset{\oplus}{O}-\overset{\ominus}{Zn}Br_2$$

$$[\text{六元环中间体：} Br_2\overset{\ominus}{Zn}-O(=CHR)\cdots CH_2=CH-O-\overset{\oplus}{Si}R'_3] \longrightarrow [\text{中间体}] \longrightarrow RCH(OSiR'_3)-CH_2-CH=O + ZnBr_2$$

图 2-14　A1dol-基团转移聚合引发机理示意图

除采用芳香醛引发剂外，也还可以用脂肪醛或酮作为引发剂。如果用芳香二醛作为引发剂，则类似阴离子型聚合时的双官能团引发剂那样，反应向两端增长。除醛类外，还可用亲电性的苄卤和缩醛[$C_6H_5CH(OCH_3)_2$]作引发剂。当用1,4-二(溴甲基)苯作引发剂时,同样可得到与用对苯二甲醛相似的聚合产物,活性链两端含有醛基,如图2-15所示。

$$BrCH_2-C_6H_4-CH_2Br + 2(n+1)CH_2{=}CHOSiR_3 \xrightarrow{ZnBr_2}$$

$$O{=}\underset{H}{C}-CH_2\!\left[\underset{OSiR_3}{CH}-CH_2\right]_n\!CH_2-C_6H_4-CH_2\!\left[CH_2-\underset{OSiR_3}{CH}\right]_n\!CH_2-\underset{H}{C}{=}O$$

图2-15　1,4-二(溴甲基)苯作引发剂时的A1dol-基团转移聚合

6. 活性自由基聚合

1) 活性自由基聚合的发展

继Szwarc提出活性聚合至今40余年中,活性聚合已发展成为高分子化学领域中最具学术意义和工业应用价值的研究方向之一。最重要的意义是活性聚合为高分子化学工作者合成结构和相对分子质量可控的聚合物提供了传统聚合方法所没有的手段。经过几十年的努力,已经成功开发了一系列适合不同单体聚合的活性聚合反应体系,如活性阴离子聚合、活性阳离子聚合、活性开环聚合、活性开环歧化聚合、基团转移聚合、配位阴离子聚合、无金属阴离子聚合,等等,使广大高分子化学工作者多年来进行高分子材料分子设计的梦想成为现实。但实践表明,虽然这些已经开发的活性聚合能够制备一些结构可控的聚合物,但真正能大规模工业化生产的并不多。其主要问题是它们的反应条件一般都比较苛刻,反应工艺也比较复杂,导致产品的工业化成本居高不下。同时,现有的活性聚合技术的单体覆盖面较窄,主要为苯乙烯、(甲基)丙烯酸酯类等单体,使得分子结构的可设计性较小,因此大大限制了活性聚合技术在高分子材料领域的应用。

基于活性聚合的发展和困境,高分子化学家们自然联想到自由基聚合。传统的自由基聚合具有单体广泛、合成工艺多样、操作简便、工业化成本低等优点,同时还有可允许单体上携带各种官能团、可以用含质子溶剂和水作为聚合介质、可使大部分单体进行共聚等特点。目前约70%的聚合物材料源于自由基聚合。但是,自由基聚合存在与活性聚合相矛盾的基元反应或副反应,如自由基的偶合终止反应、歧化终止反应、链转移反应,使聚合反应过程难以控制。因此,实现自由基的活性聚合或可控聚合,一直是人们感兴趣的课题。

在"活性"自由基聚合反应的发展中,早期的工作可以追溯到1989年由Otsu、Turner和Blevins等人使用的引发-转移-终止方法(iniferter法)。而最具影响的贡献是使用了稳定自由基这一概念。1993年,加拿大Xerox公司的研究人员首先报道了TEMPO(2,2,6,6-四甲基-1-哌啶氧化物)/BPO引发体系引发苯乙烯的高温(120℃)本体聚合。这是有史以来第一例活性自由基聚合体系。Georges等人使用这一方法证明了在提高温度时,增长聚合物链的相对分子质量随转化率的增加而增加,聚合物的相对分子质量分布降到1.10~1.30,大大低于理论计算的极限值1.5。这些发现标志着活性自由基聚合过程已经实现。

1995年,美国Carnegie-mellon大学的Matyjaszewski教授和中国旅美学者王锦山博士在多年进行活性聚合研究的基础上,成功发现了原子转移自由基聚合(Atom Transfer Radical Polymerization,ATRP),实现了自由基的活性(可控)聚合[9-10]。该技术一经报道,各国从事活性聚合研究的科学家们纷纷给予极高的评价,认为是几十年来高分子合成化学界的一个重要发现,是"活性"自由基聚合领域的历史性突破。

2) 引发-转移-终止法(iniferter法)

1982年,日本学者Otsu等人提出了iniferter的概念,并将其成功地运用到自由基聚合,使自由基活性/可控聚合进入一个全新的历史发展时期。

从活性聚合的特征和自由基聚合的反应机理来理解，实现自由基活性/可控聚合的关键是如何防止聚合过程中因链终止反应和链转移反应而产生无活性聚合物链。如果引发剂(R—R′)对增长自由基向引发剂自身的链转移反应具有很高的活性，或由引发剂分解产生的自由基的一部分易于发生与链自由基的终止反应，那么乙烯基单体的自由基聚合过程则可由下式来表示。

$$R—R' + nM \longrightarrow R\text{-}[M]_n\text{-}R'$$

根据以上反应机理，可将自由基聚合简单地视为单体分子向引发剂分子中 R—R′键的连续插入反应，得到聚合产物的结构特征是两端带有引发剂的碎片。Otsu 等由此得到启示，若能找到满足上述条件的合适引发剂，则可通过自由基聚合很容易地合成单官能或双官能聚合物，进而达到聚合物结构设计之目的。由于该引发剂集引发、转移和终止等功能于一体，故称之为引发转移终止剂(iniferter)。

研究发现可作为引发转移终止剂的化合物很多，一般可分为热分解和光分解两种。

热引发转移终止剂主要为 C—C 键的对称六取代乙烷类化合物。其中，又以 1,2-二取代的四苯基乙烷衍生物居多，其通式如图 2-16 所示，包括四苯基丁二腈(TPSTN)，四(对—甲氧基)苯基丁二腈(TMPSTN)，五苯基乙烷(PPE)，1,1,2,2-四苯基-1,2-二苯氧基乙烷(TPPE)和 1,1,2,2-四苯基-1,2-二(三甲基硅氧基)乙烷(TPSTE)等。

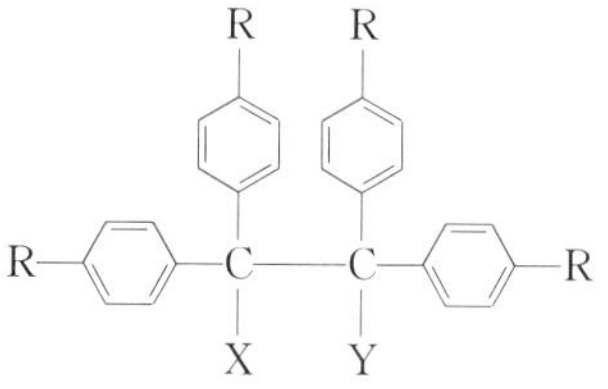

R=H，X=Y=CN，OC_6H_5，$OSi(CH_3)$

R=OCH_3，X=Y=CN

R=H，X=H，Y=C_6H_5

图 2-16　1,2-二取代四苯基乙烷衍生物的通式

研究发现，这些对称的 C—C 键热引发转移终止剂引发极性单体 MMA 的聚合为活性可控聚合，并且引发剂的活性顺序为 PPE>TPPSTN>TPSTN。所得的 PMMA 可以作为大分子引发剂引发第二单体如苯乙烯聚合，制备 PMMA-*b*-PSt 共聚物，但嵌段效率比较低。然而对于引发非极性单体 St 的聚合来说，它们的作用与传统自由基聚合引发剂类似，没有活性聚合的特征。研究认为，当 1,2-二取代的四苯基乙烷衍生物引发苯乙烯聚合时，得到的聚合物 ω-端为五取代的 C—C 键，键能比较高，受热时不能再分解，为死端聚合；而在引发 MMA 聚合时，得到的聚合物其 ω-端为六取代的 C—C 键，键能较低，受热时仍能可逆分解，因此可实现活性自由基聚合。

光引发转移终止剂主要是指含有二乙基二硫代氨基甲酰氧基(DC)基团的化合物。相对来讲，它的种类比较多，例如 N,N-二乙基二硫代氨基甲酸苄酯(BDC)、双(N,N-二乙基二硫代氨基甲酸)对苯二甲酯(XDC)、N-乙基二硫代氨基甲酸苄酯(BEDC)、双(N-乙基二硫代氨基甲酸)对苯二甲酯(XEDC)、2-N,N-二乙基二硫代氨基甲酰氧基异丁酸乙酯(MMADC)、2-N,N-二乙基二硫代氨基甲酰氧基丙酸乙酯(MADC)和 N,N-二乙基二硫代氨基甲酸(4-乙烯基)苄酯(VBDC)等。这些光引发转移终止剂多用来引发乙烯基单体活性聚合，从而制备端基功能化聚合物及嵌段、接枝共聚物。光引发转移终止剂的一个显著的优点是可聚合单体多，尤其是能实现乙酸乙烯酯和异戊二烯等单体的活性聚合，这是采用目前其他活性自由基聚合方法都不能或难以实现的。图 2-17 为常用光引发转移终止剂的结构式。

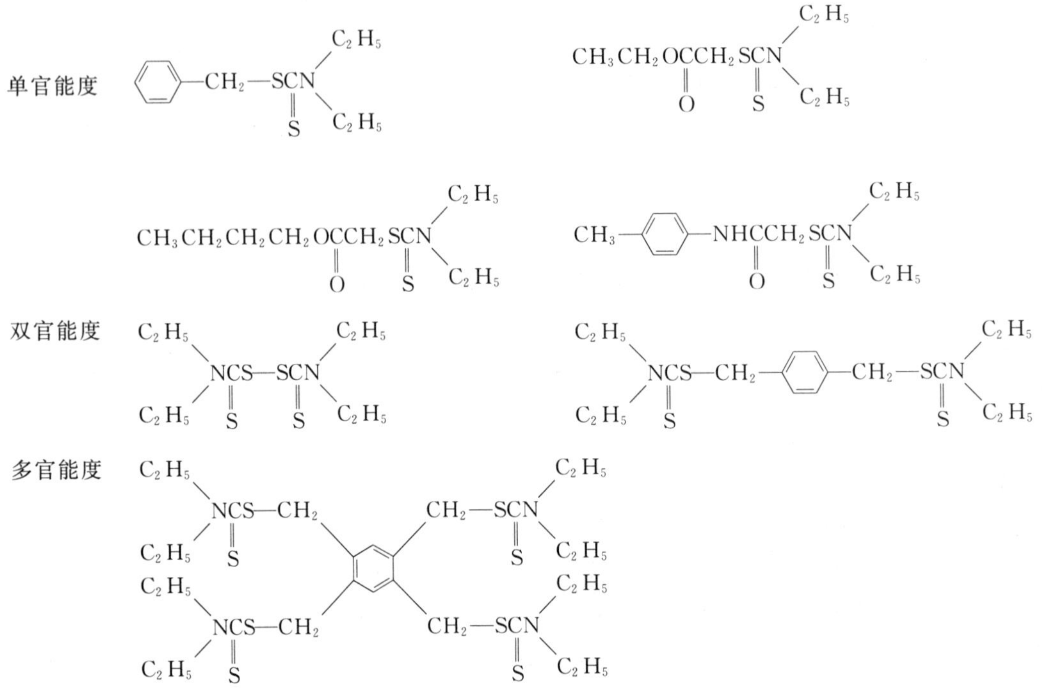

单官能度

$C_6H_5-CH_2-SC(=S)N(C_2H_5)_2$

$CH_3CH_2OC(=O)CH_2SC(=S)N(C_2H_5)_2$

$CH_3CH_2CH_2CH_2OC(=O)CH_2SC(=S)N(C_2H_5)_2$

$CH_3-C_6H_4-NHC(=O)CH_2SC(=S)N(C_2H_5)_2$

双官能度

$(C_2H_5)_2NC(=S)S-SC(=S)N(C_2H_5)_2$

$(C_2H_5)_2NC(=S)S-CH_2-C_6H_4-CH_2-SC(=S)N(C_2H_5)_2$

多官能度

$C_6H_2[CH_2-SC(=S)N(C_2H_5)_2]_4$

图 2-17　常用光引发转移终止剂结构式

近年来,在引发转移终止剂领域又进行了较深入的研究,合成出了高活性的热引发转移终止剂和光引发转移终止剂、可聚合型光引发转移终止剂以及多功能引发转移终止剂,研究了它们引发乙烯基单体活性聚合行为,并制备了相应的共聚物。

从以上的介绍可以看出,引发转移终止剂从结构上可分为对称型和非对称型两大类。对称型引发转移终止剂分解产生的相同的自由基,均可进行引发和终止,如图 2-18 所示。

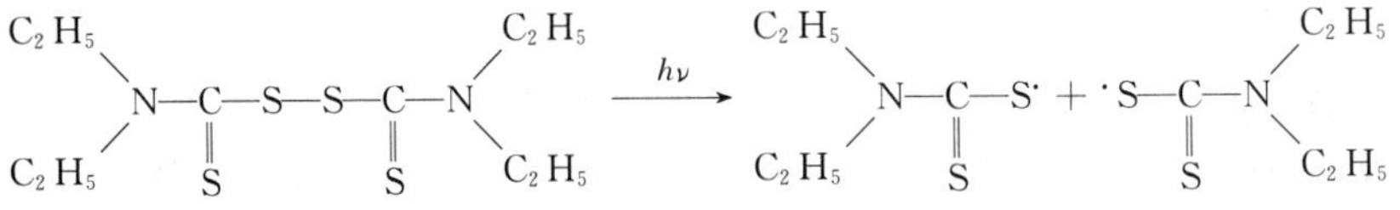

$$(C_2H_5)_2N-C(=S)-S-S-C(=S)-N(C_2H_5)_2 \xrightarrow{h\nu} (C_2H_5)_2N-C(=S)-S\cdot + \cdot S-C(=S)-N(C_2H_5)_2$$

图 2-18　对称型引发转移终止剂的分解机理

非对称型引发转移终止剂的分解可有两种不同的方式,得到不同的自由基。如图 2-19 所示。

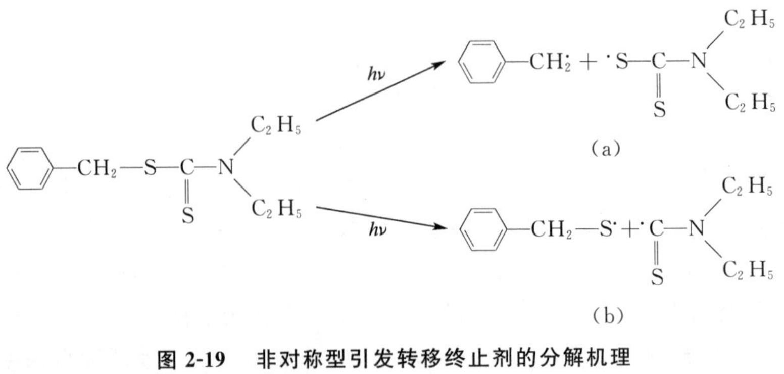

$$C_6H_5-CH_2-S-C(=S)-N(C_2H_5)_2 \xrightarrow{h\nu} C_6H_5-CH_2\cdot + \cdot S-C(=S)-N(C_2H_5)_2 \quad \text{(a)}$$

$$C_6H_5-CH_2-S-C(=S)-N(C_2H_5)_2 \xrightarrow{h\nu} C_6H_5-CH_2-S\cdot + \cdot C(=S)-N(C_2H_5)_2 \quad \text{(b)}$$

图 2-19　非对称型引发转移终止剂的分解机理

由途径(a)可产生苄基自由基和$(C_2H_5)_2NC(S)S^·$自由基，前者可用于引发聚合，后者则用于终止聚合。由途径(b)可产生$PhCH2S^·$和$(C_2H_5)_2NC(S)^·$两种自由基，均不能引发聚合。一般来说，C—SR键比S—R键弱，因此分解主要通过第一种方式进行。但若给予体系的能量较高，则也可能发生(b)途径的分解。

3) TEMPO引发体系

TEMPO是有机化学中常用的自由基捕捉剂。20世纪70年代末，澳大利亚的Rizzardo等人首次将TEMPO引入自由基聚合体系，用来捕捉增长链自由基以制备丙烯酸酯齐聚物。1993年，加拿大Xerox公司的研究人员为了开发高质量油墨添加剂，在Rizzardo等人的研究工作的基础上，开展了苯乙烯的高温聚合，获得突破。他们发现采用TEMPO/BPO(1∶1摩尔比)作为引发体系在120℃条件下引发苯乙烯的本体聚合为活性聚合。在聚合过程中，TEMPO是稳定自由基，只与增长自由基发生偶合反应形成共价键，而这种共价健在高温下又可分解产生自由基。因而TEMPO捕捉增长自由基后，不是活性链的真正死亡，而只是暂时失活，成为休眠种(图2-20)。

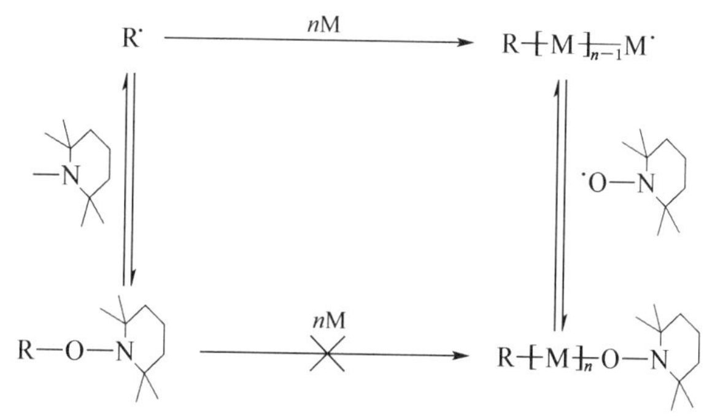

图2-20　TEMPO引发体系的引发机理

TEMPO控制的自由基活性聚合既具有可控聚合的典型特征，又可避免阴离子活性和阳离子活性聚合所需的各种苛刻反应条件，因而引起了高分子学术界和工业界的共同兴趣，涌现了大量的研究成果。例如将4-羟基-2,2,6,6-四甲基氮氧化物(HTEMPO)与甲基丙烯酰氯进行酯化反应，得到带有活泼双链的氮氧自由基MTEMPO，反应式如图2-21所示。

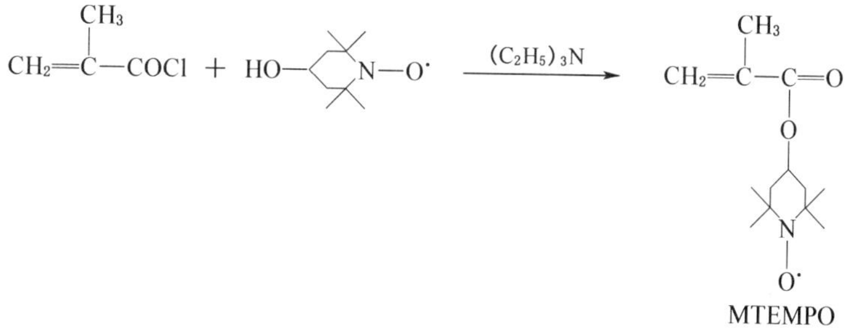

图2-21　HTEMPO与甲基丙烯酰氯的酯化反应

MTEMPO具有双重功能，既可以捕捉自由基，又可参与聚合。在MTEMPO聚合到高分子链上之后，因高分子链构象的屏蔽作用而使得这些TEMPO的自由基俘获能力大大降低。休眠链数目减少，增长链数目增加，从而加快聚合反应速率。理论和实验均表明，聚合速率可加快2.5倍左右，而相对分子质量分布基本保持不变。利用TEMPO自由基引发苯乙烯单体的特点，将上述MTEMPO与甲基丙烯酸甲酯在溴乙基苯/氯化亚铜/联二吡啶引发体系存在下进行原子转移自由基聚合，得到含有 MTEMPO 链节的 PMMA，然后再以此大分子与过氧化苯甲酰组成引发体系，进行苯乙烯的接枝共聚，最终可得到 PMMA-*g*-PSt 接枝共聚物，如图 2-22 所示。

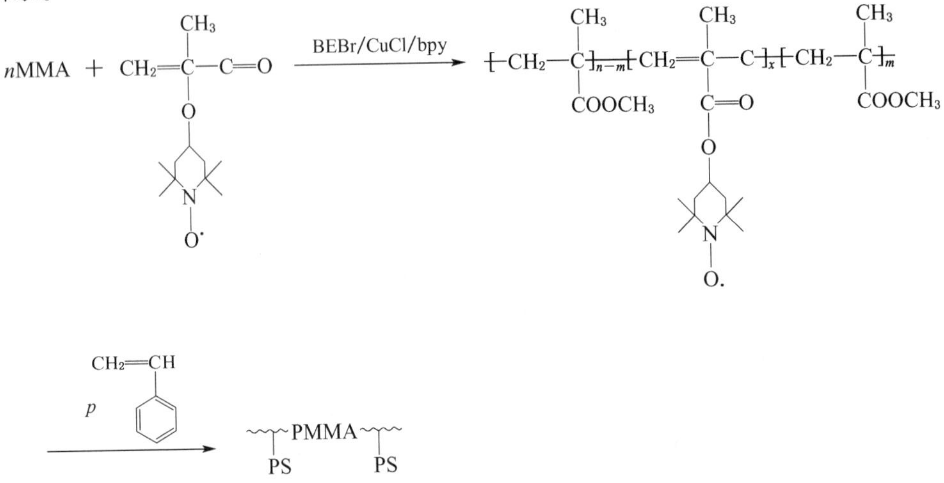

图 2-22 通过 MTEMPO 制备 PMMA-*g*-PSt 接枝共聚物的过程

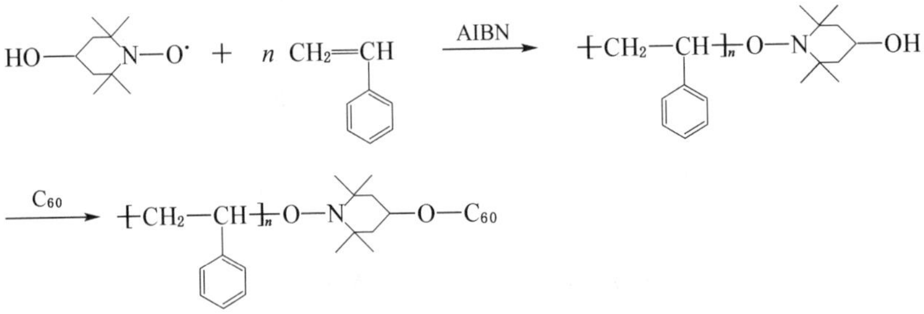

图 2-23 通过 MTEMPO 制备含 C_{60} 聚苯乙烯的过程

将 4-羟基-2，2，6，6-四甲基氮氧化物（HTEMPO）与 AIBN 作为引发体系进行苯乙烯的活性聚合，可制备以 HTEMPO 封端的聚苯乙烯，然后再与 C_{60} 反应，可得到单取代的含 C_{60} 聚苯乙烯，如图 2-23 所示。

TEMPO 引发体系引发的活性聚合存在的一个缺点是反应速度较慢，达到高转化率所需的时间较长。例如以 TEMPO/BPO 为引发体系的苯乙烯聚合，在 125℃下需要经过约 70h，转化率才可达到 90%。如此长的反应时间限制了其在工业上的应用。研究发现，在 TEMPO 引发体系中加入少量酸性物质，可加速体系的聚合速率。1994 年，Georges 等报道了在低浓度（≤0.02 mol/L）的樟脑磺酸（CSA）存在下，苯乙烯聚合速率显著提高，6h 内转化率可达到 90%，产物的相对分子质量分布很窄（$\overline{M}_w/\overline{M}_n<1.25$），且转化率和相对分子质量分布均随 CAS 浓度的增加而提高。1995 年，Odell 等人发现，加入少量对甲苯磺酸的 2-氟-1-甲基吡啶盐（FMPTS）比加入同浓度的 CSA 更能有效地提高苯乙烯的聚合速率。1997 年，Hawker 等报道了一系列酰化试剂，例如乙酸酐、三氟乙酸酐等也可显著改善 TEMPO 引发体系的聚合速率。近年来发现乙酰丙酮、乙酰乙酸乙酯、丙二酸二乙酯等均可显著提高 TEMPO 体系引发下的苯乙烯聚合速率，且相对分子质量和相对分子质量分布可控。对上述增速剂的作用机理目前尚不十分清楚，需要进一步研究。

一般认为 TEMPO 引发体系只适合于苯乙烯及其衍生物的活性聚合，而对甲基丙烯酸甲酯等极性单体不适用。但最近有研究表明，甲基丙烯酸甲酯以 TEMPO/BPO 为引发体系，在增速剂三氟乙酸酐存在下，当单体转化率低于 30%时，可得到相对分子质量随转化率线性增长，相对分子质量分布较窄($\overline{M}_w/\overline{M}_n<1.35$)的聚合物。当转化率进一步上升时，相对分子质量变得不可控制。通过对模型聚合物的^{1}HNMR 分析，发现在较高转化率时，会发生氮氧自由基部分脱落的现象，使聚合物链双基终止，导致了聚合体系的相对分子质量及其分布的不可控。对氮氧自由基易从分子链上脱落的原因，研究认为可能是由于酯基的强吸电子效应削弱了 C—O 键，从而使氮氧自由基与大分子链的连接减弱所致。

由于 EMPO 引发体系目前只适用于苯乙烯及其衍生物的活性聚合，因而通过这一体系进行高分子材料分子设计的范围就显得十分有限。此外，TEMPO 价格昂贵，也决定了该体系的工业化价值不大。但 TEMPO 引发体系所引发的自由基聚合毕竟是首例自由基活性聚合，它的发现使高分子合成化学家们看到了自由基活性聚合的曙光，更加坚定了寻求自由基活性聚合的信念。

4) 可逆加成-断裂链转移自由基聚合(RAFT)

TEMPO 引发体系导致自由基活性聚合的原理是增长链自由基的可逆链终止，而可逆加成-断裂链转移自由基聚合过程则实现了增长链自由基的可逆链转移。

众所周知，在经典自由基聚合中，不可逆链转移副反应是导致聚合反应不可控的主要因素之一。而可逆链转移则可形成休眠的大分子链和新的引发活性种。这一概念的建立为活性可控自由基聚合研究指明了方向。如何将这一原理付诸实践，关键是能否找到如图 2-24 中所示的理想链转移剂。

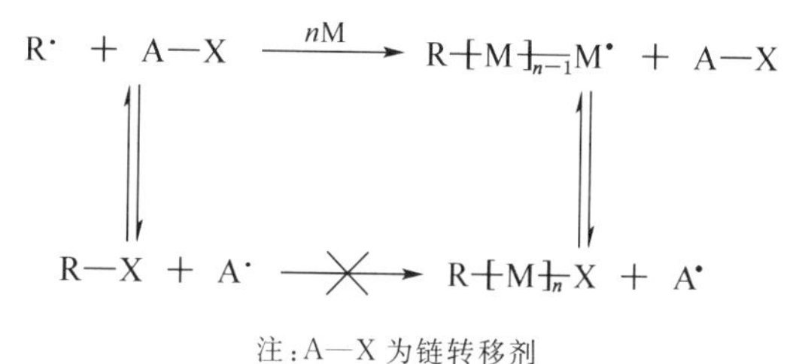

注：A—X 为链转移剂

图 2-24　可逆加成-断裂链转移自由基聚合原理示意图

1995 年，Matyjaszewski 等人报道了以 1-碘乙基苯为转移剂，偶氮二异丁腈为引发剂的苯乙烯和丙烯酸丁酯自由基聚合，发现该体系具有以下活性特征：①转化率与时间成线型关系；②聚合物相对分子质量随转化率单调增加；③在第一单体基本消耗完毕后加入第二单体，聚合可继续进行，最终得到嵌段共聚物。但实验结果发现聚合物的相对分子质量分布仍比较宽，其主要原因可能是由于 1-碘乙基苯的链转移常数较小，因此导致活性种和休眠种之间的转换速率较小。

1998 年，Rizzardo 在第 37 届国际高分子学术讨论会上作了"*Tailored polymers by free radical processes*"的报告，提出了可逆加成-断裂链转移自由基聚合(reversible addition and fragmentation chain transfer radical polymerization，RAFT)的概念。这一聚合机理的提出，引起了与会专家学者的强烈反响。如上所述，在经典自由基聚合中，不可逆链转移副反应是导致聚合反应不可控的主要因素之一。但当链转移剂的链转移常数和浓度足够大时，链转移反应由不可逆变为可逆，聚合行为也随之发生质的转化，由不可控变为可控。RAFT 的发现揭示了自然界由量变到质变的辩证发展规律。可逆加成-断裂链转移自由基聚合成功实现可控自由基聚合的关键是找到了具有高链转移常数和特定结构的链转移剂双硫酯(ZCS_2R)。其化学结构如图 2-25 所示。

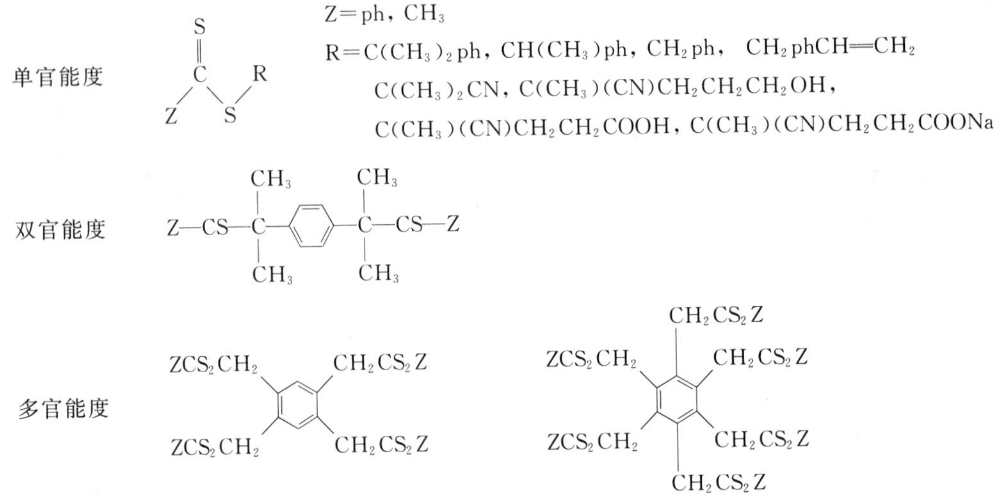

单官能度

$Z-C(=S)-S-R$

$Z=ph, CH_3$

$R=C(CH_3)_2ph, CH(CH_3)ph, CH_2ph, CH_2phCH{=}CH_2$
$C(CH_3)_2CN, C(CH_3)(CN)CH_2CH_2CH_2OH,$
$C(CH_3)(CN)CH_2CH_2COOH, C(CH_3)(CN)CH_2CH_2COONa$

双官能度

$Z-CS-C(CH_3)_2-C_6H_4-C(CH_3)_2-CS-Z$

多官能度

ZCS_2CH_2, CH_2CS_2Z, ZCS_2CH_2, CH_2CS_2Z（四取代苯）

CH_2CS_2Z, ZCS_2CH_2, CH_2CS_2Z, ZCS_2CH_2, CH_2CS_2Z, CH_2CS_2Z（六取代苯）

图 2-25 部分链转移剂双硫酯的化学结构

表 2-2 列出了部分利用可逆加成-断裂链转移自由基聚合原理进行聚合物分子设计的实例。由表可见，采用单官能度、双官能度和多官能度的双硫酯类化合物作链转移剂，可成功地制备嵌段、星形等具有复杂分子结构的聚合物。

表 2-2 通过 RAFT 聚合制备的结构可控聚合物实例

产物名称	转化率	$\overline{M}_n$	$\overline{M}_w/\overline{M}_n$
PBA-b-PAA	8.3%	52400	1.19
PMMA-b-PSt	23.5%	35000	1.24
PHEMA-b-MMA-b-PHEMA	40.2%	28500	1.18
星状 PST	72.1%	80000	1.67
星状 P(BA-S)	71.4%	82500	2.16

可逆加成-断裂链转移自由基聚合的机理可用下列反应式表示，如图 2-26 所示：

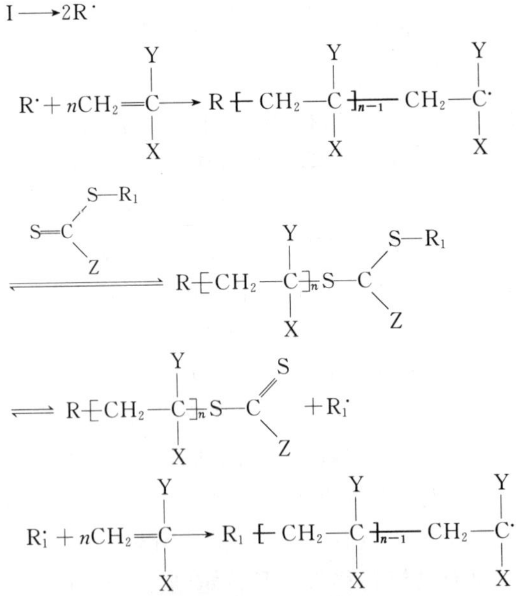

$$I \longrightarrow 2R^{\cdot}$$

$$R^{\cdot} + nCH_2{=}C(Y)(X) \longrightarrow R{+}CH_2-C(Y)(X){+}_{n-1}CH_2-C^{\cdot}(Y)(X)$$

$$\xrightarrow{S{=}C(S-R_1)(Z)} R{+}CH_2-C(Y)(X){+}_n S-C^{\cdot}(S-R_1)(Z)$$

$$\rightleftharpoons R{+}CH_2-C(Y)(X){+}_n S-C(=S)-Z + R_1^{\cdot}$$

$$R_1^{\cdot} + nCH_2{=}C(Y)(X) \longrightarrow R_1{+}CH_2-C(Y)(X){+}_{n-1}CH_2-C^{\cdot}(Y)(X)$$

图 2-26 可逆加成-断裂链转移自由基聚合原理

采用核磁共振和紫外-可见光谱等手段分析，已检测到聚合物链端存在链转移剂分子的残片，可证实这一机理的正确性。

从以上的反应机理不难看出，链转移剂中的 Z 和 R 两个基团有至关重要的作用。其中 Z 应该是能够活化 C=S 对自由基加成的基团，通常为芳基、烷基；而 R 应是活泼的自由基离去基团，断键后生成的自由基 R· 应该能有效地再引发聚合，常用的有异丙苯基、腈基异丙基等。

5）原子转移自由基聚合

(1) 基本原理

原子转移自由基聚合的概念源于有机化学中的过渡金属催化原子转移自由基加成(Atom Transfer Radical Addition，ATRA)，ATRA 是有机化学中形成 C—C 键的有效方法。其反应过程如图 2-27 所示。

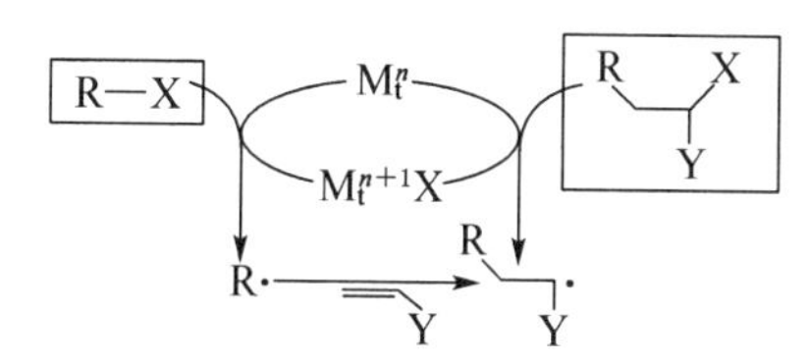

图 2-27 原子转移自由基加成反应示意图

首先，还原态过渡金属种 M_t^n 从有机卤化物 R—X 中夺取卤原子 X，形成氧化态过渡金属种 M_t^{n+1} 和碳自由基 $R^{\cdot}$；其后自由基 $R^{\cdot}$ 与烷烯 M 反应产生中间体自由基 R—$M^{\cdot}$。中间体自由基 R—$M^{\cdot}$ 再与氧化态过镀金属种反应得到目标产物 R—M—X，同时产生还原态过渡金属种 M_t^n，它又可与卤化物 R—X 反应，开始新一轮氧化-还原循环。这种过渡金属催化的原子转移反应具有很高的效率，加成物 R—M—X 的产率常大于 90%。这一事实说明 M_t^n/M_t^{n+1} 的氧化还原反应能产生低浓度自由基，从而大大抑制了自由基之间的终止反应。由此可以设想，若大分子卤化物 R—M—X 对 M_t^n 具有足够的反应活性，且单体大大过量，那么一连串的原子转移自由基加成反应，即可控自由基聚合就有可能发生，如图 2-28 所示。

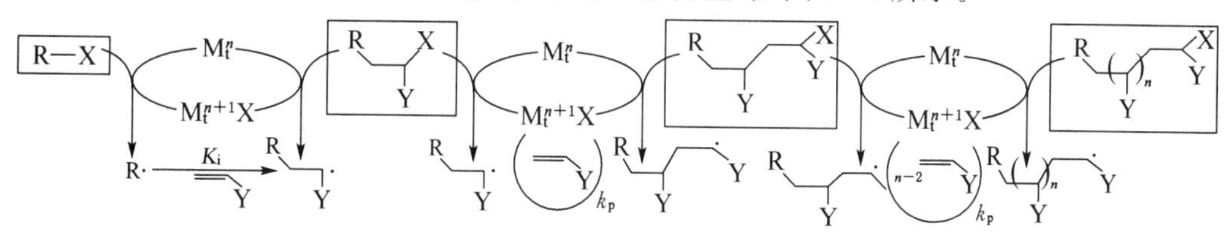

图 2-28 连续的原子转移自由基加成反应示意图

为了证实这一设想，Matyjaszwski 和王锦山博士以 α-氯代苯乙烷为引发剂、氯化亚铜与 2,2′-联二吡啶的络合物为催化剂，在 130℃条件下进行了苯乙烯本体聚合，不仅得到了窄相对分子质量分布的聚苯乙烯，而且聚合物的实测相对分子质量与理论计算值非常接近。当加入第二单体丙烯酸甲酯时，成功地实现了嵌段共聚，具有明显的活性聚合特征。据此，他们提出了原子转移自由基聚合(Atom Transfer Radical Polymerization，ATRP)这一全新的概念。

尽管 ATRP 是由 ATRA 衍变而来，但发生 ATRA 反应只是发生 ATRP 反应的必要条件而非充分条件。ATRA 能否转化为 ATRP，不仅取决于反应介质、反应温度、过渡金属离子及配位体的性质等影响因素，还与卤代烷和不饱和化合物的分子结构密切相关。ATRA 的研究对象是卤原子怎样能顺利地加成到双键上去，而加成物中的卤原子能否成功地转移下来则是 ATRP 所解决的问题。理论和实践证明，分子结构中的共轭效应或诱导效应能够削弱 α 位置

C—X 键的强度。这一结论不但已成为选择 ATRP 引发剂的原则,而且决定了 ATRP 所适应的单体范围。

根据 Matyjaszwski 和王锦山提出的概念,典型的原子转移自由基聚合的基本原理示于图2-29。

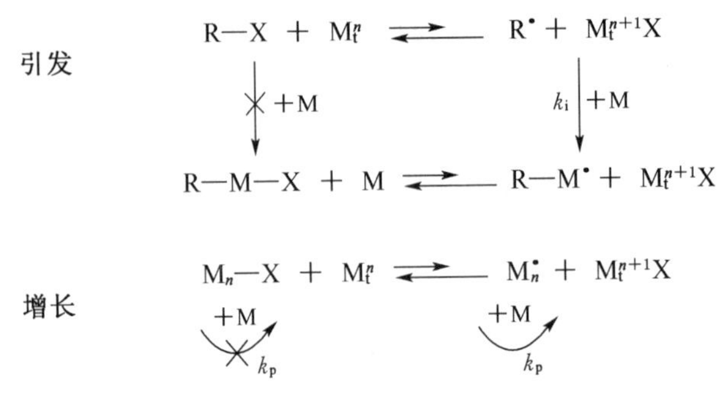

图 2-29　原子转移自由基聚合的机理

在引发阶段,处于低氧化态的转移金属卤化物(盐)M_n^n 从有机卤化物 R—X 中吸取卤原子X,生成引发自由基 R· 及处于高氧化态的金属卤化物 M_t^{n+1}—X。自由基 R· 可引发单体聚合,形成链自由基 R—$M_n^·$ 。R—$M_n^·$ 可从高氧化态的金属络合物 M_t^{n+1}—X 中重新夺取卤原子而发生钝化反应,形成 R—M_n—X,并将高氧化态的金属卤化物还原为低氧化态 M_t^n。如果 R—M_n—X 与 R—X 一样(不总是一样)可与 M_t^n 发生促活反应生成相应的 R—$M_n^·$ 和 M_t^{n+1}—X,同时若 R—$M_n^·$ 与 M_t^{n+1}—X 又可反过来发生钝化反应生成 R—M_n—X 和 M_t^n,则在自由基聚合反应进行的同时,始终伴随着一个自由基活性种与有机大分子卤化物休眠种的可逆转换平衡反应。

由于这种聚合反应中的可逆转移包含卤原子从有机卤化物到金属卤化物、再从金属卤化物转移至自由基这样一个反复循环的原子转移过程,所以是一种原子转移聚合。同时由于其反应活性种为自由基,因此被称为原子转移自由基聚合。原子转移自由基聚合是一个催化过程,催化剂 M_t^n 及 M_t^{n+1}—X 的可逆转移控制着[$M_n^·$],即 R_t/R_p(聚合过程的可控性),同时快速的卤原子转换控制着相对分子质量和相对分子质量分布(聚合物结构的可控性),这就为人为地控制聚合反应提供了极大的方便。

(2) 原子转移自由基聚合的引发剂、催化剂和配位剂

研究表明,所有 α 位上含有诱导共轭基团的卤代烷都能引发 ATRP 反应。目前已报道的比较典型的 ATRP 引发剂主要有 α-卤代苯基化合物,如 α-氯代苯乙烷、α-溴代苯乙烷、苄基氯、苄基溴等;α-卤代碳基化合物,如 α-氯丙酸乙酯、α-溴丙酸乙酯、α-溴代异丁酸乙酯等;α-卤代腈基化合物,如 α-氯乙腈、α-氯丙腈等;多卤化物,如四氯化碳、氯仿等。此外,含有弱 S—Cl 键的取代芳基磺酰氯是苯乙烯和(甲基)丙烯酸酯类单体的有效引发剂,引发效率大于卤代烷。近年的研究发现,分子结构中并没有共轭或诱导基团的卤代烷(如二氯甲烷、1,2-二氯乙烷)在 $FeCl_2 \cdot 4H_2O/PPh_3$ 的催化作用下,也可引发甲基丙烯酸丁酯的可控聚合,从而拓宽了 ATRP 的引发剂选择范围。

第一代 ATRP 技术引发体系的催化剂为 CuX(X=Cl、Br)。以后 Sawamoto 和 Teyssie 等人分别采用 Ru 和 Ni 的络合物为催化剂进行了 MMA 的 ATRP 反应,获得成功。后来又发现了以卤化亚铁为催化剂的 ATRP 反应。这些催化剂的研究成功,为开发高效、无公害的引发

体系奠定了基础。

配位剂是 ATRP 引发体系中的一个重要组成部分，具有稳定过渡金属和增加催化剂溶解性能的作用。Matyjaszewski 等人最早使用的配位剂是联二吡啶，由它与卤代烷、卤化铜组成的引发体系是非均相体系，用量较大，引发效率不高，产物的相对分子质量分布也较宽。均相体系的取代联二吡啶价格较昂贵，且聚合速率比非均相体系慢得多。现已有采用廉价的多胺（如 N,N,N′,N″,N″-五甲基二亚乙基三胺）、亚胺（如 2-吡啶甲醛缩正丙胺）、氨基醚类化合物（如双（二甲基氨基乙基）醚等）替代昂贵的联二吡啶的报道，据称效果与取代联二吡啶相当。

(3) 原子转移自由基聚合的单体

与其他活性聚合相比，ATRP 具有最宽的单体选择范围，这也许是 ATRP 最大的魅力所在。目前已经报道的可通过 ATRP 聚合的单体有三大类：

苯乙烯及取代苯乙烯，如对氟苯乙烯、对氯苯乙烯、对溴苯乙烯、对甲基苯乙烯、间甲基苯乙烯、对氯甲基苯乙烯、间氯甲基苯乙烯、对三氟甲基苯乙烯、间三氟甲基苯乙烯、对叔丁基苯乙烯等。

（甲基）丙烯酸酯，如（甲基）丙烯酸甲酯、（甲基）丙烯酸乙酯、（甲基）丙烯酸正丁酯、（甲基）丙烯酸叔丁酯、（甲基）丙烯酸异冰片酯、（甲基）丙烯酸-2-乙基己酯、（甲基）丙烯酸二甲氨基乙酯等；

带有功能基团的（甲基）丙烯酸酯，如（甲基）丙烯酸-2-羟乙酯、（甲基）丙烯酸羟丙酯、（甲基）丙烯酸缩水甘油酯、乙烯基丙烯酸酯；特种（甲基）丙烯酸酯，如（甲基）丙烯酸-1,1-二氢全氟辛酯、（甲基）丙烯酸十五氟辛基乙二醇酯、（甲基）丙烯酸-β-(N-乙基-全氟辛基磺酰基）氨基乙酯、（甲基）丙烯酸-2-全氟壬烯氧基乙酯等；（甲基）丙烯腈；4-乙烯基吡啶等。

至今为止，采用 ATRP 技术尚不能使烯烃类单体、二烯烃类单体、氯乙烯和醋酸乙烯等单体聚合。

(4) 反向原子转移自由基聚合

原子转移自由基聚合虽然有强大的分子设计功能，但也存在一些致命的缺点。如 ATRP 的引发剂通常为有机卤化物，毒性较大；催化剂中的还原态过渡金属化合物易被空气中的氧气氧化，致使贮存和实验操作都较为困难；催化体系活性不太高，用量较大；金属盐作催化剂对环境保护不利等。为此，近年来一种改进的 ATRP——反向原子转移自由基聚合（RATRP）技术浮出水面。

RATRP 技术采用传统的自由基引发剂（如偶氮二异丁腈、过氧化二苯甲酰等）和高价态的过渡金属络合物（如 $CuCl_2$、$CuBr_2$ 等）组成引发体系，反应过程可用图 2-30 表示。

与常规的原子转移自由基聚合中首先用 M_t^n 活化休眠种 R—X 不同，反向原子转移自由基聚合是从自由基 I˙ 或 I—P˙ 与 XM_t^{n+1} 的钝化反应开始的。在引发阶段，引发自由基 I˙ 或 I—P˙ 一旦产生，就可以从氧化态的过渡金属卤化物 XM_t^{n+1} 夺取卤原子，形成还原态过渡金属离子 M_t^n 和休眠种 I—X 或 I—P—X。以后，过渡金属离子 M_t^n 的作用就同常规原子转移自由基聚合中一样了。

反向原子转移自由基聚合也是由 Matyjaszwski 和王锦山博士等人首先报道的。1995 年，他们应用 $AIBN/CuCl_2/bpy$ 成功实现了苯乙烯的反向原子转移自由基聚合。由于是非均相反应，Cu(II)的用量很高时才能较好地控制聚合，而且反应速率很慢。这种非均相的反向原子转移自由基聚合对（甲基）丙烯酸酯类弹体的聚合难以控制。之后，Teyssie 等将其发展为 $AIBN/FeCl_3/pph_3$ 体系，成功实现了甲基丙烯酸甲酯的活性可控聚合。朱申敏等人则采用

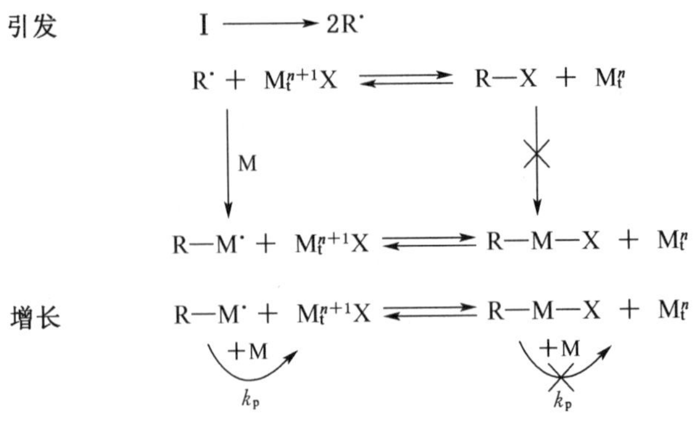

$$\text{引发} \quad I \longrightarrow 2R^{\cdot}$$

$$R^{\cdot} + M_t^{n+1}X \rightleftharpoons R{-}X + M_t^n$$

$$\downarrow M \qquad\qquad \not\downarrow$$

$$R{-}M^{\cdot} + M_t^{n+1}X \rightleftharpoons R{-}M{-}X + M_t^n$$

$$\text{增长} \quad R{-}M^{\cdot} + M_t^{n+1}X \rightleftharpoons R{-}M{-}X + M_t^n$$

$$(+M,\ k_p) \qquad\qquad (+M,\ k_p \text{ 不发生})$$

图 2-30 反向原子转移自由基聚合的机理

BOP/$CuCl_2$/bpy 进行了苯乙烯和甲基丙烯酸甲酯的反向原子转移自由基聚合，发现也具有活性可控聚合特征，并提出了有别于 AIBN 引发的反向原子转移自由基聚合的机理。首先，BPO 分子分解成两个自由基，由于 BPO 及其分解所得的初级自由基具有较强的氧化性，Cu^{2+} 不可能直接从 BPO 初级自由基上夺取电子而生成休眠种；但当 BPO 初级自由基加成一个或几个单体分子后，$CuCl_2$就可以夺取自由基上的电子，发生卤代反应，产生休眠种及 Cu^+；由于 Cu^+ 具有还原性，能与 BPO 发生氧化还原反应，从而又生成初级自由基，反应过程如图 2-31 所示。

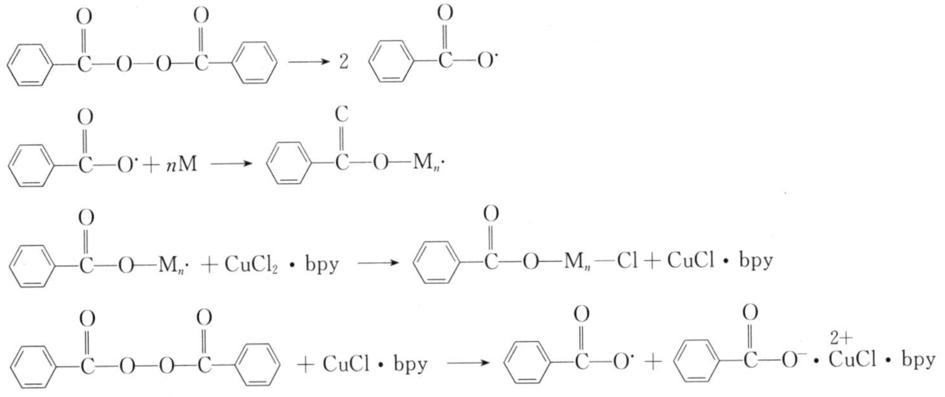

$$C_6H_5{-}\overset{O}{\overset{\|}{C}}{-}O{-}O{-}\overset{O}{\overset{\|}{C}}{-}C_6H_5 \longrightarrow 2\ C_6H_5{-}\overset{O}{\overset{\|}{C}}{-}O^{\cdot}$$

$$C_6H_5{-}\overset{O}{\overset{\|}{C}}{-}O^{\cdot} + nM \longrightarrow C_6H_5{-}\overset{C}{\overset{\|}{C}}{-}O{-}M_n^{\cdot}$$

$$C_6H_5{-}\overset{O}{\overset{\|}{C}}{-}O{-}M_n^{\cdot} + CuCl_2 \cdot bpy \longrightarrow C_6H_5{-}\overset{O}{\overset{\|}{C}}{-}O{-}M_n{-}Cl + CuCl \cdot bpy$$

$$C_6H_5{-}\overset{O}{\overset{\|}{C}}{-}O{-}O{-}\overset{O}{\overset{\|}{C}}{-}C_6H_5 + CuCl \cdot bpy \longrightarrow C_6H_5{-}\overset{O}{\overset{\|}{C}}{-}O^{\cdot} + C_6H_5{-}\overset{O}{\overset{\|}{C}}{-}O^{-} \cdot \overset{2+}{CuCl} \cdot bpy$$

图 2-31 BPO/$CuCl_2$/bpy 引发反向原子转移自由基聚合的机理示意图

2.2.2 树枝状聚合物和超支化聚合物的合成

1. 概述

高度支化的聚合物(highly branched macromolecules)的研究是近十多年来高分子化学领域中的热门话题之一。由于其新奇的结构、独特的性能和潜在的应用前景，这类聚合物一经问世即受到科学界和工业界的普遍关注。

从结构特征来区分，高度支化的聚合物可分为两类：一类为树枝状聚合物(dendrimer)，另一类为超支化聚合物(hyperbranched polymer)。树枝状聚合物分子具有规则的和可控制的支化结构。通常它们必须经多步连续合成来制备，每一步合成后都要经过分离、提纯等操作，过程十分繁琐。而超支化聚合物往往可通过 AB_x 单体的直接聚合一步制得，简单易得。但超支化聚合物的分子支化结构不完善，而且难以控制。尽管这两类聚合物在结构上和性质上存在差别，但有许多化学性质和物理性质却十分相近。例如在分子结构的表面上都有很高的官能度;在有机溶剂中都有很大的溶解度;与相应的线型分子相比,它们的熔体和溶液都有较低的黏度,而玻璃化转变温度不受分子结构的影响,等等。

由于超支化聚合物可通过一步法聚合直接获得,因此,它们显然比树枝状聚合物更有可能实现大规模工业生产,更具有应用潜力。因此,近年来人们对它们表现了更大的兴趣。根据它们的特点和性能,预计可在涂料、黏合剂、流变助剂、线型聚合物的改性剂、晶体成核剂、有机-无机掺杂物的结构控制剂等方面找到用武之地。为此,许多科学家作出了很大的努力,取得了丰硕的成果。

在经典的教科书上,长期以来将聚合物分为线型、支链型和体型结构三大类。除了少量特殊结构的支化聚合物外(如星型、梳型和接枝共聚物等),通常认为支化聚合物的各种性能不如相应的线型聚合物。因此对支化聚合物基本上是持排斥和否定态度的。正因为如此,尽管Flory在四十五年前已提出了超支化聚合物的概念,并从理论上进行了处理,给出了这类聚合物的相对分子质量分布,但多年来超支化聚合物一直处于被置之不理的地位。

近年来,随着高分子科学的进展,高分子结构与性能间的关系研究不断深入,使得人们对支化聚合物有了新的认识。支化对高分子的性能具有重大的影响。支化聚合物中支链的性质、支链的长度、支链的分布、支化度等物理参数与它的化学、物理、力学、流变学性能都有十分密切的联系。这种影响的积极意义或消极意义完全应根据研究目的和应用目的来决定。

超支化聚合物之所以长期不被人们重视的另一原因是表征手段的缺乏。有资料表明,远在1990年由Kim和Webster以3,5-二溴苯基硼酸为单体制备出首例超支化聚合物之前,超支化聚合物已在许多偶然的场合作为聚合反应的副产物被合成出来。例如,1920年,Hunter和Woollett用乙基碘(ethyl iodide)与三卤苯酚的银盐作用,得到一种高相对分子质量的、无规结构的产物。遗憾的是由于当时高分子分析手段的匮乏,对这种产物不可能进行结构表征。而今天我们可根据所用的原料推测,这种产物很可能是一种超支化聚合物。

2. 树枝状聚合物的合成

1)基本概念

树枝状聚合物(dendrimer)是1985年由美国密西根化学研究所的Tomilia博士和South Florida大学的Newkome教授几乎同时独立开发的一类三维高度有序并且可以从分子水平上控制、设计分子的大小、形状、结构和功能基团的新型高分子化合物,它们高度支化的结构和独特的单分散性使这类化合物具有特殊的性质和功能。这类聚合物因其分子链骨架上有许多末端,分子结构形状酷似树枝而得名。树枝状聚合物的结构十分对称,分子外围比较紧密,端点基团的数目随代数成几何级数增加,因此与线型聚合物相比具有一些特殊的物理化学性质。例如:分子表面极高的官能团密度,分子的特殊外形和内部广阔的空腔,因而具有广泛的应用前景。

最近10多年来树枝状聚合物的合成、性能及应用得到了较为充分的研究。相对于线型聚合物,树枝状聚合物其结构近似球形,分子间相互缠结少,在溶液中的黏度较低。由于其结构大小较为固定,相对分子质量分布窄,可望作为凝胶渗透色谱中的尺寸标准。树枝状聚合物分子具有较大的尺寸,分子大小和表面活性官能团数量可控制,使其可成为较大的纳米材料的理想建筑块。具有亲水性的聚合物与亲油性树枝状聚合物的嵌段共聚物可用作表面活性剂。有些结构特殊的树枝状聚合物可导电,有些则可用作催化剂,用作分子识别标识物,等等,功能繁多。

从1992年第116卷起,《美国化学文摘》在普通主题索引中新设专项标题(dendritic polymers)，表明了科学家们对这类聚合物所表示的高度兴趣。近 20 年来，大量的树枝状聚合物被合成出来，对其性质的研究也不断深入，成为国内外高分子领域研究的热点之一。目前，国外对树枝状聚合物的研究热点已由合成开始转向了应用领域，有关应用方面的研究论文和专利已占绝大多数。从 20 世纪 90 年代中期开始，国内的北京大学、中国科学院北京化学研究所等在这一新兴领域也开展了基础研究工作，国内较高水平的学术刊物上曾多次刊登有关树枝状聚合物的综述文章。

2）树枝状聚合物合成的基本方法

树枝状聚合物的合成主要有发散法与收敛法两种基本方法。1985 年 Tomalia 与 Newkome 首先发展了发散法合成路线，1990 年 Frechet 等人则发展了收敛法合成路线。

发散法是从所需合成的树枝状聚合物的中心点开始向外扩展来进行合成的。首先将中心核分子与两摩尔以上的含有两个以上被保护的支链活性点的试剂反应，再移去保护基团，使活化的基团再进行反应，如此反复进行直至合成所需大小的树枝状聚合物。该合成路线的缺点是反应增长级数愈大，所需反应的官能团数目愈多，则增长反应越不容易完全，结果越容易使分子产生缺陷。若要保证反应完全，往往需要过量的试剂与较苛刻的反应条件，从而给产物的分离和纯化带来一定的困难。图 2-32 为发散法制备树枝状聚合物示意图。

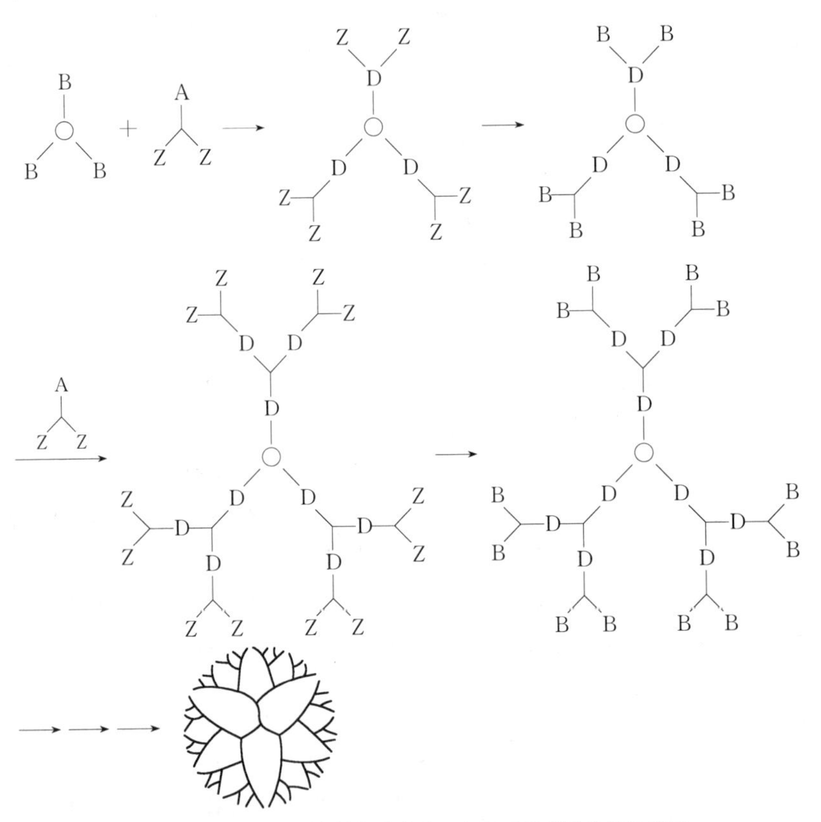

A、B—反应基团；Z—B 的被保护形式；D—A 与 B 反应形成的官能团

图 2-32　发散法制备树枝状聚合物示意图

收敛法是从所需合成的树枝状聚合物分子的边缘部分开始，逐步向内进行。它是先合成树枝状聚合物的一部分，形成一个楔形物，然后将这些楔形物与中心分子连接，最后形成树枝状聚合物。收敛法在合成单分散性树枝状聚合物、提纯和表征等方面优于发散法，且涉及每步

增长过程中的反应官能团数目也要少一些。但是随着增长级数的增加,在中心点的反应基团所受空间位阻增大,对反应的进一步进行有阻碍,使其合成的聚合物代数一般不如发散法合成的大。图 2-33 为收敛法制备树枝状聚合物示意图。

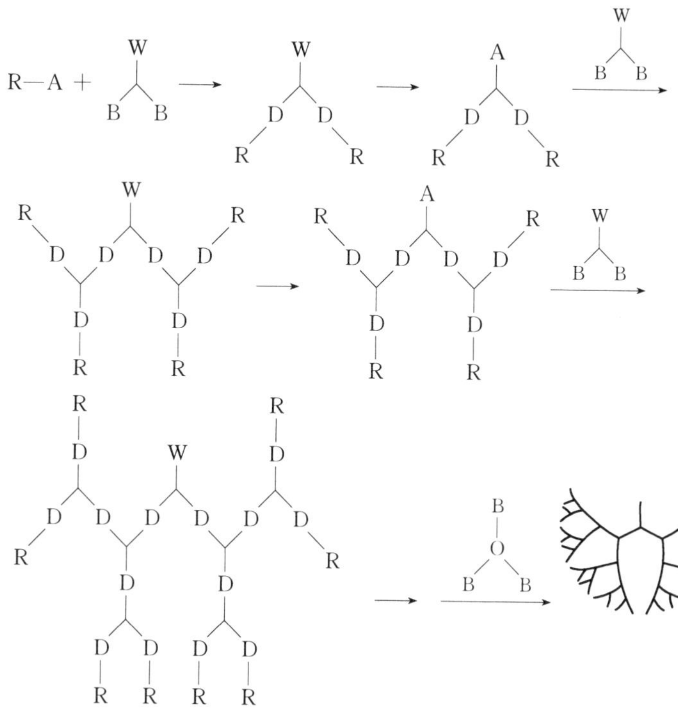

A、B—反应基团;W—A 的被保护形式;D—A 与 B 反应形成的官能团

图 2-33 收敛合成法制备树枝状聚合物示意图

下面结合具体实例介绍通过发散法和收敛法制备树枝状聚合物的过程。

(1) 树枝状碳氢聚合物。

合成树枝状聚合物是多步重复反应,为了保证合成的总收率较高,每一步反应的产率都应该较高。Miller 采用发散/收敛相结合的方法,将芳基三甲基硅烷转变为芳基硼酸的反应和芳基硼酸与芳基溴化物的偶合反应结合,合成了含有多个苯环的芳香族树枝状碳氢聚合物。反应过程如图 2-34 所示。

芳香族树枝状碳氢聚合物为无定型结构,能溶于四氢呋喃、甲苯、二氯甲烷、氯仿等有机溶剂,有良好的耐热性,500℃以上才开始分解。

通过 3,5-二溴苯硼酸在 $Pb(PPh_3)_4$ 的催化下自相偶合可生成树枝状聚亚苯。树枝状聚亚苯可溶于四氢呋喃和邻氯苯,不溶于二氯甲烷和醚类溶剂。由于聚亚苯的分子外围富含 Br 原子,因此可很方便地转化为羧基或羧酸盐。

(2) 树枝状聚酰胺-胺。

树枝状聚酰胺-胺(PAMAM)是世界上第一例合成的树枝状聚合物,是目前研究最深入、最广泛的树枝状聚合物。PAMAM 的合成以乙二胺为核心,通过 Mickeal 加成和酰胺化缩合反应进行的,非常典型地代表了通过发散合成法制备树枝状聚合物的合成路线,如图 2-35 所示。研究结果表明,由发散合成法制备的 PAMAM,在低代数(3.0G 以下,G 代表代数)时为敞开和相对疏松的结构,在高代数(4.0G以上)时则为表面紧密堆积的结构。目前已经制备出

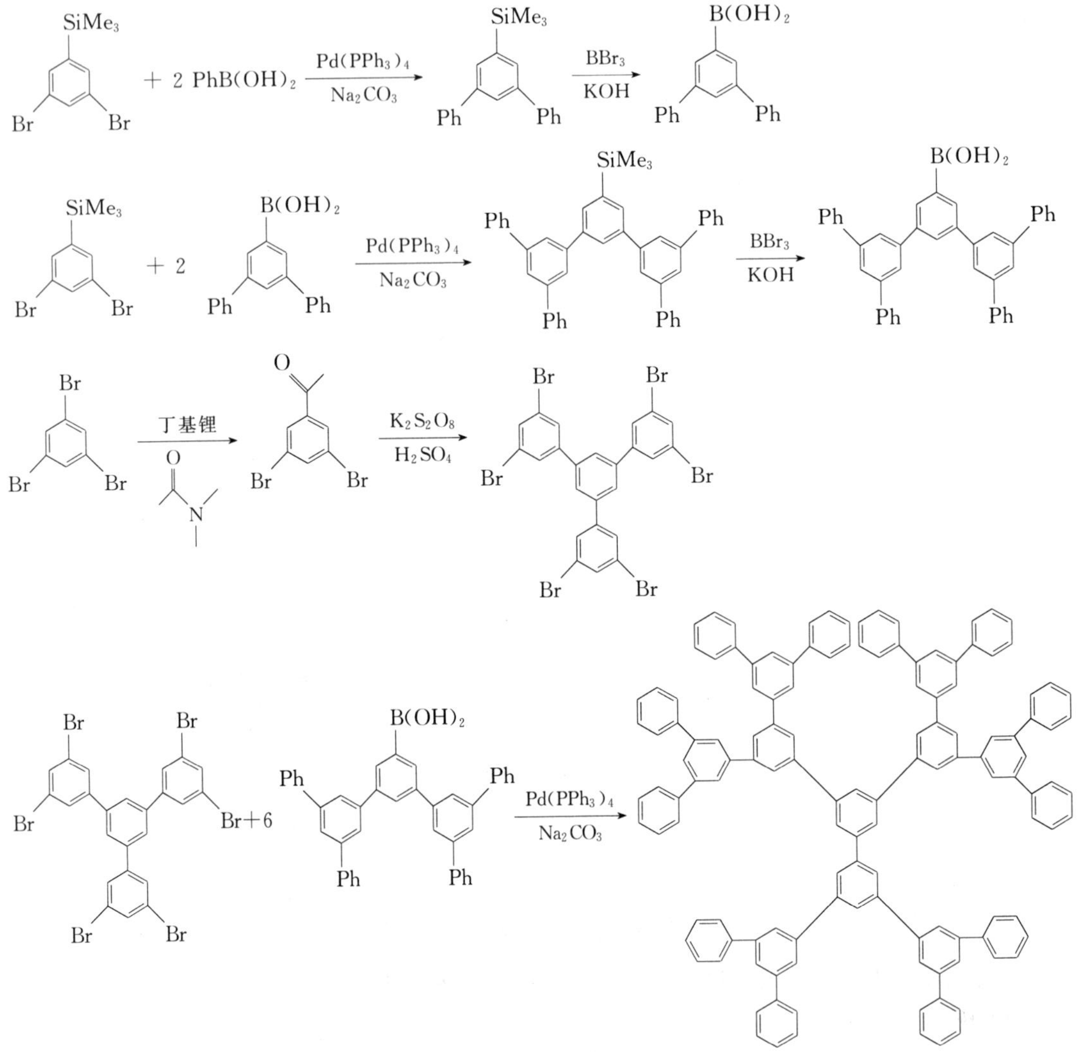

$$SiMe_3(Br)_2C_6H_3 + 2\,PhB(OH)_2 \xrightarrow[Na_2CO_3]{Pd(PPh_3)_4} SiMe_3(Ph)_2C_6H_3 \xrightarrow[KOH]{BBr_3} B(OH)_2(Ph)_2C_6H_3$$

SiMe₃, Br, Br + 2 PhB(OH)₂ → SiMe₃, Ph, Ph → B(OH)₂, Ph, Ph

$$SiMe_3(Br)_2C_6H_3 + 2\,B(OH)_2(Ph)_2C_6H_3 \xrightarrow[Na_2CO_3]{Pd(PPh_3)_4} SiMe_3\text{-}C_6H_3[C_6H_3Ph_2]_2 \xrightarrow[KOH]{BBr_3} B(OH)_2\text{-}C_6H_3[C_6H_3Ph_2]_2$$

$$C_6H_3Br_3 \xrightarrow[\text{DMA}]{\text{丁基锂}} CH_3CO\text{-}C_6H_3Br_2 \xrightarrow[H_2SO_4]{K_2S_2O_8} C_6H_3(C_6H_3Br_2)_3$$

$$C_6H_3(C_6H_3Br_2)_3 + 6\,B(OH)_2\text{-}C_6H_3[C_6H_3Ph_2]_2 \xrightarrow[Na_2CO_3]{Pd(PPh_3)_4} \text{树枝状芳香族碳氢聚合物}$$

图 2-34　芳香族树枝状碳氢聚合物的合成路线

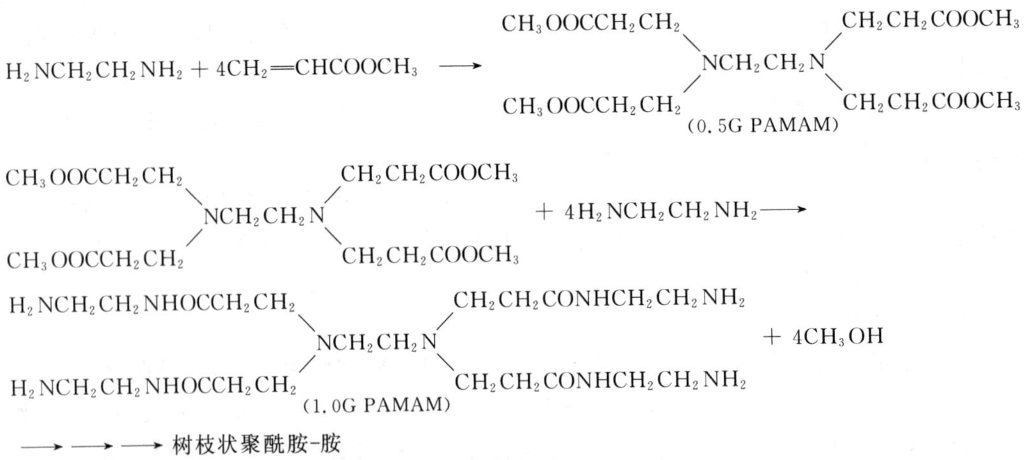

$$H_2NCH_2CH_2NH_2 + 4CH_2{=\!=}CHCOOCH_3 \longrightarrow (CH_3OOCCH_2CH_2)_2NCH_2CH_2N(CH_2CH_2COOCH_3)_2$$

(0.5G PAMAM)

$$(CH_3OOCCH_2CH_2)_2NCH_2CH_2N(CH_2CH_2COOCH_3)_2 + 4H_2NCH_2CH_2NH_2 \longrightarrow$$

$$(H_2NCH_2CH_2NHOCCH_2CH_2)_2NCH_2CH_2N(CH_2CH_2CONHCH_2CH_2NH_2)_2 + 4CH_3OH$$

(1.0G PAMAM)

$\longrightarrow\longrightarrow\longrightarrow$ 树枝状聚酰胺-胺

图 2-35　树枝状聚酰胺胺的合成路线

10G 的树枝状聚酰胺-胺。

树枝状聚酰胺-胺的表面分布着许多氨基，可以进一步进行修饰，得到功能性高分子材料。例如用 1～5G 的树枝状聚酰胺-胺与小分子荧光体 3,5-二羟基苯甲酸(3,5-DAC)反应，得到一系列外围由小分子荧光体 3,5-DAC 修饰的树枝状聚酰胺-胺，荧光性很强，可用作荧光功能材料应用。此外，树枝状聚酰胺-胺在生物医学上也有重要的应用。

3. 超支化聚合物的合成

1) 通过 AB_x 型单体制备超支化聚合物

早期的超支化聚合物是通过 AB_x 型单体的聚合制备超支化聚合物的。AB_x 型单体的增长过程是典型的缩聚反应过程。以 Kim 和 Webster 提出的 3,5-二溴苯基硼酸单体的聚合为例，可写出反应的第一步如图 2-36 所示。

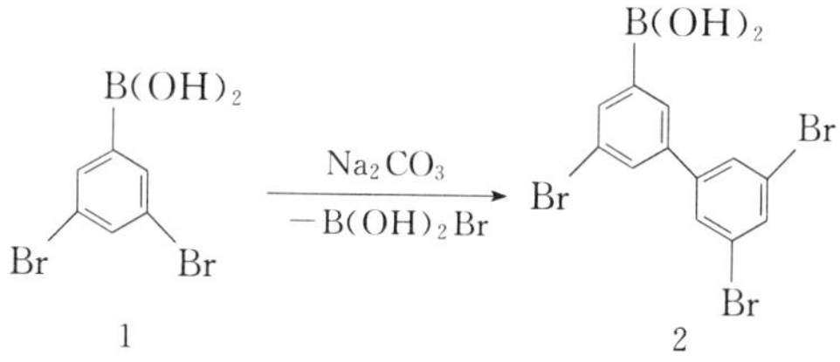

B(OH)₂ Br Br (1) —Na_2CO_3, $-B(OH)_2Br$→ B(OH)₂ Br Br Br (2)

图 2-36　3,5-二溴苯基硼酸自缩聚形成二聚体

从图 2-35 可见，反应的第一步是两个单体进行缩合形成二聚体。在这步反应中，随着一分子 $B(OH)_2Br$ 的放出，在参与反应的两个苯环之间形成一个 C—C 键。这个二聚体因此含有一个 $B(OH)_2$ 基团和三个溴原子。若用通式表示，即含有一个 A 基团和三个 B 基团，比单体多出一个 B 基团。

进一步的增长过程有多个可能性。从图 2-37 中可见，三聚体只可能通过一个二聚体 II 与一个单体 I 反应得到，结果将形成两个异构体Ⅲa 和Ⅲb。至此尚无支化结构出现。

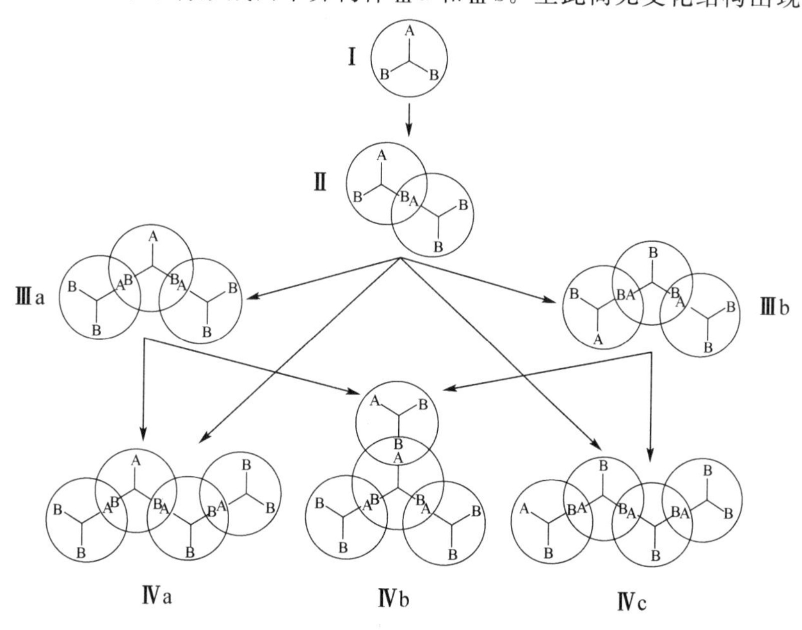

图 2-37　AB_2 单体形成四聚体的反应可能性

四聚体的形成可通过两个二聚体的结合或一个三聚体(Ⅲa或Ⅲb)与一个单体Ⅰ之间的反应来实现。四聚体有三种异构体(Ⅳa~Ⅳc),其中只有一种是支化的(Ⅳb)。五聚体有20种异构体,其中至少有6种是支化结构的。

支化结构一旦形成后,接下去的反应是在各个方向上按统计规律增长的。也就是说,由此得到的产物的分子结构是不完全支化的和不完全对称的,因此有支化度的概念。完全支化的树枝状聚合物的支化度为1,线型聚合物(完全不支化)的支化度为0,超支化聚合物的支化度则介于0与1之间。

由以上的反应规律可见,每一增长步骤产生 $x-1$ 个官能团。那么,n 个 AB_x 单体经过 $n=1$ 步反应最终得到聚合度 $P=n$ 的超支化聚合物,其分子上含有 $(x+1)n-2n+1$ 个B官能团和一个A官能团。

从图2-37可看出,官能团A对增长过程具有特殊的意义。无论产物的聚合度有多大,每个分子都具有一个(且只有一个)有反应活性的A官能团,并保持到反应的结束。

Hawker等人对超支化聚酯合成过程中的分子内环化问题进行了详细的研究后认为:酯基和催化剂的性质对超支化聚酯的相对分子质量有很大的影响,但对支化度几乎没有影响。换言之,分子内环化的可能性很小。用4,4-(4′-苯酚基)戊酸为单体制备超支化聚酯时,发生分子内环化的A官能团不到5%。

当聚合度很高时,形成的超支化聚合物分子类似一个球状体。不难理解,处于分子表面(或边缘)的官能团要比处于分子内部的容易发生反应。所以,最终形成的超支化聚合物的支化度不可能达到1,而且聚合度也不可能达到理论值。

2) 通过自缩合乙烯基聚合(SCVP)制备超支化聚合物

1995年,Fréchet等人报道了一种制备超支化聚合物的新方法,即自缩合乙烯基聚合(Self-Condensing Vinyl Polymerization,SCVP)。这种方法所用的单体完全不同于以上所介绍的 AB_x 型单体。

这种方法的基本思想是,在单体 A=B—C˙ 中,具有一个有聚合能力的乙烯基和一个经过活化可变为能够引发聚合的活性中心的基团。在形成二聚体的过程中,活性中心C˙进攻第二个单体上的乙烯基团并发生加成反应。反应过程中随着一个C˙和一个双键的消耗,在双键的第二个碳原子上产生一个新的活性中心并带入一个C˙。这个新的活性中心也有与另一个单体上的双键反应的能力。因此实际得到的二聚体含有一个乙烯基团和两个活性中心(图2-38)。进一步的反应可通过这两个活性中心进行。形成的三聚体将有一个乙烯基和三个活性中心,四聚体上含有一个乙烯基和四个活性中心。不断重复反应的结果是形成超支化聚合物。图2-39是用3-(1-氯乙基)苯乙烯为单体经阳离子聚合制备超支化聚合物的反应方程式。

原则上,自缩合乙烯基聚合的概念可应用于各种类型的乙烯基聚合机理(例如阳离子聚合、阴离子聚合、自由基聚合、原子转移聚合、基团转移聚合、开环聚合等),产物的结构取决于B基团的性质及其活化的类型。事实上这些聚合机理现都已用于制备超支化聚合物。

1995年Fréchet报道了另一个通过自缩合乙烯基聚合制备的超支化聚合物,并将其申请了专利。这种超支化聚合物的单体是乙烯基醚,分子中含有一个双键和一个可经Lewis酸活化形成阳离子的乙酰氧基。此外Fréchet还成功地以活性自由基引发乙烯基制得超支化聚合物。Weber等人用钌催化4-酰基苯乙烯阳离子逐步聚合,Matyjaszewski等人和Mueller等人则分别采用原子转移聚合和基团转移聚合也都制得超支化聚合物。

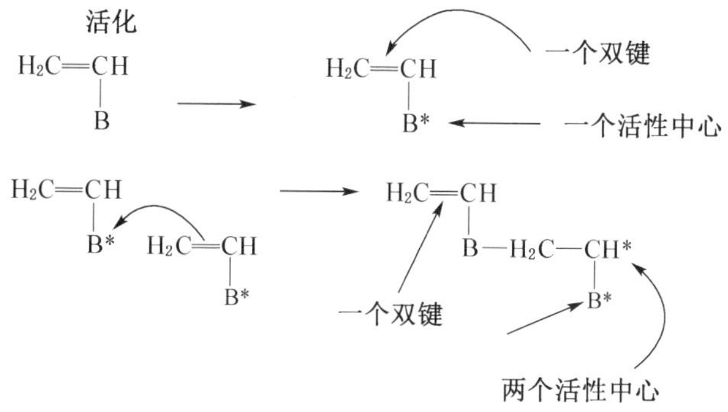

图 2-38 自缩合乙烯基聚合形成二聚体示意图

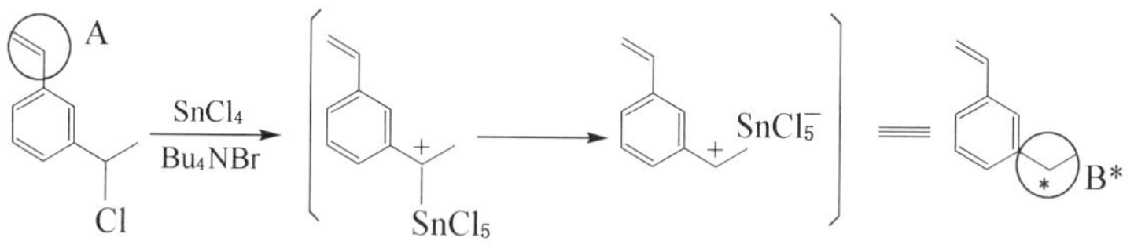

图 2-39 3-(1-氯乙基)苯乙烯的阳离子聚合

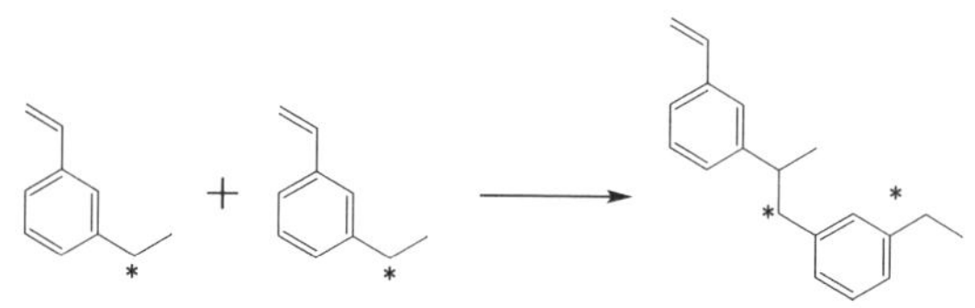

根据自缩合乙烯基聚合几乎适合于乙烯基单体的各种聚合机理的特点，有学者预计，通过这类聚合可制备出许多新型而有实用价值的材料，如超支化多氟聚合物，超支化液晶聚合物，热塑性弹性体，新型结构的聚烯烃等。工业应用前景良好。

2.2.3 高分子的自组装

分子自组装是自然界的一个普遍现象。广义的分子自组装是指分子与分子之间靠非共价键作用力(包括库伦力、范德华力、疏水作用力、π-π 堆叠作用力、氢键等)形成具有一定结构和功能的聚集体的过程。该过程是自发的，不需要借助于外力。

高分子的自组装属于超分子化学与高分子化学的交叉研究领域，是研究高分子之间、高分子与小分子之间、高分子与纳米粒子之间或高分子与基底之间的相互作用，及其通过非共价键合而实现不同尺度上的规则结构的科学。

在以高分子为组装单元的超分子化学领域，研究得最为深入的是嵌段共聚物在溶液中的胶束化和在本体中的相分离。嵌段共聚物高度规整的结构、相同链段间的相互作用、嵌段间的相互排斥和嵌段间的化学联结等特征使得它们成为最好的自组装单元，从而演绎出形形色色的大分子自组装体。近年来，除了嵌段共聚物外，人们陆续发现均聚物、齐聚物、离聚物、无规共聚物及接枝共聚物等都可作为组装单元。在一定条件下，通过各种弱相互作用(疏水、氢键、静电作用力等)，自发形成形态多样的超分子有序结构。自组装体形成之后，通过化学修饰的方法，可使其形态“永久”保持。目前，大分子自组装已被视为构筑具有规则结构功能性纳米材料的主要途径之一。作为一种“软物质”，高分子纳米材料具有广泛的潜在应用价值，比如可用作功能性涂料、药物输送载体、纳米反应器、污水处理剂或作为合成规整结构纳米材料的模板等，在功能高分子的设计和制备等方面有十分独特的作用。

高分子自组装的基本原理是利用分子与分子，或分子中某一片段与另一片段之间的分子识别，相互通过非共价作用形成具有特定排列顺序的分子聚合体。高分子自发地通过无数非共价键的弱相互作用力的协同作用是发生自组装的关键。自组装体系的形成需要两个必要的条件：自组装的推动力及导向作用。

“弱相互作用力”指的是氢键、范德华力、静电力、疏水作用力、π-π 堆叠作用力、离子-π 吸附作用等。这些非共价键的弱相互作用力维持了自组装体系的结构规整性、完整性和稳定性。自组装的推动力指分子间的弱相互作用力的协同作用，它为分子自组装提供能量。自组装的导向作用指的是分子在空间的互补性，也就是说要使分子自组装发生就必须在空间的尺寸和方向上满足分子重排的要求。

例如，目前获得大分子自组装体的最经典方法是两亲性嵌段共聚物在选择性溶剂中胶束化，其推动力来自链段的疏水性，而嵌段共聚物的线性结构则提供了大分子间相互靠拢排列的可能性。

这些工作的得以开展是基于两个重要的基础研究：一是通过各种活性聚合方法的发展，使得制备具有特定结构和分子量的各种嵌段共聚物作为大分子自组装的前体成为可能；二是对大分子自组装体进行化学修饰，使得组装体的结构稳定化，并更适合将来实际应用的要求。

除了聚合物本身的结构外，影响高分子自组装体形成的因素主要有聚合物浓度、溶剂组成和性质、添加剂、温度等。

至今为止，通过两亲性嵌段共聚物、全亲水性嵌段共聚物、氢键接枝共聚物、超支化聚合物、树枝状聚合物、聚电解质等为基础材料均已实现了高分子的自组装。

图 2-40 是上海交通大学颜德岳教授的课题组采用两亲性超支化多臂共聚物 HBPO-star-PDMAEMA 在水中进行自组装形成球形大胶束的过程示意图。

2.2.4 点击化学

点击化学(Click chemistry)是由 2001 年诺贝尔化学奖获得者、美国化学家巴里·夏普莱斯(K. B. Sharpless)在 2001 年提出的一种快速合成大量化合物的新方法，主要思想是通过小单元的拼接，来快速可靠地完成形形色色分子的化学合成。而其核心则是利用一系列可靠的、模块化的反应来生成含杂原子的化合物。

点击化学形象地把反应过程描述为像点击鼠标一样简单、高效、通用。“点击”这个名称还意味着用这些方法把分子片段拼接起来就像将搭扣两部分“喀哒”一声扣起来一样简单。无论搭扣自身连接着什么，只要搭扣的两部分碰在一起，它们就能相互结合起来。而且搭扣的两部分结构决定了它们只能和对方相互结合起来。它尤其强调开辟以碳—杂原子键(C—X—C)合成为基础的组合化学新方法，并借助这些反应来简单高效地获得多样性的分子。点击化学的概念对化学合成领域有很大的贡献，在药物开发、生物医用材料和功能高分子材料的合成与制备等诸多领域中，它已经成为目前最为有用和吸引人的合成理念之一。

点击化学的概念最早来源于对天然产物和生物合成途径的观察。人们发现，仅仅凭借 20 余种氨基酸和 10 余种初级代谢产物，自然界能够通过拼接上千万个这一类型的单元(氨基酸、单糖)，来合成非常复杂的生物分子(蛋白质和多糖)。这一过程具有明显的“模块化”特征，仅借助于某些特定官能团的连接形成碳—杂原子键，就可将氨基酸和单糖拼装成形形色色的生

HBPO

HBPO-Br

ATRP

HBPO-star-PDMAEMA

(a) 单分子胶束HBPO-star-PDMAEMA的合成

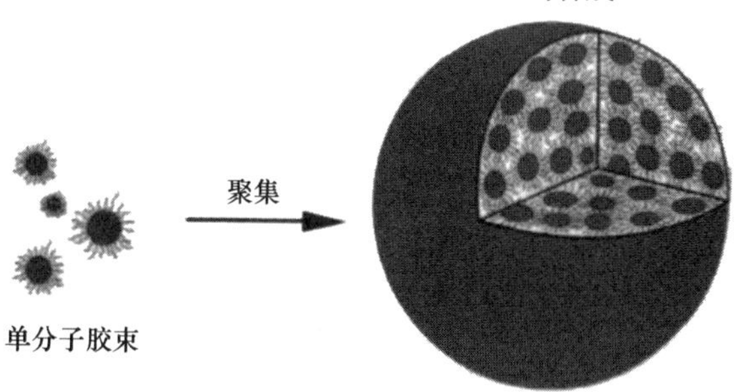

(b) 大复合球形胶速束的形成

图 2-40 HBPO-star-PDMAEMA 的分子结构及其分级自组装过程示意图

物分子，演绎出丰富多彩的生物世界。

在现代化学150余年历史中，已经发展了多种将分子片段相互连接的技术。其中有相当多是很精致的，要求在严格控制的条件下细致地操作高活性的反应物。如1990年代发明的“组合化学”就是这方面的一项重要技术，但这项技术在结构类型多样性上还有很大的局限性，且它比传统合成化学更依赖于单体官能团间的反应。

2001年，美国Scripps研究所的化学家找到了一种易于操作，并能高产率生成目标产物，很少甚至没有副产物，在许多条件下运作良好（通常在水中特别好），而且不会受相连在一起的其他官能团影响的技术，并给它起名为“点击化学”。点击化学的提出，顺应了化学合成对分子多样性的要求。

由此可见，点击化学反应必须是模块化、应用范围宽、高产率、副产物无害和产物的高选择性的。此外，点击化学反应还具有下列的共同特征：

（1）反应条件简单；

（2）原料和反应试剂易得；

（3）不使用溶剂或可在良性溶剂（如水）中进行；

（4）对氧气和水不敏感，水的存在反而常常起到加速反应的作用；

（5）点击反应一般是融合（fusion）过程（没有副产物）或缩合（condensation）过程（副产物为水）；

（6）具有较高的热力学驱动力（$>$84kJ/mol）；

（7）产物易通过简单结晶和蒸馏即可分离，无需层析柱等复杂的分离方法。

因此，“点击化学”与其说是一种新的化学合成技术，不如说是一种新的化学合成理念。它为化学家们开辟新的化学合成途径提供了思路。

至今为止，已经发现的点击化学反应主要有4种类型：环加成反应，特别是1，3-偶极环加成反应，也包括杂环Diels-Alder反应；亲核开环反应，特别是张力杂环的亲电试剂开环；非醇醛的羰基反应；碳碳多键的加成反应。下面介绍几种常用的点击化学反应类型。

端基炔化合物和叠氮化合物的1，3-偶极环加成反应有点击化学的“cream of the crop”之称，是目前应用最多的一类点击化学反应。

叠氮化合物和乙炔的环加成反应早在20世纪早期就有报道，但反应生成的是1，4-和1，5-二取代三唑的混合物。后来采用了Cu（Ⅰ）催化剂，大大提高了产物的选择性，产物完全为单一的1，4-三唑，且产率高达91%，反应时间也由原来的18h缩短为8h。该反应的过程如图2-41所示。

亲核开环反应主要是三元杂原子张力环的亲核开环，如环氧衍生物、氮杂环丙烷、环状硫酸酯、环状硫酰胺、吖丙啶鎓离子和环硫鎓离子等。通过反应释放它们内在的张力能。在这些三元杂环化合物中，环氧衍生物和吖丙啶鎓离子是点击化学反应中最常用的底物，可以通过它们的开环形成各种高选择性的化合物。

环氧化物含有一个张力很大的三元环，因此开环反应是一个非常有利的过程。然而开环需要在特定的条件下发生：亲核试剂仅能沿着C—O键的轴向进攻其中一个碳原子，这样的轨道排列不利于与开环反应竞争的消去反应，从而避免了副产物并得到高的产率。此外，环氧化物与水反应的活性不高，而水的形成氢键能力与极性本质都有利于环氧化物与其他亲核试剂进行开环反应。胺进攻的环氧化物开环反应如图2-42所示。

此类反应可在醇/水混合溶剂或无需溶剂条件下进行。如双环氧乙烷和苄胺在质子溶剂

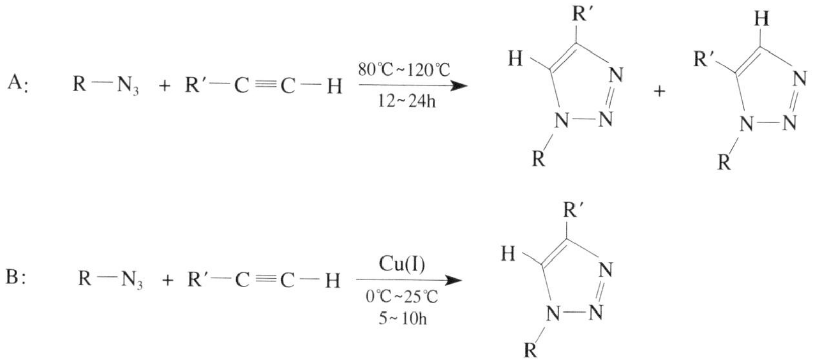

图 2-41 1,3-偶极环加成反应示意图

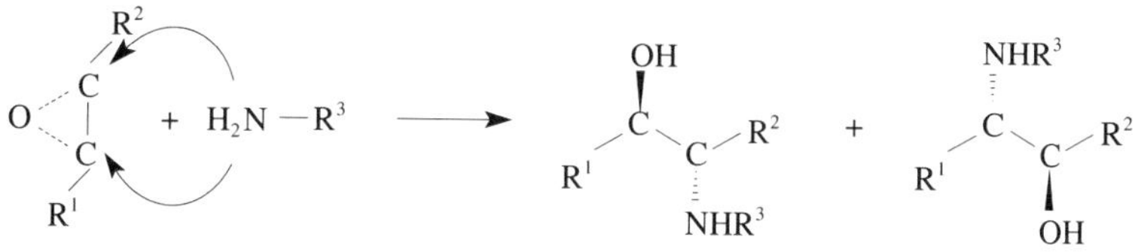

图 2-42 胺进攻的环氧化物开环反应示意图

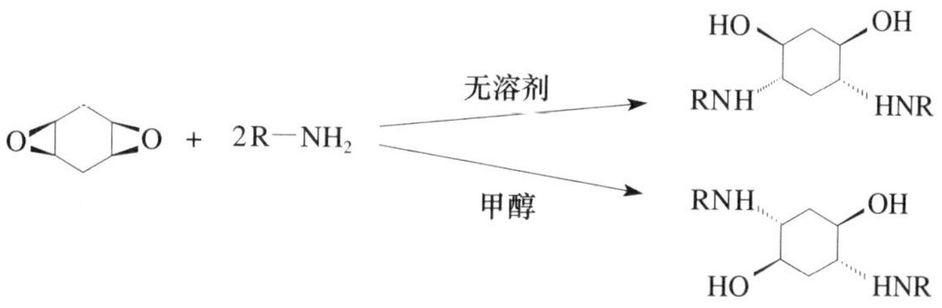

图 2-43 双环氧乙烷和苄胺的选择性开环反应

甲醇的存在下,可得到 90%收率的 1,4-二醇;而在无溶剂条件下,则得到 94%的 1,3-二醇,如图 2-43 所示。

羰基化合物的缩合反应包括醛或酮与 1,3-二醇反应生成 1,3-环氧戊环;醛与肼(hydrazines)或胲(hydroxylamine ethers)反应生成腙(hydrazones)和肟(oximes);羰基醛、酮和酯反应生成杂环化合物等。

图 2-44 为采用对甲苯磺酸为催化剂,N,N-二甲基乙酰胺为溶剂,环己烷为带水剂,通过直链饱和脂肪族醛和 D-异抗坏血酸反应得到含 1,3-环氧戊环的 D-异抗坏血酸缩醛的反应示意图。

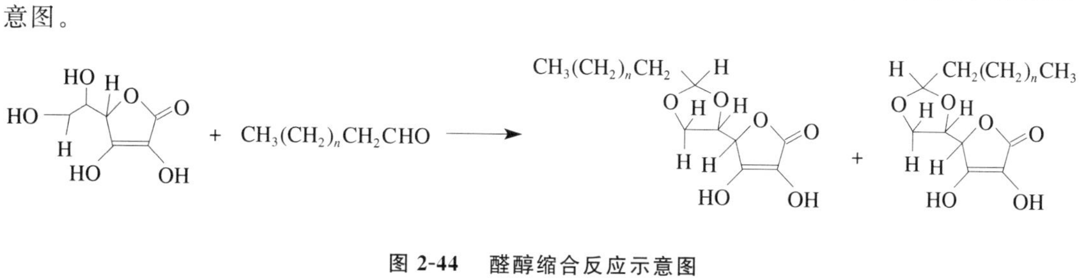

图 2-44 醛醇缩合反应示意图

由于点击化学实际上是官能团间的反应,不涉及聚合物的链结构反应,因此可在聚合物分子链中引入特殊基团或结构时不影响聚合物分子链本身的结构。这对于制备功能性高分子或

特殊结构聚合物有十分重要的意义。

例如将同时含有肉桂酸酯基团和端炔基的小分子化合物与侧链上含有叠氮基团的聚合物进行点击化学反应,制备出侧链上含有肉桂酸酯基团的线性聚合物。

将点击化学与其他高分子合成方法结合,可以制得用传统合成方法无法制备的聚合物。如用原子转移自由基聚合(ATRP)与点击化学结合制备环状聚甲基丙烯酸甲酯即为一个典型的例子。

环状聚合物由于分子链上无端基存在而表现出与线型不同的性能,因此引起广大化学家和材料学家的关注。目前采用的合成环状聚合物的方法大都是通过线型预聚物双端基之间的偶合反应来成环的,端基的活性往往是影响成环效率的关键因素。将原子转移自由基聚合与点击反应相结合制备环状聚合物,可避免端基活性的影响,大大提高成环的效率。根据ATRP原理,用含端炔基的有机卤化物与溴化亚铜(CuBr)、五甲基二亚乙基三胺(PMDETA)作为引发体系引发MMA聚合,产物的一端为炔基,另一端则为卤素原子,而卤素原子可容易地转化为叠氮化基团,进而可利用点击反应使聚合物成环。用点击化学制备环状PMMA的过程如图2-45所示。

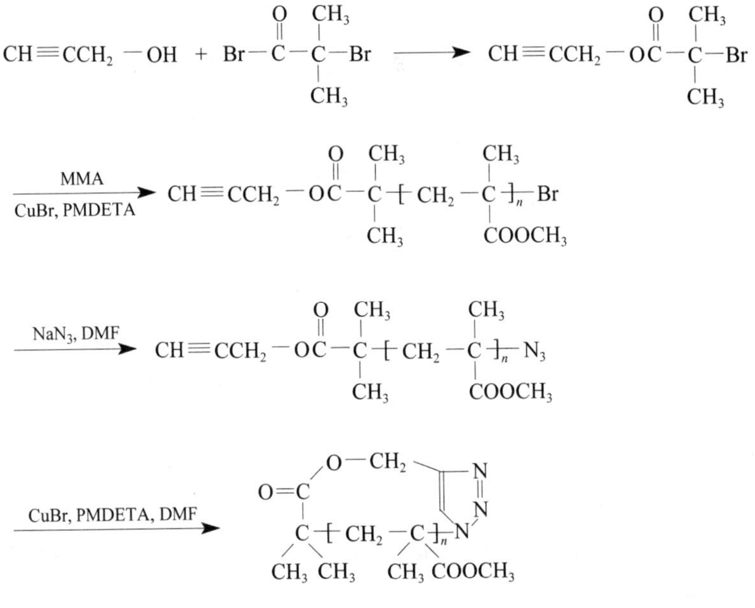

$$CH\equiv CCH_2-OH + Br-\overset{O}{\overset{\|}{C}}-C(CH_3)_2-Br \longrightarrow CH\equiv CCH_2-O\overset{O}{\overset{\|}{C}}-C(CH_3)_2-Br$$

$$\xrightarrow[CuBr,\ PMDETA]{MMA} CH\equiv CCH_2-O\overset{O}{\overset{\|}{C}}-C(CH_3)_2\left[CH_2-\underset{COOCH_3}{\overset{CH_3}{C}}\right]_n Br$$

$$\xrightarrow{NaN_3,\ DMF} CH\equiv CCH_2-O\overset{O}{\overset{\|}{C}}-C(CH_3)_2\left[CH_2-\underset{COOCH_3}{\overset{CH_3}{C}}\right]_n N_3$$

$$\xrightarrow{CuBr,\ PMDETA,\ DMF} \text{环状 PMMA(O=C—O—CH}_2\text{—三氮唑环—N,主链 }C(CH_3)_2\left[CH_2-C(CH_3)(COOCH_3)\right]_n\text{)}$$

图2-45 ATRP与点击化学结合制备环状PMMA的示意图

采用这种ATRP与点击反应相结合还可以制备树枝状星型聚合物。

同样,用可逆加成-断裂链转移自由基聚合(RAFT)与点击化学结合也可用于制备嵌段共聚物。例如通过RAFT活性自由基聚合反应首先制备聚(苯乙烯-b-对氯甲基苯乙烯)二嵌段共聚物PS-b-PCVB,然后利用点击化学,将PS-b-PCVB中的氯亚甲基团转变为三氮唑基团,得到新型的二嵌段共聚物PS-b-PVBTM,反应过程如图2-46所示。这种嵌段共聚物可以进行静电纺丝,得到纳米颗粒与连续相共存的微相分离结构纳米纤维。

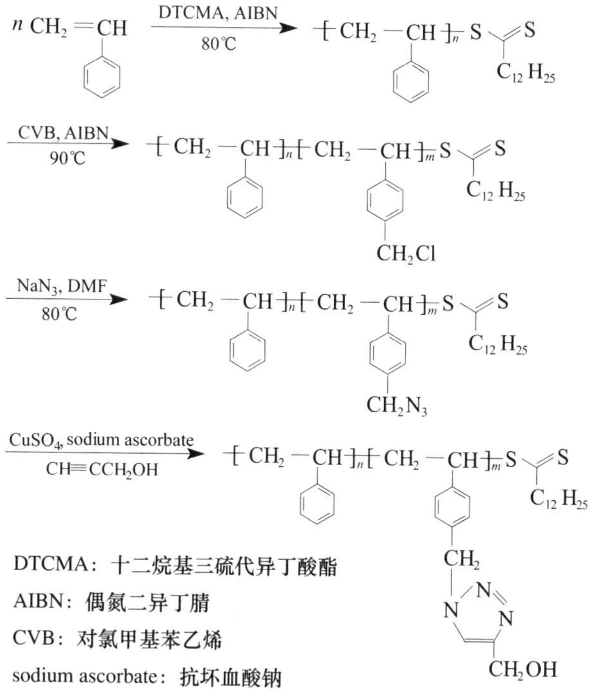

$n\,CH_2{=}CH(C_6H_5) \xrightarrow[80℃]{DTCMA,\ AIBN} {-}[CH_2{-}CH(C_6H_5)]_n{-}S{-}C(=S){-}C_{12}H_{25}$

$\xrightarrow[90℃]{CVB,\ AIBN} {-}[CH_2{-}CH(C_6H_5)]_n{-}[CH_2{-}CH(C_6H_4CH_2Cl)]_m{-}S{-}C(=S){-}C_{12}H_{25}$

$\xrightarrow[80℃]{NaN_3,\ DMF} {-}[CH_2{-}CH(C_6H_5)]_n{-}[CH_2{-}CH(C_6H_4CH_2N_3)]_m{-}S{-}C(=S){-}C_{12}H_{25}$

$\xrightarrow[CH{\equiv}CCH_2OH]{CuSO_4,\ sodium\ ascorbate} {-}[CH_2{-}CH(C_6H_5)]_n{-}[CH_2{-}CH(C_6H_4CH_2{-}triazole{-}CH_2OH)]_m{-}S{-}C(=S){-}C_{12}H_{25}$

DTCMA：十二烷基三硫代异丁酸酯
AIBN：偶氮二异丁腈
CVB：对氯甲基苯乙烯
sodium ascorbate：抗坏血酸钠

图 2-46 RAFT 与点击化学结合制备二嵌段共聚物 PS-b-PVBTM 示意图

2.3 高分子的化学反应

2.3.1 高分子化学反应的类型

通过高分子的化学反应是制备功能高分子的重要方法之一[16,17]。通过高分子的化学反应，可以将天然和合成的通用高分子转变为具有新型结构与功能的聚合物。例如将聚醋酸乙烯酯转变为聚乙烯醇；将聚乙烯醇转变为聚乙烯醇缩甲醛；聚苯乙烯转变为带磺酸基的强酸性离子交换树脂；将聚丙烯酸特丁酯转变为聚丙烯酸，等等。

高分子的化学反应有很多种类型，一般根据聚合度和基团的变化(侧基和端基)进行分类。

(1) 聚合度基本不变，侧基或端基发生变化的反应。这类反应常被称作相似转变。上面提到的由一种高分子转变成另一种高分子的一些例子均属于此类，许多功能高分子，如高分子试剂、高分子催化剂等都可用这种方法制备。

(2) 聚合度变大的反应，如交联、接枝、嵌段、扩链等。其中接枝、嵌段等方法是制备功能高分子常用的方法。

(3) 聚合度变小的反应，如解聚、降解等。这类反应在功能高分子的制备中较少见。

由此可见，虽然高分子的化学反应种类繁多，但用于功能高分子制备的主要为聚合度基本不变或变大的反应，亦即主要为基团发生变化的反应。下面主要介绍这两类反应。

2.3.2 高分子的反应活性及其影响因素

一般来说，高分子可以进行与低分子同系物相同的化学反应。例如含羟基高分子的乙酰化反应和乙醇的乙酰化反应相同；聚乙烯的氯化反应和己烷的氯化反应类似。这是高分子可以通过基团反应制备具有特种基团的功能高分子的化学基础。

在低分子化学中，副反应仅使主产物产率降低。而在高分子反应中，副反应却在同一分子上发生，主产物和副产物无法分离，因此形成的产物实际上具有类似于共聚物的结构。例如，丙酸甲酯水解后，经分离，可得产率为 80% 的纯丙酸。而聚丙烯酸甲酯经水解，转化程度为 80% 时，产物是由 80% 的丙烯酸单元和 20% 丙烯酸甲酯单元组成的无规共聚物。

从单个官能团比较，高分子的反应活性与同类低分子相同。但由于高分子的形态、邻近基团效应等物理-化学因素影响，使得聚合物的反应速率、转化程度会与低分子有所不同。

1. 聚集态结构因素

影响高分子化学反应的物理因素主要从反应物质的扩散速度和局部浓度来考虑。具有结晶和无定形聚集态结构、交联结构与线性结构、均相溶液与非均向溶液等结构因素均会对高分子的化学反应造成影响。

对于结晶聚合物，由于低分子反应物很难扩散进入晶区，因此高分子的化学反应往往只发生在无定形区。例如具有较高结晶度的聚乙烯进行氯化反应时，反应主要发生在非结晶区，因此很难得到含氯量高于 35% 的氯化聚乙烯。

非晶态高分子若处于玻璃态时，由于链段被冻结，也不利于低分子物的扩散，因此高分子化学反应最好在玻璃化温度以上或处于溶胀或溶液状态下进行。

轻度交联的高分子，如苯乙烯和二乙烯基苯共聚物作为离子交换树脂的母体，其磺化反应或氧甲基化反应一般须在用适当溶剂溶胀后才易进行。

2. 化学结构因素

影响高分子反应活性的化学结构因素主要为几率效应和邻近结构对基团活性的影响。

1) 几率效应

当高分子的化学反应涉及分子中相邻基团作无规成对反应时，往往会有某些基团由于反应几率的关系而不能参与反应，结果在高分子的分子链上留下孤立的单个基团，使转化程度受到限制。例如聚氯乙烯与锌粉共热脱氯(图 2-47)，按几率计算，环化程度最高只可能达到 86.5%，实验结果也证实了这一结论。此外，聚乙烯醇缩醛化，聚丙烯酸成酐的情况也相似。

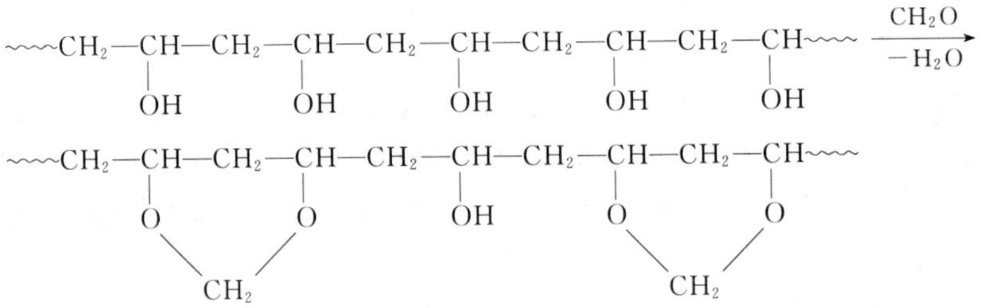

$$\sim\sim CH_2-\underset{OH}{\underset{|}{CH}}-CH_2-\underset{OH}{\underset{|}{CH}}-CH_2-\underset{OH}{\underset{|}{CH}}-CH_2-\underset{OH}{\underset{|}{CH}}-CH_2-\underset{OH}{\underset{|}{CH}}\sim\sim \xrightarrow[-H_2O]{CH_2O}$$

$$\sim\sim CH_2-CH-CH_2-CH-CH_2-\underset{OH}{\underset{|}{CH}}-CH_2-CH-CH_2-CH\sim\sim$$
(第 1、2 个及第 4、5 个 CH 上的 O 经 CH_2 桥连成环：$-O-CH_2-O-$)

图 2-47　聚氯乙烯的脱氯反应

2) 邻近结构效应

分子链上邻近结构的某些作用，如静电作用和位阻效应，均可使基团的反应能力降低或增加。有时反应后的基团也可能改变邻近尚未反应基团的活性。例如甲基丙烯酸酯类聚合物皂化时有自动催化效应。有些羧基阴离子形成以后，酯基的继续水解并非羟基直接作用，面是由邻近羧基阴离子的作用，其间还会形成环状酸酐(图 2-48)。当结构因素有利于五元或六元环状中间体形成时，邻近基团将使反应速率增加。

如果高分子的化学反应发生后，新生成的基团的电荷与参与反应的低分子化合物的电荷

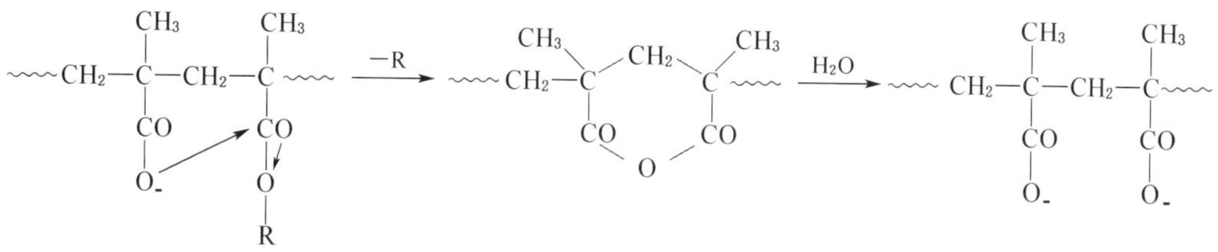

$$\sim\sim CH_2-\underset{\underset{\underset{O^-}{|}}{\underset{|}{CO}}}{\overset{\overset{CH_3}{|}}{C}}-CH_2-\underset{\underset{\underset{\underset{R}{|}}{O}}{\underset{|}{CO}}}{\overset{\overset{CH_3}{|}}{C}}\sim\sim \xrightarrow{-R} \sim\sim CH_2-\overset{CH_3}{C}\overset{CH_2}{\frown}\overset{CH_3}{C}\sim\sim\ (\text{环: } CO-O-CO) \xrightarrow{H_2O} \sim\sim CH_2-\underset{\underset{\underset{O^-}{|}}{\underset{|}{CO}}}{\overset{\overset{CH_3}{|}}{C}}-CH_2-\underset{\underset{\underset{O^-}{|}}{\underset{|}{CO}}}{\overset{\overset{CH_3}{|}}{C}}\sim\sim$$

图 2-48　甲基丙烯酸酯类聚合物的成环反应

相同时，由于静电相斥作用，反应速率降低，转化率将受到影响。例如聚甲基丙烯酰胺在强碱水溶液中水解，当某一酰胺基团的两侧转化为羧基后，对羟基有排斥作用，阻碍水解的进一步进行，因此水解程度一般仅为70%左右。

邻近基团作用还与高分子的立体结构有关。如全同立构的聚甲基丙烯酸甲酯的水解速度比间同立构或无规立构的聚甲基丙烯酸甲酯快，这显然与全同立构聚甲基丙酸甲酯中的邻近基团的位置有利于形成环状酸酐中间体有关。

2.3.3　高分子的相似转变

如果高分子化合物与低分子化合物的反应仅限于侧基或端基等基团，产物的聚合度与反应前基本不变，这种转变称为高分子的相似转变。高分子的相似转变在工业上应用很多，如纤维素的酯化、聚醋酸乙烯酯的水解、聚乙烯的氯化、含芳环高分子的取代反应等。许多功能高分子是通过这一技术制备的。下面通过一些具体实例介绍这一技术。

1. 聚醋酸乙烯酯的反应

聚醋酸乙烯酯是一种重要的高分子，除了本身可用作塑料和涂料外，还可醇解成功能高分子制备的主要原料聚乙烯醇。在自然状态下乙烯醇很容易异构成乙醛，因此实际上不存在。

聚醋酸乙烯酯用甲醇醇解可制得聚乙烯醇(图 2-49)。酸和碱都有催化作用，但碱催化剂效率较高，且少副反应，因此用得较广。

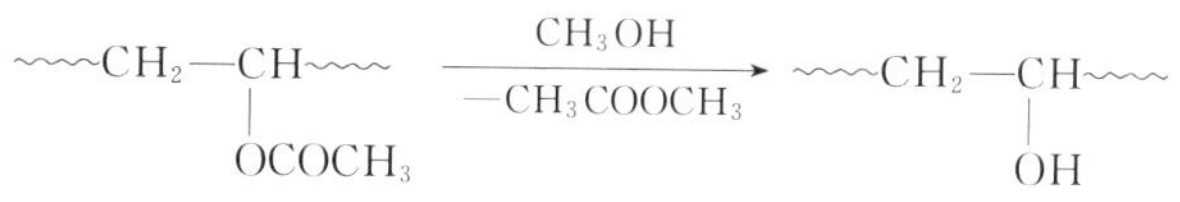

$$\sim\sim CH_2-\underset{\underset{OCOCH_3}{|}}{CH}\sim\sim \xrightarrow[-CH_3COOCH_3]{CH_3OH} \sim\sim CH_2-\underset{\underset{OH}{|}}{CH}\sim\sim$$

图 2-49　从聚醋酸乙烯酯转化成聚乙烯醇的反应

聚乙烯醇根据其醇解度不同性能差别很大。醇解度大于 98%时，不溶于冷水和甲醇。而醇解度在 80%左右时，可溶于冷水中。

聚乙烯醇可进一步与多种低分子化合物反应，形成各种各样的功能高分子(图 2-50)。

2. 芳环上的取代反应

聚苯乙烯是最常用的含芳环高分子材料之一，分子中的苯环比较活泼，可以进行一系列的芳香取代反应，如磺化、氯甲基化、卤化、硝化、锂化、烷基化、羧基化、氨基化，等等，因此是功能高分子制备中最常用的骨架母体。

例如，聚苯乙烯与氯甲醚反应可以得到聚对氯甲基苯乙烯。将这种氯甲基化的聚苯乙烯在二甲基亚砜中用碳酸氢钾处理，可形成聚对甲醛苯乙烯，进一步氧化则可得到高分子过氧酸。上述聚苯乙烯的氯甲基化、甲醛基化、氧化等反应均为高分子的相似转变(图 2-51)。

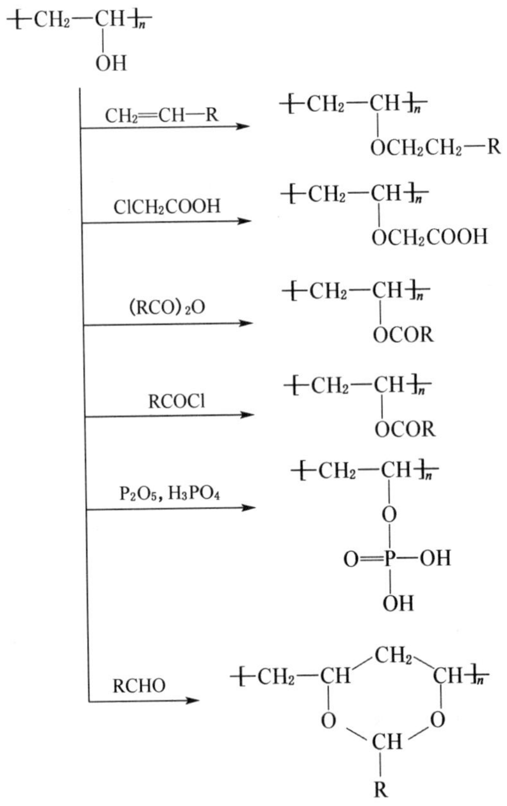

$-\!\!\!\!-\!\![CH_2-CH]_n-$（OH）

$CH_2=CH-R$ → $-[CH_2-CH]_n-$（OCH_2CH_2-R）

$ClCH_2COOH$ → $-[CH_2-CH]_n-$（OCH_2COOH）

$(RCO)_2O$ → $-[CH_2-CH]_n-$（OCOR）

RCOCl → $-[CH_2-CH]_n-$（OCOR）

P_2O_5, H_3PO_4 → $-[CH_2-CH]_n-$（O—P(=O)(OH)—OH）

RCHO → $-[CH_2-CH-CH_2-CH]_n-$（O—CH(R)—O）

图 2-50　可用于在聚乙烯醇结构中引入活性基团的反应

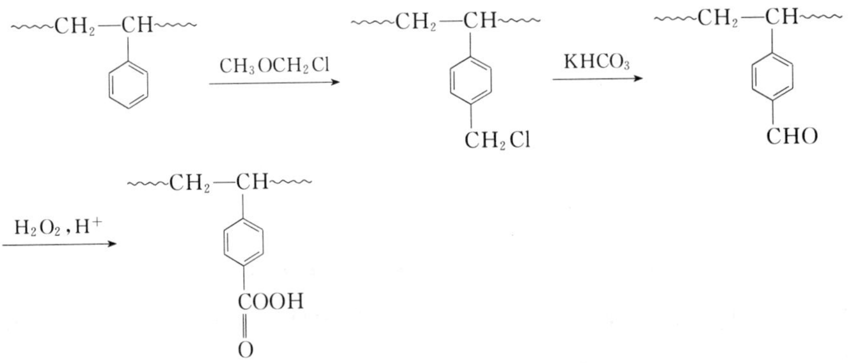

~~~CH_2-CH~~~（苯环） $\xrightarrow{CH_3OCH_2Cl}$ ~~~CH_2-CH~~~（苯环—CH_2Cl） $\xrightarrow{KHCO_3}$ ~~~CH_2-CH~~~（苯环—CHO）

$\xrightarrow{H_2O_2, H^+}$ ~~~CH_2-CH~~~（苯环—COOH）

图 2-51　聚苯乙烯的相似转变

此外，通过聚苯乙烯的氯甲基化、磺化等反应制备离子交换树脂以及离子交换树脂的应用过程均涉及高分子的相似转变。

2.3.4　高分子聚合度变大的转变

高分子的聚合度变大的转变主要有交联、接枝、嵌段、扩链等反应，在功能高分子的制备中经常用到的有接枝、嵌段、扩链等，交联用得较少。

1. 接枝反应

通过化学反应，可以在某一聚合物主链上接上结构、组成不同的支链，这一过程称为接枝，所形成的产物称为接枝共聚物。接枝共聚物的性能由主链和支链的组成、结构、长度以及支链
~~~

数所决定。从形态和性能上看，长支链的接枝共聚物类似共混物，支链短而多的接枝共聚物则类似无规共聚物。通过某些特殊方法，可将两种性质不同的聚合物接在一起，形成性能特殊的接枝共聚物。例如酸性和碱性的，亲水的和亲油的，非染色性的和易染色的，以及两种互不相溶的聚合物连接在一起等。接枝也可用某些高分子的表面处理。

接枝共聚物的制备大体上可分为聚合法和偶联法两大类。前者是指通过单体在高分子主链的引发点上进行聚合，长出支链；而后者是将预先制好的支链偶联到主链高分子上去。这两种方法各有特点，下面简要介绍几种常用的方法。

1）以高分子为引发剂制备接枝共聚物

这种方法的关键是将高分子主链上的某些结构转变为可引发自由基聚合、阴离子聚合或阳离子聚合的引发中心，然后引发单体聚合，形成支链。例如聚对氯甲基苯乙烯上的氯甲基在 CuCl/bpy 存在下可引发许多烯类单体进行原子转移自由基聚合，得到接枝共聚物，如图 2-52 所示。

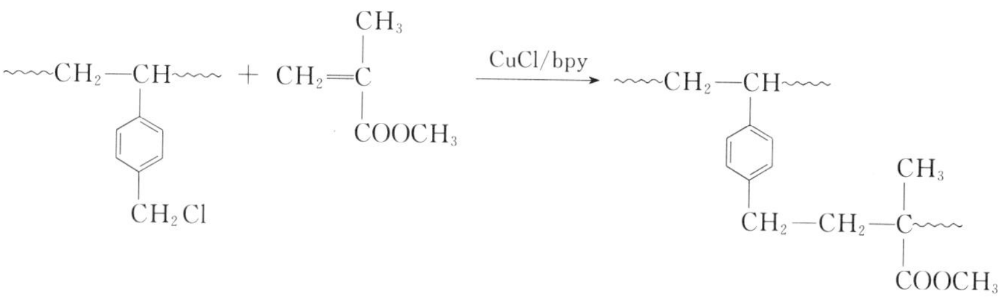

$$\sim\sim CH_2-CH(C_6H_4CH_2Cl)\sim\sim + CH_2{=}C(CH_3)COOCH_3 \xrightarrow{CuCl/bpy} \sim\sim CH_2-CH(C_6H_4-CH_2-CH_2-C(CH_3)(COOCH_3)\sim\sim)\sim\sim$$

图 2-52　通过聚对氯甲基苯乙烯制备接枝共聚物的反应

同理，在高分子主链上引入可引发阳离子或阴离子聚合的基团，则可进行阳离子或阴离子接枝共聚，得到接枝共聚物。

2）利用高分子侧基官能团的反应制备接枝共聚物

如果高分子主链上存在的侧基官能团具有与另一高分子的端基发生反应的能力，则可通过官能团之间的反应得到接枝共聚物。例如，将通过自由基聚合得到的，分子链中含有羧酸基团的丙烯酸/丙烯酸丁酯/苯乙烯三元无规共聚物与单端羟基聚醚进行反应，可得到主链为亲油性的，而侧链为亲水性的接枝共聚物（图 2-53）。

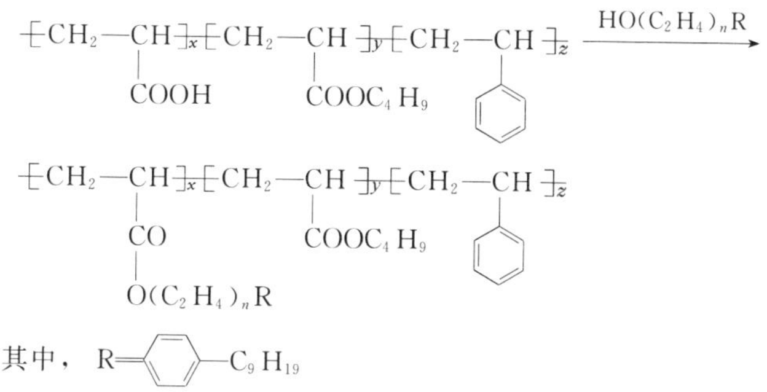

$$\left[CH_2-CH(COOH)\right]_x\left[CH_2-CH(COOC_4H_9)\right]_y\left[CH_2-CH(C_6H_5)\right]_z \xrightarrow{HO(C_2H_4)_nR}$$

$$\left[CH_2-CH(CO-O(C_2H_4)_nR)\right]_x\left[CH_2-CH(COOC_4H_9)\right]_y\left[CH_2-CH(C_6H_5)\right]_z$$

其中，$R = -C_6H_4-C_9H_{19}$

图 2-53　两亲性枝共聚物的制备

将这种接枝共聚物在与浓硫酸反应进行磺化，产物是一种高效的混凝土减水剂。显然，这是一个高分子的聚合度变大的转变和相似转变制备功能高分子的典型例子。

2. 嵌段反应

嵌段共聚物的主链至少由两种单体构成的长链段组成，常见的嵌段共聚物有 AB、ABA 和

$(AB)_n$型等，其中A和B为不同单体组成的长链段。

最典型的嵌段共聚物是SBS热塑性弹性体，S代表苯乙烯链段，相对分子质量为1～1.5万；B代表丁二烯链段，相对分子质量约为5～10万。聚苯乙烯和聚丁二烯链段虽然通过化学键连接，但弧线之间并不相容。在室温下，SBS主要表现出聚丁二烯的高弹性，聚苯乙烯链段聚集成玻璃态微区，相当于物理交联。但当温度升高到聚苯乙烯玻璃化温度(100℃)以上时，聚苯乙烯链段和聚丁二烯链段均进入黏流态，体系具有流动性，可以用热塑性聚合物的加工方法进行加工。因此热塑性弹性体具有毋须硫化的优点。

嵌段共聚通常有以下几种方法。

1) 依次加入不同单体的活性聚合

采用活性阴离子聚合依次加入不同单体是目前制备嵌段共聚物最常用的方法。例如以烷基锂为引发剂，先引发单体A聚合。当A单体聚合完成后，再加入单体B聚合，最后加入终止剂(H_2O)，就可得到AB型嵌段共聚物(参见本书第2.2.1节的相关内容)。

2) 特殊引发剂法

利用在不同条件下可独立发挥作用的双功能引发剂，也可用来制备嵌段共聚物。例如下列引发剂含有偶氮基团和过氧化酯两种可引发自由基聚合的官能团(图2-54)，但两种基团的引发活性有较大差异，因此在不同条件下可引发不同的单体进行聚合。

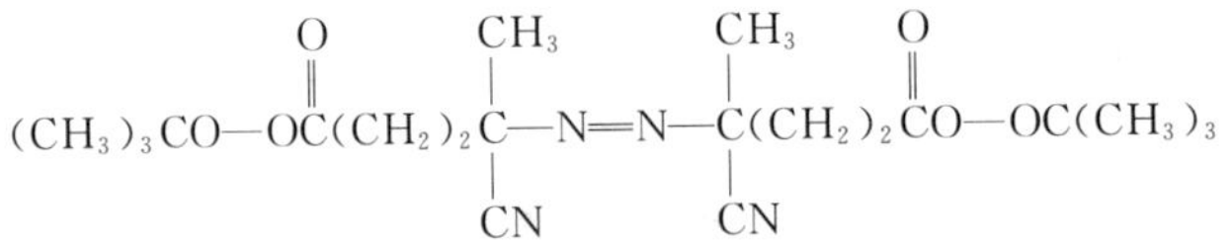

$$(CH_3)_3CO-OC(=O)(CH_2)_2C(CH_3)(CN)-N=N-C(CH_3)(CN)(CH_2)_2C(=O)O-OC(CH_3)_3$$

图2-54　含有偶氮基团和过氧化酯两种可引发基团的引发剂

将该引发剂在60℃左右的温度下与苯乙烯共热，偶氮基团分解产生自由基，引发苯乙烯聚合，得到带有过氧化酯端基的聚苯乙烯。然后将过氧化酯端基用胺类化合物活化，在25℃下可引发甲基丙烯酸甲酯聚合，形成ABA型嵌段共聚物。

3) 端基预聚体之间反应

利用端基官能团之间的反应制备嵌段共聚物也是常用的方法。例如，将端羟基聚苯乙烯与端羧基聚丙烯酸酯之间的酯化反应得到嵌段共聚物即为一例。用聚醚二醇或聚酯二醇与二异氰酸酯制备聚氨酯则是另一个典型例子。又如，将通过阳离子活性聚合得到的聚四氢呋喃与用阴离子活性聚合得到的聚甲基丙烯酸特丁酯进行偶合反应，也可得到嵌段共聚物(图2-55)。

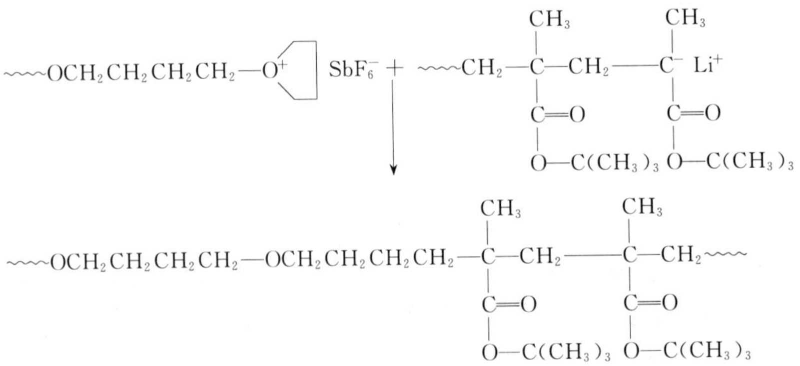

$$\sim\sim OCH_2CH_2CH_2CH_2-\overset{+}{O}(CH_2)_4\ SbF_6^- + \sim\sim CH_2-C(CH_3)(C(=O)O-C(CH_3)_3)-CH_2-C^-(CH_3)(C(=O)O-C(CH_3)_3)\ Li^+$$

$$\downarrow$$

$$\sim\sim OCH_2CH_2CH_2CH_2-OCH_2CH_2CH_2CH_2-C(CH_3)(C(=O)O-C(CH_3)_3)-CH_2-C(CH_3)(C(=O)O-C(CH_3)_3)-CH_2\sim\sim$$

图2-55　阳离子聚合物和阴离子聚合物偶合制备嵌段共聚物

将上述嵌段共聚物在酸性条件下水解，则可得到一个链段为亲油性的聚四氢呋喃，另一个链段为亲水性的聚甲基丙烯酸的两亲性嵌段共聚合物。这是一类重要的功能高分子，可用作分散剂、悬浮剂、表面处理剂等。

3. 扩链反应

扩链反应是指通过某些适当方法将相对分子质量较小的高分子化合物连接在一起，以达到扩大相对分子质量的过程。通过扩链反应，还可以将某些特殊基团引入分子链中，实现制备特种或功能高分子的目的。

常用的扩链反应是先合成端基预聚物，然后用适当的扩链剂进行扩链。端基预聚物的合成有多种方法，如自由基聚合、阴离子聚合、阳离子聚合和缩聚反应等。

1）自由基聚合

在自由基聚合中，引废剂残片往往留在分子链的一端。对某些容易发生偶合终止的聚合反应来说，分子链两端都有一个引发剂残片。如果采用的引发剂分子中带有羟基、羧基、氨基等活性基团，则所得的预聚物中也会带上羟端基、羧端基和氨端基，如图 2-56 所示。

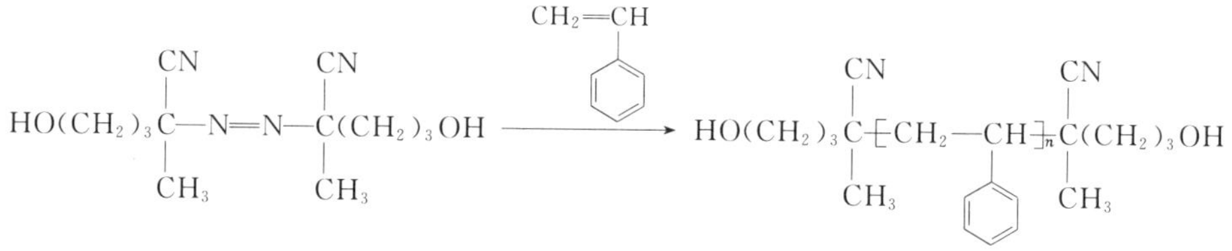

$$HO(CH_2)_3\overset{CN}{\underset{CH_3}{C}}-N=N-\overset{CN}{\underset{CH_3}{C}}(CH_2)_3OH \xrightarrow{CH_2=CH-C_6H_5} HO(CH_2)_3\overset{CN}{\underset{CH_3}{C}}\!\left[CH_2-\underset{C_6H_5}{CH}\right]_n\!\overset{CN}{\underset{CH_3}{C}}(CH_2)_3OH$$

图 2-56　羟端基聚苯乙烯的制备

2）阴离子聚合

用萘钠引发体系引发苯乙烯聚合，可制得双阴离子活性聚苯乙烯。单体反应完后，向聚合体系中加入环氧乙烷，即可形成双端羟基聚苯乙烯。如果通入 CO_2，则可形成双端羧基聚苯乙烯。详细情况可参阅第 2.2.1 节。

3）缩聚反应

二元酸和二元醇缩聚时，当酸或醇过量，可制得双端羧基或双端羟基聚酯。

通过不同方法制备的预聚物，用适当的扩链剂进行反应，即可达到扩链的目的。如果扩链剂分子上带有功能基团，则可用于制备特种或功能高分子。例如，用含有氯原子的二异氰酸酯对双端羟基聚醚进行扩链，可在聚氨酯分子链上带上氯原子，然后可进一步转变为其他功能基团（图 2-57）。

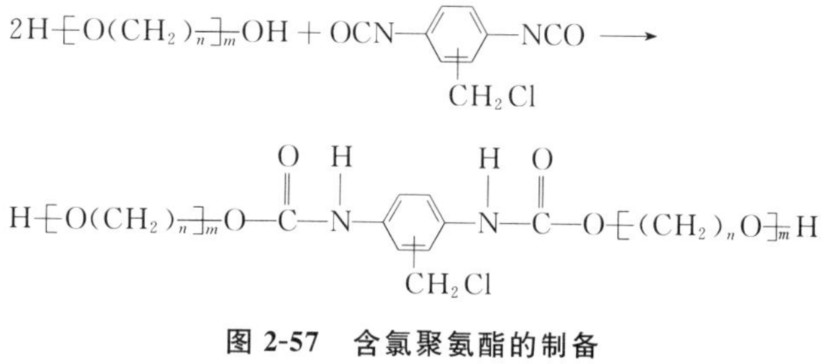

$$2H\!\left[O(CH_2)_n\right]_m\!OH + OCN-\underset{CH_2Cl}{C_6H_3}-NCO \longrightarrow$$

$$H\!\left[O(CH_2)_n\right]_m\!O-\overset{O}{\overset{\|}{C}}-\overset{H}{\overset{|}{N}}-\underset{CH_2Cl}{C_6H_3}-\overset{H}{\overset{|}{N}}-\overset{O}{\overset{\|}{C}}-O\!\left[(CH_2)_nO\right]_m\!H$$

图 2-57　含氯聚氨酯的制备

2.4　功能高分子的制备技术

功能高分子与通用高分子本质上不同的是其分子上往往带有特殊结构的官能团。因此，设计能满足一定需要的功能高分子材料是现代高分子化学研究的主要目标。具有预计性质与功能的高分子材料的制备成功与否,在很大程度上取决于设计方法和制备路线的制定。第2.3节介绍的活性可控聚合为功能高分子材料的分子设计提供了极好的手段。

功能高分子材料的制备是通过化学或者物理的方法,按照材料的设计要求将某些带有特殊结构和功能基团的化合物高分子化,或者将这些小分子化合物与高分子骨架相结合,从而实现预定的性能和功能。在实际应用上,虽然功能高分子材料的种类繁多,要求不一,制备方法千变万化,但是归纳起来主要有以下四种类型,即功能性小分子材料的高分子化、已有高分子材料的功能化、多功能材料的复合及已有功能高分子材料的功能扩展。上述各种制备方法具有各自的特点,在功能高分子的制备中,都有很好的应用。

2.4.1 功能性小分子材料的高分子化

1. 基本概念

许多功能高分子材料是从相应的功能小分子化合物发展而来的,这些已知功能的小分子化合物一般已经具备了我们所需要的部分主要功能,但是从实际使用角度来讲,可能还存在许多不足,无法满足使用要求。对这些功能性小分子进行高分子化反应,赋予其高分子的功能特点,即有可能开发出新的功能高分子材料。

例如,小分子过氧酸是常用的强氧化剂,在有机合成中是重要的试剂。但是,这种小分子过氧酸的主要缺点在于稳定性不好,容易发生爆炸和失效,不便于储存。反应后产生的羧酸也不容易除掉,经常影响产品的纯度。将其引入高分子骨架后形成的高分子过氧酸挥发性和溶解性下降,稳定性提高。

液晶是早已经发现,并得到广泛使用的功能材料。早期的液晶是小分子化合物,流动性强,不易被加工处理。这些弱点限制了其在某些领域中的使用。利用高分子链将其连接起来,成为高分子液晶,在很大程度上可以克服上述不足。

某些小分子氧化还原物质,如 N,N-二甲基联吡啶,人们早就知道其在不同氧化还原态时具有不同颜色,经常作为显色剂在溶液中使用。经过高分子化后,可将其修饰固化到电极表面,便可以成为固体显色剂和新型电显材料。

青霉素是一种抗多种病菌的广谱抗菌素,应用十分普遍。它具有易吸收,见效快的特点,但也有排泄快的缺点。利用青霉素结构中的羧基、氨基与高分子载体反应,可得到疗效长的高分子青霉素。例如将青霉素与乙烯醇-乙烯胺共聚物以酰胺键相结合,得到水溶性的药物高分子,这种高分子青霉素在人体内的停留时间为低分子青霉素的 30~40 倍。

上述功能高分子的制备方法有些是利用聚合反应,如共聚、均聚等,将功能性小分子高分子化,使得到的功能材料具有聚合物和小分子的共同性质;也有些是将功能性小分子化合物通过化学键连接的化学方法与聚合物骨架连接,将高分子化合物作为载体;也有些则是通过物理方法,例如共混、吸附、包埋等作用将功能性小分子高分子化。

2. 带有功能性基团的单体的聚合

这种制备方法主要包括下述两个步骤:首先是通过在功能性小分子中引入可聚合基团得到单体,然后进行均聚或共聚反应生成功能聚合物;也可在含有可聚合基团的单体中引入功能性基团得到功能性单体。这些可聚合功能性单体中的可聚合基团一般为端双键、羟基、羧基、氨基、环氧基、酰氯基、吡咯基、噻吩基等基团。

丙烯酸分子中带有双键,同时又带有活性羧基。经过自由基均聚或共聚,即可形成聚丙烯酸及其共聚物,可以作为弱酸性离子交换树脂、高吸水性树脂等应用。这是带有功能性基团的单体聚合制备功能高分子的简单例子。

向功能性小分子化合物中引入可聚合基团的方法很多,可根据实际需要而定。一般来说,双键可以通过卤代烃或醇的碱性消除反应制备形成,也可通过功能性化合物与含双键单体之间的化学反应引入。例如将含有环氧基团的低分子量双酚 A 型环氧树脂与丙烯酸反应,得到含双键的环氧丙烯酸酯(图 2-58),这种单体在制备功能性黏合剂方面有广泛的应用。

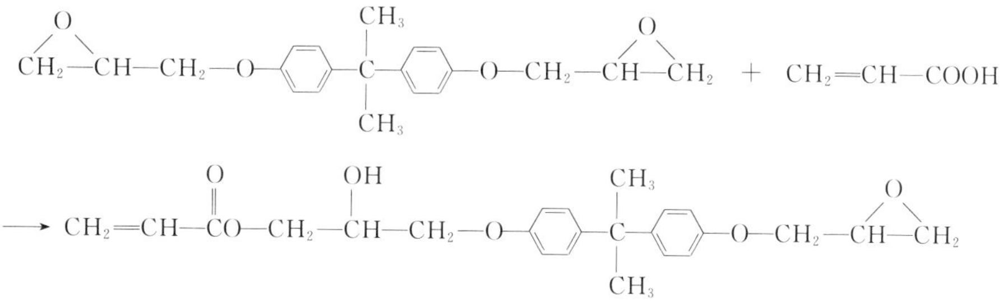

图 2-58 含双键的环氧丙烯酸酯的制备

含双键功能性单体可通过连锁聚合(如自由基聚合、阴离子聚合、阳离子聚合等)方法得到功能高分子化合物,聚合反应后功能基团均处于聚合物的侧链上。如果要在聚合物的主链上引入功能基团,则一般需要采用逐步聚合反应来制备。用于逐步聚合反应的功能性单体的制备是在功能性小分子上引入双功能基,例如双羟基、双氨基、双羧基或者分别含有两种以上上述基团。逐步聚合反应通常是通过酯化、酰胺化等反应,脱去一个小分子形成酯键或酰胺键构成长链大分子的。例如一种重要的聚芳香胺类主链高分子液晶聚对氨基苯甲酰胺(PpBA)是以对氨基苯甲酸为原料,与过量的亚硫酰氯反应,得到亚硫酰胺基苯甲酰氯单体,然后在氯化氢催化下发生缩聚反应得到的(图 2-59)。

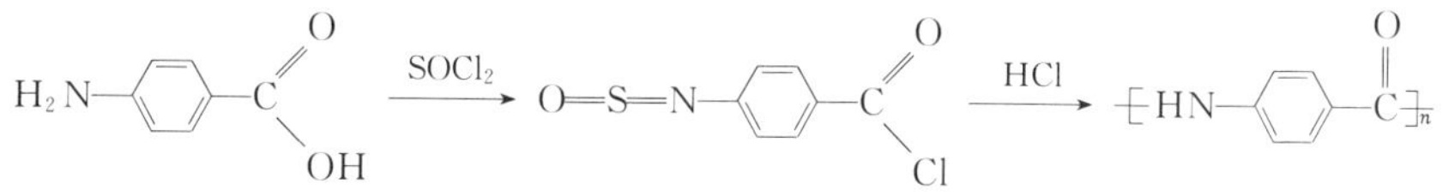

图 2-59 聚对氨基苯甲酰胺的制备

除了以上介绍的聚合方法之外,电化学聚合也是一种新型功能高分子材料的制备方法。对于含有端基双键的单体可以用诱导还原电化学聚合;对于含有吡咯或者噻吩的芳香杂环单体,氧化电化学聚合方法已经被用于电导型聚合物的合成和聚合物电极表面修饰等。

根据功能性小分子中可聚合基团与功能基团的相对位置,缩聚反应除了生成功能基在聚合物主链上的功能高分子外,也可合成功能基在聚合物侧链上的功能高分子。当双官能团分别处在功能基团的两侧时,得到主链型功能高分子;而当双官能团处在功能基团的同一侧时,则得到侧链型功能高分子。

除了单纯的连锁聚合和逐步聚合之外,采用多种单体进行共聚反应制备功能高分子也是一种常见的方法。特别是当需要控制所含功能基团在生成聚合物内分布的密度时,或者需要调节生成聚合物的物理化学性质时,共聚可能是唯一可行的解决办法。根据单体结构不同,共聚物同样可以通过连锁聚合或者逐步聚合反应制备。在共聚反应中借助于改变单体的种类和两种单体的相对量可以得到多种不同性质的聚合物。因为在前面提到的均聚反应中生成的功能聚合物中每一个结构单元都含有一个功能基团,而共聚反应可以将两种以上的单体以不同结构单元的形式结合到一条聚合物主链上。

3. 带有功能性基团的小分子与高分子骨架的结合

这种方法主要是利用化学反应将活性功能基引入聚合物骨架，从而改变聚合物的物理化学性质，赋予其新的功能。通常用于这种功能化反应的高分子材料都是较廉价的通用材料。在选择聚合物母体的时候应考虑许多因素，首先应较容易地接上功能性基团，此外还应考虑价格低廉，来源丰富，具有机械、热、化学稳定性，等等。目前常见的品种包括聚苯乙烯、聚氯乙烯、聚乙烯醇、聚(甲基)丙烯酸酯及其共聚物、聚丙烯酰胺、聚环氧氯丙烷及其共聚物、聚乙烯亚胺、纤维素等，其中使用最多的是聚苯乙烯。这是因为单体苯乙烯可由石油化工大量制备，原料价格低廉。加入二乙烯苯作为交联剂共聚可得到不同交联度的共聚物。但是商业上可以得到的聚合物相对来说都是化学惰性的，一般无法直接与小分子功能化试剂反应而引入功能化基团，因此往往需要对其进行一定结构改造达到引入活性基团的目的。高分子化合物结构改造的方法主要有以下几类。

1) 聚苯乙烯的功能化反应

前面已经介绍过，聚苯乙烯是最常用的高分子材料之一，分子中的苯环比较活泼，可以进行一系列的芳香取代反应，如磺化、氯甲基化、卤化、硝化、锂化、烷基化、羧基化、氨基化等。例如，对苯环依次进行硝化和还原反应，可以得到氨基取代聚苯乙烯；经溴化后再与丁基锂反应，可以得到含锂的聚苯乙烯；与氯甲醚反应可以得到聚氯甲基苯乙烯等活性聚合物。引入了这些活性基团后，聚合物的活性得到增强，在活化位置可以与许多小分子功能性化合物进行反应，从而引入各种功能基团。例如，所得到的聚氯甲基苯乙烯可以与带有苯环的化合物发生芳香取代反应，在苄基位置与芳环连接，由此可将氢醌、水杨酸、8-羟基喹啉等类型的功能基团引入聚苯乙烯；也可以与带有羧基的化合物反应生成苄基酯键，引入各种带有羧基的功能性小分子。聚合物中的氯甲基还可以同带有巯基的化合物反应生成硫醚键，或者与各种有机胺反应生成碳氮键与功能基连接。以这些反应为基础，还可以进行更多种类的反应，引入众多类型的功能基团。得到的聚氨基苯乙烯在氨基上可以与带有羧基、酰氯、酸酐、活性酯等官能团的化合物反应，生成酰胺键，从而引入功能基团。聚氨基苯乙烯也可以通过与带有卤代芳烃结构的化合物发生氨基取代反应，在氨基上引入芳香取代功能基团；重氮化后的聚氨基苯乙烯还可以与多种芳香烃直接发生取代反应等。图 2-60 为在聚苯乙烯骨架上引入各种功能性基团的反应示意图。

由聚苯乙烯经结构改造得到的聚苯乙烯锂反应性非常强，可以与带有卤代烃、环氧、醛酮、酰氯、腈基结构的化合物反应生成 C—C 键；也可以与芳香杂环反应，在苯环上直接引入芳香性功能基。同时，与二氧化碳反应生成的芳香羧酸还可以作为进一步反应的活性官能团。通过对聚苯乙烯结构改造得到的其他类型的活性聚合物还有许多，在图 2-60 中给出了制备这些活性聚合物的部分例子。

聚苯乙烯型功能高分子的特点是这种聚合物与多种常见的溶剂相容性比较好，对制成的功能高分子的使用范围限制较小。交联度通过二乙烯苯的加入量比较容易控制，可以得到不同孔径度的聚合树脂。改变制备条件，可以得到凝胶型、大孔型、大网型、米花型树脂。机械和化学稳定性好是聚苯乙烯的另外一个优点，因为聚乙烯型骨架较少受到常见化学试剂的攻击。

聚苯乙烯型离子交换树脂的制备可以看成这种类型的典型例子。在离子交换树脂制备过程中。一般将苯乙烯与少量二乙烯苯共聚，形成交联聚合物，以保证机械、热、化学稳定性。交联以后的离子交换树脂不溶于溶剂或试剂，成为非均相体系，便于反应后的分离。但可以溶胀,不妨碍实际的扩散。常用的聚苯乙烯母体含1%～2%的二乙烯苯,这样的量已能保证足够的机械强度,且也能高度溶胀,使接上功能性基团和以后的反应都比较容易。

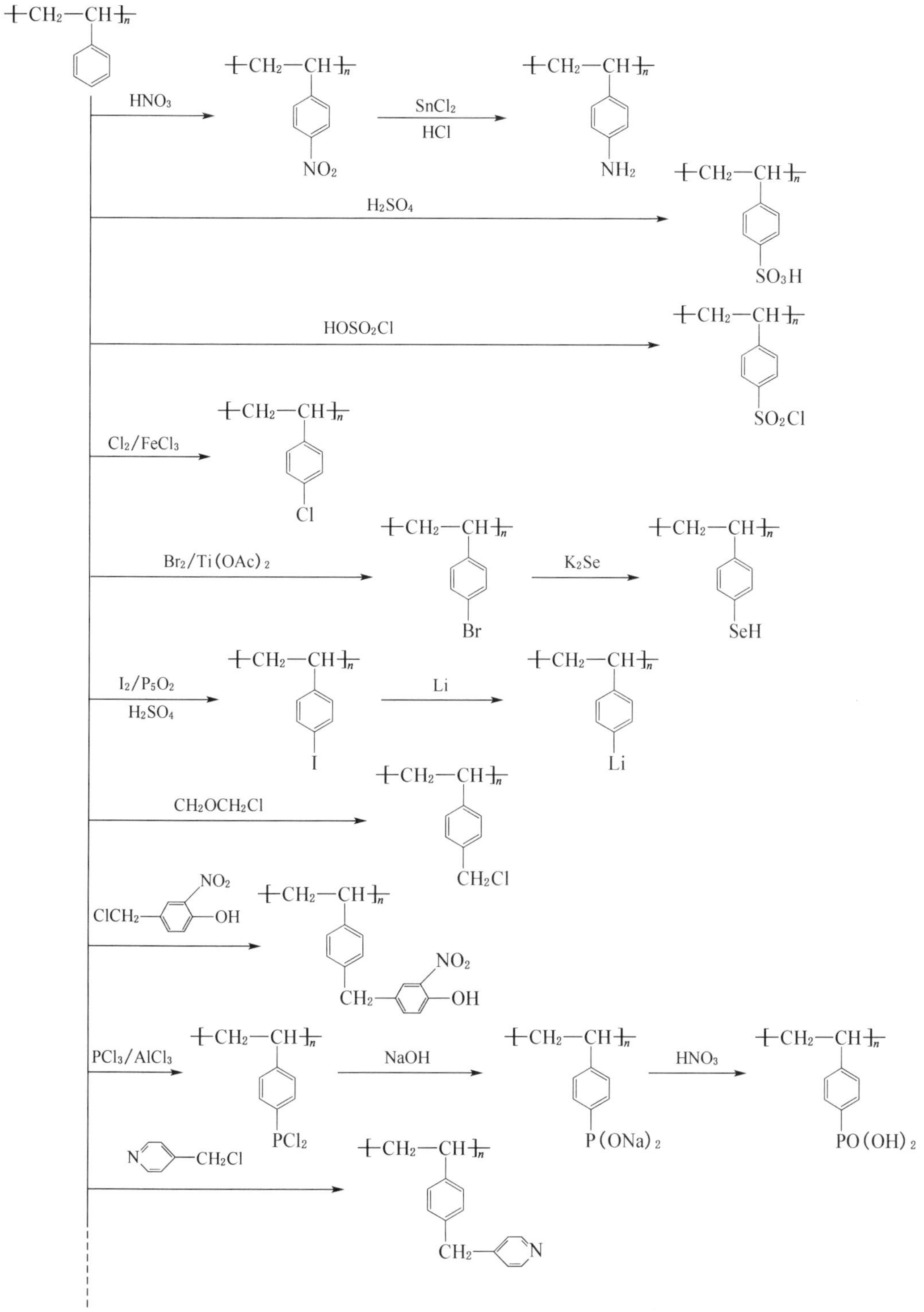

图 2-60 在聚苯乙烯骨架上引入各种功能性基团的反应示意图

2）聚氯乙烯的功能化反应

聚氯乙烯也是一种常见、价廉、有一定反应活性的聚合物，经过一定结构改造，可以作为高分子功能化的骨架。结构改造主要发生在氯原子取代位置，通过高分子反应在这一位置引入活性较强的官能团。比如，可以与带有苯环等芳香结构的化合物反应，引入反应活性较高的芳香基团；可以与二苯基磷锂反应，引入制备高分子催化剂的官能团二苯基磷；与硫醇钠反应，可以引入碳硫键；与丁基锂反应，可以以生成 C—C 键的方式引入活性官能团。聚氯乙烯脱去氯化氢则生成带双键的聚合物，可以进行各种加成反应；聚氯乙烯也可以通过叠氮化提高反应活性后再引入活性基团。

总体来说，聚氯乙烯的反应活性较小，需要反应活性较高的试剂和比较激烈的反应条件才能引入活性基团。图 2-61 为这一类反应的部分例子。

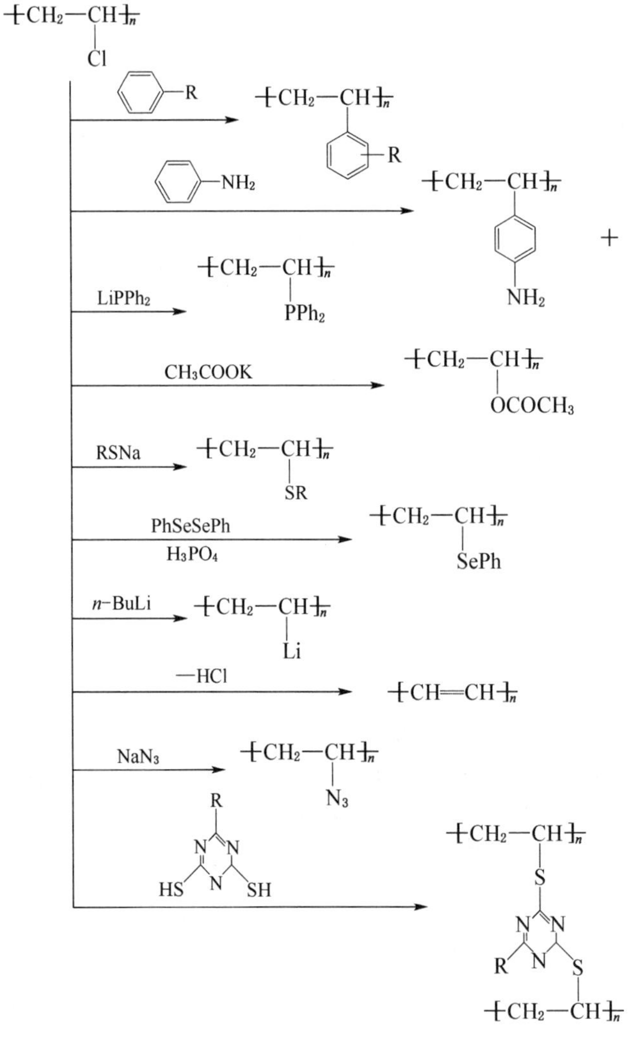

$$\mathrm{+CH_2-CH(Cl)+_n} \xrightarrow{C_6H_5R} \mathrm{+CH_2-CH(C_6H_4R)+_n}$$

$$\xrightarrow{C_6H_5NH_2} \mathrm{+CH_2-CH(C_6H_4NH_2)+_n} + \mathrm{+CH_2-CH(NHC_6H_5)+_n}$$

$$\xrightarrow{LiPPh_2} \mathrm{+CH_2-CH(PPh_2)+_n}$$

$$\xrightarrow{CH_3COOK} \mathrm{+CH_2-CH(OCOCH_3)+_n}$$

$$\xrightarrow{RSNa} \mathrm{+CH_2-CH(SR)+_n}$$

$$\xrightarrow[H_3PO_4]{PhSeSePh} \mathrm{+CH_2-CH(SePh)+_n}$$

$$\xrightarrow{n\text{-}BuLi} \mathrm{+CH_2-CH(Li)+_n}$$

$$\xrightarrow{-HCl} \mathrm{+CH{=}CH+_n}$$

$$\xrightarrow{NaN_3} \mathrm{+CH_2-CH(N_3)+_n}$$

$$\xrightarrow{\text{R-三嗪-(SH)}_2} \mathrm{+CH_2-CH+_n}-S-\text{三嗪(R)}-S-\mathrm{+CH_2-CH+_n}$$

图 2-61　在聚氯乙烯骨架上引入各种功能性基团的反应示意图

3）聚乙烯醇的功能化反应

聚乙烯醇是又一种常用于功能高分子材料制备的聚合物，其聚合物上的羟基是引入活性官能团的反应点。聚乙烯醇骨架上的羟基可以与邻位具有活性基团的不饱和烃或者卤代烃反应形成醚键而引入功能基团；也可以通过与反应活性较强的酰卤和酸酐等发生酯化反应生成酯键；与醛酮类化合物进行缩醛反应，可以使被引入基团通过两个相邻醚键与聚合物骨架连接，双醚键可以增强其化学稳定性。可用于在聚乙烯醇中引入功能基团的部分合成反应已示于图 2-62 中。

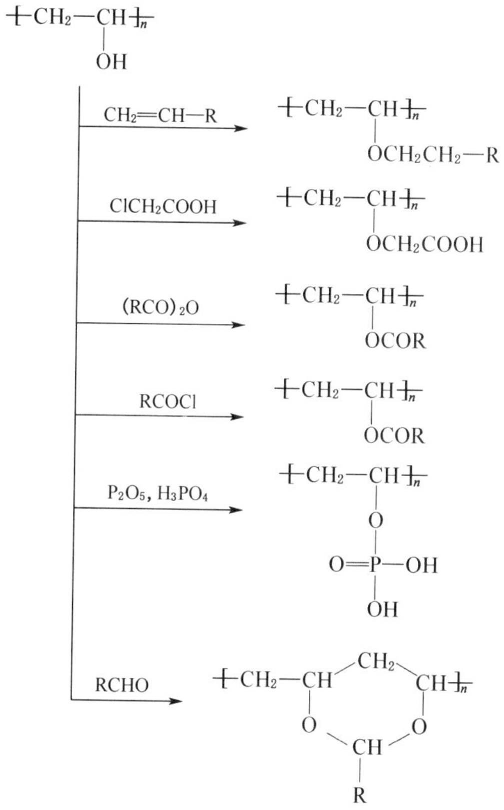

$-[CH_2-CH(OH)]_n-$

$\xrightarrow{CH_2=CH-R}$ $-[CH_2-CH(OCH_2CH_2-R)]_n-$

$\xrightarrow{ClCH_2COOH}$ $-[CH_2-CH(OCH_2COOH)]_n-$

$\xrightarrow{(RCO)_2O}$ $-[CH_2-CH(OCOR)]_n-$

$\xrightarrow{RCOCl}$ $-[CH_2-CH(OCOR)]_n-$

$\xrightarrow{P_2O_5,\ H_3PO_4}$ $-[CH_2-CH(O-P(=O)(OH)-OH)]_n-$

$\xrightarrow{RCHO}$ $-[CH_2-CH-CH_2-CH]_n-$（两个 CH 经 O—CH(R)—O 连接成六元环）

图 2-62　可用于在聚乙烯醇结构中引入活性基团的反应

4）聚环氧氯丙烷的功能化反应

聚环氧氯丙烷或者环氧氯丙烷与环氧乙烷的共聚物是可用来制备功能高分子的另外一类原料。聚合物链上的氯甲基与醚氧原子相邻，具有类似聚氯甲基苯乙烯的反应活性，可以在非质子型极性溶剂中与多种亲核试剂反应，生成叠氮结构、酯键、碳硫键等活性基团，并可进一步引入功能性基团。图 2-63 给出了这一类反应的部分例子。

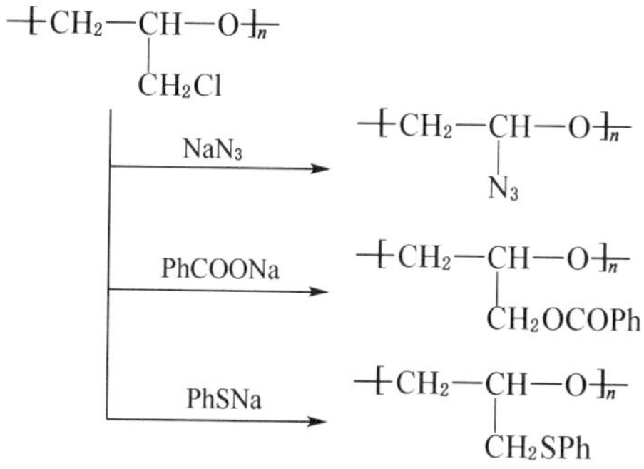

$-[CH_2-CH(CH_2Cl)-O]_n-$

$\xrightarrow{NaN_3}$ $-[CH_2-CH(N_3)-O]_n-$

$\xrightarrow{PhCOONa}$ $-[CH_2-CH(CH_2OCOPh)-O]_n-$

$\xrightarrow{PhSNa}$ $-[CH_2-CH(CH_2SPh)-O]_n-$

图 2-63　可用于在聚环氧氯丙烷中引入功能基团的部分合成反应示意图

5）缩合型聚合物的功能化方法

缩合型聚合物在机械性能和热性能方面具有很多优点，目前主要作为工程塑料和化学纤维材料。典型的缩合型聚合物有聚酰胺、聚内酰胺、聚酯和聚碳酸酯等。聚环氧化合物虽然一般不是采用缩聚方法制备的，但就其结构而言也可属于这一类。

目前，缩合型聚合物作为母体骨架在功能高分子材料制备方面应用较少，主要原因是大多数缩合型聚合物的化学稳定性较差，在酸性或碱性条件下容易发生降解反应。但是，由于缩聚产物的端基是非封闭的，可以利用缩聚型聚合物的活性端基与带有功能性基团的小分子反应而引入功能基团。例如，当聚合物的端基为羟基或氨基时，可以采用带有羧基及羧基衍生物的功能性小分子与其进行酯化或酰胺化反应，从而实现功能化。也可以在功能小分子中引入双官能团，并与有活性端基的缩聚物进行扩链反应或嵌段共聚反应，将功能小分子引入聚合物主链。

此外，使用较多的缩合型聚合物还有稳定性较好的聚苯醚。但是为了增强反应活性，往往需在聚苯醚中引入活性官能团。在这类缩合物中，芳香环处在聚合物主链上，容易发生芳香亲电取代反应。例如，在氯化锡存在下与氯甲基乙醚反应，可以在苯环上引入活性较强的氯甲基（图 2-64）。

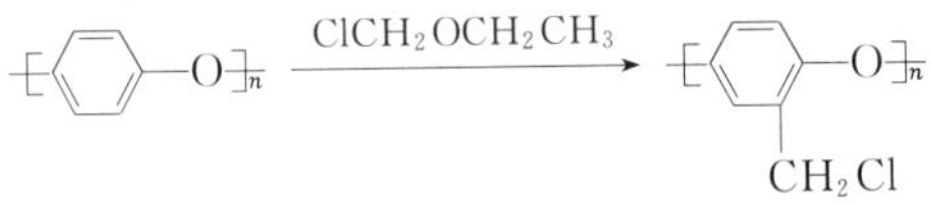

$$\text{-[}C_6H_4\text{-O]}_n\text{-} \xrightarrow{ClCH_2OCH_2CH_3} \text{-[}C_6H_3(CH_2Cl)\text{-O]}_n\text{-}$$

图 2-64　聚氯甲基苯醚的制备

6）无机聚合物的功能化方法

除了有机聚合物外，有些无机聚合物通过功能化也可以作为功能高分子材料的载体，如硅胶和多孔玻璃珠等都是可以作为载体的无机高分子。硅胶和玻璃珠表面存在大量的硅羟基，这些羟基可以通过与三氯硅烷等试剂反应，直接引入功能基，或者引入活性更强的官能团，为进一步功能化反应做准备。这类经过功能化的无机聚合物可作为高分子吸附剂，用于各种色谱分析的固定相。经引入各种官能团的玻璃和硅胶载体也可以作为高分子试剂和催化剂使用。无机高分子载体的优点在于机械强度高，可以耐受较高压力。

4. 功能性小分子通过聚合包埋与高分子材料结合

该方法是利用生成高分子的束缚作用将功能性小分子以某种形式包埋固定在高分子材料中来制备功能高分子材料。有两种基本方法。

一种方法是在聚合反应之前，向单体溶液中加入小分子功能化合物，在聚合过程中小分子被生成的聚合物所包埋。得到的功能高分子材料聚合物骨架与小分子功能化合物之间没有化学键连接，固化作用通过聚合物的包络作用来完成。这种方法制备的功能高分子类似于用共混方法制备的高分子材料，但是均匀性更好。此方法的优点是方法简便，功能小分子的性质不受聚合物性质的影响，因此特别适宜酶等对环境敏感材料的固化。缺点是在使用过程中包络的小分子功能化合物容易逐步失去，特别是在溶胀条件下使用，将加快固化酶的失活过程。

另一种方法是以微胶囊的形式将功能性小分子包埋在高分子材料中。微胶囊是一种以高分子为外壳，功能性小分子为核的高分子材料，可通过界面聚合法、原位聚合法、水（油）中相分离法、溶液中干燥法等多种方法制备。高分子微胶囊在高分子药物、固定化酶的制备方面有独到的优势。例如，维生素 C 因其分子中含有相邻的二烯醇结构，在空气中极易被氧化而变黄，与多种维生素和微量元素复合时问题更为突出。采用溶剂蒸发法研制以乙基纤维素、羟丙基甲基纤维素苯二甲酸酯等聚合物为外壳材料的维生素C微胶囊，达到了延缓维生素C氧化变黄的效果。将维生素C微胶囊与维生素C晶体同时暴露于空气中一个月，则维生素C晶体吸湿黏结，色泽呈棕黄，而维生素C微胶囊却保持干燥状态，色泽略黄。试验还表明，这种维生素C微胶囊进入人体后，两小时内可完全溶解释放。

通过上述聚合法制备功能高分子材料的主要优点在于可以使生成的功能高分子功能基分布均匀，生成的聚合物结构可以通过小分子分析和聚合机理加以测定，产物的稳定性较好，因此应用较为广泛。这种方法的缺点主要包括：在功能性小分子中需要引入可聚合单体，而这种引入常常需要复杂的合成反应；要求在反应中不破坏原有结构和功能；当需要引入的功能基稳定性不好时需要加以保护；引入功能基后对单体聚合活性的影响也常是需要考虑的因素。

因此，根据已知功能的小分子为基础设计功能高分子需要注意以下几点：①引入高分子骨架后应有利于小分子原有功能的发挥，并能弥补其不足，两者功能不要互相影响；②高分子化过程不能破坏小分子功能材料的作用部分，如主要官能团；③小分子功能材料能否发展成为功能高分子材料，还取决于小分子结构特征和选取的高分子骨架的结构类型是否匹配。

2.4.2 通过物理方法制备功能高分子

功能高分子材料的第二类制备方法是通过物理方法对已有聚合物进行功能化，赋予这些通用的高分子材料以特定功能，成为功能高分子材料。这种制备方法的好处是可以利用廉价的商品化聚合物，并且通过对高分子材料的选择，使得到的功能高分子材料机械性能比较有保障。

虽然聚合物的功能化采用化学方法拥有许多优点，如得到的功能高分子材料稳定性较好，因为通过化学键使功能基成为聚合物骨架的一部分；但是仍然有一部分功能高分子材料是通过对聚合物采用物理功能化的方法制备的。其主要原因首先是物理方法比较简便、快速，多数情况下不受场地和设备的限制，特别是不受聚合物和功能性小分子官能团反应活性的影响，适用范围宽，有更多的聚合物和功能小分子化合物可供选择。同时得到的功能化聚合物其功能基的分布也比较均匀。

聚合物的物理功能化方法主要是通过小分子功能化合物与聚合物的共混和复合来实现。物理共混方法主要有熔融共混和溶液共混两类。

熔融态共混与两种高分子的机械共混相似，是将聚合物熔融，在熔融态加入功能性小分子，搅拌均匀。功能小分子如果能够在聚合物中溶解，将形成分子分散相，获得均相共混体；否则功能小分子将以微粒状态存在于高分子中，得到的是多相共混体。因此，功能小分子在聚合物中的溶解性能直接影响得到的共混型功能高分子材料的相态结构。

溶液共混是将聚合物溶解在一定溶剂中，而将功能性小分子或者溶解在聚合物溶液中成分子分散相，或者悬浮在溶液中成悬浮体。溶剂蒸发后得到共混聚合物。在第一种条件下得到的是均相共混体，在第二种条件下得到的是多相共混体。无论是均相共混还是多相共混，其结果都是功能性小分子通过聚合物的包络作用得到固化，聚合物本身由于功能性小分子的加入，在使用中发挥相应作用而被功能化。这类功能高分子材料最典型的是复合型导电高分子，它们都是在特定条件下，导电材料或磁性材料粉末与高分子材料通过共混处理制备的。

聚合物的这种功能化方法可以用于当聚合物或者功能性小分子缺乏反应活性，不能或者不易采用化学方法进行功能化，或者被引入的功能性物质对化学反应过于敏感，不能承受化学反应条件的情况下对其进行功能化。比如,某些酶的固化,某些金属和金属氧化物的固化等。与化学法相比,通过与聚合物共混制备功能高分子的主要缺点是共混物不够稳定,在使用条件下(如溶胀、成膜等)功能聚合物容易由于功能性小分子的流失而逐步失去活性。

2.4.3 功能高分子材料的其他制备技术

由于功能高分子材料的多样性,制备功能高分子的新方法不断涌现。例如,在功能高分子研究中经常会碰到只用一种高分子功能材料难以满足某种特定需要的情况;导电聚合物的制备,必须要采用两种以上的功能材料加以复合才能实现。又如聚合物型光电池中光电转换材料不仅需要光吸收和光电子激发功能,还要具有电荷分离功能,这时也必须要有多种功能材料复合才能完成。在另外一些情况下,有时为了满足某种需求,需要在同一分子中引入两种以上的功能基。例如同时在聚合物中引入电子给予体和电子接受体,使光电子转移过程能在分子内完成。此外,某些功能聚合物的功能单一,功能化程度不够,也需要对其用化学或者物理的方法进行二次加工。

1. 功能高分子材料的多功能复合

将两种以上的功能高分子材料以某种方式结合,将形成新的功能材料,而且具有任何单一功能高分子均不具备的性能,这一结合过程被称为功能高分子材料的多功能复合过程。在这方面最典型的例子是单向导电聚合物的制备。带有可逆氧化还原基团的导电聚合物,其导电方式是没有方向性的。但是,如果将带有不同氧化还原电位的两种聚合物复合在一起,放在两电极之间,可发现导电是单方向性的。这是因为只有还原电位高的处在氧化态的聚合物能够还原另一种还原电位低的处在还原态的聚合物,将电子传递给它,而无论还原电位低的导电聚合物处在何种氧化态,均不能还原处在氧化态的高还原电位聚合物。这样,在两个电极上交替施加不同方向的电压,将只有一个方向电路导通,呈现单向导电。同样道理,采用选择性不同的修饰材料对电极表面进行多层修饰,也可以制成具有多重选择性电极。许多感光性材料也是由多种功能材料复合而成。

2. 在同一分子中引入多种功能基

在同一种功能材料中,甚至在同一个分子中引入两种以上的功能基团也是制备新型功能聚合物的一种方法。以这种方法制备的聚合物,或者集多种功能于一身,或者两种功能起协同作用,产生出新的功能。

例如,在离子交换树脂中的离子取代基邻位引入氧化还原基团,如二茂铁基团,以该法制成的功能材料对电极表面进行修饰,修饰后的电极对测定离子的选择能力受电极电势的控制。当电极电势升到二茂铁氧化电位以上时,二茂铁被氧化,带有正电荷,吸引带有负电荷的离子交换基团,构成稳定的正负离子对,使其失去离子交换能力,被测阳离子不能进入修饰层,而不能被测定。

又如在高分子试剂中引入两个不同基团,并固定在相邻位置,可以实现所谓的邻位协同作用。这时高分子试剂中的一个功能基团以静电引力或者其他性质的亲核力吸引住底物的一端,将底物固定,同时相邻的另一个功能基就近攻击底物的另一端,即反应中心,进行化学反应。在这种化学反应中,由于高分子试剂中存在着邻位协同作用,因而反应速率大大加快,选择性提高。

思考题

1. 什么是材料的功能化设计？材料的功能可分为哪几类？各有什么特点？
2. 什么是高分子的分子设计？为什么说功能高分子的制备实际上是高分子设计的过程？
3. 什么是活性聚合？阴离子活性聚合的特征是什么？它对高分子设计有什么意义？
4. 为什么阳离子聚合不容易实现活性聚合？通过哪些途径可以实现阳离子的活性聚合？哪些单体适合进行阳离子活性聚合？引发体系有哪些？
5. 为什么说阳离子活性聚合并非真正意义上的活性聚合？
6. 阐述基团转移聚合基本原理。为什么说基团转移聚合也属于“活性聚合”范畴？与其他连锁聚合相比，基团转移聚合的活性中心有什么特点？
7. 什么是Aldol-GTP？它与普通的基团转移聚合有什么异同点？
8. 目前已发明的自由基活性可控聚合有哪几类？分别讨论它们的机理。什么是实现自由基可控聚合的基本思想？
9. 原子转移自由基聚合的特点是什么？为什么说原子转移自由基聚合的发明是活性聚合的一大突破，其理论和现实意义何在？
10. 树枝状聚合物和超支化聚合物在结构上有什么相同之处和不同之处？它们各采用什么方法制备？
11. 什么是高分子的化学反应？它们与小分子的化学反应有什么异同点？影响高分子化学反应活性的因素有哪些？
12. 有哪些制备功能高分子的方法？它们各有什么优点和缺点？

参考文献

[1] 日本高分子学会. 高分子的分子设计[M]. 上海：上海科学技术出版社，1984.

[2] 应圣康，郭少华等. 离子型聚合[M]. 北京：化学工业出版社，1988.

[3] 薛联宝，金关泰. 阴离子聚合的理论和应用[M]. 北京：中国友谊出版公司，1990.

[4] Kim Yh, Webster O W. Water-solublehyperbranched polyphenylene:“a unimolecular micell”? [J]. J Am Chem Soc, 1990.

[5] 金关泰. 高分子化学的理论和应用进展[M]. 北京：中国石化出版社，1995.

[6] 何天白，胡汉杰. 海外高分子科学的新进展[M]. 北京：化学工业出版社，1997.

[7] 张洪敏，侯元雪. 活性聚合[M]. 北京：中国石化出版社，1998.

[8] Wang J S, Matyjaszewski K. Controlled/“living” radecal polymerization, atom transfer radical polymerization in the presence of transition-metal complexes[J]. J Am Chem Soc, 1995, 117: 5614-615.

[9] Wang J S, Matyjaszewski K. Controlled/“livinga”racical polymerization. halogen atom transfer radicalpolymerization promoted by a cu(I)/cu(II) redox process[J]. Macromolecules, 1995, 28: 7901-7910.

[10] 王国建，颜得岳. 高支化聚合物的合成与表征[J]. 高分子通报，1999(2): 1-12.

[11] 郭红卫，汪济奎. 现代功能材料及其应用[M]. 北京：化学工业出版社，2002.

[12] 钦曙辉，邱坤元. 新型引发转移终止剂引发烯类单体活性自由基聚合及共聚合[J]. 高分子学报，2002(2): 127-136.

[13] 潘祖仁. 高分子化学[M]. 3版. 北京：化学工业出版社，2003.

[14] 周其凤，胡汉杰. 高分子化学[M]. 北京：化学工业出版社，2003.

[15] 赵文元，王亦军. 功能高分子材料化学[M]. 北京：化学工业出版社，2003.

[16] 王国建. 高分子合成新技术[M]. 北京：化学工业出版社，2004.

3 高分子分离材料

3.1 概述

在现代科学与工业的大多数领域中，分离技术的使用越来越广泛。从化工、冶金、医药、原子能到食品、环保、分析等许多部门都有许多复杂的分离、纯化过程。分离技术不仅决定着产品的质量，也是生产成本的重要影响因素，因此在经济的发展和市场的竞争中日益显示出所具有的关键作用和良好的发展前景。

分离技术的发展已形成了一个专门的科学分支——分离科学，其内容涉及化工产品、天然产物及生物制品的提取、纯化，环境及生物体内有害物质的去除等方面。从技术上来说，包括了精馏、过滤、冷冻、膜分离及功能高分子材料的吸附和离子交换。溶剂萃取和絮凝、沉淀、结晶也是重要的分离方法，但必须与蒸馏、过滤或冷冻相结合。实际上，在许多场合往往是几种分离技术并用，以达到理想的分离效果。

在上述分离技术中，吸附与离子交换具有非常突出的特点：

(1) 分离材料的品种、规格繁多、性能各异，可以根据不同的用途，按“量体裁衣”的原则进行选择。

(2) 分离材料有很高的选择性，可以从复杂的体系中吸附或去除某些物质，以简单的工艺过程得到纯度较高的产品。

(3) 特别适用于稀溶液，往往能在提取和分离的同时，达到浓缩的目的，大大减少能源的消耗。

(4) 分离材料的寿命长，可反复使用多年，因而可降低分离的费用。

(5) 操作简单、方便，在分离技术中是应用最多、最广泛的一类材料。

吸附与离子交换分离技术已经应用到大部分工业与科学领域。在机理上，吸附与离子交换已无严格的界限。许多分离材料兼具吸附与离子交换的双重功能，因此，常常被统称为吸附分离功能高分子材料。这里我们主要介绍离子交换树脂(包括吸附树脂)和分离膜。

3.2 离子交换树脂

3.2.1 离子交换树脂的结构

离子交换树脂的外形一般为颗粒状，不溶于水和一般的酸、碱，也不溶于普通的有机溶剂，如乙醇、丙酮和烃类溶剂。图 3-1 是聚苯乙烯型阳离子交换树脂的示意图。从图中可见，每个树脂是由 3 部分所组成的：交联的具有三维空间结构的网络骨架；在骨架上连接有许多功能基团；功能基团上吸附着可进行交换的离子。聚苯乙烯型阳离子交换树脂上的功能基团是 —$SO_3^-H^+$，它可解离出 H^+，而 H^+ 可以与周围的外来离子互相交换。功能基团是固定在网络骨架上的，不能自由移动。由它解离出的离子却能自由移动，在不同的外界条件下，能与周围的其他离子互相交换。这种能自由移动的离子称为可交换离子。通过人为地创造适宜条件，如改变浓度差、利用亲和力差别等，使可交换离子与其他同类型离子进行反复的交换，达到浓缩、分离、提纯、净化等目的。

通常，将能解离出阳离子并能与外来阳离子进行交换的树脂称作阳离子交换树脂；而将能解离出阴离子并能与外来阴离子进行交换的树脂称作阴离子交换树脂。从无机化学的角度看，可以认为阳离子进行交换相当于高分子多元酸，阴离子交换树脂相当于高分子多元碱。应当指出，离子交换树脂除了离子交换功能外，还具有吸附等其他功能，这与无机酸碱是截然不同的。

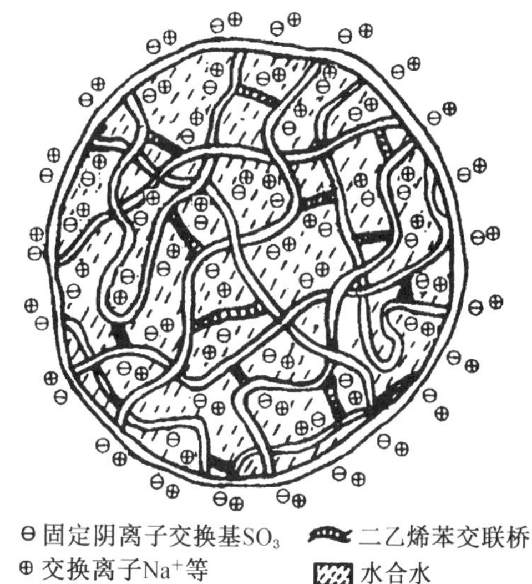

图 3-1　聚苯乙烯型阳离子交换树脂的示意图

3.2.2　吸附树脂的结构

吸附树脂的外观一般为直径为 0.3～1.0 mm 的小圆球，表面光滑，根据品种和性能的不同可为乳白色、浅黄色或深褐色。吸附树脂的颗粒的大小对性能影响很大。粒径越小、越均匀，树脂的吸附性能越好。但是粒径太小，使用时对流体的阻力太大，过滤困难，并且容易流失。粒径均一的吸附树脂在生产中尚难以做到，故目前吸附树脂一般具有较宽的粒径分布。

吸附树脂手感坚硬，有较高的强度。密度略大于水，在有机溶剂中有一定溶胀性。但干燥后重新收缩。而且往往溶胀越大时，干燥后收缩越厉害。使用中为了避免吸附树脂过度溶胀，常采用对吸附树脂溶胀性较小的乙醇、甲醇等进行置换，再过渡到水。吸附树脂必须在含水的条件下保存，以免树脂收缩而使孔径变小。因此吸附树脂一般都是含水出售的。

吸附树脂内部结构很复杂。从扫描电子显微镜下可观察到，树脂内部像一堆葡萄微球，葡萄珠的大小在 0.06～0.5μm 范围内，葡萄珠之间存在许多空隙，这实际上就是树脂的孔。研究表明葡萄球内部还有许多微孔。葡萄珠之间的相互粘连则形成宏观上球形的树脂。正是这种多孔结构赋予树脂优良的吸附性能，因此是吸附树脂制备和性能研究中的关键技术。

3.2.3　离子交换树脂的分类与命名

离子交换树脂的分类方法有很多种，最常用和最重要的分类方法有以下两种。

1. 按交换基团的性质分类

按交换基团性质的不同，可将离子交换树脂分为阳离子交换树脂和阴离子交换树脂两大类。

阳离子交换树脂可进一步分为强酸型、中酸型和弱酸型三种。如 $R—SO_3H$ 为强酸型，$R—PO(OH)_2$ 为中酸型，R—COOH 为弱酸型。习惯上，一般将中酸型和弱酸型统称为弱酸型。

阴离子交换树脂又可分为强碱型和弱碱型两种。如 $R_3—NCl$ 为强碱型，$R—NH_2$、$R—NR'H$ 和 $R—NR''_2$ 为弱碱型。

2. 按树脂的物理结构分类

按其物理结构的不同，可将离子交换树脂分为凝胶型、大孔型和载体型三类。图 3-2 是这些树脂结构的示意图。

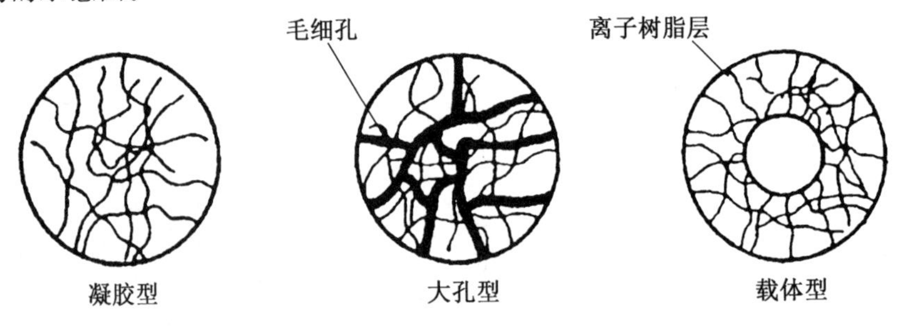

图 3-2　不同物理结构离子交换树脂的模型

1）凝胶型离子交换树脂

凡外观透明、具有均相高分子凝胶结构的离子交换树脂统称为凝胶型离子交换树脂。这类树脂表面光滑，球粒内部没有大的毛细孔。在水中会溶胀成凝胶状。树脂内大分子之间的间隙为 2～4nm。一般无机小分子的半径在 1nm 以下，因此可自由地通过离子交换树脂内大分子链的间隙。在无水状态下，凝胶型离子交换树脂的分子链紧缩，体积缩小，无机小分子无法通过。所以，这类离子交换树脂在干燥条件下或油类中将丧失离子交换功能。

2）大孔型离子交换树脂

针对凝胶型离子交换树脂的缺点，人们研制了大孔型离子交换树脂。大孔型离子交换树脂外观不透明，表面粗糙，为非均相凝胶结构。即使在干燥状态，内部也存在不同尺寸的毛细孔，因此可在非水体系中起离子交换和吸附作用。值得注意的是，大孔型离子交换树脂具有很大的比表面积，因此其吸附功能十分显著，不容忽视。

3）载体型离子交换树脂

载体型离子交换树脂是一种特殊用途树脂，主要用作液相色谱的固定相。一般是将离子交换树脂包覆在硅胶或玻璃珠等表面上制成。它可经受液相色谱中流动介质的高压，又具有离子交换功能。

此外，为了特殊的需要，已研制成多种具有特殊功能的离子交换树脂。如螯合树脂、氧化还原树脂、两性树脂等。

3. 离子交换树脂的命名

我国石油化工部于 1977 年 7 月 1 日正式颁布了离子交换树脂的部颁标准《离子交换树脂产品分类、命名及型号》。这套命名标准规定，离子交换换树脂的型号由三位数构成，对大孔型树脂，则在型号前再冠以字母“D”。对于凝胶型离子交换树脂，往往还需在三位数字后面用“×”与一个阿拉伯数字相连，表示树脂的交联度。具体编号为：

001—099　　强酸型阳离子交换树脂
100—199　　弱酸型阳离子交换树脂
200—299　　强碱型阴离子交换树脂
300—399　　弱碱型阴离子交换树脂
400—499　　螯合型离子交换树脂
500—599　　两性型离子交换树脂
600—699　　氧化还原型离子交换树脂

编号中第一位数字代表产品分类(表3-1)。第二位数字代表树脂的骨架组成,表3-2列出了骨架组成与第二位数字的关系。第三位数字是树脂的顺序号,通常表示了树脂中特殊官能团、交联剂、致孔剂等的区别,由各生产厂自行掌握和制定。例如,D113树脂是水处理应用中用量很大的一种树脂。从命名规定可知,这是一种大孔型弱酸型丙烯酸系阳离子交换树脂。

表3-1 离子交换树脂产品分类代号

代号	骨架分类编号	代号	骨架分类编号
0	强酸型	4	螯合型
1	弱酸型	5	两性型
2	强碱型	6	氧化还原型
3	弱碱型		

表3-2 离子交换树脂骨架分类代号

代号	骨架分类型	代号	骨架类型
0	聚苯乙烯系	4	聚乙烯吡啶系
1	聚丙烯酸系	5	脲醛树脂系
2	酚醛树脂系	6	聚氯乙烯系
3	环氧树脂系		

需要说明的是,我国有些生产厂在部颁标准制定前已开始生产离子交换树脂,它们自己有一套编号,已经为人们所熟悉和接受。因此,至今尚未改名。例如上海树脂厂的735树脂,相当于命名规定中的001树脂;724树脂相当于命名规定中的110树脂;717树脂相当于命名规定中的201树脂,等等。

国际上离子交换树脂的命名至今尚未统一。较著名的产品有:美国Rohm andhaas公司的Amberlite树脂;Dow公司的Dowex树脂;日本三菱化成工业株式会社的Diaion树脂;瑞典Farmacia Fine Chemicals公司的Sephadex,Sepharose,Sephacryl等树脂;德国Farbenfabriken Bager A.G公司的Lewatit树脂等。

4. 吸附树脂的分类与命名

吸附树脂有许多品种,吸附能力和所吸附物质的种类也有区别。但其共同之处是具有多孔性,并具有较大的表面积(主要是孔内的表面积)。

吸附树脂目前尚无统一的分类方法,通常按其化学结构分为以下几类。

1) 非极性吸附树脂

非极性吸附树脂一般是指树脂中电荷分布均匀,在分子水平上不存在正负电荷相对集中的极性基团的树脂。代表性产品为由苯乙烯和二乙烯苯聚合而成的吸附树脂。

2) 中极性吸附树脂

中极性吸附树脂的分子结构中存在酯基一类的极性基团,树脂具有一定的极性。

3) 极性吸附树脂

极性吸附树脂的分子结构中含有酰胺基、亚砜基、腈基等极性基团,这些基团的极性大于酯基。

4) 强极性吸附树脂

强极性吸附树脂含有极性很强的基团,如吡啶基、氨基等。

此外，按吸附树脂的孔径大小和外观形状还有微孔型(凝胶型)、大孔型、米花型和大网状型之分。其中以大孔型的应用最为普遍。

一些代表性的吸附树脂如表 3-3 所示。

表 3-3　　部分代表性的吸附树脂

类型	牌号	生产商	结构特征	比表面积 /($m^2 \cdot g^{-1}$)	孔径 /nm
非极性	AmberliteXAD-2	Rohm &hass 公司	PS	330	4.0
	AmberliteXAD-3	Rohm &hass 公司	PS	526	4.4
	AmberliteXAD-4	Rohm &hass 公司	PS	750	5.0
	X-5	南开大学	PS	550	
	H-103	南开大学	PS	1000	
	GDX-101	天津试剂二厂	PS	330	
	有机载体-401	上海试剂一厂	PS	300～400	
中极性	AmberliteXAD-6	Rohm &hass 公司	—COOR—	498	6.3
	AmberliteXAD-7	Rohm &hass 公司	—COOR—	450	8.0
	AmberliteXAD-8	Rohm &hass 公司	—COOR—	140	25.0
极性	AmberliteXAD-9	Rohm &hass 公司	—S(=O)—	250	8.0
	AmberliteXAD-10	Rohm &hass 公司	—CONH—	69	35.2
	ADS-15	南开大学	—HN—C(=O)—NH—		
强极性	AmberliteXAD-11	南开大学	氧化氮类	170	21.0
	AmberliteXAD-12	Rohm &hass 公司	氧化氮类	25	130.0
	ADS-7	南开大学	NRn	200	

3.3　离子交换树脂的制备方法及应用

3.3.1　凝胶型离子交换树脂

凝胶型离子交换树脂的制备过程主要包括两大部分：合成一种三维网状结构的大分子和连接上离子交换基团。在具体制备时，可先合成网状结构大分子，然后使之溶胀，通过化学反应将交换基团连接到大分子上。也可采用先将交换基团连接到单体上，或直接采用带有交换基团的单体，然后聚合成网状结构大分子的方法。合成方法可视具体情况采用连锁聚合法或逐步聚合法。在目前的实际生产中，较大量采用的是聚苯乙烯系骨架。

1. 强酸型阳离子交换树脂的制备

强酸型阳离子交换树脂绝大多数为聚苯乙烯系骨架，通常采用悬浮聚合法合成树脂，然后磺化接上交换基团。聚苯乙烯系骨架的合成见图 3-3。

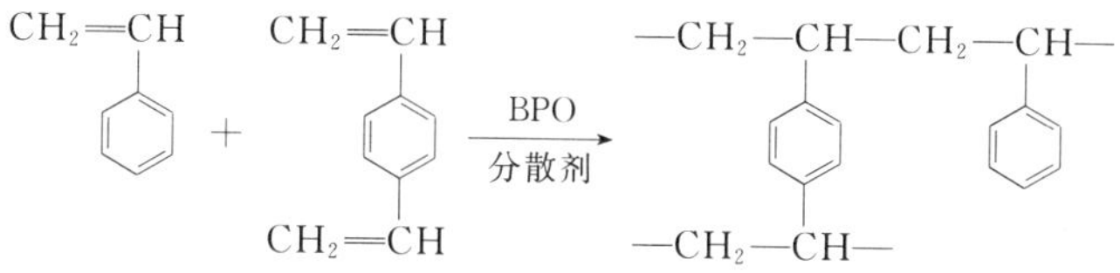

$$CH_2=CH-C_6H_5 + CH_2=CH-C_6H_4-CH=CH_2 \xrightarrow[\text{分散剂}]{BPO} -CH_2-CH(C_6H_4-)-CH_2-CH(C_6H_5)- \quad (-CH_2-CH-)$$

图 3-3 聚苯乙烯骨架的合成

由上述反应获得的球状共聚物，通常称为“白球”。将白球洗净干燥后，即可进行连接交换基团的磺化反应，见图 3-4 聚苯乙烯的磺化反应。

将干燥的白球用二氯乙烷或四氯乙烷、甲苯等有机溶剂溶胀，然后用浓硫酸或氯磺酸等磺化。通常称磺化后的球状共聚物为“黄球”。

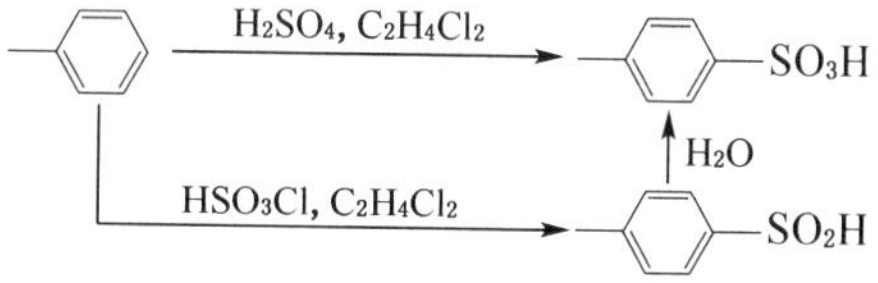

$$-C_6H_5 \xrightarrow{H_2SO_4,\ C_2H_4Cl_2} -C_6H_4-SO_3H$$

$$-C_6H_5 \xrightarrow{HSO_3Cl,\ C_2H_4Cl_2} -C_6H_4-SO_2H \xrightarrow{H_2O} -C_6H_4-SO_3H$$

图 3-4 聚苯乙烯的磺化反应

含有—SO_3H 交换基团的离子交换树脂称为氢型阳离子交换树脂，其中 H^+ 为可自由活动的离子。由于它们的贮存稳定性不好，且有较强的腐蚀性，因此常将它们转化为 Na 型树脂。Na 型离子交换树脂有较好的贮存稳定性。转型反应如图 3-5 所示。

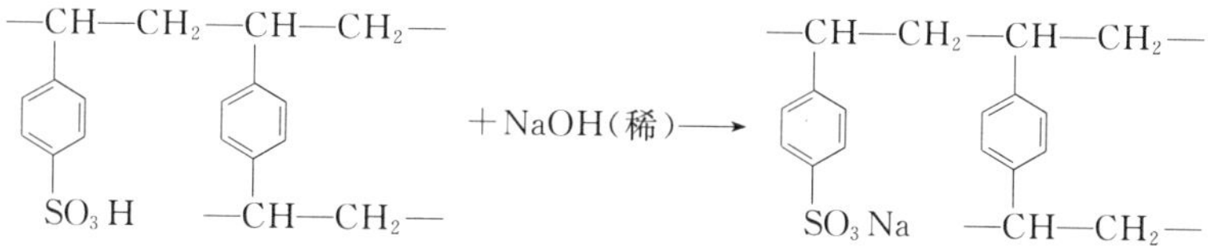

$$-CH(C_6H_4SO_3H)-CH_2-CH(C_6H_4-CH-CH_2-)-CH_2- + NaOH(稀) \longrightarrow -CH(C_6H_4SO_3Na)-CH_2-CH(C_6H_4-CH-CH_2-)-CH_2-$$

图 3-5 氢型阳离子交换树脂的转型反应

以下是强酸型阳离子交换树脂的制备实例：

将 1g 过氧化苯甲酰(BPO)溶于 80g 苯乙烯与 20g 二乙烯基苯(纯度 50%)的混合单体中。在搅拌下加入含有 5g 明胶的 500mL 去离子水中，使之分散至所预计的粒度。从 70℃逐步升温至 95℃，搅拌反应 8～10h，可得球状共聚物。过滤、水洗后于 100℃～120℃下烘干。

将 100g 干燥球状共聚物置于二氯乙烷中溶胀。加入 500g 浓硫酸(98%)，于 95℃～100℃下加热，磺化 5～10h。反应结束后，蒸去溶剂，过剩的硫酸用水慢慢洗去。然后用氢氧化钠处理，使之转换成 Na 型树脂，即得成品。

这种树脂的交换容量约为 5mmol/g。

2. 弱酸型阳离子交换树脂的制备

弱酸型阳离子交换树脂大多为聚丙烯酸系骨架，因此可用带有功能基的单体直接聚合而成。图 3-6 为聚丙烯酸系骨架的合成。其中，—COOH 即为交换基团。

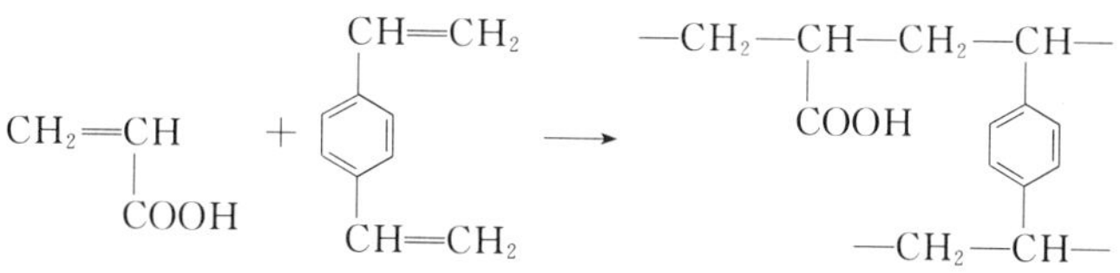

$$CH_2=CH(COOH) + CH_2=CH-C_6H_4-CH=CH_2 \longrightarrow -CH_2-CH(COOH)-CH_2-CH(C_6H_4-CH_2-CH-)-$$

图 3-6 聚丙烯酸系骨架的合成

由于丙烯酸或甲基丙烯酸的水溶性较大，聚合不易进行，故常采用其酯类单体进行聚合后再进行水解的方法来制备。图 3-7 是聚丙烯酸酯的合成及水解反应。

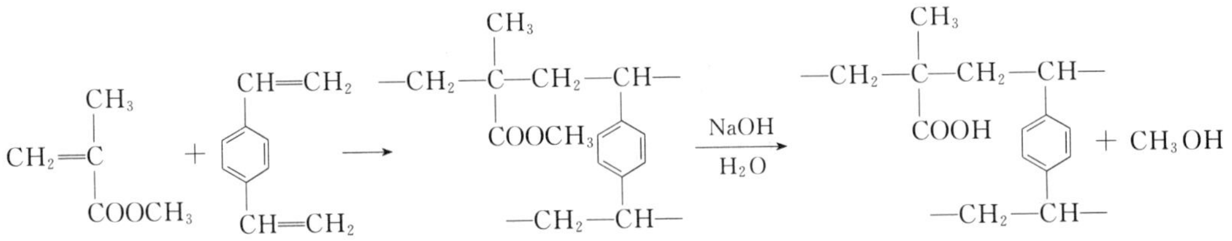

$$CH_2{=}C(CH_3)COOCH_3 + CH{=}CH_2\text{-}C_6H_4\text{-}CH{=}CH_2 \longrightarrow -CH_2-C(CH_3)(COOCH_3)-CH_2-CH(C_6H_4)- \xrightarrow[H_2O]{NaOH} -CH_2-C(CH_3)(COOH)-CH_2-CH(C_6H_4)- + CH_3OH$$

图 3-7 聚丙烯酸酯的合成及水解

用这种方法制备的树脂，酸性比用丙烯酸直接聚合所得的树脂弱，交换容量也较小。此外，用顺丁烯二酸酐、丙烯腈等与二乙烯基苯共聚，也可制备类似的离子交换树脂。

以下是弱酸型阳离子交换树脂的制备实例：

将 1g 过氧化苯甲酰溶于 90g 丙烯酸甲酯和 10g 二乙烯基苯的混合物中。在搅拌下加入含有 0.05%～0.1%聚乙烯醇的 500mL 去离子水中，使其分散成所需的粒度。于 60℃下保温反应 5～10h。反应结束后冷却至室温，过滤、水洗，于 100℃下干燥。

将经干燥的树脂置于 2 L 浓度为 1 mol/L 的氢氧化钠乙醇溶液中，加热回流约 10h，然后冷却过滤，用水洗涤数次后，用稀盐酸洗涤一次，再用水洗涤数次，最后在 100℃下干燥，即得成品。

3. 强碱型阴离子交换树脂的制备

强碱型阴离子交换树脂主要以季胺基作为离子交换基团，以聚苯乙烯作骨架。制备方法是：将聚苯乙烯系白球进行氯甲基化，然后利用苯环对位上的氯甲基的活泼氯，定量地与各种胺进行胺基化反应。

苯环可在路易氏酸如 $ZnCl_2$，$AlCl_3$，$SnCl_4$ 等催化下，与氯甲醚氯甲基化。反应方程式见图 3-8。

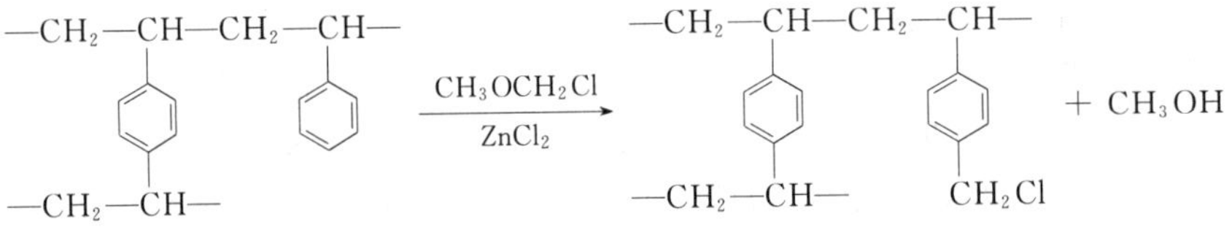

$$-CH_2-CH-CH_2-CH(C_6H_5)- \xrightarrow[ZnCl_2]{CH_3OCH_2Cl} -CH_2-CH-CH_2-CH(C_6H_4CH_2Cl)- + CH_3OH$$

图 3-8 聚苯乙烯的氯甲基化反应

所得的中间产品通常称为“氯球”。用氯球可十分容易地进行胺基化反应，见图 3-9。

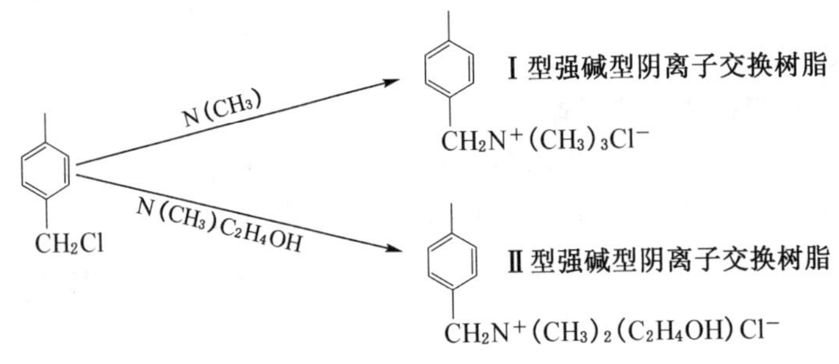

图 3-9 强碱型阴离子交换树脂的合成

Ⅰ型与Ⅱ型季胺类强碱树脂的性质略有不同。Ⅰ型的碱性很强，对 OH^- 离子的亲和力小。当用 NaOH 再生时，效率很低，但其耐氧化性和热稳定性较好。Ⅱ型引入了带羟基的烷基，利用羟基吸电子的特性，降低了胺基的碱性，再生效率提高。但其耐氧化性和热稳定性相对较差。

这类树脂的生产过程中，由于氯甲基化毒性很大，故劳动保护是一重大问题。

以下是强碱型阴离子交换树脂制备实例：

将1g过氧化苯甲酰溶于85g苯乙烯与15g二乙烯基苯的混合单体中，在搅拌下加入含有0.05%～0.1%聚乙烯醇的500mL去离子水中，使之分散成所需的粒度。在80℃下搅拌反应5～10h，得球粒聚合物，然后过滤、洗涤后，于100℃～125℃下干燥。

将所得聚合物在100g二氯乙烷中加热溶胀，冷却后加入200g氯甲醚，50g无水$ZnCl_2$，在50～55℃下加热5h。冷却后投入2.5 L冷水中以分解过剩的氯甲醚，然后过滤、水洗，并于100℃下干燥。

取上述氯甲基化树脂100g，加入500mL20%二甲基乙醇胺水溶液中，在60℃下胺化4h。冷却后过滤，水洗数次后，用稀盐酸洗涤一次，再用水洗涤数次，干燥后即得Ⅱ型强碱型阴离子交换树脂。

若以三甲胺水溶液代替二甲基乙醇胺水溶液进行胺化，则可得Ⅰ型强碱型阴离子交换树脂。

4. 弱碱型阴离子交换树脂的制备

用氯球与伯胺、仲胺或叔胺类化合物进行胺化反应，可得弱碱离子交换树脂。但由于制备氯球过程的毒性较大，现在生产中已较少采用这种方法。

利用羧酸类基团与胺类化合物进行酰胺化反应，可制得含酰胺基团的弱碱型阴离子交换树脂，见图3-10。例如，将交联的聚丙烯酸甲酯在二乙烯基苯或苯乙酮中溶胀，然后在130℃～150℃下与多乙烯多胺反应，形成多胺树脂。再用甲醛或甲酸进行甲基化反应，可获得性能良好的叔胺树脂。

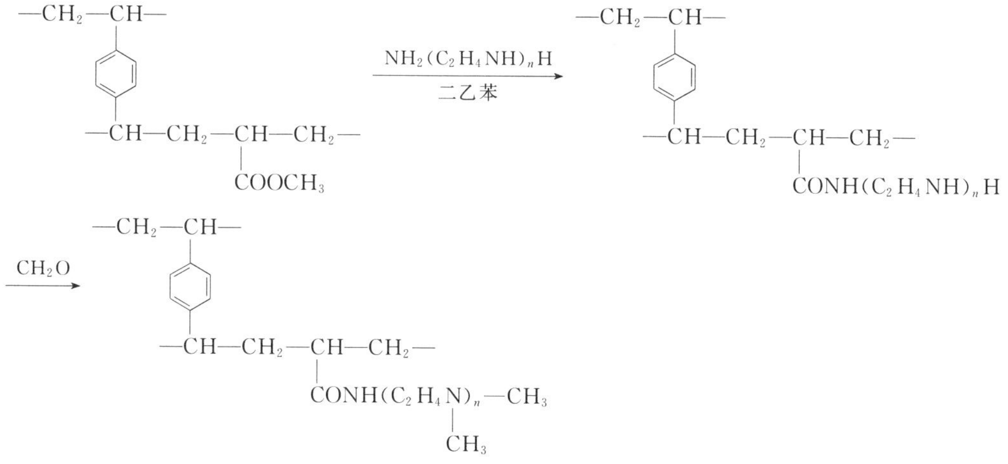

$$-CH_2-CH- \text{(苯环)} -CH-CH_2-CH(COOCH_3)-CH_2- \xrightarrow[\text{二乙苯}]{NH_2(C_2H_4NH)_nH} -CH_2-CH- \text{(苯环)} -CH-CH_2-CH(CONH(C_2H_4NH)_nH)-CH_2-$$

$$\xrightarrow{CH_2O} -CH_2-CH- \text{(苯环)} -CH-CH_2-CH(CONH(C_2H_4N(CH_3))_n-CH_3)-CH_2-$$

图3-10 弱碱型阴离子交换树脂的合成

以上反应方程式中n可为1,2,3。

以下是弱碱型阴离子交换树脂制备实例：

将1g过氧化苯甲酰溶于88g丙烯酸乙酯和12g二乙烯基苯（纯度55%）的混合单体中，在搅拌下加入含有0.1%聚乙烯醇的240g去离子水中，分散成所需的粒度。加热至75℃～80℃，搅拌聚合4h，产物用水洗涤后，在110℃下干燥16h。

将上述100g球状树脂与300g二乙撑三胺混合，在157℃～182℃下反应5h。冷却后用水充分洗涤、过滤、干燥，得到交换容量为6.4mmol/g的弱碱型阴离子交换树脂。

3.3.2 大孔型离子交换树脂

大孔型离子交换树脂是在凝胶型离子交换树脂的基础上发展起来的一类新型的树脂，它的特点是在树脂内部存在大量的毛细孔。无论树脂处于干态或湿态、收缩或溶胀时，这种毛细孔都不会消失。一般凝胶型离子交换树脂中的分子间隙为2～4nm，而大孔型树脂中的毛细孔直径可达几nm至几千nm。分子间隙为2nm的离子交换树脂的比表面积约为1 m^2/g，而20nm孔径的大孔型树脂的比表面积高达几千 m^2/g。若在大孔骨架上连接上交换功能基团，就成为大孔型离子交换树脂。

凝胶型离子交换树脂除了有在干态和非水系统中不能使用的缺点外，还存在一个严重的缺点，即使用中会产生“中毒”现象。所谓的中毒是指其在使用了一段时间后，会失去离子交换功能现象。研究结果表明，这是由于苯乙烯与二乙烯基苯的共聚特性造成的。在共聚过程中，二乙烯基苯的自聚速率大于与苯乙烯共聚，因此在聚合初期，进入共聚物的二乙烯基苯单元比例较高，而聚合后期，二乙烯基苯单体已基本消耗完，反应主要为苯乙烯的自聚。结果，球状树脂内部的交联密度不同，外疏内密。在离子交换树脂使用中，体积较大的离子或分子扩散进入树脂内部。而在再生时，由于外疏内密的结构，较大离子或分子会卡在分子间隙中，不易与可移动离子发生交换，最终失去交换功能，造成树脂“中毒”。大孔型离子交换树脂不存在外疏内密的结构，从而克服了中毒现象。

大孔型树脂的制备方法与凝胶型离子交换树脂基本相同。重要的大孔型树脂仍以苯乙烯类为主。与离子交换树脂相比，制备中有两个最大的不同之处：一是二乙烯基苯含量大大增加，一般达85%以上；二是在制备中加入致孔剂。

致孔剂可分为两大类：一类为聚合物的良溶剂，又称溶胀剂；另一类为聚合物的不良溶剂，即单体的溶剂，聚合物的沉淀剂。良溶剂如甲苯，共聚物的链节在甲苯中伸展。随交联程度提高，共聚物逐渐固化，聚合物和良溶剂开始出现相分离。聚合完成后，抽提去除溶剂，则在聚合物骨架上留下多孔结构。不良溶剂如脂肪醇，由于它们是单体的溶剂，聚合物的沉淀剂，共聚物分子随聚合的进行逐渐卷缩，形成极细小的分子圆球，圆球之间通过分子链相互缠结。因此，这种大孔型树脂仿佛是由一簇葡萄状小球所组成。一般来说，由不良溶剂致孔的大孔型树脂比良溶剂致孔的大孔型树脂有较大的孔径和较小的比表面积。

通过对两种致孔剂的选择和配合，可以获得各种规格的大孔型树脂。例如。将100%已烷作致孔剂，产物的比表面积为90m^2/g，孔径为43nm。而改为15%甲苯和85%已烷混合物作致孔剂，产物的比表面积提高到171m^2/g，而孔径降至13.5nm。

如果在上述树脂中连接上各种交换基团，就得到各种规格的大孔型离子交换树脂。

3.3.3 其他类型的离子交换树脂

1. 螯合树脂

为适应各行各业的特殊需要，发展了各种具有特殊功能基团的离子交换树脂，螯合树脂就是对分离重金属、贵金属应运而生的树脂。在分析化学中，常利用络合物既有离子键又有配价键的特点，来鉴定特定的金属离子。将这些络合物以基团的形式连接到高分子链上，就得到螯合树脂。

从结构上分类，螯合树脂有侧链型和主链型两类。从原料来分类，则可分为天然的（如纤维素、海藻酸盐、甲壳素、蚕丝、羊毛、蛋白质等）和人工合成的两类。螯合树脂分离金属离子的原理如图 3-11 所示。

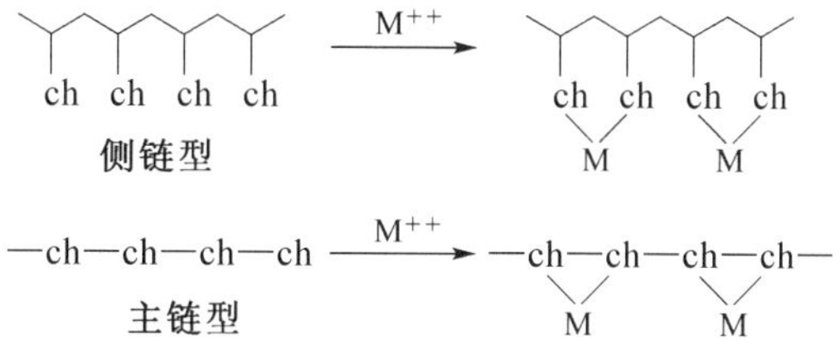

侧链型

主链型

图 3-11 螯合树脂分离金属离子的原理图

图中，ch 为功能基团，对某些金属离子有特定的络合能力，因此，能将这些金属离子与其他金属离子分离开来。

螯合树脂由于具有特殊的选择分离功能，很有发展前途。已研究成功的有 30 多种类型的产品，但目前真正实现了工业化的产品并不多。下面介绍一些最常用的品种。

1）胺基羧酸类（EDTA 类）

乙二胺四乙酸（EDTA）是分析化学中最常用的分析试剂。它能在不同条件下与不同的金属离子络合，具有很好的选择性。仿照其结构合成出来的螯合树脂也具有良好的选择性。例如，下列结构的树脂就是一种应用十分成功的螯合树脂。

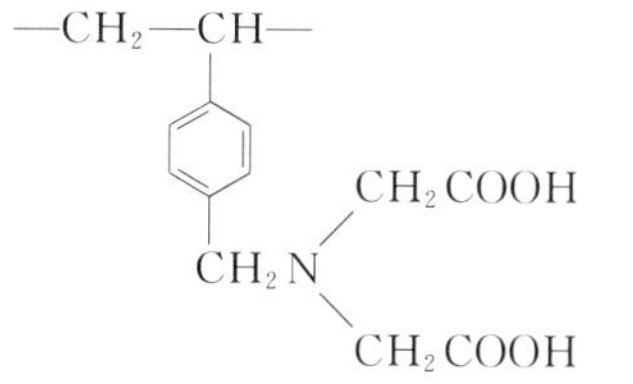

EDTA 类螯合树脂可通过许多途径制得。图 3-12 是它们的主要制备方法。

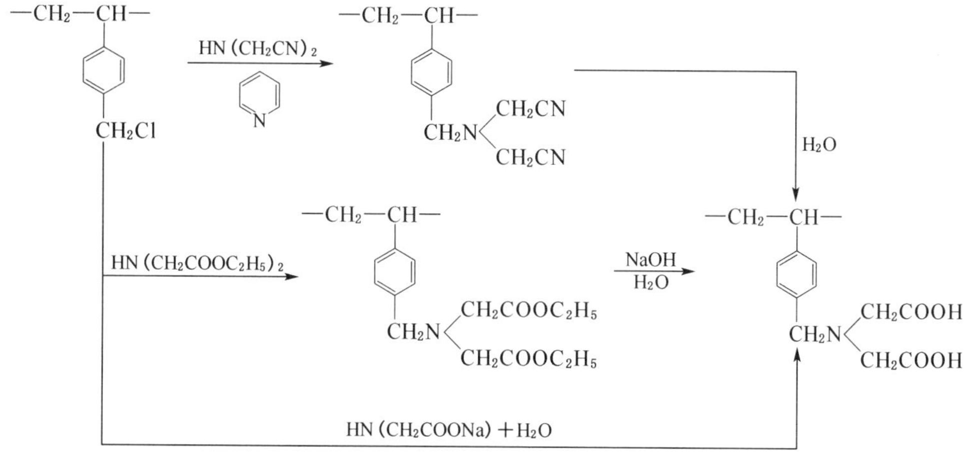

图 3-12 EDTA 类螯合树脂的制备路线

这种螯合树脂在 pH=5 时，对 Cu^{2+} 的最高吸附容量为 0.62mmol/g，可用 $HClO_4$ 溶液解吸。在 pH=1.3 时，对 Hg^{2+} 的最高吸附容量为 1.48mmol/g。可见对特种贵金属有很好的选择分离性。

2）肟类

肟类化合物能与金属镍(Ni)形成络合物。在树脂骨架中引入二肟基团形成肟类螯合树脂，对 Ni 等金属有特殊的吸附性。肟类螯合树脂的制备方法如图 3-13 所示。

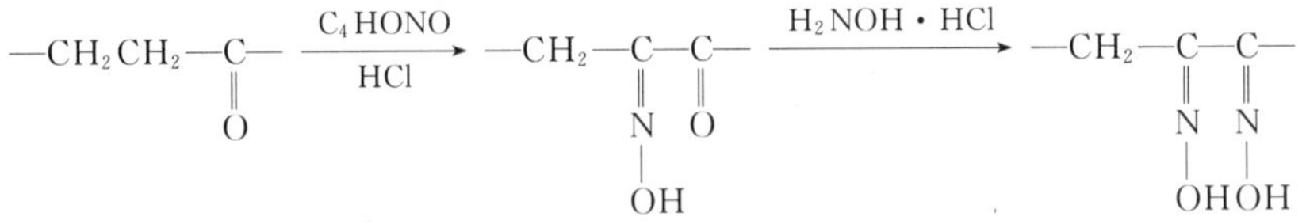

$$—CH_2CH_2—C(=O)— \xrightarrow[HCl]{C_4HONO} —CH_2—C(=N—OH)—C(=O)— \xrightarrow{H_2NOH \cdot HCl} —CH_2—C(=N—OH)—C(=N—OH)—$$

图 3-13　肟类螯合树脂的制备方法

用类似方法制得的肟类螯合树脂还有以下品种：

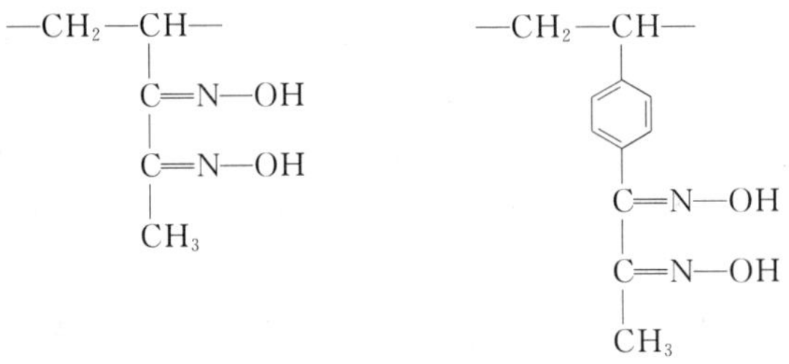

$$—CH_2—CH(—C(=N—OH)—C(=N—OH)—CH_3)— \qquad —CH_2—CH(—C_6H_4—C(=N—OH)—C(=N—OH)—CH_3)—$$

肟基近旁带有酮基、胺基、羟基时，可提高肟基的络合能力。因此，肟类螯合树脂常以酮肟、酚肟、胺肟等形式出现，吸附性能比单纯的肟类树脂好得多。

肟类螯合树脂与 Ni 的络合反应如图 3-14 所示。

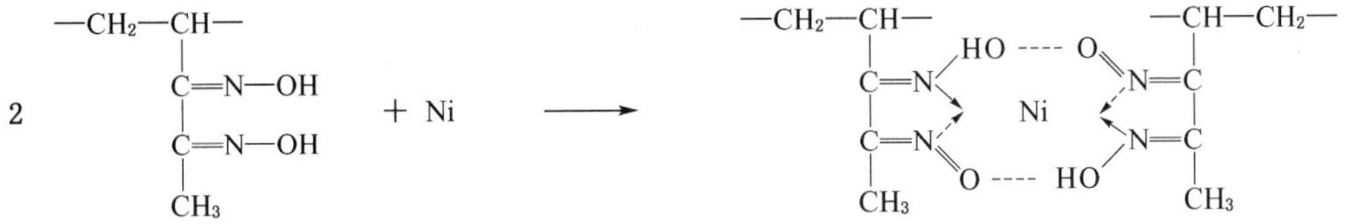

$$2\ —CH_2—CH(—C(=N—OH)—C(=N—OH)—CH_3)— + Ni \longrightarrow$$

```
—CH2—CH—                          —CH—CH2—
      |      HO ---- O              |
      C═N↘              ↙N═C
      |        Ni            |
      C═N↗              ↖N═C
      |      O ---- HO              |
      CH3                          CH3
```

图 3-14　肟类螯合树脂与 Ni 的络合反应

3）8-羟基喹啉类

8-羟基喹啉是有机合成和分析化学中常用的络合物。将其引入高分子骨架中，就形成具有特殊络合能力的 8-羟基喹啉螯合树脂。这类树脂有许多合成途径，例如：

(1) 由含 8-羟基喹啉的烯类单体聚合获得，如图 3-15 所示。

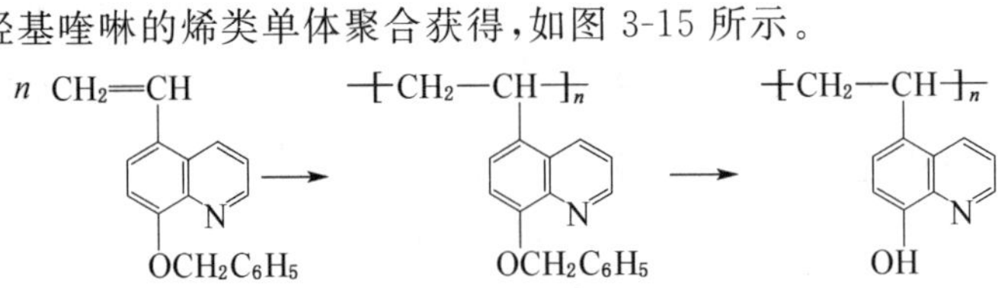

$$n\ CH_2{=}CH(\text{5-喹啉基-8-}OCH_2C_6H_5) \longrightarrow {+}CH_2—CH(\text{5-喹啉基-8-}OCH_2C_6H_5){+}_n \longrightarrow {+}CH_2—CH(\text{5-喹啉基-8-}OH){+}_n$$

图 3-15　通过烯类单体聚合制备 8-羟基喹啉类螯合树脂

这种树脂能选择吸附多种贵金属离子，如对 Cr^{2+}，Ni^{2+}，Zn^{2+} 等的的吸附容量可高达2.39～2.99nmol/g。

(2) 利用聚苯乙烯的高分子反应获得，如图 3-16 所示。

这种树脂对 Hf^{4+}，Zn^{4+}，Co^{2+} 等贵金属离子有特殊的选择吸附作用。

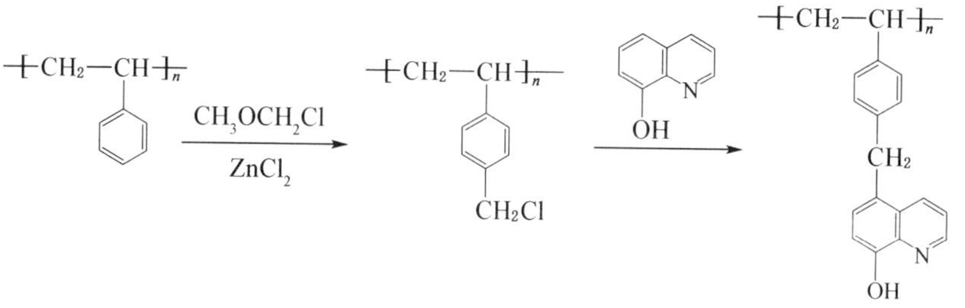

图 3-16 通过聚苯乙烯的高分子反应制备 8-羟基喹啉螯合树脂

4）吡咯烷酮类

在聚合物骨架中引入吡咯烷酮基团，对铀(U)等金属离子有很好的选择分离效果。其结构例子如下：

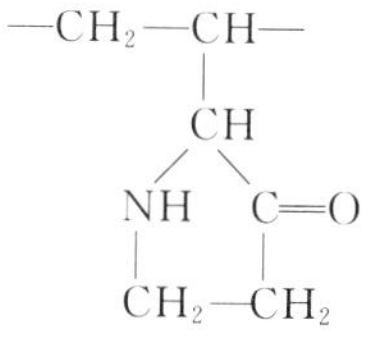

5）聚乙烯基吡啶类

高分子骨架中带有吡啶基团时，对 Cu^{2+}，Ni^{2+}，Zn^{2+} 等金属离子有特殊的络合功能。若在氮原子附近带有羧基时，其作用更为明显。这类螯合树脂的结构有以下几种类型：

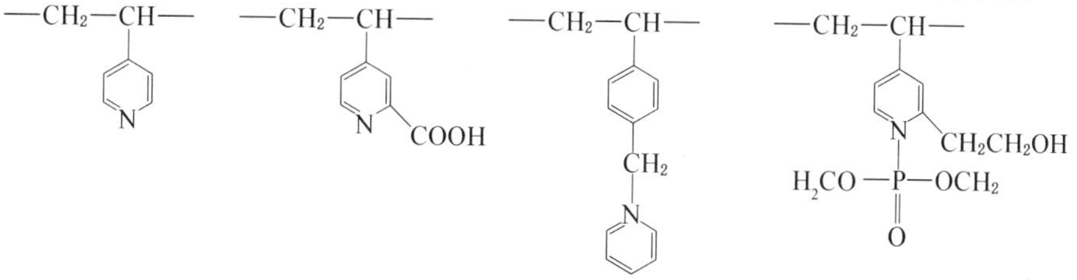

2. 氧化还原树脂

氧化还原树脂也称电子交换树脂，指带有能与周围活性物质进行电子交换、发生氧化还原反应的一类树脂。典型例子如图 3-17 所示。

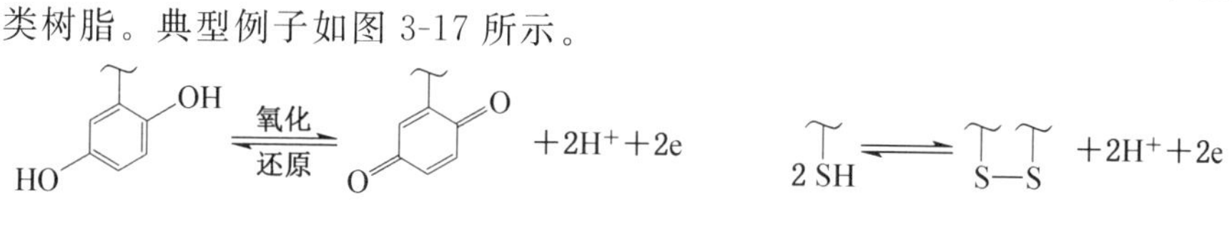

图 3-17 氧化还原树脂的氧化还原反应

在交换过程中，树脂失去电子，由原来的还原形式转变为氧化形式，而周围的物质被还原。

氧化还原树脂的制备方法与其他离子交换树脂类似，可以将带有氧化还原基团的单体通过连锁聚合或逐步聚合制得，也可将一些单体先制成高分子骨架，然后通过高分子的基团反应，引入氧化还原基团来制取。当然也可通过天然高分子改性获得。

重要的氧化还原树脂有氢醌类、巯基类、吡啶类、二茂铁类、吩噻嗪类等多种类型，下面简单介绍它们的制备方法。

1）氢醌类

氢醌、萘醌、蒽醌等都可通过与醛类化合物进行聚合而得到氧化还原树脂，也可通过本身带酚基的乙烯基化合物聚合得到氧化还原树脂，如图 3-18 所示。

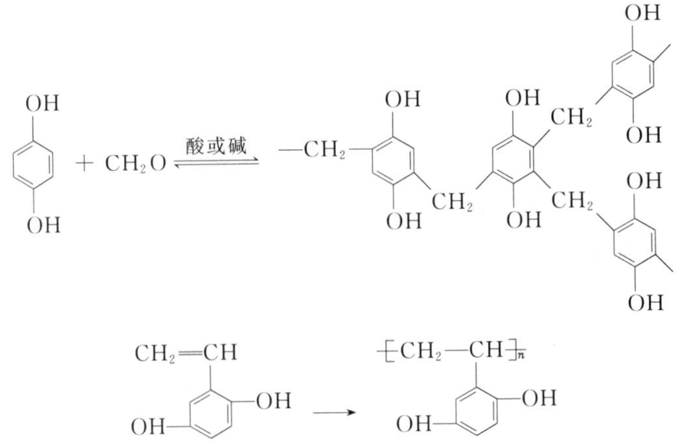

图 3-18　氢醌类氧化还原树脂的制备

2）巯基类

巯基类氧化还原树脂一般是以苯乙烯-二乙烯基苯共聚物为骨架，通过化学反应引入巯基得到的，如图 3-19 所示。

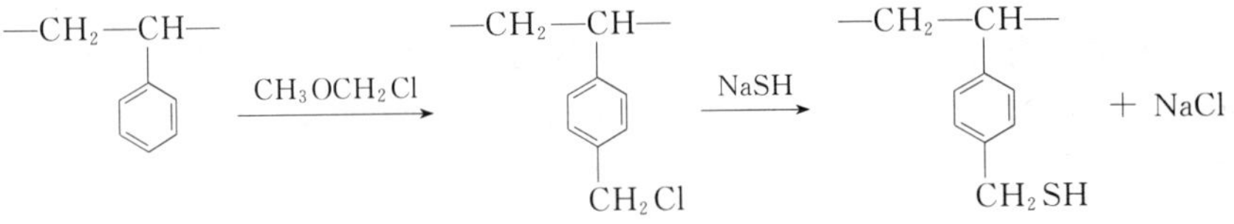

图 3-19　巯基类氧化还原树脂的制备

3）吡啶类

吡啶类氧化还原树脂是通过氯甲基化聚苯乙烯与烟酰胺反应得到的，如图 3-20 所示。

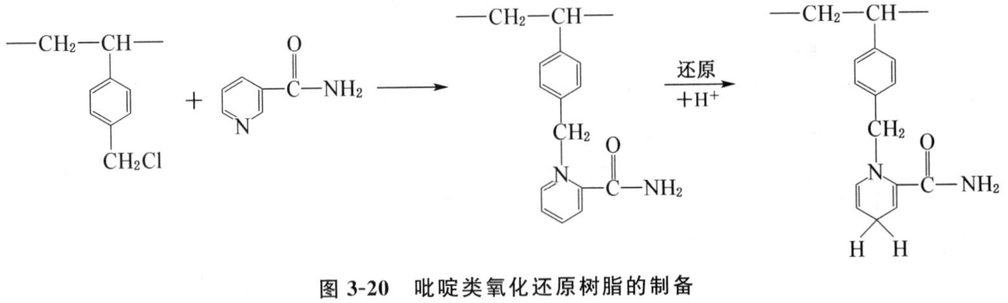

图 3-20　吡啶类氧化还原树脂的制备

4）二茂铁类

二茂铁类化合物是良好的氧化还原剂。将乙烯基引入二茂铁，再通过自由基聚合，即可得到氧化还原树脂，如图 3-21 所示。

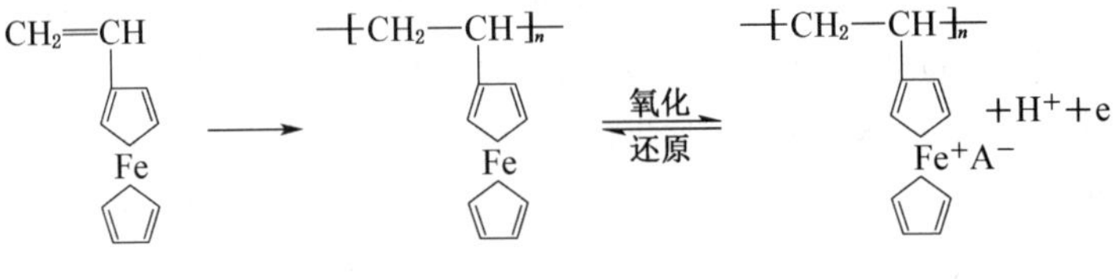

图 3-21　二茂铁类氧化还原树脂的制备

5）吩噻嗪类

次甲基兰的变色是吩噻嗪基团氧化还原性质的表现。将乙烯基引到吩噻嗪类化合物上，再经聚合即可得到氧化还原树脂，如图 3-22 所示。

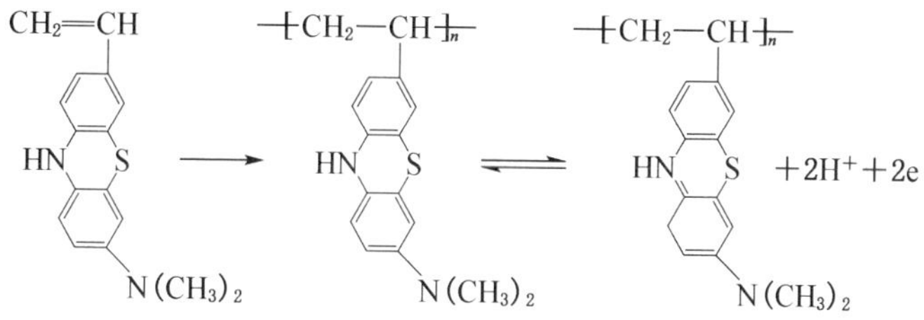

图 3-22 吩噻嗪类氧化还原树脂的制备

3. 两性树脂

在离子交换树脂应用中，将阴、阳两种树脂配合，可以除去溶液中的阴、阳离子，达到去盐的目的。但在再生时，也需要将两种树脂分别用酸、碱处理，手续较繁琐。为了克服这些缺点，研制了将阴、阳交换基团连接在同一树脂骨架上的两性树脂。

两性树脂中的两种功能基团是以共价键连接在树脂骨架上的，互相靠得较近，呈中和状态。但遇到溶液中的离子时，却能起交换作用。树脂使用后，只需大量的水淋洗即可再生，恢复到树脂原来的形式，这是它的最大优点。

两性树脂不仅可用于分离溶液中的盐类和有机物，还可作为缓冲剂，调节溶液的酸碱性。

现在，人们还开发了一种所谓“蛇笼树脂”。在这类树脂中，分别含有两种聚合物，一种带有阳离子交换基团，另一种带有阴离子交换基团。其中一种聚合物是交联的，而另一种是线型的，恰似蛇被关在笼网中，不能漏出，故形象地称为“蛇笼树脂”。在蛇笼树脂中，可以是交联的阴离子树脂为笼，线型的阳离子树脂为蛇，也可以是交联的阳离子树脂为笼，线型的阴离子树脂为蛇。

蛇笼树脂的特性与两性树脂类似，也可通过水洗而再生。

两性树脂通常是通过将分别带有阴、阳离子交换基团的两种单体共聚而制得的，而蛇笼树脂则是先将一种单体进行体型聚合，然后将此体型聚合物在某种溶剂中溶胀，再将另一种单体在此溶胀聚合物中进行聚合制得的，相当于一种半互穿网络体系。

4. 热再生树脂

应用离子交换树脂的最大不足是需要用酸碱再生。为了克服这种缺点，已经发明了两性树脂。但普通的两性树脂再生时需用大量的水淋洗，仍觉不够方便。为此，澳大利亚的科学家发明了能用热水简单再生的热再生树脂。

热再生树脂实际上也是一种两性树脂，在同一树脂骨架中带有弱酸性和弱碱性离子交换基团。这种树脂在室温下能够吸附 NaCl 等盐类，而在 70℃～80℃下可以把盐类重新脱附下来，从而达到脱盐和再生的目的。

热再生树脂的工作原理如下：

在室温下，树脂与盐溶液接触，反应向右进行，羧酸基中的 H^+ 转移到弱碱性的胺基上，形成铵盐。羧酸根离子起了阳离子交换基团的作用，弱碱性基团则与水中的 Cl^- 及羧酸基转移来的 H^+ 构成盐。

$$R\text{—}COOH + R'NR''_2 + NaCl \underset{70℃\sim80℃}{\overset{20℃\sim25℃}{\rightleftharpoons}} R\text{—}COONa + R'NR''_2HCl$$

这种由弱酸和弱碱构成的盐的平衡对热十分敏感。当加热到80℃左右时，水的解离大约比在25℃时高30倍。大量生成的H^+和OH^-离子抑制了树脂原来的解离，使树脂中交换基团构成的盐的水解，从而平衡向左移动，好像外加了酸或碱一样，达到了再生的目的。

热再生树脂的工作原理并不复杂，但对树脂及有关操作要求却是很严格的。树脂的骨架结构、交换基团种类、数量、分布情况、离子的亲和力、体系的pH值以及使用温度等，都是成败的关键。因此，目前制备的热再生树脂交换容量较小，仅0.1～0.3mmol/g，有待于进一步研究改善。

3.3.4 吸附树脂的制备

1. 非极性吸附树脂的制备

非极性吸附树脂主要是采用二乙烯基苯经自由基悬浮聚合制备的。为了使树脂内部具有预计大小和数量的微孔，致孔剂的选择十分关键。

致孔剂一般为与单体互不相溶的惰性溶剂。常用的有汽油、煤油、石蜡、液体烷烃、甲苯、脂肪醇和脂肪酸等。将这些溶剂单独或以不同比例混合使用，可在很大范围内调节吸附树脂的孔结构。

吸附树脂聚合完成后，采用乙醇或其他合适的溶剂将致孔剂洗去，即得具有一定孔结构的吸附树脂。也可采用水蒸气蒸馏的方法除去致孔剂。

非极性吸附树脂制备实例如下：

将二乙烯基苯(纯度50%)、甲苯和200#溶剂汽油按1：1.5：0.5的比例混合，再加入0.01份过氧化苯甲酰，搅拌使其溶解。此混合物称为油相。在三口瓶中事先加入5倍于油相体积的去离子水，并在水中加入10%(质量)的明胶，搅拌并加温至45℃，使明胶充分溶解。将油相投入水相中，搅拌使油相分散成合适的液珠。然后加温至80℃保持2h。然后缓慢升温至90℃，4h后再升温至95℃，保持2h。聚合结束后，将产物过滤、水洗数次。然后装入玻璃柱中，用乙醇淋洗数次，除去甲苯和汽油，即得到多孔性的吸附树脂，比表面积在600m^2/g左右。

按上述类似的方法，将丙烯酸酯类单体与二乙烯基苯或甲基丙烯酸缩水甘油酯进行自由基悬浮共聚，可制得中极性吸附树脂。

2. 极性吸附树脂的制备

极性吸附树脂主要含有氰基、砜基、氨基和酰胺基等，因此它们的制备可依据极性基团的区别采用不同的方法。

1) 含氰基的吸附树脂

含氰基的吸附树脂可通过二乙烯基苯与丙烯腈的自由基悬浮聚合得到。致孔剂常采用甲苯与汽油的混合物。

2) 含砜基的吸附树脂

含砜基的吸附树脂的制备可采用以下方法：先合成低交联度聚苯乙烯(交联度<5%)，然后以二氯亚砜为后交联剂，在无水三氯化铝催化下于80℃下反应15h，即制得含砜基的吸附树脂，比表面在136m^2/g以上。

3) 含酰胺基的吸附树脂

将含氰基的吸附树脂用乙二胺胺解，或将含仲氨基的交联大孔型聚苯乙烯用乙酸酐酰化，都可得到含酰氨基的吸附树脂。

4）含氨基的强极性吸附树脂

含氨基的强极性吸附树脂的制备类似于强碱性阴离子交换树脂的制备。即先制备大孔性聚苯乙烯交联树脂，然后将其与氯甲醚反应，在树脂中引入氯甲基—CH_2Cl，再用不同的胺进行胺化，即可得到含不同氨基的吸附树脂。这类树脂的氨基含量必须适当控制，否则会因氨基含量过高而使其比表面积大幅度下降。

3.4 离子交换树脂及吸附树脂的功能及其应用

3.4.1 离子交换树脂及吸附树脂的功能

离子交换树脂最主要的功能是离子交换，此外，它还具有吸附、催化、脱水等功能。吸附树脂则以其巨大的表面积而具有优异的吸附性为其主要功能。

1. 离子交换功能

离子交换树脂相当于多元酸和多元碱，它们可发生下列三种类型的离子交换反应。

中和反应：

$$R—SO_3H + NaOH \rightleftharpoons R—SO_3Na + H_2O$$

$$R—COOH + NaOH \rightleftharpoons R—COONa + H_2O$$

$$RN(CH_3)_3OH + HCl \rightleftharpoons RN(CH_3)_3Cl + H_2O$$

$$R{\equiv}NHOH + HCl \rightleftharpoons R{\equiv}NHCl + H_2O$$

复分解反应：

$$R—SO_3Na + KCl \rightleftharpoons R—SO_3K + NaCl$$

$$2R—COONa + CaCl_2 \rightleftharpoons (RCOO)_2CaNa + 2NaCl$$

$$R—NCl + NaBr \rightleftharpoons R—NBr + NaCl$$

$$2R—NH_3Cl + Na_2SO_4 \rightleftharpoons (RNH_3)_2SO_4 + 2NaCl$$

中性盐反应：

$$R—SO_3H + NaCl \rightleftharpoons R—SO_3Na + HCl$$

$$R{\equiv}NHOH + NaCl \rightleftharpoons R{\equiv}NHCl + NaOH$$

从上面的反应可见，所有的阳离子交换树脂和阴离子交换树脂均可进行中和反应和复分解反应。仅由于交换功能基团的性质不同，交换能力有所不同。中性盐反应则仅在强酸型阳离子交换树脂和强碱型离子交换树脂的反应中发生。所有上述反应均是平衡可逆反应，这正是离子交换树脂可以再生的本质。只要控制溶液中离子的浓度、pH 值和温度等因素，就可使反应向逆向进行，达到再生的目的。

2. 吸附功能

无论是凝胶型或大孔型离子交换树脂还是吸附树脂，相对来说，均具有很大的比表面积。根据表面化学的原理，表面具有吸附能力。原则上讲，任何物质均可被表面所吸附，随表面的性质、表面力场的不同，吸附具有一定的选择性。

吸附功能不同于离子交换功能，吸附量的大小和吸附的选择性，决定于诸多因素，其中最主要决定于表面的极性和被吸附物质的极性。吸附是范德华力的作用,因此是可逆的,可用适当的溶剂或适当的温度使之解吸。图 3-23 是氢型强酸型阳离子交换树脂从水醇混合溶液中吸附不同种类醇的行为。由图 3-23 可见,对烷基越大的醇,吸附性越好。这是由于树脂表面的非极性大分子与醇中烷基的亲和力不同所引起的。

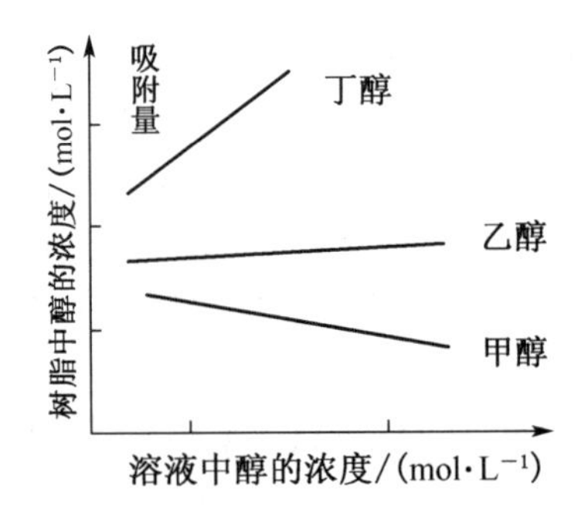

图 3-23 离子交换树脂对醇的吸附行为

离子交换树脂的吸附功能随树脂比表面积的增大而增大。因此,大孔型树脂的吸附能力远远大于凝胶型树脂。大孔型树脂不仅可以从极性溶剂中吸附弱极性或非极性的物质,而且可以从非极性溶剂中吸附弱极性的物质。也可对气体进行选择吸附。

3. 脱水功能

强酸型阳离子交换树脂中的—SO_3H 基团是强极性基团,相当于浓硫酸,有很强的吸水性。干燥的强酸型阳离子交换树脂可用作有机溶剂的脱水剂。图 3-24 是以强酸型阳离子交换树脂作为脱水剂、对各种有机溶剂进行脱水的实验曲线。

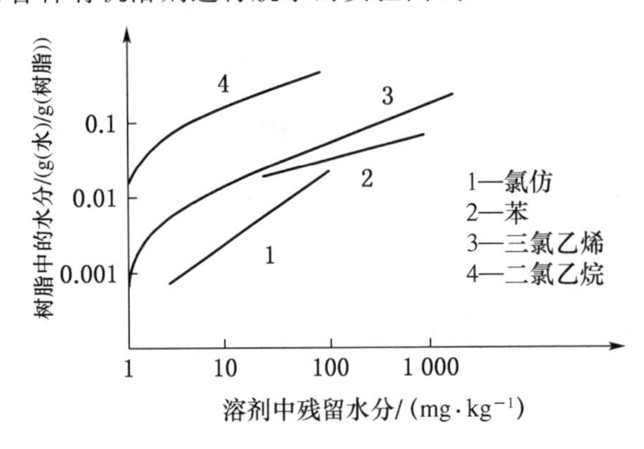

图 3-24 离子交换树脂对不同溶剂的脱水作用

4. 催化功能

低分子的酸和碱可对许多有机化学反应和聚合反应起催化作用。离子交换树脂相当于多元酸和多元碱,也可对许多化学反应起催化作用。与低分子酸碱相比,离子交换树脂催化剂具有易于分离、不腐蚀设备、不污染环境、产品纯度高、后处理简单等优点。如用强酸型阳离子交换树脂可作为酯化反应的催化剂。

络合催化剂是利用过渡元素的原子结构中的 d 层电子轨道进行配位,形成有催化能力的络合物。离子交换树脂也可以配价键、离子键或共价键的形式与过渡元素结合,形成络合催化剂起催化作用。这种催化剂已被用于烯、炔的氧化反应和环化反应中。

利用大孔型树脂的强吸附功能,将易于分解失效的催化剂从 $AlCl_3$ 等吸附在微孔中。在反应过程中则逐步释放出来以提高催化剂的效率。这也归属于树脂的催化功能。

除了上述几个功能外,离子交换树脂和大孔型吸附树脂还具有脱色、作载体等功能。

3.4.2 离子交换树脂的应用

离子交换树脂自问世以来,它的应用已十分广泛。下面对其主要的应用作简单介绍。

1. 水处理

水处理包括水质的软化、水的脱盐和高纯水的制备,以及污水处理等。

经过几十年的发展,国产水处理用离子交换树脂的生产和应用都得到了很大发展,基本上可满足我国工业、农业生产的需要,特别是电力工业。

发电厂等工厂所用的高压锅炉必须采用软化水,即将 Ca^{2+},Mg^{2+} 等离子去除的水。最方便、最经济的方法就是使用钠型阳离子交换树脂。其反应如下

$$2R—SO_3Na + Ca^{++} \rightleftharpoons (R—SO_3)_2Ca + 2Na^+$$

水在软化过程中仅硬度降低,而总含盐量不变。当树脂交换饱和后,可加入 NaOH 使之再生,见下式。再生后的树脂可重复使用。

$$(R—SO_3)_2Ca + NaOH \rightleftharpoons 2R—SO_3Na + Ca(OH)_2$$

纯水包括脱盐水、纯水和高纯水。去除或减少了水中强电解质的水称为脱盐水。脱盐水中剩余盐的含量为 1~5mg/L,在 25℃时,水的电阻率为 $0.1\times10^6 \sim 1.0\times10^6\ \Omega\cdot cm$。若不仅除去全部强电解质,而且将硅酸及 CO_2 等弱电解质也去除到一定程度,使水中的剩余总盐量在 0.1mg/L 以下,电阻率达到 $1.0\times10^6 \sim 10\times10^6\ \Omega\cdot cm$,则称为纯水。将几乎所有的强、弱电解质全部去除,还将不解离的胶体、气体及有机物去除至更低水平,使含盐量达 0.1mg/L 以下,电阻率在 $10\times10^6\ \Omega\cdot cm$ 以上,则称为高纯水。高纯水是当今电子工业不可缺少的原料之一。

污水处理主要是处理工业废水中的大量重金属离子。浙江省洞山县铜山制药厂原先采用硫化钠-明矾化学凝聚沉淀法处理红汞生产中产生的含汞废水。由于含汞废水成分复杂,存在多种形态的汞化合物(有机汞、无机汞)、金属汞以及其他有机物和离子,对酸化 pH 值和硫化钠量不易控制,会使硫化汞形成螯合物溶解,处理后废水中汞浓度仍达 0.05~0.5 mg/L,难以达到排放标准。反复论证和大量的实验,选用了离子交换树脂法。工业生产运行表明:①用树脂交换法除汞作为化学法的二级处理系统,能保证达到排放标准,且能实现封闭循环、连续稳定的运行,排放的废水可作为冷却水加以回用;②提高了生产能力,单位产品的成本降低,节约了治理费用;③应用树脂交换法还能对废水起到脱色作用,处理的水清晰透明。失效后的树脂不再回收,作为汞废渣回收汞。防止了二次污染。因此,应用离子交换法处理低浓度含汞废水,有明显的社会效益和经济效益。

工业排放废水如有色冶炼、电镀、化工、印染等行业的废水中常含有铜。较高浓度的铜对生物体有毒性,且排入水体的铜可通过食物链被生物大量富集,人体摄入过量铜会导致腹痛、呕吐、肝硬化等。利用离子交换树脂可以有效地除去废水中的 Cu^{2+},以达到高度净化,并有利于资源的再生。

2. 冶金工业

离子交换是冶金工业的重要单元操作之一。在铀、钍等超铀元素、稀土金属、重金属、轻金属、贵金属和过渡金属的分离、提纯和回收方面,离子交换树脂均起着十分重要的作用。铂族金属的分离纯化见图 3-25。

离子交换树脂还可用于选矿。在矿浆中加入离子交换树脂可改变矿浆中水的离子组成,使浮选剂更有利于吸附所需要的金属,提高浮选剂的选择性和选矿效率。

铂族金属性质相近,而且往往在矿体中共同存在。其中各种金属的分离纯化非常困难。

经多年研究，将离子交换树脂提取、萃淋树脂提取、液-液萃取等技术综合用于铂族金属的湿法冶金，使铂族金属的分离纯化效率大大提高。例如，在图 3-25 所示的工艺中，用离子交换树脂提取铂族金属，使之与贱金属分离；然后经蒸馏和液-液萃取将铂族金属分组，再分别进行分离处理。类似的工艺已在一些工厂中应用，我国在这方面的工艺技术已达到国际先进水平。

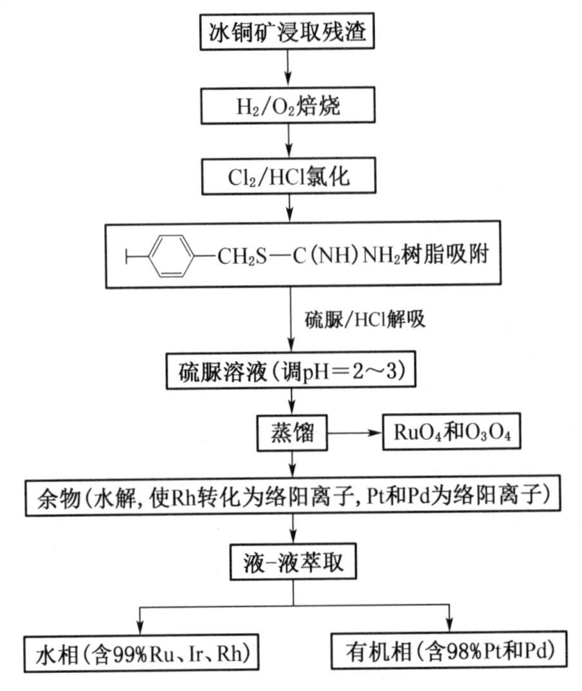

图 3-25　铂族金属的分离纯化

3. 原子能工业

离子交换树脂在原子能工业上的应用包括核燃料的分离、提纯、精制、回收等。用离子交换树脂制备高纯水，是核动力用循环、冷却、补给水供应的唯一手段。离子交换树脂还是原子能工业废水去除放射性污染处理的主要方法。

4. 海洋资源利用

利用离子交换树脂，可从许多海洋生物(例如海带)中提取碘、溴、镁等重要化工原料。在海洋航行和海岛上，用离子交换树脂以海水制取淡水是十分经济和方便的。

5. 化学工业

离子交换树脂在化学实验、化工生产上已经和蒸馏、结晶、萃取和过滤一样，成为重要的单元操作，普遍用于多种无机、有机化合物的分离、提纯，浓缩和回收等。

离子交换树脂用作化学反应催化剂，可大大提高催化效率，简化后处理操作，避免设备的腐蚀。羧酸与醇反应是最常见的一种制备酯的方法，也是离子交换树脂催化剂非常广泛应用的领域。以负载镧的离子交换树脂作催化剂，由乙酸和异戊醇合成乙酸异戊酯，结果表明此催化剂催化效率较高，酯化反应时间短，不用带水剂，产品易于分离，酯化率高达 99.3%。

烯烃的环氧化反应的氧化剂一般是双氧水或者有机过氧化物，如叔丁基过氧化物(TBHP)和异丙苯基过氧化物(CHP)。采用离子交换树脂为催化剂，一般用钨、钼负载的阴离子交换树脂为催化剂。植物油环氧化物在乙酸中可以开环，但是环氧化物的转化率很低。采用 Amberlite IR 120 为催化剂，可使环氧化物的转化率提高到 92.42%。

离子交换树脂的功能基连接上作为试剂的基团后，可以当作有机合成的试剂，成为高分子试剂，用来制备许多新的化合物。这种方法具有控制及分离容易、副产物少、纯度高等特点。目前在有机化合物的酰化、过氧化、溴化、二硫化物的还原、大环化合物的合成、肽链的增长、不对称碳化合物的合成、羟基的氧化等方面都已取得显著的效果。

在涂料中加入少量粉状阳离子交换树脂，可使其更抗腐蚀，延长使用寿命。

将少量阳离子交换树脂粉末加到表面容易产生静电的塑料中，可消除表面积累的电荷，起到抗静电作用。

大孔型离子交换树脂能有效地吸收气体，因此可用于气体的净化，如聚乙烯吡啶树脂可以很好地去除空气中的二氧化硫气体。

强酸型阳离子交换树脂能强烈吸水，可用作干燥剂，吸收有机溶剂或气体中的水分。

6. 食品工业

离子交换树脂在制糖、酿酒、烟草、乳品、饮料、调味品等食品加工中都有广泛的应用。特别在酒类生产中配制用水的处理、酒精、低度白酒、果酒、葡萄酒的处理，都显示了它明显的应用效果。水质是酿制美酒的基本条件，利用离子交换树脂可以很方便地改进水质。利用大孔型树脂可进行酒的脱色、去浑、去除酒中的酒石酸、水杨酸等杂质，提高酒的质量。酒类经过离子交换树脂的去铜、锰、铁等离子，可以增加贮存稳定性。经处理后的酒，香味纯，透明度好，稳定性可靠，是各种酒类生产中不可缺少的一项工艺步骤。

葡萄酒、果酒通过生产容器和原料本身等不同渠道常常带入含量不同程度的铁，当酒中含铁量高于8mg/L时，接触空气后就会混浊。因此当酒中含铁量高于这些界限时，工艺中要求必须进行处理。一般处理方法有亚铁氰化钾除铁法、菲汀除铁法等，但都有一定的弊端。亚铁氰化钾除铁要求加入量必须准确，如果用量超过用以沉淀铁的数量时，自由状态下的亚铁氰化钾在酸的作用下会产生氢氨酸，对人不安全。菲汀除铁法是菲汀与酒中的三价铁发生反应。除铁量达不到要求界限，而且酒中没有被氧化的铁以后受到氧化时仍会发生混浊。苏联生产红白葡萄酒用离子交换树脂去除其中的重金属离子，去除率可达90%～92%，广东肇庆市技术开发公司生产的除铁树脂，每升54mg的含铁量可降至每升7mg左右，除铁率可达87%～90%。

普通果酒作为配制酒，需要补调50%左右的自来水，水中的钙镁离子很容易引起果酒的混浊沉淀，利用离子交换树脂通过对民用用水和酒的处理，提高了果酒的稳定性。

在配制露酒、半汁果酒、葡萄酒时，需要用酒精来调整酒度。但酒精所含微量成分中，如甲醇、杂醇油、醛类等物质有害于人体健康，所以国家对酒精的理化指标有一定的质量标准。凡不符合国家质量标准的酒精，在使用时要进行高锰酸钾、活性炭氧化脱臭处理，为了不使酒精含有残留的锰离子和其他异杂味，采用离子交换树脂处理，具有质纯、味净的效果，保证了果露酒产品的内在质量。

在葡萄糖、蔗糖、甜菜糖的生产中，都存在脱色、精制的问题，利用吸附树脂可较容易地解决这些问题。

将离子交换树脂制成多孔泡沫状，可用作香烟的过滤嘴，以滤去烟草中的尼古丁和醛类物质，减少有害成分。

用离子交换树脂可调节乳品的组成，增加乳液的稳定性，延长存放时间。用它来控制调节牛奶中钙的含量，可使牛奶成分更接近人乳。此外，用离子交换树脂来除去乳品中离子性杂质，如锶(Sr)、碘(I_2)等污染物，均是很成功的。

在味精生产中，利用离子交换树脂对谷氨酸的选择性吸附，可除去产品中的杂质和对产品进行脱色。这一方法在国内亦已大规模地使用。

7. 医药卫生

离子交换树脂在医药卫生事业中被大量应用。如在药物生产中用于药剂的脱盐、吸附分离、提纯、脱色、中和及中草药有效成分的提取等。

离子交换树脂本身可作为药剂内服，具有解毒、缓泻、去酸等功效，可用于治疗胃溃疡、促进食欲、去除肠道放射物质等。

对于外敷药剂，用离子交换树脂粉末可配制软膏、粉剂及婴儿护肤用品，用以吸除伤口毒物和作为解毒药剂。

将各种药物吸附在离子交换树脂上，可有效地控制药物释放速率，延长药效，减少服药次数。利用离子交换树脂吸水后体积迅速膨胀的特点，将其与药剂混合制成药片，服后可迅速胀大崩解，更快更好地发挥药物的作用。

离子交换树脂同时也可以用于药物遮味。药物制剂的味道是影响患者适应性的一个重要因素。IER为高分子聚合物，多含有可电离活化的基团，因此，可以与离子型药物交换和靠静电作用相互吸附，使药物进入IER骨架而掩盖不良味觉。在pH值6.8的唾液中，嗅觉对树脂复合物中的药物不敏感。药物进入树脂内部后，其不良味觉会大大减弱，而且口腔分泌的唾液量较少，离子浓度很低，口服给药时树脂颗粒在口腔中停留时间很短，药物还未来得及解吸附就已经进入胃中，因此，可以有效地掩盖药物的不良味觉，增加患者用药适应性。

盐酸曲马多是含有氨基氮原子的镇痛药，具有较大的苦味，而一般又需口服给药，因此患者用药适应性不佳。将盐酸曲马多制成含药树脂速释混悬剂，利用离子交换技术将主药与IER反应制成了树脂复合物混悬于液体介质中，口服该制剂后在口腔中仅作短暂停留，树脂不释放或很少释放药物，患者感觉不到苦味。而在胃肠中含有丰富的钠、钾离子，因此，药物被迅速大量地释放出来，达到与普通片剂或胶囊剂相同的溶出效果。

离子交换树脂还是医疗诊断、药物分析检定的重要药剂，如血液成分分析、胃液检定、药物成分分析等。具有检测速度快、干扰少等优点。

8. 环境保护

离子交换树脂在环境保护领域中有广阔的用武之地，在废水、废气的浓缩、处理、分离、回收及分析检测上都有重要应用，已普遍用于电镀废水、造纸废水、矿冶废水、生活污水，影片洗印废水、工业废气等的治理。例如，影片洗印废水中的银是以 $Ag(SO_3)_2^{3-}$ 等阴离子形式存在的，使用Ⅰ型强碱性离子交换树脂处理后，银的回收率可达90%以上，既节约了大量的资金，又使废水达到了排放标准。又如电镀废水中含有大量有毒的金属氰化物，如 $Fe(CN)_6^{3-}$，$Fe(CN)_6^{4-}$ 等，用抗有机污染力强的聚丙烯酰胺系阴离子交换树脂处理后，可使金属氰化物的含量降至10ppm以下。

3.5 高分子分离膜

3.5.1 膜分离技术概述及其发展简史

膜是指能以特定形式限制和传递各种物质的分隔两相的界面。膜在生产和研究中的使用技术被称为膜技术。

随着科学技术的迅猛发展和人类对物质利用广度的开拓，物质的分离和分离技术已成为重要的研究课题。分离的类型包括同种物质按不同大小尺寸的分离;异种物质的分离;不同物质状态的分离和综合性分离等。

在化工单元操作中,常见的分离方法有筛分、过滤、蒸馏、蒸发、重结晶、萃取、离心分离等。然而,对于高层次的分离,如分子尺寸的分离、生物体组分的分离等,采用常规的分离方法是难以实现的,或达不到精度,或需要损耗极大的能源而无实用价值。

具有选择分离功能的高分子材料的出现,使上述的分离问题迎刃而解。实际上,高分子膜的分离功能很早就已发现。1748 年,耐克特(A. Nelkt)发现水能自动地扩散到装有酒精的猪膀胱内。1861 年,施密特(A. Schmidt)首先提出了超过滤的概念。他提出,用比滤纸孔径更小的棉胶膜或赛璐酚膜过滤时,若在溶液侧施加压力,使膜的两侧产生压力差,即可分离溶液中的细菌、蛋白质、胶体等微小粒子,其精度比滤纸高得多。这种过滤可称为超过滤。按现代观点看,这种过滤应称为微孔过滤。1961 年,米切利斯(A. S. Michealis)等人用各种比例的酸性和碱性的高分子电介质混合物以水-丙酮-溴化钠为溶剂,制成了可截留不同分子量的膜,这种膜是真正的超过滤膜。美国 Amicon 公司首先将这种膜商品化。20 世纪 50 年代初,为从海水或苦咸水中获取淡水,开始了反渗透膜的研究。1967 年,Du Pont 公司研制成功了以尼龙-66 为主要组分的中空纤维反渗透膜组件。同一时期,丹麦 DDS 公司研制成功平板式反渗透膜组件。反渗透膜开始工业化。

自 20 世纪 60 年代中期以来,膜分离技术真正实现了工业化。首先出现的分离膜是超过滤膜(简称 UF 膜)、微孔过滤膜(简称 MF 膜)和反渗透膜(简称 RO 膜)。以后又开发了许多其他类型的分离膜。

80 年代气体分离膜的研制成功,使功能膜的地位又得到了进一步提高。在此期间,除上述三大膜外,其他类型的膜和气体膜也获得很大的发展。

由于膜分离技术具有高效、节能、高选择、多功能等特点,功能膜已成为 20 世纪以来发展极为迅速的一种功能性高分子。

膜分离技术是利用膜对混合物中各组分的选择渗透性能的差异来实现分离、提纯和浓缩的新型分离技术。膜工艺过程的共同优点是成本低、能耗少、效率高、无污染并可回收有用物质,特别适合于性质相似组分、同分异构体组分、热敏性组分、生物物质组分等混合物的分离,因而在某些应用中能代替蒸馏、萃取、蒸发、吸附等化工单元操作。实践证明,当不能经济地用常规的分离方法得到较好的分离时,膜分离作为一种分离技术往往是非常有用的,并且膜技术还可以和常规的分离方法结合起来使用,使技术投资更为经济。正因为膜分离过程具有极大的吸引力,膜技术越来越广泛地应用于化工、环保、食品、医药、电子、电力、冶金、轻纺、海水淡化等领域,具有广阔的发展前景。

3.5.2 功能膜的分类

1. 按膜的材料分类

按制备分离膜的材料种类来分类,可将高分子分离膜分为纤维素酯类和非纤维素酯类两大类。表 3-4 列出了一些典型的品种。

2. 按膜的分离原理及适用范围分类

根据分离膜的分离原理和推动力的不同,可将其分为微孔膜、超过滤膜、反渗透膜、纳滤膜、渗析膜、电渗析膜、渗透蒸发膜等。图 3-26 列出了各种分离方法的适用范围,从中可见膜分离技术所占的重要地位。

表 3-4　膜材料的分类

类别	膜材料	举　例
纤维素酯类	纤维素衍生物类	醋酸纤维素,硝酸纤维素,乙基纤维素等
非纤维素酯类	聚砜类	聚砜,聚醚砜,聚芳醚砜,磺化聚砜等
	聚酰(亚)胺类	聚砜酰胺,芳香族聚酰胺,含氟聚酰亚胺等
	聚酯、烯烃类	涤纶,聚碳酸酯,聚乙烯,聚丙烯腈等
	含氟(硅)类	聚四氟乙烯,聚偏氟乙烯,聚二甲基硅氧烷等
	其他	壳聚糖,聚电解质等

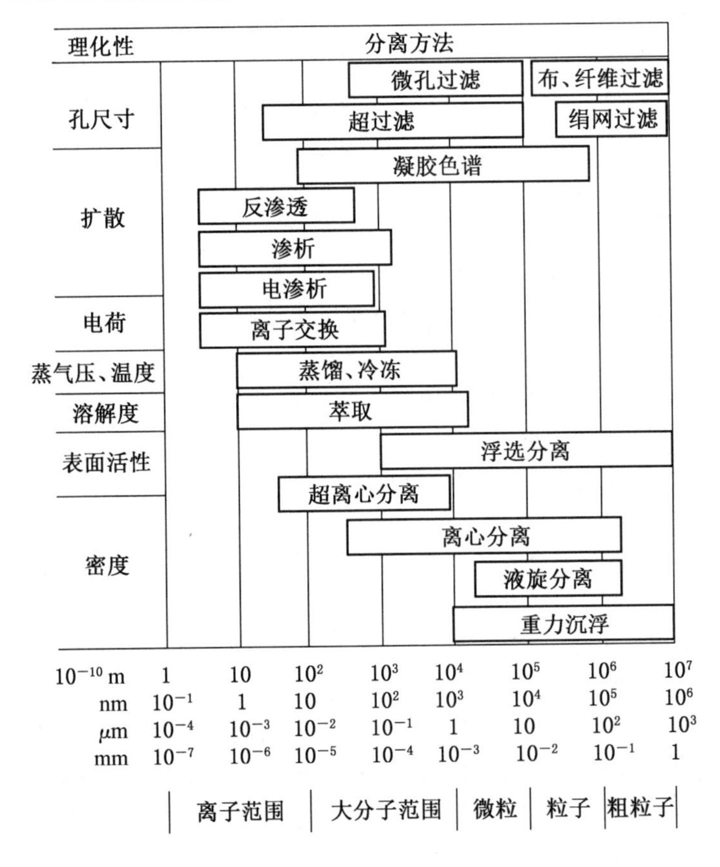

图 3-26　各种分离方法的适用范围

3. 按膜的物理形态分类

根据分离膜断面的物理形态不同,可将其分为对称膜,不对称膜、复合膜、平板膜、管式膜、中空纤维膜等。

4. 按膜的功能分类

随着新型功能膜的开发,日本著名高分子学者清水刚夫将膜按功能分为分离功能膜(包括气体分离膜、液体分离膜、离子交换膜、化学功能膜)、能量转化功能膜(包括浓差能量转化膜、光能转化膜、机械能转化膜、电能转化膜,导电膜)、生物功能膜(包括探感膜、生物反应器、医用膜)等。

5. 膜分离过程的类型

分离膜的基本功能是从物质群中有选择地透过或输送特定的物质，如分子、离子、电子等。或者说，物质的分离是通过膜的选择性透过实现的，研究证明，分离膜还具有把含有无向量性的化学反应的物质变化体系转变为向量性体系的功能。

几种主要的膜分离过程及其传递机理如表 3-5 所示。

表 3-5　几种主要分离膜的分离过程

膜过程	推动力	传递机理	透过物	截留物	膜类型
微滤	压力差	颗粒大小形状	水、溶剂溶解物	悬浮物颗粒	纤维多孔膜
超滤	压力差	分子特性大小形状	水、溶剂小分子	胶体和超过截留分子量的分子	非对称性膜
纳滤	压力差	离子大小及电荷	水、一价离子多价离子	有机物	复合膜
反渗透	压力差	溶剂的扩散传递	水、溶剂	溶质、盐	非对称性膜复合膜
渗析	浓度差	溶质的扩散传递	低分子量物、离子	溶剂	非对称性膜
电渗析	电位差	电解质离子的选择传递	电解质离子	非电解质，大分子物质	离子交换膜
气体分离	压力差	气体和蒸汽的扩散渗透	渗透性的气体或蒸汽	难渗透性的气体或蒸汽	均相膜复合膜，非对称性膜
渗透蒸发	压力差	选择传递	易渗的溶质或溶剂	难渗的溶质或溶剂	均相膜、复合膜，非对称性膜
液膜分离	化学反应和浓度差	反应促进和扩散传递	杂质	溶剂	乳状液膜支撑液膜
膜蒸馏	膜两侧蒸汽压力差	组分的挥发性	挥发性较大的组分	挥发性较小的组分	疏水性膜

3.6 膜材料及膜的制备

3.6.1 膜材料

用作分离膜的材料包括广泛的天然的和人工合成的有机高分子材料和无机材料。

原则上讲，凡能成膜的高分子材料和无机材料均可用于制备分离膜。但实际上，真正成为工业化膜的膜材料并不多。这主要决定于膜的一些特定要求，如分离效率、分离速度等。此外，也取决于膜的制备技术。目前，实用的有机高分子膜材料有：纤维素酯类、聚砜类、聚酰胺类及其他材料。从品种来说，已有成百种以上的膜被制备出来，其中约 40 多种已被用于工业和实验室中。以日本为例，纤维素酯类膜占 53%，聚砜膜占 33.3%，聚酰胺膜占 11.7%，其他材料的膜占 2%，可见纤维素酯类材料在膜材料中占主要地位。

1. 纤维素酯类膜材料

纤维素是由几千个椅式构型的葡萄糖基通过1,4-β-甙链连接起来的天然线性高分子化合物,其结构式如下:

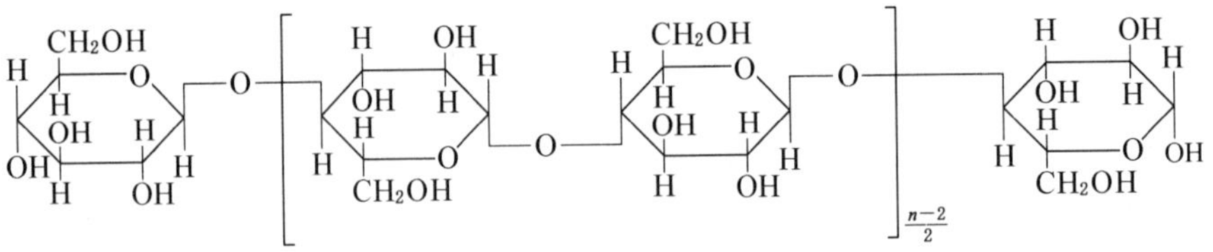

从结构上看,每个葡萄糖单元上有三个醇羟基。当在催化剂(如硫酸、高氯酸或氧化锌)存在下,能与冰醋酸、醋酸酐进行酯化反应,得到二醋酸纤维素或三醋酸纤维素。

$$C_6H_7O_2+(CH_3CO)_2O = C_6H_7O_2(OCOCH_3)_2+H_2O$$

$$C_6H_7O_2+3(CH_3CO)_2O = C_6H_7O_2(OCOCH_3)_3+2CH_2COOH$$

醋酸纤维素是当今最重要的膜材料之一。醋酸纤维素性能很稳定,但在高温和酸、碱存在下易发生水解。为了改进其性能,进一步提高分离效率和透过速率,可采用各种不同取代度的醋酸纤维素的混合物来制膜,也可采用醋酸纤维素与硝酸纤维素的混合物来制膜。此外,醋酸丙酸纤维素、醋酸丁酸纤维素也是很好的膜材料。

纤维素醋类材料易受微生物侵蚀,pH值适应范围较窄,不耐高温和某些有机溶剂或无机溶剂。因此发展了非纤维素酯类(合成高分子类)膜。

2. 非纤维素酯类膜材料

1) 非纤维素酯类膜材料的基本特性

用于制备分离膜的高分子材料应具备以下的基本特性:

(1) 分子链中含有亲水性的极性基团。

(2) 主链上应有苯环、杂环等刚性基团,使之有高的抗压密性和耐热性。

(3) 化学稳定性好。

(4) 具有可溶性。

常用于制备分离膜的合成高分子材料有聚砜类、聚酰胺类、芳香杂环类、乙烯类和离子性聚合物等。

2) 主要非纤维素酯类膜材料

(1) 聚砜类。

聚砜结构中的特征基团为 $-\overset{\overset{\displaystyle O}{\|}}{\underset{\underset{\displaystyle O}{\|}}{S}}-$,为了引入亲水基团,常将粉状聚砜悬浮于有机非溶剂中,用氯磺酸进行磺化。

聚砜类树脂常采用的溶剂有:二甲基甲酰胺、二甲基乙酰胺、N-甲基吡咯烷酮、二甲基亚砜等,它们均可形成制膜溶液。

聚砜类树脂具有良好的化学、热学和水解稳定性,强度也很高,pH值适应范围为1~13,最高使用温度达120℃,抗氧化性和抗氯性都十分优良。因此已成为重要的膜材料之一。以下是这类树脂中的几个重要代表品种。

聚砜 $\left[O-C_6H_4-C(CH_3)_2-O-C_6H_4-SO_2-C_6H_4\right]_n$

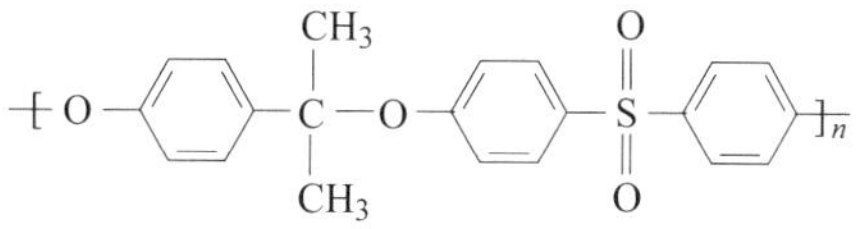

聚芳砜 $\left[SO_2-C_6H_4-O-C_6H_4-SO_2-C_6H_4-C_6H_4\right]_n$

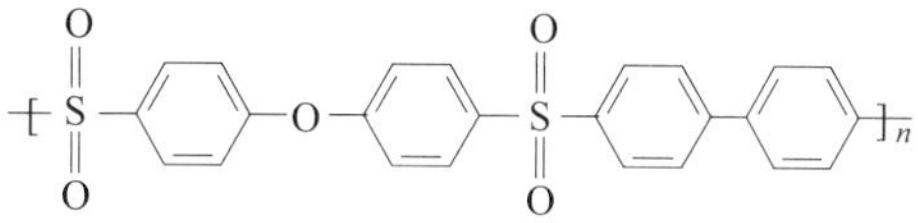

聚醚砜 $\left[C_6H_4-SO_2-C_6H_4-O\right]_n$

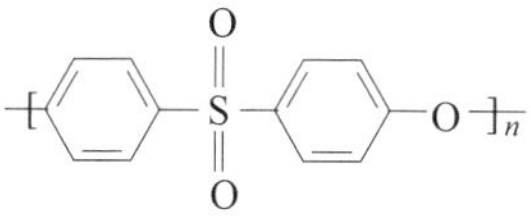

聚苯醚砜 $\left[C_6H_4-C_6H_4-O-C_6H_4-SO_2-C_6H_4-O\right]_n$

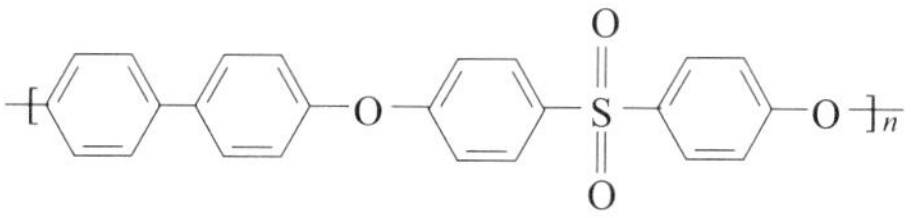

(2) 聚酰胺类。

早期使用的聚酰胺是脂肪族聚酰胺,如尼龙-4、尼龙-66 等制成的中空纤维膜。这类产品对盐水的分离率在 80%～90%之间,但透水率很低,仅 0.076mL/cm^2 · h。以后发展了芳香族聚酰胺,用它们制成的分离膜,pH 适用范围为 3～11,分离率可达 99.5%(对盐水),透水速率为 0.6mL/(cm^2 · h)。长期使用稳定性好。由于酰胺基团易与氯反应,故这种膜对水中的游离氯有较高要求。

Du Pont 公司生产的 DP-Ⅰ型膜即为由此类膜材料制成的,其合成路线如图 3-27 所示:

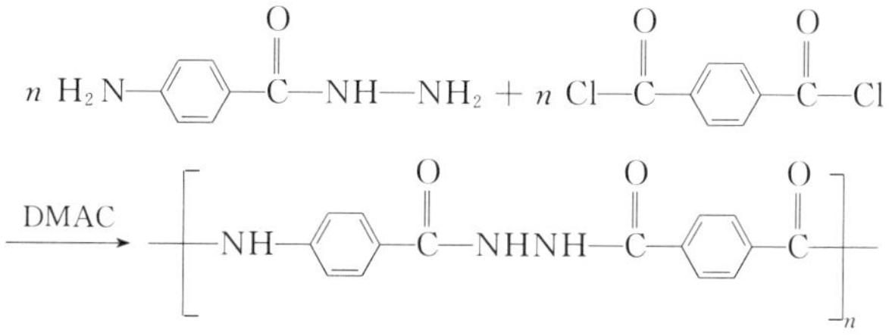

$$n\,H_2N-C_6H_4-\overset{O}{\overset{\|}{C}}-NH-NH_2+n\,Cl-\overset{O}{\overset{\|}{C}}-C_6H_4-\overset{O}{\overset{\|}{C}}-Cl \xrightarrow{DMAC} \left[NH-C_6H_4-\overset{O}{\overset{\|}{C}}-NHNH-\overset{O}{\overset{\|}{C}}-C_6H_4-\overset{O}{\overset{\|}{C}}\right]_n$$

图 3-27 DP-Ⅰ的合成路线

产物在冰水中分离,再经水洗、干燥,然后按下述配方制成膜液:DP-Ⅰ:15%;$LiNO_3$:4.5%;DMAC:80.5%。

将上述制膜液用流涎法制成 0.38mm 厚的膜,其分离性能与醋酸纤维素膜大致相同,但对海水脱盐的稳定性更好。

在第五届国际淡水会议上,还提出了一类新的芳香族聚酰胺,其分子链结构中含有羧酸基团,因此具有更好的亲水性和分离性。其结构式如下:

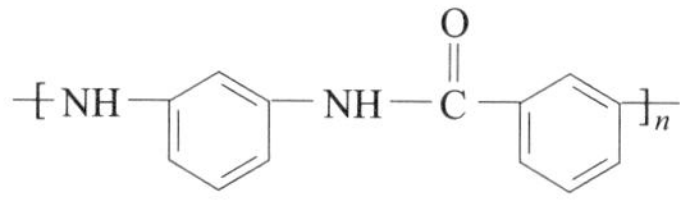

$$\left[NH-C_6H_4-NH-\overset{O}{\overset{\|}{C}}-C_6H_4\right]_n$$

(3) 芳香杂环类。

这类膜材料品种十分繁多,但真正形成工业化规模的并不多,主要有以下几种:

① 聚苯并咪唑类。这种膜材料可用以下路线合成(图 3-28)。

如由 Celanese 公司研制的 PBI 膜即为此种类型。通常它被制成卷式组件,用作盐水分

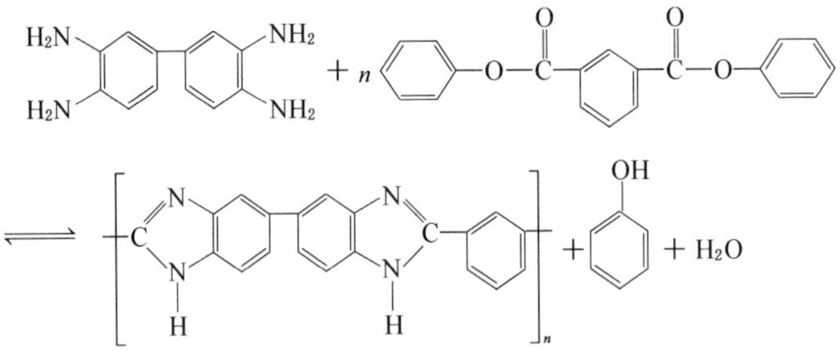

$$\mathrm{(H_2N)_2C_6H_3{-}C_6H_3(NH_2)_2} + n\ \mathrm{C_6H_5{-}O{-}\overset{O}{\overset{\|}{C}}{-}C_6H_4{-}\overset{O}{\overset{\|}{C}}{-}O{-}C_6H_5}$$

$$\rightleftharpoons \left[\begin{array}{c} N \\ C \\ N{-}H \end{array} \cdots \begin{array}{c} N \\ C \\ N{-}H \end{array} {-}C_6H_4 \right]_n + C_6H_5OH + H_2O$$

图 3-28 聚苯并咪唑类膜材料合成路线

离等。

② 聚苯并咪唑酮类。这类膜的代表是日本帝人公司生产的 PBLL 膜,其化学结构为:

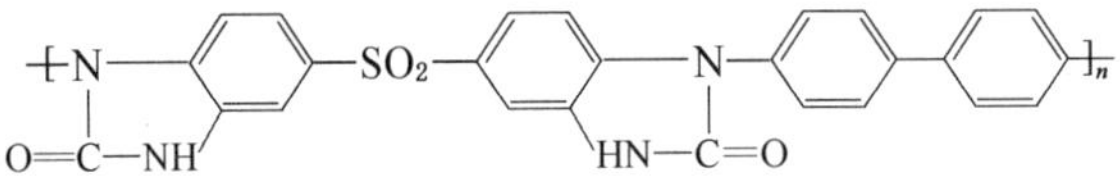

$$\mathrm{\left[N(-C(=O)-NH-)C_6H_3{-}SO_2{-}C_6H_3(-NH-C(=O)-)N{-}C_6H_4{-}C_6H_4\right]_n}$$

这种膜对 0.5%NaCl 溶液的分离率达 90%～95%,并有较高的透水速率。

③ 聚吡嗪酰胺类。这类膜材料可用界面缩聚方法制得,反应式如图 3-29 所示。

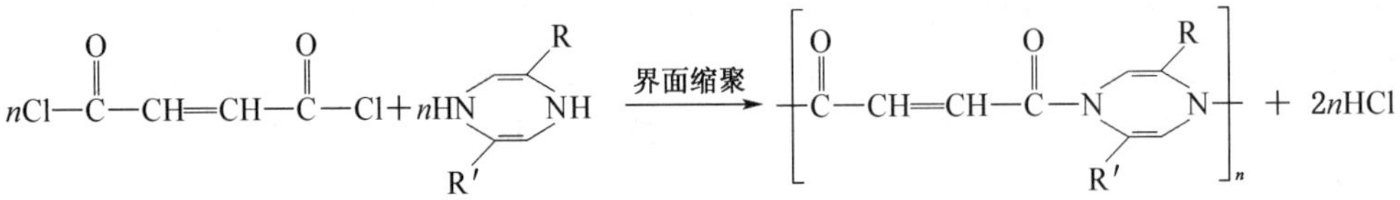

$$n\mathrm{Cl{-}\overset{O}{\overset{\|}{C}}{-}CH{=}CH{-}\overset{O}{\overset{\|}{C}}{-}Cl} + n\mathrm{HN\langle R,R'\rangle NH} \xrightarrow{\text{界面缩聚}} \left[\mathrm{\overset{O}{\overset{\|}{C}}{-}CH{=}CH{-}\overset{O}{\overset{\|}{C}}{-}N\langle R,R'\rangle N}\right]_n + 2n\mathrm{HCl}$$

图 3-29 聚吡嗪酰胺类膜材料合成路线

由这种材料制成的均质膜或多孔膜均已进入实用阶段。当 R 和 R′变化时,可制得一系列的产品。

④ 聚酰亚胺类。聚酰亚胺具有很好的热稳定性和耐有机溶剂能力,因此是一类较好的膜材料。例如,下列结构的聚酰亚胺膜对分离氢气有很高的效率。

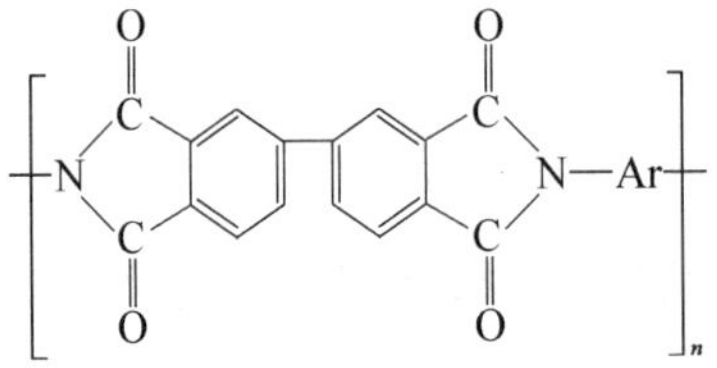

$$\left[\mathrm{N\langle \overset{O}{\overset{\|}{C}}, \underset{O}{\underset{\|}{C}}\rangle C_6H_3{-}C_6H_3\langle \overset{O}{\overset{\|}{C}}, \underset{O}{\underset{\|}{C}}\rangle N{-}Ar}\right]_n$$

其中,Ar 为芳基。它对气体分离的难易次序如下:

$$H_2O,\ H(He),\ H_2S,\ CO_2,\ O_2,\ Ar(Co),\ N_2(CH_4),\ C_2H_6,\ C_3H_8$$

易 ⟶ 难

上述聚酰亚胺溶解性差,制膜困难,因此开发了可溶性聚酰亚胺,其结构为:

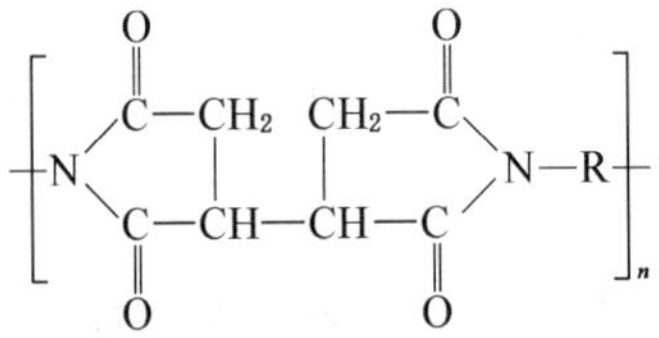

$$\left[\mathrm{N\langle \overset{O}{\overset{\|}{C}}{-}CH_2,\ \underset{O}{\underset{\|}{C}}{-}CH\rangle{-}\langle CH_2{-}\overset{O}{\overset{\|}{C}},\ CH{-}\underset{O}{\underset{\|}{C}}\rangle N{-}R}\right]_n$$

用它可制备 MF 膜、UF 膜和 RO 膜。

⑤ 离子性聚合物。离子性聚合物可用于制备离子交换膜。与离子交换树脂相同,离子交

换膜也可分为强酸型阳离子膜、弱酸型阳离子膜、强碱型阴离子膜和弱碱型阴离子膜等。在淡化海水的应用中,主要使用的是强酸型阳离子交换膜。

将磺酸基团引入聚苯醚,即可制得常见的磺化聚苯醚膜。用氯磺酸磺化聚砜,则可制得性能优异的磺化聚砜膜。它们均可用于制备 MF 膜、UF 膜、RO 膜和复合膜。

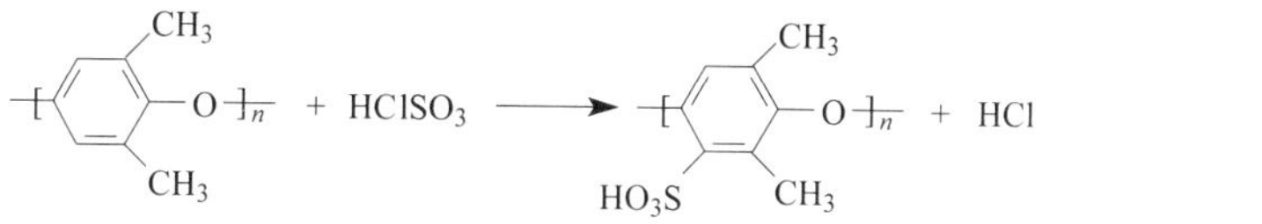

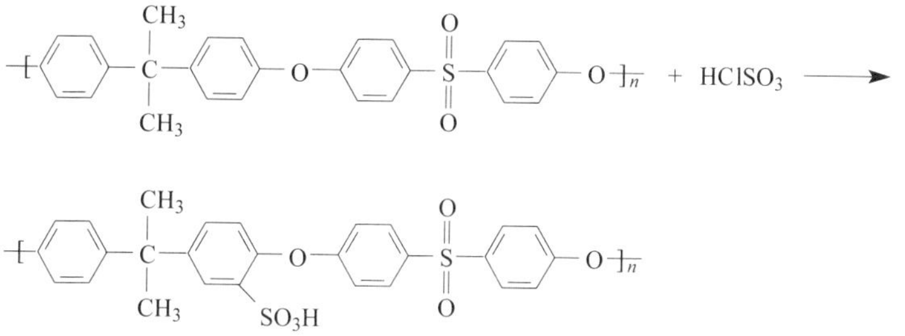

CH_3 CH_3 O n $+ HClSO_3 \longrightarrow$ CH_3 HO_3S CH_3 O n $+ HCl$

CH_3 C CH_3 O O S O O n $+ HClSO_3 \longrightarrow$

CH_3 C CH_3 SO_3H O O S O O n

除在海水淡化方面使用外,离子交换膜还大量用于氯碱工业中的食盐电解,具有高效、节能、污染少的特点。

离子交换膜应用中有一些奇特的现象。它们在相当宽的盐溶液浓度范围内,对盐的分离率几乎不变。这是不符合道南(Donnan)平衡的。按道南理论,随进料液浓度的增加,分离率将降低。有人认为,这种现象可能与离子交换膜的低含水量、低流动电位能及离子在膜中高的扩散阻力等因素有关。

⑥ 乙烯基类。常用作膜材料的乙烯基聚合物包括聚乙烯醇、聚乙烯吡咯烷酮、聚丙烯酸、聚丙烯腈、聚偏氯乙烯、聚丙烯酰胺等。共聚物包括:聚丙烯醇/苯乙烯磺酸、聚乙烯醇/磺化聚苯醚、聚丙烯腈/甲基丙烯酸酯、聚乙烯/乙烯醇等。聚乙烯醇/丙烯腈接枝共聚物也可用作膜材料。

3.6.2 膜的制备

1. 分离膜制备工艺类型

膜的制备工艺对分离膜的性能是十分重要的。同样的材料,可能由于不同的制作工艺和控制条件,其性能差别很大。合理的、先进的制膜工艺是制造优良性能分离膜的重要保证。

目前,国内外的制膜方法可归纳为以下九种:流涎法、纺丝法、复合膜化法、可塑化和膨润法、交联法(热处理、紫外线照射法)、电子辐射及刻蚀法、双向拉伸法、冻结干燥法、结晶度调整法。

生产中最实用的方法是相转化法(包括流涎法和纺丝法)和复合膜化法。

2. 相转化制膜工艺

所谓相转化是指将均质的制膜液通过溶剂的挥发或向溶液加入非溶剂或加热制膜液,使液相转变为固相。相转化制膜工艺中最重要的方法是 L-S 型制膜法。它是由加拿大人劳勃(S. Leob)和索里拉金(S. Sourirajan)发明的,并首先用于制造醋酸纤维素膜。

将制膜材料用溶剂形成均相制膜液,在玻璃、金属或塑料基板(模具)中流涎成薄层,然后控制温度和湿度,使溶液缓缓蒸发,经过相转化就形成了由液相转化为固相的膜,其工艺框图如图 3-30 所示。

制备醋酸纤维素膜需经过热处理等工序,而制备其他材料的膜则不需后处理。

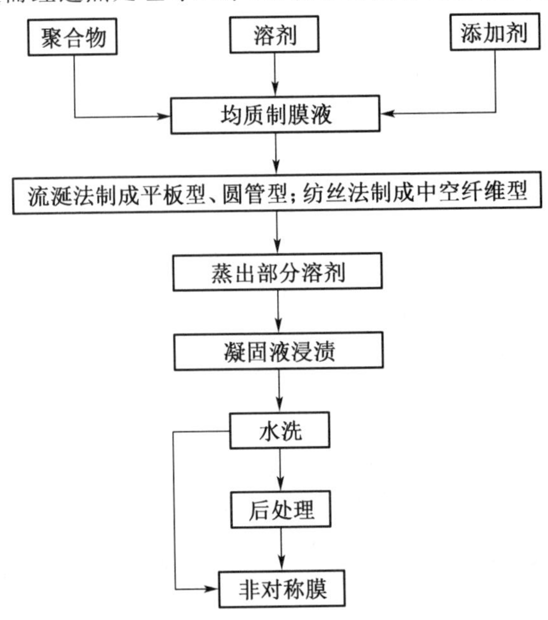

图 3-30　L-S 法制备分离膜工艺流程框图

3. 复合制膜工艺

由 L-S 法制的膜,起分离作用的仅是接触空气的极薄一层,称为表面致密层。它的厚度 0.25～1μm,相当于总厚度的 1/100 左右。从前面的理论讨论可知,膜的透过速率与膜的厚度成反比。而用 L-S 法制备表面层小于 0.1μm 的膜极为困难。为此,发展了复合制膜工艺,其方框图如图 3-31 所示。

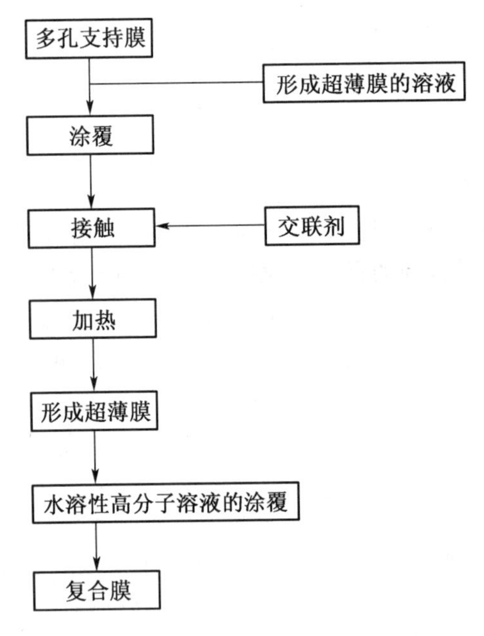

图 3-31　复合制膜工艺流程框图

多孔支持层可用玻璃、金属、陶瓷等制备，也可用聚合物制备。如聚砜、聚碳酸酯、聚氯乙烯、氯化聚氯乙烯、聚苯乙烯，丙烯腈、醋酸纤维素等。聚砜是特别适合制作多孔支持膜的材料，可按需要制成适当的孔径大小、孔分布和孔密度。形成表面超薄层，除了常用的涂覆法外，也可采用表面缩合或缩聚法、等离子体聚合法等。

用复合制膜工艺制备的膜，其表面超薄层的厚度为 0.01—0.1μm，具有良好的分离率和透水速率。多孔支持层则赋予膜良好的物理力学性能、化学稳定性和耐压密性。

4. 其他制膜方法

1）离子交换膜的制备

离子交换膜的使用尺寸达 $1m^2$ 以上。因此，制作离子交换膜的材料除了应可引入离子交换基团外，还应具有良好的成膜性。常用的制膜方法有：

(1) 加压成型法。这是最常用的方法。将离子交换树脂粉末用黏合剂混合，在热压机或加热滚筒上加热加压，使之形成大片的膜。

(2) 涂布法。用具有一定密度的网眼材料作支持体，在上面涂布溶液状离子交换树脂或乳液状离子交换树脂，干燥后即成为大面积离子交换膜。

(3) 平板法。在平板上或两块平板间注入离子交换树脂溶液，流平并蒸发去除溶剂，即得离子交换膜。

(4) 浸渍法。将支持体浸渍入离子交换树脂溶液中，然后干燥，即得离子交换膜。

(5) 切削法。从大块的离子交换树脂上，用刀切削下薄层。用这种方法只能制造较小面积的膜，要制造超薄型和大面积膜，技术上尚有不少难题。

2）拉伸制膜法

采用聚烯烃类树脂为膜材料时，可用拉伸法制膜。例如，用结晶型 PP 制膜时，可先在低于熔融挤出温度下进行高倍率拉伸，然后在无张力条件下退火，使结晶结构完善，再在纵向拉伸，即得一定强度的膜。

3）核径迹-浸蚀制膜法

当高能粒子穿透高分子膜时，在一定条件下可形成细小的径迹。径迹处的高分子链发生断裂，形成活性很高的新链端。当把这种膜浸入酸性或碱性的浸蚀液中时，细小的径迹被浸蚀扩大，形成微孔膜。

例如，用 U^{235} 的核分裂碎片对聚碳酸酯膜进行轰击，然后用 NaOH 为浸蚀液浸蚀，可制得孔径为 0.01～12μm 的微孔膜。用这种方法制得的微孔膜，孔径均匀，孔密度可人为控制。但此法目前尚未实现工业化。

3.7 膜的结构与形态

膜的结构主要是指膜的形态、膜的结晶态和膜的分子态结构。膜结构的研究可以了解膜结构与性能的关系，从而指导制备工艺，改进膜的性能。

3.7.1 膜的形态

用电子显微镜或光学显微镜观察膜的截面和表面，可以了解膜的形态。下面仅对 MF 膜、UF 膜和 RO 膜的形态作简单的讨论。

1. 微孔膜——具有开放式的网格结构

电子显微镜观察的微孔膜具有开放式的网格结构。赫姆克(Helmcke)研究了这种结构的形成机理。他从相转化原理出发认为,制膜液成膜后,溶剂首先从膜与空气的界面开始蒸发。表面的蒸发速度比溶液从内部向表面的迁移速度快,这样就先形成了表面层。表面层下面仍为制膜液。溶剂以气泡的形式上升,升至表面使表面的聚合物再次溶解,同时形成大大小小不同尺寸的泡。这种泡随着溶剂的挥发而变形破裂,形成孔洞。此外,气泡也会由于种种原因在膜内部各种位置停留,并发生重叠,从而形成大小不等的网格。溶剂挥发完全后,气泡破裂,膜收缩,于是形成开放式网格。开放式网格的孔径一般在 0.1～1μm 之间,它们可以让离子、分子等通过,但不能使微粒、胶体、细菌等通过。

2. 反渗透膜和超过滤膜的双层与三层结构模型

雷莱(Riley)首先研究了用 L-S 法制备的醋酸纤维素反渗透膜的结构。从电子显微镜照片上,他得到的结论是:醋酸纤维反渗透膜具有不对称结构。与空气接触的一侧是厚度约 0.25μm的表面层,占膜总厚度的极小部分(一般膜总厚度约 100μm)。表面层致密光滑。下部则为多孔结构,孔径为 0.4μm 左右。这种结构被称为双层结构模型。

吉顿斯(Gittems)对醋酸纤维素膜进了更精细的观察,认为这类膜具有三层结构。第一层是表面活性层,致密而光滑,其中不存在大于 10nm 的细孔。第二层称为过渡层,具有大于 10nm 的细孔。第一层与第二层之间有十分明显的界限,第二层以下的第三层为多孔层,具有 50nm 以上的孔。与模板接触的底部也存在细孔,与第二层大致相仿。第一,第二两层的厚度与溶剂蒸发的时间、膜的透过性等均有十分密切的关系。

3.7.2 膜的结晶态

一般认为,膜的表面层存在结晶。舒尔茨(Schultz)和艾生曼(Asunmman)对醋酸纤维素膜的表面致密层的结晶形态作了研究,提出了球晶结构模型。该模型认为,膜的表面层是由直径为 18.8nm 的超微小球晶不规则地堆砌而成的。球晶之间的三角形间隙,形成了细孔。他们计算出三角形间隙的面积为 14.3nm^2。若将细孔看成圆柱体,则可计算出细孔的平均半径为 2.13nm;每 1cm^2 膜表面含有 6.5×10^{11} 个细孔。用吸附法和气体渗透法实验测得上述膜表面的孔半径为 1.7～2.35nm,可见理论与实验十分相符。

对芳香族聚酰胺的研究表明,这类膜表面致密层不是由球晶,而是由半球状结晶子单元堆砌而成的。这种子单元被称为结晶小瘤(或称微胞)。表面致密层的结晶小瘤由于受变形收缩力的作用,孔径变细。而下层的结晶小瘤因不受收缩力的影响,故孔径较大。

3.7.3 膜的分子态结构

膜的形态为膜的三次结构,球晶、微胞为膜的二次结构,而分子态结构则是膜的一次结构。这是决定膜性质的最基本结构。用双折射仪可研究膜的分子态结构。

膜的分子态结构至今尚不十分清楚,目前主要解决了分子链的取向问题,即分子链与膜表面的夹角 θ(θ 是一个统计平均值)。对醋酸纤维素膜的大量研究表明,未经热处理和经过热处理的膜,分子链的取向有所不同。对表面层,不管是否经过热处理,分子链基本与表面平行。而下层的分子链在未经热处理时与表面平行。经过热处理后,大多数分子链则与表面成 54° 的取向,少数分子链仍保持与表面平行。

3.8 典型的分离膜技术及应用领域

典型的膜分离技术有微孔过滤(Microfiltration,MF)、超滤(Ultrafiltration,UF)、反渗透(Reverse Osmosis,RO)、纳滤(Nanofiltration,NF)、渗析(Dialysis,D)、电渗析(Electridialysis,ED)、液膜(Liguid Membrance,LM)及渗透蒸发(Pervaparation,PV)等,下面分别介绍之。

3.8.1 微孔膜(MF)

1. 微孔膜的特点

微孔膜始于19世纪中叶,是以静压差为推动力,利用筛网状过滤介质膜的"筛分"作用进行分离的膜过程。微孔膜是均匀的多孔薄膜,厚度在90~150μm左右,过滤粒径在0.025~10μm之间,操作压在0.01~0.2MPa。到目前为止,国内外商品化的微孔膜约有13类,总计400多种。

微孔膜大都属于开放式网格结构,也有部分属于多层结构。其优点为:

(1) 孔径均匀,过滤精度高。

(2) 孔隙大,流速快。一般微孔膜的孔密度为10^7孔/cm^2,微孔体积占膜总体积的70%—80%。由于膜很薄,其过滤速度较常规过滤介质快几十倍。

(3) 无吸附或少吸附。微孔膜厚度一般在90~150μm之间,因而吸附量很少,可忽略不计。

(4) 无介质脱落。

微孔膜的缺点有:

(1) 颗粒容量较小,易被堵塞。

(2) 使用时必须有前道过滤的配合,否则无法正常工作。

2. 微孔膜技术应用领域

微孔过滤技术目前主要在以下方面得到应用:

(1) 微粒和细菌的过滤。可用于水的高度净化、食品和饮料的除菌、药液的过滤、发酵工业的空气净化和除菌等。

(2) 微粒和细菌的检测。微孔膜可作为微粒和细菌的富集器,从而进行微粒和细菌含量的测定。

(3) 气体、溶液和水的净化。大气中悬浮的尘埃、纤维、花粉、细菌、病毒等;溶液和水中存在的微小固体颗粒和微生物,都可借助微孔膜去除。

(4) 食糖与酒类的精制。微孔膜对食糖溶液和啤酒、黄酒等酒类进行过滤,可除去食糖中的杂质、酒类中的酵母、霉菌和其他微生物,提高食糖的纯度和酒类产品的清澈度,延长存放期。由于是常温操作,不会使酒类产品变味。

(5) 药物的除菌和除微粒。以前药物的灭菌主要采用热压法。但是热压法灭菌时,细菌的尸体仍留在药品中。而且对于热敏性药物,如胰岛素、血清蛋白等则不能采用热压法灭菌。对于这类情况,微孔膜有突出的优点,经过微孔膜过滤后,细菌被截留,无细菌尸体残留在药物中。常温操作也不会引起药物的受热破坏和变性。许多液态药物,如注射液、眼药水等,用常规的过滤技术难以达到要求,必须采用微滤技术。

3.8.2 超滤膜(UF)

1. 超滤膜的特点

超滤技术始于1861年，其过滤粒径介于微滤和反渗透之间，为5～10nm，在0.1～0.5MPa的静压差推动下截留各种可溶性大分子，如多糖、蛋白质分子、酶等相对分子质量大于500的大分子及胶体，形成浓缩液，达到溶液的净化、分离及浓缩目的。超滤技术的核心部件是超滤膜，分离截留的原理为筛分，小于孔径的微粒随溶剂一起透过膜上的微孔，而大于孔径的微粒则被截留。膜上微孔的尺寸和形状决定膜的分离效率。

超滤膜均为不对称膜，形式有平板式、卷式、管式和中空纤维状等。超滤膜的结构一般由三层组成。即最上层的表面活性层，致密而光滑，厚度为0.1～1.5μm，其中细孔孔径一般小于10nm；中间的过渡层，具有大于10nm的细孔，厚度一般为1～10μm；最下面的支撑层，厚度为50～250μm，具有50nm以上的孔。支撑层的作用为起支撑作用，提高膜的机械强度。膜的分离性能主要取决于表面活性层和过渡层。

中空纤维状超滤膜的外径为0.5～2μm。特点是直径小，强度高，不需要支撑结构，管内外能承受较大的压力差。此外，单位体积中空纤维状超滤膜的内表面积很大，能有效提高渗透通量。

制备超滤膜的材料主要有聚砜、聚酰胺、聚丙烯腈和醋酸纤维素等。超滤膜的工作条件取决于膜的材质，如醋酸纤维素超滤膜适用于pH=3～8，三醋酸纤维素超滤膜适用于pH=2～9，芳香聚酰胺超滤膜适用于pH=5～9，温度0℃～40℃，而聚醚砜超滤膜的使用温度则可超过100℃。

在超滤过程中，在水透过膜的同时，大分子溶质被截留并积聚在膜的表面上，形成被截留的大分子溶质的浓度边界层，这种现象称为超滤过程中的浓差极化。由于浓差极化，膜表面处溶质的浓度高，可以导致溶质截留率的下降和水的渗透压的增高，使超滤过程的有效压差减小，渗透通量降低。因此，研究改善膜的材料、结构、工艺及工作条件，以降低浓度极化现象，是膜技术发展的主要目标。因此，在实际使用中，超过滤膜的工作方式与微孔膜不同，其液流方向与过滤方向一般是垂直的，以保证用液流的切力破坏浓度极化。

2. 超滤膜技术应用领域

超滤膜的应用也十分广泛，在作为反渗透预处理、饮用水制备、制药、色素提取、阳极电泳漆和阴极电泳漆的生产、电子工业高纯水、工业废水的处理的制备等众多领域都发挥着重要作用。

超滤技术主要用于含分子量500～500 000的微粒溶液的分离，是目前应用最广的膜分离过程，它的应用领域涉及化工、食品、医药、生化等。主要可归纳为以下几个方面：

(1) 纯水的制备。超滤技术广泛用于水中的细菌、病毒和其他异物的除去，用于制备高纯饮用水、电子工业超净水和医用无菌水等。

(2) 汽车、家具等制品电泳涂装淋洗水的处理。汽车、家具等制品的电泳涂装淋洗水中常含有1%～2%的涂料(高分子物质)，用超滤装置可分离出清水重复用于清洗，同时又使涂料得到浓缩重新用于电泳涂装。

(3) 食品工业中的废水处理。在牛奶加工厂中用超滤技术可从乳清中分离蛋白和低分子量的乳糖。

(4) 果汁、酒等饮料的消毒与澄清。应用超滤技术可除去果汁的果胶和酒中的微生物等杂质,使果汁和酒在得到净化处理的同时保持原有的色、香、味,操作方便,成本较低。

(5) 在医药和生化工业中用于处理热敏性物质,分离浓缩生物活性侮质,从生物中提取药物等。

(6) 造纸厂的废水处理。

3.8.3 反渗透膜(RO)

1. 反渗透膜的特点

渗透是自然界一种常见的现象。人类很早以前就已经自觉或不自觉地使用渗透或反渗透分离物质。目前,反渗透技术已经发展成为一种普遍使用的现代分离技术。在海水和苦咸水的脱盐淡化、超纯水制备、废水处理等方面,反渗透技术有其他方法不可比拟的优势。

渗透和反渗透的原理如图 3-32 所示。如果用一张只能透过水而不能透过溶质的半透膜将两种不同浓度的水溶液隔开,水会自然地透过半透膜渗透从低浓度水溶液向高浓度水溶液一侧迁移,这一现象称渗透(图 3-32(a))。这一过程的推动力是低浓度溶液中水的化学位与高浓度溶液中水的化学位之差,表现为水的渗透压。随着水的渗透,高浓度水溶液一侧的液面升高,压力增大。当液面升高 H 时,渗透达到平衡,两侧的压力差就称为渗透压(图 3-32(b))。渗透过程达到平衡后,水不再有渗透,渗透通量为零。如果在高浓度水溶液一侧加压,使高浓度水溶液侧与低浓度水溶液侧的压差大于渗透压,则高浓度水溶液中的水将通过半透膜流向低浓度水溶液侧,这一过程就称为反渗透(图 3-32(c))。

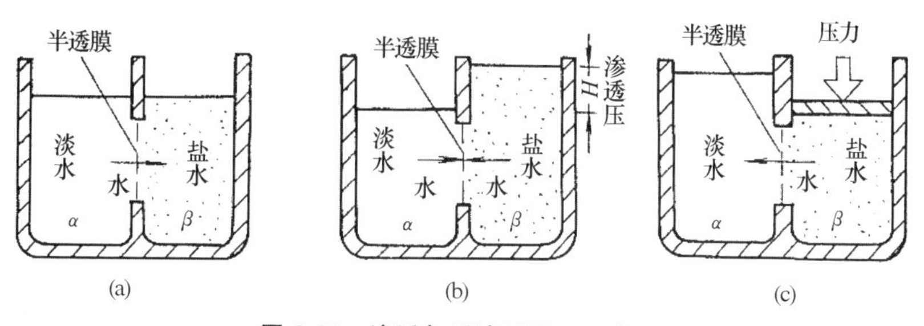

图 3-32 渗透与反渗透原理示意图

反渗透技术所分离的物质的分子量一般小于 500,操作压力为 2~100MPa。

用于实施反渗透操作的膜为反渗透膜。反渗透膜大部分为不对称膜,孔径小于 0.5nm,操作压力大于 1MPa,可截留溶质分子。

制备反渗透膜的材料主要有醋酸纤维素、芳香族聚酰胺、聚苯并咪唑、磺化聚苯醚、聚芳砜、聚醚酮、聚芳醚酮、聚四氟乙烯等。

反渗透膜的分离机理至今尚有许多争论,主要有氢键理论、选择吸附-毛细管流动理论、溶解扩散理论等。

氢键理论认为,反渗透膜材料,如醋酸纤维素,是一种具有高度有序矩阵结构的聚合物,具有与水和醇类溶剂形成氢键的能力。高浓度水溶液中的水分子与醋酸纤维素半透膜上的羰基形成氢键。在反渗透压的推动下,以氢键结合的进入醋酸纤维素膜的水分子能够由一个氢键位置断裂而转移到另一个位置形成氢键。通过这种连续的移位,直至半透膜的另一侧而进入低浓度水溶液。

选择吸附-毛细管流动理论认为,当水溶液与亲水的半透膜接触时,在膜表面的水被吸附,溶质被排斥,因而在膜表面形成一层纯水层,这层水在外加压力的作用下进入膜表面的毛细孔，并通过毛细孔从另一侧流出。根据这一机理，当膜表面的有效孔径等于或小于膜表面所吸附的纯水层厚度(t)的2倍时，透过的将是纯水。大于2倍时则溶质也将通过膜。因此膜上毛细孔径为2t时，能给出最大的纯水渗透通量，这一孔径称为临界孔径。选择吸附-毛细管流动理论确定了反渗透膜材料的选择和膜制备的指导原则，即膜材料对水要优先吸附，对溶质要选择排斥，膜表面活性层应当具有尽可能多的有效直径为$2t$的细孔。

溶解扩散理论认为半透膜是非多孔性的，溶剂与溶质透过膜的机理是溶剂与溶质在半透膜的料液侧表面首先吸附溶解，然后在化学位差的推动下，以分子扩散形式透过膜，在膜中的扩散服从Fick扩散定律，最后从膜的另一侧表面解吸。

上述理论都在一定程度或一定范围内揭示了半透膜的反渗透机理，可作为反渗透膜设计和制备的参考。

2. 反渗透膜技术应用领域

随着技术的发展，反渗透技术已扩展到化工、电子及医药等领域。作为经济、高效的制取手段，反渗透在海水淡化、纯水及超纯水制备行业中应用广泛。特别是近年来，反渗透技术在家用饮水机及直饮水给水系统中的应用更体现了其优越性。反渗透膜应用于苦咸水淡化。例如，我国甘肃省膜科学技术研究所采用圆管式反渗透装置，对含盐量为3000～5000mg/L的苦咸水进行淡化，产量为70m^3/d。美国的Yuma脱盐厂利用反渗透技术建成370000t/d的大淡水加工厂。

据不完全统计，目前全世界用反渗透技术生产的纯水超过1200万t/d。相比之下，我国的生产总量及单项工程规模虽属初级水平，但发展速度很快，市场潜力巨大。据保守估计，目前国内工业用产水量超过100m^3/h的反渗透系统已经超过200套。预计近两年内将在山东、大连出现日产万吨的饮用水生产系统。由于经济与地理等因素的影响，反渗透工程项目在山东省与大连地区较为集中。随着我国北方地区干旱化的加剧及工业、民用对水量、水质要求的不断提高，膜法海水淡化必然从现在的船用、岛用为主向工业、市政领域发展，市场的潜力巨大。

据预测，2030年中国人口将达到16亿，届时人均水资源量仅有1750m^3，预计用水总量为7000亿～8000亿m^3，要求供水能力比现在增长1300亿～2300亿m^3，全国实际可利用水资源量接近合理利用水量上限，因此，开发新的水资源如进行海水淡化势在必行，而目前采用反渗透膜进行海水淡化是最经济而又清洁的方法。

另外，近年来我国废水、污水排放量以每年18亿t的速度增加，全国工业废水和生活污水每天的排放量近1.64亿t，其中约80%未经处理直接排入水域。可见，我国环保水处理方面对膜应用的需求量将很大，这一领域将成为水工业增长潜力最大的领域。

3. 反渗透与超滤、微孔过滤的比较

反渗透、超滤和微孔过滤都是以压力差为推动力使溶剂(水)通过膜的分离过程，它们组成了分离溶液中的离子、分子到固体微粒的三级膜分离过程。它们各自所能分离的物质范围如图3-26所示。由图可知，分离溶液中分子量低于500的低分子物质，应该采用反渗透膜；分离溶液中分子量大于500的大分子或极细的胶体粒子可以选择超滤膜，而分离溶液中的直径0.1～10μm的粒子应该选微孔膜。以上关于反渗透膜、超滤膜和微孔膜之间的分界并不是十分严格、明确的，它们的应用范围之间可能会存在一定的相互重叠。

微孔过滤、超滤和反渗透技术的原理和操作特点比较如表3-6所示。

表 3-6　　反渗透、超滤和微孔过滤技术的原理和蒂作特点踩较

分离技术类型	反渗透	超滤	微孔过滤
膜的形式	表面致密的非对称膜、复合膜等	非对称膜，表面有微孔	微孔膜
膜材料	纤维素、聚酰胺等	聚丙烯腈、聚砜等	纤维素、PVC 等
操作压力/MPa	2～100	0.1～0.5	0.01～0.2
分离的物质	分子量小于 500 的小分子物质	分子量大于 500 的大分子和细小胶体微粒	0.1～10μm 的粒子
分离机理	非简单筛分，膜的物化性能对分离起主要作用	筛分，膜的物化性能对分离起一定作用	筛分，膜的物理结构对分离起决定作用
水的渗透通量/($m^3 \cdot m^{-2} \cdot d^{-1}$)	0.1～2.5	0.5～5	20～200

3.8.4　纳滤膜(NF)

1. 纳滤膜的特点

纳滤膜是 20 世纪 80 年代在反渗透复合膜基础上开发出来的，是超低压反渗透技术的延续和发展分支，早期被称作低压反渗透膜或松散反渗透膜。目前，纳滤膜已从反渗透技术中分离出来，成为独立的分离技术。

纳滤膜截留粒径在 0.1～1nm，可以使一价盐和小分子物质透过，具有较小的操作压(0.5～1MPa)。NF 主要截留 200～1000 道尔顿(Daltons，1Daltons＝1.65×10^{-24} g)的多价盐及低分子有机物，截留分子量介于反渗透(100～200Daltons)和超滤(1000～3×10^5 Daltons)之间。

目前，国际上关于纳滤膜的研究多集中在应用方面，而有关纳滤膜的制备、性能表征、传质机理等的研究还不够系统、全面。进一步改进纳滤膜的制作工艺，研究膜材料改性，将可极大提高纳滤膜的分离效果与清洗周期。

2. 纳滤膜技术应用领域

纳滤技术最早也是应用于海水及苦咸水的淡化方面。由于该技术对低价离子与高价离子的分离特性良好，因此，在硬度和有机物含量高、浊度低的原水处理及高纯水制备中颇受瞩目；在食品行业中，纳滤膜可用于果汁生产，大大节省能源；在医药行业可用于氨基酸生产、抗生素回收等方面；在石化生产的催化剂分离回收、脱沥青原油中更有着不可比拟的作用。

3.8.5　渗析膜(D)

1. 渗析膜的特点

渗析技术是最早被发现的膜分离过程，在浓度差的推动下，借助膜的扩散达到分离不同溶质的目的。渗析膜则是指具有渗析作用的半渗透膜，有天然的和合成的渗析膜之分。如早期用于实验研究的羊皮纸、膀胱膜是天然的渗析膜。合成的渗析膜主要采用高分子材料制成，如用于废酸处理的聚砜渗析膜和用于人工肾透析和血液透析的渗析膜等。

2. 渗析膜技术应用领域

渗析膜早期主要用来分离胶体与低分子溶质。目前，国内外主要将此技术应用在人工肾透析和血液透析领域；在工业废水处理中，应用在废酸、碱液的回收中。

3.8.6 电渗析膜(ED)

1. 电渗析膜的特点

电渗析的核心是离子交换膜。在直流电场的作用下,以电位差为推动力,利用离子交换膜的选择透过性,把电解质从溶液中分离出来,实现溶液的淡化、浓缩及钝化。

离子交换膜有不同的类型。按可交换离子性质分类,可分为阳离子交换膜、阴离子交换膜和双极离子交换膜。这 3 种膜的可交换离子分别对应为阳离子、阴离子和阴阳离子。按膜的结构和功能分类,则可分为普通离子交换膜、双极离子交换膜和镶嵌膜 3 种。

普通离子交换膜一般是均相膜,主要是利用其对一价离子的选择性渗透进行海水浓缩脱盐;双极离子交换膜由阳离子交换层和阴离子交换层复合组成,主要用于酸或碱的制备;镶嵌膜由排列整齐的中间介入电中性区的阴、阳离子微区组成,主要用于高压渗析进行盐的浓缩、有机物质的分离等。

2. 离子交换膜的工作原理

1) 电渗析

在盐的水溶液(如 NaCl 溶液)中置入阴、阳两个电极,并施加电场,则溶液中的阳离子将移向阴极,阴离子则移向阳极,这一过程称为电泳。如果在阴、阳两电极之间插入一张离子交换膜(阳膜或阴膜),则阳离子或阴离子会选择性地通过膜,这一过程就称为电渗析。

由此可见,电渗析的核心是离子交换膜。在直流电场的作用下,以电位差为推动力,利用离子交换膜的选择透过性,把电解质从溶液中分离出来,实现溶液的淡化、浓缩及纯化;也可通过电渗析实现盐的电解,制备氯气和氢氧化钠等。

图 3-33 为用于食盐生产的电渗析器的示意图。

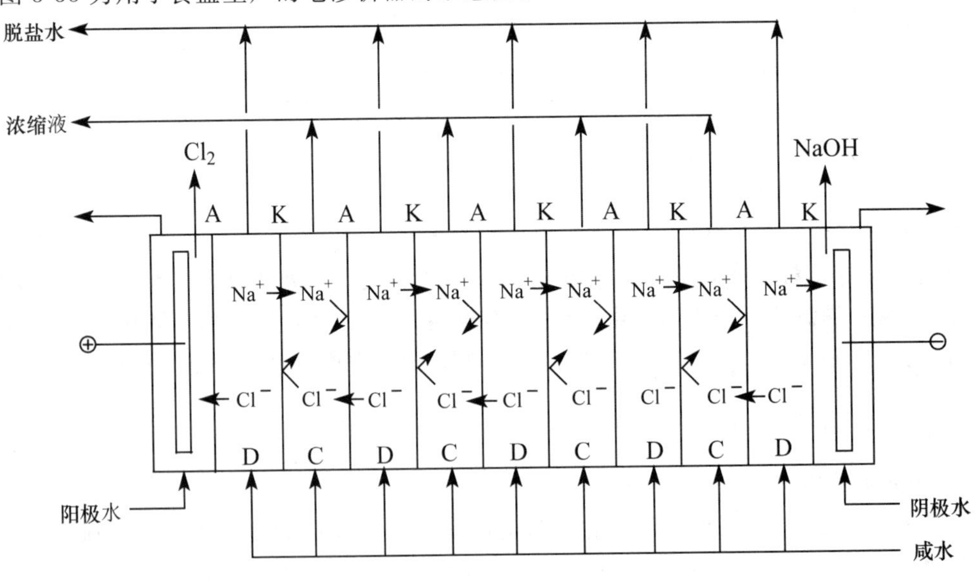

A—阴离子膜;K—阳离子膜;D—稀室;C—浓室

图 3-33 食盐生产电渗析器示意图

2) 膜电解

膜电解的基本原理可以通过 NaCl 水溶液的电解来说明。在两个电极之间加上一定电压，则阴极生成氯气，阳极生成氢气和氢氧化钠。阳离子交换膜允许 Na^+ 渗透进入阳极室，同时阻拦了氢氧根离子向阴极的运动，在阳极室的反应如下

$$2Na^+ + 2H_2O + 2e = 2NaOH + H_2$$

在阴极室的反应为

$$2Cl^- - 2e = Cl_2$$

用氟代烃膜和单极或双极膜制备的电渗析器已成为用于制备氢氧化钠的主要方法，取代了其他制备氢氧化钠的方法。

如果在膜的一面涂一层阴极的催化剂，在另一面涂一层阳极的催化剂，在这两个电极上加上一定的电压，则可电解水，在阳极产生氢气，在阴极产生氧气。

3. 电渗析膜技术应用领域

自第一台电渗析装置问世后，其在苦咸水淡化，饮用水及工业用水方面的巨大优势大大加速了电渗析的进一步研发。近年来，美国 Ionpure Technology 公司又生产出了可以连续去离子的填充床电渗析技术(EDI)，使电渗析技术迈上了一个新的台阶。

随着电渗析理论和技术研究的深入，我国在电渗析主要装置部件及结构方面都有巨大的创新，仅离子交换膜产量就占到了世界的 1/3。我国的电渗析装置主要由国家海洋局杭州水处理技术开发中心生产，现可提供 $200m^3/d$ 规模的海水淡化装置。

电渗析技术在食品工业、化工及工业废水的处理方面也发挥着重要的作用。特别是与反渗透、纳滤等精过滤技术的结合，在电子、制药等行业的高纯水制备中扮演重要角色。

此外，离子交换膜还大量应用于氯碱工业。全氟磺酸膜(Nafion)以化学稳定性著称，是目前为止唯一能同时耐 40%NaOH 和 100℃温度的离子交换膜，因而被广泛用作食盐电解制备氯碱的电解池隔膜。

全氟磺酸膜还可用作燃料电池的重要部件。燃料电池是将化学能转变为电能效率最高的能源，可能成为 21 世纪的主要能源方式之一。经多年研制，Nafion 膜已被证明是氢氧燃料电池的实用性质子交换膜，并已有燃料电池样机在运行。但 Nafion 膜价格昂贵(700 美元/m^2)，故近年来正在加速开发磺化芳杂环高分子膜，用于氢氧燃料电池的研究，以期降低燃料电池的成本。

3.8.7 渗透蒸发膜(PV)

1. 渗透蒸发技术和渗透蒸发膜的特点

渗透蒸发是近十几年中颇受人们关注的膜分离技术。渗透蒸发是指液体混合物在膜两侧组分的蒸气分压差的推动力下，透过膜并部分蒸发，从而达到分离目的的一种膜分离方法。可用于传统分离手段较难处理的恒沸物及近沸物系的分离。具有一次分离度高、操作简单、无污染、低能耗等特点。

渗透蒸发的实质是利用高分子膜的选择性透过来分离液体混合物。其原理如图 3-34 所示。由高分子膜将装置分为两个室，上侧为存放待分离混合物的液相室，下侧是与真空系统相连接或用惰性气体吹扫的气相室。混合物通过高分子膜的选择渗透，其中某一组分渗透到膜的另一侧。由于在气相室中该组分的蒸气分压小于其饱和蒸气压，因而在膜表面汽化。蒸气随后进入冷凝系统，通过液氮将蒸气冷凝下来即得渗透产物。渗透蒸发过程的推动力是膜内渗透组分的浓度梯度。

由于用惰性气体吹扫涉及大量气体的循环使用，而且不利于渗透产物的冷凝，所以目前一

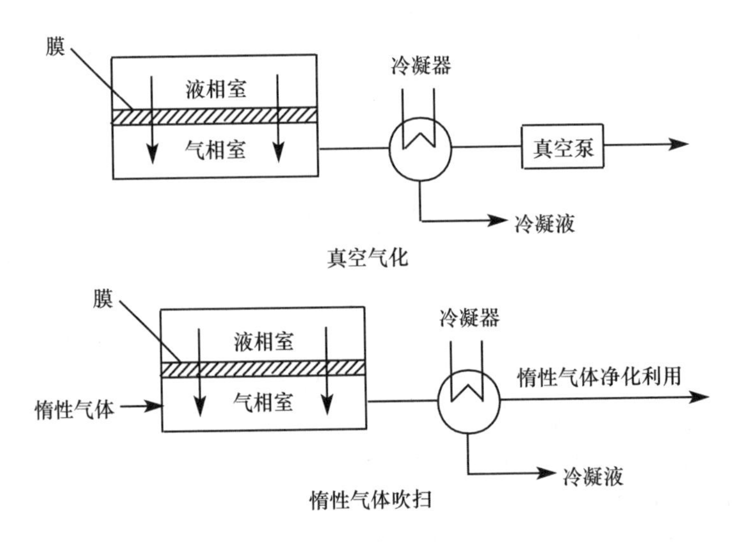

图 3-34 渗透蒸发分离示意图

般都采用真空气化的方式。

渗透蒸发操作所采用的膜为致密的高分子膜。描述渗透蒸发过程的两个基本参数是渗透通量 $J(\mathrm{g/m^2 \cdot h})$ 和分离系数 α。α 的定义为：

$$\alpha=\frac{\dfrac{Y_A}{Y_B}}{\dfrac{X_A}{X_B}} \tag{3-1}$$

式中，Y 和 X 分别为渗透产物与原料的质量分数；下标 A 为优先渗透组分，B 为后渗透组分。由定义可知，α 代表了高分子膜的渗透选择性。

渗透蒸发膜的性能是由膜的化学结构与物理结构决定的。化学结构是指制备膜的高分子的种类与分子链的空间构型；物理结构则是指膜的孔度、孔的分布、形状、结晶度、交联度、分子链的取向等，取决于膜的制备过程。衡量渗透蒸发膜的实用性有以下 4 个指标：①膜的选择性（α 值）；②膜的渗透通量（J 值）；③膜的机械强度；④膜的稳定性（包括耐热性、耐溶剂性及性能维持性等）。所以，在膜的开发中必须综合考虑这 4 个因素。

2. 制备渗透蒸发膜的材料

1）渗透蒸发膜材料的选择

对于渗透蒸发膜来说，是否具有良好的选择性是首先要考虑的。基于溶解扩散理论，只有对所需要分离的某组分有较好亲和性的高分子物质才可能作为膜材料。如以透水为目的的渗透蒸发膜，应该有良好的亲水性，因此聚乙烯醇（PVA）和醋酸纤维素（CA）都是较好的膜材料；而当以透过醇类物质为目的时，憎水性的聚二甲基硅氧烷（PDMS）则是较理想的膜材料。

对于二元液体混合物，要求膜与每一组分的亲和力有较大的差别，这样才有可能通过传质竞争将两组分分开。渗透过程取决于组分与膜之间的相互作用，这种作用因素可归纳为 4 个方面：色散力、偶极力、氢键和空间位阻。式(3-2)是基于溶解度参数的相互作用判据：

$$\Delta\delta_{IM}=[(\delta_{dI}-\delta_{dM})^2+(\delta_{pI}-\delta_{pM})^2+(\delta_{hI}-\delta_{hM})^2]^{1/2} \tag{3-2}$$

式中 $\Delta\delta_{IM}$——组分 I 与膜 M 之间的溶解度参数差值；

$\delta_d, \delta_p, \delta_h$——分别为溶解度参数的色散力、偶极力与氢键的分量。

$\Delta\delta_{IM}$值越小，表明组分I与膜M间的亲和力越大，互溶性也就越大。对于待分离的A、B混合物，$\Delta\delta_{AM}/\Delta\delta_{BM}$可作为衡量膜的溶解选择性的尺度，因此可作为膜材料选择的一个基础。例如要使A组分透过膜而使B组分滞留，则要选择一种膜使$\Delta\delta_{AM}/\Delta\delta_{BM}$最小。

由于用溶解度参数预测有机物之间及有机物与聚合物之间的互溶性本身是一种经验方法，有不少例外；式(3-2)未考虑空间位阻的因素，再加上渗透蒸发的最终结果还与渗透组分的扩散有关，所以仅以溶解的难易来选择膜材料的判据存在一定的缺陷。譬如，如果膜材料与水的作用力太强，可能反而会束缚水分子使其难以透过。普遍认为，对于含水体系，在膜的化学结构中保持一种亲水与憎水基团的适当比例是重要的。

除膜的选择性外，还需要考虑该种材料是否易于成膜，是否具有足够的机械强度，是否能长时间经受所处理物系及操作条件引起的劣化作用等。

2）制备渗透蒸发膜的主要材料

目前，用于制备渗透蒸发膜的材料大体上可分为两类：一类是天然高分子物质；另一类是合成高分子物质。

天然高分子膜主要包括醋酸纤维素(CA)、羧甲基纤维素(CMC)、胶原、壳聚糖等。这类膜的特点是亲水性好，对水的分离系数高，渗透通量也较大，对分离醇-水溶液很有效。但这类膜的机械强度较低，往往被水溶液溶胀后失去机械性能。如羧甲基纤维素是水溶性的，只能分离低浓度的水溶液。采用加入交联剂的方法可以增强膜的机械性能，但同时会降低膜性能。即使经过交联处理的膜，经长时间使用后也会逐步失去其最初的较优良的分离性能。由于上述原因，用天然高分子材料制备的渗透蒸发膜的适用性受到很大限制，近年来逐步被合成高分子材料所取代。

用于制备渗透蒸发膜的合成高分子材料包括聚乙烯(PE)、聚丙烯(PP)、聚苯乙烯(PSt)、聚四氟乙烯(PTFE)等非极性材料和聚乙烯醇(PVA)、聚丙烯腈(PAN)、聚二甲基硅氧烷(PDMS)等极性材料。非极性膜大多被用于分离烃类有机物，如苯与环己烷、二甲苯异构体，甲苯与庚烷以及甲苯与醇类等，但选择性一般较低。

极性膜一般主要用于醇-水混合物的分离。其中聚乙烯醇是最引人注目的一种分离醇-水混合物的膜材料。聚乙烯醇对水有很强的亲和力，而对乙醇的溶解度很小，因此有利于对水的选择吸附。该膜在分离低浓度水-乙醇溶液时有很高的选择性。但当水的浓度大于40%时，膜溶胀加剧，导致选择性大幅度下降。

聚丙烯腈对水也显示出很高的选择性，但渗透通量较小，所以通常被用作复合膜的多孔支撑层。在工业发酵罐得到的是约5%的乙醇-水溶液，这时采用优先透醇膜显然更为经济实用。最常用的透醇膜材料是聚二甲基硅氧烷。但其对醇的渗透速率与选择性都比较低，选择性α一般在10以下。

考虑到包括渗透速率、选择性、机械强度、耐溶剂性等综合膜性能的要求，采用单一的均聚物往往不能满足要求。因此将具有不同官能团的大分子通过接枝、共聚、复合、交联、共混等方式以及用γ射线辐照接枝、等离子体聚合等较先进的手段进行改性，可有效地改善膜的性能。如通过复合与交联可提高膜的机械性能，同时对渗透通量有较大的影响。

3. 渗透蒸发技术应用领域

渗透蒸发作为一种无污染、高能效的膜分离技术已经引起广泛的关注。该技术最显著的特点是很高的单级分离度，节能且适应性强，易于调节。

目前渗透蒸发膜分离法已在无水乙醇的生产中实现了工业化。与传统的恒沸精馏制备无水乙醇相比，可大大降低运行费用，且不受汽-液平衡的限制。

除了以上用途外，渗透蒸发膜在其他领域的应用尚都处在实验室阶段。预计有较好应用前景的领域有：工业废水处理中采用渗透蒸发膜去除少量有毒有机物（如苯、酚、含氯化合物等）；在气体分离、医疗、航空等领域用于富氧操作；从溶剂中脱除少量的水或从水中除去少量有机物；石油化工工业中用于烷烃和烯烃、脂肪烃和芳烃、近沸点物、同系物、同分异构体等的分离等。

3.8.8 气体分离膜

1. 气体分离膜的分离机理

气体分离膜有两种类型：非多孔均质膜和多孔膜。它们的分离机理不尽相同。下面分别介绍。

1）非多孔均质膜的溶解扩散机理

该理论认为，气体选择性透过非多孔均质膜分四步进行：气体与膜接触，分子溶解在膜中，溶解的分子由于浓度梯度进行活性扩散，分子在膜的另一侧逸出。逸出的气体分子使低压侧压力增大，且随时间变化。

设膜两侧的气体浓度分别为 c_1 和 c_2，膜厚为 l，扩散系数为 D。当扩散达到稳定状态后，可用扩散方程来描述。

$$\frac{\mathrm{d}c}{\mathrm{d}t}=D\frac{\mathrm{d}^2c}{\mathrm{d}x^2} \tag{3-3}$$

利用边界条件，可解出上述方程。由于气体的扩散呈稳态，则

$$\frac{\mathrm{d}c}{\mathrm{d}t}=0$$

当 $x=0$ 时，$c=c_1$；$x=l$ 时，$c=c_2$。故

$$c_x=c_1-\frac{(c_1-c_2)x}{l} \tag{3-4}$$

$$-\frac{\mathrm{d}c}{\mathrm{d}x}=\frac{c_1-c_2}{l} \tag{3-5}$$

在 t 时间内，通过面积为 A、厚度为 l 的膜的气体量 q 为

$$q=\int_0^t DA\left(-\frac{\mathrm{d}c}{\mathrm{d}x}\right)_{x=l}\mathrm{d}t \tag{3-6}$$

解此方程，得

$$q=\frac{D(c_1-c_2)At}{l} \tag{3-7}$$

根据亨利（Herry）定律：

$$c_i=sp_i \tag{3-8}$$

p_i 为气体分压，s 为亨利系数，亦称溶解度系数。

$$q=\frac{Ds(p_1-p_2)At}{l} \tag{3-9}$$

若令 $\bar{p}_i=D_i s_i$，$\bar{p}_i$ 称为气体渗透系数，则上式为

$$q_i=\frac{\bar{p}_i \Delta p_i}{l}At \tag{3-10}$$

定义分离系数 α 为

$$\alpha\equiv\frac{\frac{y_1}{y_2}}{\frac{x_1}{x_2}} \tag{3-11}$$

其中，x_i 表示分子 i 在膜前方的摩尔分数；y_i 表示分子 i 在膜后方的摩尔分数。显然 $y_i=q_i$，而 $\Delta p_i=p_1x_i-p_2y_i$，则有

$$\alpha=\frac{\bar{p}_1(p_1x_1-p_2y_1)}{\bar{p}_2(p_1x_2-p_2y_2)}\cdot\frac{x_2}{x_1} \tag{3-12}$$

当 $p_2\rightarrow 0$ 时，有

$$\alpha=\frac{\bar{p}_1}{\bar{p}_2} \tag{3-13}$$

从以上的讨论中，可得出如下结论：

（1）气体的透过量 q 与扩散系数 D、溶解度系数 s 和气体渗透系数 $\bar{p}$ 成正比。而溶解度系数 s 与膜材料的性质直接有关。

（2）在稳态时，气体透过量 q 与膜面积 A 和时间 t 成正比。

（3）气体透过量与膜的厚度 l 成反比。

扩散系数 D 和溶解度系数 s 与物质的扩散活化能 E_D 和渗透活化能 E_p 有关，而 E_p 又直接与分子大小和膜的性能有关。分子越小，E_p 也越小，就越易扩散。这就是膜具有选择性分离作用的重要理论依据。高分子膜在其 T_g 以上时，存在链段运动，自由体积增大。因此，对大部分气体来说，在高分子膜的 T_g 前后，D 和 s 的变化将出现明显的转折。

值得指出，在实际应用中，通常不是通过加大两侧的压力差（Δp）来提高 q 值，而是采用增加表面积 A、增加膜的渗透系数和减小膜的厚度的方法来提高 q 值。

2）多孔膜的透过扩散机理

用多孔膜分离混合气体，是借助于各种气体流过膜中细孔时产生的速度差来进行的。流体的流动，当用努森（Knudsen）系数 K_n 表示时，有 3 种情况：①$K_n\leqslant 1$，属黏性流动；② $K_n\geqslant 1$，属分子流动；③ $K_n\backsimeq 1$，属中间流动。

在 $K_n\geqslant 1$ 时，属于分子流动，表示气体分子之间几乎不发生碰撞，而仅在细孔内壁间反复碰撞，并呈独立飞行状态。按气体方程可导出气体透过膜的速度为

$$v_i=\frac{4}{3}r\varepsilon\sqrt{\frac{2RT}{\pi M_i}}\frac{\Delta p}{lRT}A \tag{3-14}$$

式中 r——膜上细孔的半径；

ε——孔隙率；

l——膜厚度；

A——膜的面积；

Δp——膜前后的压力差；

M_i——气体 i 的分子量；

R——气体常数。

若设 p_1，p_2 分别为膜前后的压力，x_i，y_i 分别为膜前后气体 i 的摩尔分数，则

$$\Delta p_i = p_1 x_i - p_2 y_i \tag{3-15}$$

努森系数 K_n 的表达式为

$$k_n = \frac{4}{3} r\varepsilon \sqrt{\frac{2}{\pi R}} \tag{3-16}$$

将式(3-15)和式(3-16)代入式(3-14)，可得：

$$v_i = \frac{k_n A (p_1 x_i - p_2 y_i)}{l \sqrt{M_i T}} \tag{3-17}$$

同样定义分离系数 α 为

$$\alpha \equiv \frac{\frac{y_1}{y_2}}{\frac{x_1}{x_2}} \tag{3-18}$$

显然，$y_1/y_2 = v_1/v_2$。因此

$$\alpha = \frac{\frac{v_1}{v_2}}{\frac{x_1}{x_2}} = \sqrt{\frac{M_2}{M_1}} \frac{p_1 x_1 - p_2 y_1)}{(p_1 x_2 - p_2 y_2)} \cdot \frac{x_2}{x_1} \tag{3-19}$$

当 $p_2 \to 0$ 时，有

$$\alpha = \sqrt{\frac{M_2}{M_1}} \tag{3-20}$$

此式说明，分子量相差越大，分离选择性越好。

在 $K_n \leqslant 1$ 时，分子运动以分子间的碰撞为控制因素，混合气体呈连续状流动，故膜不起分离作用。$K_n \backeqsim 1$ 时，流动状态介于分子流动和黏性流动之间，分离效率不高。这一理论表明，多孔膜对混合气体的分离主要决定于膜的结构，而与膜材料性质无关。

2. 制备气体分离膜的材料

1）影响气体分离膜性能的因素

（1）化学结构的影响。

通过对不同化学结构聚合物所制备的气体分离膜的气体透过率 P、扩散系数 D 和溶解系数 S 的考察，可得出化学结构对透气性影响的定性规律。从表 3-7 的数据可知，大的侧基有利于提高自由体积而使 P 增加。

例如，聚取代丙炔主链的每个碳原子上均有较大的取代侧基，使主链僵直而形成棍状分

子。因此在形成薄膜后，分子间堆砌不可能紧密，因而具有较大的自由体积。

1,4-聚丁二烯的 P_{O_2} 为 2 950kPa，1,2-聚丁二烯的 P_{O_2} 则为 900kPa。聚 1,4-异戊二烯的 P_{O_2} 为 2330kPa，而聚 3,4-异戊二烯的则为 360kPa。这说明主链中双键的存在能提高透气性。双键的顺反异构体的透气性也不同，如聚丁二烯，其顺式结构的 P_{O_2} 值明显高于反式结构。这显然是由于顺式聚丁二烯分子间的排列不如反式聚丁二烯紧密之故。

表 3-7　　某些聚合物材料的氧气透过率 P_{O_2}

品种	$P_{O_2}\times10^{-2}$/kPa	品种	$P_{O_2}\times10^{-2}$/kPa
聚乙烯	0.4	$-\mathrm{C(Cl)}=\mathrm{C(C_6H_5)}-$	5.9
聚丙烯	1.63		
聚异丁烯	1.3	$-\mathrm{C(CH_3)}=\mathrm{C(C_6H_5)}-$	7.5
1,2-聚丁二烯	9.0		
1,4-聚丁二烯	29.5	$-\mathrm{C(CH_3)}=\mathrm{C(C_5H_{11})}-$	34
3,4-聚异戊二烯	4.8		
1,4-聚异戊二烯	23.0		

(2) 形态结构的影响。

一般情况下，聚合物中无定型区的密度小于晶区的密度。因此气体透过高聚物膜主要经由无定形区，而晶区则是不透气的。这可以通过自由体积的变化来解释。但对某些聚合物可能出现例外，如 4-甲基戊烯(PNP)晶区的密度反而小于非晶区的密度，故其晶区可能对透气性能也有贡献。

聚合物分子链沿拉伸方向取向后，透气性和选择性均有所下降，如未拉伸的聚丙烯的 P_{O_2} 和 $\alpha_{O/N}$ 分别为 163kPa 和 5.37，经单向拉伸后变为 111kPa 和 5.00，经双向拉伸后则变为 65kPa 和 4.38。

高分子的交联对透气性影响的一般规律是随交联度的增加，交联点间的尺寸变小，透气性有所下降。但对尺寸小的分子，如氢气和氦气等，透气性则下降不大。

2) 制备气体分离膜的主要材料

根据不同的分离对象，气体分离膜可采用不同的材料制备。

(1) H_2 的分离。

美国 Monsanto 公司 1979 年首创 Prism 中空纤维复合气体分离膜，主要用于氢气的分离，取得显著效果。用于这种气体分离膜的材料主要有醋酸纤维素、聚砜、聚酰亚胺等。其中聚酰亚胺是近年来新开发的高效氢气分离膜材料。它是由二联苯四羧酸二酐和芳香族二胺聚合而成的，具有抗化学腐蚀、耐高温和机械性能高等优点。聚酰亚胺膜是一种非对称膜，其结构为一层聚酰亚胺超薄致密表面层被一次成膜而固定在聚酰亚胺的多孔支撑层上，表面层和底层连结为一体，不易脱落。聚酰亚胺膜与其他几种膜的分离系数的比较见表 3-8。

表 3-8　三茬气体分离膜材料的分离系数 α

分离对象	分离系数 α		
	聚砜	醋酸纤维素	聚酰亚胺
H_2/CO	40	40	76
H_2/CH_4	60	60	约 200
H_2/N_2	72	70	约 200

(2) O_2的分离富集。

制备富氧膜的材料主要两类:聚二甲基硅氧烷(PDMS)及其改性产品和含三甲基硅烷基的高分子。

PDMS 是目前工业化应用的气体分离膜中 P_{O_2} 最高的膜材料,美中不足的是它有两大缺点:一是分离的选择性低,二是难以制备超薄膜。对制取燃烧用富氧空气而言,关键是超薄膜的制备问题。在表征气体分离膜性能时,真正反映分离作用的参数是膜的渗透速率 J 值(P_{O_2}/δ,δ 为膜的厚度)。因此膜的厚度对气体分离膜的分离作用至关重要。一般中空纤维 PDMS 膜的厚度最薄只能达到 10μm,这主要是由于它的高分子链间的内聚能密度较小所致。所以 PDMS 改性的焦点是如何在 PDMS 上引入极性基团,以增加其内聚能密度。例如将含有羧基的聚 2-羧乙基二甲基硅氧烷(PCMS)与 PDMS 按 4∶1～1∶1 熔融共混后制膜,可制成超薄化的膜,从而增加 J 值。

含有三甲基硅烷基的聚[1-(三甲基硅烷)-1-丙炔](PTMSP)的 P_{O_2} 比 PDMS 的要高一个数量级。从分子结构来看,三甲基硅烷基的空间位阻较大,相邻分子链无法紧密靠近,因此膜中出现大量分子级的微孔隙,扩散系数增大。

此外,富氧膜大部分可作为 CO_2 分离膜使用,若在膜材料中引入亲 CO_2 的基团,如醚键、苯环等,可大大提高 CO_2 的透过性。同样,若在膜材料中引入亲 SO_2 的亚砜基团(如二甲亚砜、环丁砜等),则能够大大提高 SO_2 分离膜的渗透性能和分离性能。具有亲水基团的芳香族聚酰亚胺和磺化聚苯醚等对 H_2O 有较好的分离作用。

3. 气体分离膜的应用领域

气体分离膜是当前各国均极为重视开发的产品,已有不少产品用于工业化生产。如美国 DuPont 公司用聚酯类中空纤维制成的 H_2 气体分离膜,对组成为 70%H_2,30%CH_4,C_2H_6,C_3H_8 的混合气体进行分离,可获得含 90%H_2 的分离效果。此外,富氧膜、分离 N_2,CO_2,SO_2,H_2S 等气体的膜,都已有工业化的应用。例如从天然气中分离氦、从合成氨尾气中回收氢、从空气中分离 N_2 或 CO_2,从烟道气中分离 SO_2、从煤气中分离 H_2S 或 CO_2 等,均可采用气体分离膜来实现。

3.8.9　液膜(LM)

1. 液膜的概念和特点

液膜分离技术是 1965 年由美国埃克森(Exssen)研究和工程公司的黎念之博士提出的一种新型膜分离技术。直到 20 世纪 80 年代中期,奥地利的 J. Draxler 等科学家采用液膜法从黏胶废液中回收锌获得成功,液膜分离技术才进入了实用阶段。

顾名思义,液膜是一层很薄的液体膜。它能把两个互溶的、但组成不同的溶液隔开,并通过这层液膜的选择性渗透作用实现物质的分离。根据形成液膜的材料不同,液膜可以是水性的，也可是溶剂型的。

液膜的特点是传质推动力大，速率高，且试剂消耗量少，这对于传统萃取工艺中试剂昂贵或处理能力大的场合具有重要的经济意义。另外，液膜的选择性好，往往只能对某种类型的离子或分子的分离具有选择性，分离效果显著。目前存在的最大缺点是强度差，破损率高，难以稳定操作，而且过程与设备复杂。

近30多年来，国内外科技工作者竞相开展液膜分离技术研究，许多技术关键性问题有了很大突破，应用涉及冶金、医药、环保、原子能、石油化工、仿生化学等各个领域，具有十分广泛的应用前景。

2. 液膜的组成与类型

1）液膜的组成

液膜中一般包括以下几个组分。

(1) 膜溶剂。膜溶剂是形成液膜的基体物质。选择膜溶剂主要考虑膜的稳定性和对溶剂的溶解性。为了保持膜的稳定性，就要求膜溶剂具有一定的黏度。膜溶剂对溶质的溶解性则首先希望它对欲提取的溶质能优先溶解，对其他欲除去溶质的溶解度尽可能小。当然膜溶剂不能溶于欲被液膜分隔的溶液，并希望膜溶剂与被其分隔的溶液有一定的相对密度差(一般要求相差 $0.025g/cm^3$)。

(2) 表面活性剂。表面活性剂是分子中含有亲水基和疏水基两个部分的化合物，在液体中可以定向排列，显著改变液体表面张力或相互间界面张力。表面活性剂是制备液膜的最重要的组分，它直接影响膜的稳定性、渗透速度等性能。在实际使用中，表面活性剂的选择是一个较复杂的问题，需根据不同的应用对象进行实验选择。

(3) 流动载体。流动载体的作用使指定的溶质或离子进行选择性迁移，对分离指定的溶质或离子的选择性和渗透通量起着决定性的影响，其作用相当于萃取剂。它的研究是液膜分离技术的关键。

2）液膜的类型

从形状来分类，可将液膜分为支撑型液膜和球形液膜两类，后者又可分为单滴型液膜和乳液型液膜两种。

(1) 支撑型液膜。把微孔聚合物膜浸在有机溶剂中，有机溶剂即充满膜中的微孔而形成液膜(图3-35)。此类液膜目前主要用于物质的萃取。当支撑型液膜作为萃取剂将料液和反萃液分隔开时，被萃组分即从膜的料液侧传递到反萃液侧，然后被反萃液萃取，从而完成物质的分离。这种液膜的操作虽然较简便，但存在传质面积小，稳定性较差，支撑液体容易流失的缺点。

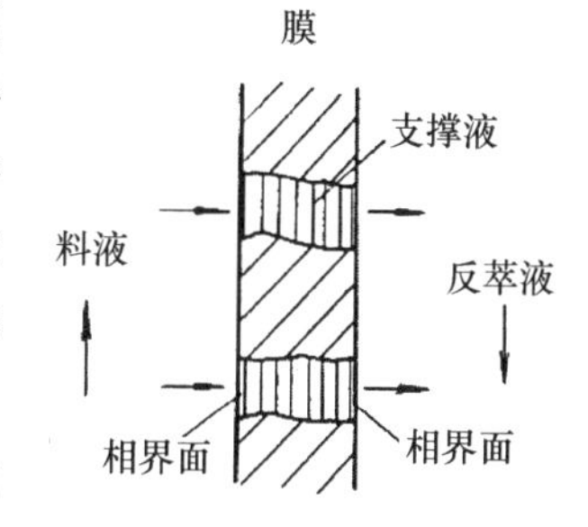

图 3-35 支撑型液膜示意图

(2) 单滴型液膜。单滴型液膜的形状如图3-36所示。其结构为单一的球面薄层，根据成膜材料可分为水膜和油膜。图3-36(a)为水膜，即O/W/O型，内、外相为有机物；图3-36(b)为油膜，即W/O/W型，内、外相为水溶液。这种单滴型液膜寿命较短，所以目前主要用于理论研究，尚无实用价值。

(3) 乳液型液膜。首先把两种互不相溶的液体在高剪切下制成乳液，然后再将该乳液分散在第三相(连续相)，即外相中。乳状液滴内被包裹的相为内相，内、外相之间的部分是液膜。一般情况下乳液颗粒直径为0.1～1mm，液膜本身厚度为1～10 μm。根据成膜材料也分为水

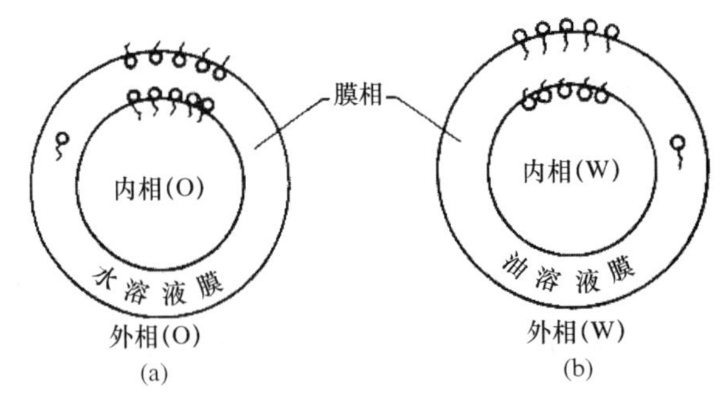

图 3-36 单滴型液膜示意图

膜和油膜两种。如图 3-37 所示的是一种油膜，即 W/O/W 型乳液型液膜。它是由表面活性剂、流动载体和有机膜溶剂(如烃类)组成的，膜溶剂与含有水溶性试剂的水溶液在高速搅拌下形成油包水型小液滴，含有水溶性试剂的水溶液形成内相。将此油包水型乳液分散在另一水相(料液)，就形成一种油包水再水包油的复合结构，两个水相之间的膜即为液膜。料液中的物质即可穿过两个水相之间的油性液膜进行选择性迁移而完成分离过程。

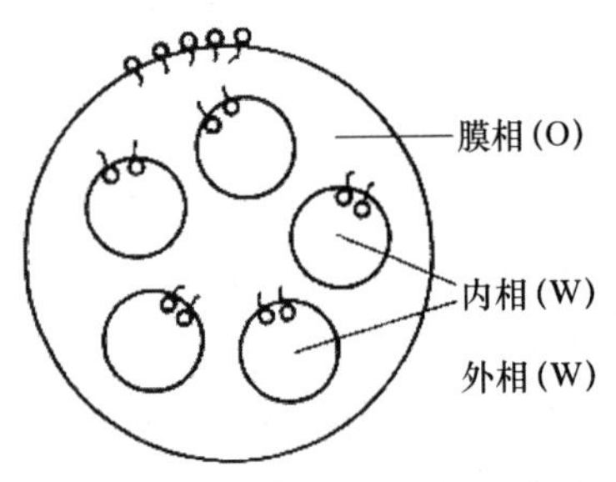

图 3-37 乳液型液膜示意图

上述 3 种液膜中，乳液型液膜的传质比表面最大，膜的厚度最小，因此传质速度快，分离效果好，具有较好的工业化前景。

3. 液膜的分离机理

根据液膜的结构和组成的不同，其分离机理也有所不同，下面分别讨论之。

1) 单纯迁移渗透机理

当液膜中不含流动载体，液滴内、外相也不含有与待分离物质发生化学反应的试剂时，待分离的不同组分仅由于其在膜中的溶解度和扩散系数的不同导致透过膜的速度不同来实现分离。这种液膜分离机理称为单纯迁移渗透机理。

如图 3-38(a)所示，当 A、B 两种物质被包裹在液膜内，若要实现 A、B 的分离，就必须要求其中的一种溶质(例如 A)透过膜的速度大于 B。由于渗透速度正比于扩散系数和溶质的分配系数，而在一定的膜溶剂中，大多数溶质的扩散系数近似相等，所以分配系数的差别是分离过程的关键。又由于此种机制中溶质在膜相和料液相之间的分配取决于溶质在料液相和膜相中的溶解度，所以溶质 A、B 在膜中的溶解度差别就成为 A 与 B 分离的决定性因素。若 A 易溶于膜，B 难溶于膜，那么 A 透过膜的速度就大于 B。经过一定时间后，在外部连续相中 A 的浓

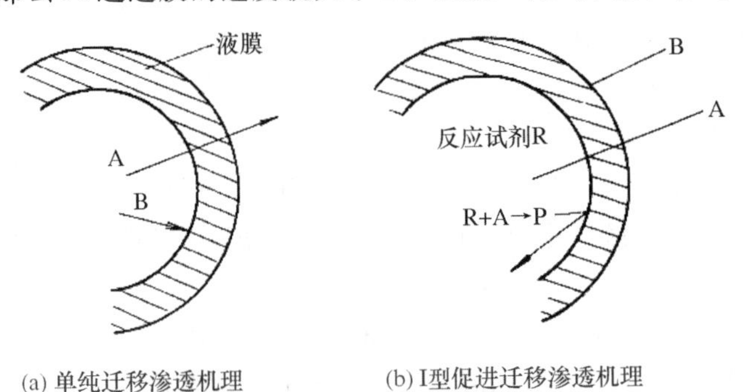

(a) 单纯迁移渗透机理　　(b) I型促进迁移渗透机理

图 3-38 液膜分离机理示意图

度大于B,液滴内相中B的浓度大于A,从而实现有效的分离。单纯迁移的分离效率可用分离系数S来描述:

$$S=\frac{\frac{C_{A内}}{C_{A外}}}{\frac{C_{B内}}{C_{B外}}} \tag{3-21}$$

液膜的这种单纯迁移渗透分离过程当进行到膜两侧被迁移的溶质浓度相等时,传质过程便自动停止。因此这一过程不能用于物质的浓缩。

2) Ⅰ型促进迁移渗透机理

如果在溶质的接受相内加入能与溶质发生化学反应的试剂,通过化学反应促进溶质的迁移,从而提高分离效率,这种方法称为Ⅰ型促进迁移,又称滴内化学反应。

如图3-38(b)所示,在乳液型液膜的内相添加一种能与迁移溶质A发生不可逆化学反应的试剂R,则A与R变成一种不能逆扩散的新产物P,从而使内相中的渗透物A的浓度实质上为零。因此,A在液膜内、外相两侧有最大的浓度梯度,促进了A的输送。直到R被反应完了为止。而在料液中与A共存的B即使部分渗透到内相,由于B不能与R反应,一段时间后B在内相的浓度很快达到平衡浓度,其渗透即告停止,从而强化了A与B的分离。这种液膜的膜相中也不含有流动载体。

例如,将强酸或者强碱作为内相,含有弱碱或者弱酸的料液(如废水)作为外相,则外相中的弱碱或者弱酸可通过液膜扩散进入内向,并与强酸或者强碱发生反应生成盐。这一反应是不可逆的,生成的盐也不能通过油膜进行逆扩散,因此,可将废水中的弱酸或者弱碱除去。

从废水中除去酚类物质也可采用这种方法实现。例如将NaOH溶液作为内相包封在乳状液油膜内,再将此W/O型乳状液分散到含酚废水中,如图3-39所示,外相中的酚渗入液膜与内相中的NaOH反应生成酚钠。酚钠不能透过膜进行逆扩散,从而在内相中浓集。将乳状液与料液水相分相后,即达到了除酚的目的。这种滴内发生化学反应的液膜还可在医学、生物化学等领域中应用。

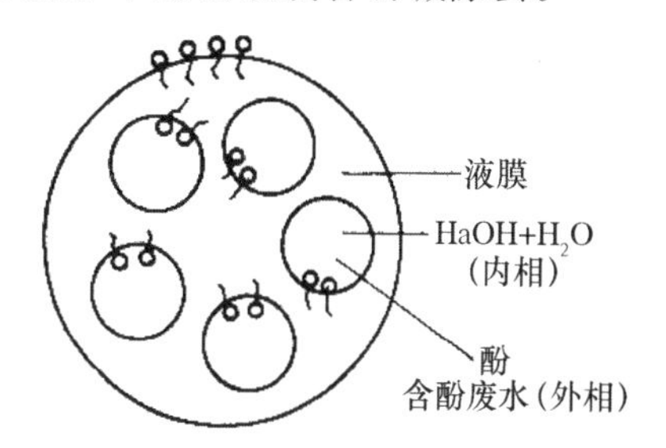

图3-39　滴内除酚原理示意图

3) Ⅱ型促进迁移渗透机理

如果在膜相中加入一种流动载体,载体分子R_1先在料液(外相)侧选择性地与某种溶质(A)发生化学反应,产生中间产物(R_1A),然后这种中间产物扩散到膜的另一侧,与液膜内相中的试剂(R_2)作用,并将A释放出来,从而完成了溶质从外相向内相的迁移,而流动载体又重新扩散回到外相。在整个过程中,流动载体并没有消耗,只起了搬移溶质的作用,被消耗的只是内相中的试剂。这种含有流动载体的液膜在选择性、渗透性和定向性三方面更类似于生物细胞膜的功能,它使分离和浓缩两步合二为一。

在上述液膜中所选的流动载体与被迁移物质进行的化学反应应是专一的,才能保证液膜能从复杂的混合物中分离出所需的组分。此外,如果加入的流动载体与被分离物质反应所生成的中间产物能提高溶质在膜相中的溶解度,则可使被分离溶质渗透通量提高。由于上述化学反应的存在,使渗透溶质在液膜内、外相两侧始终有最大的浓度梯度,直到把溶质输送完为止。这种高度定向性地迁移物质的特征恰是生物细胞膜所特有的。给流动载体提供的化学能的形式可以是酸碱中和反应、同离子效应、离子交换、络合反应和沉淀反应等。

4. 液膜分离技术应用领域

1）在生物化学中的应用

在生物化学中，为了防止酶受外界物质的干扰而常常需要将酶“固定化”。利用液膜封闭来固定酶比其他传统的酶固定方法有如下的优点：①容易制备；②便于固定低分子量的和多酶的体系；③在系统中加入辅助酶时，无需借助小分子载体吸附技术（小分子载体吸附往往会降低辅助酶的作用）。黎念之博士曾成功地将提纯的酚酶用液膜包裹，再将液膜分散在含酚水相中，酚则有效地扩散穿过膜与酶接触后转变为氧化物而积累在内相中。而且液膜的封闭作用不会降低酶的活性。

2）在医学中的应用

液膜在医学上用途也很广泛，也不需要破乳等复杂的操作，因此也具有十分广阔的前景。如液膜人工肺、液膜人工肝、液膜人工肾以及液膜解毒、液膜缓释药物等。目前，液膜在青霉素及氨基酸的提纯回收领域也较为活跃，

3）在萃取分离方面的应用

液膜分离技术可用于萃取处理含铬、硝基化合物、含酚等的废水。我国利用液膜处理含酚废水的技术已经比较成熟。其他如石油、气体分离、矿物浸出液的加工和稀有元素的分离等方面也有应用。

思考题

1. 什么是离子交换树脂？
2. 离子交换树脂具有哪些功能？
3. 离子交换树脂为什么可作为许多化学反应的催化剂？
4. 何谓离子交换树脂的中毒？
5. 简单介绍离子交换树脂的应用。
6. 离子交换树脂常用的制备方法有哪些？
7. 如何控制离子交换树脂的质量？
8. 什么是大孔型离子交换树脂？它们与普通离子交换树脂的区别何在？发展这类树脂有什么特殊意义？
9. 什么是螯合树脂，它们有哪些基本功能？
10. 氧化还原树脂又称什么树脂？它们能与周围活性物质进行哪类化学反应？
11. 什么是分离膜？它与传统的分离技术有什么本质的区别？
12. 典型的分离膜技术有哪些？
13. 欲分离甲醇和乙醇的混合物，应采用哪一种分离膜？
14. 制备分离膜的高分子材料应具备哪些基本特性？
15. 简述常用的制备膜的方法。
16. 讨论分离膜分离溶液的机理。
17. 讨论气体分离膜的分离机理。
18. 简要介绍膜的结构。
19. 微孔膜的特点什么？使用中有何要求？
20. 什么是渗透蒸发膜？它的分离机理是什么？主要可用于哪些物质的分离？

参考文献

[1] 日本高分子学会高分子实验编委会.功能高分子[M].李福绵,译.北京:科学出版社,1983.

[2] 钱庭宝.离子交换剂应用技术[M].天津:天津科学技术出版社,1984.

[3] 陈义镰.功能高分子[M].上海:上海科学技术出版社,1988.

[4] 高以烜,叶凌碧.膜分离技术基础[M].北京:科学出版社,1989.

[5] 孙酣经.功能高分子材料及应用[M].北京:化学工业出版社,1990.

[6] 清水刚夫.新功能膜[M].李福绵,译.北京:北京大学出版社,1990.

[7] 王国建,王公善.功能高分子[M].上海:同济大学出版社,1996.

[8] 陈喜珍.离子交换树脂在酒处理中的应用[J].酿酒技术,1996(6):45.

[9] 胡岳云.合成盐酸除铁的研究——阴离子交换树脂的应用[J].氯碱工业.1996(3):33-34.

[10] 王方.混床离子交换树脂的电再生法[J].工业水处理,1997,17(2):1-4.

[11] 乔迁,虞浩.膜技术的进展[J].工业技术经济,1999,20(1):111-113.

[12] 黄加乐,董声雄.我国膜技术的应用现状与前景[J].福建化工,2000,(3):3-6.

[13] 刘术明,马春丽.膜技术在乳品工业中的应用[J].中国乳品工业,2002,30(3):21-24.

[14] 陈海增,尹伟臣.膜分离技术及其在药物分离中的应用[J].化学工程师,2002(1):19-20.

[15] 王广珠,汪德良,崔焕芳,等.国产电厂水处理用离子交换树脂现状综述[J].中国电力,2003,36(1):28-31.

[16] 王玉宾,孙伟,黄伟.膜技术应用进展[J].矿产与地质,2003,17(1):96-99.

[17] 郭宏,王熊.膜分离技术在我国食品工业中的应用[J].膜科学与技术,2003,23(4):197-202.

4 导电高分子材料

4.1 概述

4.1.1 导电高分子的基本概念

物质按电学性能分类可分为绝缘体、半导体、导体和超导体四类。高分子材料通常属于绝缘体的范畴。但自从1977年美国科学家黑格(A. J. Heeger)和麦克迪尔米德(A. G. MacDiarmid)和日本科学家白川英树(H. Shirakawa)发现掺杂聚乙炔(Polyacetylene,PA)具有金属导电特性以来,有机高分子不能作为到电解质的概念被彻底改变。它的出现不仅打破了高分子仅为绝缘体的传统观念,而且为低维固体电子学和分子电子学的建立打下基础,而具有重要的科学意义。上述三位科学家因此分享2000年诺贝尔化学奖。

所谓导电高分子是由具有共轭π键的高分子经化学或电化学"掺杂"使其由绝缘体转变为导体的一类高分子材料。它完全不同于由金属或碳粉末与高分子共混而制成的导电塑料。通常导电高分子的结构特征是由有高分子链结构和与链非键合的一价阴离子或阳离子共同组成。即在导电高分子结构中,除了具有高分子链外,还含有由"掺杂"而引入的一价对阴离子(p型掺杂)或对阳离子(n型掺杂)。因此,导电高分子不仅具有由于掺杂而带来的金属(高电导率)和半导体(p和n型)的特性之外,还具有高分子结构的可分子设计性,可加工性和密度小等特点。为此,从广义的角度来看,导电高分子可归为功能高分子的范畴。

导电高分子具有特殊的结构和优异的物理化学性能使它在能源、光电子器件、信息、传感器、分子导线和分子器件、电磁屏蔽、金属防腐和隐身技术方面有着广泛、诱人的应用前景。因此,导电高分子自发现之日起就成为材料科学的研究热点。经过近40年的研究,导电高分子无论在分子设计和材料合成、掺杂方法和掺杂机理、可溶性和加工性、导电机理、光、电、磁物理性能及相关机理以及技术上的应用探索都已取得重要的研究进展,有些正向实用化的方向迈进。但是,导电高分子发展至今天,无论在理论上、材料合成上和技术应用上它仍面临着许多挑战,而这些挑战恰恰给导电高分子在21世纪的发展带来极好的发展机遇。本章主要介绍导电高分子的结构特征和基本的物理化学特性,并评述导电高分子的重要研究进展。

4.1.2 材料导电性的表征

根据欧姆定律,当对试样两端加上直流电压V时,若流经试样的电流为I,则试样的电阻R为

$$R=\frac{V}{I} \tag{4-1}$$

电阻的倒数称为电导,用G表示:

$$G=\frac{I}{V} \tag{4-2}$$

电阻和电导的大小不仅与物质的电性能有关，还与试样的面积 S，厚度 d 有关。实验表明，试样的电阻与试样的截面积成反比，与厚度成正比

$$R=\rho\frac{d}{S} \tag{4-3}$$

同样，对电导则有

$$G=\sigma\frac{S}{d} \tag{4-4}$$

式(4-3)和式(4-4)中，ρ 称为电阻率，单位为欧姆·厘米($\Omega\cdot cm$)，σ 称为电导率，单位为欧姆$^{-1}$·厘米$^{-1}$($\Omega^{-1}\cdot cm^{-1}$)。显然，电阻率和电导率都不再与材料的尺寸有关，而只取决于它们的性质，因此是物质的本征参数，都可用来作为表征材料导电性的尺度。在讨论材料的导电性时，更习惯采用电导率来表示。

材料的导电性是由于物质内部存在的带电粒子的移动引起的。这些带电粒子可以是正、负离子，也可以是电子或空穴，统称为载流子。载流子在外加电场作用下沿电场方向运动，就形成电流。可见，材料导电性的好坏，与物质所含的载流子数目及其运动速度有关。

假定在一截面积为 S、长为 l 的长方体中，载流子的浓度(单位体积中载流子数目)为 N，每个载流子所带的电荷量为 q。载流子在外加电场 E 作用下，沿电场方向运动速度为 v，则单位时间流过长方体的电流 I 为

$$I=NqlS \tag{4-5}$$

而载流子的迁移速度 ν 通常与外加电场强度 E 成正比

$$v=\mu E \tag{4-6}$$

式中，比例常数 μ 为载流子的迁移率，是单位场强下载流子的迁移速度，单位为厘米^2·伏$^{-1}$·秒$^{-1}$($cm^2\cdot V^{-1}\cdot s^{-1}$)。

结合式(4-2)，式(4-4)，式(4-5)和式(4-6)，可知

$$\sigma=Nq\mu \tag{4-7}$$

当材料中存在 n 种载流子时，电导率可表示为

$$\sigma=\sum_{i=1}^{n}N_iq_i\mu_i \tag{4-8}$$

由此可见，载流子浓度和迁移率是表征材料导电性的微观物理量。

材料的导电率是一个跨度很大的指标。从最好的绝缘体到导电性非常好的超导体，导电率可相差 40 个数量级以上。根据材料的导电率大小，通常可分为绝缘体、半导体、导体和超导体四大类。这是一种很粗略的划分，并无十分确定的界线。表 4-1 列出了这四大类材料的电导率及其典型代表。

表 4-1　材料导电率范围

材料	电导率/($\Omega^{-1}\cdot cm^{-1}$)	典型代表
绝缘体	$<10^{-10}$	石英、聚乙烯、聚苯乙烯、聚四氟乙烯
半导体	$10^{-10}\sim10^{2}$	硅、锗、聚乙炔
导体	$10^{2}\sim10^{8}$	汞、银、铜、石墨
超导体	$>10^{8}$	铌(9.2K)、铌铝锗合金(23.3K)、聚氮硫(0.26K)

在本章的讨论中，将不区分高分子半导体和高分子导体，统一称作导电高分子。

4.1.3 导电高分子的类型

按照材料的结构与组成，可将导电高分子分成两大类。一类是结构型（或称本征型）导电高分子，另一类是复合型导电高分子。

1. 结构型导电高分子

结构型（或称本征型）导电高分子本身具有“固有”的导电性，由聚合物结构提供导电载流子（电子、离子或空穴）。这类聚合物经掺杂后，电导率可大幅度提高，其中有些甚至可达到金属的导电水平。

迄今为止，国内外对结构型导电高分子研究得较为深入的品种有聚乙炔、聚对苯硫醚、聚对苯撑、聚苯胺、聚吡咯、聚噻吩以及 TCNQ 传荷络合聚合物等。其中以掺杂型聚乙炔具有最高的导电性，其电导率可达 $5\times10^{3}\sim10^{4}\Omega^{-1}\cdot cm^{-1}$（金属铜的电导率为 $10^{5}\Omega^{-1}\cdot cm^{-1}$）。

目前，对结构型导电高分子的导电机理、聚合物结构与导电性关系的理论研究十分活跃。应用性研究也取得很大进展，如用导电高分子制作的大功率聚合物蓄电池、高能量密度电容器、微波吸收材料、电致变色材料，都已获得成功。但总的来说，结构型导电高分子的实际应用尚不普遍，关键的技术问题在于大多数结构型导电高分子在空气中不稳定，导电性随时间明显衰减。此外，导电高分子的加工性往往不够好，也限制了它们的应用。科学家们正企图通过改进掺杂剂品种和掺杂技术，采用共聚或共混的方法，克服导电高分子的不稳定性，改善其加工性。

2. 复合型导电高分子

复合型导电高分子是在不具备导电性的高分子材料中掺混入大量导电物质，如炭黑、金属粉、箔等，通过分散复合、层积复合、表面复合等方法构成的复合材料，其中以分散复合最为常用。

与结构型导电高分子不同，在复合型导电高分子中，高分子材料本身并不具备导电性，只充当了黏合剂的角色。导电性是通过混合在其中的导电性物质如炭黑、金属粉末、碳纳米管等获得的。由于它们制备方便，有较强的实用性，因此在结构型导电高分子尚有许多技术问题没有解决的今天，人们对它们有着极大的兴趣。复合型导电高分子用作导电橡胶、导电涂料、导电黏合剂、电磁波屏蔽材料和抗静电材料，在许多领域发挥着重要的作用。

3. 超导体高分子

超导体是导体在一定条件下，处于无电阻状态的一种形式。超导现象早在 1911 年就被发现。由于超导态时没有电阻，电流流经导体时不发生热能损耗，因此在电力远距离输送、制造超导磁体等高精尖技术应用方面有重要的意义。

目前，已经发现的许多具有超导性的金属和合金，都只有在超低温度下或超高压力下才能转变为超导体。显然这种材料作为电力、电器工业材料来应用，在技术上、经济上都是不利的，因此，研制具有较高临界超导温度的超导体是人们关切的研究课题。

超导金属中，超导临界温度最高的是铌（Nb），$T_c=9.2K$。超导合金中则以铌铝锗合金（Nb/Al/Ge）具有最高的超导临界温度，$T_c=23.2K$。在高分子材料中，已发现聚氮硫在 0.2K 时具有超导性。尽管它是无机高分子，T_c 也比金属和合金低，但由于聚合物的分子结构的可变性十分广泛，因此，专家们预言，制造出超导临界温度较高的高分子超导体是大有希望的。研究的目标是超导临界温度达到液氮温度（77K）以上，甚至是常温超导材料。

4.2　结构型导电高分子

根据导电载流子的不同，结构型导电高分子有两种导电形式：电子导电和离子传导。对不同的高分子，导电形式可能有所不同，但在许多情况下，高分子的导电是由这两种导电形式共同引起的。如测得尼龙-66 在 120℃以上的导电就是电子导电和离子导电的共同结果。

一般认为，四类聚合物具有导电性：高分子电解质、共轭体系聚合物、电荷转移络合物和金属有机螯合物。其中除高分子电解质是以离子传导为主外，其余三类都是以电子传导为主的。目前，这几类导电高分子都有不同程度的发展。下面分别介绍。

4.2.1　高分子电解质的离子导电

1. 固体电解质的导电机理

莫特（Mott）和古尔纳（Gurney）等在对大量固体电解质研究的基础上，提出了晶体裂缝引起离子导电的机理。他们认为，晶体裂缝是引起离子导电的原因。裂缝有两种形式，即 Frenkey 裂缝和 Schottky 裂缝（图 4-1）。

在 Frenkey 裂缝的形成过程中，处于电场中的离子从其晶格点阵中跃迁到晶格点阵的间隙上。裂缝数目 n 可用下式表示。

$$n=(N_0-N')^{\frac{1}{2}}\exp\left(-\frac{1}{2}\frac{W_F}{kT}\right) \tag{4-9}$$

式中，N_0 为原子总数，N' 为填入裂缝的原子数，W_F 为一个原子进入间隙状态的内能，k 为 Boltzman 常数，T 为绝对温度。

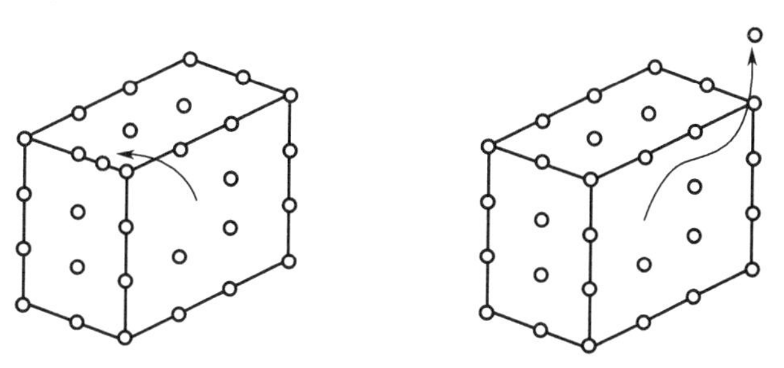

图 4-1　晶体中 Frenkey 裂缝和 Schottky 裂缝

Schottky 裂缝则是由离子从晶格点阵中跃出形成空穴造成的。裂缝数目表达式为

$$n=(N_0-N')^{\frac{1}{2}}\exp\left(-\frac{1}{2}\frac{W_S}{kT}\right) \tag{4-10}$$

式中，W_S 为离子跃出晶格点阵的内能。

在上述两种裂缝中，两种效应往往同时对材料的导电性发生影响，但以一种为主。如果外电场的势垒为 U_0，频率为 ν，则电导率为

$$\sigma=\left(\frac{Kn\nu e^2\alpha^2}{kT}\right)\exp\left(-\frac{1}{2}W_0-\frac{U_0}{kT}\right) \tag{4-11}$$

式中，K 为常数，n 为裂缝数，e 为离子所带的电荷，α 为电场势垒的宽度，W_0 为绝对温度为零时的内能。

电解质的电离是平衡反应，可用下式表示

$$\underset{(1-f)n_0}{AB} \rightleftharpoons \underset{fn_0}{A^+} + \underset{fn_0}{B^-}$$

n_0为电解质起始状态的数目，f 为解离程度。则平衡常数为

$$K=\frac{[A^+][B^-]}{[AB]}=\frac{f^2 n_0}{1-f} \tag{4-12}$$

当离解度很小时，$1-f \approx 1$，则

$$f=\left(\frac{K}{n_0}\right)^{\frac{1}{2}} \tag{4-13}$$

如果用 μ_+ 和 μ_- 分别表示正、负离子的迁移率，e 表示离子的电荷量，则从式(4-8)可知电导率为

$$\sigma=fn_0e(\mu_+ + \mu_-) \tag{4-14}$$

代入式(4-13)，则得

$$\sigma=(Kn_0)^{\frac{1}{2}}e(\mu_+ + \mu_-) \tag{4-15}$$

式(4-11)和式(4-15)分别表明了裂缝数和载流子迁移率对电导率的影响。同时，外电场强度、频率以及环境温度都对电导率发生影响。

2. 高分子电解质及其导电性

高分子电解质的导电性主要体现在高分子离子的对应反离子作为载流子而显示离子传导性。高分子电解质的种类很多，包括所有的阳离子聚合物(如各种聚季胺盐、聚锍盐、聚磷盐等)和所有的阴离子聚合物(如聚丙烯酸及其盐类、聚磺酸盐类、聚磷酸盐类等)。

聚乙烯醇、聚氧乙烯类非离子型聚合物有很大的亲水性，在一定湿度下也显示离子导电性。

在纯粹的高分子电解质固体中，由于离子的数目和迁移率都比较小，因此导电性一般不大，通常电导率为 $10^{-12} \sim 10^{-9}\ \Omega^{-1} \cdot cm^{-1}$。但环境湿度对高分子电解质的导电性影响很大。相对湿度越大，高分子电解质越易解离，载流子数目越多，电导率就越大。图 4-2 为不同的高分子电解质的表面电阻与相对湿度的关系。不难看出，随相对湿度的增加，材料导电性也随之增加，高分子电解质的这种电学特性，被用作电子照相、静电记录等纸张的静电处理剂，具有重要的工业意义。

由于高分子电解质的电导率不高，工业上主要用作纸张、纤维、塑料、橡胶、录音录像带、仪表壳体等的抗静电剂。例如在涤纶、丙纶中混入少量聚氧乙烯后(0.1%～1%)进行纺丝，可制得抗静电纤维。用这种纤维制成服装，对电磁波有良好的屏蔽作用，制成地毯，具有不易沾污的优点。在塑料中加入高分子电解质制成的抗静电塑料，抗静电剂不易迁移，耐久性好。

3. 聚环氧乙烷-碱金属盐的快离子导电

前面介绍的高分子电解质当处于纯粹的固体状态时，由于离子的数目和迁移率都比较小，因此导电性不高，从严格意义上尚不能称为导电高分子，使用价值也有限。

1973 年，英国科学家赖特(P. V. Wright)首先发现聚环氧乙烷(PEO)与某些碱金属盐，如 CsS，NaI，NaSCN 等能形成络合物，并具有离子导电性。这类高分子络合物的电导率远比一

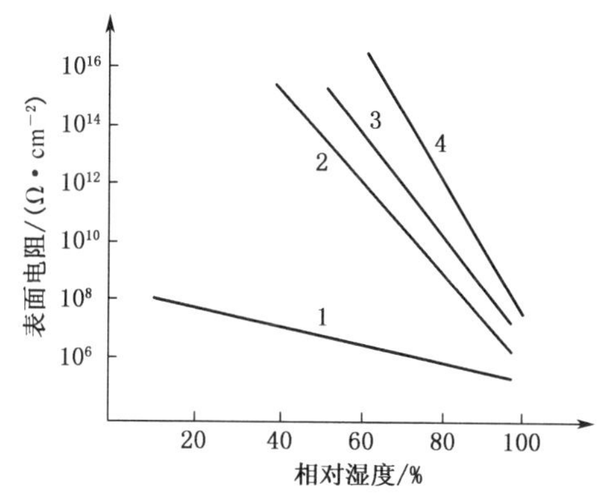

1—聚(氯化 N,N'-二甲基二丙烯基胺);2—聚丙烯酸钠;3—聚丙烯酸铵;4—聚丙烯酸

图 4-2　聚电解质表面电阻与相对湿度的关系

般的高分子电解质高($10^{-4}\sim10^{-5}\Omega^{-1}\cdot cm^{-1}$),表明其载流子数目较多,或者载流子迁移速度较快,因此被称为"快离子导体"、"超离子导体"或"高离子导体"。很早就已发现某些无机快离子导体,如碘化银、β-氧化铝在较低温度下具有异常高的离子电导率($1\Omega^{-1}\cdot cm^{-1}$)。因此,高分子快离子导体的发现,引起了人们极大的兴趣。

通常,饱和结构的聚合物的电导率在 $10^{-18}\Omega^{-1}\cdot cm^{-1}$左右,而聚环氧乙烷本身在真空中的电导率就达 $10^{-9}\Omega^{-1}\cdot cm^{-1}$。聚环氧乙烷具有很大的与无机盐形成络合物的倾向。例如将聚环氧乙烷拉伸膜置于溶有氯化汞的乙醚溶液中,能形成含有氯化汞的新结晶,并保持其原有的分子取向。聚环氧乙烷在 25℃时不溶于甲醇,但若甲醇中溶有像氯化钠之类的盐时,聚环氧乙烷就变得可溶,即在聚环氧乙烷与离子盐间形成了络合物。这种络合物在 100℃时电导率达到 $10^{-4}\Omega^{-1}\cdot cm^{-1}$。

研究表明,聚环氧乙烷-碱金属盐的导电性是温度、盐的类型、盐的浓度及聚合物的聚集状态的函数。

温度对聚环氧乙烷-碱金属盐导电性的影响,从总体上来说,随温度上升而电导率增加。一般地说,温度从 25℃上升到 100℃,电导率上升约 3 个数量级。从图 4-3 可见,不同的盐络合物的电导率温度依赖有一定差异。有些盐(如 NaI,NaSCN,CsSCN 等)的络合物的电导率温度关系表现为两段直线。而有些($LiClO_4$,$NaBF_4$,LiSCN 等)则表现为连续的曲线。前者是典型的 Arrhenius 型,后者常常认为是 WLF 型。

Arrhenius 型导体的电导率温度关系符合 Arrhenius 方程

$$\sigma=Ae^{-\frac{E}{RT}} \tag{4-14}$$

$\lg\sigma$ 与 $1/T$ 呈很好的线性关系。它们有两个斜率不同的区段,分别对应于活化能约 34kJ/mol 的高温区和约 140kJ/mol 的低温区。由于斜率发生变化都在 70℃左右,而未络合的聚环氧乙烷的熔点正好在此温度,因此比较可信的解释为,聚环氧乙烷中离子的迁移主要发生在聚合物的非晶区内,当有未络合的结晶态聚环氧乙烷存在时,它的熔融引起了导电的温度依赖性在 60℃附近发生突变。

WLF 型导体的电导率温度关系更符合于非晶相离子迁移机制。假如对导电有贡献的离子迁移取决于聚合物的非晶态区域的黏度,则这种温度依赖关系符合 WLF 方程:

$$\lg\alpha_T=\frac{C_1(T-T_0)}{C_2+(T-T_0)} \tag{4-15}$$

式中，α_T是在温度 T 与 T_0时的黏度比，C_1和 C_2是与玻璃化转变温度时的自由体积有关的常数。由式(4-15)可见，当电导率温度关系符合 WLF 方程时，$\lg\alpha_T$对 $1/T$ 关系不再是两段直线而成为连续曲线。

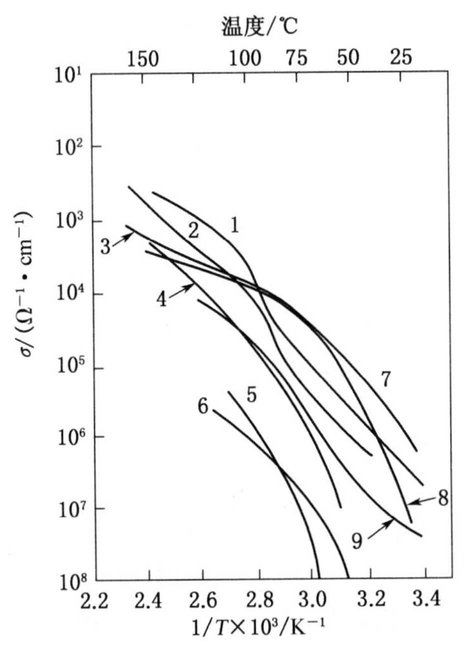

1—22%KSCN；2—13%$LiClO_4$；3—22%NaI；4—20%LiSCN；5—22%$NaBF_4$

6—20%$LiCF_3CO_2$；7—13%CsSCN；8—22%NaSCN；9—25%$LiBF_4$

图 4-3　PEO-盐络合物电导率与温度的关系

从图 4-3 可见，各种碱金属络合物的电导率数据都处于很窄的范围内。也就是说，离子的种类对电导率影响并不很大。这种特性使得研究络合物的形成和离子的运动变得较为方便。表 4-2 给出的数据也显示了基本相同的结果。

表 4-2　PEO-碱金属在 75℃的直流电导率

碱金属盐	碱金属盐/聚合物重复单元	$\sigma(\Omega^{-1}\cdot cm^{-1})$
LiClO	0.13	2.0×10^{-5}
$LiBF_4$	0.25	7.7×10^{-6}
Li	0.20	6.0×10^{-6}
$LiCFCO_2$	0.20	3.6×10^{-7}
NaI	0.22	7.4×10^{-5}
NaSCN	0.22	7.4×10^{-5}
Na BF_4	0.22	4.0×10^{-7}
KSCN	0.22	3.6×10^{-5}
CsSCN	0.13	7.0×10^{-5}

盐浓度对聚氧乙烯-碱金属盐络合物的电导率影响很大，往往仅加入很少量的盐(如约1%)，电导率就可提高几十数量级。理论上的推测和实验数据都表明，当聚合物结构中的氧对金属的摩尔比为 4∶1 时，电导率具有最大值。

聚环氧乙烷-碱金属盐络合物的导电机理至今尚不十分明了。在对诸如β-氧化铝和碘化银之类无机快离子导体的研究中，已经了解到离子是沿着晶体中特殊通道迁移的。由此提出假定认为，聚环氧乙烷络合物中，正离子由螺旋构型的聚醚所包围，沿着螺旋状空腔所提供的特殊通道迁移而产生正离子导电(图 4-4)。

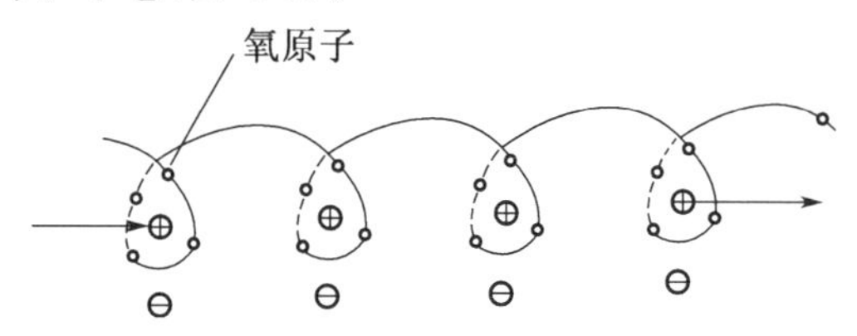

图 4-4 PEO-碱金属盐导电模型示意图

不少实验证实了这种螺旋特殊通道理论。但也有不少相反的事实，例如 Cs^+ 和 Rb^+ 离子似乎显得太大而不能进入 PEO 的螺旋状空腔内；PEO-KSCN 络合物的 X 射线结果表明 K^+ 是位于聚合物螺旋之外的。因此，要弄清这类聚合物的倒电机理还有大量工作要做。

目前，比较一致的结论是，在聚环氧乙烷-碱金属盐络合物的结晶相中，无论正离子还是负离子，均不会迁移，而在半结晶聚合物的非晶态相中，正离子和负离子都是可迁移的。

聚环氧乙烷-碱金属盐络合物的一个重要用途是作为固体电池的电解质隔膜，可反复充电。目前存在的缺点是室温电导率低(约为 $10^{-7}\Omega^{-1}\cdot cm^{-1}$)。据研究认为，这是由于聚环氧乙烷在室温下易结晶所引起的。为此，进行了大量降低聚环氧乙烷结晶度的工作，如采用共聚、交联、接枝、互穿网络等方法，以破坏聚合物的结晶性，都取得了一定的成绩，室温电导率已达到 $10^{-5}\Omega^{-1}\cdot cm^{-1}$的水平。目前这方面的工作仍在继续深入。

4.2.2 共轭聚合物的电子导电

1. 共轭体系的导电机理

共轭聚合物是指分子主链中碳-碳单键和双键交替排列的聚合物，典型代表是聚乙炔：

$$\left[\!-CH=CH-\right]_n$$

由于分子中双键的 π 电子的非定域性，这类聚合物大都表现出一定的导电性。

按量子力学的观点，具有本征导电性的共轭体系必须具备两条件：①分子轨道能强烈离域；②分子轨道能互相重叠。满足这两个条件的共轭体系聚合物，足能通过自身的载流子产生和输送电流。

聚合物的共轭结构导电机理可从石墨的结构得到启发。石墨是稠合苯环组成的平面网。苯环中碳—碳之间的 π 电子能够强烈离域，故由苯环稠合而成的平面网构成了一个无限大的 π 电子轨道体系。π 电子可以在整个网的 π 大体系中离域，因此，石墨在其平面上的电导率可达 $10^4\sim10^5\Omega^{-1}\cdot cm^{-1}$，达到导体的水平。石墨中相互平行堆砌起来的平面网之间的距离为 0.335nm，平面网之间 π 轨道可以重叠，于是在垂直于平面网的方向也构成一个导电通路。这个方向的电导率为 $10\sim10^2\Omega^{-1}\cdot cm^{-1}$，属半导体的范围。石墨沿平面网方向的电导率随温度的降低而增大，故属金属导电；垂直于平面网方向的层间电导率随温度上升而增加，属半导体导电。

在共轭聚合物中，π 电子数与分子构造密切有关。电子离域的难易程度，取决于共轭链中 π 电子数和电子活化能的关系。理论与实践都表明，共轭聚合物的分子链越长，π 电子数越多，则电子活化能越低，亦即电子越易离域，则其导电性越好。下面以聚乙炔为例进行讨论。

聚乙炔具有最简单的共轭双键结构。$(CH)_x$ 组成主链的碳原子有四个价电子，其中 3 个为 σ 电子（sp^2 杂化轨道），两个与相邻的碳原子连接一个与氢原子链合，余下的一个价电子 π 电子（p_z 轨道）与聚合物链所构成的平面相垂直（图 4-5）。随 π 电子体系的扩大，做现被电子占据的 π 成键态和空的 π^* 反键态。随分子链的增长，形成能带，其中 π 成键状态形成价带，而 π^* 反键状态则形成导带（图 4-6）。如果 π 电子在链上完全离域，并且相邻的碳原子间的链长相等，则 π—π^* 能带间的能隙（或称禁带）消失，形成与金属相同的半满能带而变为导体。

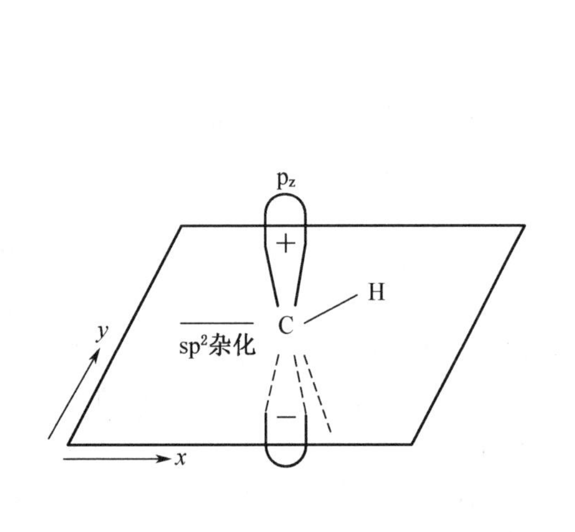

图 4-5　$(CH)_x$ 的价电子轨道

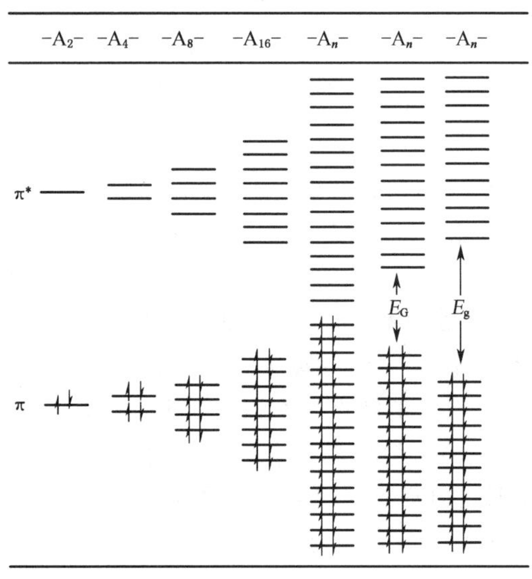

图 4-6　共轭体系 A_x 的长度 x 与成键—反键电子状态

从图中可见，要使材料导电，π 电子必须具有越过禁带宽度的能量 E_G，亦即电子从其最高占有轨道（基态）向最低空轨道（激发态）跃迁的能量 ΔE（电子活化能）必须大于 E_G。下面从一维自由电子模型来讨论 ΔE 与分子结构之间的关系。

在共轭体系中，π 电子间的键合比 σ 电子要弱，因此并非定域在某个键上而有延展于整个分子的倾向。由于 π 电子与 σ 电子之间的相互作用很小，故在讨论这类化合物的物理、化学性质时，常常只需单独把 π 电子抽出来，讨论它的电子状态就行了，就是所谓的“π 电子近似”概念。在以下的讨论中，始终贯穿这一概念。

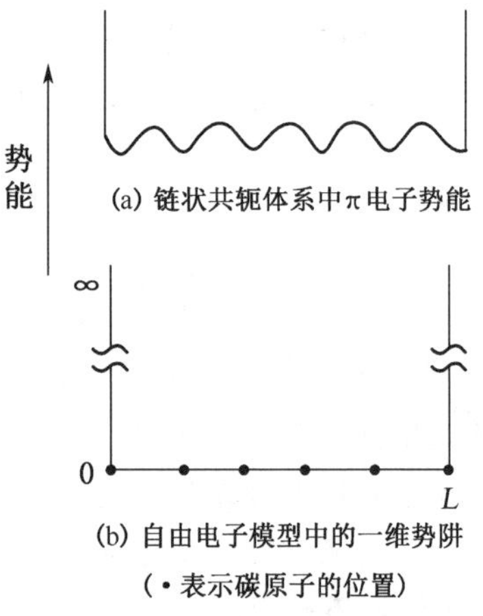

图 4-7　共轭体系中 π 电子势能和自由电子模型中的一维势阱示意图

自由电子模型把各个碳原子的 π 电子看成只能在一维共轭聚合物链上自由移动的自由电子。如图 4-7 所示，在实际的共轭体系中，π 电子的势能在碳原子核附近最低，而在两个原子中间最高，在分子链的两个末端变小，而在分子的外侧急剧增大。但在自由电子模型中，将 π 电子看成处于一维势阱中，在分子内势能 V 完全相等（取为 0），在分子外则为无穷大。在这种势场中，电子的薛定锷（Schrodinger）方程为

$$\frac{\mathrm{d}^2\varphi}{\mathrm{d}x^2}+\frac{8\pi^2 m}{h}[E-V(x)]\varphi=0 \tag{4-16}$$

如果当$-\infty<x<\infty$时,$V(x)=0$,则 φ 为任意正弦函数时都是此方程的一般解。满足 φ 在边界条件 $x=0$ 及 L 时为零的解则为

$$\varphi=\sqrt{\frac{2}{L}}\cdot\sin\frac{n\pi x}{L}\qquad(n=1,2,3,\cdots) \tag{4-17}$$

将式(4-17)代入式(4-16),则有

$$E_n=\frac{h^2 n^2}{8mL^2}\quad(n=1,2,3,\cdots) \tag{4-18}$$

式中,L 为势场长度,亦即分子的长度;x 为沿势场的距离;m 方电子的质量;h 为普朗克(Planck)常数。π 电子按 $n=1,2,3,\cdots$的顺序从较低的能级开始依次向每个能级填入两个电子。则从最高占有轨道($n=k$)向最低空轨道($n=k+1$)激发一个电子所需的能量为

$$\Delta E=\frac{h^2(k+1)^2}{8mL^2}-\frac{h^2k^2}{8mL^2}=\frac{h^2}{8mL^2}(2k+1) \tag{4-19}$$

L 的取法一般是在共轭体系的两端再加一个乙烯的链长。因此,当碳—碳键长为 d 时,反式聚乙炔的分子长度为(图 4-8)

$$L=(2k+1)d\cos30° \tag{4-20}$$

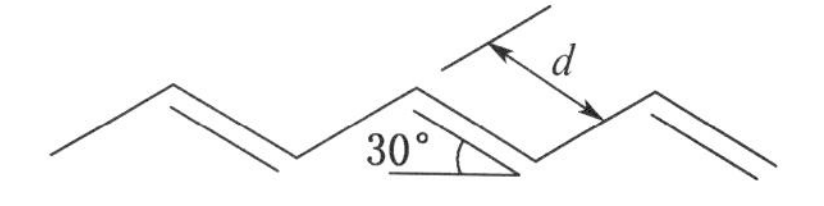

图 4-8　反式聚乙炔的分子链构型

代入式(4-19),得:

$$\Delta E=\frac{h^2}{9m(2k+1)d^2\cos^2 30°} \tag{4-21}$$

从式(4-19)和式(4-21)可见,随分子链的增长,ΔE 减小。这个结论与实验结果相符。分子链越长,π 电子数越多,则电导率越高。

埃利(Ele)和帕菲特(Parfitt)总结出线型共轭体系的电子活化能 ΔE 与 π 电子数 N 的关系为

$$\Delta E=19.08\,\frac{N+1}{N^2} \tag{4-22}$$

据报道,反式聚乙炔的禁带宽度(能隙)推测值为 1.35eV,若用式(4-22)推算,$N=16$,可见聚合度为 8 时即有自由电子电导。

除了分子链长度和 π 电子数影响外,共轭链的结构也影响聚合物的导电性。从结构上看,共轭链可分为“受阻共轭”和“无阻共轭”两类。前者导电性较低,后者则较高。

受阻共轭是指共轭链分子轨道上存在“缺陷”。当共轭链中存在庞大的侧基或强极性基团时,往往会引起共轭链的扭曲、折叠等,从而使 π 电子离域受到限制。π 电子离域受阻程度越大,则分子链的电子导电性就越差。如聚烷基乙炔和脱氯化氢聚氯乙烯,都属受阻共轭聚合物。

聚烷基乙炔 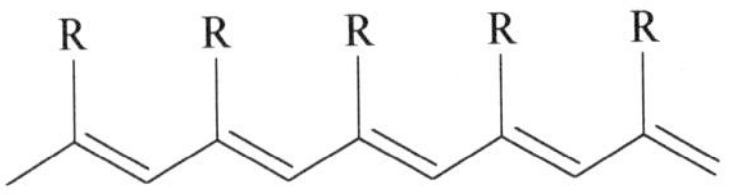 $\sigma=10^{-15}\sim10^{-10}\,\Omega^{-1}\cdot cm^{-1}$

脱氯化氢 PVC 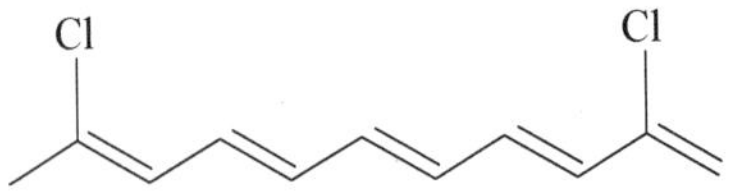 $\sigma=10^{-12}\sim10^{-9}\,\Omega^{-1}\cdot cm^{-1}$

无阻共轭是指共轭链分子轨道上不存在“缺陷”，整个共轭链的 π 电子离城不受响，因此，这类聚合物是较好的导电材料或半导体材料。如反式聚乙炔，聚苯撑、聚并苯、聚多省醌、热解聚丙烯腈等，都是无阻共轭链的例子。顺式聚乙炔分子链发生扭曲，π 电子离域受到一定阻碍，因此，其电导率低于反式聚乙炔。

聚乙炔 —CH═CH—CH═CH— 顺式：$\sigma=10^{-7}\,\Omega^{-1}\cdot cm^{-1}$ 反式：$\sigma=10^{-3}\,\Omega^{-1}\cdot cm^{-1}$

聚苯撑 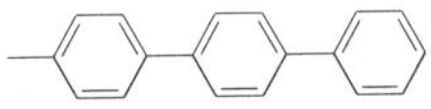 $\sigma=10^{-3}\,\Omega^{-1}\cdot cm^{-1}$

聚并苯 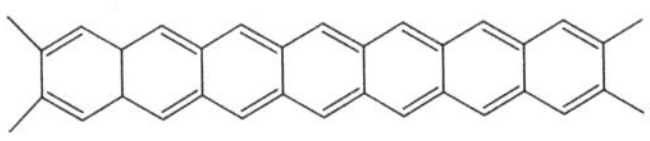 $\sigma=10^{-4}\,\Omega^{-1}\cdot cm^{-1}$

聚多省醌 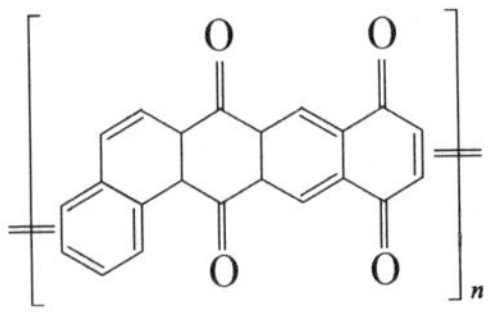 $\sigma=10^{-2}\,\Omega^{-1}\cdot cm^{-1}$

热解聚丙烯腈 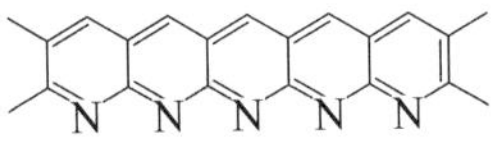 $\sigma=10^{-1}\,\Omega^{-1}\cdot cm^{-1}$

2. 共轭聚合物的掺杂及导电性

从前面的讨论可知，尽管共轭聚合物有较强的导电倾向，但电导率并不高。反式聚乙炔虽有较高的电导率，但精细的研究发现，这是由于电子受体型的聚合催化剂残留所致。如果完全不含杂质，聚乙炔的电导率也很小。然而共轭聚合物的能隙很小，电子亲和力很大，这表明它容易与适当的电子受体或电子给予体发生电荷转移。例如，在聚乙炔中添加碘或五氧化砷等电子受体，由于聚乙炔的 π 电子向受体转移，电导率可增至 $10^{4}\,\Omega^{-1}\cdot cm^{-1}$，达到金属导电的水平。另一方面，由于聚乙炔的电子亲和力很大，可以从作为电子给体的碱金属接受电子而使电导率上升。这种因添加电子受体或电子给予体提高电导率的方法称为“掺杂”。

共轭聚合物的掺杂与无机半导体掺杂不同，其掺杂浓度可以很高，最高可达每个链节 0.1 个掺杂剂分子。此外掺杂机理也不同。随掺杂量的增加，电导率可由半导体区增至金属区。掺杂的方法有化学法和物理法两大类，前者有气相掺杂、液相掺杂、电化学掺杂、光引发掺杂等，后者有离子注入法等。掺杂剂有很多类型，下面是一些主要品种。

1）电子受体

卤素：Cl_2，Br_2，I_2，ICl，ICl_3，IBr，IF_5。

路易氏酸：PF_5，As，SbF_5，BF_3，BCl_3，BBr_3，SO_3。

质子酸：HF，HCl，HNO_3，H_2SO_4，$HClO_4$，FSO_3H，$ClSO_3H$，$CFSO_3H$。

过渡金属卤化物：TaF_5，WFs，BiF_5，$TiCl_4$，$ZrCl_4$，$MoCl_5$，$FeCl_3$。

过渡金属化合物：$AgClO_3$，$AgBF_4$，H_2IrCl_6，$La(NO_3)_3$，$Ce(NO_3)_3$。

有机化合物;四氰基乙烯(TCNE),四氰代二次甲基苯醌(TCNQ),四氯对苯醌,二氯二氰代苯醌(DDQ)。

其他:O_2,$XeOF_4$,NO_2SbF_6,$(CH_3)_3OSbCl_6$。

2) 电子给体

碱金属:Li,Na,K,Rb,Cs。

电化学掺杂剂:R_4N^+,R_4P^+($R=CH_3$,C_6H_5等)。

如果用 P_x 表示共轭聚合物,P 表示共轭聚合物的基本结构单元(如聚乙炔分子链中的—CH=),A 和 D 分别表示电中受体和电子给予体,则掺杂可用下述电荷转移反应式来表示:

$$P_x + xyA \longrightarrow (P^{+y}A_y^-)_x$$

$$P_x + xyD \longrightarrow (P^{-y}D_y^+)_x$$

电子受体或电子给予体分别接受或给出一个电子变成负离子 A^- 或正离子 D^+,但共轭聚合物中每个链节(P)却仅有 y($y\leqslant 0.1$)个电子发生了迁移。这种部分电荷转移是共轭聚合物出现高导电性的极重要因素。从图 4-9 和图 4-10 可见,当聚乙炔中掺杂剂含量 y 从 0 增加到 0.01 时,电导率增加 7 个数量级,电导活化能则急剧下降。

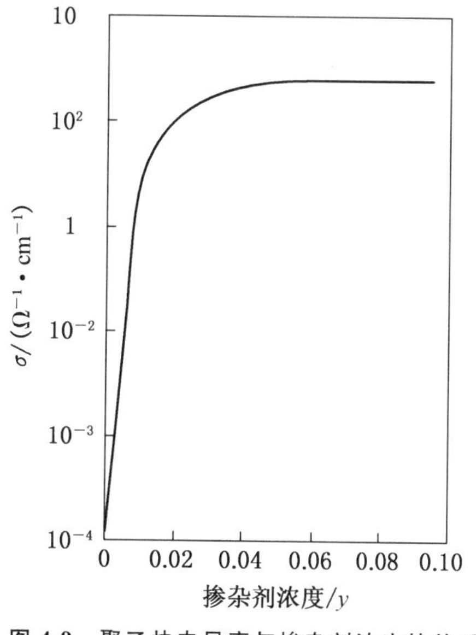

图 4-9 聚乙炔电导率与掺杂剂浓度的关系

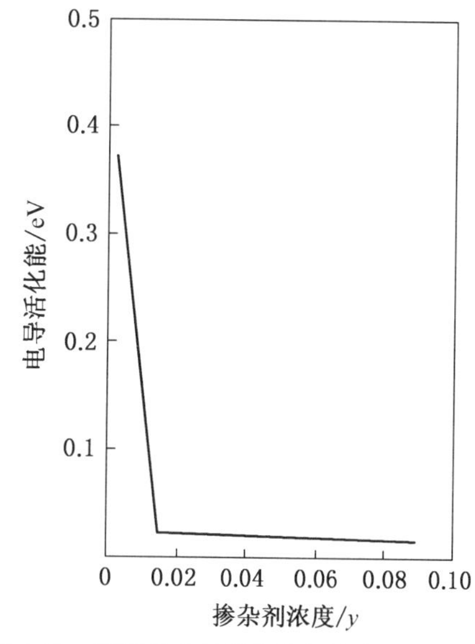

图 4-10 聚乙炔电导活化能与掺杂剂浓度的关系

能带模型可较直观地说明掺杂导致金属性的原因(图 4-11)。当用电子受体掺杂时(图 4-11(b)),受体从共轭聚合物的最高占有能级获得电中,随掺杂的进行在价带顶部出现没有电子的区域而导致金属性。同样,在电子给予体掺杂时(图 4-11(c)),从给体的导带向共轭聚合物的最低空轨道能级注入电子,因而随掺杂的进行形成未填满的能带,结果导致金属性。

从以上模型可以预料,只有能隙小、带宽大的共轭聚合物,才有可能具有较高的导电性。因为能隙小时,离子化电位低,电子亲和力大,容易进行掺杂。带宽大则有利于掺杂后电子的迁移。

掺杂剂的作用有时并不止于上述的电荷转移。对有些本来非共轭性的聚合物,经掺杂后可转变为导电材料,如用五氟化砷(AsF_5)对聚对苯硫醚进行掺杂,研究发现,当掺杂剂浓度较

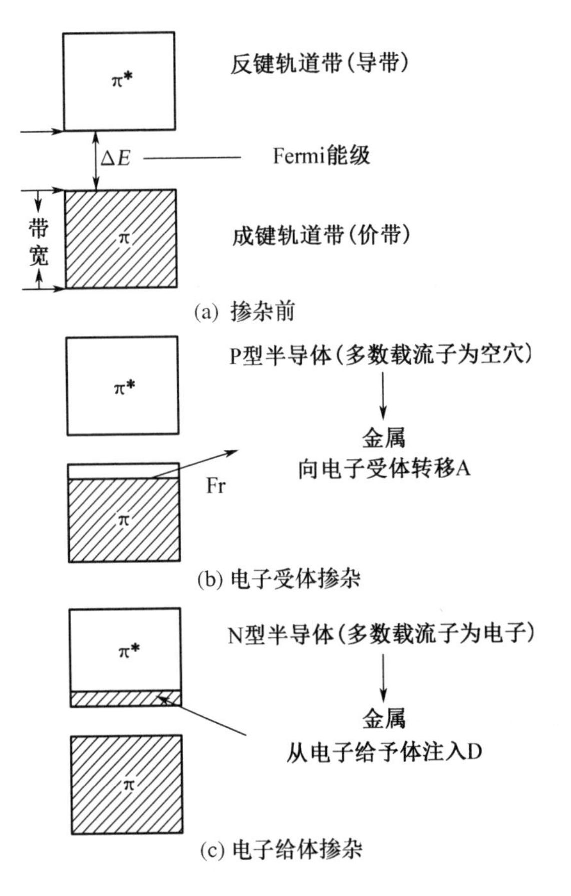

图 4-11　掺杂引起能带变化模式图

低时,可形成简单的电荷转移络合物,结构式如下:

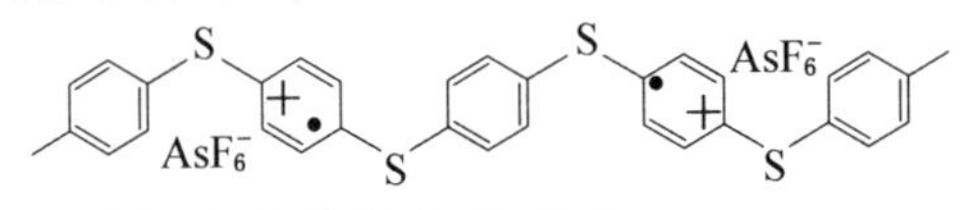

而当掺杂程度高,则形成共轭结构的聚苯并噻吩:

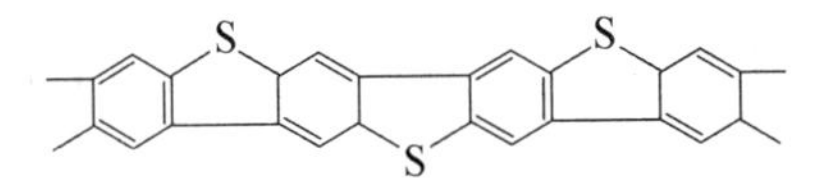

显然,这两种结构都是有利于导电的。

此外,用氯和溴等卤素对聚乙炔掺杂,在掺杂剂浓度较高时,除发生电荷转移反应外,还可能发生取代反应和亲电子加成等不可逆反应,对提高电导率不利。表 4-3 总结了对聚合物进行掺杂时可能发生的各种反应。

3. 典型的共轭聚合物

除前面经常提到的聚乙炔外,聚苯撑、聚并苯,聚吡咯、聚噻吩等都是典型的共轭聚合物。另外一些由饱和链聚合物经热解后得到的梯形结构的共轭聚合物,也是较好的导电高分子,如热解聚丙烯腈、热解聚乙烯醇等。下面介绍几种典型的共轭聚合物。

聚乙炔是一种研究得最为深入的共轭聚合物。它可由乙炔在以钛酸正丁酯-三乙基铝[$Ti(OC_4H_9)$-$AlEt_3$]为催化剂、甲苯为溶液的体系中催化聚合而成;当催化剂浓度较高时,可制得固体聚乙炔。而催化剂浓度较低时,可制得聚乙炔凝胶,这种凝胶可纺丝制成纤维。

表 4-3 共轭聚合物中掺杂剂引起的反应

反应类型		举例	特征
可逆	电子转移	$3AsF_5+2e \longrightarrow 2AsF_6^- + AsF_3$	电导率增加
不可逆	分子间交联		电导率增加，电导率增加
	分子内交联	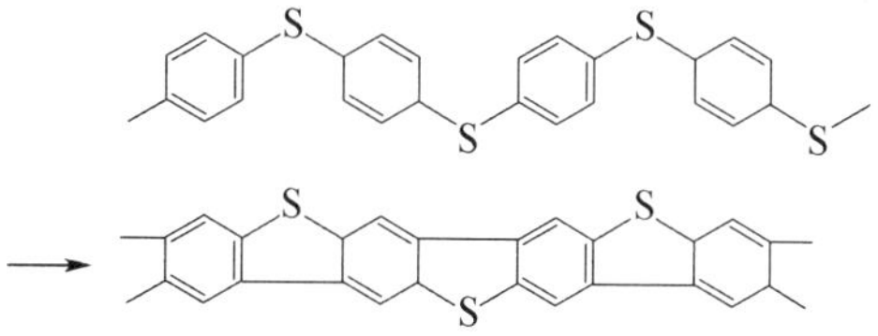	共轭作用增加，电导率增加
	亲电子加成	$—CH{=}CH— + X_2 \longrightarrow —CHX—CHX—$	共轭体系消失，电导率下降
	取代反应	$—CH{=}CH— + X_2 \longrightarrow —CH{=}CX—$	共轭受阻，电导率下降

聚乙炔为平面结构分子，有顺式和反式两种异构：

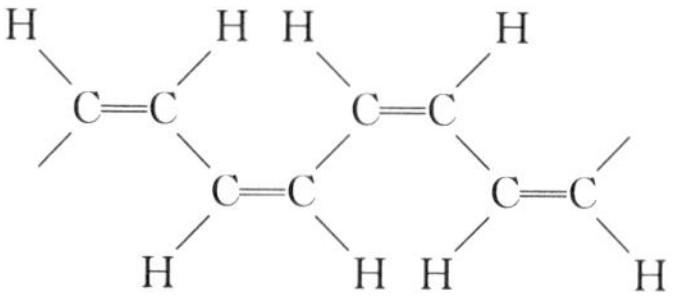

顺式聚乙炔 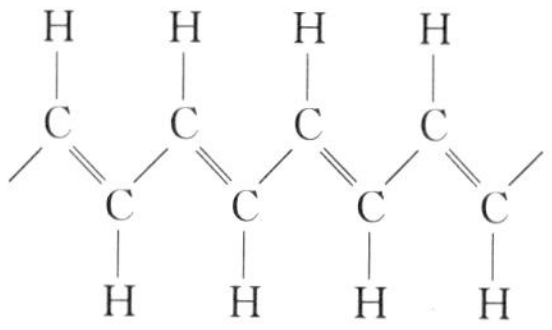　　　　反式聚乙炔

在 150℃左右加热或用化学、电化学方法能将顺式聚乙炔转化成热力学上更稳定的反式聚乙炔。

聚乙炔虽有较典型的共轭结构，但电导率并不高。反式聚乙炔的电导率为 $10^{-3}\Omega^{-1}\cdot cm^{-1}$，顺式聚乙炔的电导率仅 $10^{-7}\Omega^{-1}\cdot cm^{-1}$。但它们极易被掺杂。经掺杂的聚乙炔，电导率可大大提高。例如，顺式聚乙炔在碘蒸气或碘的惰性有机溶剂中进行 P 型掺杂（部分氧化），可生成 $(CHI_y)_x$（$y=0.2\sim0.3$），电导率可提高到 $10^2\sim10^4\Omega^{-1}\cdot cm^{-1}$，增加 9～11 个数量极。而掺杂了 0.28%(mol) AsF_5 的顺式聚乙炔，电导率可达 $5.6\times10^4\Omega^{-1}\cdot cm^{-1}$，可见掺杂效果之显著。表 4-4 是顺式聚乙炔经掺杂后的电导率。

表 4-4 掺杂的瞬式聚乙炔在室温下的电导率

掺杂剂	掺杂剂/—CH=（摩尔比）	$\sigma(\Omega^{-1}\cdot cm^{-1})$
I_2	0.25	3.60×10^4
AsF_5	0.28	5.60×10^4
$AgClO_4$	0.072	3.0×10^2
萘钠	0.56	8.0×10^3
$(N—Bu)_4NClO_4$	0.12	9.70×10^4

聚乙炔最常用的掺杂剂有五氟化砷（AsF_5）、六氟化锑（SbF_6），碘（I_2）、溴（Br_2），三氯化铁（$FeCl_3$），四氯化锡（$SnCl_4$）、高氯酸银（$AgClO_4$）等。掺杂量一般为 0.01%～2%（掺杂剂/

—CH=)。研究表明,聚乙炔的导电性随掺杂剂量的增加而上升,最后达到定值(图 4-12)。从图中可见,当掺杂剂用量达到 2%之后,电导率几乎不再随掺杂剂用量的增加而提高。

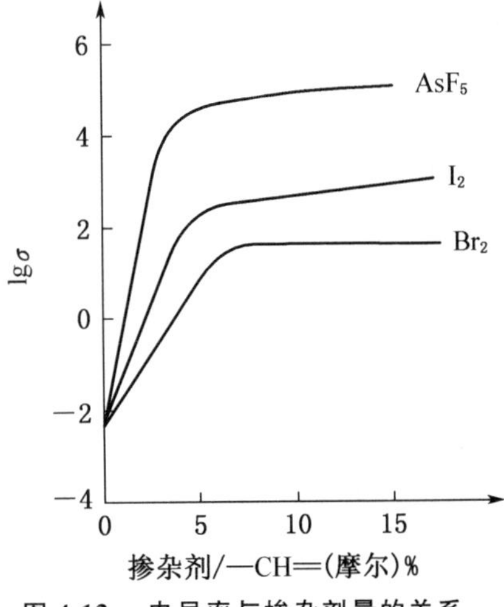

图 4-12 电导率与掺杂剂量的关系

若将掺杂后的聚乙炔暴露在空气中,其电导率随暴露时间的延长而明显下降。这是聚乙炔至今尚不能作为导电材料推广使用的主要原因之一。例如电导率为 10^4 $\Omega^{-1}\cdot cm^{-1}$的聚乙炔,在空气中存放一个月,电导率降至 $10^3\Omega^{-1}\cdot cm^{-1}$。但若在聚乙炔表面涂上一层聚对二甲苯,则电导率的降低程度可大大减缓。

聚乙炔是高度共轭的刚性聚合物,不溶不熔,加工十分困难,也是限制其应用的一个因素。可溶性导电聚乙炔的研究工作正在进行之中。

聚苯硫醚(PPS)是近年来发展较快的一种导电高分子,它的特殊性能引起人们的关注。

聚苯硫醚是由二氯苯在 N-甲基吡咯烷酮中与硫化钠反应制得的。

$$n\,\text{Cl—}\langle\text{C}_6\text{H}_4\rangle\text{—Cl} + n\text{Na}_2\text{S} \longrightarrow \text{[}\langle\text{C}_6\text{H}_4\rangle\text{—S]}_n + 2n\text{NaCl}$$

它是一种具有较高热稳定性和优良耐化学腐蚀性以及良好机械性能的热塑性材料,既可模塑,又可溶于溶剂,加工性能良好。纯净的聚苯硫醚是优良的绝缘体,电导率仅为 10^{-15}~$10^{-16}\Omega^{-1}\cdot cm^{-1}$。但经用 AsF_5 掺杂后,电导率可高达 $2\times10^2\Omega^{-1}\cdot cm^{-1}$。由元素分析及红外光谱结果确认,掺杂时分子链上相邻的两个苯环上的邻位碳—碳原子间发生了交联反应,形成了噻吩环。I_2,Br_2 等卤素没有足够的氧化能力来夺取聚苯硫醚中的电子,SO_3、萘钠等会使聚苯硫醚降解,因此都不能用作掺杂剂。

比聚苯硫醚空间位阻大的聚间苯硫醚(MPS),用五氟化砷掺杂的效果较差,只能得到电导率为 $10^{-1}\Omega^{-1}\cdot cm^{-1}$的半导体。

热解聚丙烯腈是一种本身具有较高导电性的材料,不经掺杂的电导率就达 $10^{-1}\Omega^{-1}\cdot cm^{-1}$。它是由聚丙烯腈在 400℃~600℃温度下热解环化、脱氢形成的梯形含氮芳香结构的产物。通常是先将聚丙烯腈加工成纤维或薄膜,再进行热解,因此其加工性可从聚丙烯获得。同时由于其具有较高的分子量,故导电性能较好。由聚丙烯腈热解制得的导电纤维,称为黑色奥纶(Black Orlon)。聚丙烯腈热解反应式如图 4-13 所示。

如果将上述产物进一步热裂解至氮完全消失,可得到电导率高达 $10\Omega^{-1}\cdot cm^{-1}$的高抗张碳纤维。

将溴代基团引入聚丙烯腈,可制得易于热裂解环化的共聚丙烯腈。这种溴代基团在热裂解时起催化作用,加速聚丙烯腈的环化,提高热裂解产物的得率。

聚乙烯醇、聚酰亚胺经热裂解后都可得到类似的导电高分子。

石墨是一种导电性能良好的大共轭体系。受石墨结构的启发,美国贝尔实验室的卡普朗(M. L. Kaplan)等人和日本的村上睦明等人分别用了 3,4,9,10-二萘嵌苯四酸二酐(PTCDA)进行高温聚合,制得了有类似石墨结构的聚萘,具有优良的导电性。聚萘的合成过程如图4-14所示。

聚萘的导电性与反应温度有关。反应温度越高,石墨化程度也越高,导电性就越大,见表 4-5。

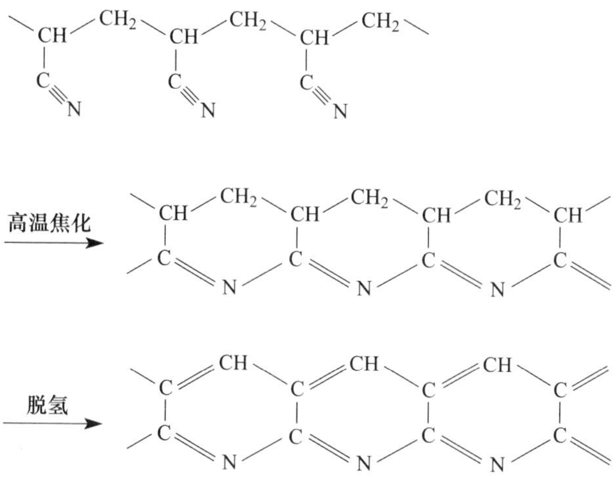

高温焦化

脱氢

图 4-13 聚丙烯腈热解反应

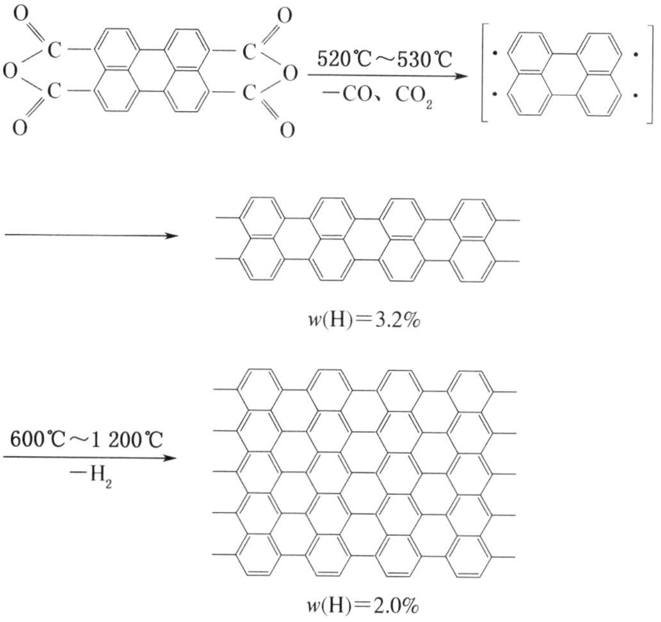

520℃～530℃

$-CO、CO_2$

$w(H)=3.2\%$

600℃～1 200℃

$-H_2$

$w(H)=2.0\%$

图 4-14 聚萘的合成

表 4-5 反应温度对聚萘导电性的影响

反应温度/℃	$\sigma/\Omega^{-1}\cdot cm^{-1}$
530	2×10^{-1}
600	10
800	2×10^{2}
1000	5.7×10^{2}
1200	1.1×10^{3}

聚萘的贮存稳定性良好，在室温下存放 4 个月，其电导率不变。聚萘的电导率对环境温度

的依赖性很小，显示了金属导电性的特征。

人们预计，随着研究的深入，聚萘有可能用作导电羰纤维、导磁屏蔽材料、高能电池的电极材料和复合型导电高分子的填充料。

4.2.3 电荷转移型聚合物的导电

1. 低分子电荷转移络合物及自由基离子盐的导电性

电荷转移络合物是由容易给出电子的电子给予体(D)和容易接受电子的电子接受体(A)之间形成的复合体(简称CT)。D和A原来都是中性的，形成络合物后，部分电子从D向A移动，而各自成为具有不成对电子并带有正电荷或负电荷的自由基离子。有些分子由于与之络合的对象不同可以有时为给予体，有时为接受体。电荷转移量也不一定是电子电荷的整数倍，而且在大多数情况下小于1。也就是说，多数情况下，形成部分电荷转移的络合物$D^{\delta+}A^{\delta-}$。

D与A大都是平面结构分子，在晶体中能形成分子面相互重叠的层积结构(柱结构)。与分子平面垂直的π电子云从分子上下两个方向相互沿柱的堆砌方向交叠，因此，一维分子柱的方向即是高电导的方向。

D与A形成络合物的过程可表示如下

$$\underset{(\mathrm{I})}{D+A} \longleftrightarrow \underset{(\mathrm{II})}{D^{\delta+}\cdots A^{\delta-}} \longleftrightarrow \underset{(\mathrm{III})}{D^{+}\cdots A^{-}}$$

当电子不完全转移时，形成络合物(Ⅱ)，而完全转移时，则形成离子化合物(Ⅲ)。在中间状态(Ⅱ)时，D—A键长的动态变化(Jahn-Teller效应)促使$A^{\delta-}$上的不成对电子在A分子间跳跃迁移，因而对电导率作出贡献。而在状态(Ⅲ)，电子完全转移后变得更稳定，对电导的贡献反而降低。

低分子电荷转移络合物的导电性已被广泛研究。最有代表性的低分子电子接受体为四氰代二次甲基苯醌(TCNQ)，电子给予体则是四硫富瓦烯(TTF)。表4-6列出了典型的低分子电子给予体和电子接受体。表4-7则是典型的电荷转移络合物单晶的电导率数据。

2. 电荷转移型聚合物及其导电性

上一节讨论了低分子电荷转移络合物的导电性。如果将这些低分子电荷转移络合物引入高分子链，就得到电荷转移型聚合物。电荷转移型聚合物既保留了低分子电荷转移络合物的导电性，又具有良好的加工性，因此，多年来一直受到人们的关注。

从理论上分析，电荷转移型聚合物可有4种形式：①高分子给予体/低分中接受体；②低分子给予体/高分子接受体；③高分子给予体/高分中接受体；④给予体/接受体共聚物。目前较为成功的是高分子给予体/低分子接受体络合物。本节主要介绍这一类电荷转移型聚合物。根据主链结构的不同，这类导电高分子又可分为两类：一类是主链或侧链含有π电中体系的给予体型聚合物与低分子电子接受体所组成的非离子型或离子型电荷转移络合物(简称π体系聚合物)；另一类是主链或侧链含有自由基阳离中或阳离子的聚合物与低分子电子受体所组成的电荷转移络合物(简称自由基离子盐聚合物)。下面分别介绍这两类导电聚合物。

1) π体系聚合物

在已经报道的电荷转移型聚合物中，绝大部分属于此类。这类π体系聚合物几乎没有主链型，通常是带有芳香性侧基的聚烯烃(表4-8)。电子受体通常为具有平面结构的含氰基化合物和含硝基化合物等。从表4-9中可见，这类聚合物的电导率不高，一般都低于$10^{-4}\ \Omega^{-1}\cdot cm^{-1}$，

表 4-6　　典纪的电子给予体和电子接受体

类型	名称	代号	结构
电子给予体	四硫富瓦烯	TTF	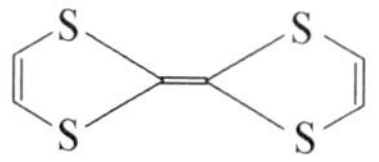
	四硒富瓦烯	TSF	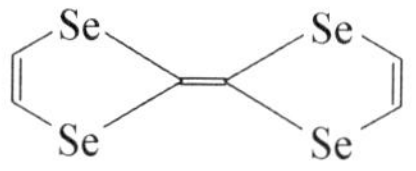
	四甲基四硫富瓦烯	TMTTF	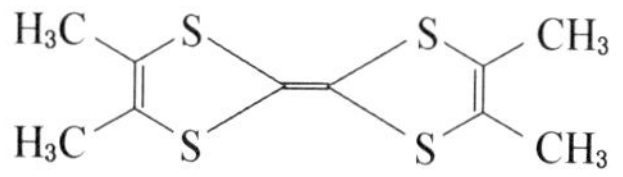
	四甲基四硒富瓦烯	TMTSF	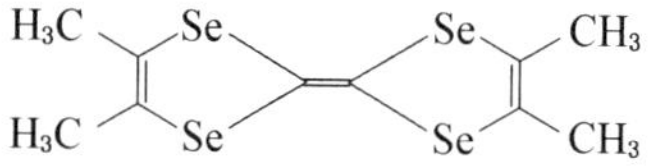
	六次甲基四硫富瓦烯	HMTTF	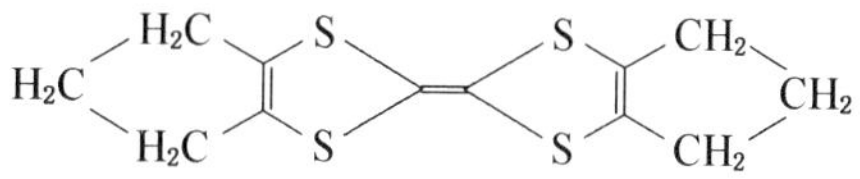
	六次甲基四硒富瓦烯	HMTSF	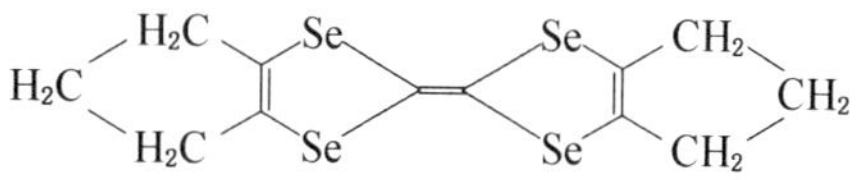
	四硫丁省	TTT	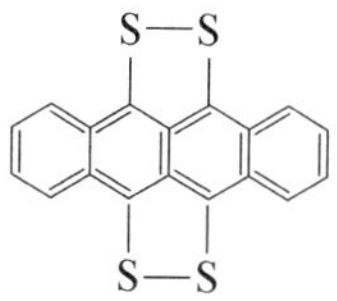
	喹啉	Q	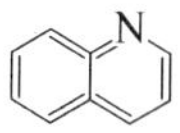
	N-甲基酚噻嗪	NMP	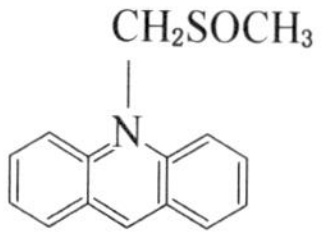
电子接受体	7,7,8,8-四氰二次甲基苯醌	TCNQ	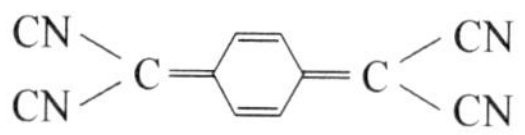
	11，11，12，12-四氰二次甲基萘醌	TNAP	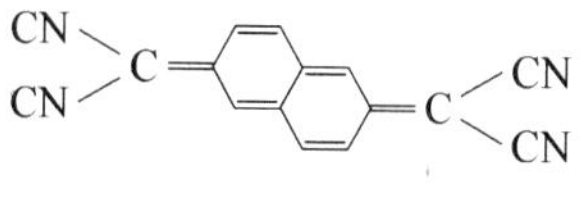
	碘 溴 六氟磷酸根 高氯酸根		I_2 Br_2 PF_6^- ClO_4^-

表 4-7　典型电荷转移络合物电导率

电荷转移络合物	室温电导率 /($\Omega^{-1}\cdot cm^{-1}$)	电导峰值 /($\Omega^{-1}\cdot cm^{-1}$)	峰值温度 /K
TTF-TCNQ	4×10^{2}	4×10^{3}	58
TTF-TNAP	4×10	7×10	185
TMTTF-TCNQ	3.5×10^{2}	5×10^{3}	60
TTF-$(TCNQ)_2$	1.6×10^{2}	3.3×10	90
NMP-TCNQ	1.7×10^{2}	1.8×10^{2}	227
TSF-TCNQ	8.0×10^{2}	10^{4}	40
TMTSF-TCNQ	1.2×10^{3}	8.0×10^{3}	65
$(TMTSF)_2$-PF_6	5×10^{2}	2.5×10^{4}	19
$(TMTSF)_2$-AsF_6	4.5×10^{2}	7.7×10^{3}	15
$(TMTSF)_2$-NO_3	8.5×10^{2}	3.3×10^{5}	12

表 4-8　π体系电荷转移型聚合物的电导率

聚合物	电子受体	受体分子/聚合物结构单元	电导率 /($\Omega^{-1}\cdot cm^{-1}$)
聚苯乙烯	$AgClO_4$	0.89	2.3×10^{-9}
聚二甲氨基苯乙烯	氯对苯醌(P-CA)	0.28	10^{-10}
聚三甲基苯乙烯	四氰基乙烯(TCNE)	1.0	5.6×10^{-14}
聚萘乙烯	四氰基乙烯(TCNE)	1.0	3.2×10^{-15}
	二氯二氰基对苯醌(DDQ)	0.25	1.1×10^{-13}
聚蒽乙烯	1,3,5-三氰基苯(TCNB)	—	8.3×10^{-4}
聚芘乙烯	TCNQ	0.13	9.1×10^{-15}
聚乙烯基咔唑	TCNQ	0.03	8.3×10^{-13}
聚乙烯基吡啶	四氰基乙烯(TCNE)	0.5	10^{-5}
聚 N-[4-(4-甲硫基苯氧基)丁酰基亚乙基亚胺]	TCNQ	—	1.4×10^{-8}
	2,4,7-三硝基芴酮(TNF)	—	10^{-11}
聚 N-[4-(10-甲基-3-酚噻嗪基)丁酰基亚乙基亚胺]	TCNQ	—	10^{-9}
聚二苯胺	四氰基乙烯(TCNE)	0.33	1.2×10^{-6}
聚乙烯咪唑	TCNQ	0.26	10^{-6}

而且比相应的低分子络合物的导电性差。例如由聚乙烯-2-吩嗪与二氯二氰基苯醌(DDQ)组成的络合物的电导率为 $4\times10^{-9}\Omega^{-1}\cdot cm^{-1}$,而由相应的单体所组成的络合物,电导率为 $10^{-4}\Omega^{-1}\cdot cm^{-1}$:

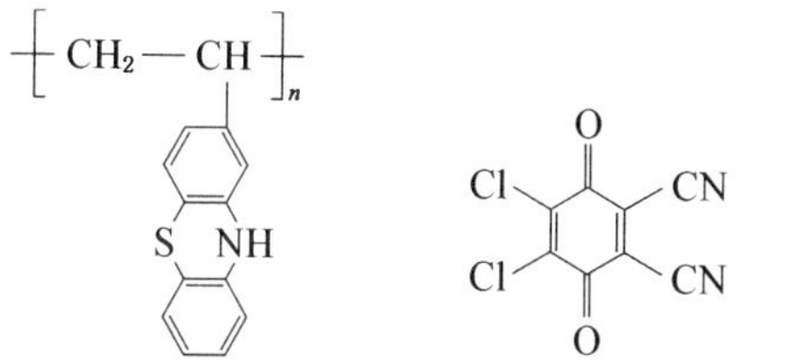

这可能是由于π体系聚合物中电子给予体取代基的间距较小，不利于络合物的形成，或电子给予体取代基与电子接受体形成交替分子柱，不利于载流子的迁移所造成的。

由于TTF-TCNQ低分子电荷转移型络合物具有较高的电导率，研制了一系列含有TCNQ和TTF结构的聚合物。例如，图4-15中的聚合物。

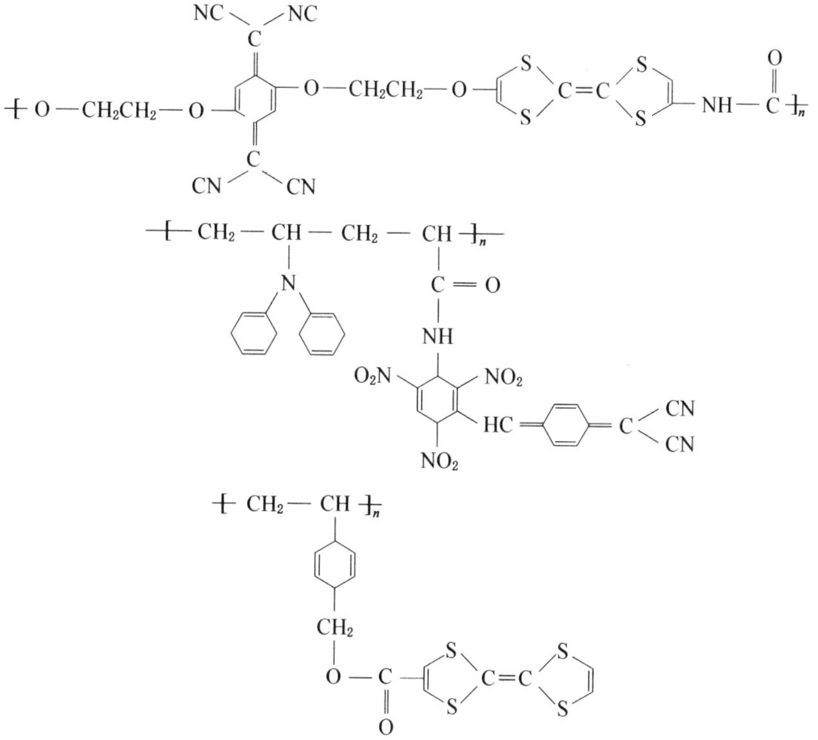

图4-15 含有TCNQ和TTF的结构的聚合物

遗憾的是，这些主链或侧链上含有TCNQ和TTF结构的聚合物并未出现预期的高导电性，它们的电导率一般在$10^{-6}\sim10^{-7}\Omega^{-1}\cdot cm^{-1}$。这可能是由于在聚合物中未能形成低分子电荷转移络合物中所具有的完整堆砌结构之故。

2）自由基离子盐聚合物

这是电荷转移型聚合物中具有较好导电性的一类。与低分子自由基离子盐一样，这类聚合物可分为两种类型。一种是电子给予体聚合物与I_2，Br_2等卤素或路易氏(Lewis)酸等低分子电子接受体之间发生电荷转移而形成自由基正离子盐聚合物，结构如下：

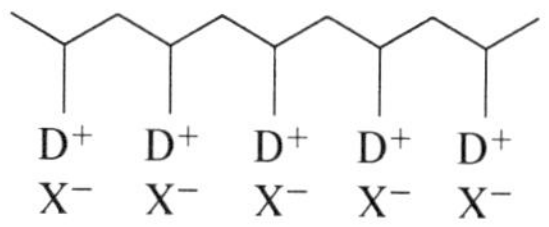

D^+ D^+ D^+ D^+ D^+
X^- X^- X^- X^- X^-

第二种是阳离子型聚合物与TCNQ等低分子电子接受体的自由基负离子所形成的自由基负离子盐聚合物。其中阳离子聚合物可为任何主链型聚季胺盐和侧基型聚季胺盐，结构如下：

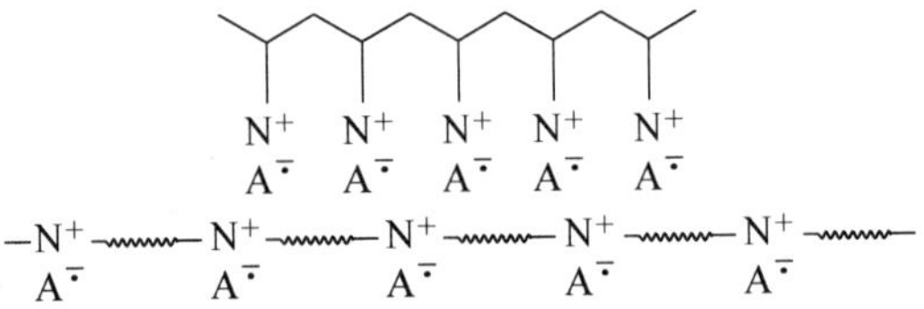

$$-N^{+}\sim N^{+}\sim N^{+}\sim N^{+}\sim N^{+}\sim$$
（侧链：$N^{+}A^{-}$；主链：$N^{+}A^{-}$）

(1) 自由基正离子盐聚合物。

将表 4-8 所示的聚合物与 I_2，Br_2 等卤素或路易氏酸等体积较小的电子接受体组成络合物，大都有较好的导电性，见表 4-9。

表 4-9　自由基正离子盐聚合物的电导率

聚合物	电子受体	受体分子/聚合物结构单元	电导率 $/(\Omega^{-1}\cdot cm^{-1})$
聚蒽乙烯	Br_2	0.71	1.4×10^{-13}
	I_2	0.59	4.8×10^{-7}
聚芘乙烯	I_2	0.19	7.7×10^{-9}
聚乙烯基咔唑	I_2	1.3	10^{-5}
聚乙烯基吡啶	I_2	0.6	10^{-4}
聚二苯胺	I_2	1.5	10^{-4}

含有 TTF 结构的聚合物也容易与卤素形成络合物，电导率也较高。与许多低分子电荷转移络合物所发生的反应一样，这是由于从中性的电子给予体聚合物分子向卤素发生电子转移，形成了由正离子聚合物与卤素负离子组成的正离子盐型聚合物，方程式如图 4-16 所示。

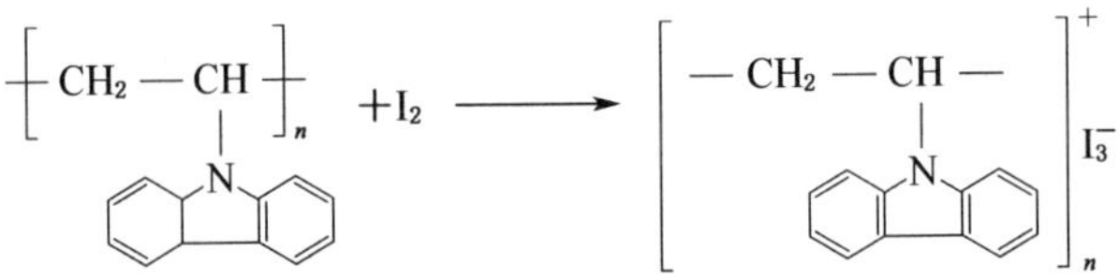

$$\left[CH_2-CH\right]_n + I_2 \longrightarrow \left[-CH_2-CH-\right]_n^{+} I_3^{-}$$

图 4-16　含有 TTF 结构的聚合物与卤素络合

从上述反应式可以看出，正离子盐聚合物的形成与用卤素或路易氏酸掺杂聚乙炔等全共轭体系聚合物是极为相似的。

此外，主链型的聚苯胺自由基正离子盐以及电子给予体和电子接受体同在侧链上的翠绿亚胺接枝聚对氨基苯乙烯，都显示了较高的导电性。

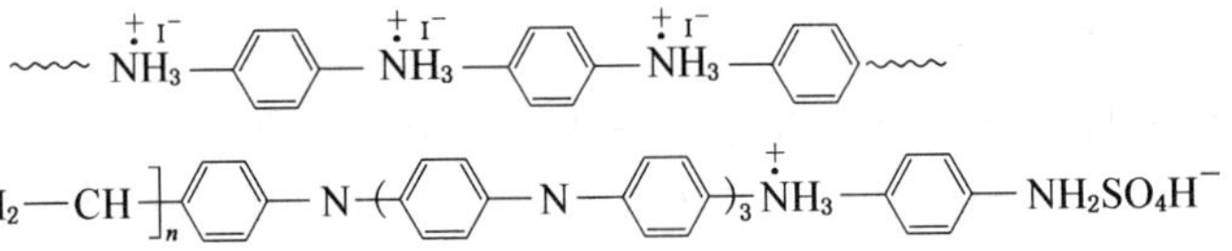

$$\sim\sim \overset{+}{N}H_3(I^-)-C_6H_4-\overset{+}{N}H_3(I^-)-C_6H_4-\overset{+}{N}H_3(I^-)-C_6H_4\sim\sim$$

$$\left[CH_2-CH\right]_n-C_6H_4-N-(C_6H_4-N-C_6H_4)_3-\overset{+}{N}H_3-C_6H_4-NH_2SO_4H^-$$

$\sigma=5\times10^{-2}\Omega^{-1}\cdot cm^{-1}$

(2) 自由基负离子盐聚合物。

由主链型聚季胺盐或侧基型聚季胺盐与 TCNQ 自由基负离子（$TCNQ^{+}$）组成的自由基负离子盐聚合物，是迄今为止最重要的电荷转移型导电聚合物。它们通常是用芳香族或脂肪族聚季胺盐与 $Li^{+}TCNQ^{-}$ 进行交换反应制备的。所得的自由基负离子盐不含中性 TCNQ 时称为单盐，含中性 TCNQ 时称为复盐。它们都具有较高的电导率。例如：

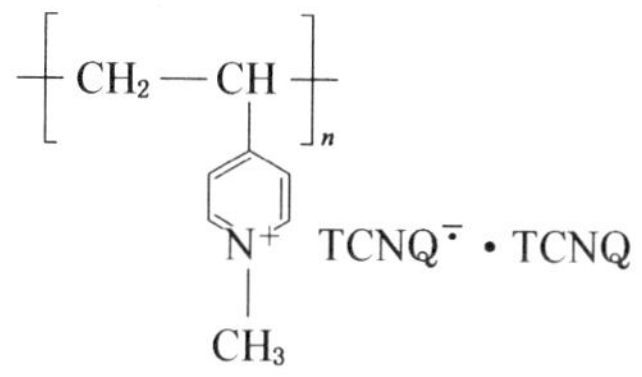

$$\left[CH_2 - CH \right]_n \quad (\text{4-位吡啶环}, N^+ - CH_3) \quad TCNQ^{\bar{\cdot}} \cdot TCNQ$$

$\sigma = 10^{-2}\ \Omega^{-1} \cdot cm^{-1}$

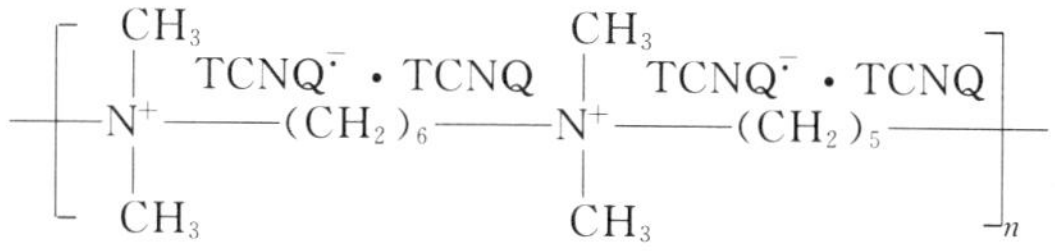

$$\left[-N^+(CH_3)_2 - (CH_2)_6 - N^+(CH_3)_2 - (CH_2)_5 - \right]_n \quad TCNQ^{\bar{\cdot}} \cdot TCNQ \quad TCNQ^{\bar{\cdot}} \cdot TCNQ$$

$\sigma = 10^{-3}\ \Omega^{-1} \cdot cm^{-1}$

自由基负离子单盐的电导率与 $TCNQ^{\bar{\cdot}}$ 的含量有关。一般来说，$TCNQ^{\bar{\cdot}}$ 的含量越高，聚合物的电导率越大。例如：

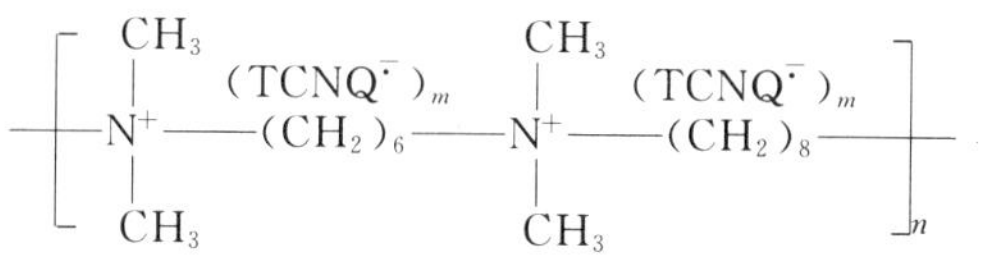

$$\left[-N^+(CH_3)_2 - (CH_2)_6 - N^+(CH_3)_2 - (CH_2)_8 - \right]_n \quad (TCNQ^{\bar{\cdot}})_m \quad (TCNQ^{\bar{\cdot}})_m$$

$m = 2 \quad \sigma = 3 \times 10^{-7}\ \Omega^{-1} \cdot cm^{-1}$

$m = 3 \quad \sigma = 5 \times 10^{-3}\ \Omega^{-1} \cdot cm^{-1}$

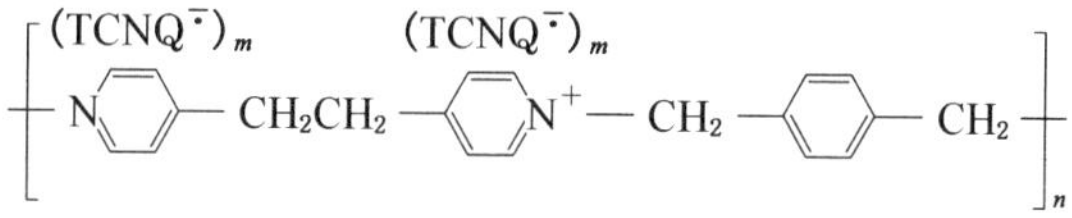

$$\left[-N\langle\text{吡啶}\rangle - CH_2CH_2 - \langle\text{吡啶}\rangle N^+ - CH_2 - \langle\text{苯}\rangle - CH_2 - \right]_n \quad (TCNQ^{\bar{\cdot}})_m \quad (TCNQ^{\bar{\cdot}})_m$$

$m = 2 \quad \sigma = 6 \times 10^{-6}\ \Omega^{-1} \cdot cm^{-1}$

$m = 3 \quad \sigma = 2 \times 10^{-2}\ \Omega^{-1} \cdot cm^{-1}$

自由基负离子复盐的电导率对聚合物种类和 $TCNQ^{\bar{\cdot}}$ 含量的依赖性较小，主要取决于 TCNQ 与 $^{\bar{\cdot}}$TCNQ 的比例。例如：

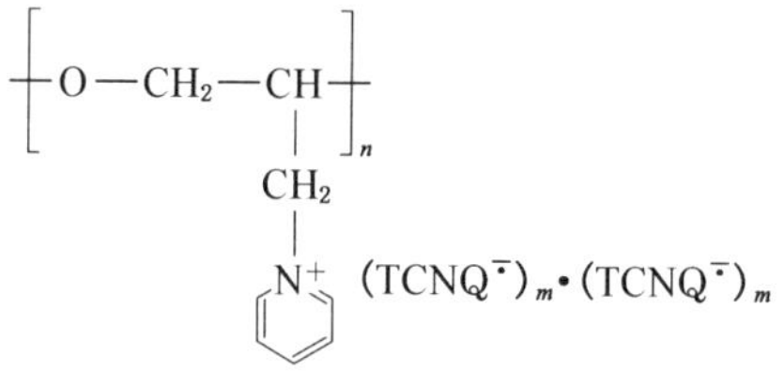

$$\left[O - CH_2 - CH \right]_n \quad (CH - CH_2 - N^+\langle\text{吡啶}\rangle) \quad (TCNQ^{\bar{\cdot}})_m \cdot (TCNQ^{\bar{\cdot}})_m$$

$TCNQ^{\bar{\cdot}}$/TCNQ	$\sigma(\Omega^{-1} \cdot cm^{-1})$
0	6.7×10^{-9}
0.1	1.3×10^{-6}
1/3	3×10^{-4}
1/2	1×10^{-3}
1	1.1×10^{-2}

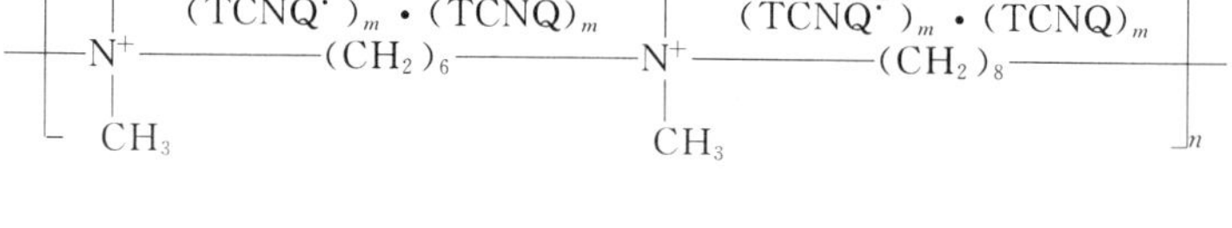

$$\left[-N^+(CH_3)_2 - (CH_2)_6 - N^+(CH_3)_2 - (CH_2)_8 - \right]_n \quad (TCNQ^{\bar{\cdot}})_m \cdot (TCNQ)_m \quad (TCNQ^{\bar{\cdot}})_m \cdot (TCNQ)_m$$

$TCNQ^{\overline{\cdot}}$/TCNQ	$\sigma(\Omega^{-1}\cdot cm^{-1})$
0	8.4×10^{-9}
0.1	1.6×10^{-6}
1/3	1×10^{-4}
1/2	1.3×10^{-3}
1	0.9×10^{-2}

自由基负离子盐聚合物的结构为重叠层式结构，其中的 TCNQ 与 $TCNQ^{\overline{\cdot}}$ 硬而脆，但由于聚合物分子的柔软性，使它比共轭体系导电高分子有更好的成型加工性能。这类聚合物的缺点是在空气中长期存放后，电导率会逐渐下降，这是由于空气中的氧和水分促进 TCNQ 被氧化之故。

4.2.4　金属有机聚合物的导电

金属有机聚合物的导电性很早就受到人们的注意和研究，现已成为很有特色的一大类导电高分子。根据它们的结构形式和导电机理，可分为 3 种类型，下面分别介绍。

1. 主链型高分子金属络合物

由含共轭体系的高分子配位体与金属构成的主链型络合物，是金属有机聚合物中导电性较好的一类。它们是通过金属自由电子的传导性导致高分中链本身导电的，因此是一种真正意义上的导电高分子。以下是几个较为典型的例子。

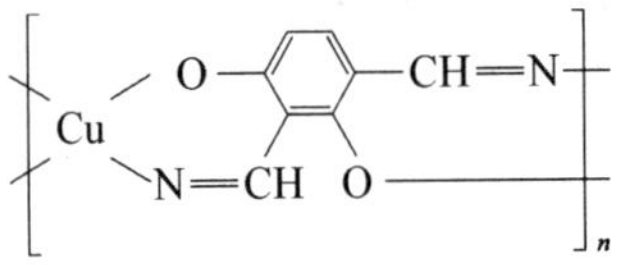

$\sigma=10^{-5}\Omega^{-1}\cdot cm^{-1}$

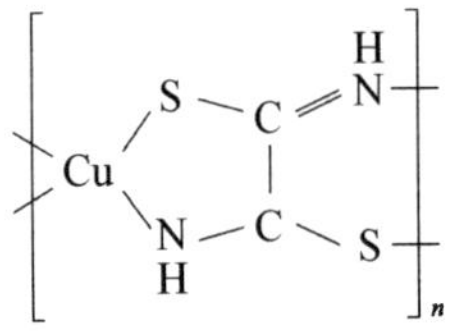

$\sigma=4\times10^{-6}\Omega^{-1}\cdot cm^{-1}$

它们的导电性往往与金属种类有较大关系。例如：

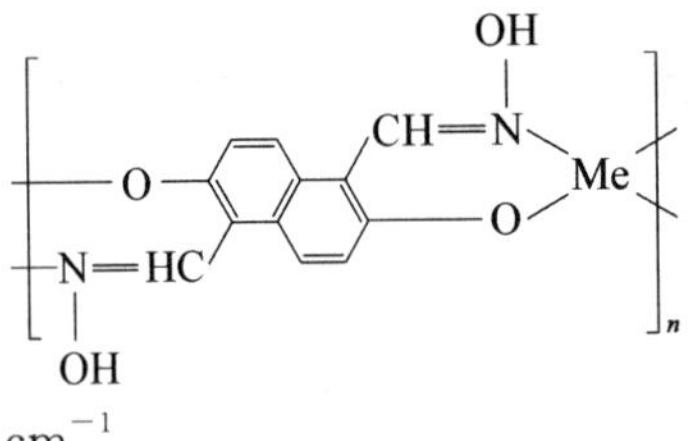

Me=Cu，$\sigma=4\times10^{-5}\Omega^{-1}\cdot cm^{-1}$

Me=Ni，$\sigma=4\times10^{-5}\Omega^{-1}\cdot cm^{-1}$

Me=Pd，$\sigma=4\times10^{-6}\Omega^{-1}\cdot cm^{-1}$

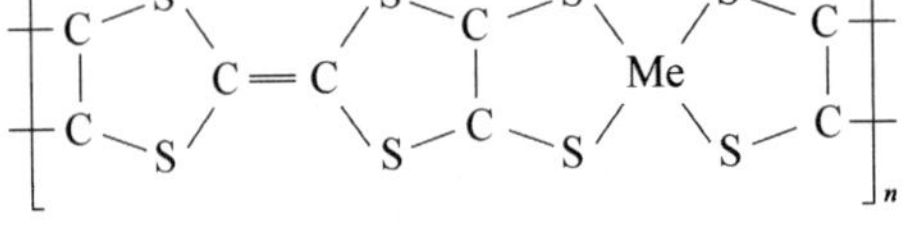

Me=Cu，$\sigma=1\times10^{-1}\Omega^{-1}\cdot cm^{-1}$

Me=Ni，$\sigma=3\times10^{-1}\Omega^{-1}\cdot cm^{-1}$

Me=Pd，$\sigma=9\times10^{-2}\Omega^{-1}\cdot cm^{-1}$

Me=Fe，$\sigma=1\times10^{-5}\Omega^{-1}\cdot cm^{-1}$

主链型高分子金属络合物都是梯形结构，其分子链十分僵硬，因此，成型加工十分困难。这是近年来这类导电高分子发展比较缓慢的主要原因。

2. 二茂铁型金属有机聚合物

二茂铁是环戊二烯与亚铁的络合物，结构如图 4-17 所示。将二茂铁以各种形式引入各种聚合物链中，就得到一系列的二茂铁型金属有机聚合物。

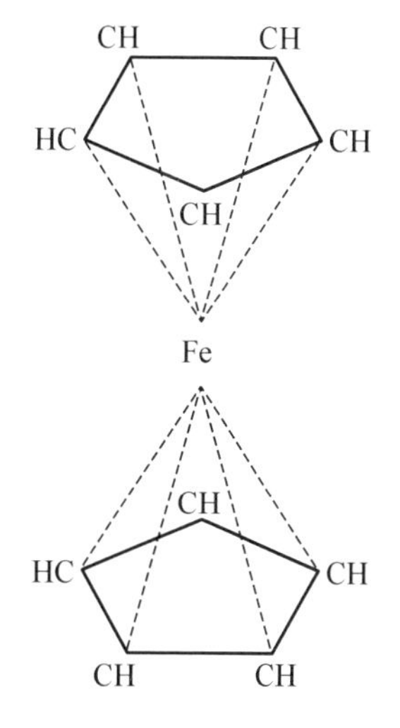

图 4-17 二茂铁结构示意图

二茂铁型金属有机聚合物本身的导电性并不好，电导率在 $10^{-10}\sim10^{-14}\Omega^{-1}\cdot cm^{-1}$。但若用 Ag^{+}、苯醌、HBF_4、二氯二氧基对苯醌(DDQ)等温和的氧化剂部分氧化后，电子由一个二茂铁基转移到另一个二茂铁基上，形成在聚合物结构中同时存在二茂铁基和正铁离子的混合价聚合物，电导率可增加 5～7 个数量级。例如，聚乙烯基二茂铁和聚乙炔基二茂铁的电导率分别为 $4\times10^{-14}\Omega^{-1}\cdot cm^{-1}$ 和 $10^{-10}\Omega^{-1}\cdot cm^{-1}$，经部分氧化后，电导率分别上升为 $4\times10^{-8}\Omega^{-1}\cdot cm^{-1}$ 和 $10^{-5}\Omega^{-1}\cdot cm^{-1}$。

二茂铁型聚合物的电导率随氧化程度的提高而迅速上升，但通常以氧化度为 70%左右时电导率最高。例如，聚二茂铁-邻茴香醛用苯醌/HBF_4混合氧化剂氧化后，当氧化度为 73%时，电导率达到最大，氧化度再上升，电导率反而下降，见表 4-10。

表 4-10　氧化度对二茂铁型聚合物电导率的影响

氧化度*	氧化剂/聚合物结构单元	电导率/($\Omega^{-1}\cdot cm^{-1}$)
0	—	5×10^{-12}
59%	苯醌:0.125　HBF_4:0.25	6×10^{-8}
68%	苯醌:0.25　HBF_4:0.5	2×10^{-7}
73%	苯醌:0.5　HBF_4:2	2×10^{-6}
98%	苯醌:0.5　HBF_4:10	5×10^{-8}

注：* 指二茂铁型聚合物中被氧化的 Fe 的百分比。

分子链中二茂铁基密度明显影响导电性。如聚-(3-乙烯双富瓦烯二铁)用 TCNQ 氧化，得到电导率为 $6\times10^{-3}\Omega^{-1}\cdot cm^{-1}$ 的导电高分子，用 36%的苯乙烯与之共聚，电导率降低两个数量级，即 $2.5\times10^{-5}\Omega^{-1}\cdot cm^{-1}$。

$$\left[CH_2—CH\right]_n$$

Fe　$Fe^{+}(TCNQ)^{-}$

$\sigma=6\times10^{-3}\Omega^{-1}\cdot cm^{-1}$

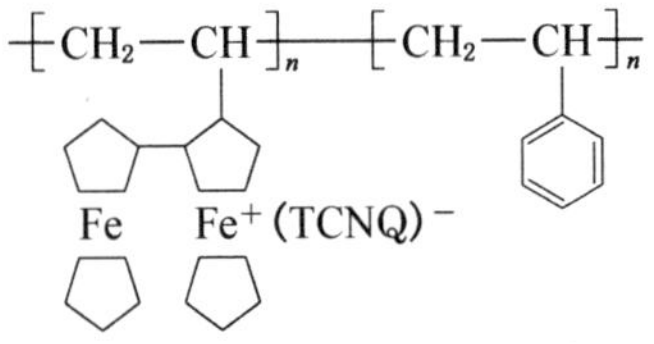

$\sigma=2.5\times10^{-5}\Omega^{-1}\cdot cm^{-1}$

主链型的二茂铁型聚合物通常具有较好的导电性，若将电子受体 TCNQ 引入分子主链中，更可提高导电率。但主链型二茂铁型聚合物的加工性不好，限制了它们的发展。

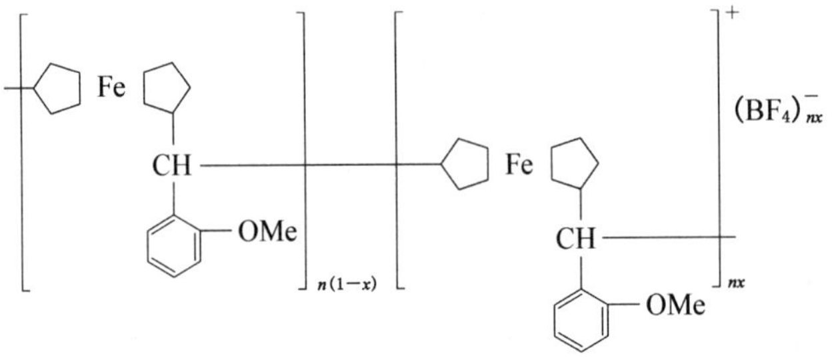

$\sigma=2\times10^{-4}\Omega^{-1}\cdot cm^{-1}(x=0.73)$

$\sigma=2.5\times10^{-5}\Omega^{-1}\cdot cm^{-1}(x=0)$

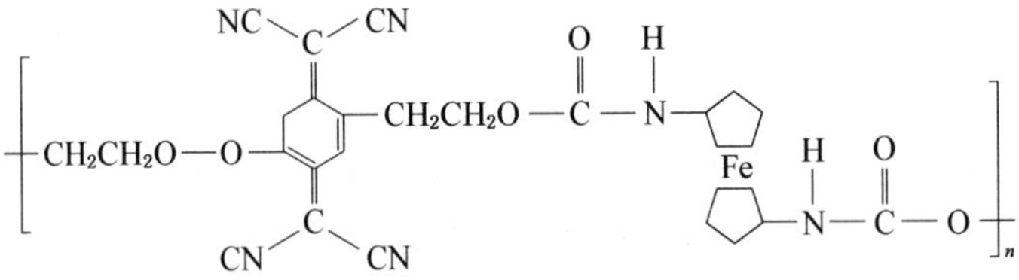

$\sigma=3.3\times10^{-3}\Omega^{-1}\cdot cm^{-1}$

二茂铁型金属有机聚合物的价格低廉，来源丰富，有较好的加工性和良好的导电性。因此是一类有发展前途的导电高分子。

3. 金属酞菁聚合物

金屑酞菁聚合物的导电性是 1958 年由沃夫特(Woft)等人发现的。几十年来，人们对这个结构庞大的杂卟吩型聚合物进行了极为深入的研究，已经得到了一系列导电金属酞菁聚合物。

金属酞菁聚合物的共同特点是分子中含有庞大的酞菁基团，它们具有平面状的 π 体系结构。中心金属的 d 轨道与酞菁基团中 π 轨道相互重叠、使整个体系形成一个硕大的大共轭体系。这种大共轭体系的相互重叠则导致了电子的流通。酞菁基团的结构如图 4-18 所示。常见的中心金属有 Cu，Ni，Mg，Al，Ga，Cr，Sn 等。

由于共轭体系的导电性与分子量有密切关系。分子量大，π 电子数量多，导电性就较好。因此，通过不同方法合成的同一结构金属酞菁聚合物，由于分子量不同，电导率可差别很大。例如，由四氰基苯聚合得到的金属酞菁聚合物的分子量比由均苯四酸酐聚合得到的高，且共平面性较理想，故电导率大 4～5 个数量级。

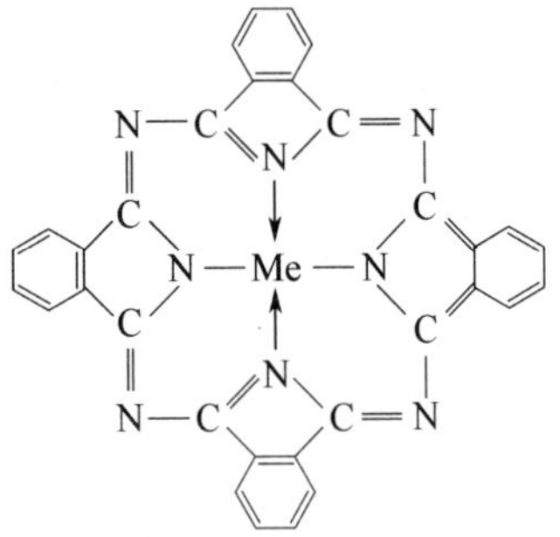

图 4-18　酞菁基结构图

四氰基苯酞菁聚合物：$M=5\,000\sim10\,000$，$\sigma=10^{-3}\sim10^{-1}\Omega^{-1}\cdot cm^{-1}$；均苯四酸酐酞菁聚合物：$M=3\,000\sim6\,000$，$\sigma=10^{-8}\sim10^{-6}\Omega^{-1}\cdot cm^{-1}$。

金属酞菁聚合物由于基团庞大，柔性很小，故溶解性和熔融性都极差，曾使其发展一度陷入困境。1982 年，阿哈尔（Achar）等人将芳基和烷基引入金属酞菁聚合物后，制得了柔性和溶解性都较好的聚合物，使金属酞菁聚合物在应用上有了新的进展。这类合成简单、结构复杂的有机金属聚合物很有可能发展成为有相当实用价值的导电高分子材料。

近年来，一种新型的金属酞菁聚合物——部分氧化的“面对面”型聚合物引起了人们的关注。这是一种同轴片状聚合物$[MePcX]_n$（式中，Me＝Si，Ge，Al，Sn，Ga，Cr，Pc＝酞菁基团，X＝O，F）。平面状的酞菁基团以金属原子为中心垂直于分子主链，形成面对面的层状结构（图 4-19）。

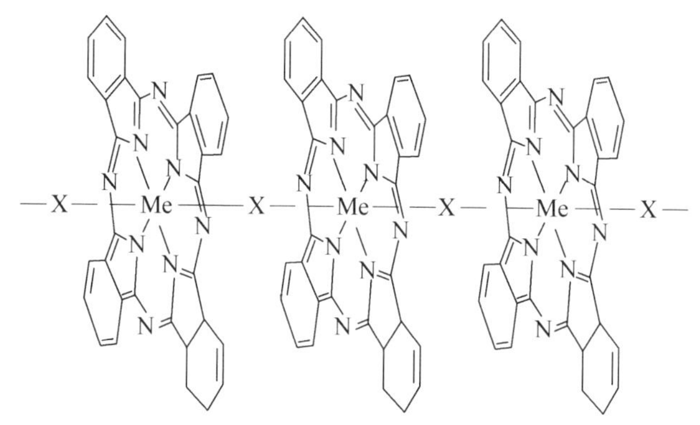

图 4-19 “面对面”型金属酞菁聚合物

这种聚合物有一定的溶解性，易加工。它们本身导电性并不很好，但经卤素（I_2或 Br_2）部分氧化后，可形成一系列导电性能良好的金属酞菁聚合物$[(MePcX)I_m]_n$和$[(MePcX)Br_m)_n$，其电导率随氧化程度的增加而迅速提高。例如，$[(SnPcO)]_n$，$[(SnPcO)I_{1.2}]_n$和$[(SnPcO)I_{5.5}]_n$在 25℃时的电导率分别为 10^{-8}，10^{-6}，$2\times10^{-4}\,\Omega^{-1}\cdot cm^{-1}$，电导率提高 4 个数量级。而当 Me 为 Al，Ga，Cr 时，经 I_2或 Br_2部分氧化后，电导率可增加 9 个数量级，成为一种优良的导体。

4.3 复合型导电高分子

4.3.1 复合型导电高分子的基本概念

复合型导电高分子是以普通的绝缘聚合物为主要基质（成型物质）并在其中掺入较大量的导电填料配制而成的。因此，无论在外观形式和制备方法方面，还是在导电机理方面，都与掺杂型结构导电高分子完全不同。

从原则上讲，任何高分子材料都可用作复合型导电高分子的基质。在实际应用中，要根据使用要求、制备工艺、材料性质和来源、价格等因素综合考虑后，选择合适的高分子材料。目前所用的高分子材料主要有聚乙烯、聚丙烯、聚氯乙烯、聚苯乙烯、ABS、环氧树脂、丙烯酸酯树脂、酚醛树脂、不饱和聚酯、聚氨酯、聚酰亚胺、有机硅树脂等。丁基橡胶、丁苯橡胶、丁腈橡胶、天然橡胶等也常用作导电橡胶的基质。高分子的作用是将导电颗粒牢固地黏结在一起，使导电高分子有稳定的导电性，同时它还赋予材料加工性。高分子材料的性能对导电高分子的机械强度、耐热性、耐老化性都有十分重要的影响。

导电填料在复合型导电高分子中起提供载流子的作用，因此，它的形态、性质和用量直接决定材料的导电性。常用的导电填料有金粉、银粉、铜粉、镍粉、钯粉、钼粉、铝粉、钴粉、镀银二氧化硅粉、镀银玻璃微珠、炭黑、石墨、碳化钨、碳化镍等。部分导电填料的导电率列于表4-11中。从表中可见,银粉具有最好的导电性,故应用最广泛。炭黑虽导电率不高,但其价格便宜,来源丰富,因此也广为采用。根据使用要求和目的不同,导电填料还可制成箔片状、纤维状和多孔状等多种形式。

表4-11　　部分导电填料的电导率

材料名称	电导率/($\Omega^{-1}\cdot cm^{-1}$)	相当于汞电导率的倍数
银	6.17×10^5	59
铜	5.92×10^5	56.9
金	4.17×10^5	40.1
铝	3.82×10^5	36.7
锌	1.69×10^5	16.2
镍	1.38×10^5	13.3
锡	8.77×10^4	8.4
铅	4.88×10^4	4.7
汞	1.04×10^4	1.0
铋	9.43×10^3	0.9
石墨	$1\sim10^3$	0.000095～0.095
炭黑	$1\sim10^2$	0.00095～0.0095

高分子材料一般为有机材料,而导电填料则通常为无机材料或金属。两者性质相差较大,复合时不容易紧密结合和均匀分散,影响材料的导电性,故通常还需对填料颗粒进行表面处理。如采用表面活性剂、偶联剂、氧化还原剂对填料颗粒进行处理后,分散性可大大增加。

复合型导电高分子的制备工艺简单,成型加工方便,且具有较好的导电性能。例如在聚乙烯中加入粒径为10～300μm的导电炭黑,可使聚合物变为半导体($\sigma=10^{-6}\sim10^{-12}\Omega^{-1}\cdot cm^{-1}$),而将银粉、铜粉等加入环氧树脂中,其电导率可达$10^{-1}\sim10\Omega^{-1}\cdot cm^{-1}$,接近金属的导电水平。因此,在目前结构型导电高分中研究尚未达到实际应用水平时,复合型导电高分子不失为一类较为经济实用的材料。复合型导电高分子目前已得到广泛的应用。如酚醛树脂-炭黑导电塑料,在电子工业中用作有机实芯电位器的导电轨和碳刷;环氧树脂-银粉导电粘合剂,可用于集成电路、电子元件,PTC陶瓷发热元件等电子元件的黏结;用涤纶树脂与炭黑混合后纺丝得到的导电纤维,可用作工业防静电滤布和防电磁波服装。此外,导电涂料、导电橡胶等各类复合型导电高分子材料,都在各行各业发挥其重要作用。

4.3.2　复合型导电高分子的导电机理

1. 导电填料对复合型导电高分子导电性能的影响

实验发现,将各种金属粉末或炭黑颗粒混入绝缘性的高分子材料中后,材料的导电性随导电填料浓度的变化规律大致相同。在导电填料浓度较低时,材料的电导率随浓度增加很少,而当导电填料浓度达到某一值时,电导率急剧上升,变化值可达10个数量级以上。超过这一临界值以后,电导率随浓度的变化又趋缓慢,见图4-20。

用电子显微镜技术观察导电材料的结构发现,当导电填料浓度较低时,填料颗粒分散在聚合物中,互相接触很少,故导电性很低。随着填料浓度增加,填料颗粒相互接触机会增多,电导率逐步上升。当填料浓度达到某一临界值时，体系内的填料颗粒相互接触形成无限网链。这个网链就像金属网贯穿于聚合物中，形成导电通道，故电导率急剧上升，使聚合物变成了导体。显然，此时若再增加导电填料的浓度，对聚合物的导电性并不会再有更多的贡献了，故电导率变化趋于平缓。在此，电导率发生突变的导电填料浓度称为“渗滤阈值”。

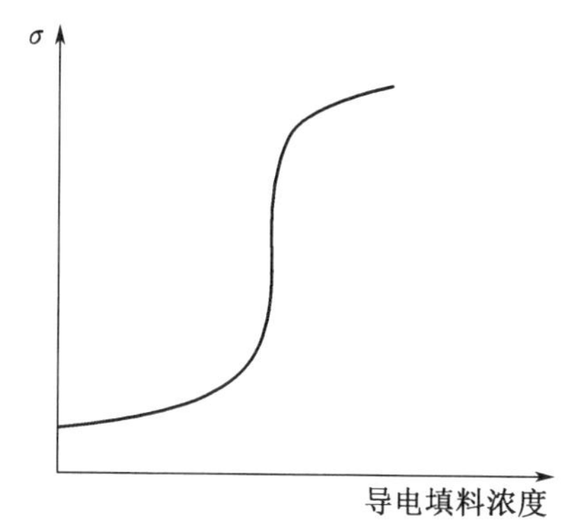

图 4-20 电导率与导电填料的关系

2. 复合型导电高分子中导电填料用量的估算

对一个聚合物来说，需要加入多少导电填料才能形成无限网链，换句话说，渗滤阈值如何估算，这一问题具有十分重要的现实意义。

哥尔兰特(Gurland)在大量研究的基础上，提出了平均接触数的概念。所谓平均接触数，是指一个导电颗粒与其他导电颗粒接触的数目。如果假定颗粒都是圆球，通过对电镜照片的分析，可得如下的公式

$$\overline{m}=\frac{8}{\pi^2}\left(\frac{M_s}{N_s}\right)^2\frac{N_{AB}+2N_{BB}}{N_{BB}} \tag{4-23}$$

式中 $\overline{m}$——平均接触数；

M_s——单位面积中颗粒与颗粒的接触数；

N_s——单位面积中的颗粒数；

N_{AB}——任意单位长度的直线上颗粒与基质(高分子材料)的接触数；

N_{BB}——上述单位长度直线上颗粒与颗粒的接触数。

哥尔兰特研究了酚醛树脂-银粉体系电阻与填料体积分数的关系，并用式(4-23)计算了平均接触数 $\overline{m}$。结果表明，在 $\overline{m}=1.3\sim1.5$ 之间，电阻发生突变，$\overline{m}$ 在 2 以上时电阻保持恒定，如图 4-21 所示。

从直观考虑，$\overline{m}=2$ 是形成无限网链的条件，故似乎应该在 $\overline{m}=2$ 时电阻发生突变。然而实际上，$\overline{m}$ 小于 2 时就发生电阻值的突变，这表明导电填料颗粒并不需要完全接触就能形成导电通道。

当导电颗粒间不相互接触时，颗粒间存在聚合物隔离层，使导电颗粒中自由电子的定向运动受到阻碍，这种阻碍可看作一种具有一定势能的势垒。根据量子力学的概念可知，对于一种微观粒子来说，即使其能量小于势垒的能量时，它除了有被反弹的可能性外，也有穿过势垒的可能性。微观粒子穿过势垒的现象称为贯穿效应，也称隧道效应。电子是一种微观粒子，因此，它具有穿过导电颗粒之间隔离层阻碍的可能性。这种可能性的大小与隔离层的厚度 α 及隔离层势垒的能量 μ_0 与电子能量 E 的差值(μ_0-E)有关。α 值和(μ_0-E)值愈小，电子穿过隔离层的可能性就

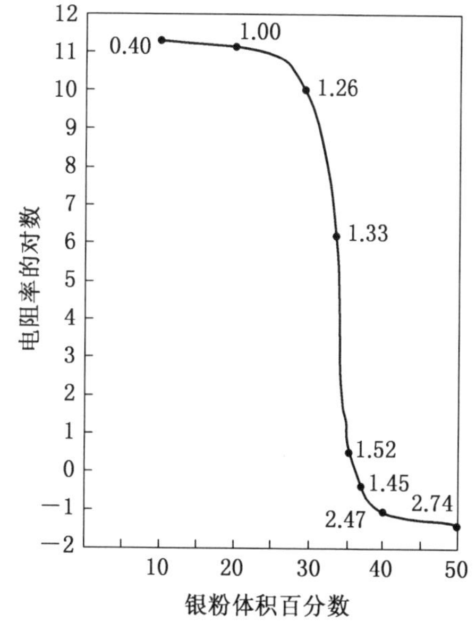

图 4-21 电阻与银粉浓度的关系(图中数据为 $\overline{m}$ 值)

愈大。当隔离层的厚度小到一定值时，电子就能容易地穿过，使导电颗粒间的绝缘隔离层变为导电层。这种由隧道效应而产生的导电层可用一个电阻和一个电容并联来等效。

根据上述分析，不难理解，导电高分子内部的结构有以下 3 种情况：

(1) 一部分导电颗粒完全连续的相互接触形成电流通路，相当于电流流过一只电阻。

(2) 一部分导电颗粒不完全连续接触，其中不相互接触的导电颗粒之间由于隧道效应而形成电通流路，相当于一个电阻与一个电容并联后再与电阻串联的情况。

(3) 一部分导电粒子完全不连续，导电颗粒间的聚合物隔离层较厚，是电的绝缘层，相当于电容器的效应。图 4-22 直观地反映了导电高分子的这种内部结构情况。

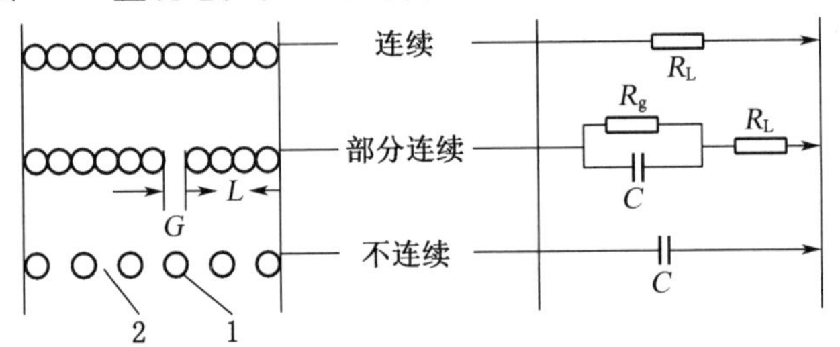

1—导电颗粒；2—导电颗粒间隔离层

图 4-22　复合型导电高分子的导电机理模型

布赫(F. Buche)借助于弗洛利(P. J. Flory)的体型缩聚凝胶化理论，成功地估算了复合型导电高分子中无限网链形成时的导电填料重量分数和体积分数。

弗洛利理论认为，对官能度为 f 的单体来说，如果每个单体的支化率(反应程度)为 α，当每个单体有 $\alpha\cdot f$ 个官能团起反应时，体系发生了凝胶，则此时其凝胶部分的重量分数 W_g 为

$$W_g=1-\frac{(1-\alpha)^2\alpha}{(1-\alpha')^2\alpha} \tag{4-24}$$

其中，α' 是方程 $\alpha(1-\alpha)^{f-2}=\alpha'(1-\alpha')^{f-2}$ 的最小根值。对于每一个值 α，都可得到相应的 α' 值，然后可根据式(4-24)求出 W_g 值。

如果将导电颗粒看作缩聚反应中的单体，则在形成无限网链时，相当于体型缩聚中的凝胶化。导电颗粒的最大可能配位数相当于单体的官能度 f 与颗粒的形状有关。在导电高分子中，导电颗粒不可能密集堆砌，它的周围有可能被聚合物部分所占据。因此，每个导电颗粒周围被其他颗粒堆积的几率 α 可由下式求得：

$$\alpha=\frac{V_P}{V_0}=\frac{\text{体系中实际占据空间的填料体积分数}}{\text{体系中最大可能占据空间填料体积分数}} \tag{4-25}$$

式中，分母 V_0 的数值，对不同堆砌形式取不同值。当配位数相等的颗粒将一个颗粒完全包围时，V_0 为 1，但当颗粒与颗粒之间存在空隙并有聚合物嵌入其间时，V_0 就不可能为 1。对球形颗粒，各种不同堆砌的 V_0 取值如下：

面心六方堆积	0.74	体心立方堆积	0.68
简单立方堆积	0.52	不完善堆积	0.60

由弗洛利凝胶化理论可知，当发生凝胶时，亦即形成无限网链时，有

$$\alpha=\frac{1}{f-1} \tag{4-26}$$

因此

$$V_P = \alpha V_0 \frac{V_0}{f-1} \tag{4-27}$$

从式(4-24)和式(4-27),可求出当体系电导率发生突变时,导电填料的重量分数和体积分数。

实验结果表明,导电填料的填充量与导电高分子的电导率之间存在以下关系:

$$\sigma = \sigma_m V_m + \sigma_P V_P W_g \tag{4-28}$$

式中 σ——导电高分子的电导率;

σ_m——高分子基质的电导率;

σ_P——导电填料的电导率;

V_m——高分子基质的体积分数;

V_P——导电填料的体积分数;

W_g——导电填料无限网链的重量分数。

在实际应用中,为了使导电填料用量接近理论值,必须使导电颗粒充分分散。若颗粒分散不均匀,或在加工中发生颗粒凝聚,则即使达到临界值(渗滤阈值),无限网链也不会形成。

4.3.3 含炭黑聚合物的导电性

炭黑是一种在聚合物工业中大量应用的填料。它用于聚合物中通常起 4 种作用:着色、补强、吸收紫外光和导电。用于着色和吸收紫外光时,炭黑浓度仅需 2%,用于补强时,约需 20%,用于消除静电时,需 5%~10%,而用于制备高导电材料时,用量可高达 50%以上。

含炭黑聚合物的导电性,主要取决于炭黑的结构、形态和浓度。

1. 炭黑的种类、结构与性能

炭黑是由烃类化合物经热分解而成的。以脂肪烃为主要成分的天然气和以脂肪烃与芳香烃混合物为主要成分的重油均可作为制备炭黑的原料。在热分解过程中,烃类化合物先形成碳的六元环,并进一步脱氢缩合形成多环式六角形网状结构层面。这种层面 3~5 个重叠则成为晶子,大量晶子无规则的堆砌,就形成了炭黑的球形颗粒。在制备过程中,炭黑的初级球形颗粒彼此凝聚,形成大小不等的二级链状聚集体,称为炭黑的结构。链状聚集体越多,称为结构越高。炭黑的结构因其制备方法和所用原料的不同而异。炭黑的结构高低可用吸油值大小来衡量,吸油值定义为 100g 炭黑可吸收的亚麻子油的量。在粒径相同的情况下,吸油值越大,表示结构越高。

炭黑以元素碳为主要成分,结合少量的氢和氧,吸附少量的水分,并含有少量硫、焦油、灰分等杂质。炭黑中氢的含量一般为 0.3%~0.7%,是由芳香族多环化合物缩合不完全剩余下的。其中一部分以烯烃或烷烃的形式结合在晶子层面末端的碳原子上,另一部分则与氧结合形成官能团存在于颗粒表面上。通常,结合在晶子层面末端碳原子上的氢愈少,炭黑的结构愈高。氢的含量愈低,炭黑的导电性愈好。炭黑中的氧是在炭黑粒子形成后,与空气接触而自动氧化结合的。其中大部分以 CO_2 的形式吸附在颗粒表面上,少部分则以羟基、羧基、羰基、醌基和内酯基的形式结合在炭黑颗粒表面。一定数量含氧基团的存在,有利于炭黑在聚合物中的分散,因此对聚合物的导电性有利。炭黑的含氧量随制备方法不同而异,一般为 1%~4%。炭黑颗粒表面一般吸附有 1%~3%的水分,其含量大小与炭黑的表面性质有关。炭黑的比表面积愈大,氧的含量愈高,则水分吸附量愈大。水分的存在虽有利于导电性能提高,但通常使电导率不稳定,故应严格控制。

炭黑的生产有许多种方法,因此品种繁多,性能各异。若按生产方法分类,基本上可分为两大类:一类是接触法炭黑,包括天然气槽法炭黑、滚筒法炭黑、圆盘法炭黑、槽法混气炭黑、无槽混气炭黑等;另一类是炉法炭黑,包括气炉法炭黑、油炉法炭黑、油气炉法炭黑、热裂法炭黑、乙炔炭黑等。若按炭黑的用途分类,大致可分为三大类,即橡胶用炭黑、色素炭黑和导电炭黑。根据制备方法与导电特性的不同,导电炭黑可以分为导电槽黑、导电炉黑、超导电炉黑、特导电炉黑和乙炔炭黑 5 种,它们的基本特性见表 4-12。

表 4-12　导电炭黑的性能

名称	代号	平均粒径 /μm	比表面积 /($m^2 \cdot g^{-1}$)	吸油值 /($mg \cdot g^{-1}$)	挥发分	特性
导电槽黑	CC	17.5～27.5	175～420	1.15～1.65	—	粒径细,分散困难
导电炉黑	CF	21～29	125～200	1.3	1.5%～2.0%	粒径细,表面孔度高,结构高
超导电炉黑	SCF	16～25	175225	1.3～1.6	0.05%	防静电,导电效果好
特导电炉黑	XCF	<16	225～285	2.60	0.03%	表面孔度高,结构高,导电性好
乙炔炭黑	ACEF	35～45	56～70	2.5～3.5	—	粒径中等,结构高,导电性稳定

2. 影响含炭黑聚合物导电性的因素

1) 导电性对电场强度的依赖性

含炭黑聚合物的导电性对外电场强度有强烈依赖性。如对填充炭黑的聚乙烯的研究表明,在低电场强度下($E<10^4$ V/cm),电导率符合欧姆定律,而在高电场强度下($E>10^4$ V/cm),电导率符合幂定律。研究发现,材料导电性对电场强度的这种依赖性规律,是由它们在不同外电场作用下不同的导电机理所决定的。在低电场强度下,含炭黑聚合物的导电主要是由界面极化引起的离子导电。这种界面极化发生在炭黑颗粒与聚合物之间的界面上,同时也发生在聚合物晶粒与非晶区之间的界面上。这种极化导电的载流子数目较少,故电导率较低。而在高电场强度下,炭黑中的载流子(自由电子)获得足够的能量,能够穿过炭黑颗粒间的聚合物隔离层而使材料导电,隧道效应起了主要作用。因此,含炭黑高聚物在高电场强度下的导电本质上是电子导电,电导率较高。

2) 导电性对温度的依赖性

含炭黑聚合物的导电性与温度的关系,当它们处于不同电场强度时,表现出不同的规律。图 4-23 为含炭黑 20%、厚 100μm 的聚乙烯薄膜在低电场强度时的电导率与温度之间的关系。图 4-24 则为含炭黑 25%的聚丙烯在高电场强度时的电导率—温度关系。

从图 4-23 和图 4-24 中可见,在低电场强度时,电导率随温度降低而降低,而在高电场强度时,电导率随温度降低而增大。这同样是由于其不同导电机理所引起的。从前面讨论可知,低电场强度下的导电是由界面极化引起的。温度降低使载流子动能降低,极化强度减弱,导致电导率降低。反之,高电场强度下的导电是自由电子的跃迁,相当于金属导电,温度降低有利于自由电子的定向运动,故电导率增大。

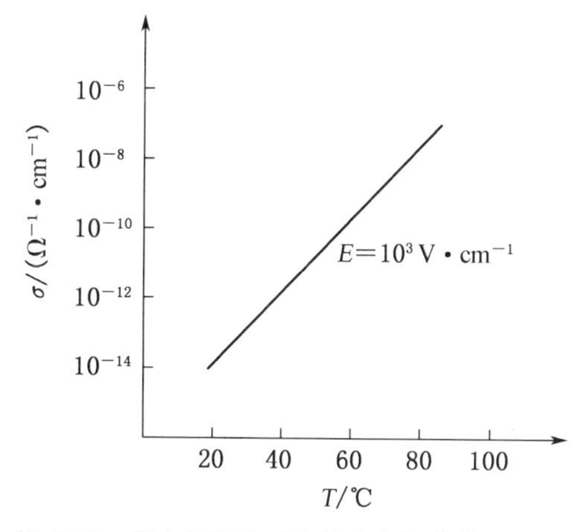

图 4-23 低电场强度时电导率与温度的关系

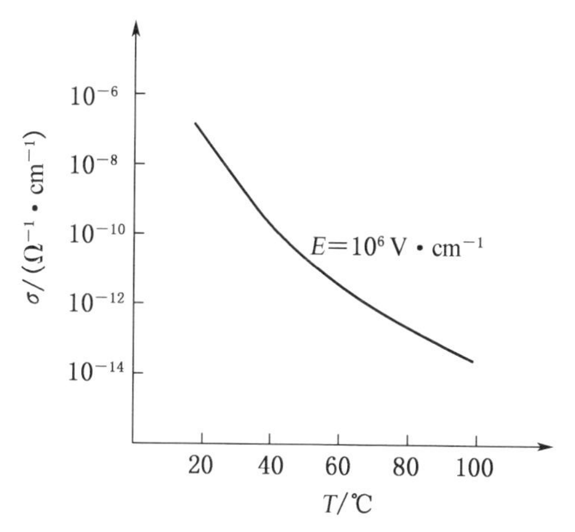

图 4-24 高电场强度时电导率与温度的关系

3）加工方法对导电性的影响

大量事实表明，含炭黑聚合物的导电性能与加工方法和加工条件关系极大。例如，聚氯乙炔-乙炔炭黑的电导率随混炼时间的延长而上升，但超过一定混炼时间，电导率反而下降（图 4-25）。又例如，将导电性炭黑与聚苯乙烯形成的完全分散的混合料（电导率$\sigma=2\times10^{-2}\Omega^{-1}\cdot cm^{-1}$）在较低的物料温度和较高的注射速度条件下注射成型，电导率降低至$10^{-10}\Omega^{-1}\cdot cm^{-1}$。若将产品再粉碎，混炼后压制成型，电导率几乎可完全恢复（$\sigma=1.4\times10^{-2}\Omega^{-1}\cdot cm^{-1}$）。另一方面，若用同一原料在较高温度和较低注射温度下注射成型，可得电导率为$2\times10^{-4}\Omega^{-1}\cdot cm^{-1}$的产品，经粉碎再生，电导率也可恢复到$1.4\times10^{-2}\Omega^{-1}\cdot cm^{-1}$的水平。

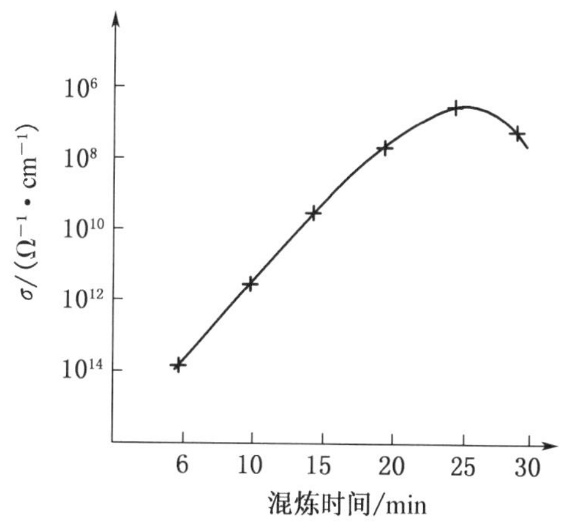

图 4-25 混炼时间对电导率的影响

研究认为，上述现象都是由于炭黑无限网链重建的动力学问题所引起的。在高剪切速率作用下，炭黑无限网链在剪切方向受到外力拉伸，当作用力大于一定值后，无限网链破坏。而聚合物的高黏度使得这种破坏不能很快恢复，因此导电性下降。经粉碎再生后，无限网链重新建立，电导率得以恢复。加工方法和加工条件对含炭黑聚合物导电性的这种影响规律，对复合型导电高分子的应用有十分重要的意义。

4.3.4 含金属粉末聚合物的导电性

1. 导电金属粉末的品种和性质

在聚合物中掺入金属粉末，可得到比含炭黑聚合物更好的导电性。选用合适的金属粉末和合适的用量，可使其电导率控制在$10^{-5}\sim10^{4}\Omega^{-1}\cdot cm^{-1}$之间。

前面已经介绍过，用作导电高分子填料的金属粉末通常有银、金、铜、镍、铝、钯、钼以及碳化钨、碳化镍等，其中以银最为常用。

银粉具有优良的导电性和化学稳定性，它在空气中氧化速度极慢，在聚合物中几乎不被氧化。即使已经氧化的银粉，仍具有较好的导电性。因此在可靠性要求较高的电气装置和电子元件中应用最多。但银粉作为导电填料也有其缺点，如价格高，相对密度大，易沉淀，尤其是其在潮湿环境下易发生迁移的问题，至今尚未得到完全解决。

所谓的银迁移，是指当银粉作为导电填料时，随时间的延长，银粉颗粒沿电流方向移动的现象，结果造成电导率变化，甚至发生短路。据分析，银发生迁移的原因是：首先银以 Ag^+ 的形式溶解在聚合物基质吸附的水分中，接着 Ag^+ 与 OH^- 反应生成 AgOH，由于 AgOH 极不稳定，立即变成 Ag_2O，而 Ag_2O 又经过反应还原成银析出。

$$AgO \xrightleftharpoons{+H_2O} 2AgOH \rightleftharpoons 2Ag^+ + OH^-$$

目前，最有效和最现实的防止银迁移的方法是控制聚合物中的水分含量，也有通过加入五氧化二钒或采用银/铜、银/镍、银/钯等混合导电颗粒来解决，但尚无一种十分完美的方法。

尽管如此，银粉仍是一种较理想和应用最广泛的导电填料。

银粉可用多种方法制得，不同方法制备的银粉其粒径和形状都不一样。例如，用真空蒸发法制得扁平的片状银粉；用高压水喷射法制得球粒状银粉，用电解法制得针状银粉，用氢气还原法制得球状超细银粉，用银盐热解法制得海绵状银粉和鳞片状银粉等，见表 4-13。不同形状的银粉有不同的物理性质，供不同场合应用。

表 4-13　不同方法制得银粉的性质

制备方法	银粉粒径/μm	颗粒形状
电解法	0.2～10	针状
化学还原法	0.02～2	球状或无定形
热分解法	—	海绵状
水喷射法	～40	球状
碾磨法	0.01～2	片状

金粉是利用化学反应由氯化金制得的，或由金箔粉碎而成。金粉的化学性质稳定，导电性好，但价格昂贵，应用远不如银粉广泛。在厚膜集成电路的制作中，采用金粉填充的导电高分子。

铜粉、铝粉和镍粉都具有较好的导电性，而且价格较低。但它们在空气中易氧化，导电性能不稳定。用氢醌、叔胺、酚类化合物作防氧化处理后，可提高导电稳定性。目前主要用作电磁波屏蔽材料和印刷线路板引线材料等。

将中空微玻璃珠、炭粉、铝粉、铜粉等颗粒的表面镀银后得到的镀银填料，具有导电性好、成本低、相对密度小等优点。尤其是铜粉镀银颗粒，镀层十分稳定，不易剥落，是一类很有发展前途的导电填料。目前，主要用于配制对导电性要求不高的导电黏合剂和导电涂料。

2. 影响含金属粉末聚合物导电性的因素

1）金属性质对电导率的影响

金属性质对导电高分子的电导率起决定性的影响。在金属颗粒的大小、形状、含量及在聚合物中的分散状况都相同时，如果掺入的金属粉末本身的电导率越大，则导电聚合物的电导率一般也较高。但实际情况有时要复杂得多。某些金属本身的电导率并不低，但掺入聚合物后却不能得到高导电率的材料。例如，掺入 200phr 铝粉的环氧树脂，电导率仅 $10^{-14} \sim 10^{-12}\ \Omega^{-1} \cdot cm^{-1}$，而掺入 77phr 银粉的环氧树脂，电导率高达 $3\times10^{4}\ \Omega^{-1} \cdot cm^{-1}$。这是因为铝本身虽有很高的电导率，但其颗粒的表面板易形成一层不导电的氧化膜，这就大大减弱了含铝粉聚合物的导电性。含铜粉聚合物也有类似的情况，新制备的含铜粉聚合物有较高的导电性，随时间延长，电导率逐渐下降，一个月后可降低30%～40%。因此，通常不用易氧化的铝、铜作导电填料。

2）金属含量对电导率的影响

聚合物中金属粉末的含量必须达到能形成无限网链才能使材料导电，因此一般来说，金属粉末含量越高，导电性能相对越好。而且金属粉末的导电不可能发生类似炭黑中电子的隧道跃迁。因此，粉末之间必须有连续的接触，故用量往往较大。导电填料加入量过少，导电颗粒形不成无限网链，材料可能完全不导电。相反，导电填料加入量过多，由于起黏结作用的聚合物量太少，金属颗粒不能紧密接触，则导电性不稳定，有时电导率反而下降（图4-26）。因此，导电填料与聚合物应有一个适当的比例，这个比例与导电填料的种类和比重有关。

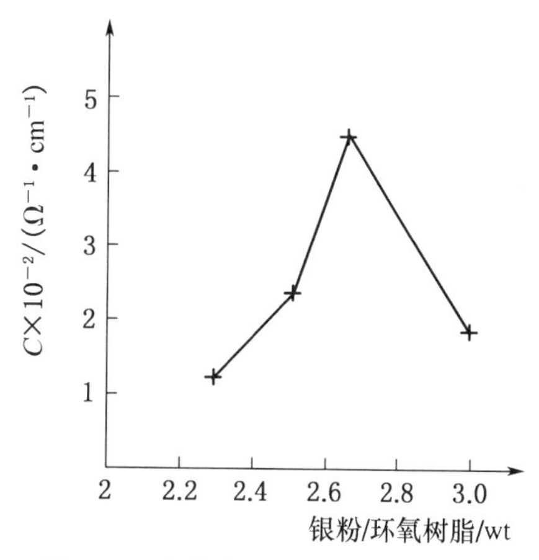

图4-26 金属含量对电导率的影响

3）金属颗粒形状与大小对电导率的影响

金属粉末在聚合物中的连接结构因导电颗粒的形状而异，因而电导性也相应地呈现不同值。以银粉为例，因制备方式不同，它有球粒状、片状、针状、海绵状等多种形状。球状的颗粒易形成点接触，而片状的颗粒易形成面接触。显然，片状的面接触比球状的点接触更容易获得好的导电性。实验结果表明，当银粉含量相同时，用球状银粉配制的导电材料的电导率为$10^2\ \Omega^{-1}\cdot cm^{-1}$，而片状银粉配制的导电材料，电导率高达$10^4\ \Omega^{-1}\cdot cm^{-1}$（图4-27）。如果将球状银粉与片状银粉按适当比例混合使用，则可得到更好的导电性。

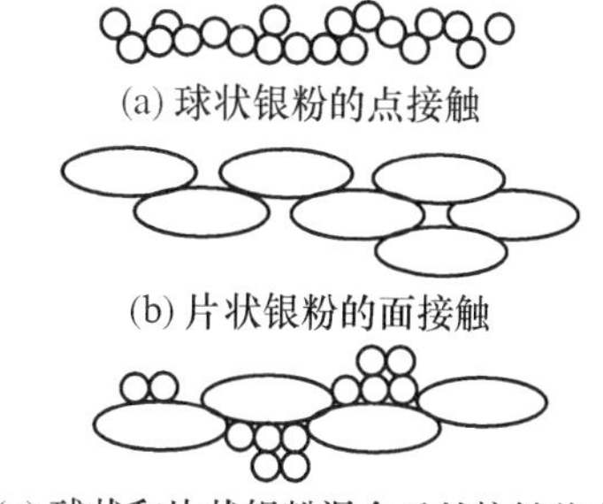

(a) 球状银粉的点接触
(b) 片状银粉的面接触
(c) 球状和片状银粉混合后的接触状态

图4-27 不同形状银粉的接触状态

导电颗粒的大小对电导性也有一定的影响。对银粉来说，若颗粒大小在10μm以上，并且分布适当，能形成最密集的填充状态，电导性最好。而若颗粒太细，达到10μm以下，则反而会因接触电阻增大，电导性变差。

4）外磁场对电导率的影响

将顺磁性金属粉末掺入聚合物，并在加工时加以外磁场，则材料的电导率上升。图4-28为当含镍粉环氧树脂固化时，施加外磁场而后，电导率的变化情况。可见外磁场有利于电导率上升。

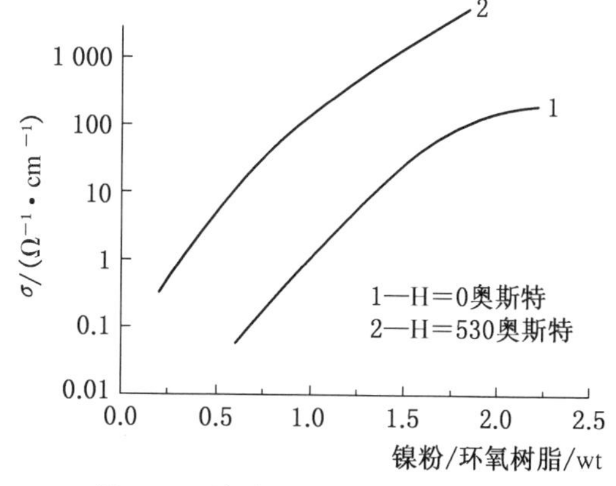

图4-28 外磁场对电导率的影响

5）聚合物与金属颗粒的相容性对电导率的影响

含金属粉末导电高分子的导电性主要来自导电颗粒表面的相互接触，聚合物的存在是使导电颗粒达到相互接触的必要条件。聚合物与金属颗粒的相容性对金属颗粒的分散状况有重要影响。任何聚合物对金属表面都有一定的相容性，宏观表现为聚合物对金属表面的湿润黏附。一旦导电颗粒表面被聚合物所湿润，聚合物就会部分地或全部被聚合物所黏附包覆，这种现象称为湿润包覆。导电颗粒被湿润包覆的程度决定导电高分子的导电性能。被湿润包覆程度越大，导电颗粒相互接触的几率就越小，导电性就越不好。而在相容性较差的聚合物中，导电颗粒有自发凝聚的倾向，则有利于导电性增加。例如，聚乙烯与银粉的相容性不及环氧树脂与银粉的相容性，在相同银粉含量时，前者的导电率比后者要高两个数量级左右。又如，将环氧树脂与银粉混合后马上固化，电导率可达 $10^2\Omega^{-1}\cdot cm^{-1}$，而若将环氧树脂与银粉混合后，于100℃下放置 30min，再加入固化剂固化，电导率降至 $10^{-10}\Omega^{-1}\cdot cm^{-1}$ 以下，几乎不导电。这两个例子充分说明了聚合物与导电颗粒相容性对电导率的显著影响。

4.4　纳米碳导电复合材料

4.4.1　纳米碳及其导电性概述

纳米材料是指介于小团簇与大块物质之间的一种过渡状态，由于其本身尺寸在纳米(nm)量级而具有许多特性，例如量子尺寸效应、表面界面效应等。这些特性使它在科学研究和国民经济中起着或即将起着重要的作用。正当各种各样的纳米材料通过物理、化学方法制备成功并进行广泛研究和应用之时，纳米材料的一支新军——碳纳米材料异军突起。

碳纳米材料是指单纯由元素碳构成的纳米材料，具体来说主要包括碳笼原子簇或富勒烯族(Fullerenes)化合物、碳纳米管和石墨烯等。

20 世纪 80 年代中期，继石墨、金刚石之后，人们发现了碳元素存在的第三种晶体形式，其分子式为 C_n。这是一类封闭式笼状碳化合物，因此被称为碳笼原子簇化合物。在对这类化合物的结构认识过程中，因得益于美国建筑师 Buckminster Fuller(巴克敏斯特・富勒)设计的1967 年加拿大蒙特利尔世界博览会，因此被命名为富勒烯族。在种类繁多的富勒烯中，人们对 C_{60} 研究得最深入，因为它是其中稳定性最好的一种。由于富勒烯的特殊结构和奇异的光、电、磁等性能，这一领域已成为当前世界各国科学家研究的热点之一。C_{60} 的发现使人类对碳化学的认识达到一个新的水平。因为在此之前，化学家们很少有用元素碳作为起始原料进行合成研究的。从 C_{60} 发现至今的而多年时间中，它已经对物理、化学、材料科学、生命科学和医药科学产生了极大的影响，并显示出巨大的潜在应用前景。为此，C_{60} 的发明者，美国科学家斯摩利(R. E. Smalley)、柯尔(R. F. Curl)和英国科学家克鲁托(H. Kroto)于 1996 年共同荣获诺贝尔化学奖。

C_{60} 的结构示意图如图 4-29 所示。

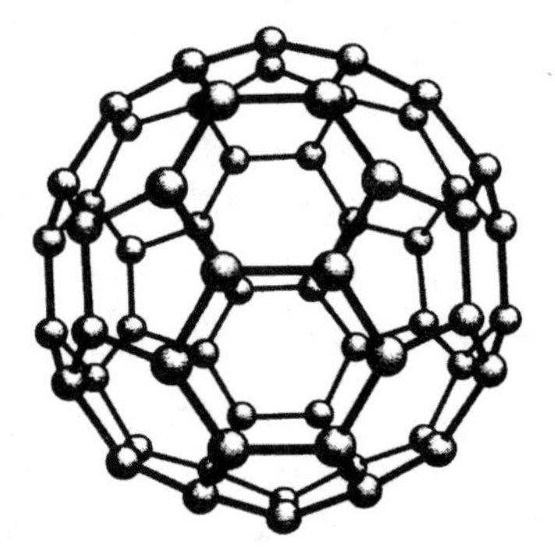

图 4-29　C_{60} 结构示意图

碳纳米管是在研究碳团簇及富勒烯过程中发现的一种新型纳米材料。它是由纯碳元素组成而类似石墨六边形网格翻卷而成的管状物。管子两端一般也是由含五边形的半球面网格封口。碳纳米管尺寸一般直径在 1～20nm 之间，而长度可以从纳米到微米量级。这是由其生长环境与方式所决定的。碳纳米管本身有许多特性，在超细高强度纤维、复合材料、大规模集成电路、超导线材和多相催化等方面有着广泛的用途。

碳纳米管最早是由日本人 Iijima 在 1991 年发现的，发现后立即引起了国际著名的科学研究小组及大公司的注意,其中包括日本 NEC 公司和美国海军实验室等。

碳纳米管的结构与石墨的片层结构相似,构成碳纳米管的碳原子的 p 电子可形成大范围的离域 π 键。由于共轭效应显著,导致碳纳米管具有一些特殊的电学性质。

计算结果表明,最细的碳纳米管具有类似金属的导电性,并随着管子的直径和螺旋度的不同而分别呈现金属导电性、窄能隙的半导体特性和中等能隙的半导体特性。到目前为止,实验所产生的碳纳米管大都是多层同轴管子相套而成的多层管。当 CNTs 的管径大于 6nm 时,导电性能下降;当管径小于 6nm 时,CNTs 可以被看成具有良好导电性能的一维量子导线。研究认为,直径为 0.7nm 的碳纳米管具有超导性,尽管其超导转变温度只有 1.5×10^{-4}K,但是预示碳纳米管在超导领域的应用前景。目前尚无法对单个碳纳米管的导电性进行测量,但可以将其排列在基材上形成薄膜。实验测得大于 100S/cm 的薄膜平均电导率使人们确信它具有导电性,并且相信单个碳纳米管的导电性将会更好。

常用矢量 C_h 表示碳纳米管上原子排列的方向(图 4-30)。其中 $C_h=na_1+ma_2$,记为(n,m),a_1 和 a_2 分别表示两个基矢。(n,m)与碳纳米管的导电性能密切相关。对于一个给定(n,m)的碳纳米管,如果有 $2n+m=3q$(q 为整数),则这个方向上表现出金属性,是良好的导体,否则表现为半导体。对于 $n=m$ 的方向,碳纳米管表现出良好的导电性,电导率可达铜的 1 万倍。

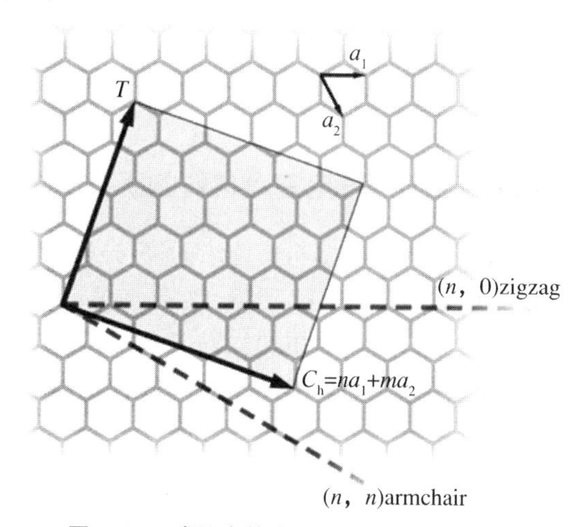

图 4-30 碳纳米管上原子排列的矢量图

石墨烯(Graphene)是一种由碳原子构成的单层片状结构的新材料。是一种由碳原子以 sp^2 杂化轨道组成的六角型呈蜂巢晶格、只有一个碳原子厚度的二维材料。长期以来石墨烯一直被认为是假设性的结构,无法单独稳定存在。

2004 年,英国曼彻斯特大学物理学家安德烈·K·盖姆(Andre K·Geim)和他的同事康斯坦丁·诺沃肖洛夫(Konstantin Novoselov)用一种特殊的塑料胶带粘住石墨薄片的两侧,撕开胶带,薄片也随之一分为二。不断重复这一过程,就可以得到越来越薄的石墨薄片,最终得到仅由一层碳原子构成的石墨烯。盖姆和诺沃肖洛夫用这种最原始的方法证实了石墨烯可以单独而稳定地存在。两人也因"在二维石墨烯材料的开创性实验"为由共同获得 2010 年诺贝尔物理学奖。石墨烯的结构示意图如图 4-31 所示。

图 4-31 石墨烯结构示意图

富勒烯、碳纳米管和石墨烯的相继发现,使人们认识到碳材料之间的有机联系。只要通过环境条件的变化,各种碳材料之间是可以转化的。如果以碳原子表面电子的杂化为基础来看,立体结构的金刚石是 sp^3 杂化的,而平面结构的石墨是 sp^2 杂化的,而具有一维线性结构的卡宾则是 sp 杂化的。以碳的这三种同素异形体为顶点画一张"相图"，则可清楚看出各种碳材料之间的联系(图 4-32)。图中 P 指碳材料结构中的五元环，H 指六元环。

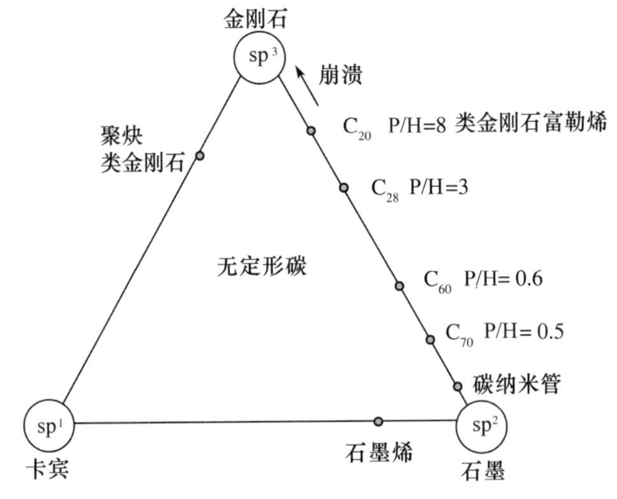

图 4-32 碳的同素异形体"相图"

4.4.2 纳米碳导电复合材料的研究进展

通过掺入导电填料使绝缘的高分子材料获得导电性是一种简便而经济的制备导电材料的方法，并且已经在电子、通信、热控、能源等行业中得到广泛的应用。常用来作为导电复合材料的基体材料一般是通用的塑料或者树脂，如聚苯硫醚、聚乙烯、聚醋酸乙烯酯、聚酰胺、聚碳酸酯、聚氯乙烯、聚丙烯以及 ABS 塑料、环氧树脂、天然橡胶等。选用规则是综合考虑使用场合对机械性能、导电性能、耐久性等方面的要求，以及产品的成型工艺、工程成本。自从富勒烯发现以来，纳米碳导电复合材料的研究就一直是人们关注的热点。

类似于利用碳纳米材料的力学性质来增强基材的机械性质，通过与碳纳米管复合来制取导电性高分子材料时，提高碳纳米材料在高分子基材中的分散均匀程度是至关重要的。超声波分散、机械搅拌、加入表面活性剂、对碳纳米材料表面进行化学修饰等手段都曾被用于碳纳米材料的分散。从碳纳米材料与基材间的作用本质来看，以上手段可分为物理混合和化学复合两种。化学修饰法属于化学复合手段；其他的方法由于没有破坏碳管的结构，基材与碳纳米材料或者基材通过表面活性剂与碳纳米材料以分子间作用力结合在一起，都属于物理混合手段。下面以碳纳米管为例介绍该领域的研究情况。

1. 物理混合方法

碳纳米管表面平整，性质稳定，化学活性低。制备碳纳米管复合材料最简单的方法就是将其与基材直接混合。在将碳纳米管作为增强组分加入聚合物中时，很多研究表明简单的物理混合不能达到理想的分散效果，即使在微米量级上碳管也没有均匀的分散，对材料的机械性能也没有很大的提升。不过，O' Connel 等通过对聚乙烯吡咯烷酮(PVP)和碳纳米管的水混合体系进行长时间的超声振荡处理，使碳纳米管表面上包裹了一层水溶性的线性高分子 PVP，制得水溶性的 SWNT。研究发现 PVP 破坏了 SWNT 之间的范德华作用力，不再形成束状结构。不过，Konstantin 的研究表明，高能量超声振荡可导致碳纳米管的断裂，从而影响碳纳米管的力学或电性质。

Allaouia 等将热分解气相沉积法制得的 MWNT 直接混于环氧树脂中，得到电渗流阈值是复合材料中 CNT 质量含量在 0.5%(wt)～1%(wt)范围内。结果表明，相对于纯聚合物基质，MWNT 含量为 1%(wt)时即得到杨氏模量和屈服强度分别提高 100%和 200%的复合物，并得到满足抗静电要求的电阻率值。实验中他们发现直径和结构不一致的 MWNT 相互缠结，无规分布；此时提高 CNT 浓度不一定对提高材料的性能有效。

Kymakis 的研究表明碳纳米管在聚合物基材中的分散状况可影响两者之间的力学、电学性质传导。聚合物的玻璃化转变温度、碳纳米管表面状况、表面活性剂和混合条件均对其分散有影响。表面活性剂有离子型的十二烷基磺酸钠——常与水溶性的 PVA 或聚碳酸酯配合使用。对于环氧树脂，非离子型的表面活性剂要与有机溶剂配合使用。电弧放电法制得的 SWNT(纯度 60%)与 poly(3-octylthiophene)(P3OT)分别溶于氯仿然后用超声波振荡混合。制成 100nm 的薄膜测其电性质，随 CNT 浓度从 0 到 20%(wt)，电导率提高 5 个级数。

Martin 等通过调节搅拌速度，制得一系列的复合物。通过对比复合物的性能，他们发现超高速搅拌不是必需的，适当的搅拌速度足以使 MWNT 均匀分散。碳管稳定分散的原因是其表面的负载电荷，所以加入反离子可降低碳管的分散程度。温度升高使碳管束的状态趋于一致，而团聚速度也加快。碳管本身的大小对它在基材中的分散程度产生影响：长径比大的碳管在基材中分散更均匀，更易形成导电通路；长径比小的 CNT 在基材中团聚速度明显快于前者，但在电渗流阈值附近它使复合材料的电导率的变化更大。Sandler 用机械搅拌法使 CNT 与环氧树脂复合，得到 0.0025%(wt)的超低电渗流阈值。利用渗流理论解释渗流阈值时，得到反映导电网络纬度的参数 t 在二维或者三维状况下分别是 1.3 或 2.0 低于理论值。他指出，t 值的降低并不意味网络纬度的降低，而反映了碳管的聚集对导电网络形态的影响；在弱连接或断开的填料网络间电子受热激发跃迁也致使指数 t 变小。

2. 化学复合法

物理混合法的缺点是碳纳米管在复合材料中的分散是一种静态弱平衡，一旦材料的温度升高、分子热运动加剧，碳纳米管的分散状态就会遭到破坏而重新发生团聚。碳纳米管进行化学修饰的前提是使它表面带静电或者是带上易于参加反应的基团(如—OH 或—COOH)。碳纳米管的前处理一般采用氧化法，主要是利用氧化剂对碳纳米管的表面缺陷和两端极性突出部进攻，使之带上含氧基团。主要的氧化方法有气相氧化法、液相氧化法、固相氧化法和电化学氧化法。氧化程度和反应速率可通过控制氧化反应的时间和氧化剂的用量等参数来达到目的。氧化之后的碳纳米管与改性剂或者高分子单体反应，表面结构和状态得以改变。从而达到与基材均匀混合的目的。

Nogales 等将氧化处理的 SWNT 与聚对苯二甲酸丁二酯原位共聚，制得电渗流阈值为 0.2%(wt)的热固性复合物，显示了化学方法处理的 CNT 用于制备导电性复合材料的优越性。

Smith Jr 等 NASA 的研究人员将氧化处理的 SWNT 用硅氧烷偶联剂与聚酰亚胺复合，制得电渗流阈值在 0.03%(wt)复合物，不仅在很低的 SWNT 浓度达到抗静电目标的电阻值，而且保证了材料的透光性和强韧性。

Yoon 将 CVD 法制得的 MWNT 在不同浓度的 HNO 和 H_2O_2/NH_4OH 溶液中，变化反应温度和时间进行氧化处理，之后将氧化的 MWNT 与双酚 A 型环氧树脂复合。制得样品的红外光谱表明，无论是酸还是碱处理，都给 MWNT 的外壁和端帽部位带来含氧官能团；而且氧化条件越强，MWNT 壁上带官能团越多。这些官能团削弱了碳纳米管之间的范德华力，增强碳纳米管与环氧树脂间作用力。同时，TEM 图显示氧化条件越强，碳纳米管的结构破坏越大。样品经过电导性检测，证明碳纳米管被氧化后使材料电渗透阈值增大；弱碱处理对碳纳米管的破坏要小，相应的复合物电性能转变阈值低，而电导率值更高。

碳纳米管作为填料能有效地改进聚合物的电学性能和机械性能。尤其对于聚合物来讲，提高其导电性可以解决聚合物材料介电常数大、易带静电等问题。目前这方面的研究焦点集中在基材的选取、碳纳米管的分散、材料的制备方法等方面。总之，目的都是为在尽量低的电渗流阈值下，使复合材料的电性能和机械、光学性能得到最优结合。对碳纳米管性质的开发和应用，采用聚合物修饰方法初步显示出优越性。提高碳纳米管溶解性能使之在许多具体加工过程中的操控成为可能。

4.5 光导电性高分子

4.5.1 光导电的基本概念

所谓光导电，是指物质在受到光照时，其电子电导载流子数目比其热平衡状态时多的现象。换言之，当物质受光激发后产生电子、空穴等载流子，它们在外电场作用下移动而产生电流，导电率增大。这种现象称之为光导电。由光的激发而产生的电流称为光电流。

不少低分子有机化合物是优良的光导电性物质，如蒽及其电荷转移络合物。许多高分子化合物，如聚苯乙烯、聚卤代乙烯、聚酰胺、热解聚丙烯腈、涤纶树脂等，都被观察到具有光导电性。在众多的光导电性聚合物中，研究得最为系统的是聚乙烯基咔唑(PVK)。

1. 光导电的基本知识

前面曾经介绍过，当单体体积中载流子数为 N，每个载流子所带电荷量为 q，载流子在外电场 E 作用下沿电场方向的运动速度为 υ，迁移率为 μ 时，单位时间流过截面积为 S 的物体的电流为

$$I=Nq\mu ES \tag{4-29}$$

电流密度则为

$$J=Nq\mu E \tag{4-30}$$

对光导电来说，必须考虑光激发产生的载流子的平均寿命。设单位时间光照后在单位体积内所生成的载流子数为 n_0，载流子平均寿命为 τ，则在稳定光的照射下，单位体积中的载流子数 N 为

$$N=n_0\tau \tag{4-31}$$

因此，稳态光电流密度 J_L 为

$$J_L=n_0\tau q\mu E \tag{4-32}$$

当入射光强为 I_0(光量子/$cm^2\cdot s$)，样品的光吸收系数为 $\alpha(cm^{-1})$，载流子生成的量子收率为 φ，样品的厚度为 l(cm)时，n_0 与入射光强 I_0、吸收光强 I_α 之间有如下的关系

$$n_0=I_\alpha l\varphi=lI_0(1-e^{-\alpha l})\varphi \tag{4-33}$$

因此

$$J_L=\frac{1}{l}I_0(1-e^{-\alpha l})\varphi\tau q\mu E \tag{4-34}$$

光导电材料通常以薄膜的形式出现，l 很小，故上式可简化为

$$J_L = I_0 \alpha \varphi \tau q \mu E \tag{4-35}$$

由式(4-35)可见，材料的光导电性除了材料本身性质外，还与入射光强和电场强度有关。

光导电包括三个基本过程，即光激发、载流子生成和载流子迁移。有关光激发的概念，将在第 5 章中介绍，此处不再赘述。

2. 光导电的机理——奥萨格离子对理论

对于光导电材料载流子产生的机理，曾提出过不少理论，其中最著名的是奥萨格(Onasger)离子对理论。

该理论认为，材料在受光照后，首先形成距离仅为 r_0 的电子——空穴对(离子对)，接着这个离子对在电场作用下热解离生成载流子。而离子对的形成有两种可能。一种是与从高能激发态向最低激发态的失活过程相竞争的自动离子化，这种方式产生载流子的量子收率较低。另一种是光激发所产生的最低单线激发态(或最低三线激发态)在固体中迁移到杂质附近，与杂质之间发生电子转移。这种有杂质参与的载流子生成过程称为外因过程，与此对应与杂质无关的载流子生成过程称为内因过程。通常，在外因过程中，杂质为电子给予体时，载流子是空穴，杂质为电子接受体时，载流子是电子。研究表明，酞菁类化合物和 PVK 类聚合物的光导电都是属于外部过程。另一方面，光导电性材料中存在的杂质也可能成为陷阱而阻挠载流子的运动。陷阱因能级不同而有深浅。在浅陷阱能级时，被俘获的载流子可被再激发而不影响迁移，但在深陷阱能级时，则对迁移无贡献。PVK 等光导电性高分子中的深陷阱浓度低，故光导电性较好。

4.5.2 光导电性高分子的结构与光导电

1. 光导电性高分子的结构

已经研究出许多光导电性高分子，其中最引人注目的是聚乙烯基咔唑(PVK)，其分子结构如下：

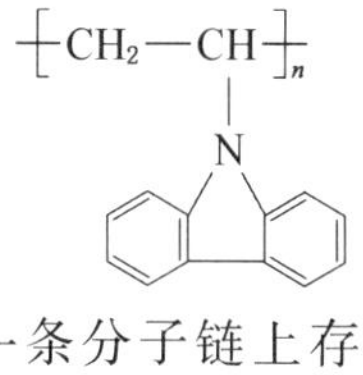

$$\left[CH_2 - CH \right]_n$$

N

PVK 是一种易结晶的聚合物，同一条分子链上存在全同立构的 H_{31} 螺旋与间同立构的 H_{21} 螺旋的嵌段结构，因此咔唑环的相互作用十分强烈，载流子正是通过咔唑环的 π 电子云重叠而迁移的。PVK 在暗处是绝缘体，而在紫外光照射下，电导率则可提高到 $5\times10^{-11}\ \Omega^{-1}\cdot cm^{-1}$。

研究表明，当物质的分子结构中存在共轭结构时，就可能具有光导电性。由此可将光导电聚合物分为五类：① 线型 π 共轭聚合物；② 平面型 π 共轭聚合物；③ 侧链或主链中含有多环芳烃的聚合物；④ 侧链或主链中含有杂环基团的聚合物；⑤ 高分子电荷转移络合物。下面是一些光导电性高分子的例子。其中，[1]和[2]属于①类聚合物，[3]—[7]属于②类聚合物，[8]和[9]属于④类聚合物，[10]属于⑤类聚合物。

$-[C(R)=C(R)-C\equiv C]_n-$

$R = CH_2OSO_2-C_6H_5$

[1]

$-[C(C_6H_5)-C_6H_4-CH-C(C_6H_5)-C_6H_4]_n-$

[2]

$-[O-\overset{O}{\overset{\|}{C}}-C_{10}H_6-\overset{O}{\overset{\|}{C}}-O-CH_2CH_2]_n-$

[3]

$-[CH_2-CH]_n-$（萘基）

[4]

$-[CH_2-CH]_n-$（蒽基）

[5]

$-[CH_2-CH]_n-$，CH_2，O（萘氧基）

[6]

$-[CH-CH]_n-$（萘基）

[7]

$-[CH_2-CH]-$（吖啶基，N）

[8]

$-[CH_2-CH]-$，C_6H_4，CH_2，N（咔唑基）

[9]

N　N　N　N　N　N　N　N　Cu

[10]

2. 光导电性高分子的光导电性

PVK 的光导电性主要显示在紫外区域内，实用中希望将光导电性扩展到可见光区域。由于 PVK 类聚合物的光导电机理属于外部过程，杂质起了增感剂的作用。因此可通过加入增感剂的方法扩展其感光区域。增感剂主要有两大类，一类是电子受体，如 I_2、五氯化锑、三硝基芴酮（TNF）、TCNQ、四氯苯醌、四氰基乙烯（TCNE）等。另一类是有机染料，如孔雀绿、结晶紫、三芳基碳鎓盐、苯并吡咯鎓盐、噻喃鎓盐等。

在与电子受体形成电荷转移络合物的增感中，基态的光导电体与增感剂之间生成的电荷转移络合物吸收可见光，经过电荷转移络合物的激发态，从电子给体向电子受体转移而生成载流子。在这类增感的光导电性高分子中，PVK 与 2，4，7-三硝基-9-芴酮（TNF）的电荷转移络合物是最著名的。后者的分子结构如下：

NO_2

O_2N　NO_2

O

TNF

2，4，7-三硝基-9-芴酮

这种光导电性高分子是在 PVK 中加入几乎等当量的 TNF，TNF 起着输送电子载流子的作用。研究表明，当照射光的波长 $\lambda>500nm$ 时，载流子是由电荷转移络合物引起的；而当 $\lambda<500nm$ 时，载流子的产生是由 PVK 和 TNY 共同贡献的。

电子受体 TCNQ 也是 PVK 的良好增感剂。在 PVK-TCNQ 体系中，TCNQ 的浓度仅百分之几就能使电荷转移络合物具有全色光电性。

将 PVK 分子链中部分链节硝化，可得到电子供体和电子受体在同一分子链上的电荷转移络合物。这种部分硝化的 PVK 具有更好的光导电性。类似地，聚乙烯基萘、聚苊烯等含有较大共轭基团的聚合物，都可进行硝化，以增加其光导电性。

在染料增感的情况下，染料增感剂吸收可见光而成为电子激发态，处于激发态的染料与基态的光导电体之间发生电子转移，生成载流子。研究发现，染料增感的载流子是空穴，表明在这过程中，电子由 PVK 移动至染料分子。因此，染料也相当于起了电子受体的作用。

柯达公司开发了一种用染料作增感剂的三组分光导电高分子，具有感度高、在 500～700nm 宽的可见光区域有光谱响应、在高速反复使用中电性能稳定等特点，已用作高速复印机的感光材料。这种光导电高分子是把 3-对-N，N-二氨基-2，5-二苯基噻喃鎓盐（染料）与二甲氨基取代三苯甲烷分散在聚碳酸酯中的分散体系。染料与聚合物形成了弱复合物，染料结晶形成凝聚物，这样，就使光谱响应从染料的固有波长向长波长区域扩展。染料结晶层吸收了可见光而成为电子激发态，经过激发能的迁移，与三苯甲烷衍生物之间进行电子转移而形成载流子。电子和空穴两种载流子对导电都有贡献。

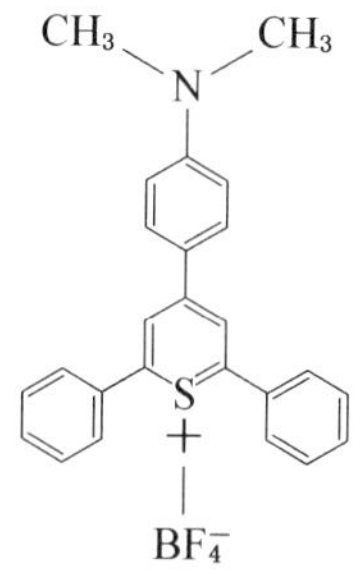

噻喃鎓盐染料

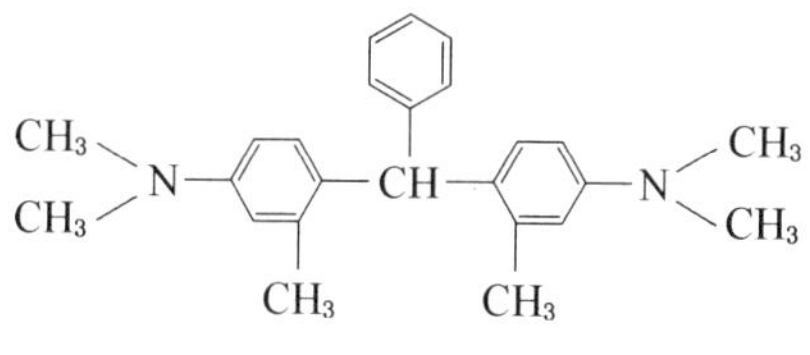

二甲氨基取代三苯甲烷

酞菁铜（CuPc）是一种重要的有机半导体和光导电体。由于其难以溶解，因此长期得不到实际应用。现在已合成出含有酞菁铜结构的聚酰胺。

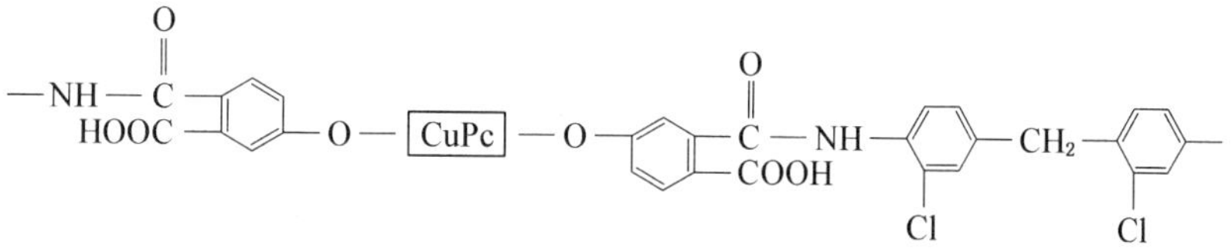

将这种聚合物与由顺丁烯二酸酐、二苯甲烷二胺合成的聚胺-酰胺酸酯共混，再经酰亚胺化处理，可制得含酞菁铜基 6.9％的聚胺-酰亚胺涂膜，具有良好的光导电性。

4.6 超导电高分子

4.6.1 超导态和超导理论的基本概念

1. 超导态及其特征

1911 年，荷兰的翁纳斯(H. K. Onnes)在测定金属汞的电阻值时发现，当温度低于某一数值后，电阻奇迹般地变为零。也就是说，此时电子可毫无阻碍地自由流过导体，而不发生任何能量的消耗。以后，又发现了许多金属、合金在低温下具有类似的性质。金属汞的这种低温导电状态，称为超导态。使汞从导体转变为超导体的转变温度，称为超导临界温度，记作 T_c。

从现象上看，超导态有以下 4 个特征：

(1) 电阻值为零；

(2) 超导体内部磁场为零；

(3) 超导现象只有在临界温度以下才会出现；

(4) 超导现象存在临界磁场，磁场强度超越临界值，则超导现象消失，见图 4-33。

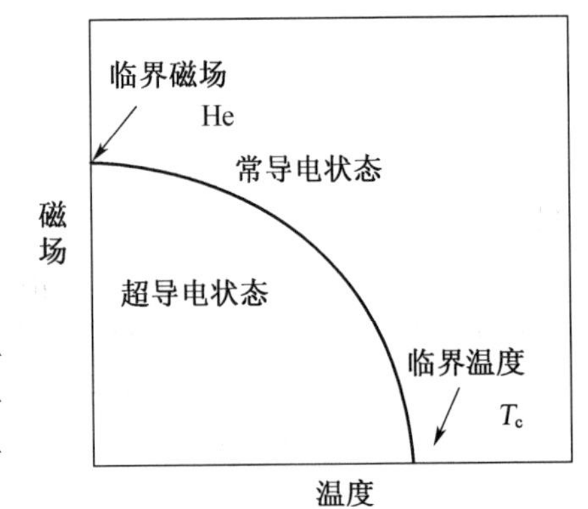

图 4-33 超导态的临界磁场-温度曲线

超导现象和超导体的发现，引起了科学界的极大兴趣。显然，超导现象对于电力工业的经济意义是不可估量的。这意味着大量消耗在电阻上的电能将被节约下来。事实上，超导现象的实用价值远不止电力工业。由于超导体的应用，高能物理、计算机通讯、核科学等领域都将发生巨大的变化。

但是，直到目前为止，已知的具有超导性质的材料，其临界温度都相当低。例如金属汞的临界温度 T_c为 4.1K，铌锡合金的 T_c为 18.1K，铌铝锗合金的 T_c为 23.2K。1975 年发明的第一个无机高分子超导体聚氮硫的 T_c仅为 0.26K。显然，在这样低的温度下，超导体的利用是得不偿失的。因此，如何提高材料的超导临界温度，成为科学家们十分关注的课题之一。

2. 超导理论

1957 年，巴顿(Bardeen)、库柏(Cooper)和施里费尔(Schrieffer)提出了著名的 BCS 超导理论。

根据麦克斯威(Maxwell)等人对同位素含量不同的超导体的研究，发现它们的 T_c与金属的平均原子量 M 的平方根成反比。即质子质量影响超导态。这表明，超导现象与晶格操动(声子 phonon)有关。因此，BCS 理论认为，物质超导态的本质是被声子所诱发的电子间的相互作用，也就是以声子为媒介而产生的引力克服库仑排斥力而形成电子对。

先以金属中的两个自由电子的运动为例。超导理论认为，金属中的阳离子以平衡位置为中心进行晶格振动。如图 4-34 所示，当一个自由电子在晶格中运动时，阳离子与自由电子之间的库仑力作用使阳离子向电子方向收缩。由于晶格离子运动比电子的运动速度慢得多，故当自由电子通过某个晶格后，离子还处于收缩状

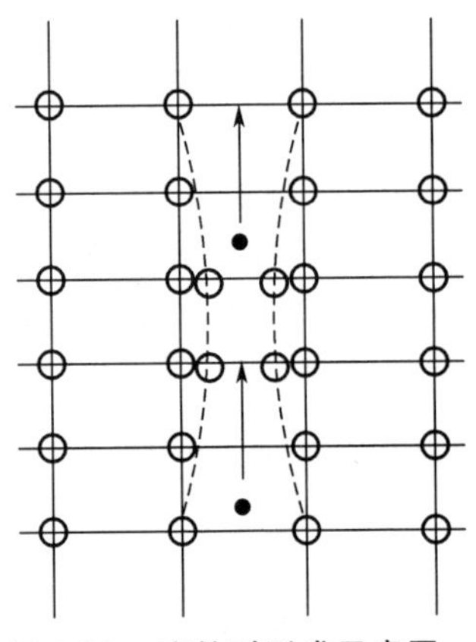
图 4-34 库柏对形成示意图

态。因此，这一离子收缩地带局部呈正电性，于是就有第二个自由电子被吸引入。这样，由于晶格运动和电子运动的相位差，使两个电子间产生间接引力，形成电子对。这种电子对由库柏所发现，因此称为库柏对。库柏对的两个电子间的距离为数千纳米，而在金属中，实际电子数是很多的，电子间的平均距离为 0.1nm 左右，因此库柏对是相互纠缠在一起的。为了使很多库柏对共存，所有的电子对都应有相同的运动量。更准确地说，每个库柏对中的两个电子应具有方向相反、数量相等的运动量。因此，库柏对在能量上比单个电子运动稳定得多，在一定条件下能许多库柏对共存。

由于库柏对的引力并不很大，因此，当温度较高时，库柏对被热运动所打乱而不能成对。同时，离子在晶格上强烈地不规则振动，使形成库柏对的作用大大减弱。而当温度足够低时，库柏对在能量上比单个电子运动要稳定，因此，体系中仅有库柏对的运动，库柏对电子与周围其他电子实际上没有能量的交换，因此也就没有电阻，即达到了超导态。显然，使库柏对从不稳定到稳定的转变温度，即为超导临界温度。根据 BCS 理论的基本思想，经量子力学方法计算，可得如下关系式：

$$T_c = \frac{WD}{k}\exp\left[\frac{-1}{N(0)V}\right] \tag{4-36}$$

其中，WD 为晶格平均能，其值在 $10^{-1}\sim10^{-2}$ eV 之间；k 为玻尔兹曼(Boltzmnan)常数；$N(0)$ 为费密(Fermi)面的状态密度；V 表示电子间的相互作用。按上式计算，金属的 T_c 上限为 30K 左右。1986 年瑞士制得的金属氧化物，其 T_c 达到 30K 这个阈值。因此，要得到高温超导体，必须摆脱声子-电子超导机理的约束，寻找由其他机制引起超导态的可能性。

由上述理论可知，要提高材料的超导临界温度。必须提高库柏对电子的结合能。由图 4-34可见，当电子在金属晶格中运动时，如果离子的质量越轻，则形成的库柏对就越多，越稳定。根据质量平衡关系，离子的最大迁移率与离子质量的平方成反比。因此可以认为，库柏对电子的结合能与离子的质量有关。离子的质量越小，库柏对电子的结合能就越大，相应的超导临界温度就越高。由此设想，如果库柏对的结合能不是由金属离子所控制，而是由聚合物中的电子所控制的话，由于电子的质量是离子的千百万分之一，因此，超导临界温度可大大提高。

通过超导机理的研究人们认为，要制备超导临界温度在液氮温度(77K)以上、甚至是常温超导的材料，通过高分子材料来实现的可能性比通过金属材料要大得多。

4.6.2 超导高分子的 Little 模型

由于 BCS 理论并没有限制库柏对只能通过声子为中介而形成，因此，利特尔(W. A. Little)在研究了金属的超导机理后，分析了线型聚合物的化学结构，提出了设想的超导聚合物模型，如图 4-35 所示。

他认为，超导聚合物的主链应为高导电性的共轭双键结构，在主链上有规则地连接一些极易极化的短侧基。由于共轭主链上的 π 电子并不固定在某一个碳原于上，它可以从一个 C—C 键迁移到另一个 C—C 键上。从这一意义上讲，聚合物共轭主链上的 π 电子，类似于金属中的自由电子。当 π 电子流经侧基时，形成内电场使侧基极化，则侧基靠近主链的一端呈正电性。由于电子运动速度很快，而侧基极化的速度远远落后于电子运动，于是在主链两侧形成稳定的正电场，继续吸引第二个电子。因此在聚合物主链上形成库柏对。

利特尔还认为，共轭主链与易极化的侧基之间要用绝缘部分隔开，以避免主链中的 π 电子与侧基中的电子重叠，使库仑力减少而影响库柏对的形成。

作为例子，利特尔提出了一个超导聚合物的具体结构。这种聚合物的主链为长的共轭双链体系，侧基为电子能在两个氮原子间移动而“摇晃”的菁类色素基团。侧基上由于电子的“摇晃”而引起的正电性，能与主链上的 π 电子发生库仑力作用而导致库柏对的形成，从而使聚合物成为超导体，见图 4-36。

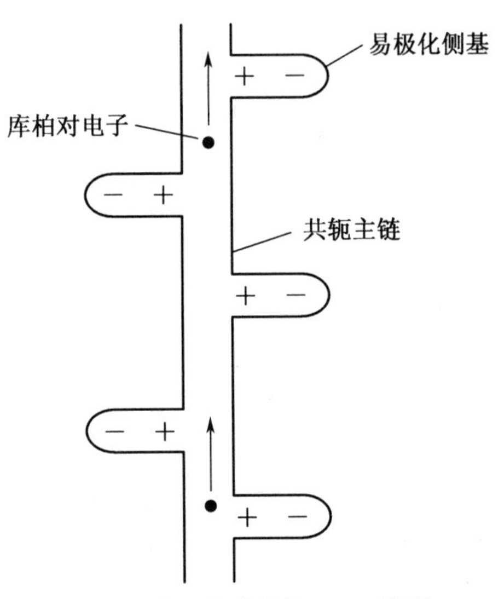

图 4-35　超导聚合物的 Little 模型

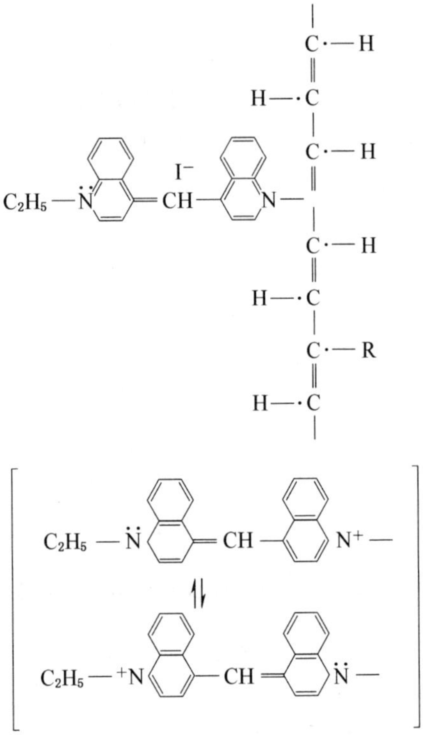

利特尔利用式(4-36)对该聚合物的 T_c 进行了估算。电子间的相互作用 V 可用式(4-37)表示：

$$V=V_{库仑}+V_{侧}=-\frac{2}{G} \tag{4-37}$$

式中，G 为单位晶胞数，此处为主链中碳原子数目的 1/4。并且，

$$N(0)\approx\frac{1}{5}G \tag{4-38}$$

因此可估算出该超导聚合物的 T_c 约为 2200K。

显然，如果真能合成出临界温度如此之高的超导体，则它的应用将不受任何限制。

对上述建立在电子激发基础上的 Little 模型提出了不少异议。例如，在理想的一维体系中，即使电子间有充分的引力相互作用，但由于存在一维涨落现象，在有限温度下不可能产生电子的长程有序，因而不可能产生超导态；晶格畸变使费密面上出现能隙而成为绝缘体；对主链上电子之间的屏蔽作用估计过小；所提出的聚合物应用的分子结构合成极为困难等等。现实的问题是，尽管化学家采取了多种办法，企图按 Little 模型合成高温超导聚合物，但至今为止，尚未检测出超导性。

近年来，不少科学家提出了许多其他超导聚合物的模型，各有所长，但也有不少缺陷。因此，在超导聚合物的研究中，还有许多艰巨的工作要做。

图 4-36　Little 超导聚合物结构

思考题

1. 导电高分子类型有哪些？其导电的本质各是什么？
2. 哪些类型的聚合物具有本征导电性？
3. 叙述高分子电解质的导电机理。什么是快离子导电？
4. 共轭导电高分子的导电机理是什么？掺杂的作用是什么？
5. 电荷转移型聚合物有哪 4 种形式？

6. 试举例说明金属有机化合物的导电性。
7. 复合型导电高分子的导电机理是什么？主要的导电填料有哪些？
8. 导电炭黑的结构有哪些特点？影响含炭黑聚合物导电性的因素有哪些？
9. 什么是光导电材料？有哪些重要的光导电高分子材料？
10. 什么是超导态？超导态有何特征？合成超导高分子材料的目的是什么？
11. 碳纳米管的电子特性是什么？
12. 碳纳米管-高分子复合导电材料的制备方法有哪些？

参考文献

[1] 日本高分子学会高分子实验编委会. 功能高分子[M]. 李福绵，译. 北京：科学出版社，1983.
[2] 雀部博之. 导电高分子材料[M]，曹镛，叶成，朱道本，译. 北京：科学出版社，1984.
[3] 林展如. 金属有机聚合物[M]. 成都：成都科技大学出版社，1987.
[4] 陈义镛. 功能高分子[M]. 上海：上海科学技术出版社，1988.
[5] 孙酣经. 功能高分子材料及应用[M]. 北京：化学工业出版社，1990.
[6] 朱雷，李郁芬. 纳米材料的一支新军——碳纳米管[J]. 物理，1993，22(10)：635-636.
[7] 黄维恒，闻建勋. 高技术有机高分子材料进展[M]. 北京：化学工业出版社，1994.
[8] 王国建，王公善. 功能高分子[M]. 上海：同济大学出版社，1995.
[9] 万梅香. 导电高分子[J]. 高分子通报，1999，9：47-53.
[10] 郭卫红，汪济奎. 现代功能材料及其应用[M]. 北京：化学工业出版社，2002.
[11] 益小苏. 复合导电高分子材料的功能原理[M]. 北京：国防工业出版社，2004.
[12] 王安之，吕满庚. 碳纳米管/高分子复合导电材料的研究进展[J]. 高分子通报，2006，5：65-70.
[13] 赵择卿，陈小立. 高分子材料导电和抗静电技术及应用[M]. 北京：中国纺织出版社，2006.
[14] 戈登 G 华莱士，杰弗里 M 斯平克斯，利昂 AP 凯恩马圭尔等. 导电活性聚合物：智能材料体系[M]. 吴世康，译. 北京：科学出版社，2007.
[15] 饶早英，王蜀霞，牛君杰. 碳纳米管的电学性质[J]. 重庆工业学院学报(自然科学版)，2008，22(1)：52-54.
[16] 黄惠，郭忠诚. 导电聚苯胺的制备及应用[M]. 北京：科学出版社，2010.

5　感光性高分子

5.1　概述

感光性高分子是指吸收了光能后能在分子内或分子间产生化学、物理变化的一类功能高分子材料。这种变化发生后，材料将输出其特有的功能。从广义上讲，按其输出功能，感光性高分子包括光导电材料、光电转换材料、光能储存材料、光记录材料、光致变色材料和光致抗蚀材料等。目前开发比较成熟、真正有实用价值的感光性高分子材料主要是指光致抗蚀材料和光致诱蚀材料，产品包括光刻胶、光固化黏合剂、感光油墨、感光涂料等。

本章中主要介绍后一类狭义的感光性高分子，即光致抗蚀材料和光致诱蚀材料。感电子束和感X射线高分子在本质上与感光高分子相似，故略作介绍。光导电材料和光电转换材料已在导电高分子一章中作了讨论。

所谓光致抗蚀材料，是指高分子材料经光照辐射后，分子结构从线型可溶性的转变为网状不可溶的，从而产生了对溶剂的抗蚀能力。而光致诱蚀材料正相反，当高分子材料受光照辐射后，感光部分发生光分解反应，从而变为可溶性。如目前广泛使用的预涂感光版，简称PS版(Presensitized Plate)，就是将感光材料树脂预先涂敷在亲水性的基材(如阳极氧化铝板)上制成的。晒印时，树脂若发生光交联反应，则溶剂显像时未曝光的树脂被溶解，感光部分的树脂留了下来。这种PS版称为负片型。而晒印时若发生光分解反应，则溶剂将曝光分解部分的树脂溶解而称为正片型。

作为感光性高分子材料，应具有一些基本的性能，如对光的敏感性、成像性、显影性、膜的物理化学性能等。但对不同的用途，要求并不相同。如作为电子材料及印刷制版材料，对感光高分子的成像特性要求特别严格；而对黏合剂、油墨和涂料来说，感光固化速度和涂膜性能等则显得更为重要。

光刻胶是微电子技术中细微图形加工的关键材料之一。特别是近年来大规模和超大规模集成电路的发展，更是大大促进了光刻胶的研究开发和应用。

印刷工业是光刻胶应用的另一重要领域。1954年由明斯克(Minsk)等人首先研究成功的聚乙烯醇肉桂酸酯就是用于印刷技术的，以后才用于电子工业。与传统的制版工业相比，用光刻胶制版，具有速度快、重量轻、图案清晰等优点。尤其是与计算机配合后，更使印刷工业向自动化、高速化方向发展。

近年来迅速发展的3D打印技术，则是以数字模型文件为基础，通过计算机辅助设计(CAD)或计算机动画建模软件建模，然后运用光固化树脂等可黏合材料，通过逐层打印的方式来构造物体的新型制造技术。3D打印技术可大幅降低生产成本，提高原材料和能源的使用效率，减少对环境的影响，还使消费者能根据自己的需求量身定制产品。因此3D打印技术代表了制造业的发展新趋势。

感光性黏合剂、油墨、涂料是近年来发展较快的精细化工产品。与普通黏合剂、油墨和涂料相比，前者具有固化速度快、涂膜强度高、不易剥落、印迹清晰等特点，适合于大规模快速生产。尤其对用其他方法难以操作的场合，感光性黏合剂、油墨和涂料更有其独特的优点。如牙齿修补黏合剂，用光固化方法操作，既安全卫生，又快速便捷，深受患者与医务工作者欢迎。

感光性高分子作为功能高分子材料的一个重要分支，自从 1954 年以 Minsk 等人研究的聚乙烯醇肉桂酸酯成功地应用于印刷制版以后，在理论研究和推广应用方面都取得了很大的进展，应用领域已从电子、印刷、精细化工等扩大到塑料、纤维、医疗、生化和农业等方面，发展之势，方兴未艾。本章将较为详细地介绍光化学反应的基础知识与感光性高分子的研究成果。

5.2 光化学反应的基础知识

5.2.1 光的性质和光的能量

光化学主要研究在光作用下发生化学变化的基本原理和方法。光化学反应与我们熟知的热化学反应有着明显的区别。光化学反应主要是靠体系分子吸收光能，形成激发态之后发生反应。

光化学反应是功能高分子制备或应用的一个重要途径。在我们的周围，光化学反应扮演着一个非常重要的角色，例如植物的生长就是通过光化学反应(光合反应)进行的。没有光化学，也就没有五彩缤纷的世界，没有电影、电视、电脑，等等，因此了解光化学原理具有重要意义。

物理学的知识告诉我们，光是一种电磁波。在一定波长和频率范围内，它能引起人们的视觉，这部分光称为可见光。广义的光还包括不能为人的肉眼所见的微波、红外线，紫外线、X 射线和 γ 射线。

按现代光学理论，光具有波粒二相性。光的微粒性是指光有量子化的能量，这种能量是不连续的。不同频率或波长的光有其最小的能量微粒，这种微粒称为光量子，或称光子。光的波动性是指光线有干涉、绕射、衍射和偏振等现象，具有波长和频率。

光的波长 λ 和频率 ν 之间有如下的关系

$$\nu=\frac{c}{\lambda} \tag{5-1}$$

c 为光在真空中的传播速度($2.998\times10^{8}\,\mathrm{m/s}$)。

在光化学反应中，光是以光量子为单位被吸收的。一个光量子的能量由下式表示

$$E=h\nu=h\cdot\frac{c}{\lambda} \tag{5-2}$$

其中，h 为普朗克(Planck)常数($6.62\times10^{-34}\,\mathrm{J\cdot s}$)。

在光化学中有用的量是每摩尔分子所吸收的能量。假设每个分子只吸收一个光量子，则每摩尔分子吸收的能量称为一个爱因斯坦(Einstein)，实用单位为千焦耳(kJ)或电子伏特(eV)。

$$1\mathrm{Einstein}=Nhv=\frac{Nhc}{\lambda}=\frac{1.197\times10^{5}}{\lambda}=\frac{1.24\times10^{3}}{\lambda} \tag{5-3}$$

其中，N 为阿伏伽德罗(Avogadro)常数(6.023×10^{23})。

用式(5-3)可计算出各种不同波长的光的能量(表 5-1)。作为比较，表 5-2 中给出了各种

化学键的键能。由表中数据可见，$\lambda=200\sim800$nm 的紫外光和可见光的能量足以使大部分化学键断裂。

表 5-1　各种波长的能量

光线名称	波长 /nm	能量 /kJ	光线名称	波长 /nm	能量 /kJ
微波	$10^6\sim10^7$	$10^{-1}\sim10^{-2}$		400	299
红外线	$10^3\sim10^6$	$10^{-1}\sim10^2$	紫外线	300	399
可见光	800	147		200	599
	700	171		100	1197
	600	201	X 射线	10^{-1}	10^6
	500	239	γ 射线	10^{-3}	10^8

表 5-2　化学键键能

化学键	键能 /(kJ · mol^{-1})	化学键	键能 /(kJ · mol^{-1})	化学键	键能 /(kJ · mol^{-1})
O—O	138.9	C—Cl	328.4	C—H	413.4
N—N	160.7	C—C	347.7	H—H	436.0
C—S	259.4	C—O	351.5	O—H	462.8
C—N	291.6	N—H	390.8	C=C	607

5.2.2　光的吸收

发生光化学反应必然涉及光的吸收。光的吸收一般用透光率来表示，记作 T，定义为入射到体系的光强 I_0 与透射出体系的光强 I 之比

$$T=\frac{I}{I_0} \tag{5-4}$$

如果吸收光的体系厚度为 l(cm)，浓度为 c(mol/l)，则有

$$\lg T=\lg\frac{I}{I_0}=-\varepsilon lc \tag{5-5}$$

式(5-5)称为兰布达-比尔(Lambert-Beer)定律。其中，ε 称为摩尔消光系数。它是吸收光的物质的特征常数，也是光学的重要特征值，仅与化合物的性质和光的波长有关。

实际上，表征光吸收的更实用的参数是光密度 D，它由式(5-6)来定义

$$D=\lg\frac{1}{T}=\lg\frac{I_0}{I}=\varepsilon lc \tag{5-6}$$

必须指出，兰布达-比尔定律仅对单色光严格有效。

当光透过厚度为 l 的物体时，光在物体内部吸收的情况如图 5-1 所示。

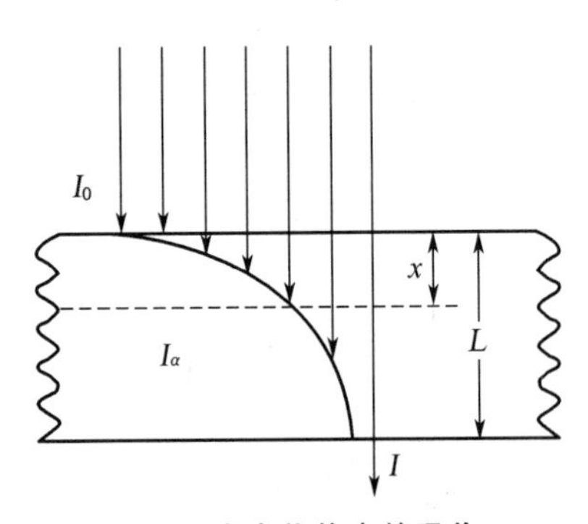

图 5-1　光在物体内的吸收

被厚度为 l 的物体所吸收的光强 I_α 可用式(5-7)表示

$$I_\alpha=I_\alpha(1-e^{-\alpha l}) \tag{5-7}$$

其中，$\alpha=2.303\varepsilon c$。

在厚度 $0\leqslant x\leqslant l$ 范围内将式(5-7)对 x 微分,可得

$$\frac{\mathrm{d}I_{\alpha}}{\mathrm{d}x}=I_{0}\alpha\mathrm{e}^{-\alpha x} \tag{5-8}$$

式表示在厚度 x 处单位时间和单位面积所吸收的光强。因此,在厚度 x 内每一单位重量物质所吸收的能量 $E_{\alpha}(x)$ 可表示为:

$$E_{\alpha}(x)=t\mathrm{d}I_{0}\alpha\mathrm{e}^{-\alpha x} \tag{5-9}$$

其中,t 为光照射时间,d 为物体的密度。

5.2.3 光化学定律

光化学现象是人们很早就观察到了的。例如,染过色的衣服经光的照射而褪色;卤化银见光后会变黑;植物受到光照会生长(光合成)等。

对光化学现象的定量研究最早是在 1817 年由格鲁塞斯(Grotthus)和德雷珀(Draper)开始的。他们通过大量的研究,认识到并不是所有的入射光都会引起化学反应,从而建立了 Gtotthus-Draper 定律,即光化学第一定律,这个定律表述为:只有被分子吸收的光才能有效地引起化学反应。其含意十分明显。

1908 年由斯达克(Stark)和 1912 年由爱因斯坦(Einstein)对光化学反应作了进一步研究之后,提出了 Stark-Einstein 定律,即光化学第二定律。该定律指出:一个分子只有在吸收了一个光量子之后,才能发生光化学反应。光化学第二定律的另一表达形式为:吸收了一个光量子的能量,只可活化一个分子,使之成为激发态。

现代光化学研究发现,在一般情况下,光化学反应是符合这两个定律的。但亦发现有不少实际例子与上述定律并不相符。如用激光进行强烈的连续照射所引起的双光量子反应中,一个分子可连续吸收两个光量子。此外,由于激发态分子不稳定,有一部分可能失活,回到基态,不引起化学反应。而有的分子所形成的激发态则可能将能量进一步传递给其他分子,形成多于一个活化分子,引起连锁反应,如苯乙烯的光聚合反应。因此,爱因斯坦又提出了量子收率的概念,作为对光化学第二定律的补充。量子收率用 Φ 表示:

$$\Phi=\frac{\text{光化学反应中起反应的分子数}}{\text{吸收的光量子数}} \tag{5-10}$$

或写成

$$\Phi=\frac{\text{光化学过程的速度}}{\text{吸收光的速度}} \tag{5-11}$$

被吸收的光量子数可用光度计测定,反应的分子数可通过各种分析方法测得,因此,这个概念比光化学定律更为实用。实验表明,Φ 值的变化范围极大,大可至上百万,小可到很小的分数。知道了量子收率 Φ 值,对于理解光化学反应的机理有很大的帮助。如:$\Phi\leqslant 1$ 时是直接反应;$\Phi>1$ 时是连锁反应。乙烯基单体的光聚合,产生一个活性种后可加成多个单体,$\Phi>1$,因此是连锁反应。

爱因斯坦的这种微观研究,不仅修正和完善了光化学定律,而且进一步揭示了光化学反应的机理,因此,对光化学研究起了重要的推动作用。

5.2.4 分子的光活化过程

从光化学定律可知，光化学反应的本质是分子吸收光能后的活化。当分子吸收光能后，只要有足够的能量，分子就被活化。分子的活化有两种途径：一是分子中的电子受光照后能级发生变化而活化，二是分子被另一光活化的分子传递来的能量而活化，即分子间的能量传递。下面我们讨论这两种光活化过程。

1. 弗朗克-康顿(Franck-Condon)原理

在讨论分子本身光活化之前，先介绍一下弗朗克-康顿原理。该原理指出：无论在单原子分子还是多原子分子中，由于电子的跃迁(10^{-5}s)比核运动(10^{-3}s)快得多(近 100 倍)。因此，在电子跃迁后的瞬间，核几乎仍处于跃迁前的相同位置，并具有跃迁前的动量。也就是说，分子的活化过程，仅考虑电子跃迁就可以了，不必顾虑核的运动。或者说，电子跃迁时，分子的构型是不变的。

2. 分子的电子结构

按量子化学理论解释，分子轨道是由构成分子的原子价壳层的原子轨道线性组合而成。换言之，当两个原子结合形成一个分子时，参与成键的两个电子并不是定域在自己的原子轨道上，而是跨越在两个原子周围的整个轨道(分子轨道)上的。原子轨道和分子轨道是电子波函数的描述。例如，两个相等的原子轨道 Φ_A 和 Φ_B 的相互作用后可形成两个分子轨道：

$$\Phi_1 = \Phi_A + \Phi_B$$

$$\Phi_2 = \Phi_A - \Phi_B$$

其中，一个分子轨道是成键的，能量比原来的原子轨道更低，因此更稳定；而另一个分子轨道是反键的，能量比原来的原子轨道高。这种情况可描绘如图 5-2 所示。

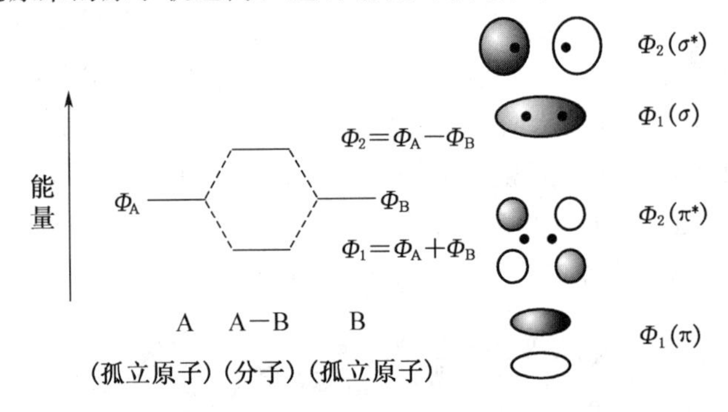

图 5-2 轨道能量和形状示意图

分子轨道的形状亦描述于图 5-2 中。围绕原子核之间的轴完全对称的成键轨道记作 σ，称 σ 键。反键轨道记作 σ^*，称 σ^* 键。如当 Φ_A 和 Φ_B 为 S 轨道或 P 轨道时，形成的分子轨道即为 σ 轨道与 σ^* 轨道。由两个垂直于核轴而又彼此平行的 P 轨道形成的分子轨道称为 π 轨道和 π^* 轨道。

形成成键轨道时，两个原子核之间，电子存在的几率高；而形成反键轨道时，两个原子核之间，有一个电子存在几率为零的与核轴垂直的平面。如果两个原子轨道中，每一个都占有一个电子，或者一个拥有两个电子而另一个轨道是空的，则在分子体系中，这两个电子都将占据能量较低的成键分子轨道。与孤立原子相比，体系将更稳定。这就是电子对共价键的分子轨道描述的基础。

通常,如果参与成键的电子有 $2n$ 个,就有 $2n$ 个分子轨道(n 个成键轨道和 n 个反键轨道)。在光化学反应中,人们感兴趣的分子轨道有五种:非键电子的 n 轨道;π 键电子的 π 轨道;σ 键电子的 σ 轨道;反键的 π^* 反键轨道和反键 σ^* 轨道。单键的成键轨道是 σ 轨道,双键的成键轨道除了一个 σ 轨道外,还有一个能级较高的 π 轨道。O、N 等原子周围的孤电子轨道是 n 轨道。最适当地描述一个分子的电子分布需要薛定锷(E. Sehrodinger)方程式的解。但该方程的正确解依赖于电子与核间的静电相互作用、静电排斥、分子振动及磁相互作用,较为复杂,而且只限于简单分子的计算。因此常用图示表达更为直观。有关这方面的知识,在普通化学中已经学过。进一步的了解可参阅有关量子化学的书籍,这里从略。

下面我们举一个甲醛分子的例子来说明各种化学键。

在甲醛分子中,碳原子以 sp^2 杂化轨道与两个氢原子的 1s 轨道和氧原于的 $2p_x$ 轨道形成三根 σ 键;碳和氧的 p_x 轨道形成 π 键;氧的 $2p_y$ 则是不参与分子形成的 n 非键轨道。于是,6 个电子(4 个来自于氧,2 个来自于碳)容纳在 σ,π,n 三个能级较低的轨道中。从能级图中可看到,σ 键能量最低,π 键能量较高,而 n 键能量更高(见图 5-3)。

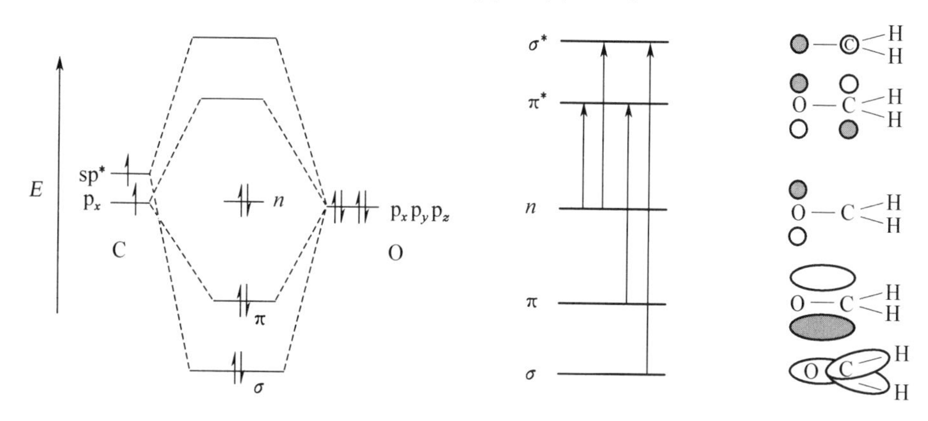

图 5-3　甲醛分子的分子轨道,能级和跃迁类型

3. 三线态和单线态

根据鲍里(Pauli)不相容原理,成键轨道上的两个电子能量相同,自旋方向相反,因此,能量处于最低状态,称作基态。分子一旦吸收了光能,电子将从原来的轨道激发到另一个能量较高的轨道。由于电子激发是跃进式的、不连续的,因此称为电子跃迁。电子跃迁后的状态称为激发态。

激发态的化合物在原子吸收和发射谱中,呈现($2S+1$)条谱线,称为多重态。这里,S 是体系内电子自旋量子数的代数和,自旋量子数可以是 $+1/2$ 或 $-1/2$。根据鲍里不相容原理,两个电子在同一个轨道里,必须是自旋配对的。也就是说,一个电子的自旋量子数是 $+1/2$(用 ↑ 表示),另一个是 $-1/2$(用 ↓ 表示)。当分子轨道里所有电子都配对时(↑ ↓),自旋量子数的代数和等于零,则多重态($2S+1$)$=1$。即呈一条谱线。这种状态,称为单线态,用 S 表示。基态时的单线态称为基态单线态,记作 S_0。大多数成键电子基态时都处于单线态。但也有少数例外,如氧分子在基态时,电子自旋方向相同,称为基态三线态,记作 T_0。

电子受光照激发后,进入能量较高的反键轨道。如果此时被激发的电子保持其自旋方向不变,称为激发单线态。按激发能级的高低,从低到高依次记为 S_1,S_2,S_3,…。如果被激发的电子在激发后自旋方向发生了改变,不再配对(↑ ↑ 或 ↓ ↓),则自旋量子数之和 $S=1$,表现出状态的多重性,即 $2S+1=3$,体系处于三线态,称为激发三线态,用符号 T 表示。按激发能级的高低。从低到高依次记为 $T_1, T_2, T_3 \cdots$(图 5-4)。

电子从基态的最高占有分子轨道激发到最低空分子轨道的能量最为有利。因此,在光化学反应中,最重要的是与反应直接相关的第一激发态 S_1 和 T_1。S_1 和 T_1 在性质上有以下的区别:

(1) 三线态 T_1 比单线态 S_1 的能量低。

(2) 三线态 T_1 的寿命比单线态 S_1 的长。

(3) 三线态 T_1 的自由基性质较强,中线态 S_1 的离子性质较强。

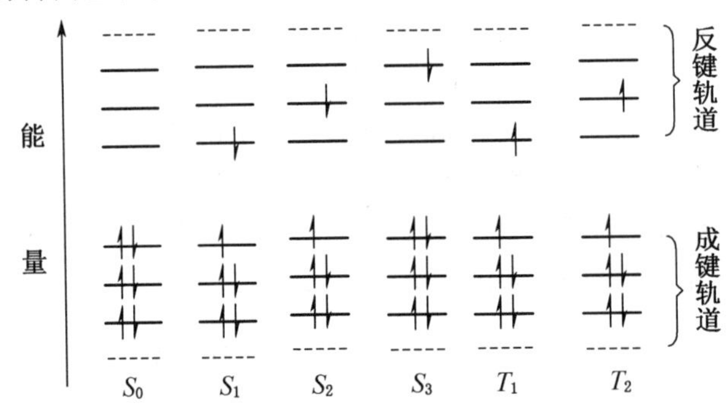

图 5-4　电子跃迁示意图

4. 电子激发态的行为

一个激发到较高能态的分子是不稳定的,除了发生化学反应外,它还将竭力尽快采取不同的方式自动地放出能量,回到基态。

单原子气体在低温,低压下多半只有一种回到基态的方式,即发射能量的反向跃迁。

多原子分子和在适当压力下的单原子气体,其激发态就有多种失去激发能的途径,如:

(1) 电子状态之间的非辐射转变,放出热能(内部转化)。

(2) 电子状态之间的辐射转变,放出荧光或磷光,

(3) 分子之间的能量传递。

(4) 化学反应。

显然,光化学研究感兴趣的是(3)和(4)两种转变。但这两种转变只有在能量传递速度或化学反应速度大于其他能量消失过程速度时才能发生。

电子跃迁和激发态的行为可用雅布隆斯基(Jablonsky)图线(图 5-5)来直观描述。

雅布隆斯基图线是基态处于单线态的模式图。分子一旦吸收光能后,就产生对应于该能量 $S_j(1 \leqslant j \leqslant n)$ 的某一振动能级(图中细横线)的电子跃迁。向 T_j 的直接跃迁是禁阻的,所以不会发生。电于跃迁过程非常迅速,在 $10^{-13} \sim 10^{-15}$ s 之间。随后经历一个失去多余的振动能量而经由降至 S_j 低能级的过程($10^{-9} \sim 10^{-12}$ s),依次向比 S_j 能级更低的 $S_{j-i}(1 \leqslant i \leqslant j+1)$ 降落下去,最后降到 S_1。从 S_j 向下降一个能级到 S_{j-1} 的现象称为内部转化。内部转化过程非常迅速,在 $10^{-13} \sim 10^{-14}$ s 之间完成。由于这个过程是如此之快,以致可以认为吸收了光的分子几乎都是瞬间直接降到 S_1 的。

从 S_1 出发,激发电子可能表现出以下三种行为:

(1) 发出荧光回到 S_0(辐射)。

(2) 经由内部转化而失去振动能回到 S_0(非辐射)。

(3) 通过系间窜跃实现 S_1 向 T_1 的转变。

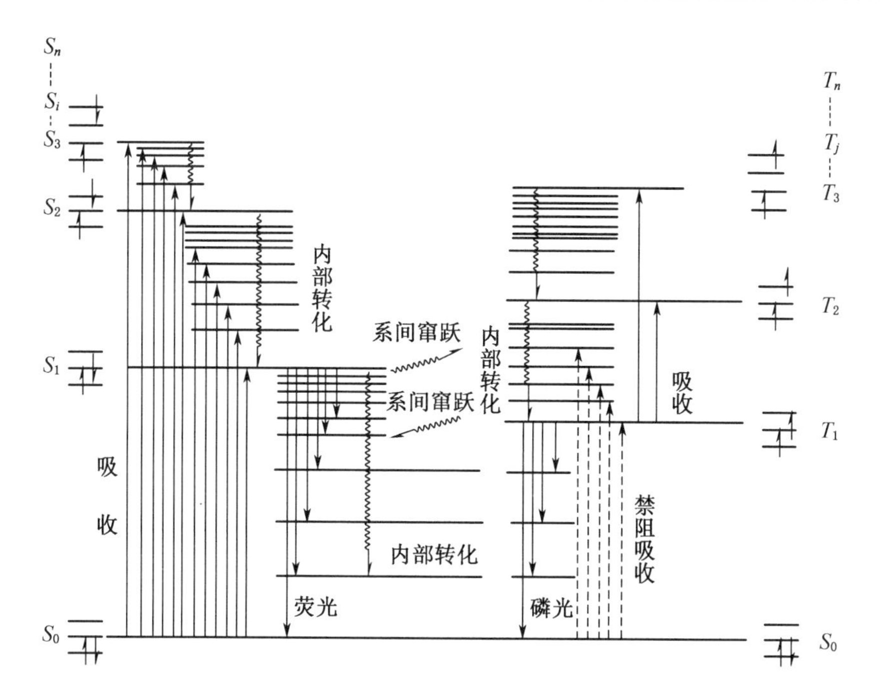

图 5-5 Jablonsky 图线

(1)和(2)两个过程因与化学过程无关,故亦称失活过程。S_1向 T_1的系间窜跃是光化学反应的重要过程。由于系间窜跃改变电子的自旋方向,所以比内部转化过程缓慢,一般需要 10^{-6}s 左右。

从 T_1出发,激发电子可能表现出两种行为:

(1) 通过系间窜跃返回 S_0。

(2) 发出磷光回到 S_0。

上述两种过程都需要改变自旋方向,所以是慢过程。

分子从基态变为激发态吸收的能量,要比从激发态回到基态放出的能量大。因为分子从基态到激发态吸收的能量包括三部分:跃迁能、振动能和转动能。而回到基态时,则只放出跃迁能,振动能和转动能都在分子内部消耗掉了。

单线态 S_1的寿命(10^{-8}s)比三线态 T_1的(10^{-2}s)短得多。换言之,三线态分子在体系中将比单线态分子存在的时间长得多。正因为如此,三线态分子与其他物质碰撞的几率高。这表明在其他因素相同的情况下,三线态分子比单线态分子发生光化学反应的几率高。这在光化学研究中是有重大意义的。

5. 电子跃迁的类型

电子跃迁除了从成键轨道向反键轨道的跃迁外,还有非键轨道(孤电子)向反键轨道的跃迁。按卡夏(Kasha)命名法,电子跃迁,可归纳并表示为如下 4 种:

(1) 从 σ 轨道向 σ^* 轨道跃迁($\sigma \to \sigma^*$ 跃迁)。

(2) $\pi \to \pi^*$ 跃迁。

(3) $n \to \sigma^*$ 跃迁。

(4) $n \to \pi^*$ 跃迁。

从能量的大小看,$n \to \pi^*$ 和 $\pi \to \pi^*$ 的跃迁能量较小,$\sigma \to \sigma^*$ 的跃迁能量最大(图 5-6)。因此在光化学反应中,$n \to \pi^*$ 和 $\pi \to \pi^*$ 的跃迁是最重要的两类跃迁形式。从图 5-6 中可以看

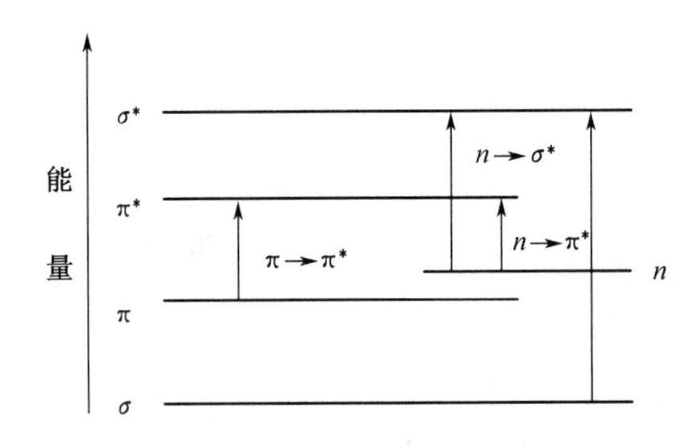

图 5-6　电子跃迁相对能量

出，最低能量的跃迁是 $n\to\pi^*$ 跃迁。但是，高度共轭体系中的 π 轨道具有的能量高于 n 轨道的能量，因此有时 $\pi\to\pi^*$ 跃迁反而比 $n\to\pi^*$ 跃迁容易。

$n\to\pi^*$ 和 $\pi\to\pi^*$ 跃迁在性质上有所不同，其差别参见表 5-3。

表 5-3　$n\to\pi^*$ 和 $\pi\to\pi^*$ 跃迁性质比较

性　质	$n\to\pi^*$	$\pi\to\pi^*$
最大吸收波长	270～350nm(长)	180nm(短)
消光系数	<100	>1000
溶剂反应	极性越大，越向紫偏移	极性越大，越向红偏移
取代基效应	给电子基团使吸收波长向紫移动	给电子基团使吸收波长向红移动
吸收光谱图形	宽	窄
单线态寿命	$>10^{-6}$s(长)	$10^{-7}\sim10^{-9}$s(短)
三线态寿命	10^{-3}s(短)	$10^{-1}\sim10$s(长)

根据这些性质上的差别，可帮助我们推测化学反应的机理。例如，甲醛分子的模式结构图为 H_2C=O（C—O 间有 π 电子对 (• •)，O 上有 n 电子对 (• •) 及孤电子对）分子中有 2 个 π 电子(• •)和 2 个 n 电子(• •)(还有一对孤电子(• •)处于能级较低的氧原子 sp 轨道上，故不包括 n 电子中)。这些电子所在各轨道的能级和电子跃迁如图 5-7 所示。一般地讲，π 轨道的能级比 n 轨道的低，所以 $\pi\to\pi^*$ 跃迁比 $n\to\pi^*$ 跃迁需要较高的能量(较短的波长)的光。事实上，甲醛分子的 $n\to\pi^*$ 跃迁可由吸收 260nm 的光产生，而 $\pi\to\pi^*$ 跃迁则必须吸收 155nm 的光。

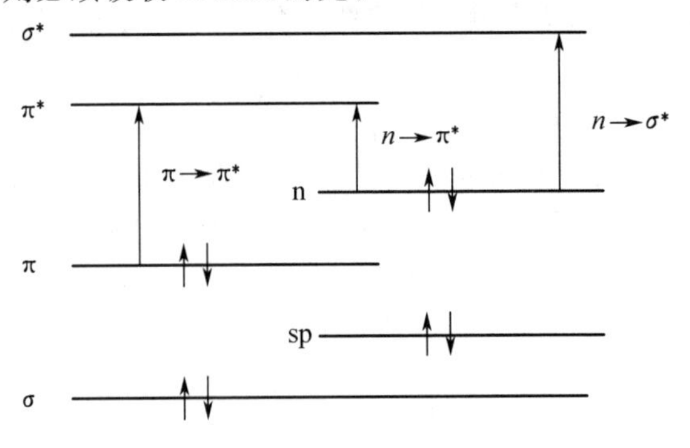

图 5-7　甲醛轨道能级和电子迁跃

又如，烯烃分子中含有 σ 和 π 两种电子。在光照下易发生能级较低的 $\pi \rightarrow \pi^*$ 跃迁，而较少发生能级较高的 $\sigma \rightarrow \sigma^*$ 跃迁。同时，由于 $\pi \rightarrow \pi^*$ 跃迁的三线态寿命比单线态长（前者 $10^{-1} \sim 10$s，后者 $10^{-7} \sim 10^{-4}$s），因此，反应一般在三线态情况下进行（图 5-8）。

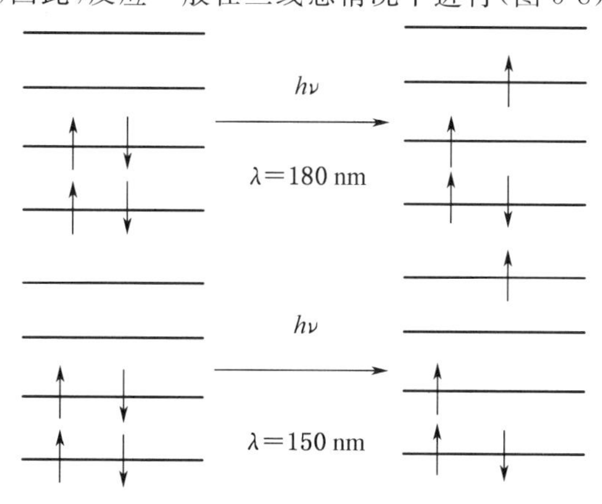

图 5-8　乙烯分子的激发

5.2.5　分子间的能量传递

在光照作用下，电子除了在分子内部发生能级的变化外，还会发生分子间的跃迁，即分子间的能量传递（图 5-9）。

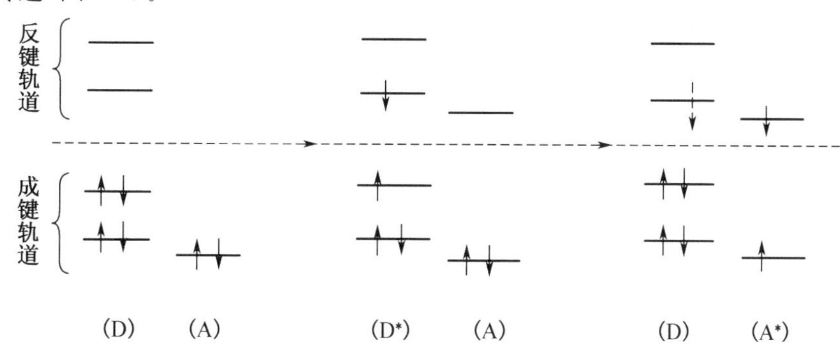

图 5-9　电荷转移跃迁示意图

在分子间的能量传递过程中，受激分子通过碰撞或较远距离的传递将能量转移给另一个分子，本身回到基态。而接受能量的分子上升为激发态。因此，分子间能量传递的条件是：

（1）一个分子是电子给予体，另一个分子是电子接受体。

（2）能形成电荷转移络合物。

分子间的电子跃迁有以下 3 种情况。

第一种是某一激发态分子 D^* 把激发态能量转移给另一基态分子 A，形成激发态 A^*，而 D^* 本身则回到基态，变回 D。A^* 进一步发生反应生成新的化合物。

$$D \xrightarrow{h\nu} D^* \xrightarrow{A} D + A^*$$

三线态能量从电子给予体传递到电子接受体过程中，一般不发生多重态的改变。其相互作用可表示如下：

给予体(T_1)＋ 接受体(S_0) ⟶ 给予体(S_0)＋接受体(T_1)

即给予体从三线态失活到回基态单线态，同时接受体从基态上升到三线态。例如，用波长366nm的光照射萘和二苯酮的溶液，可得到萘的磷光。但萘并不吸收波长366nm的光，而二苯酮吸收。因此认为二苯酮在光照时被激发到其三线态后，通过长距离传递把能量传递给萘；萘再于 T_1 状态下发射磷光，如图5-10所示。

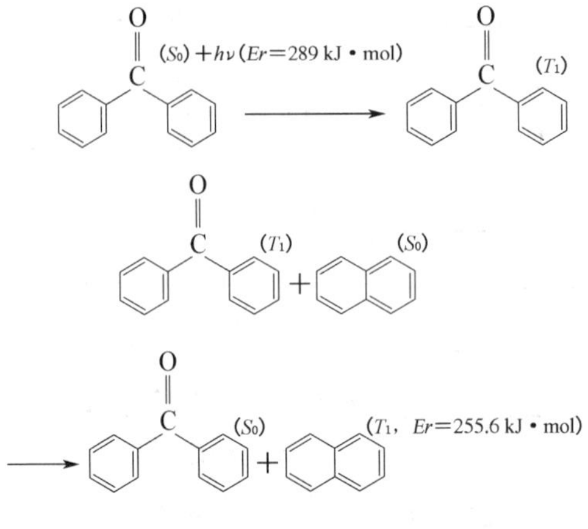

$(S_0)+h\nu(Er=289\ \text{kJ}\cdot\text{mol}) \longrightarrow (T_1)$

$(T_1) + (S_0)$

$\longrightarrow (S_0) + (T_1,\ Er=255.6\ \text{kJ}\cdot\text{mol})$

图 5-10　二苯酮受光照时间的电子跃迁

从这个例子还可看到，为使分子间发生有效的能量传递，每对给予体和接受体之间必须在能量上匹配。当给予体三线态的能量比接受体三线态能量高约17kJ/mol时，能量传递可在室温下的溶液中进行。当然，传递速度还与溶液的扩散速度有关。

第二种分子间的电子跃迁是两种分子先生成络合物，再受光照激发，发生和D或A单独存在时完全不同的光吸收.通过这种光的吸收，D的基态电子转移到A的反键轨道上。图5-11表示了这种电子转移的情况。

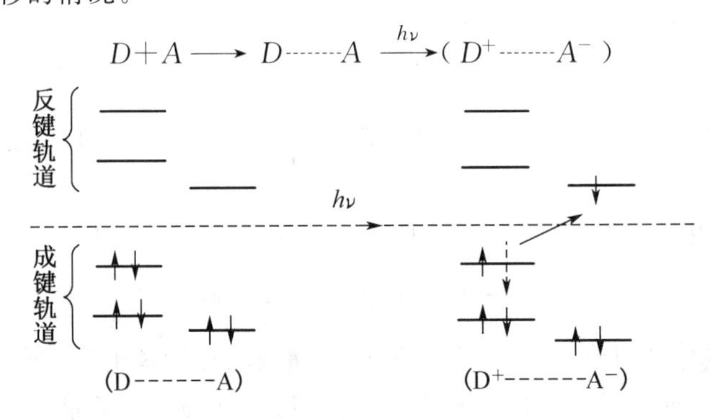

图 5-11　电荷转移络合物电子跃迁示意图

第三种情况是两种分子在基态时不能形成电荷转移络合物，但在激发态时却可形成。光使其中一个分子激发，然后电子向另一分子转移形成络合物(图5-12)。

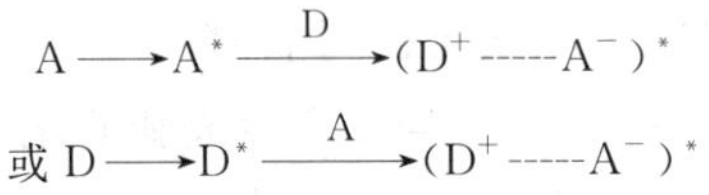

$$A \longrightarrow A^* \xrightarrow{D} (D^+ \text{-----} A^-)^*$$

$$\text{或 } D \longrightarrow D^* \xrightarrow{A} (D^+ \text{-----} A^-)^*$$

图 5-12　光照激发形成电荷转移络合物示意图

上述变化在吸收光谱上并不表现出特殊的吸收，但在发射光谱中，A^* 与 D^* 完全不同，因此可加以判别。

分子间的电荷转移在单线态和三线态均可发生。单线态能量较高，电子转移在当分子间距为 5～20nm 时即可发生(长距离传递),而三线态电子转移则必须当分子直接碰撞时才能发生(短距离传递)。

在感光性高分子的光化学反应中,有相当多的反应被认为是通过电荷转移络合物而进行的。

5.2.6 光化学反应与增感剂

1. 光化学反应

在光化学反应研究的初期,曾认为光化学反应与波长的依赖性很大。但事实证明,光化学反应几乎不依赖于波长。因为能发生化学反应的激发态的数目是很有限的,不管吸收什么样的波长的光,最后都成为相同的激发态,即 S_1 和 T_1,而其他多余能量都通过各种方式释放出来了。

分子受光照激发后,可能发生如下的一些反应:

$D^* \longrightarrow D + h\nu$(或热能) (未反应,返回基态)

$D^* \longrightarrow E$ (直接反应)

$D^* \longrightarrow D^*$(或 D^+, $D^- \longrightarrow E$) (间接反应)

$D^* + A \longrightarrow D^+A^- \longrightarrow E$ (间接反应)

$\left.\begin{array}{l} D^* + A \longrightarrow D + A^* \\ A^* \longrightarrow H \end{array}\right\}$ (间接反应)

激发态分子 D^* 直接反应和间接反应在性质上是不同的,后者将经历一个活性中间体的过程。有时,直接反应与间接反应的产物也不一样。

例如,用光直接照射到纯马来酸或纯富马酸上,得到的都是马来酸与富马酸的比例为3∶1的混合物,这是从激发态直接得到生成物的例子,如图 5-13 所示。

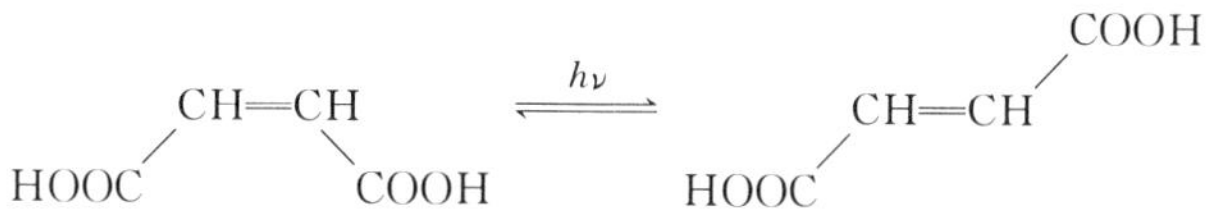

$$\underset{\text{马来酸}}{\text{HOOC—CH=CH—COOH}} \xrightleftharpoons{h\nu} \underset{\text{富马酸}}{\text{HOOC—CH=CH—COOH}} \quad (3:1)$$

图 5-13 马来酸和富马的受光照时发生转换示意图

而如果用光照射在有溴存在的马来酸水溶液上时,只能得到热力学上稳定的富马酸,反应式见图 5-14。在此过程中,溴分子先光分解成溴自由基(Br·,激发态),然后它加成到基态马来酸上,使马来酸中的双键打开,经由自由基中间体,结构旋转成热力学稳定的反式。最后脱掉 Br·,成为反式的富马酸。

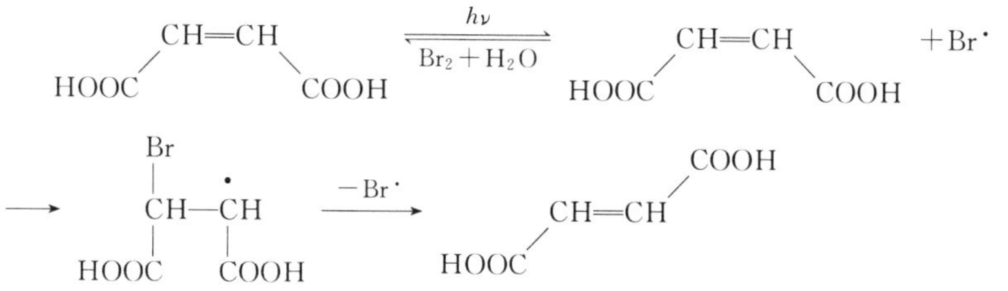

$$\text{HOOC—CH=CH—COOH} \xrightleftharpoons[\text{Br}_2 + \text{H}_2\text{O}]{h\nu} \text{HOOC—CH=CH—COOH} + \text{Br}\cdot$$

$$\longrightarrow \text{HOOC—CH(Br)—}\dot{\text{C}}\text{H—COOH} \xrightarrow{-\text{Br}\cdot} \text{HOOC—CH=CH—COOH}$$

图 5-14 马来酸和富马酸的结构旋转的过程

2. 增感剂

在光化学反应中，直接反应的例子并不多见，较多的和较重要的是分子间能量转移的间接反应。它是某一激发态分子 D* 将激发态能量转移给另一个基态分子 A，使之成为激发态 A*，而自己则回到基态的反应。A* 进一步发生反应成为新的化合物。

$$D \xrightarrow{h\nu} D^*$$

$$D^* + A \longrightarrow D + A^*$$

图 5-15　分子间能量转移的间接反应

这时，A 被 D 增感了或光敏了，故 D 称为增感剂或光敏剂。而反过来，D* 的能量被 A 所获取，这种作用称为猝灭，故 A 称为猝灭剂。在上一节的例子中，二苯酮即为增感剂，而萘则为猝灭剂。

增感剂是光化学研究和应用中的一个十分重要的部分，它使得许多本来并不具备光化学反应能力的化合物能进行光化学反应，从而大大扩大了光化学反应的应用领域。

由于增感需要时间，因此增感剂引起的化学反应一般都在三线态进行。单线态寿命很短，通常不能有效地激发被增感物质。

作为增感剂，必须具备以下的基本条件：

(1) 增感剂三线态的凝量必须比被增感物质的三线态能量大，以保证能量转移的顺利进行。一般至少应高 17kJ/mol。

(2) 增感剂三线态必须有足够长的寿命，以完成能量的传递。

(3) 增感剂的量子收率应较大。

(4) 增感剂吸收的光谱应与被感物质的吸收光谱一致，且范围更宽，即被增感物质吸收的光波长，应在增感剂的吸收光谱范围内。

感光性高分子所涉及的光化学反应绝大多数是通过增感剂的能量传递而实现的，因此，我们在以后各节中将详细介绍。

5.3　感光性高分子材料

5.3.1　感光性高分子的分类

感光性高分子材料经过 50 余年的发展，品种日益增多，需要有一套科学的分类方法，因此提出了不少分类的方案。但至今为止，尚无一种公认的分类方法。下面是一些常用的分类方法。

1) 根据光反应的类型分类

可分为：光交联型，光聚合型，光氧化还原型，光二聚型，光分解型等。

2) 根据感光基团的种类分类

可分为：重氮型，叠氮型，肉桂酰型，丙烯酸酯型等。

3) 根据物理变化分类

可分为：光致不溶型，光致溶化型，光降解型，光导电型，光致变色型等。

4) 根据骨架聚合物种类分类

可分为：PVA 系，聚酯系，尼龙系，丙烯酸酯系，环氧系，氨基甲酸酯(聚氨酯)系等。

5）根据聚合物的形态和组成分类

可分为:感光性化合物(增感剂)+ 高分子型,带感光基团的聚合物型,光聚合型等。

图 5-16 表明了上述分类间的相互关系。

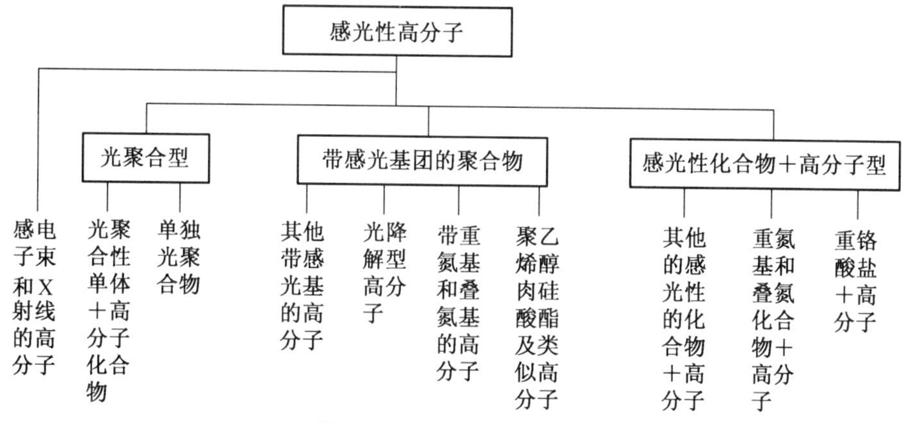

图 5-16 感光性高分子分类

本章将以第五种分类方法为基础予以阐述。

5.3.2 重要的感光性高分子

1. 感光性化合物+高分子化合物

这类感光性高分子是由感光性化合物与高分子化合物混合而成。它们的组分除了感光性化合物、高分子化合物外,还包括溶剂和添加剂(如增塑剂、颜料等)。

感光性化合物即为前面介绍的增感剂,可分为两大类:无机增感剂和有机增感剂。代表性的无机增感剂是重铬酸盐类;有机增感剂则主要有芳香族重氮化合物,芳香族叠氮化合物和有机卤化物等,下面分别介绍。

1）重铬酸盐+ 亲水性高分子

重铬酸盐导致高分子化合物光固化的反应机理尚不十分清楚。但一般认为是经过两步反应进行的。

首先,在供氢体(如聚乙烯醇)的存在下,六价铬吸收光后还原成三价铬,而供氢体放出氢气生成酮结构(图 5-17)。

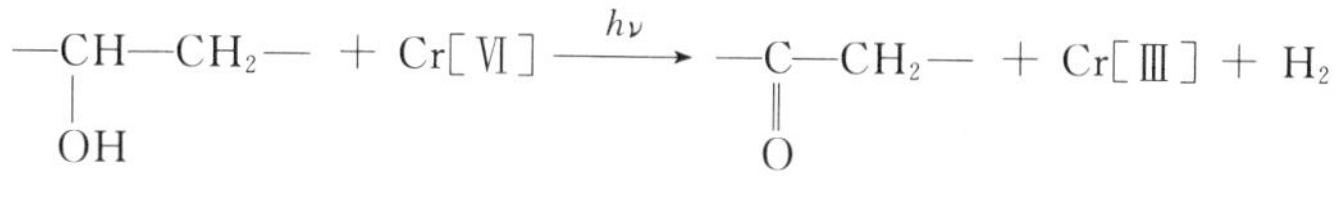

$$\underset{\substack{|\\ \mathrm{OH}}}{-\mathrm{CH}}-\mathrm{CH_2}- \; + \; \mathrm{Cr[VI]} \xrightarrow{h\nu} \underset{\substack{\|\\ \mathrm{O}}}{-\mathrm{C}}-\mathrm{CH_2}- \; + \; \mathrm{Cr[III]} \; + \; \mathrm{H_2}$$

图 5-17 供氢体生成酮结构反应

然后,三价铬与具有酮结构的 PVA 配位形成交联固化结构,完成第二阶段反应(图 5-18)。

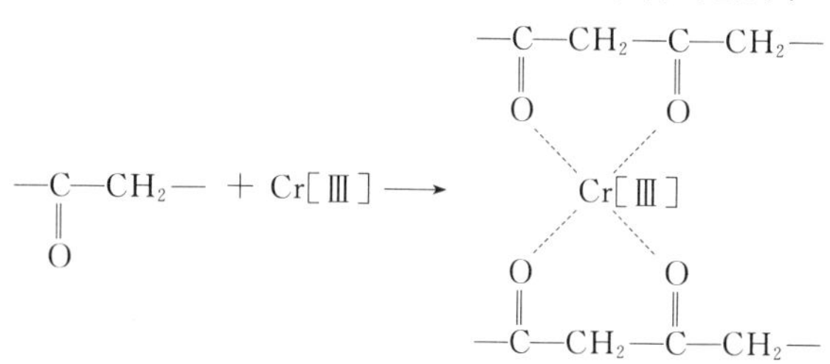

图 5-18 PVA 配位形成交联固化结构过程

在重铬酸盐水溶裔中，Cr[Ⅵ]能以重铬酸离子($Cr_2O_7^{=}$)、酸性铬酸离子($HCrO_4^-$)以及铬酸离于(CrO_4^-)等形式存在。研究表明，在这些离子中，只有 $HCrO_4^-$ 是光致活化的。它吸收250nm，350nm 和 440nm 附近的光而激发。因此，使用的高分子化合物必须是供氢体，否则，不可能形成 $HCrO_4^-$。此外，重铬酸盐系感光高分子的感度在很大程度上依赖于 pH 值。当 pH>8 时，$HCrO_4^-$ 不存在，则体系不会发生光化学反应。利用这一特性，在配制感光液时，加入氨水使之成碱性，可长期保存，不会反应。成膜时，氨挥发而使体系变为酸性，光化学反应能正常进行。从表 5-4 可见，重铬酸铵是最理想的增感剂，也是因为上述原因。

表 5-4　铬系感光剂的相对感度

感光剂＼高分子	蛋白朊	阿拉伯树胶	鱼胶
重铬酸铵	100	100	100
铬酸铵	100	72	100
重铬酸钾	20	46	65
铬酸钾	0	0	12
重铬酸钠	28	100	100
铬酸钠	0	0	12

Cr[Ⅲ]的配位数为 6，能与其形成配位键的官能团有：$-OH$，$-NH_2$，$-COOH$，$-CONH_2$，$-SO_2H$，$=CO$ 等具有非共价键电子对的基团。因此，几乎所有的水溶性高分子都可与它进行固化反应，如蛋白朊、酪朊、鱼胶、明胶、阿拉伯树胶、虫胶、聚乙烯醇、聚丙烯酰胺、聚醋酸乙烯酯、纤维素衍生物等。亲水性较强的聚酯、聚酰胺等高分子也可用它固化。如明胶用 Cr[Ⅲ]固化的结构如图 5-19 所示。

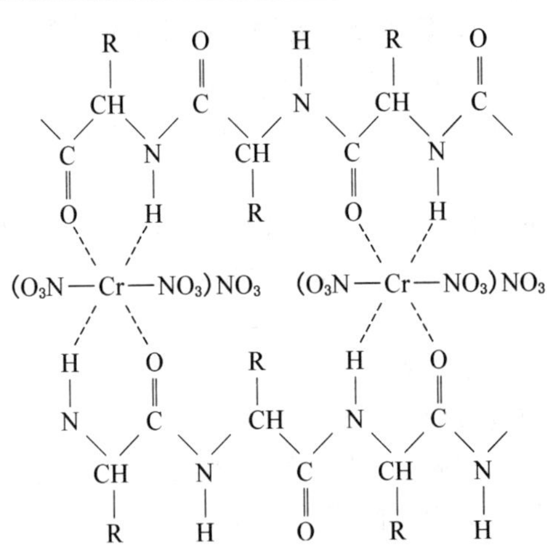

图 5-19　硝酸铬所固化的明胶结构

2）芳香族重氮化合物 ＋ 高分子

芳香族重氮化合物是有机化学中用来合成偶氮类染料的重要中间体，它们对于光有敏感性这一特性早已为人们所注意，并且有不少应用成果，如用作复印感光材料等。芳香族重氮化合物与高分子配合组成的感光高分子，已在电子工业和印刷工业中广泛使用。

芳香族重氮化合物在光照作用下发生光分解反应。实验发现，分解产物有自由基和离子两种形式(图 5-20)。

$$R-C_6H_4-N_2^+\ X^- \xrightarrow[-N_2]{h\nu} \begin{cases} R-C_6H_4\cdot + X\cdot & (\text{Ⅰ}) \\ R-C_6H_4^+ + X^- & (\text{Ⅱ}) \end{cases}$$

图 5-20　芳香族重氮化合物光照下的分解反应

对上述反应研究后发现，(Ⅰ)是光分解反应，而(Ⅱ)是热分解反应。这两者的比例取决于取代基的效应。取代基的吸电子能力越大，则（Ⅰ）的反应越容易发生。但从感光高分子的实用角度看，无论反应（Ⅰ）还是反应（Ⅱ）均可引起光固化作用，因此，并不需要加以区别。

下面介绍一些已实用的芳香族重氮化合物。

(1) 双重氮盐＋聚乙烯醇感光树脂。

这种感光树脂在光照射下其重氮盐分解成自由基，分解出的自由基残基从聚乙烯醇上的羟基夺氢形成聚乙烯醇自由基。最后自由基偶合，形成在溶剂中不溶的交联结构，反应方程式如图 5-21 所示。

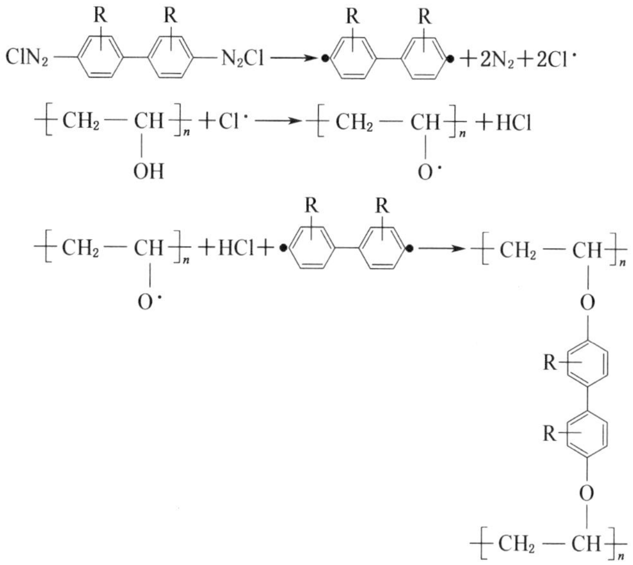

$$ClN_2-C_6H_3(R)-C_6H_3(R)-N_2Cl \longrightarrow \cdot C_6H_3(R)-C_6H_3(R)\cdot + 2N_2 + 2Cl^{\cdot}$$

$$\left[CH_2-CH(OH)\right]_n + Cl^{\cdot} \longrightarrow \left[CH_2-CH(O^{\cdot})\right]_n + HCl$$

$$\left[CH_2-CH(O^{\cdot})\right]_n + HCl + \cdot C_6H_3(R)-C_6H_3(R)\cdot \longrightarrow \left[CH_2-CH\right]_n-O-C_6H_3(R)-C_6H_3(R)-O-\left[CH-CH_2\right]_n$$

图 5-21　双重氮盐-聚乙烯醇感光树脂的合成

上述光固化过程中，实际上常伴随有热反应。

(2) 对重氮二苯胺-甲醛缩合物类感光树脂

将氨基二苯胺溶于 5% 盐酸溶液中，并于 0℃ 下滴加亚硝酸钠水溶液，然后向此溶液加入较理论量略为过量的氯化锌晶体，充分振荡后即可析出对重氮二苯胺的氯化锌复盐结晶，反应如图 5-22 所示。

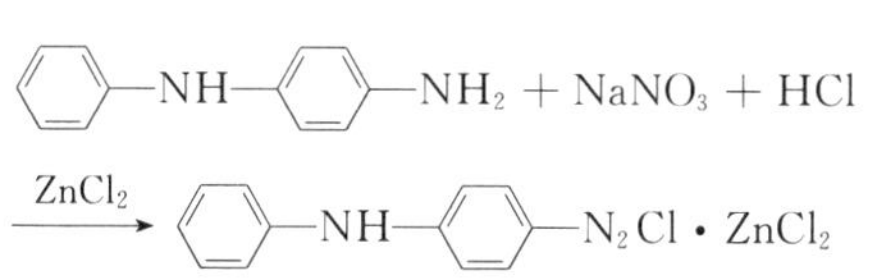

$$C_6H_5-NH-C_6H_4-NH_2 + NaNO_3 + HCl \xrightarrow{ZnCl_2} C_6H_5-NH-C_6H_4-N_2Cl \cdot ZnCl_2$$

图 5-22　对重氮二苯胺-甲醛缩合物类感光树脂的合成

用浓硫酸作催化剂，对重氮二苯胺盐与多聚甲醛缩聚，可得黄绿色粉末状的重氮树脂，反应如图 5-23 所示。

这种所谓的重氮树脂实际上是一种低分子缩合物，通常聚合度 $n=2\sim3$（相对分子质量 400～600），能溶于水。研究表明，各种结构的重氮树脂都在 $\lambda=350\sim400$nm 处有最大的吸收峰。

重氮树脂与聚乙烯醇混合后，光照下可形成不溶性的交联产物。其机理被认为是重氮树脂在光照作用下分解放出游离酸，催化聚乙烯醇脱水缩合。

重氮树脂亦可单独使用，光照后脱去 N_2 而变成水不溶性物质。

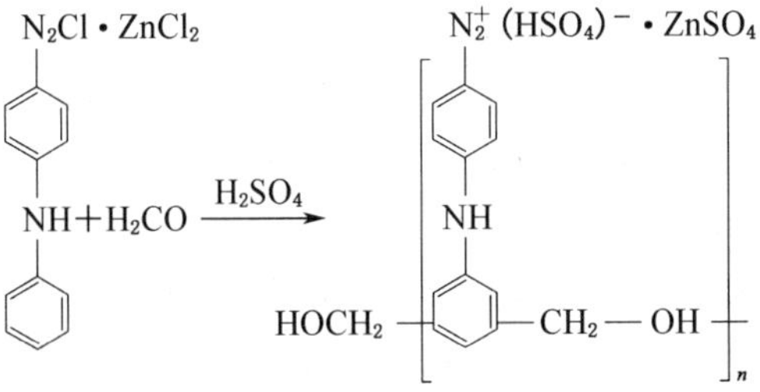

$$N_2Cl \cdot ZnCl_2\text{-}C_6H_4\text{-}NH\text{-}C_6H_5 + H_2CO \xrightarrow{H_2SO_4} \left[HOCH_2 - C_6H_3(NH\text{-}C_6H_4\text{-}N_2^+(HSO_4)^- \cdot ZnSO_4) - CH_2 - OH \right]_n$$

图 5-23　重氮二苯胺-多聚甲醛感光树脂的合成

由于曝光后变成非水溶性树脂，同时又具有亲油性，因此，重氮树脂适合制作平版印刷的感光层。

(3) 芳香族叠氮化合物＋高分子

在有机化合物中，叠氮基是极具光学活性的。即使是最简单的叠氮化合物叠氮氢也能直接吸收光而分解为亚氮化合物和氮：

$$HN_3 \xrightarrow{h\nu} HN\!: + N_2$$

同样，烷基叠氮化合物和芳基叠氮化合物都可直接吸收光而分解为中间态的亚氮化合物与氮(图 5-24)。

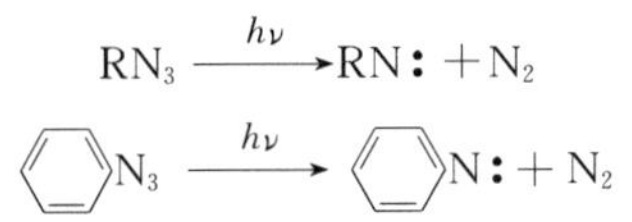

$$RN_3 \xrightarrow{h\nu} RN\!: + N_2$$

$$C_6H_5N_3 \xrightarrow{h\nu} C_6H_5N\!: + N_2$$

图 5-24　烷基叠氮化合物和芳基叠氮化合物的分解

烷基叠氮化合物中的烷基是孤立存在的，吸收光波后，两者能量不连续，因此需吸收较短的波长才能激发(300nm 以下)，而芳香族叠氮化合物在 300nm 以上有大的吸收，这认为是被芳香环所吸收的能量转移至叠氮基的缘故。换言之，芳香族叠氮化合物中的芳香环和叠氮基在能量上是连续的。因此，在用于感光高分子时，都采用芳香族叠氮化合物。此外，一元叠氮化合物在感光高分子应用中用处不大，有用的是二元叠氮化合物。

对双叠氮化合物的研究证明，其光分解并非是吸收一次光而产生两个亚氮化合物的，而是两个叠氮基团分步激发的，激发过程如图 5-25 所示。

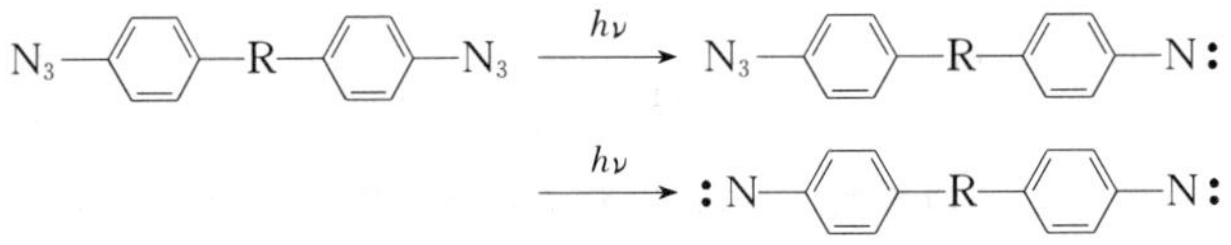

$$N_3-C_6H_4-R-C_6H_4-N_3 \xrightarrow{h\nu} N_3-C_6H_4-R-C_6H_4-N\!: \xrightarrow{h\nu} :\!N-C_6H_4-R-C_6H_4-N\!:$$

图 5-25　双叠氮化合物激发过程

第一步先分解反应的量子收率一般比第二步小，$\Phi_2/\Phi_1=2\sim3$，可见叠氮单亚氮化合物很容易转变成双亚氮化合物。

由叠氮化合物经光分解形成的亚氮化合物有单线态和三线态两种激发态(图 5-26)。

$$ph-N_3 \xrightarrow[-N_2]{h\nu} \underset{\text{(单线态)}}{ph-N\!:} + \underset{\text{(三线态)}}{ph-\dot{N}\cdot}$$

图 5-26　叠氮化合物光分解成激发态

这两种激发态有不同的反应活性，因此可发生不同的进一步反应。单线态亚氮化合物的吸电子性较强，易于发生向双键加成和向 C—H，O—H，N—H 等键插入的反应(图 5-27)。

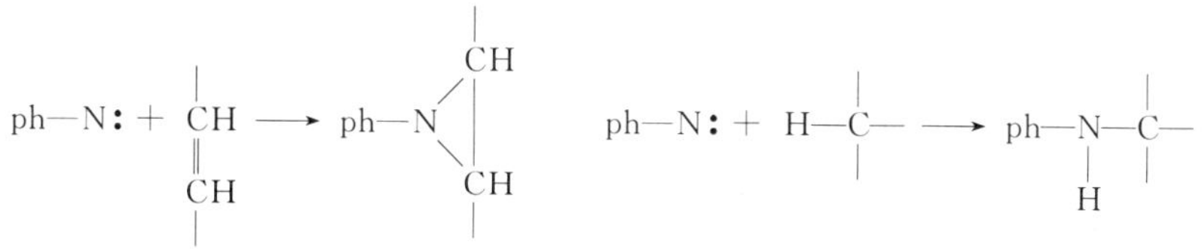

$$\text{ph—N:} + \text{CH=CH} \longrightarrow \text{ph—N}\langle(\text{CH—CH})\qquad \text{ph—N:} + \text{H—C—} \longrightarrow \text{ph—N(H)—C—}$$

图 5-27　叠氮化合物激发态的进一步反应

而三线态亚氮化合物的自由基性较强，优先发生如图 5-28 夺氢反应。

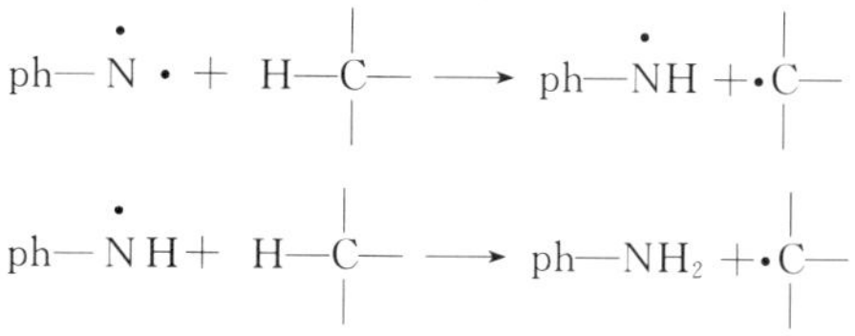

$$\text{ph—}\dot{\text{N}}\cdot + \text{H—C—} \longrightarrow \text{ph—}\dot{\text{N}}\text{H} + \cdot\text{C—}$$

$$\text{ph—}\dot{\text{N}}\text{H} + \text{H—C—} \longrightarrow \text{ph—NH}_2 + \cdot\text{C—}$$

图 5-28　三线态亚氮的夺氢反应

但三线态亚氮化合物也能发生如图 5-29 的向双键的加成反应。

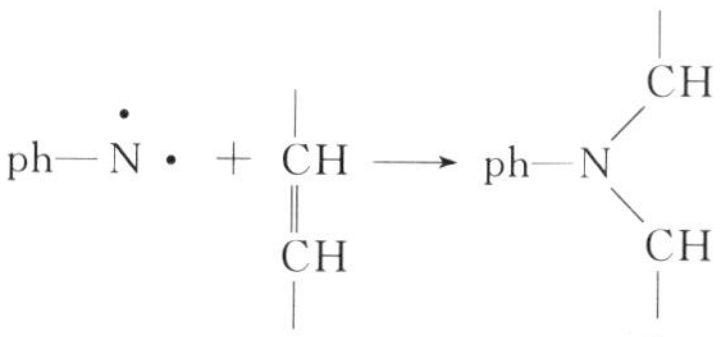

$$\text{ph—}\dot{\text{N}}\cdot + \text{CH=CH} \longrightarrow \text{ph—N}\langle(\text{CH—CH})$$

图 5-29　三线态亚氮的加成反应

此外，单线态和三线态亚氮化合物都能进行光二聚反应。光二聚反应是合反应，不存在自旋禁阻，故在上述两种多重态下都可发生。偶合反应几乎不需要活化能，故在低温下优先发生此反应。

上述的加成、插入和偶合反应都能产生交联结构，因此是叠氮类感光高分子的光化学反应基础。

芳香族叠氮化合物品种繁多，通过与各种高分子组合，已经研制出一大批芳香族叠氮类感光高分子。按其使用形式来看，可分成两大类。

(1) 水溶性芳香族双叠氮类感光高分子。

这是一类较早研究成功的叠氮类感光高分子。如 1930 年卡尔(Kalle)公司生产的 4，4′-二叠氮芪-2，2′-二磺酸钠和 1，5-二叠氮萘-3，7-二磺酸钠就是这一类的典型例子，其结构式如下：

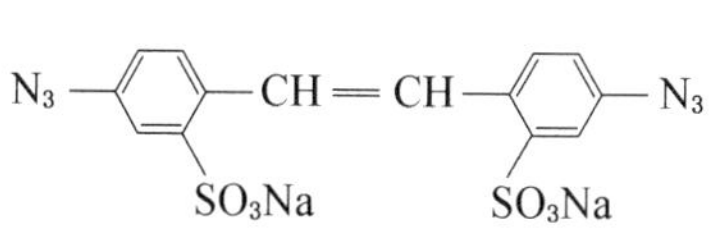

N_3—$C_6H_3(SO_3Na)$—CH=CH—$C_6H_3(SO_3Na)$—N_3

4，4′-二叠氮芪-2，2′-二磺酸钠

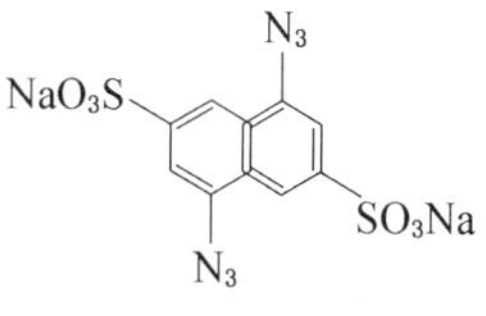

1，5-二叠氮萘-3，7′-二磺酸钠（萘环上含 N_3、N_3、NaO_3S、SO_3Na）

它们可与水溶性高分子或亲水性高分子配合组成感光高分子。常用的高分子有聚乙烯醇、聚乙烯吡咯烷酮、聚丙烯酰胺、甲基纤维素、乙烯醇-马来酸酐共聚物、乙烯醇-丙烯酰胺共聚物、聚乙烯醇缩丁醛、聚醋酸乙烯酯等。

这类感光高分子已用于制作彩色电视阴极射线管的黑基体上。此外，在印刷制版中也有广泛的使用。

(2) 溶剂型芳香族双叠氮类感光高分子。

这类双叠氮化合物以柯达公司推出的下列品种为代表：

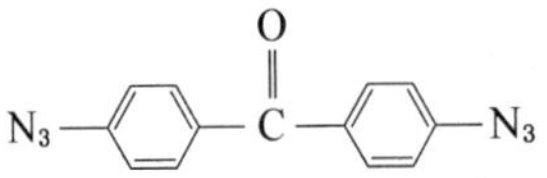

4，4′-二叠氮二苯甲酮

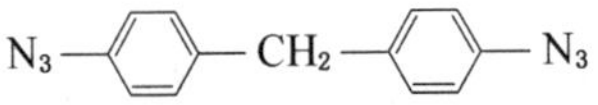

4，4′-二叠氮二苯基甲烷

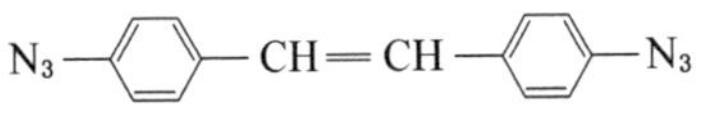

4，4′-二叠氮芪

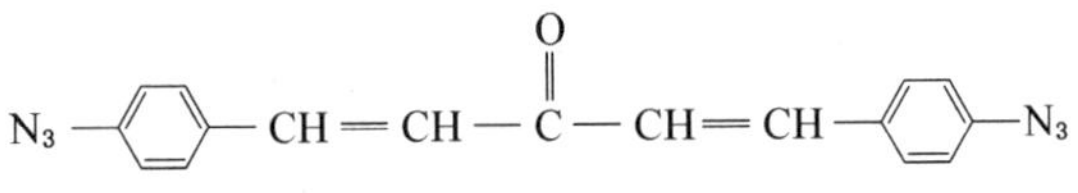

4，4′-二叠氮苄叉丙酮

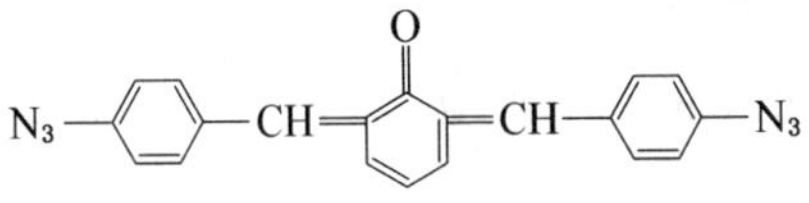

4，4′-二(4′-叠氮苄叉)环己

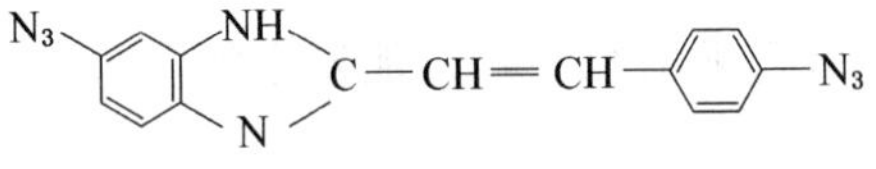

6-叠氮-2-(4′-叠氮苯乙烯基)苯并咪唑

将这些叠氮化合物与天然橡胶、合成橡胶或将它们环化的环化橡胶配合，即可得到性能优良的感光性高分子。其光固化反应主要是亚氮化合物向双键的加成。

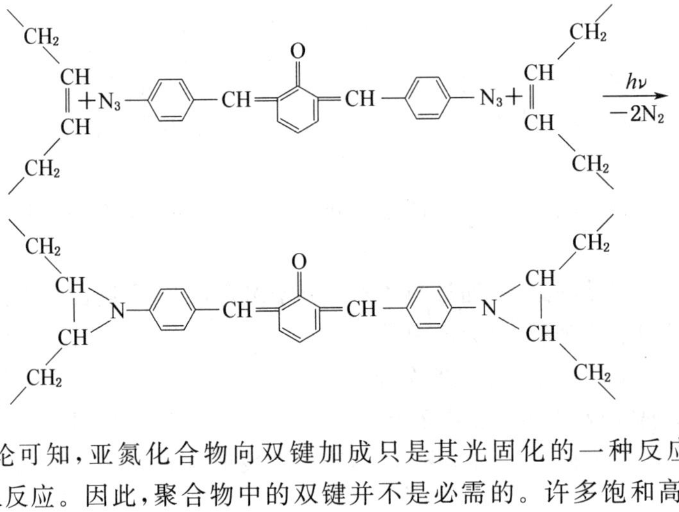

从前面的讨论可知，亚氮化合物向双键加成只是其光固化的一种反应，它还可发生向C—H键等的插入反应。因此，聚合物中的双键并不是必需的。许多饱和高分子与叠氮化合物配合后，同样具有很高的感度。如由5-叠氮-2-(4′—叠氮苯乙烯基)苯并咪唑和尼龙类聚合物组成的感光高分子，同样具有极好的光固化性。

4) 其他感光性化合物＋高分子

(1) 有机卤化物。

有机卤化物遇光容易形成自由基，因此，经常用作光化学反应的引发剂。

当有机卤化物与芳香胺共存时，光照下光分解出卤素自由基，然后夺取芳香胺对位上被氨基供电子性活化的氢，形成苯自由基。该自由基随即与有机卤化物的碳自由基偶合。应用这一原理，可制得感光性高分子。

如在高分子侧链上引入对位上无取代基的芳香胺，再混入有机卤化物，经光照即可形成交联结构。以下例举几种这一类感光高分子，其结构式如下：

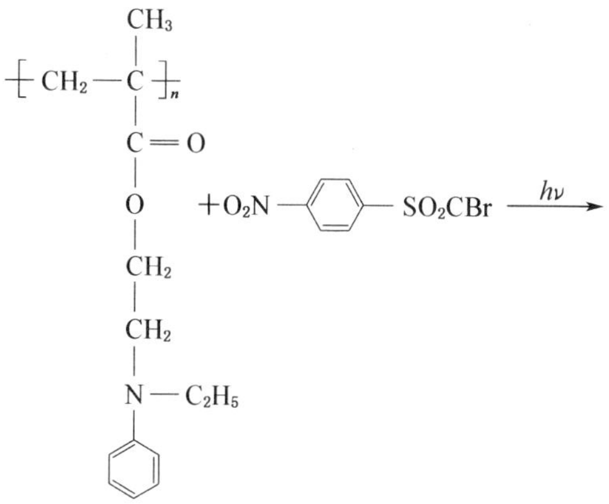

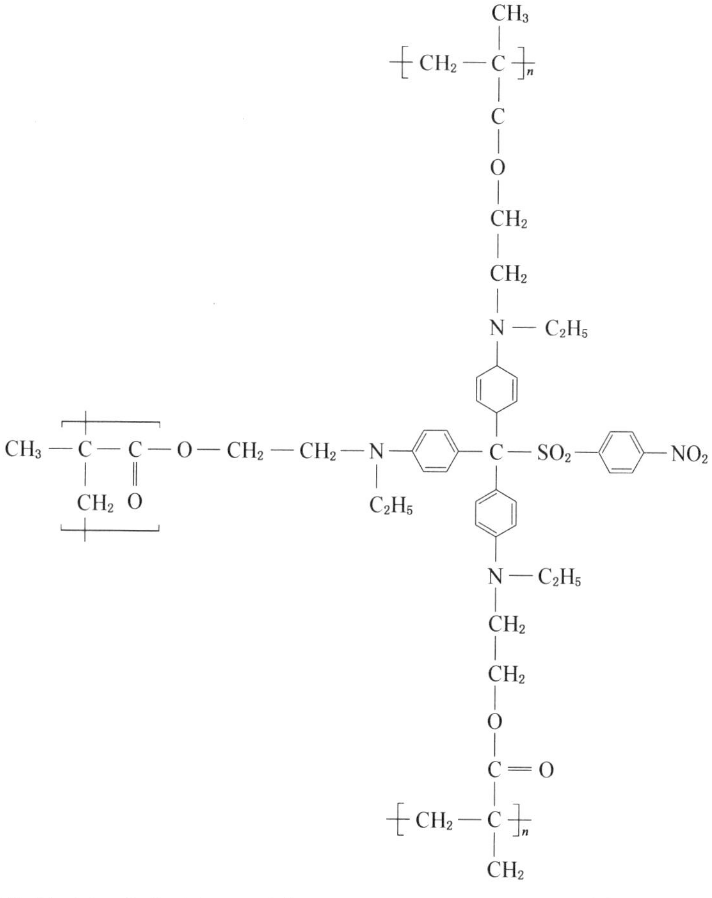

$$-\!\!\left[CH_2-\underset{\substack{|\\ C=O\\ |\\ O\\ |\\ CH_2\\ |\\ CH_2\\ |\\ N-C_2H_5\\ |\\ C_6H_5}}{\overset{CH_3}{\overset{|}{C}}}\right]\!\!-_n + O_2N-C_6H_4-SO_2CBr \xrightarrow{h\nu}$$

$$CH_3-C(CH_2)-C(=O)-O-CH_2-CH_2-N(C_2H_5)-C_6H_4-C(C_6H_4-N(C_2H_5)-CH_2-CH_2-O-C-[CH_2-C(CH_3)]_n)(C_6H_4-N(C_2H_5)-CH_2-CH_2-O-C(=O)-[CH_2-C(CH_2)]_n)-SO_2-C_6H_4-NO_2$$

这种感光高分子已经成功地用于预涂凸版的光致抗蚀剂。

(2) 芳香族硝基化合物。

邻硝基苯甲醛在光照射下转变为邻亚硝基安息香酸，如图5-30所示。

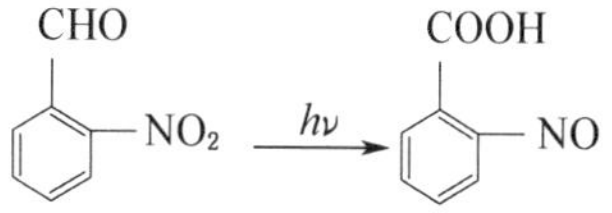

$$C_6H_4(CHO)(NO_2) \xrightarrow{h\nu} C_6H_4(COOH)(NO)$$

图 5-30　邻亚硝基安息酸的合成

这种亚硝基化合物与叠氮化合物一样，具有向 C—H 键插入反应的能力。因此可用于高分子的光固化反应。例如，用 2-硝基-5-羟基苯甲醛与苯二甲酸的缩合物混入线型酚醛树脂中，可制得性能良好的感光高分子，已应用于感光预涂版的制作。

(3) 其他化合物。

具有不饱和侧基的高分子化合物用蒽醌硝酸盐类化合物作为增感剂，能进行有实际应用价值的光固化反应。在这种感光高分子中，蒽醌磺酸钠起了两个作用：一是蒽醌脱氢产生的自由基导致自由基反应，使不饱和侧基偶合；二是蒽醌作为光敏剂导致的增感加成反应，使不饱和侧基加成而交联。下面是这类感光性高分子的一个例子。

聚合物：

$$-[CH_2-CH(CONH_2)]_m-[CH_2-CH(C-O-(CH_2)_2-OH)]_n-[CH_2-C(CH_3)H(COOH)]_o-[CH_2-CH(COOCH_3)]_p-[CH_2-CH(CONHX)]_q-[CH_2-C(CH_3)(COOX)]_r-$$

其中　　X 为　$-CH_2-CH(OH)-CH_2-OCO-C(CH_3)=CH_2$

蒽醌磺酸盐：

2,6-蒽醌二磺酸钠（NaO_3S、SO_3Na 取代的蒽醌）

$$\text{聚合物}+\text{蒽醌磺酸盐}\xrightarrow{h\nu}$$

$$\begin{array}{c}-[CH_2-CH(Y)]_n- \\ | \\ C=O \\ | \\ R \quad CH_2- \\ H_3C-C-C-CH_3 \\ -H_2C \quad R \\ | \\ C=O \\ | \\ -[C(Y)-CH_2]_n-\end{array}
+
\begin{array}{c}-[CH_2-CH(Y)]_n- \\ | \\ C=O \\ | \\ R \\ H_3C-C-CH_2 \\ -H_2C-C \\ | \\ R \\ | \\ C=O \\ | \\ -[C(Y)-CH_2]_n-\end{array}$$

其中，Y 为 H 或 CH_3；R 为 $-O-CH_2-\underset{OH}{\underset{|}{CH}}-CH_2-OCO-$ 和 $-NH-CH_2-\underset{OH}{\underset{|}{CH}}-CH_2-OCO-$。

还有许多具有感光性的化合物，如苯并吩噻嗪，苯并吩噁嗪、噻吨酮(图 5-31)等均能使橡胶类高聚物固化。

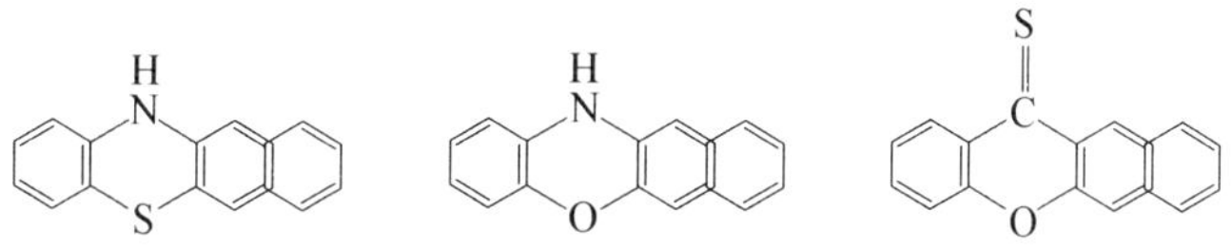

(a) 苯并吩噻嗪　(b) 苯并吩噁嗪　(c) 噻吨酮

图 5-31　具有感光性的化合物

此外，尚有许许多多的感光化合物，与高分子组成名目繁多、性能各异的感光性高分子，在电子、印刷、涂料等领域发挥作用。限于篇幅，本章中不再赘述。

2. 具有感光基团的高分子

从严格意义上讲，上一节介绍的感光材料并不是真正的感光性高分子。因为在这些材料中，高分子本身不具备光学活性，而是由小分子的感光化合物在光照下形成活性种，引起高分子化合物的交联。在本节中将介绍真正意义上的感光高分子，在这类高分子中，感光基团直接连接在高分子主链上，在光作用下激发成活性基团，从而进一步形成交联结构的聚合物。

1) 感光基团的种类

在有机化学中，许多基团具有光学活性，其中以肉桂酰基最为著名。此外，重氮基、叠氮基都可引入高分子形成感光性高分子。一些有代表性的感光基团列于表 5-5 中。

表 5-5　重要的感光基团

基团名称	结构式	吸收波长/nm
烯　基	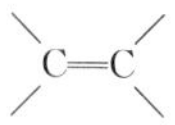 $>C=C<$	<200
肉桂酰基	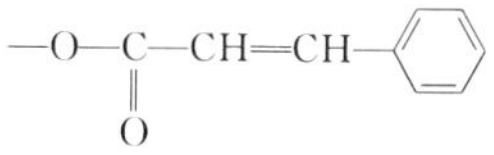 $-O-\overset{\overset{O}{\parallel}}{C}-CH=CH-C_6H_5$	300
肉桂叉乙酰基	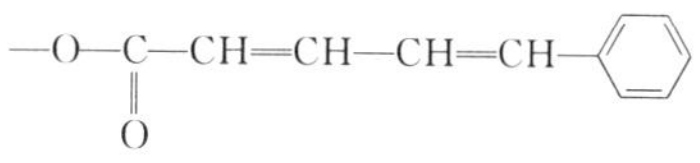 $-O-\overset{\overset{O}{\parallel}}{C}-CH=CH-CH=CH-C_6H_5$	300～400
苄叉苯乙酮基	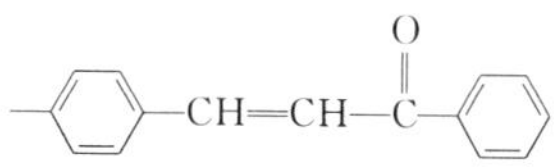 $-C_6H_4-CH=CH-\overset{\overset{O}{\parallel}}{C}-C_6H_5$ 或 $-C_6H_4-\overset{\overset{O}{\parallel}}{C}-CH=CH-C_6H_5$ 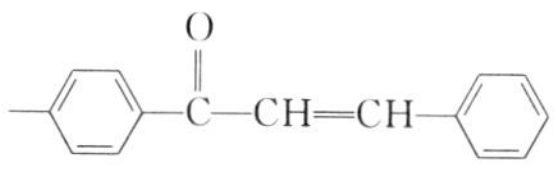	250～400
苯乙烯基吡啶基	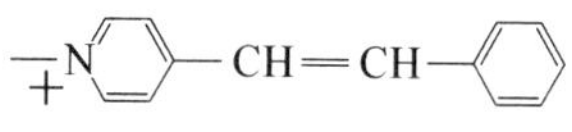 $-\overset{+}{N}C_5H_4-CH=CH-C_6H_5$	视 R 而定

续表

基团名称	结构式	吸收波长/nm
α-苯基马来酰亚胺基	$-N<\begin{matrix}CO-C-C_6H_5\\ \| \\CO-CH\end{matrix}$（C=CH 双键）	200～400
叠氮基	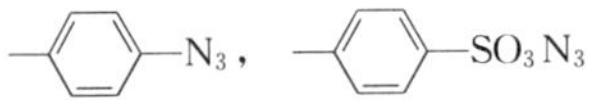 $-C_6H_4-N_3$，$-C_6H_4-SO_3N_3$	260～470
重氮基	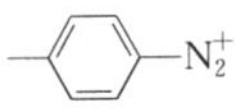 $-C_6H_4-N_2^+$	300～400

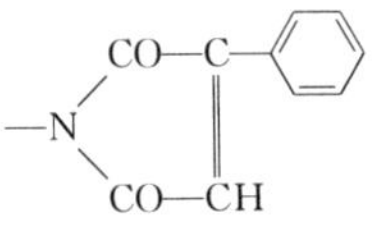

2）具有感光基团的高分子的合成方法

这类本身带有感光基团的感光性高分子有两种合成方法。一种是通过高分子反应在聚合物主链上接上感光基团,另一种是通过带有感光基团的单体进行聚合反应而成。用这两种方法制备感光性高分子各有其优缺点。下面分别介绍。

（1）高分子反应法。

通过高分子的化学反应在普通的高分子上连接上感光基团,就可得到感光性高分子。这种方法的典型实例是1954年由美国柯达(Kodak)公司开发的聚乙烯醇肉桂酸酯,它是将聚乙烯醇用肉桂酰氯酯化而成的(图5-32)。

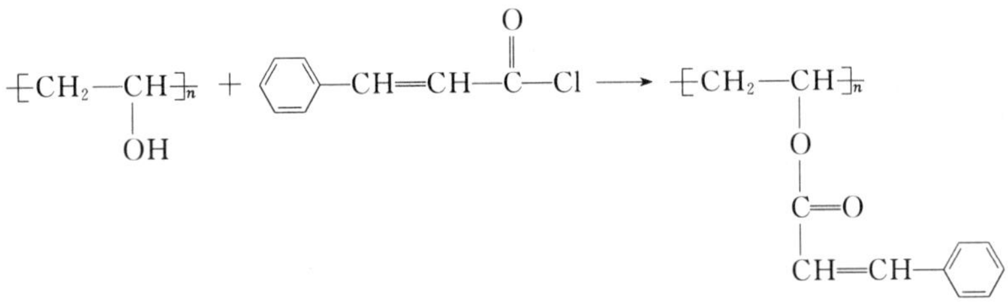

$$\text{-[}CH_2-CH(OH)\text{]}_n- + C_6H_5-CH{=}CH-C(=O)-Cl \longrightarrow \text{-[}CH_2-CH(O-C(=O)-CH{=}CH-C_6H_5)\text{]}_n-$$

图 5-32 聚乙烯醇肉桂酸酯的合成反应

这个聚合物在受到光照时形成丁烷环而交联(图5-33)。

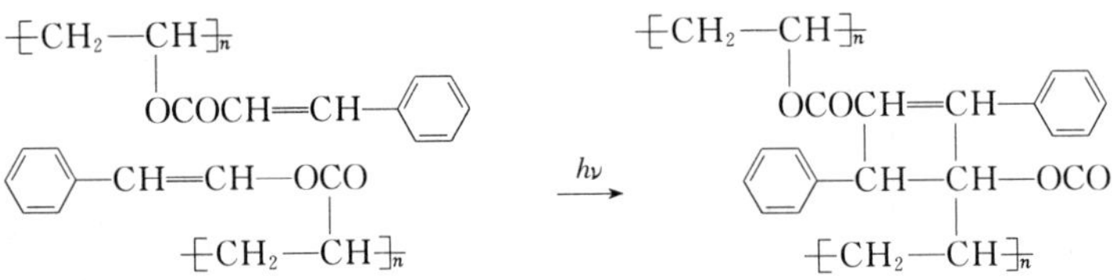

$$\begin{matrix}\text{-[}CH_2-CH\text{]}_n-\\ OCOCH{=}CH-C_6H_5\\ C_6H_5-CH{=}CH-OCO\\ \text{-[}CH_2-CH\text{]}_n-\end{matrix} \xrightarrow{h\nu} \begin{matrix}\text{-[}CH_2-CH\text{]}_n-\\ OCOCH-CH-C_6H_5\\ C_6H_5-CH-CH-OCO\\ \text{-[}CH_2-CH\text{]}_n-\end{matrix}$$

图 5-33 聚乙烯醇肉桂酸酯受光照交联反应

如果将肉桂酰氯与其他含羟基的高分子化合物反应。则可得到各种各样的感光性高分子(图5-34)。

同样,如果将其他感光基化合物也做成酰氯,通过与含羟基高分子酯化也可获得各种感光性高分子。例如,将聚乙烯醇用对叠氮苯甲酰氯酯化,得到感光性的聚乙烯醇-对叠氮苯甲酸酯(图5-35)。

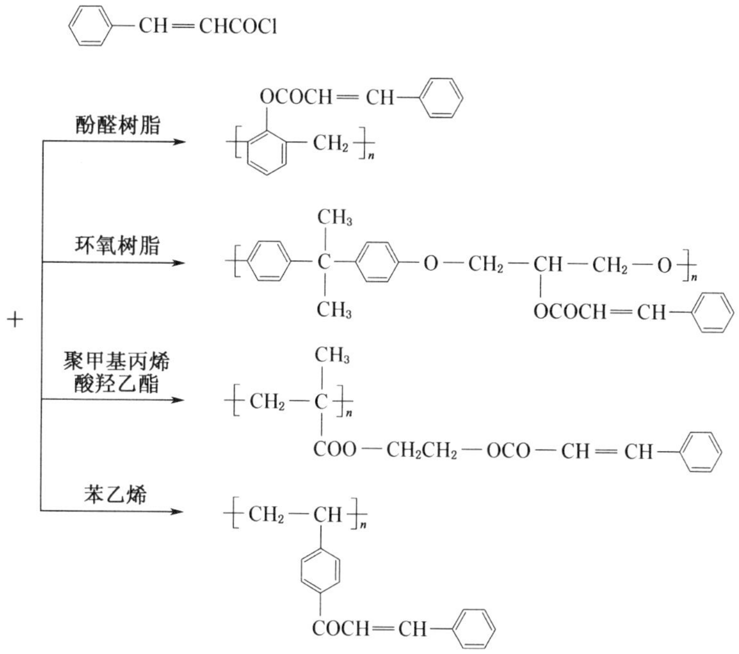

$C_6H_5-CH=CHCOCl$ + 酚醛树脂 / 环氧树脂 / 聚甲基丙烯酸羟乙酯 / 苯乙烯 →

酚醛树脂 → $\text{-[}C_6H_3(OCOCH=CH-C_6H_5)-CH_2\text{]}_n\text{-}$

环氧树脂 → $\text{-[}C_6H_4-C(CH_3)_2-C_6H_4-O-CH_2-CH(OCOCH=CH-C_6H_5)-CH_2-O\text{]}_n\text{-}$

聚甲基丙烯酸羟乙酯 → $\text{-[}CH_2-C(CH_3)(COO-CH_2CH_2-OCO-CH=CH-C_6H_5)\text{]}_n\text{-}$

苯乙烯 → $\text{-[}CH_2-CH(C_6H_4-COCH=CH-C_6H_5)\text{]}_n\text{-}$

图 5-34 肉桂酰氯与含羟基聚合物的反应

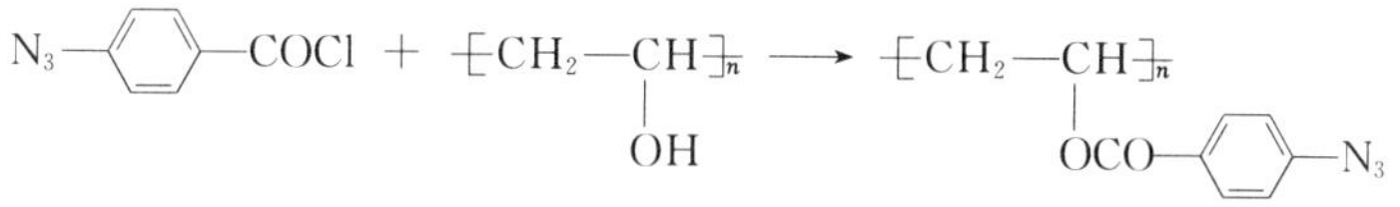

$$N_3-C_6H_4-COCl + \text{-[}CH_2-CH(OH)\text{]}_n\text{-} \longrightarrow \text{-[}CH_2-CH(OCO-C_6H_4-N_3)\text{]}_n\text{-}$$

图 5-35 聚乙烯醇与对叠氮苯甲酰氯的酯化反应

聚苯乙烯分子中虽无羟基，但苯基对位上的氢活性很大，极易与酰氯反应，故亦可用于制备感光性高分子。事实上，聚苯乙烯是最早用来合成感光性高分子的聚合物。此外，羧基、酯基、胺基、异氰酸酯基都可用于这类高分子反应。

以上的例子都是将具有感光基团的化合物与高分子反应制得感光性高分子的。在某些情况下，与高分子反应的化合物本身并不具备感光基团，但在反应过程中却能产生出感光基团的结构。例如聚甲基乙烯酮与醛类化合物缩合就能形成性质优良的感光性高分子(图 5-36)。

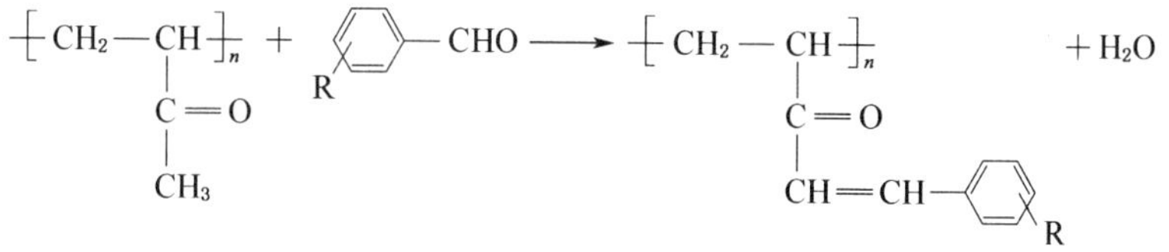

$$\text{-[}CH_2-CH(C(=O)CH_3)\text{]}_n\text{-} + R-C_6H_4-CHO \longrightarrow \text{-[}CH_2-CH(C(=O)-CH=CH-C_6H_4-R)\text{]}_n\text{-} + H_2O$$

图 5-36 聚甲基乙烯酮与醛类化合物的缩合反应

(2) 感光性单体聚合法。

用这种方法合成感光性高分子，一方面要求单体本身含有感光性基团，另一方面又具有可聚合的基团，如双键、环氧基、羟基、羧基、胺基和异氰酸酯基等。但也有一些情况下，单体并不具有感光性基团，聚合过程中，在高分子骨架中却出现感光基团。

① 乙烯类单体。

乙烯类单体的聚合已有十分成熟的经验，如通过自由基、离子、配位络合等方法聚合。因此，用含有感光基团的乙烯基单体聚合制备感光性高分子一直是人们十分感兴趣的。经过多年的研究，已经用这种方法合成出了许多感光性高分子。例如图 5-37：

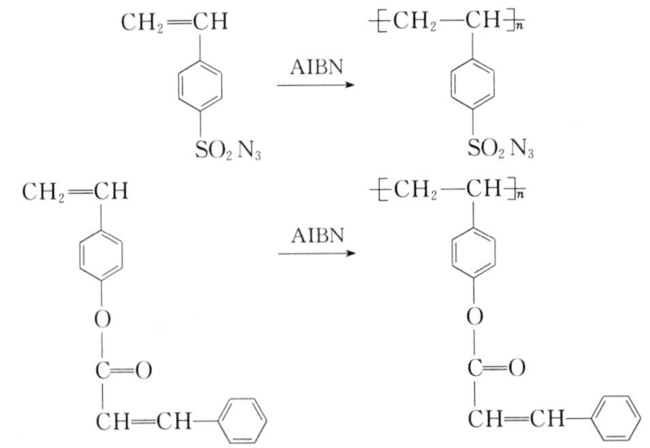

图 5-37　含感光基团乙烯基单体的聚合反应

除了用感光性单体单独聚合外，也可与其他单体进行共聚，以制备具有所需性能的感光性高分子。

在实际聚合时，由于肉桂酰基或重氮基也有一定反应活性，所以感光基团的保护存在许多困难。例如，肉桂酸乙烯基单体中由于两个不饱和基团过分靠近，结果容易发生环化反应而失去感光基团(图 5-38)。

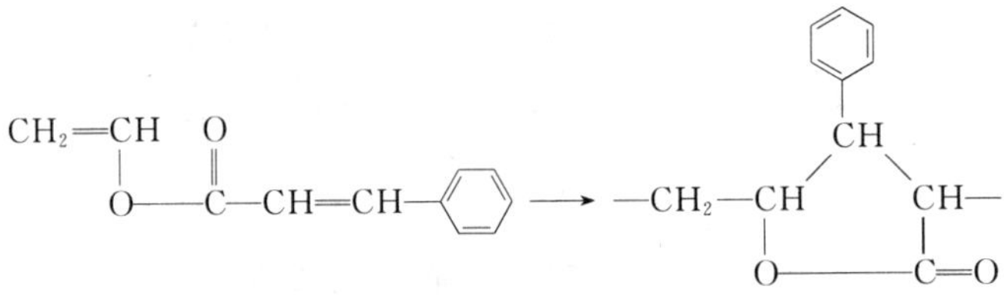

图 5-38　肉桂酸乙烯基单体的环化反应

一般来说，自由基聚合易发生这种环化反应，而离子型聚合则不易发生环化反应，但难以得到高相对分子质量聚合物。因而在这种感光性乙烯基单体的聚合技术方面，还有许多问题有待解决。

② 开环聚合单体。

在这类单体中，作为聚合功能基的是环氧基，可以通过离子型开环聚合制备高分子，同时又能有效地保护感光基团，因此是合成感光性高分子较有效的途径。例如，图 5-39 所示的肉桂酸缩水甘油酯和氧化查耳酮环氧衍生物的开环聚合都属此类。

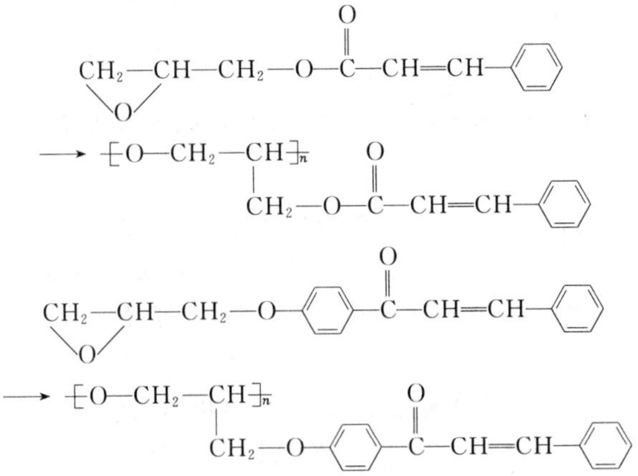

图 5-39　开环聚合单体的开环聚合反应

这类聚合同样可以通过共聚来控制和调节高分子的性质。

③ 缩聚法。

这是目前合成感光性高分子采用最多的方法。含有感光基团的二元酸、二元醇、二异氰酸酯等单体都可用于这类聚合，并且能较有效地保护感光基团。下面是这类聚合的典型例子(图5-40)。

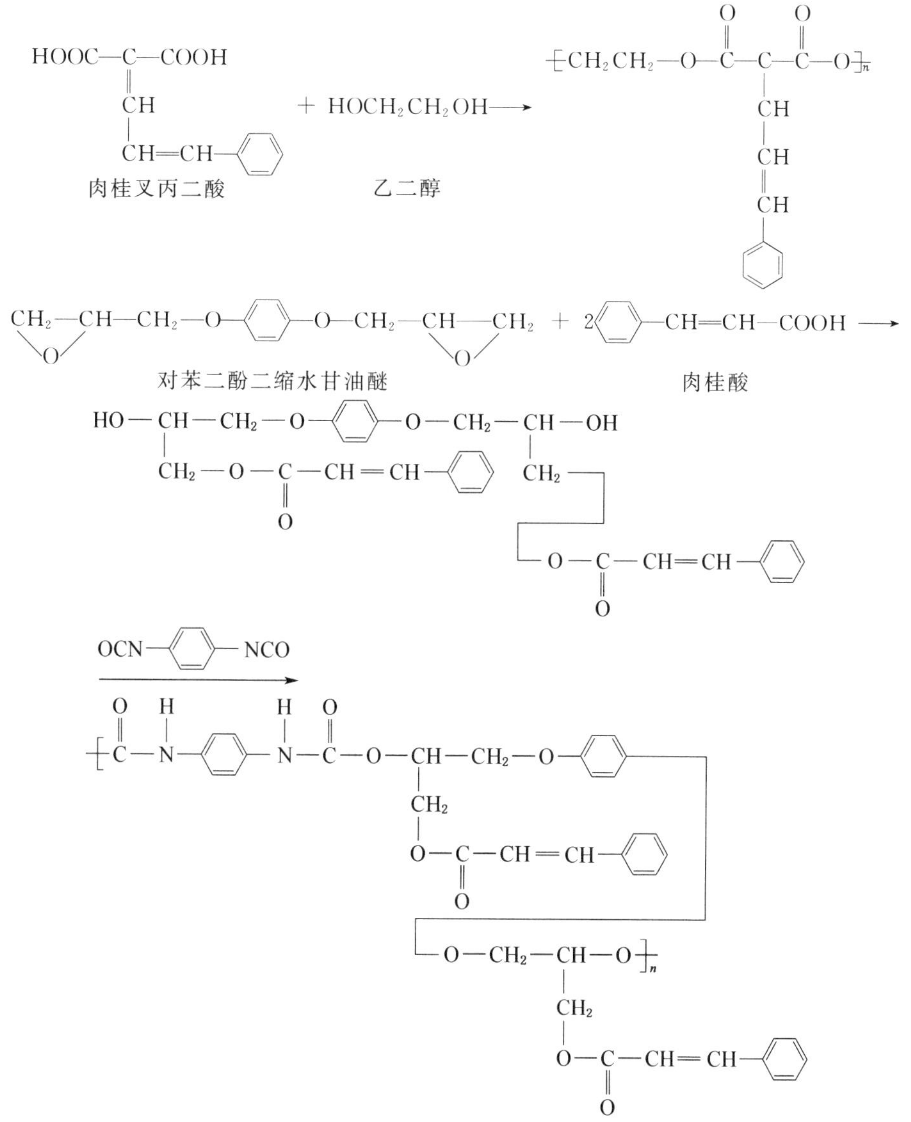

肉桂叉丙二酸　　乙二醇

对苯二酚二缩水甘油醚　　肉桂酸

图 5-40　缩聚反应制备感光性高分子的典型例子

有一些单体经过聚合，能将感光基团引入高分子主链。例如，二羟基查耳酮与芳香族二磺酰氯缩聚得到的即为这类主链型感光性高分子(图5-41)。

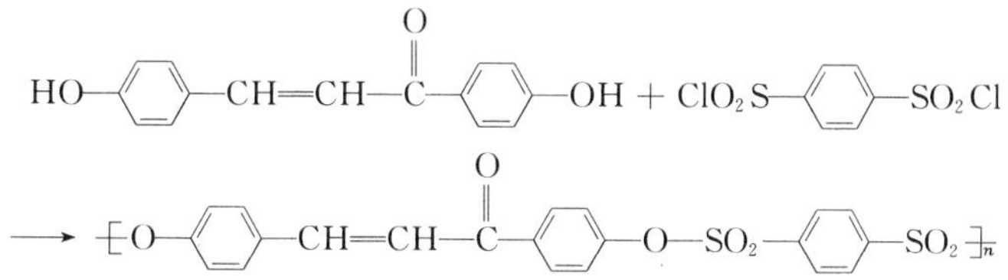

图 5-41　缩聚反应制备主链型感光高分子的例子

类似的这种单体还有二香草基酮和二香草基环戊酮，结构如下。它们可作为双酚的成分来合成感光性聚酯。据报道，它们与芳香族二磺酰氯或芳香族膦二酰氯缩聚的产物，是耐热性耐碱性优异的感光高分子。

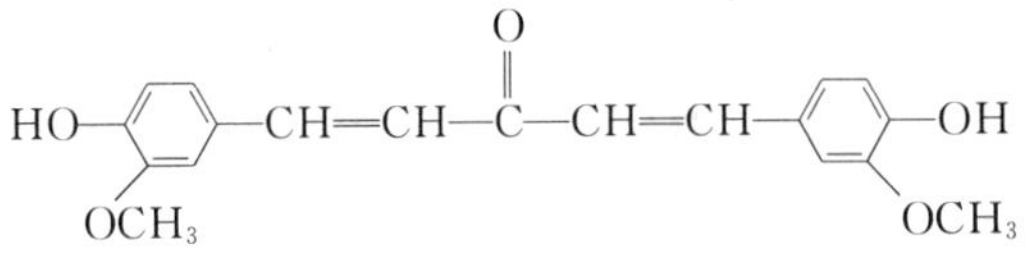

二香草基酮 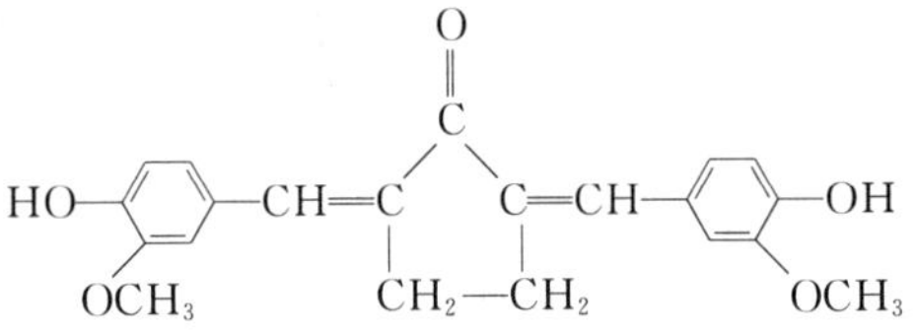　　二香草基环戊酮

用不含有感光基团的单体通过缩聚反应得到的主链中含有感光基团的高分子也是合成感光性高分子的一条途径。例如二乙酰基化合物与对苯二甲醛的反应(图 5-42)。

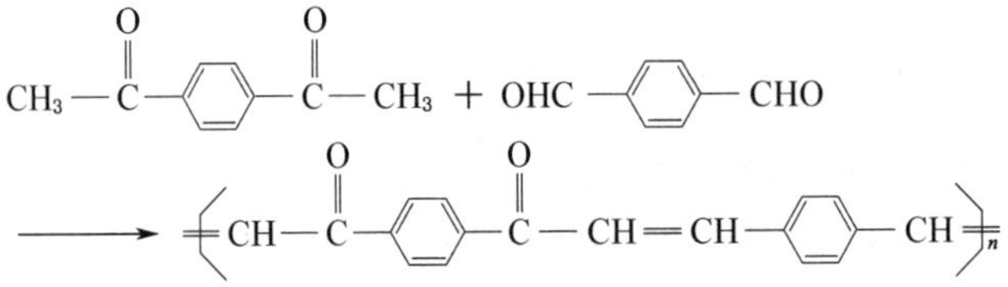

图 5-42　二乙酰基化合物与对苯二甲醛的反应

3）重要的带感光基团的高分子

（1）聚乙烯醇肉桂酸酯及其类似高分子

孤立的丙烯烃只有吸收短波长(180～210nm)的光才能进行反应，这是因为它只发生 $\pi \rightarrow \pi^*$ 跃迁的缘故。而当它与具有孤对电子的某些基团结合时，则会表现出长波长的 $n \rightarrow \pi^*$ 吸收，使光化学反应变得容易。肉桂酸中的羧基可提供孤对电子，并且双键与苯环有共轭惟用，因此能以更长的波长吸收，引起光化学反应。肉桂酸的光二聚反应如图 5-43 表示。

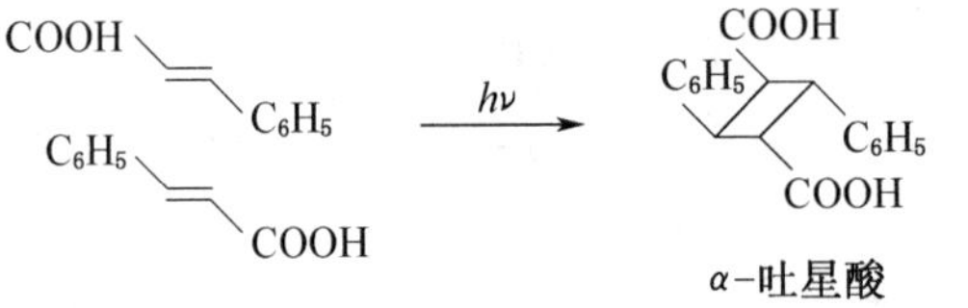

α-吐星酸

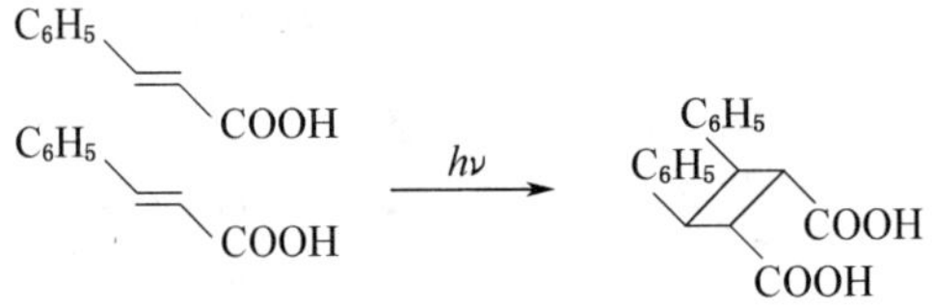

β-吐星酸

图 5-43　肉桂酸的光二聚反应

反应的结果是形成四元的环丁烷而交联。将肉桂酸与聚乙烯醇连接，就得到迄今为止广泛使用的聚乙烯醇肉桂酸酯，反应如图 5-44 所示。正如前面曾介绍过的，它是由柯达(Kodak)公司的明斯克(Minsk)等人首先发明的。它是一种十分出色的抗蚀剂，用吡啶作催化剂，由聚乙烯醇与肉桂酰氯酯化而成的。

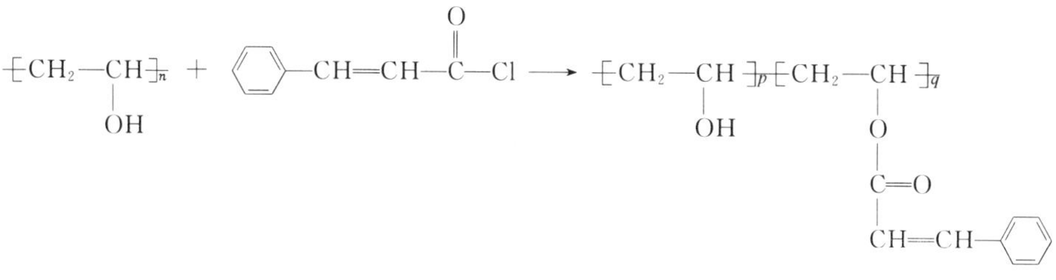

$$\text{+CH}_2\text{—CH+}_n\text{(OH)} + \text{C}_6\text{H}_5\text{—CH=CH—C(=O)—Cl} \longrightarrow \text{+CH}_2\text{—CH(OH)+}_p\text{+CH}_2\text{—CH(O—C(=O)—CH=CH—C}_6\text{H}_5\text{)+}_q$$

图 5-44 聚乙烯醇肉桂酸酯的合成

聚乙烯醇肉桂酸酯与肉桂酸一样，在光照下，侧基可发生光二聚反应，形成环丁烷基而交联，其结构如下。

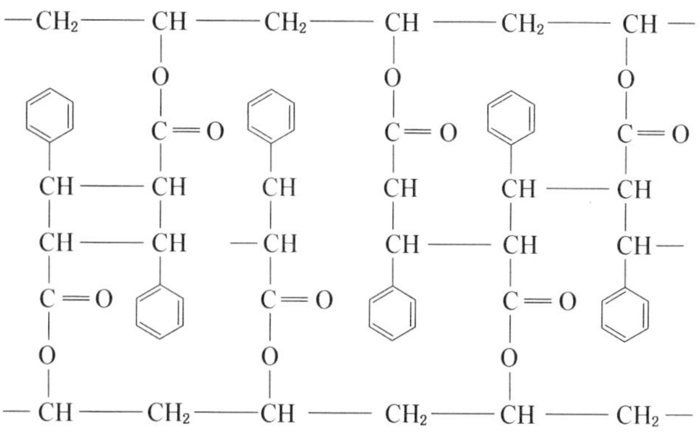

这个反应在 240～350nm 的紫外光区域内可有效地进行。但在实用中，希望反应能在波长更长的可见光范围内进行。研究发现，加入少量三线态光敏剂能有效地解决这一问题。例如，加入少量 5-硝基苊作为增感剂，可使聚乙烯醇肉桂酸酯的感光区域扩展到 240～450nm。

光敏剂对聚乙烯醇肉桂酸酯的增感机理与普通光化学的三线态光敏反应完全相同，可用激发图线描述，如图 5-45 所示。

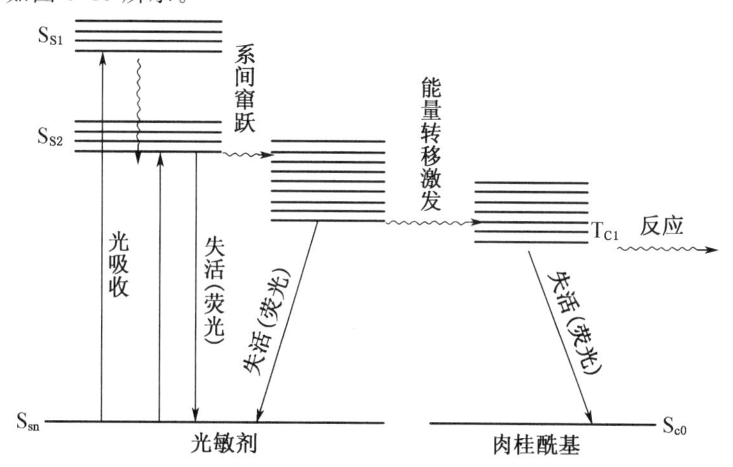

图 5-45 聚乙烯醇肉桂酸酯的增感机理

光敏剂首先吸收光而变为激发单线态（S_{sn}），然后进行系间窜跃成为激发三线态（T_{S1}）。这个三线态的能量转移到邻近的肉桂酰基上，使肉桂酰基成为激发三线态（T_{C1}），最后进行环丁烷化反应而交联。由此不难理解，一个好的光敏剂的条件如下：

① 光敏剂与肉桂酰基的能量水准必须满足 $T_{S1} \geqslant T_{C1}$。实验发现二者取接近值时效果最佳。

② 光敏剂必须比肉桂酰基在更长波长区域内具有有效的吸收。

③ 被吸收的能量易于向三线态进行系间窜跃(系间窜跃的量子收率大)。根据上述条件,已经合成和筛选出了许多对聚乙烯醇肉桂酸酯有效的光敏剂(表 5-6)。

表 5-6　　聚乙烯醇肉桂酸酯的光敏剂

光　敏　剂	相对感度	吸收峰值/nm	感光波长边值/nm
空白	2.2	320	350
对硝基联苯	180	360	380
对硝基苯胺	110	370	400
2,4-二硝基苯胺	88	360	400
苦酰胺	400	450	480
2-氯-4-硝基苯胺	290	380	410
2,5-二硝基-4-硝基苯胺	330	380	410
4,4′-四甲基-二胺基苯甲酮	640	380	420
1,2-苯并蒽酮	510	420	470
蒽醌	99	320	420
3-甲基-1,3-二氮杂-1,9-苯并蒽酮	1100	470	490
5-硝基苊	184	400	450

聚乙烯醇肉桂酸酯虽是一种性能优良的光致抗蚀剂,但它的显影剂是有机溶剂,故在操作环境方面和经济方面都存在问题。因此,研究了聚乙烯醇的肉桂酸-二元酸混合酯。这种混合酯是将聚乙烯醇中的一部分羟基用肉桂酸酯化,剩余的羟基则用丁二酸、苯二甲酸等二元酸酯化。聚乙烯醇丁二酸肉桂酸酯和聚乙烯醇苯二甲酸肉桂酸酯的结构如下。

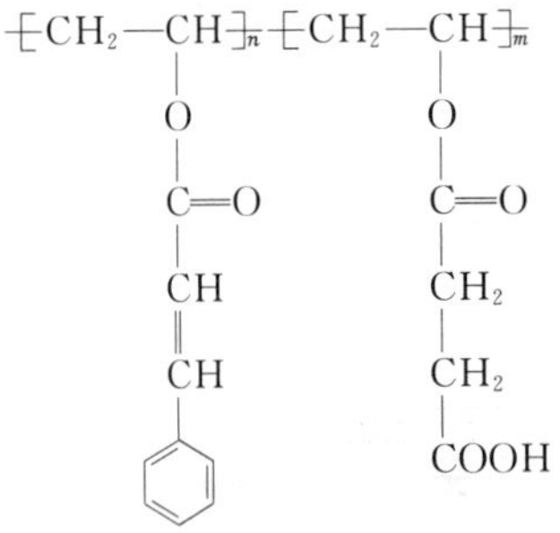

$$\left[CH_2-\underset{\underset{\underset{\underset{\underset{C_6H_5}{|}}{CH=CH}}{|}}{\underset{|}{O-C=O}}}{CH}\right]_n \left[CH_2-\underset{O-C(=O)-CH_2-CH_2-COOH}{CH}\right]_m$$

聚乙烯醇丁二酸肉桂酸酯

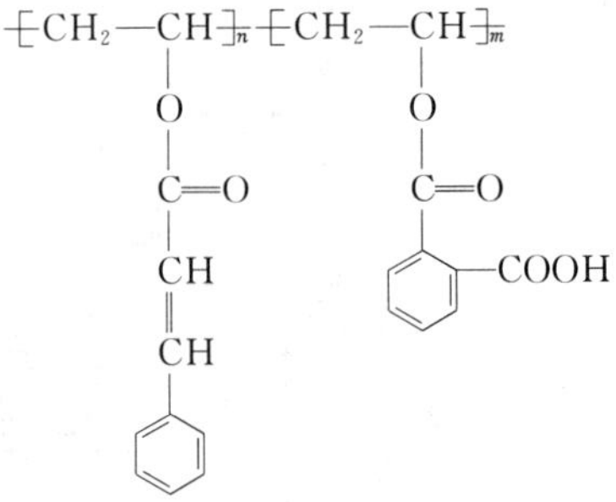

$$\left[CH_2-\underset{O-C(=O)-CH=CH-C_6H_5}{CH}\right]_n \left[CH_2-\underset{O-C(=O)-C_6H_4-COOH}{CH}\right]_m$$

聚乙烯醇苯二甲酸肉桂酸酯

分子链中的肉桂酰基赋予感光性,羧基则提供碱可溶性,从而可用碱水显影。实验表明,聚乙烯醇丁二酸对甲氧基肉桂酸混合酯用米蚩酮作光敏剂时,相对感度可高达 1400(以聚乙烯醇肉桂酸酯未加光敏剂时的相对感度为 2.2 计)。

为了改进聚合物的柔韧性和附着力,研制了乙烯-乙烯醇共聚物的肉桂酸酯。

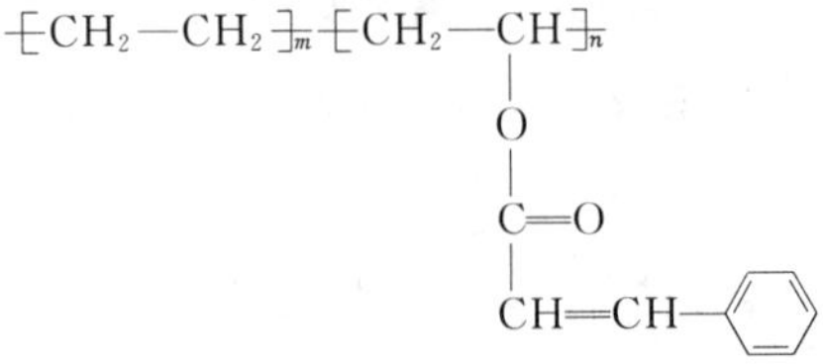

$$\left[CH_2-CH_2\right]_m \left[CH_2-\underset{O-C(=O)-CH=CH-C_6H_5}{CH}\right]_n \qquad (m=2\%\sim5\%)$$

这种聚合物用2-苯甲酰甲叉-1-甲基-β-萘噻唑啉为光敏剂时，相对感度为320。将环氧树脂中的羟基用肉桂酸酯化，就得到环氧树脂的肉桂酸酯，结构如下。

$$\left[O-C_6H_4-C(CH_3)_2-C_6H_4-O-CH_2-\underset{\underset{\underset{CH=CH-C_6H_5}{|}}{\underset{C=O}{|}}}{\underset{O}{\underset{|}{CH}}}-CH_2 \right]_n$$

它的相对感度比聚乙烯醇肉桂酸酯差，但与金属基体有非常好的黏附性，故得到广泛的使用。

丙烯酸酯类单体品种多，共聚性好，可得到各种所希望性能的聚合物。通过高分子反应已得到许多丙烯酸系肉桂酸类感光性高分子（图5-46）。

$$\underset{\text{肉桂酸缩水甘油酯}}{\overset{\quad}{\underset{\backslash O /}{CH_2-CH}}-CH_2-O-\overset{O}{\overset{\|}{C}}-CH=CH-C_6H_5} + \underset{\text{聚丙烯酸}}{\left[CH_2-\underset{COOH}{\underset{|}{CH}}\right]_n}$$

$$\longrightarrow \left[CH_2-CH\right]_n \quad -\overset{O}{\overset{\|}{C}}-O-CH_2-\underset{OH}{\underset{|}{CH}}-CH_2-O-\overset{O}{\overset{\|}{C}}-CH=CH-C_6H_5$$

$$\underset{\text{肉桂酸钾}}{C_6H_5-CH=CH-COOK} + \underset{\text{聚丙烯酸氯乙醇酯}}{\left[CH_2-\underset{\overset{\|}{\underset{O}{}}C-O-CH_2CH_2Cl}{\underset{|}{CH}}\right]_n}$$

$$\longrightarrow \left[CH_2-CH\right]_n \quad -\overset{O}{\overset{\|}{C}}-O-CH_2CH_2-O-\overset{O}{\overset{\|}{C}}-CH=CH-C_6H_5$$

$$\underset{\text{肉桂酸}}{C_6H_5-CH=CH-COOH} + \underset{\text{聚甲基丙烯酸缩水甘油醚}}{\left[CH_2-\overset{CH_3}{\overset{|}{C}}\right]_n \quad -\overset{O}{\overset{\|}{C}}-O-CH_2-\underset{\backslash O /}{CH-CH_2}}$$

$$\longrightarrow \left[CH_2-C\right]_n \quad -\overset{O}{\overset{\|}{C}}-O-CH_2\underset{OH}{\underset{|}{CH}}-CH_2-O-\overset{O}{\overset{\|}{C}}-CH=CH-C_6H_5$$

$$CH_2=CH-C(=O)-OCH_2CH_2-O-\overset{O}{\overset{\|}{C}}-CH=CH-C_6H_5 \longrightarrow \left[CH_2-\underset{C=O}{\underset{|}{CH}}\right]_n \quad -OCH_2CH_2-O-\overset{O}{\overset{\|}{C}}-CH=CH-C_6H_5$$

图5-46 丙烯酸酯类感光高分子的制备

丙烯酸类感光性单体的合成比较容易，因此也常用聚合法制备这类感光性高分子。

(2) 其他光二聚型感光高分子

① 聚乙烯醇肉桂叉乙酸酯。

将聚乙烯醇用肉桂叉乙酰氯酯化就得到聚乙烯醇肉桂叉乙酸酯，方程式如图 5-47 所示。

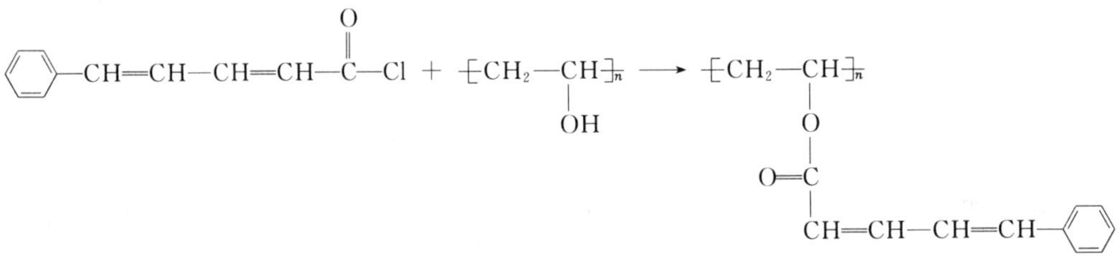

$$C_6H_5-CH=CH-CH=CH-\overset{O}{\overset{\|}{C}}-Cl + \left[CH_2-\underset{OH}{\underset{|}{CH}}\right]_n \longrightarrow \left[CH_2-\underset{O-\overset{O}{\overset{\|}{C}}-CH=CH-CH=CH-C_6H_5}{\underset{|}{CH}}\right]_n$$

图 5-47　聚乙烯醇与肉桂叉乙酰氯的酯化反应

这种聚乙烯醇肉桂叉乙酸酯通过加入适当的光敏剂，如 2,5-双(对-乙基苯)-4-(对-异戊氧基苯)噻喃鎓高氯酸盐，可将感光波长区域一直伸展到 550nm 而成为高感度的光致抗蚀剂。如果在分子中再引入氰基，则热性能大大上升。含氰基聚乙烯的肉桂叉乙酸酯的结构如下所示。

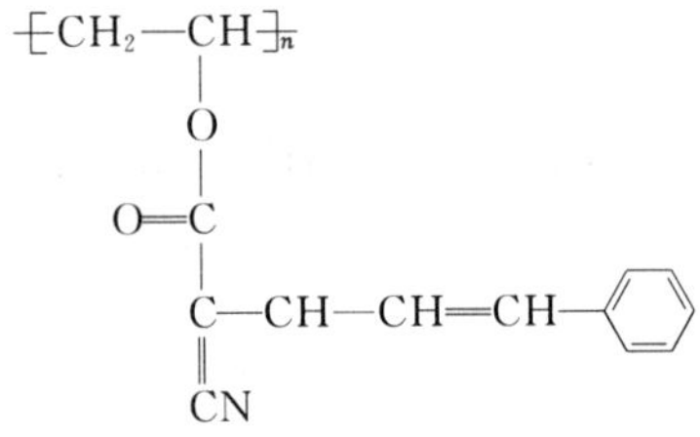

$$\left[CH_2-\underset{O-\overset{O}{\overset{\|}{C}}-\underset{CN}{\underset{\|}{C}}-CH-CH=CH-C_6H_5}{\underset{|}{CH}}\right]_n$$

聚乙烯醇肉桂叉乙酸酯在>350nm 的波长区域发生二聚反应，形成交联结构，但在<253nm的波长照射下，则发生逆反应，回到原反应物，反应过程如图 5-48 所示。逆反应比率可达 30%～55%。这一事实表明它与聚乙烯醇肉桂酸酯的光化学反应过程不完全相同。

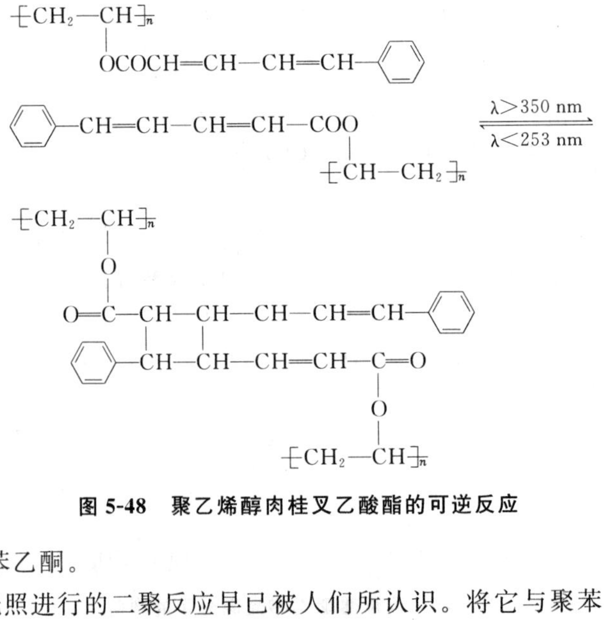

$$\begin{array}{l} \left[CH_2-CH\right]_n \\ \quad\ | \\ \quad OCOCH=CH-CH=CH-C_6H_5 \\ C_6H_5-CH=CH-CH=CH-COO \\ \qquad\qquad\qquad\qquad\quad\ | \\ \qquad\qquad\qquad\quad \left[CH-CH_2\right]_n \end{array} \underset{\lambda<253\ nm}{\overset{\lambda>350\ nm}{\rightleftharpoons}} \begin{array}{l} \left[CH_2-CH\right]_n \\ \quad\ | \\ \quad O \\ \quad\ | \\ O=C-CH-CH-CH-CH=CH-C_6H_5 \\ \qquad\quad\ | \quad\ \ | \\ C_6H_5-CH-CH-CH=CH-C=O \\ \qquad\qquad\qquad\qquad\quad | \\ \qquad\qquad\qquad\qquad\quad O \\ \qquad\qquad\qquad\qquad\quad | \\ \qquad\qquad\qquad \left[CH_2-CH\right]_n \end{array}$$

图 5-48　聚乙烯醇肉桂叉乙酸酯的可逆反应

② 聚乙烯苄叉苯乙酮。

苄叉苯乙酮由光照进行的二聚反应早已被人们所认识。将它与聚苯乙烯结合，就得到聚乙烯苄叉苯乙酮。反应过程如图 5-49 所示。

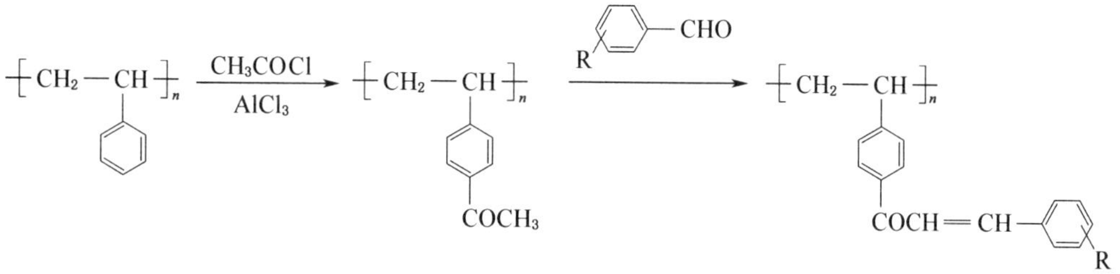

$$\left[CH_2-CH\right]_n \text{(—C}_6\text{H}_5) \xrightarrow[AlCl_3]{CH_3COCl} \left[CH_2-CH\right]_n \text{(—C}_6\text{H}_4\text{—COCH}_3) \xrightarrow{R\text{—C}_6\text{H}_4\text{—CHO}} \left[CH_2-CH\right]_n \text{(—C}_6\text{H}_4\text{—COCH=CH—C}_6\text{H}_4\text{—R)}$$

图 5-49 聚乙烯苄叉苯乙酮的制备实例

这类感光性高分子的吸收波长为 250～400nm。如果醛类是用苯甲醛，产物的相对感度为 1400。而若用对甲氧基苯甲醛时，相对感度可达 13000，远比聚乙烯肉桂酸酯高。

聚乙烯苄叉苯乙酮的光化学反应以单线态形式进行。因此不能用光敏剂增感。

③ 聚乙烯基苯乙烯基吡啶盐。

苯乙烯基吡啶类化合物的光二聚反应也是人们所熟悉的。将这种基团引入高分子，就得到感光性高分子。制备方法为：将聚乙烯醇用对甲苯磺酰氯进行酯化，然后与 4-甲基吡啶反应，再与醛缩合，如图 5-50 所示。

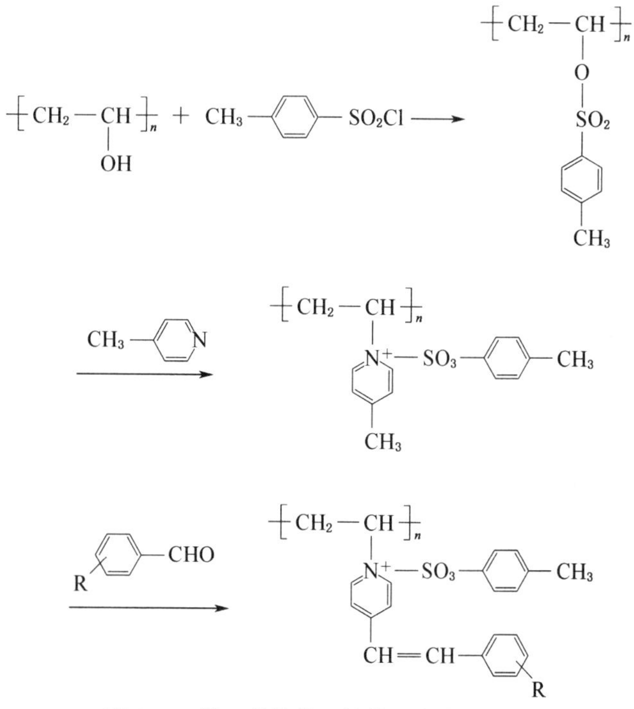

$$\left[CH_2-CH\right]_n \text{(—OH)} + CH_3\text{—C}_6\text{H}_4\text{—}SO_2Cl \longrightarrow \left[CH_2-CH\right]_n \text{(—O—}SO_2\text{—C}_6\text{H}_4\text{—}CH_3)$$

$$\xrightarrow{CH_3\text{—C}_5\text{H}_4\text{N}} \left[CH_2-CH\right]_n \text{(—N}^+\text{(C}_5\text{H}_4\text{—}CH_3)\text{ }^-SO_3\text{—C}_6\text{H}_4\text{—}CH_3)$$

$$\xrightarrow{R\text{—C}_6\text{H}_4\text{—CHO}} \left[CH_2-CH\right]_n \text{(—N}^+\text{(C}_5\text{H}_4\text{—CH=CH—C}_6\text{H}_4\text{—R)}\text{ }^-SO_3\text{—C}_6\text{H}_4\text{—}CH_3)$$

图 5-50 聚乙烯基苯乙烯基吡啶盐的制备

当醛类为对甲氧基苯甲醛时，其相对感度为 1000 左右。若用糠醛时，则相对感度可高达 15000。这类聚合物的分子链中存在季胺盐结构，因此有良好的亲水性。

聚乙烯苯乙烯基吡啶盐的吸收披长为 270～630nm，范围很宽，因此有较大的实用性。与前面介绍的聚乙烯苄叉苯乙酮类似，这类聚合物发生典型的单线态反应而不能用光敏剂增感。

④ 具有 α-苯基马来酰亚胺的高分子

马来酰亚胺在固相时用光照射，发生下列二聚化反应(图 5-51)。

将上述基团引入高分子，就得到含 α-苯基马来酰亚胺基的感光性高分子(图 5-52)。

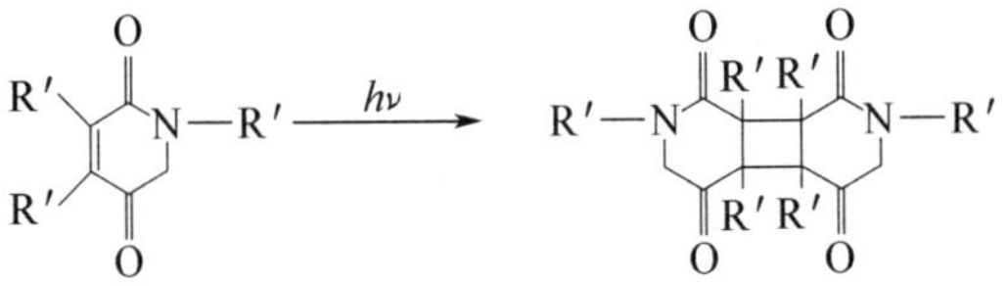

图 5-51 马来酰亚胺的二聚化反应

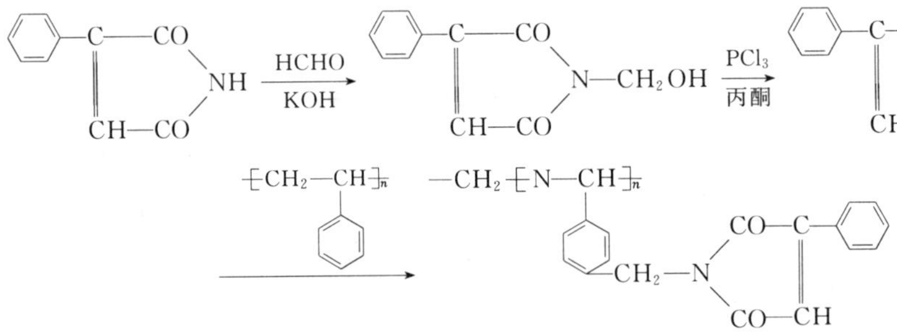

图 5-52 含 α-苯基马来酰亚胺基的感光性高分子的制备

类似地，还可向聚丙烯酸类聚合物和马来酸酐类聚合物引入上述基团，得到性能各异的感光性高分子。这些聚合物的相对感度都比较高，吸收波长范围为 200～410nm。而且，通常具有良好的耐热性和耐化学药品性。

(3) 具有重氮基和叠氮基的高分子

前面已经介绍过，芳香族的重氮化合物和叠氮化合物具有感光性。将它们引入高分子链，就成为氮基树脂和叠氮树脂。这是两类应用广泛的感光高分子。

① 具有重氮基的高分子。

前面已经介绍过的由重氮二苯胺与甲醛制成的聚合物，实际上就是一种含重氮基的氮基树脂。下面再介绍一些这类树脂(图 5-53)。

酚醛型氮基树脂：

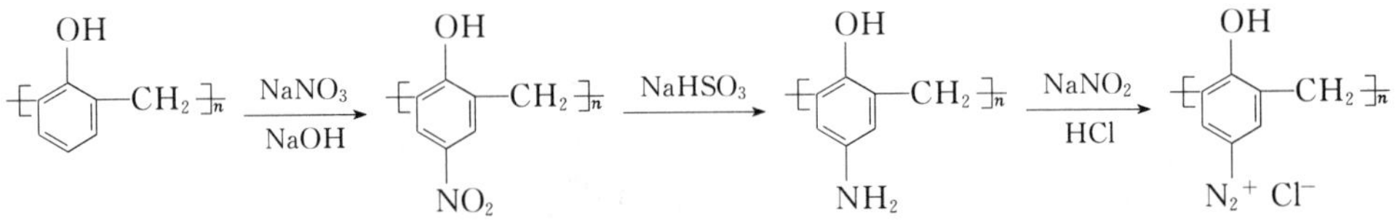

聚丙烯酰胺型：

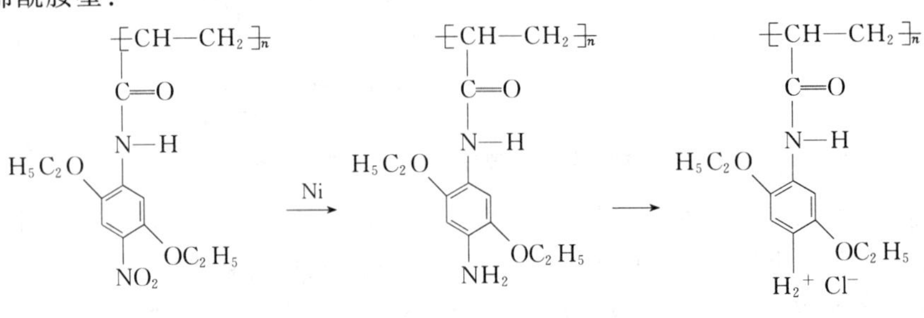

图 5-53 重氮树脂的合成反应

这些重氮树脂都是阴图型的感光材料。

也可用芳香族氨基重氮盐与水溶性的磺化酚醛树脂反应，生成水不溶的重氮树脂，而受光照后，由于重氮基遇光分解，重新变成水溶性的产物，因此可做成阳图型感光材料。反应过程如图 5-54 所示。

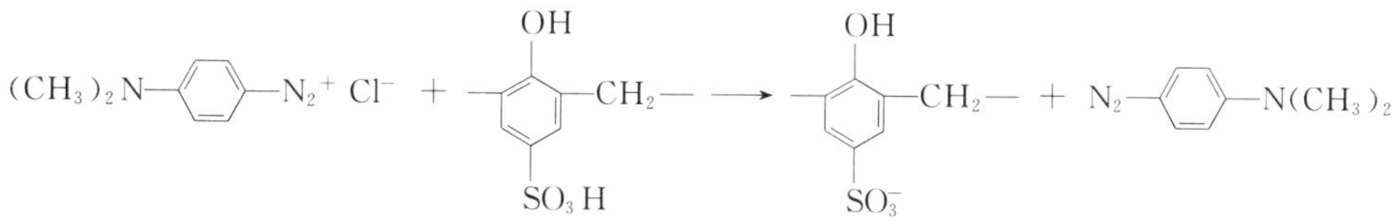

$$(CH_3)_2N-C_6H_4-N_2^+Cl^- + -C_6H_2(OH)(SO_3H)-CH_2- \longrightarrow -C_6H_2(OH)(SO_3^-)-CH_2- + N_2-C_6H_4-N(CH_3)_2$$

图 5-54 芳香族重氮树脂的合成

重氮树脂的光交联效率和感光度都比较高，一般不需要光敏剂增感。

② 具有叠氮基的高分子。

在聚合物中引入叠氮基团(苯基叠氮 ph—N_3；苯磺基叠氮 ph—SO_2—N_3；苯甲酰叠氮)后，叠氮基光分解成为亚氮基，亚氮基进一步反应则形成交联产物。例如亚氮基的偶合反应(图 5-55)。

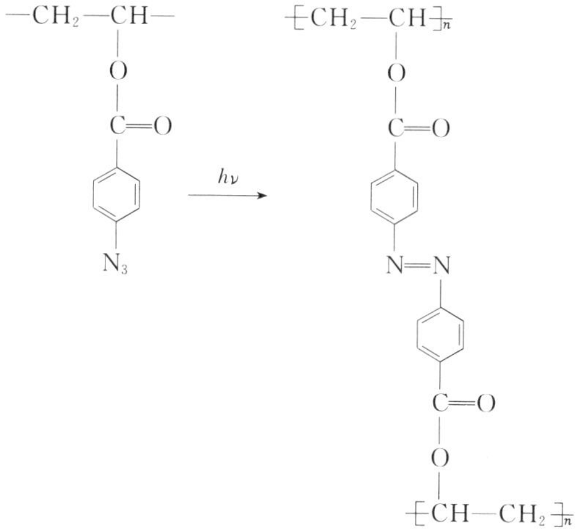

图 5-55 亚氮基的偶合反应

第一个叠氮树脂是 1963 年由梅里尔(Merrill)等人将部分皂化的 PVAc 用叠氮苯二甲酸酐酯化而成的(图 5-56)。

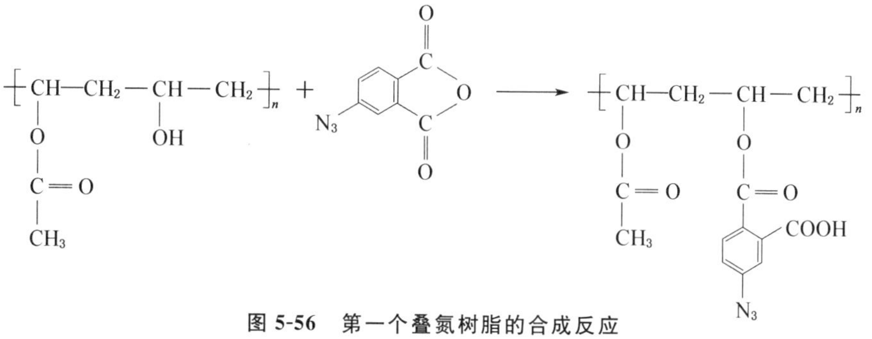

图 5-56 第一个叠氮树脂的合成反应

研究发现，这种叠氮树脂比聚乙烯醇肉桂酸酯的感度很高。如果加了光敏剂，则其感度进一步提高(表 5-7)。

3. 光聚合型感光性高分子

因光照射在聚合体系上而产生聚合活性种(活性自由基、活性离子)并由此引发的聚合反应称为光聚合反应。光聚合型感光高分子就是通过光照直接将单体聚合成所预期的高分子的。可用于印刷制版、复印材料、电子工业和以涂膜光固化为目的的紫外线固化油墨、涂料和黏合剂等。

表 5-7　　叠氮高分子的感度

叠氮高分子	未加光敏剂		加光敏剂	
	比感度	感光波长/nm	比感度	感光波长/nm
聚乙烯醇肉桂酸酯	2.2	260～340		
聚(乙酸乙烯-3-叠氮邻苯二甲酸酯)	50	270～390	250*	270～460
聚(乙酸乙烯-4-叠氮邻苯二甲酸酯)	220	260～380	1100*	270～450
聚(乙酸乙烯-3,4-二叠氮邻苯二甲酸酯)	100	270～390	440*	270～460
聚(乙酸乙烯-对-叠氮苯甲酸酯)	110	270～390	3100**	270～450
乙酸纤维素-3-叠氮邻苯二甲酸酯	9	290～350	12**	
明胶-3-叠氮邻苯二甲酰胺	9	290～370	18**	
间一叠氮苄醇的苯乙烯-马来酸酯	35	290～370		
3-(4-叠氮苯氧基)醚乙醇的 S-MA 酯	120	280～400		

注：* 光敏剂：2-(3-磺基苯甲酰甲撑)-1-甲基-β-萘并噻唑啉；

** 光敏剂：2-苯甲酰甲撑-1-甲基-β-萘并噻唑啉。

大多数乙烯基单体在光的作用下能发生聚合反应。如甲基丙烯酸甲酯在光照作用下的自聚现象是众所周知的。实际上，光聚合体系可分为两大类：一类是单体直接吸收光形成活性种而聚合的直接光聚合；另一类是通过光敏剂(光聚合引发剂)吸收光能产生活性种，然后引发单体聚合的光敏聚合。在光敏聚合中，也有两种不同情况，既有光敏剂被光照变成活性种，由此引起聚合反应的，也有光敏剂吸收光被激发后，它的激发能转移给单体而引起聚合反应的。已知能进行直接光聚合的单体有氯乙烯、苯乙烯、丙烯酸酯、甲基丙烯酸酯、甲基乙烯酮等。但在实际应用中，光敏聚合更为普遍，更为重要。本节主要介绍这一类光敏聚合。

1) 光敏剂

如前所述，虽然许多单体在光照作用下能进行直接光聚合，但直接光照合往往要求较短波长的光(较高的光能)，聚合速度较低。而使用了光敏剂以后，可大大降低引发的活化能，即可使聚合在较长波长的光照作用下进行。这就是光敏剂被普遍采用的原因。用于光敏聚合的光敏剂主要有表 5-8 所示的物质。

表 5-8　　重要的光聚合体系光敏剂

类　别	感光波长/nm	化合物例
羰基化合物	360～420	安息香及基醚类；稠环醌类
偶氮化合物	340～400	偶氮二异丁腈；重氮化合物
有机硫化物	280～400	硫醇；烷基二硫化物
氧化还原体系	—	铁(II)/过氧化氢
卤化物	300～400	卤化银；溴化汞；四氯化碳
色素类	400～700	四溴萤光素/胺；核黄素；花菁色素
有机金属化合物	300～450	烷基金属类
金属羰基类	360～400	羰基锰
金属氧化物	300～380	氧化锌

下面分别介绍各类光敏剂的光分解机理。

有机羰基化合物，例如，联乙酰、安息香及其醚类是最重要的光敏剂，它们是按下列反应进行光分解而产生自由基的(图 5-57)。

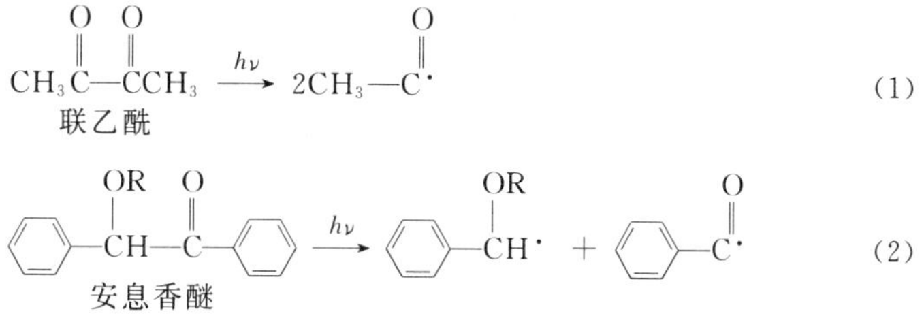

$$CH_3\overset{O}{\overset{\|}{C}}-\overset{O}{\overset{\|}{C}}CH_3 \xrightarrow{h\nu} 2CH_3-\overset{O}{\overset{\|}{C}}^{\cdot} \quad (1)$$

联乙酰

$$C_6H_5-\overset{OR}{\overset{|}{C}H}-\overset{O}{\overset{\|}{C}}-C_6H_5 \xrightarrow{h\nu} C_6H_5-\overset{OR}{\overset{|}{C}H^{\cdot}} + C_6H_5-\overset{O}{\overset{\|}{C}}^{\cdot} \quad (2)$$

安息香醚

图 5-57 有机羰基化合物的光分解

所产生的两种自由基都有引发单体聚合的活性。安息香醚类分子中的取代基 R 一般为不同长度的烷基、羟烷基等，例如，安息香甲醚、安息香乙醚都是常用的光敏剂。

偶氮二异丁腈(AIBN)通常用作热聚合引发剂，但它吸收光能后也可分解产生自由基(图 5-58)。

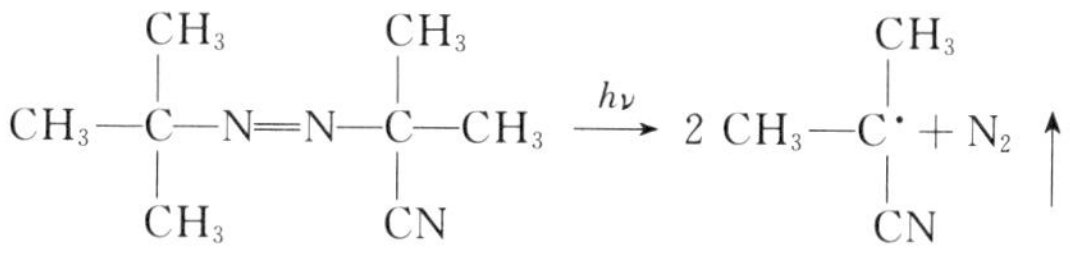

$$CH_3-\underset{CH_3}{\overset{CH_3}{\overset{|}{\underset{|}{C}}}}-N=N-\underset{CN}{\overset{CH_3}{\overset{|}{\underset{|}{C}}}}-CH_3 \xrightarrow{h\nu} 2\ CH_3-\underset{CN}{\overset{CH_3}{\overset{|}{\underset{|}{C}^{\cdot}}}} + N_2\uparrow$$

图 5-58 偶氮二异丁腈的分解反应

硫醇和二硫化物类光敏剂按下列机理进行光分解：

$$R-SH \xrightarrow{h\nu} R-S^{\cdot} + H^{\cdot}$$

$$R-S-S-R' \xrightarrow{h\nu} R-S^{\cdot} + R'-S^{\cdot}$$

溴化银等卤化物的光分解产物为卤素自由基和金属离子，如下式所示。

$$AgBr \xrightarrow{h\nu} Br^{\cdot} + Ag^{+} + e$$

在光固化涂料应用方面，二苯甲酮类光敏剂也是较重要的光敏剂。但二苯甲酮单独作用往往是无效的，必须与含有活泼氢的化合物并用，如与脂肪胺并用。固化速度随胺的烷基碳原子数增大而增大。研究认为，这种光固化机理是由于形成 α-氨基自由基引起的，反应过程如图 5-59 所示。

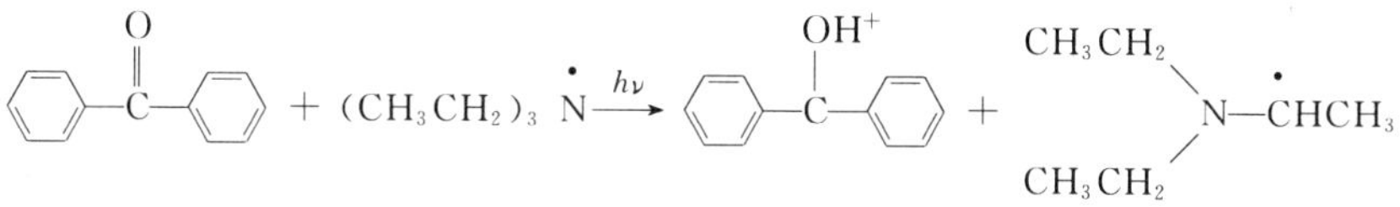

$$C_6H_5-\overset{O}{\overset{\|}{C}}-C_6H_5 + (CH_3CH_2)_3\dot{N} \xrightarrow{h\nu} C_6H_5-\overset{OH^{+}}{\overset{|}{C}^{\cdot}}-C_6H_5 + (CH_3CH_2)_2N-\dot{C}HCH_3$$

图 5-59 二苯甲酮形成 α-氨基自由基的反应过程

米蚩酮是二苯甲酮的衍生物，它在 365nm 和 254nm 波长处有非常高的光吸收率(为二苯甲酮的 400 倍)，因此，常作为二苯甲酮类化合物的代表。米蚩酮的结构式如下：

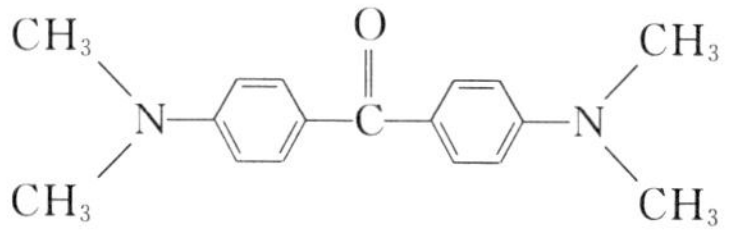

$$(CH_3)_2N-C_6H_4-\overset{O}{\overset{\|}{C}}-C_6H_4-N(CH_3)_2$$

具有光聚合引发能力的光敏剂很多，光分解机理各不相同，因此，在光聚合实际应用中，光敏剂的选择十分重要。其中最重要的条件是对热要稳定，不会发生暗反应，其次是量子效率要高，否则，不易形成高相对分子质量产物。

2）光聚合体系

光聚合体系可分为单纯光聚合体系和光聚合单体＋高分子体系两类。以单体和光敏剂组成的单纯光聚合体系由于在聚合时易发生体积收缩的情况，且一般得不到足够的感度和性能良好的薄膜，因此较少使用。将有良好成膜性并含有可反应官能团的预聚物与光聚合单体混合使用，可明显提高光固化的感度，得到预期效果的薄膜。

（1）光聚合单体

由于光聚合型感光材料是在操作中经光照固化的，因此，适用于该体系的单体必须满足一个基本前提，即在常温下必须是不易挥发的。一切气态的或低沸点的单体都是不适用的。含丙烯酸酯基和丙烯酰胺基的双官能团单体容易与其他化合物反应，而且聚合物的性质也较好，因此是用得最多的光聚合单体。表 5-9 列出的是常用的多官能团光聚合单体。

① 多元醇的丙烯酸酯。

这类单体是光聚合单体的典型代表，它们都是沸点高于 200℃ 的高沸点液体，很容易发生光聚合，形成的固化膜性能优良。当它们与其他含不饱和基的高分子混合使用时，能得到各种性能不同的固化膜。因此是感光树脂凸版，紫外光固化油墨、涂料等的不可缺少的光聚合单体。典型品种见表 5-9。

表 5-9　常用的多官能团光聚合单体

名　　称	结　构　式	相对分子质量
乙二醇二丙烯酸酯	$CH_2=CHCOOCH_2CH_2OCOCH=CH_2$	170
二乙二醇二丙烯酸酯	$CH_2=CHCOO(CH_2CH_2O)_2COCH=CH_2$	241
三乙二醇二丙烯酸酯	$CH_2=CHCOO(CH_2CH_2O)_3COCH=CH_2$	258
聚乙二醇二丙烯酸酯	$CH_2=CHCOO(CH_2CH_2O)_nCOCH=CH_2$	
聚乙二醇二甲基丙烯酸酯	$CH_2=\underset{CH_3}{\underset{\vert}{C}}COO(CH_2CH_2O)_nCO\underset{CH_3}{\underset{\vert}{C}}=CH_2$	
聚丙二醇二丙烯酸酯	$CH_2=CHCOO(CH_2\underset{CH_3}{\underset{\vert}{C}}HO)_nCOCH=CH_2$	
聚丙二醇二甲基丙烯酸酯	$CH_2=\underset{CH_3}{\underset{\vert}{C}}COO(CH_2\underset{CH_3}{\underset{\vert}{C}}HO)_nCO\underset{CH_3}{\underset{\vert}{C}}=CH_2$	
丁二醇二丙烯酸酯	$CH_2=CHCOO(CH_2)_4OCOCH=CH_2$	198
丁二醇二甲基二丙烯酸酯	$CH_2=\underset{CH_3}{\underset{\vert}{C}}-COO(CH_2)_4OCO\underset{CH_3}{\underset{\vert}{C}}=CH_2$	226
新戊二醇二丙烯酸酯	$CH_2=CCOOCH_2C(CH_3)_2CH_2OCOCH=CH_2$	212
1，6- 己二醇二丙烯酸酯	$CH_2=CHCOO(CH_2)_6OCOCH=CH_2$	226
1，6-己二醇二甲基丙烯酸酯	$CH_2=\underset{CH_3}{\underset{\vert}{C}}COO(CH_2)_6OCO\underset{CH_3}{\underset{\vert}{C}}=CH_2$	254
季戊四醇二丙烯酸酯	$(CH_2=CHCOOCH_2)_2C(CH_2OH)_2$	244
季戊四醇三丙烯酸酯	$(CH_2=CHCOOCH_2)_3CCH_2OH$	298
三羟甲基丙烷三丙烯酸酯	$(CH_2=CHCOOCH_2)_3CC_2H_5$	296
三羟甲基丙烷三甲基丙烯酸酯	$[CH_2=C(CH_3)COOCH_2]_3CC_2H_5$	338

② 氨基甲酸酯型丙烯酸酯。

将氨基甲酸酯引入丙烯酸酯，可用于制备弹性很高的光固化膜。如用2,4-二异氰酸甲苯与甲基丙烯酸-β-羟乙酯反应(图5-60)。

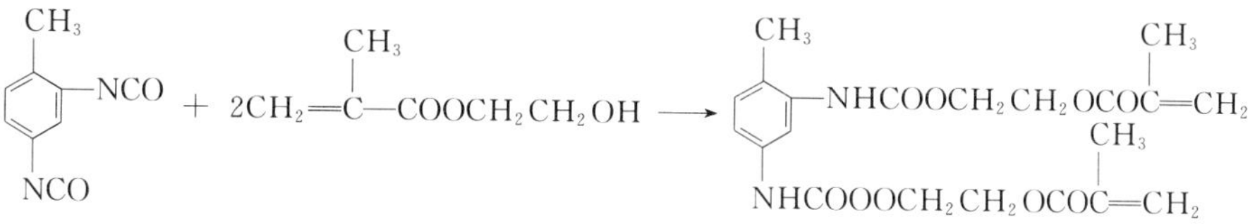

$$CH_3C_6H_3(NCO)_2 + 2CH_2{=}C(CH_3){-}COOCH_2CH_2OH \longrightarrow CH_3C_6H_3[NHCOOCH_2CH_2OCOC(CH_3){=}CH_2]_2$$

图5-60　2,4-二异氰酸甲苯与甲基丙烯酸-β-羟乙酯的反应

用所形成的单体聚合，产物既保持了聚丙烯酸酯的优良性质，又富有弹性，是一种品质较高的涂料原料。

又如用安息香与2,4-二异氰酸甲苯和甲基丙烯酸-β-羟乙酯反应(图5-61)，形成的单体还兼有光敏剂的作用。

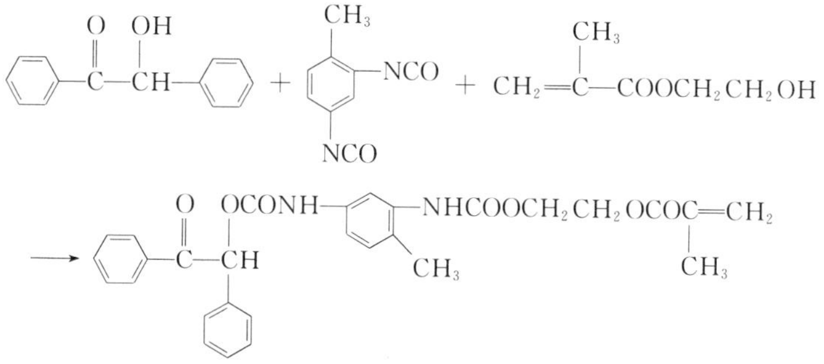

$$C_6H_5{-}CO{-}CH(OH){-}C_6H_5 + CH_3C_6H_3(NCO)_2 + CH_2{=}C(CH_3){-}COOCH_2CH_2OH \longrightarrow C_6H_5{-}CO{-}CH(C_6H_5){-}OCONH{-}C_6H_3(CH_3){-}NHCOOCH_2CH_2OCOC(CH_3){=}CH_2$$

图5-61　安息香与2,4-二异氰酸甲苯和甲基丙烯酸-β-羟乙酯的反应

③ 丙烯酰胺。

丙烯酰胺类单体较易进行光聚合。它们大多数是水溶性的，使用十分方便。此外，它们极易与含有酰胺基的聚合物混合。常用的丙烯酰胺类单体见表5-10。

表5-10　常用的丙烯酰胺类单体

名　　称	结构式
N-丙烯酰羟乙基马来酰亚胺	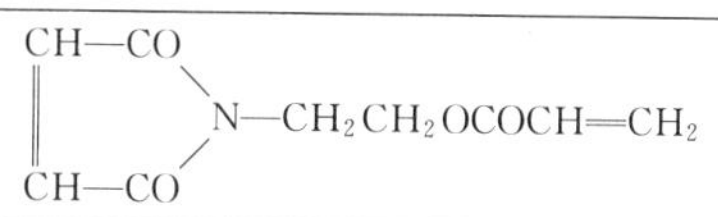 $(CH{-}CO)_2N{-}CH_2CH_2OCOCH{=}CH_2$（马来酰亚胺环）
N,N-双(β-丙烯酰氧乙基)苯胺	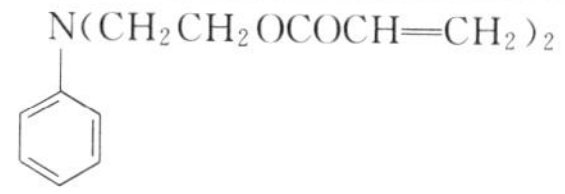 $C_6H_5N(CH_2CH_2OCOCH{=}CH_2)_2$
己内酰胺、丁二胺缩合物的双丙烯酰胺	$CH_2{=}CHCONH(CH_2)_4NHCO(CH_2)_5NHCOCH{=}CH_2$
六氢-1,3,5-三丙烯基-5-三吖嗪	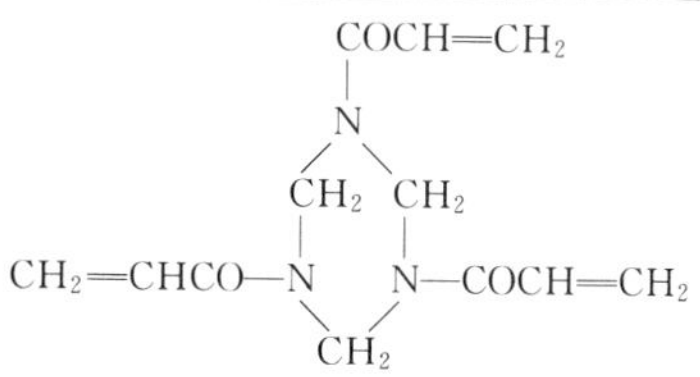 六氢三嗪环 $(CH_2N)_3$，三个N上各连 $COCH{=}CH_2$

④ 多元羧酸的不饱和酯。

用甲基丙烯酸-β-羟乙酯或烯丙醇 $CH_2=CHCH_2OH$ 酯化苯二甲酸、偏苯三酸、均苯四酸等,可得到多官能团的不饱和酯。这类单体经光照聚合后,通常能形成较坚韧的固化膜,适合于印刷制版和光致抗蚀剂。典型品种如下:

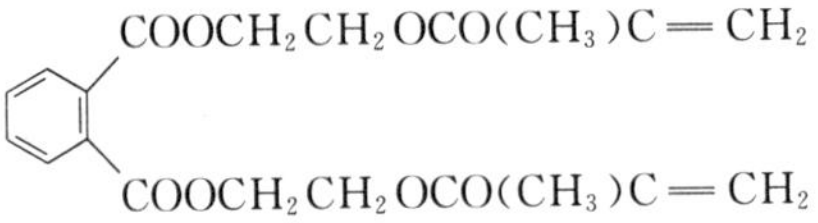

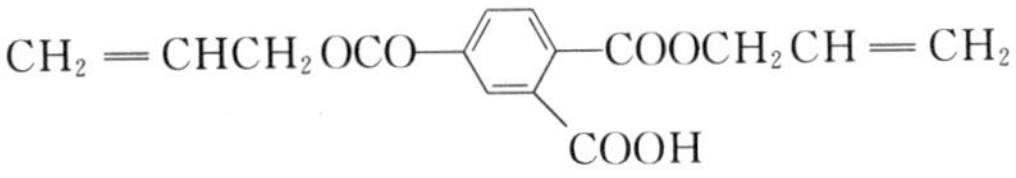

$$C_6H_4[COOCH_2CH_2OCO(CH_3)C=CH_2]_2$$

$$CH_2=CHCH_2OCO-C_6H_3(COOH)-COOCH_2CH=CH_2$$

$$CH_2=C(CH_3)COO-C_6H_4-COOCH_2CH(OH)CH_2OCOC(CH_3)=CH_2$$

⑤ 具有炔类不饱和基的单体。

分子中含有三键的炔类单体,在光照聚合时,生成的产物带有很深的颜色,因此可用作复印材料。如由蒽醌和 1-甲氧基丁烯-3-炔反应生成的 9-(ω-甲氧基丁烯-3-炔基)蒽醌醇(图 5-62),是一种高感度的光聚合性单体,又兼有光敏剂的作用,曝光后变成浓褐色的聚合物。

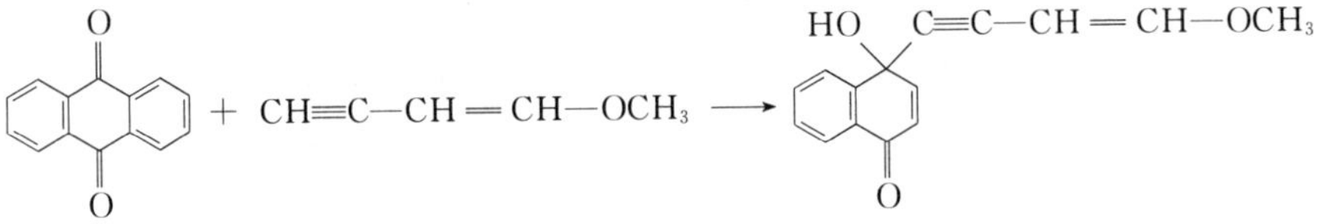

$$C_{14}H_8O_2 + CH\equiv C-CH=CH-OCH_3 \longrightarrow HO,\ C\equiv C-CH=CH-OCH_3$$

图 5-62 具有炔类不饱和基的感光高分子的合成反应

又如由 2,4-己二炔-1,5-二醇与正己基异氰酸作用生成的氨基甲酸酯二炔,与聚乙烯吡咯烷酮混合后,经光照聚合可显示出红黑色,用于彩色复印材料。

$$HO-CH_2-C\equiv C-C\equiv C-CH_2-OH+2CH_3(CH_2)_5NCO \longrightarrow$$
$$CH_3(CH_2)_5NHCOOCH_2-C\equiv C-C\equiv C-CH_2OCONH(CH_2)_5CH_3$$

(2) 预聚物

① 环氧树脂型。

环氧树脂有良好的黏结性和成膜性。在环氧预聚物中,每个分子中至少有两个环氧基,通过它们与其他不饱和基化合物反应,则可成为光聚合性预聚物。例如,用双酚 A 型环氧树脂与丙烯酸反应,生成环氧树脂的丙烯酸酯(二丙烯酸双酚-A-二缩水甘油醚酯)。如图 5-63 所示。

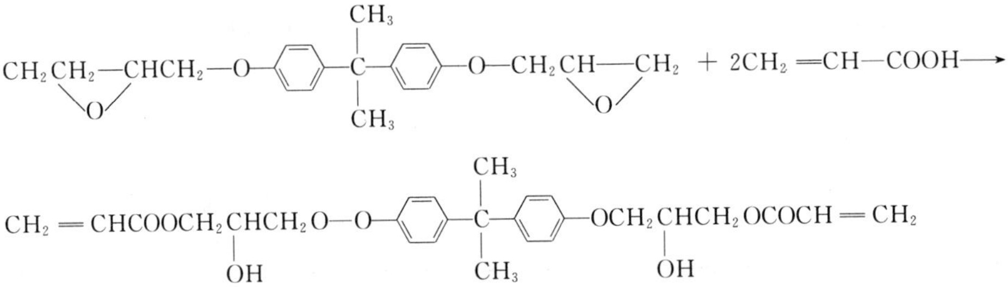

$$CH_2CH_2-CHCH_2-O-C_6H_4-C(CH_3)_2-C_6H_4-O-CH_2CH-CH_2 + 2CH_2=CH-COOH \longrightarrow$$

$$CH_2=CHCOOCH_2CH(OH)CH_2O-O-C_6H_4-C(CH_3)_2-C_6H_4-OCH_2CH(OH)CH_2OCOCH=CH_2$$

图 5-63 双酚 A 型环氧树脂与丙烯酸反应

这是一种感光性良好的光固化涂料预聚物，一般与丙烯酸酯类单体并用。

其他各种丙烯酸酯类化合物、二元羧酸类化合物以及各种丙烯酰胺类化合物也都可与环氧预聚物反应，生成性能各异的感光性环氧预聚物。

② 不饱和聚酯型。

在分子侧基中或分子末端含有不饱和基的聚酯，是一类极其重要的感光材料，在印刷制版、涂料等方面均有广泛的用途。例如，丙烯酸缩水甘油酯和邻苯二甲酸酐的开环共聚酯（图5-64），是一种涂膜柔韧而有弹性的光固化涂料。

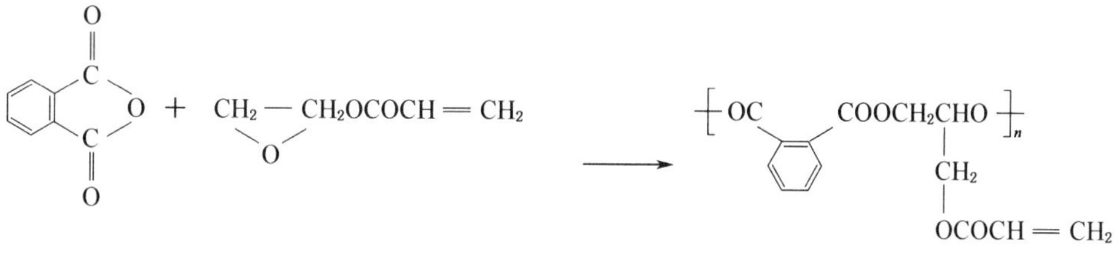

$$C_6H_4(CO)_2O + \underset{\diagdown O \diagup}{CH_2 - CH}CH_2OCOCH{=}CH_2 \longrightarrow \left[OC{-}C_6H_4{-}COOCH_2\underset{\underset{OCOCH=CH_2}{|}}{\underset{CH_2}{|}}{CHO} \right]_n$$

图 5-64 丙烯酸缩水甘油酯和邻苯二甲酸酐的反应

由聚乙二醇、顺丁烯二酸酐和甲基丙烯酸缩水甘油酯合成的齐聚物（图 5-65），可用作水显影的高感度感光性树脂凸版。

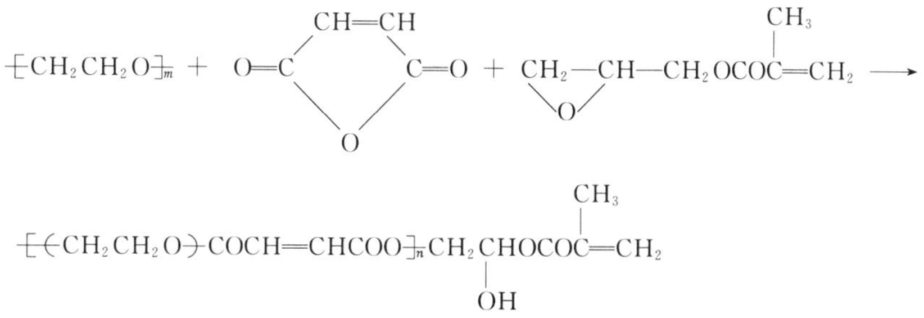

$$\left[CH_2CH_2O\right]_m + O{=}C\underset{O}{\overset{CH=CH}{\diagdown\ \ \diagup}}C{=}O + \underset{\diagdown O \diagup}{CH_2{-}CH}{-}CH_2OCO\overset{CH_3}{\overset{|}{C}}{=}CH_2 \longrightarrow$$

$$\left[\left(CH_2CH_2O\right){-}COCH{=}CHCOO\right]_m CH_2\underset{\underset{OH}{|}}{CH}OCO\overset{CH_3}{\overset{|}{C}}{=}CH_2$$

图 5-65 聚乙二醇、顺丁烯二酸酐和甲基丙烯酸缩水甘油酯的反应

③ 聚氨酯型。

聚氨酯是富有弹性的高分子化合物，通过它也可合成在主链、侧基和链末端含有不饱和基的树脂。

例如，用甲基丙烯酸-β-羟乙酯、N-羟甲基丙烯酰胺分别与聚醚型聚氨酯反应，得到的感光性预聚物都可用于光固化涂料。

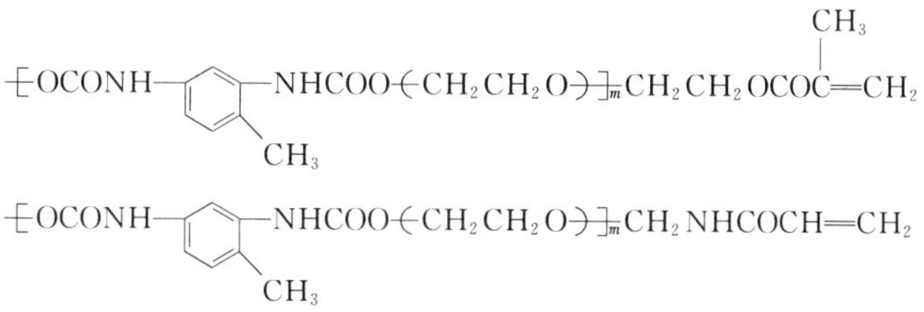

$$\left[OCONH{-}C_6H_3(CH_3){-}NHCOO\left(CH_2CH_2O\right)\right]_m CH_2CH_2OCO\overset{CH_3}{\overset{|}{C}}{=}CH_2$$

$$\left[OCONH{-}C_6H_3(CH_3){-}NHCOO\left(CH_2CH_2O\right)\right]_m CH_2NHCOCH{=}CH_2$$

④ 聚乙烯醇型。

聚乙烯醇因其结构中含有大量功能性羟基，作为光聚合预聚体而引入不饱和基是很方便的。

例如，将 N-羟甲基丙烯酰胺与 PVA 反应（图 5-66），产物可用于水显影的印刷版。

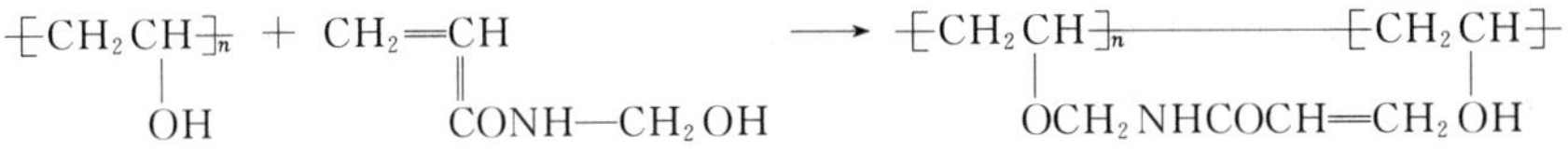

$$\left[CH_2CH(OH)\right]_n + CH_2{=}CH\text{—}CONH\text{—}CH_2OH \longrightarrow \left[CH_2CH\right]_n\text{—}\left[CH_2CH\right] \quad (\text{取代基: } OCH_2NHCOCH{=}CH_2 \text{ 与 } OH)$$

图 5-66　N- 羟甲基丙烯酰胺与 PVA 的反应

PVA 用醋酸和一氯醋酸酯化后再与甲基丙烯酸二甲胺乙酯反应(图 5-67)，产物可用于含酒精水溶液显影的印刷版。

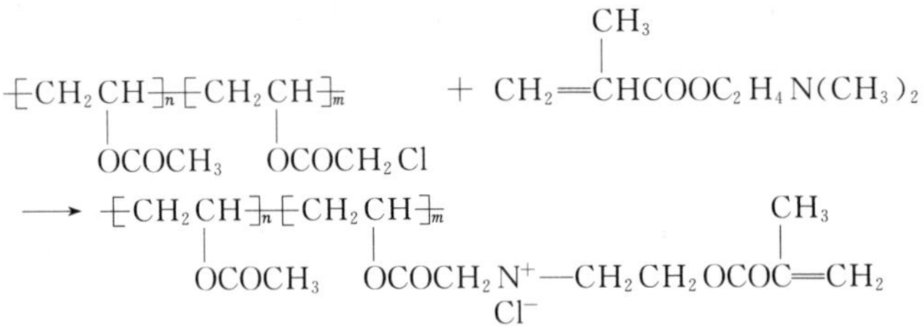

$$\left[CH_2CH(OCOCH_3)\right]_n\left[CH_2CH(OCOCH_2Cl)\right]_m + CH_2{=}C(CH_3)COOC_2H_4N(CH_3)_2$$

$$\longrightarrow \left[CH_2CH(OCOCH_3)\right]_n\left[CH_2CH(OCOCH_2N^{+}(Cl^{-})\text{—}CH_2CH_2OCOC(CH_3){=}CH_2)\right]_m$$

图 5-67　PVA 酯化后与甲基丙烯酸二甲胺乙酯的反应

⑤ 其他。

含有可反应性基团的聚酰胺、聚丙烯酸、硅酮树脂等都可与不饱和单体反应，形成感光性预聚体，在印刷制版、涂料、油墨方面均有应用。限于篇幅，此处从略。

4. 化学增幅感光性高分子材料

化学增幅感光性高分子与通常听说的感光性高分子既有共同点又有不同点。共同点是通过光照，使感光组成物发生化学反应，使其性能在光照前后发生显著的变化，从而实现显影、成像，固化、成膜等种种实用目的。不同点是，完成最终反应的原理及过程有本质的区别。通常所说的感光性高分子，其光化学反应是伴随光照发烧的，光照停止，反应也就基本停止，化学增幅感光性高分子则不然，光照射高分子发生或几乎不发生化学反应，只是加入感光组成物中的化学增幅剂产生源吸收光，发生量子效率不大于 1 的光化学反应，产生出一种化学增幅剂(如质子或路易斯酸)，这种化学增幅剂在停止光照后作为高分子化学反应的催化剂，经由加热或水解等化学反应途径使高分子进一步发生化学反应，达到反应增幅的目的，使最初光化学量子效率得到数百以至上千倍的化学增幅。

化学增幅感光性高分子的一般组成及增幅过程是：

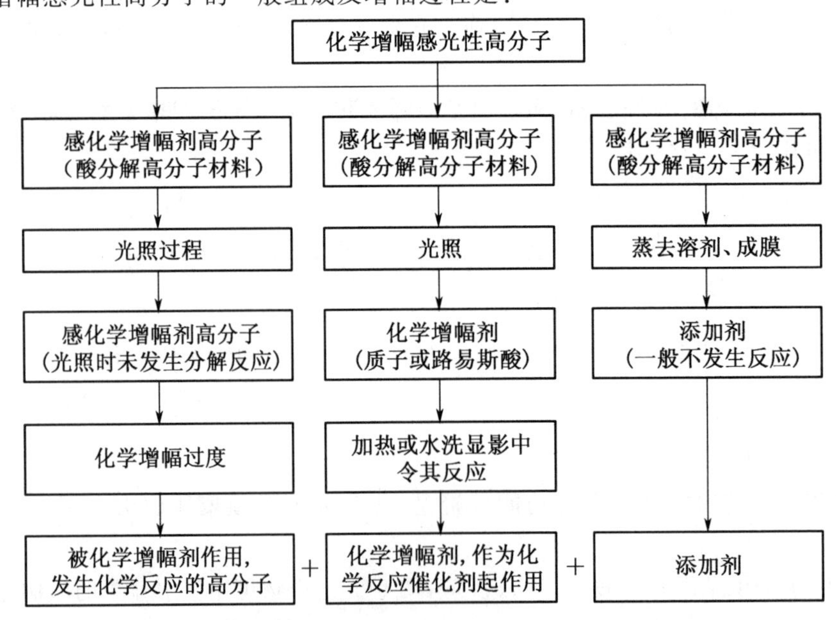

感化学增幅剂高分子有两种类型：一种是受化学增幅剂作用发生分解（裂解、降解、脱保护基）；另一种是发生引聚交联。前者是固态情况下被利用，后者则是固态或液态均可被利用。两种类型目前主要用于抗蚀剂，印刷版材和光硬化涂料，涉及成像技术的主要用产酸分解型，光硬化涂料则主要用于酸引聚交联型。

目前，化学增幅剂主要是质子和路易斯酸，所以化学增幅剂源就是光产酸源。这一部分物质在化学增幅感光性组成物中虽然只占1%～5%，但它却是化学增幅反应的决定性因素。有研究者推断过，由光照产生的一个质子，可在500nm的活化范围内引起数百以至上千个基团发生酸解反应，增幅效果显而易见。

溶剂和添加剂是附加组分。溶剂是为涂布成膜而加入的，用量因用途不同而不同。其他添加组分则视要求而加入。为了流平性能好而加入少量流平剂，为了气泡迅速消失而加极少量的消泡剂，为了着色而加入少量染料或光致变色材料。

为了具体地说明化学增幅感光性高分子，我们以IBM公司最早发表的聚特丁氧碳酰对羟基苯乙烯酯（以下称PBOCST）为例作如下介绍。

这个化学增幅感光性高分子体系中的感化学增幅剂高分子是PBOCST，化学增幅剂源是三苯基噻鎓盐（六氟锑酸三苯基噻鎓）。这个组成物的涂层通过底片进行光照射，曝光部分使下面的六氟锑酸三苯基噻鎓盐分解产生质子或路易斯酸，即产生化学增幅剂。如图5-68所示。

$$Ar_3S^+ \ + \longrightarrow Ar_2S + H^+ + SbF^- + \cdots$$

$$\xrightarrow{h\nu} Ar_3S^+F^- + SbF_5 \cdots$$

图5-68 六氟锑酸三苯基噻鎓的光分解反应

在质子或五氟化锑的作用下，通过加热，PBOCST发生下面的脱去特丁氧碳酰基酸解化学增幅反应，生成聚对羟基苯乙烯（PHOST）二氧化碳和异丁烯（图5-69）。

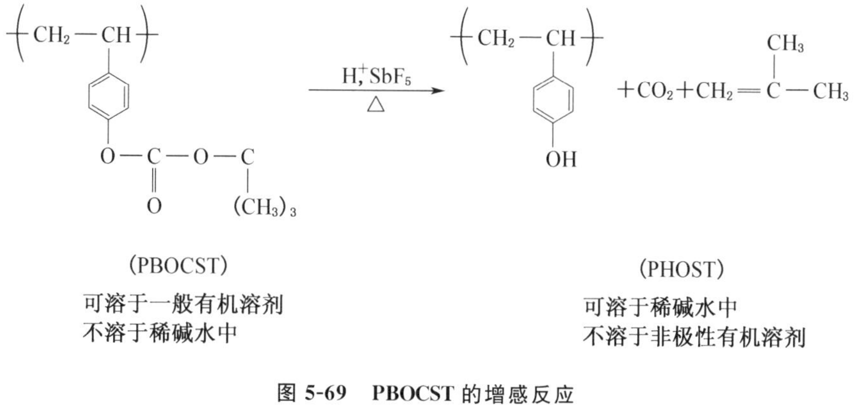

$$\left[CH_2-CH(C_6H_4-O-C(=O)-O-C(CH_3)_3)\right] \xrightarrow[\triangle]{H^+,SbF_5} \left[CH_2-CH(C_6H_4-OH)\right] + CO_2 + CH_2=C(CH_3)-CH_3$$

（PBOCST）
可溶于一般有机溶剂
不溶于稀碱水中

（PHOST）
可溶于稀碱水中
不溶于非极性有机溶剂

图5-69 PBOCST的增感反应

用稀碱显影，曝光部分洗去，得正像；用非极性有机溶剂显影，未曝光的PBOCST洗去，PHOST留下，得到负像。

思考题

1. 广义的感光性高分子包括哪些范围？狭义的感光性高分子又包括哪些范围？
2. 何谓光致抗蚀材料和光致诱蚀材料？

3. 感光性高分子应具备哪些性能?
4. 光化学反应遵循哪两个定律? 它们有什么不足? 如何弥补?
5. 什么是单线态? 什么是三线态? 它们在性质上有何区别?
6. 分子间能量传递的条件是什么?
7. 什么是增感剂? 作为增感剂必须具备哪些基本条件?
8. 感光性高分子有哪些分类方法?
9. 什么是感电子束和感X射线的高分子?
10. 简单介绍感光性高分子应用的领域。

参考文献

[1] 日本高分子学会高分子实验编委会. 功能高分子[M]. 李福绵,译. 北京:科学出版社,1983.
[2] 永松元太朗,乾英夫. 感光性高分子[M]. 丁一,于尚光,金玉泰,译. 北京:科学出版社,1984.
[3] 陈义镰. 功能高分子[M]. 上海:上海科学技术出版社,1988.
[4] 孙酣经. 功能高分子材料及应用[M]. 北京:化学工业出版社,1990.
[5] 王国建,王公善. 功能高分子[M]. 上海:同济大学出版社,1995.
[6] 杨永源,杨卫东,李立东. 感光性高分子激光全息记录材料的发展[J]. 光学技术,1996(6):30-32.
[7] 顾震宇. 感光性高分子材料的发展及其在印刷业中的应用[J]. 印刷杂志,1999(7):44-47.
[8] 马建标,李晨曦. 功能高分子材料[M]. 北京:化学工业出版社,2000.
[9] 赵文元,王亦军. 功能高分子材料化学[M]. 北京:化学工业出版社,2003.

6 医用高分子材料

6.1 概述

6.1.1 医用高分子的概念及其发展简史

随着科学技术的发展，生命科学的研究越来越受到人们的重视。而与人类健康休戚相关的生物医学，在生命科学中占有相当重要的地位。生物医学材料是生物医学科学中的最新分支学科，它是生物、医学、化学和材料科学交叉形成的边缘学科。而医用高分子材料是生物医用材料中的重要组成部分，主要用于人工器官、外科修复、理疗康复、诊断检查、患疾治疗等医疗领域。

医用高分子是在高分子材料科学不断向医学和生命科学渗透，高分子材料广泛应用于医学领域的过程中逐步发展起来的一大类功能高分子材料。医用高分子的研究，已形成了一门介于现代医学和高分子科学之间的边缘学科。

众所周知，生物体是有机高分子存在的最基本形式，有机高分子是生命的基础。动物体与植物体组成中最重要的物质——蛋白质、肌肉、纤维素、淀粉、生物酶和果胶等都是高分子化合物。因此，可以说，生物界是天然高分子的巨大产地。高分子化合物在生物界的普遍存在，决定了它们在医学领域中的特殊地位。在各种材料中，高分子材料的分子结构、化学组成和理化性质与生物体组织最为接近，因此最有可能用作医用材料。

医用高分子材料发展的动力来自医学领域的客观需求。当人体器官或组织因疾病或外伤受到损坏时，迫切需要器官移植。然而，只有在很少的情况下，人体自身的器官(如少量皮肤)可以满足需要。采用同种异体移植或异种移植，往往具有排异反应，严重时导致移植失败。在此情况下，人们自然设想利用其他材料修复或替代受损器官或组织。早在公元前3500年，埃及人就用棉花纤维、马鬃缝合伤口。墨西哥印第安人用木片修补受伤的颅骨。公元前500年中国和埃及的墓葬中发现有假牙、假鼻、假耳。进入20世纪，高分子科学迅速发展，新的合成高分子材料不断出现，为医学领域提供了更多的选择余地。1936年发明了有机玻璃(PMMA)后，很快就用于制作假牙和补牙，至今仍在使用。1943年，赛璐珞(硝酸纤维素)薄膜开始用于血液透析。1949年，美国首先发表了医用高分子的展望性论文。在文章中，第一次介绍了利用PMMA作为人的头盖骨、关节和股骨，利用聚酰胺纤维作为手术缝合线的临床应用情况。20世纪50年代，有机硅聚合物被用于医学领域，使人工器官的应用范围大大扩大，包括器官替代和美容等许多方面。此后，一大批人工器官，如人工尿道(1950年)、人工血管(1951年)、人工食道(1951年)、人工心脏瓣膜(1952年)、人工心肺(1953年)、人工关节(1954年)、人工肝(1958年)等人工器官，均在50年代试用于临床。进入60年代，医用高分子材料开始进入一个崭新的发展时期。

20世纪60年代以前，医用高分子材料的选用主要是根据特定需求从已有的材料中筛选出合适的加以应用。由于这些材料不是专门为生物医学目的设计和合成的，在应用中发现了许多问题，如凝血问题、炎症反应与组织病变问题、补体激活与免疫反应问题等。人们由此意识到必须针对医学应用的特殊需要，设计合成专用的医用高分子材料。美国国立心肺研究所在这方面做了开创性的工作，他们发展了血液相容性高分子材料，以用于与血液接触的人工器官制造，如人工心脏等。从20世纪70年代始，高分子科学家和医学家积极开展合作研究，使医用高分子材料快速发展起来，并不断取得成果。至20世纪80年代以来，发达国家的医用高分子材料产业化速度加快，基本形成了一个崭新的生物材料产业。

近50年来，高分子材料已经越来越多地应用于医学领域，造福于人类。聚酯纤维用作人工血管和食道植入体内，替代病变或失去功能的血管和食道；有机玻璃用作人工骨骼人工关节，使患者恢复正常的生活与工作能力；中空纤维状渗透膜用于人工肾，挽救了不少肾功能衰竭患者的生命；硅橡胶，聚氨酯等材料制成的人工心脏瓣膜，经手术置换后，可使严重心脏病患者获得新生；用高分子材料制成的人造血液，给身患血癌绝症的病人带来希望；人造玻璃体、人造皮肤、人工肝脏、人工肺等一大批人工器官的研制成功，大大促进了现代医学的发展。

医用高分子作为一门边缘学科，融和了高分子化学、高分子物理、生物化学、合成材料工艺学、病理学、药理学、解剖学和临床医学等多方面的知识，还涉及许多工程学问题，如各种医疗器械的设计、制造等。上述学科的相互交融、相互渗透，对医用高分子材料提出了越来越严格而复杂的多功能要求。促使医用高分子材料的品种越来越丰富，性能越来越完善，功能越来越齐全。高分子材料虽然不是万能的，不可能指望它解决一切医学问题，但通过分子设计的途径，合成出具有生物医学功能的理想医用高分子材料的前景是十分广阔的。有人预计，到21世纪，医用高分子将进入一个全新的时代。除了大脑之外，人体的所有部位和脏器都可用高分子材料来取代。仿生人也将比想象中更快地来到世上。医用高分子的发展，对于战胜危害人类的疾病，保障人民身体健康，探索人类生命的奥秘，无疑具有极其重大的意义。因此，如何快速发展新型的多功能医用高分子材料，已成为医学、药物学和化学工作者共同关心的问题。

据不完全统计，截至2007年，全世界发表的有关医用高分子的学术论文和申请的专利已超过500000篇。美国于1958年首先成立了“美国人工器官学会”，1975年又成立了以高分子材料研究为中心的“医用材料协会”，并出版了《医用材料研究》杂志。1962年，日本的“人工器官学会”也宣告成立。1977年，“国际人工器官学会”成立，并在东京举行了第一次学术讨论会。英国成立的“药用与生物用材料联合会”和“生物工程协会”也都将研究重点放在医用高分子和药用高分子的开发研究上。所有这些活动，都充分显示了医用高分子研究领域的异常活跃和医用高分子材料发展的远大前景。近年来，医用高分子材料的研究与发展突飞猛进，从人工器官到高效、定向的高分子药物控制释放体系的研究，几乎遍及生物医学各个部门，对国民经济的发展已显示出十分重要的作用。随着人口的老龄化，现代工业，交通和体育事业的发展，人们对于生物医学材料及其制品的需求量日益增大。预计21世纪初生物医学材料及其制品的发展即将成为国民经济的支柱产业。

经过半个多世纪的艰苦努力，高分子材料已被用于医疗事业。目前用高分子材料制成的人工器官中，比较成功的有人工血管、人工食道、人工尿道、人工心脏瓣膜、人工关节、人工骨、整形材料等。已取得重大研究成果，但还需不断完善的有人工肾、人工心脏、人工肺、人工胰脏、人工眼球、人造血液等。另有一些功能较为复杂的器官，如人工肝脏、人工胃、人工子宫等，则正处于大力研究开发之中。从应用情况看，人工器官的功能开始从部分取代向完全取代发展，从短时间应用向长时期应用发展，从大型向小型化发展，从体外应用向体内植入发展、人工器官的种类从与生命密切相关的部位向人工感觉器官、人工肢体发展。

在医用高分子材料的发展过程中，遇到的一个巨大难题是材料的抗血栓问题。当高分子材料用于人工器官植入体内时，必然要与血液接触。由于人体的自然保护性反应将产生排异现象，其中之一即为在材料与肌体接触表面产生凝血，即血栓，结果将造成手术失败，严重的还会引起生命危险。对高分子材料的抗血栓性研制，是广大科研工作者极为重视的问题，并投入了大量的人力和物力，但至今尚未制得完全抗血栓的高分子材料。这个问题，将是今后医用高分子材料研究中的一个首要问题。

我国医用高分子材料的研究总体上起步于改革开放以后。自20世纪70年代开始，我国许多高校和科研部门的科学工作者已涉足医用高分子材料研究的主要前沿领域，亦做出了一些具有相当水平的研究工作，但在临床推广和产业化的进程方面却举步艰难，大大地落后于国外生物医学材料的发展。医用高分子材料及其制品在国民经济中所占的市场份额还相当低。80年代以来，我国的医用高分子材料研究获得持续发展。进入90年代，生物材料得到国家自然科学基金重大项目和"863计划"的重点资助，一大批基础研究成果和实用技术涌现出来，使我国的生物材料研究水平接近、并在部分领域达到国际先进水平。特别是从1995年开始，我国的生物医学材料的研究与开发开始有了相当大的发展，在生物医学材料的基础研究方面，做出了一些具有较高水平的创新性研究成果，引起了国际同行的瞩目。例如，在硬组织修复材料和血液灌流吸附材料方面已实现产业化；在药物控制释放体系的研究中，医用生物降解材料的研究与开发方面已有了较大突破。一些新型的医用生物降解材料及其用于控制释放的药物新剂型的开发已分别处于实验室研究、动物试验和临床试验阶段。这些成果为我国医学材料和医药工业的发展起到了推动作用。目前，我国的生物用医用材料产业正在孕育之中，一批生物材料和器件(器官)正在实现产业化。

6.1.2 医用高分子的分类

医用高分子是一门较年轻的学科，发展历史不长，至今对医用高分子的定义尚不十分明确。另外，由于医用高分子材料是由多学科参与的交叉学科，根据不同学科领域的习惯出现了不同的分类方式。医用高分子材料随来源、应用目的、活体组织对材料的影响等可以分为多种类型。这些分类方法和各种医用高分子材料的名称目前还处于混合使用状态，尚无统一的标准。

世界著名医用高分子专家、日本的樱井靖久将医用高分子分成如下的5大类。

1. 与生物体组织不直接接触的材料

这类材料用于制造虽在医疗卫生部门使用，但不直接与生物体组织接触的医疗器械和用品。如药剂容器、输血用血浆袋、输血输液用具、注射器、化验室用品(试剂瓶、培养瓶、尿痰采样器、血球计量器等)、手术室用品(手术器械、手术衣、面罩、刷子、托盘等)、麻醉用品(蛇腹管、蛇腹袋等)。

2. 与皮肤、黏膜接触的材料

用这类材料制造的医疗器械和用品，需与人体的皮肤与黏膜接触，但不与人体内部组织、血液、体液接触，因此要求无毒、无刺激，有一定的机械强度。用这类材料制造的物品如手术用手套、麻醉用品(吸氧管、口罩、气管插管等)、诊疗用品(洗眼用具、耳镜、压舌片、灌肠用具、肠、胃、食道窥镜导管和探头、腔门镜、导尿管等)、绷带、橡皮膏等。此外，人体整容修复材料，如假肢、假耳、假眼、假鼻等，也都可归入这一类之中。

3. 与人体组织短期接触的材料

这类材料大多用来制造在手术中暂时使用或暂时替代病变器官的人工脏器，如人造血管、人工心脏、人工肺、人工肾脏渗析膜、人造皮肤等。这类材料在使用中需与肌体组织或血液接触，故一般要求有较好的生物体适应性和抗血栓性。

4. 长期植入体内的材料

用这类材料制造的人工脏器，一经植入人体内，将伴随人的终生，不再取出。因此要求有非常优异的生物体适应性和抗血栓性，并有较高的机械强度和稳定的化学、物理性质。用这类材料制备的人工脏器有：脑积水症髓液引流管、人造血管、人工瓣膜、人工气管、人工尿道、人工骨骼、人工关节、手术缝合线、组织黏合剂等。

5. 药用高分子

这类高分子包括大分子化的药物和药物高分子。前者指将传统的小分子药物大分子化，如聚青霉素；后者则指本身就有药理功能的高分子，如阴离子聚合物型的干扰素诱发剂。

除此之外，还有以下一些常用的分类方法。

1）按材料的来源分类

(1) 天然医用高分子材料。

如胶原、明胶、丝蛋白、角质蛋白、纤维素、黏多糖、甲壳素及其衍生物等。

(2) 人工合成医用高分子材料。

如聚氨酯、硅橡胶、聚酯等。

(3) 天然生物组织与器官。

天然生物组织用于器官移植已有多年历史，至今仍是重要的危重疾病的治疗手段。天然生物组织包括：①取自患者自体的组织，例如采用自身隐静脉作为冠状动脉搭桥术的血管替代物；②取自其他人的同种异体组织，例如利用尸体角膜治疗患者的角膜疾病；③来自其他动物的异种同类组织，例如采用猪的心脏瓣膜代替人的心脏瓣膜，治疗心脏病。

2）按材料与活体组织的相互作用关系分类

采用该分类方式，有助于研究不同类型高分子材料与生物体作用时的共性。

(1) 生物惰性高分子材料。

在体内不降解、不变性、不会引起长期组织反应的高分子材料，适合长期植入体内。

(2) 生物活性高分子材料。

其原意是指植入材料能够与周围组织发生相互作用，一般指有益的作用。如在金属植入体表面喷涂羟基磷灰石，植入体内后其表层能够与周围骨组织很好地相互作用，以增加植入体与周围骨组织结合的牢固性。但目前尚有一种广义的解释，指对肌体组织、细胞等具有生物活性的材料，除了生物活性植入体之外，还包括高分子药物、诊断试剂、高分子修饰的生物大分子治疗剂等。

(3) 生物吸收高分子材料。

这类材料又称生物降解高分子材料。这类材料在体内逐渐降解，其降解产物或被肌体吸收代谢，或通过排泄系统排出体外，对人体健康没有影响。如用聚乳酸制成的体内手术缝合线、体内黏合剂等。

3）按生物医学用途分类

采用此分类方法，便于比较不同结构的生物材料对于各种治疗目的的适用性。

(1) 硬组织相容性高分子材料。

主要包括用于骨科、齿科用高分子材料，要求具有与替代组织类似的机械性能，同时能够与周围组织牢固结合在一起。

(2) 软组织相容性高分子材料。

主要用于软组织的替代与修复，往往要求材料具有适当的强度和弹性，不会引起严重的组织病变。

(3) 血液相容性高分子材料。

用于制作与血液接触的人工器官或器械，不引起凝血、溶血等生理反应，与活性组织有良好的互相适应性。

(4) 高分子药物和药物控释高分子材料。

指本身具有药理活性或辅助其他药物发挥作用的高分子材料，随制剂不同而有不同的具体要求，但都必须无毒副作用、无热原、不会引起免疫反应。根据经典的观点，高分子药物、甚至药物控释高分子材料不包含在医用高分子材料范畴之内。随着该领域的快速发展，这一观念也在改变之中。

4) 按与肌体组织接触的关系分类

这种分类方法是按材料与肌体接触的部位和时间长短进行分类的，便于对使用范围类似的不同材料与制品进行统一标准的安全性评价。

(1) 长期植入材料。指植入体内并在体内存在一定时间的材料，如人工血管、人工关节、人工晶状体等。

(2) 短期植入(接触)材料。指短时期内与体内组织或体液接触的材料，如血液、体液体外循环的管路和器件(透析器、心肺机等)。

(3) 体内体外连通使用的材料。指使用中部分在体内而部分在体外的器件，如心脏起搏器的导线、各种插管等。

(4) 与体表接触材料及一次性使用医疗用品材料。

上述各种分类方法基本上全面地反映了医用高分子的全貌，各有优点与不足，且略嫌繁琐。目前在实际应用中，更实用的是仅将医用高分子分为两大类，一类是直接用于治疗人体某一病变组织、替代人体某一部位或某一脏器、修补人体某一缺陷的材料。如用作人工管道(血管、食道、肠道、尿道等)、人造玻璃体(眼球)、人工脏器(心脏、肾脏、肺、胰脏等)、人造皮肤、人造血管，手术缝合用线、组织黏合剂、整容材料(假耳、假眼、假鼻、假肢等)的材料。另一类则是用来制造医疗器械、用品的材料，如注射器、手术钳、血浆袋等。这类材料用来为医疗事业服务，但本身并不具备治疗疾病、替代人体器官的功能，因此不属功能高分子的范畴。至于高分子药物，国内通常将其单独列为一类功能性高分子，故不在医用高分子范围内讨论。

本章所讨论和介绍的，限于直接用于治疗人体病变组织，替代人体病变器官、修补人体缺陷的高分子材料。

6.1.3 对医用高分子材料的基本要求

医用高分子材料是一类特殊用途的材料。它们在使用过程中，常需与生物肌体、血液、体液等接触，有些还须长期植入体内。由于医用高分子与人们的健康密切相关，因此对进入临床使用阶段的医用高分子材料具有严格的要求，要求有十分优良的特性。归纳起来，一个具备了以下 7 个方面性能的材料，可以考虑用作医用材料。

1. 在化学上是惰性的，不会因与体液接触而发生反应

众所周知，人体是一个十分复杂的环境，各部位的性质差别很大。如胃液是酸性的，肠液是碱性的，而血液在正常状态下是微碱性的。血液和体液中含有大量 Na^{+}，K^{+}，Ca^{2+}，Mg^{2+}，Cl^{-}，HCO^{-}，PO_4^{3-}，SO_4^{2-} 等离子、以及 O_2、CO_2、H_2O、类脂质、类固醇、蛋白质、各种生物酶等物质。在这样复杂的环境中，长期工作着的高分子材料必须具有优良的化学稳定性。否则在使用过程中，不仅材料本身性能不断发生变化，影响使用寿命，而且新产生的物质可能对人体产生危害。如聚烯烃类聚合物在人体内生物酶的作用下，易发生主链断裂反应，产生自由基，对人体有不良影响。

人体环境对高分子材料的作用，主要有以下一些形式：

(1) 体液引起聚合物的降解、交联和相变化；

(2) 体内的自由基引起高分子材料的氧化降解反应；

(3) 生物酶引起的聚合物分解反应；

(4) 在体液作用下，高分子材料中的添加剂溶出，引起性质的变化；

(5) 血液、体液中的类脂质、类固醇及脂肪等物质渗入高分子材料，使材料发生增塑、降解、交联等反应，强度下降。

因此，在选择材料时，必须考虑上述因素。例如，聚酰胺、聚氨酯中的酰胺基团，氨基甲酸酯基团都是极易水解的基团，故在人体内易降解而失去强度。而硅橡胶、聚乙烯、聚四氟乙烯等材料分子中无可降解基团，故稳定性相对较好。聚氨酯经嵌段改性后，化学稳定性也有所提高。

值得指出的是，对医用高分子来说，在某些情况下，“老化”并不一定都是贬义的，有时甚至还有其积极的意义。如作为医用黏合剂用于组织黏合，或作为医用手术缝合线时，在发挥了相应的效用后，反倒不希望它们有太好的化学稳定性，而是希望它们尽快地被组织所分解、吸收或迅速排出体外。在这种情况下，对材料的附加要求是：在分解过程中，不应产生对人体有害的副产物。

2. 对人体组织不会引起炎症或异物反应

有些高分子材料本身对人体有害，不能用作医用材料。但有些高分子材料本身对人体组织并无不良影响，但在合成、加工过程中不可避免地会残留一些单体，或使用一些添加剂。当材料植入人体后，这些单体和添加剂会慢慢地从内部迁移到表面，从而对周围组织发生作用，引起炎症或组织畸变，严重的可引起全身性反应。

由于外物植入体内引起的组织反应大致有 4 种情况：

(1) 急性局部反应，如局部炎症、坏死、异物排斥反应形成血栓等；

(2) 慢性局部反应，如局部炎症、肉芽增生、组织增生、钙沉积、组织黏连、溃疡、致癌、形成血栓等；

(3) 急性全身性反应，如急性毒性感染、发热、神经麻痹、循环障碍，血液破坏等；

(4) 慢性全身性反应，如慢性中毒、血液破坏、脏器功能障碍、组织畸变等。

因此，医用高分子材料在制备过程中要经过仔细纯化，材料的配方组成和添加剂的品种和规格要严格控制，成型加工的工艺条件、环境以及包装材料的选用也要严格保证。另外，高分子材料在植入人体之前，必须通过体内试片埋植法进行生物体试验，确保万无一失。

3. 不会致癌

根据现代医学理论认为，人体致癌的原因是由于正常细胞发生了变异。当这些变异细胞以极其迅速的速度增长并扩散时，就形成了癌。而引起细胞变异的因素是多方面的，有化学因素、物理因素，也有病毒引起的原因。

当医用高分子材料植入人体后，高分子材料本身的性质，如化学组成、交联度、相对分子质量及其分布、分子链构象、聚集态结构、高分子材料中所含的杂质、残留单体、添加剂都可能与致癌因素有关。但研究表明，在排除了小分子渗出物的影响之外，与其他材料相比，高分子材料本身并没有更多的致癌可能性。

4. 具有良好的血液相容性，不会在材料表面凝血

当高分子材料用于人工脏器植入人体后，必然要长时间与体内的血液接触。因此，医用高分子对血液的相容性是所有性能中最重要的。

人体的血液在表皮受到损伤时会自动凝固，这种血液凝固的现象称为血栓。这是一种生物体的自然保护性反应。否则，一旦皮肤受伤，即流血不止，生命将受到威胁，因此血栓现象是生物进化和自然选择的结果。

高分子材料与血液接触时，也会产生血栓。因为当异物与血液接触时，血液流动状态发生变化，情况与表面损伤类似，因此也将在材料表面凝血即产生血栓。

高分子材料的血液相容性问题是一个十分活跃的研究课题，世界各国有大量科学家在潜心研究，进展也颇为显著。但至今尚未制得一种能完全抗血栓的高分子材料。这一问题的彻底解决，还有待于各国科学家的共同努力。

5. 长期植入体内，不会减小机械强度

许多人工脏器一旦植入体内，将长期存留，有些甚至伴随人们的一生。因此，要求植入体内的高分子材料在极其复杂的人体环境中，不会很快失去原有的机械强度。

事实上，在长期的使用过程中，高分子材料受到各种因素的影响，其性能不可能永远保持不变。我们仅希望变化尽可能少一些，或者说寿命尽可能长一些。这就要求在选择材料时，尽可能全面地考察人体环境对材料所可能引起的各种影响。一般来说，化学稳定性好的，不含易降解基团的高分子材料，机械稳定也比较好。如聚酰胺的酰胺基团在酸性和碱性条件下都易降解，因此，用作人体各部件时，均会在短期内损失其机械强度，故一般不适宜选作植入材料。表 6-1 是一些高分子以纤维形式植入狗的动脉后其机械强度的损失情况。

表 6-1　高分子材料在狗体内的机械稳定性

材料名称	植入时间 /d	机械强度损失
尼龙-6	761	74.6%
	1073	80.7%
涤纶树脂	780	11.4%
聚丙烯酸酯	670	1.0%
聚四氟乙烯	677	5.3%

有时，材料植入人体后，要承受一定的负荷和恒定的动态应力。如作为关节材料，既要承受负荷，更需在动态条件下工作，因此，存在因研磨而引起的磨损问题。材料的机械性能降低，不仅会使材料本身破坏，失去使用功能，而且聚合物碎粒植床式插入周围组织，会引起周围组织的炎症和病变。

6. 能经受必要的清洁消毒措施而不产生变性

高分子材料在植入体内之前，都要经过严格的灭菌消毒。目前灭菌处理一般有 3 种方法：蒸汽灭菌、化学灭菌、γ 射线灭菌。国内大多采用前两种方法。因此在选择材料时，要考虑能否耐受得了。

1）蒸汽灭菌

蒸汽灭菌一般是在压力灭菌器中进行的，温度可达 120℃～140℃。因此，软化点较低的聚合物在此温度下将发生变形，故不能选用。

2）化学灭菌

化学灭菌采用灭菌剂灭菌，常用的灭菌剂有环氧乙烷、烷基（芳基）季胺盐（如新洁尔灭）、碘化合物（如碘伏）、甲醛、戊二醛、过氧乙酸等。它们的优点是可以低温消毒，材料在消毒过程中不存在变形问题。但新产生的问题是容易与高分子材料发生副反应。例如，环氧乙烷易与聚氯乙烯反应生成氯乙醇，含有活泼氢原子的聚合物（如酚醛树脂、氨基树脂）可被环氧乙烷羟乙基化等。除了化学反应外，还有些高分子材料表面易吸附灭菌剂。被吸附的灭菌剂在人体内的释放是相当危险的，可引起溶血、细胞中毒和组织炎症，严重时可引起全身性反应。例如，实验观察到，聚合物表面吸附上 30ppm 环氧乙烷，可造成狗的溶血速度增加一倍。因此，临床应用时，必须除去一切灭菌剂后才能植入体内。

3）γ 射线灭菌

γ 射线灭菌的特点是穿透力强，灭菌效果好，并可自动化、连续化操作，可靠性好。但由于辐射能量大，对聚合物材料的性能有较大影响，通常使机械强度下降。

具有灭菌作用的 γ 射线剂量大约为 2～3mrad。这样大小剂量的 γ 射线足以使许多聚合物的强度受到影响。例如，聚丙烯只能耐 3mrad 的射线剂量，硅橡胶、氯丁橡胶只能耐 10mrad 以下的射线剂量。耐辐射较好的聚合物有聚乙烯、丁苯橡胶、天然橡胶等，均可耐 100mrad 的射线剂量，聚氨酯则可耐 500mrad 以上。

7. 易于加工成需要的复杂形状

人工脏器往往具有很复杂的形状，因此，用于人工脏器的高分子材料应具有优良的成型性能。否则，即使各项性能都满足医用高分子的要求，却无法加工成所需的形状，则仍然是无法应用的。

除了对医用高分子材料本身具有严格的要求之外，还要防止在医用高分子材料生产、加工工程中引入对人体有害的物质。应严格控制用于合成医用高分子材料的原料的纯度，不能带入有害杂质，尤其是重金属含量不能超标。加工助剂必须符合医用标准。生产环境应当具有适宜的洁净级别，符合国家有关标准。

与其他高分子材料相比，对医用高分子材料的要求是非常严格的。对于不同用途的医用高分子材料，往往又有一些具体要求。在医用高分子材料进入临床应用之前，都必须对材料本身的物理化学性能、机械性能以及材料与生物体及人体的相互适应性进行全面评价，然后经国家管理部门批准才能进入临床使用。

6.2 高分子材料的生物相容性

生物相容性是指植入动物体内的材料与肌体之间的适应性。对肌体来说，植入的材料不管其结构、性质如何，都是外来异物。出于本能的自我保护，一般都会出现排斥现象。这种排斥反应的严重程度,决定了材料的生物相容性。因此,提高应用高分子材料与肌体的生物相容性,是材料和医学科学家们必须面对的课题。

由于不同的高分子材料在医学中的应用目的不同,生物相容性又可分为组织相容性和血液相容性两种。组织相容性是指材料与人体组织,如骨骼、牙齿、内部器官、肌肉、肌腱、皮肤等的相互适应性,而血液相容性则是指材料与血液接触是不会引起凝血、溶血等不良反应。

6.2.1 高分子材料的组织相容性

1. 高分子材料植入对组织反应的影响

高分子材料植入人体后,对组织反应的影响因素包括材料本身的结构和性质(如微相结构、亲水性、疏水性、电荷等)、材料中可渗出的化学成分(如残留单体、杂质、低聚物、添加剂等)、降解或代谢产物等。此外,植入材料的几何形状也可能引起组织反应。

1) 材料中渗出的化学成分对生物反应的影响

材料中逐渐渗出的各种化学成分(如添加剂、杂质、单体、低聚物以及降解产物等)会导致不同类型的组织反应,例如炎症反应。组织反应的严重程度与渗出物的毒性、浓度、总量、渗出速率和持续期限等密切相关。一般而言,渗出物毒性越大、渗出量越多,则引起的炎症反应越强。例如,聚氨酯和聚氯乙烯中可能存在的残余单体有较强的毒性,渗出后会引起人体严重的炎症反应。而硅橡胶、聚丙烯、聚四氟乙烯等高分子的毒性渗出物通常较少,植入人体后表现的炎症反应较轻。如果渗出物的持续渗出时间较长,则可能发展成慢性炎症反应。如某些被人体分解吸收较慢的生物吸收性高分子材料容易引起慢性无菌性炎症。

2) 高分子材料的生物降解对生物反应的影响

高分子材料生物降解对人体组织反应的影响取决于高分子材料的降解速度、产物的毒性、降解的持续期限等因素。降解速度慢而降解产物毒性小的高分子材料,一般不会引起明显的组织反应。若降解速度快而降解产物毒性大,可能导致严重的急性或慢性炎症反应。但对某些虽降解产物毒性小而降解速度较快的高分子材料,则也可能引起慢性的炎症反应,并一直持续到降解完成。如有报道采用聚酯材料作为人工喉管修补材料出现慢性炎症的情况。

3) 高分子材料的物理形状等因素对组织反应的影响

除了上述高分子材料的化学结构以及渗出物对组织的反应之外,材料的物理形态如大小、形状、孔度、表面平滑度等因素也会影响组织反应。另外,试验动物的种属差异、材料植入生物体的位置等生物学因素以及植入技术等人为因素也是不容忽视的。一般来说,植入材料的体积越大、表面越平滑,造成的组织反应越严重。植入材料与生物组织之间的相对运动,也会引发较严重的组织反应。

有资料表明,植入材料的形状对组织反应有较大的影响。曾对不同形状的材料植入小白鼠体内出现肿瘤的情况进行过统计,发现当植入材料为大体积薄片时,出现肿瘤的可能性比在薄片上穿大孔时高出一倍左右。而当植入材料为海绵状、纤维状和粉末状时,几乎不产生肿瘤(表 6-2)。研究认为,大体积薄片易致癌的原因可能是由于材料的植入使植入物周围的细胞代谢受到干扰和障碍,营养和氧的供应不充分以及长期受到异物刺激而使细胞异常分化、产生变异所致。而当植入材料为海绵状、纤维状和粉末状时,组织细胞可围绕它们生长,不会由于营养和氧的不足而变异,因此致癌危险性较小。

由此可见,当向人体植入高分子材料时,除考虑材料的物理、化学性质外还应充分考虑其形状因素。

表 6-2　　不同形状的材料对产生肿瘤的影响*

材料＼形状	薄片	大孔薄片	海绵状	纤维状	粉末状
玻　璃	33.3%	18%	0	0	0
赛璐珞	23%	19%	0	0	0
涤纶树脂	18%	8%	0	0	0
尼　龙	42%	7%	1%	0	0
聚四氟乙烯	20%	5%	0	0	0
聚苯乙烯	28%	10%	0	1%	0
聚氨酯	33%	11%	1%	1%	0
聚氯乙稀	24%	0	2%	0	0
硅橡胶	41%	16%	0	0	0

注：* 试验周期为 2 年。

2. 高分子材料在体内的表面钙化

观察发现，高分子材料在植入人体内后，再经过一段时间的试用后，会出现钙化合物在材料表面沉积的现象，即钙化现象。钙化现象往往是导致高分子材料在人体内应用失效的原因之一。试验证明，钙化现象不仅是胶原生物材料的特征，一些高分子水溶胶，如甲基丙烯酸羟乙酯在大鼠、仓鼠、荷兰猪的皮下也发现有钙化现象。用等离子体发射光谱法分析钙化沉积层的元素组成，发现钙化层中以钙、磷两种元素为主，钙磷比为 1.61～1.69，平均值 1.66，与羟基磷灰石的钙磷比 1.67 几乎相同，此外还含有少量的锌和镁。这表明，钙化现象是高分子材料植入动物体内后，对肌体组织造成刺激，促使肌体的新陈代谢加速的结果。

影响高分子材料表面钙化的因素很多，包括生物因素（如物种、年龄、激素水平、血清磷酸盐水平、脂质、蛋白质吸附、局部血流动力学、凝血等）和材料因素（亲水性、疏水性、表面缺陷）等。一般而言，材料植入时，被植个体越年青，材料表面越可能发生钙化。多孔材料的钙化情况比无孔材料要严重。

3. 高分子材料的致癌性

虽然目前尚无足够的证据说明高分子材料的植入会引起人体内的癌症。但是，许多试验动物研究表明，当高分子材料植入鼠体内时，只要植入的材料是固体材料而且面积大于 $1cm^2$，无论材料的种类（高分子、金属或陶瓷）、形状（膜、片状或板状）以及材料本身是否具有化学致癌性，均有可能导致癌症的发生。这种现象称为固体致癌性或异物致癌性。

根据癌症的发生率和潜伏期，高分子材料对大鼠的致癌性可分为 3 类：①能释放出小分子致癌物的高分子材料，具有高发生率，潜伏期短的特征；②本身具有癌症原性的高分子材料，发生率较高，潜伏期不定；③只是作为简单异物的高分子材料，发生率低，潜伏期长。显然只有第三类高分子材料才有可能进行临床应用。

研究发现，异物致癌性与慢性炎症反应、纤维化特别是纤维包膜厚度密切相关。例如，当在大鼠体内植入高分子材料后，如果前 3～12 个月内形成的纤维包膜厚度大于 0.2mm，经过一定的潜伏期后通常会出现癌症。而低于此值，癌症很少发生。因此，可推定，0.2mm 可能是诱发鼠体癌症的临界纤维包膜厚度。

6.2.2 高分子材料的血液相容性

在医用高分子材料的应用中，有相当多的器件必须与血液接触，例如，各种体外循环系统、介入治疗系统、人工血管和人工心瓣等。这些器件及相关材料与血液接触，会引起血液不同的反应。血液是由细胞、蛋白质、有机物、无机盐及大量水分组成的，其中的主要成分都是生物活性的。血液一旦与外源固体材料接触，就有可能发生细胞的附着和激活、蛋白质的吸附与变性等生物反应，导致凝血、溶血、血相改变等不良反应。因此，凝血问题往往是造成高分子材料植入手术失败的关键因素。高分子材料要在医学领域安全使用，必须解决其与人体的血液相容性问题。

1. 高分子材料的凝血作用

1）血栓的形成

通常，当人体的表皮受到损伤时，流出的血液会自动凝固，称为血栓。实际上，血液在受到下列因素影响时，都可能发生血栓：①血管壁特性与状态发生变化；②血液的性质发生变化；③血液的流动状态发生变化。

根据现代医学的观点，对血液的循环，人体内存在两个对立系统，即促使血小板生成和血液凝固的凝血系统和由肝素、抗凝血酶以及促使纤维蛋白凝胶降解的溶纤酶等组成的抗凝血系统。当高分子材料植入体内与血液接触时，血液的流动状态和血管壁状态都将发生变化，凝血系统开始发挥作用，因此也会发生血栓。血栓的形成机理是十分复杂的。一般认为，异物与血液接触时，首先将吸附血浆内蛋白质，然后黏附血小板，继而血小板崩坏，放出血小板因子，在异物表面凝血，产生血栓。此外，红血球黏附引起溶血；凝血致活酶的活化，也都是形成血栓的原因(图 6-1)。

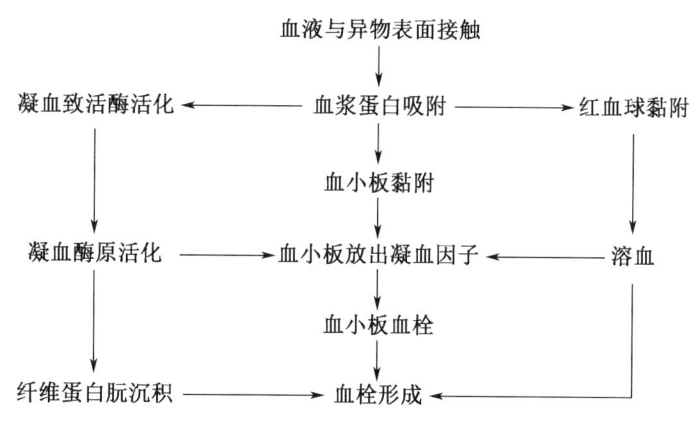

图 6-1 血栓形成过程示意图

2）影响血小板在材料表面黏附的因素

从以上讨论可见，血小板在材料表面的黏附、释放和聚集是造成血栓的最直接的原因。因此，对血小板在材料表面的吸附情况进行了大量的研究，总结出了不少有意义的结论，归纳起来，有以下几个方面。

（1）血小板的黏附与材料表面能有关。

实验发现，血小板难黏附于表面能较低的有机硅聚合物，而易黏附于尼龙、玻璃等高能表面上。此外，在聚甲基丙烯酸-β-羟乙酯、表面接枝聚乙烯醇、主链和侧链中含有聚乙二醇结构的亲水性材料表面上，血小板的黏附量都比较少。据认为，这些材料由于容易被水介质润湿而具有较小的表面能。因此，有理由认为，低表面能材料具有较好的抗血栓性。

也有观点认为，血小板的黏附与两相界面自由能有更为直接的关系。界面自由能越小，材料表面越不活泼，则与血液接触时，与血液中各成分的相互作用力也越小，故造成血栓的可能性就较小。材料表面的自由能不易测定，实验上常通过测定临界表面张力来解决。临界表面张力是指材料与液体完全浸润时的表面张力。大量实验事实表明，除聚四氟乙烯外，临界表面张力小的材料，血小板都不易黏附(表 6-3)。

表 6-3　　材料表面张力与血小板黏附量的关系

材　料	临界表面张力 /Pa	血小板黏附量	
		人血浸渍 3min	狗血循环 1min
尼龙-66	11.6	56%	37%
聚四氟乙烯	2.9	30%	5.4%
聚二甲基硅氧烷	2.2	7.3%	4.5%
聚氨酯	2.0	1.8%	0.2%

(2) 血小板的黏附与材料的含水率有关。

有些高分子材料与水接触后能形成高含水状态(20%～90%以上)的水凝胶。在水凝胶中，由于含水量增加而使高分子的实质部分减少，因此，植入人体后，与血液的接触机会也减少，相应的血小板黏附数减少。实验表明，丙烯酰胺、甲基丙烯酸-β-羟乙酯和带有聚乙二醇侧基的甲基丙烯酸酯与其他单体共聚或接枝共聚的水凝胶，都具有较好的抗血栓性。

但在另一方面，根据与高分子材料接触的循环血液中血小板的行为发现，高含水率会激发血小板因子的放出和活化，使血液中血小板损伤而显著减少。因此，在血液中增加了微小血栓。这一事实说明，单从血小板黏附量来考察材料的抗血栓性是不全面的。这方面的规律尚不十分清楚，有待进一步研究阐明。

一般认为，水凝胶与血液的相容性，与其交联密度、亲水性基团数量等因素有关。含亲水基团太多的聚合物，往往抗血栓性并不好。因为水凝胶表面不仅对血小板黏附能力小，而且对蛋白质和其他细胞的吸附能力均较弱。在流动的血液中，聚合物的亲水基团会不断地由于被吸附的成分被“冲走”而重新暴露出来，形成永不惰化的活性表面，使血液中血小板不断受到损坏。研究认为，抗血栓性较好的水凝胶，其含水率应维持在 65%～75%。

(3) 血小板的黏附与材料表面的疏水-亲水平衡有关

综合上述讨论不难看出，无论是疏水性聚合物还是亲水性聚合物，都可在一定程度上具有抗血栓性。进一步的研究表明，材料的抗血栓性，并不简单取决于其是疏水性的还是亲水性的，而是决定于它们的平衡值。一个亲水-疏水性调节得较合适的聚合物，往往有足够的吸附力吸附蛋白质，形成一层惰性层，从而减少血小板在其上层的黏附。例如，甲基丙烯酸-β-羟乙酯/甲基丙烯酸乙酯共聚物比单纯的聚甲基丙烯酸-β-羟乙酯对血液的破坏性要小；甲基丙烯酸乙酯/甲基丙烯酸共聚物也比单纯的甲基丙烯酸对血液的破坏性要小。用作人工心脏材料的聚醚型聚氨酯，具有微相分离的结构，也是为达到这一目的而设计的。

(4) 血小板的黏附与材料表面的电荷性质有关。

人体中正常血管的内壁是带负电荷的，血小板、血球等的表面也是带负电荷的，由于同性相斥，血液在血管中不会凝固。因此，对带适当负电荷的材料表面，血小板难于黏附，有利于材料的抗血栓性。但也有实验事实表明，血小板中的凝固因子在负电荷表面容易活化。因此，若电荷密度太大，容易损伤血小板，反而造成血栓。

(5) 血小板的黏附与材料表面的光滑程度有关。

由于凝血效应与血液的流动状态有关，血液流经的表面上有任何障碍都会改变其流动状态，因此，材料表面的平整度将严重影响材料的抗血栓性。据研究知，材料表面若有 3μm 以上凹凸不变的区域，就会在该区域形成血栓。由此可见，将材料表面尽可能处理得光滑，以减少血小板、细胞成分在表面上的黏附和聚集，是减少血栓形成可能性的有效措施之一。

2. 材料血液相容性的检验

高分子材料血液相容性的检验方法有很多种，大致可分为体外试验和体内试验两类。体外试验是体内试验的基础准备，因此也是十分重要和必要的。下面简要分述。

1) 体外试验

体外试验又可分为两种：一种是从材料表面性能测定来判断其血液相容性；另一种是直接在血液中测定其相容性。

(1) 间接试验。

材料表面的 Zeta 电位，与液体的界面自由能、润湿接触角、固体材料表面自由能中极性力和色散力的大小与比值等数据，均与血液中蛋白质在材料表面的吸附机理有关。通过这些数值的测试，对于筛选抗血栓材料，并从理论上探讨材料的抗血栓机理，都有十分重要的意义。

(2) 直接试验。

① 凝血试验。这种试验的仪器如图 6-2 所示，它由一个圆筒和一个圆柱所组成。试验时，圆筒和圆柱的表面涂上被测材料，浸入天然健康的血液中。另取一套仪器，圆筒和圆柱表面都不涂被测材料，浸入同样的天然健康血液中，作为参比表面。当两套仪器以同样的剪切速率转动($0.1\ s^{-1}$)。开始时，圆管转动而圆柱不动，当血液开始凝固时，圆柱慢慢跟着一起转动。被测材料和参比材料的血栓产生过程由光学系统连续记录下来。将所得的三个参数：凝血时间(T)、记录曲线斜率(S)和振幅(A)，与参比表面的三个参数(T_0，S_0，A_0)比较，可排除由于血液采样不同及血液质量变化引起的差异，因此可用来判断材料抗血栓性能的优劣。

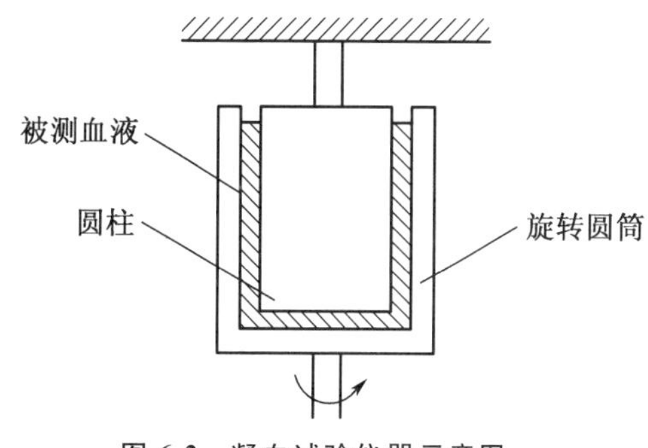

图 6-2 凝血试验仪器示意图

② 蛋白质吸附速率测试。研究表明，易于吸附血清蛋白的材料表面不易形成血栓，而易于吸附 γ-球蛋白和纤维蛋白朊的表面则容易凝血。因此，将材料浸渍于健康血液中一定时间后，测定其表面对这三种蛋白吸附速率，即可判别材料的抗血栓能力。测试结果一般用单位面积单位时间的血清蛋白吸附量表示，也有用血清蛋白与纤维蛋白朊的吸附比值来表示的。

2) 体内试验

体内试验常采用动脉-静脉分流法进行，以牛、狗等动物为对象。试验时，将试验材料制成管道状，一端接动脉，一端接静脉，形成一个血流回路。血液以 1L/min 的速度通过。然后测定流过被测材料后血液成分的变化，以确定材料的抗血栓性。

材料的动物体内试验是临床应用的必要前提，但目前还存在不少问题，如手术感染问题、抗菌剂的应用问题，都会对测试结果带来影响。此外，从动物体内试验得出的结论是否对人体完全有效，还有不同看法。这些问题，都还有待于不断研究解决。

3. 血液相容性高分子材料的制取

普通的高分子材料一般不具备抗血栓性，但可通过多种途径来改善。在这方面已经开展了许多研究，取得很大的成绩，也总结出了许多有益的经验。目前常用的有以下一些手段。

(1) 使材料表面带上负电荷的基团。例如将芝加哥酸(1-氨基-8-萘酚-2,4-二磺酸萘)(图6-3)引入聚合物表面后，可减少血小板在聚合物表面上的黏附量，抗凝血性提高。

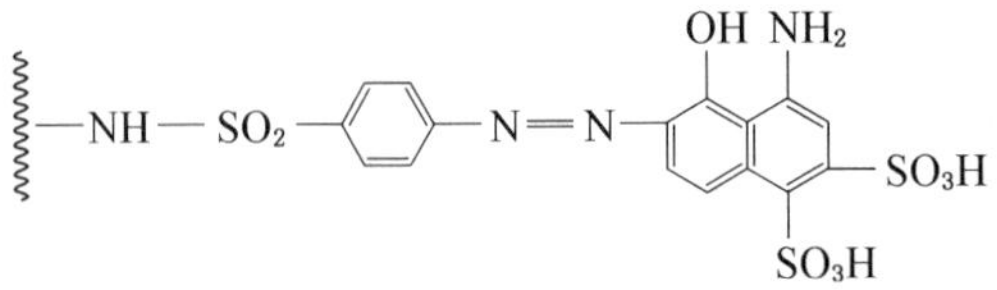

图 6-3　芝加哥酸引入聚合物表面示意图

(2) 高分子材料的表面接枝改性。生物医学材料的表面接枝改性，是提高其抗凝血性的一种重要手段。目前主要是采用化学法和物理法(如偶联法、臭氧化法等)和物理法(等离子体法、高能辐射法、紫外光法等)将具有抗凝血性的天然和化学合成的化合物，如肝素、聚氧化乙烯接枝到高分子材料表面上。许多研究表明，血小板不能黏附于用聚氧化乙烯处理过的玻璃上。添加聚氧化乙烯($\overline{M}_w=6\,000$)于凝血酶溶液中，可防止凝血酶对玻璃的吸附。因此，在抗凝血性的研究中，聚氧化乙烯是十分重要的抗凝血材料。

另外，通过接枝改性调节高分子材料表面分子结构中的亲水基团与疏水基团的比例，使其达到一个最佳值，也是改善材料血液相容性的有效方法。

(3) 制备具有微相分离结构的材料。人们发现，具有微相分离结构的高分子材料对血液相容性有十分重要的作用，而它们基本上是嵌段共聚物和接枝共聚物。其中研究得较多的是聚氨酯嵌段共聚物，即由软段和硬段组成的多嵌段共聚物，其中软段一般为聚醚、聚丁二烯、聚二甲基硅氧烷等，形成连续相；硬段包含脲基和氨基甲酸酯基，形成分散相。在这类嵌段共聚物血液相容性的研究中发现，软段聚醚对材料的抗凝血性的贡献较大，而其分子量对血液相容性和血浆蛋白质的吸附均有显著影响。同样，具有微相分离结构的接枝共聚物、亲水/疏水型嵌段共聚物等都有一定的抗凝血性。

(4) 高分子材料的肝素化。众所周知，肝素是一种硫酸多糖类物质(图 6-4)，是最早被认识的天然抗凝血产物之一。肝素的作用机理是催化和增强抗凝血酶Ⅲ对凝血酶的结合而防止凝血。将肝素固定在高分子材料表面上以提高其抗凝血性，是材料的抗凝血性改性的重要途径。在高分子材料结构中引入肝素后，在使用过程中，肝素慢慢地释放，能明显提高抗血栓性。

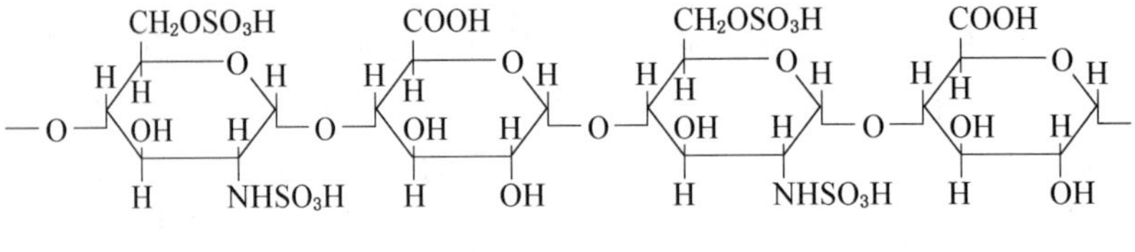

图 6-4　肝素结构式

(5) 材料表面伪内膜化，这是抗血栓性研究的新动向。人们发现，大部分高分子材料的表面容易沉渍血纤蛋白而凝血。如果有意将某些高分子的表面制成纤维林立状态，当血液流过这种粗糙的表面时，迅速形成稳定的凝固血栓膜，但不扩展成血栓，然后诱导出血管内皮细胞。这样就相当于在材料表面上覆盖了一层光滑的生物层——伪内膜。这种伪内膜与人体心脏和血管一样，具有光滑的表面，从而达到永久性的抗血栓。

6.3 生物吸收性高分子材料

许多高分子材料植入人体内后只是起到暂时替代作用，例如高分子手术缝合线的用于缝合体内组织时，当肌体组织痊愈后，缝合线的作用即告结束，这时希望用作缝合线的高分子材料能尽快地分解并被人体吸收，以最大限度地减少高分子材料对肌体的长期影响。由于生物吸收性材料容易在生物体内分解，其分解产物可以代谢，并最终排出体外，因而越来越受到人们的重视。

6.3.1 生物吸收性高分子材料的设计原理

1. 生物降解性和生物吸收性

生物吸收性高分子材料在体液的作用下完成两个步骤，即降解和吸收。前者往往涉及主链的断裂，使分子量降低。作为医用高分子要求降解产物(单体、低聚体或碎片)无毒，对人体无副作用。高分子材料在体内最常见的降解反应为水解反应，包括酶催化水解和非酶催化水解。能够通过酶专一性反应降解的高分子称为酶催化降解高分子；而通过与水或体液接触发生水解的高分子称为非酶催化降解高分子。从严格意义上讲，只有酶催化降解才称得上生物降解，但在实际应用中将这两种降解统称为生物降解。吸收过程是生物体为了摄取营养或排泄废物(通过肾脏、汗腺、或消化道)所进行的正常生理过程。高分子材料在体内降解以后，进入生物体的代谢循环。这就要求生物吸收性高分子应当是正常代谢物或其衍生物通过可水解键连接起来的。在一般情况下，由 C—C 键形成的聚烯烃材料在体内难以降解。只有某些具有特殊结构的高分子材料才能够被某些酶所降解。

2. 生物吸收性高分子材料的分解吸收速度

用于人体组织治疗的生物吸收性高分子材料，其分解和吸收速度必须与组织愈合速度同步。人体中不同组织不同器官的愈合速度是不同的，例如，表皮愈合一般需要 3～10d，膜组织的痊愈要需 15～30d，内脏器官的恢复需要 1～2 个月，而硬组织如骨骼的痊愈则需要 2～3 个月等。因此，对植入人体内的生物吸收性高分子材料在组织或器官完全愈合之前，必须保持适当的机械性能和功能。而在肌体组织痊愈之后，植入的高分子材料应尽快降解并被吸收，以减少材料存在产生的副作用。

影响生物吸收性高分子材料吸收速度的因素有主链和侧链的化学结构、疏水/亲水平衡、分子量、凝聚态结构、结晶度、表面积、物理形状等。其中，主链结构和聚集态结构对降解吸收速度的影响较大。

酶催化降解和非酶催化降解的结构-降解速度关系不同。对非酶催化降解高分子而言，降解速度主要由主链结构(键型)决定。主链上含有易水解基团如酸酐、酯基、碳酸酯的高分子，通常有较快的降解速度。对于酶催化降解高分子如聚酰胺、聚酯、糖苷等，降解速度主要与酶和待裂解键的亲和性有关。酶与待裂解键的亲和性越好，越容易相互作用，则降解越容易发生，而与化学键类型关系不大。此外，由于低分子量聚合物的溶解或溶胀性能优于高分子量聚合物，因此对于同种高分子材料，分子量越大，降解速度越慢。亲水性强的高分子能够吸收水、催化剂或酶，一般有较快的降解速度。特别是含有羟基、羧基的生物吸收性高分子，不仅因为其较强的亲水性，而且由于其本身的自催化作用，所以比较容易降解。相反，在主链或侧链含有疏水长链烷基或芳基的高分子，降解性能往往较差。

在固态下高分子链的聚集态可分为结晶态、玻璃态、橡胶态。如果高分子材料的化学结构相同，那么不同聚集态的降解速度有如下顺序：橡胶态＞玻璃态＞结晶态。显然，聚集态结构越有序，分子链之间排列越紧密，降解速度越低。

为了控制高分子的生物降解性能和吸收性能，在设计生物吸收性高分子时，应当综合考虑上述因素，例如可通过化学修饰控制化学结构，通过加工过程控制高分子的聚集态结构等。

6.3.2 生物吸收性天然高分子材料

已经在临床医学获得应用的生物吸收性天然高分子材料包括蛋白质和多糖两类生物高分子。这些生物高分子主要在酶的作用下降解，生成的降解产物如氨基酸、糖等化合物，可参与体内代谢，并作为营养物质被肌体吸收。因此，这类材料应当是最理想的生物吸收性高分子材料。白蛋白、葡聚糖和羟乙基淀粉在水中是可溶的，临床用作血容量扩充剂或人工血浆的增稠剂。胶原、壳聚糖等在生理条件下是不溶性的，因此可作为植入材料在临床应用。下面对一些重要的生物吸收性天然高分子材料作简单介绍。

1. 胶原

胶原是来源于动物组织，组成胶原纤维的一种纤维蛋白。存在于动物(猪、牛、鱼、禽等)的结缔组织(包括软组织、皮和腱骨)和硬骨料组织，约占动物总蛋白的 1/3。胶原蛋白含有 18 种氨基酸(甘氨酸、脯氨酸、羧脯氨酸、谷氨酸、天冬氨酸、丙氨酸、苯丙氨酸、精氨酸、赖氨酸、羟赖氨酸、丝氨酸、白氨酸、缬氨酸、苏氨酸、组氨酸、酪氨酸、蛋氨酸、异白氨酸)，其中脯氨酸、甘氨酸和赖氨酸的含量较高。胶原蛋白由于含有部分苯丙氨酸和酪氨酸残基，自身具有荧光，最大吸收在 230nm 左右。

胶原也是构成人体组织最基本的蛋白质类物质，至今已经鉴别出 13 种胶原，其中Ⅰ—Ⅲ、Ⅳ和Ⅺ型胶原为成纤维胶原。Ⅰ型胶原在动物体内含量最多，已被广泛应用于生物医用材料和生化试剂。牛和猪的肌腱、生皮、骨骼是生产胶原的主要原料。由各种物种和肌体组织制备的胶原差异很小，即在结构上呈现高度的相似性。最基本的胶原结构为由三条分子量大约为 100000 的肽链组成的三股螺旋绳状结构，直径为 1～1.5nm，长约 300nm，每条肽链都具有左手螺旋二级结构。胶原本身为中性蛋白质，小的短链肽(称为端肽)位于胶原分子的两端，且不参与三股螺旋绳状结构。研究证明，端肽是免疫原性识别点，可通过酶解将其除去。除去端肽的胶原称为不全胶原，可用作生物医学材料。

胶原蛋白是一种结构特殊的蛋白质，其多肽链具有与一般蛋白质中 α-螺旋不同的螺旋结构。胶原蛋白肽链是 Gly-X-Y 的重复序列，每条肽链卷曲成左旋螺旋，每个螺旋有三个氨基酸残基，第一位为甘氨酸 Gly，后两位为其他氨基酸。三股螺旋相互之间通过氢键而稳定。

胶原能吸水膨胀，但不溶于水。与水共热时，能断裂部分肽键生成分子量较小的明胶。胶原蛋白作为一种聚两性电解质，在酸性介质中，胶原分子内肽键的酰胺基能够和 H^+ 作用生成盐。多肽链上的赖氨酸、精氨酸和组氨酸残基的作用使胶原蛋白成为一个很弱的聚阳离子电解质。

从生物体内提取出来的胶原蛋白，由于酶解作用，失去了原有的三股螺旋结构，故也称变性胶原，能够溶于酸性介质。

在低浓度范围内，多肽链上—NH_2^+—键的相互排斥作用占明显优势，再加上 3 种带正电荷氨基酸残基的排斥作用，使胶原蛋白成为线性分子。当胶原浓度增大到 0.5mg/mL 以上时，—NH_2^+—键的相互排斥作用相对于多肽链上疏水氨基酸残基的疏水作用明显变弱，分子内和分子间氢键的作用加强，形成不规则线团结构。当胶原蛋白浓度进一步增大时，多肽链上疏水氨基酸残基的疏水作用占明显优势，同时每个肽链上肽键都参与氢键的形成，因而形成了螺旋结构。

胶原蛋白的许多物理化学性能主要与分子链中疏水性的氨基酸之间和肽键之间由于氢键引起的聚集行为有关，具有生物相容性和生物活性，正常细胞可在其表面依附和生长浸润。

在天然组织中的胶原是与其他组分混合在一起的，在分离纯化胶原的工艺中需要将这些杂质除去，同时应尽可能保持胶原的结构，避免胶原降解，以保持较高的机械性能。工业纯化的胶原主要有三种形式：可溶解的胶原单位、溶胀的胶原纤维、以及胶态胶原（微晶胶原）。后者不溶于水，不含游离的胶原单位和可溶性降解产物，但其胶原胶态颗粒最大不超过1000nm。如果使用与水混溶的有机溶剂，可使混悬液中胶原的浓度达到 35%，可用以加工为胶原纤维和胶原膜。

胶原可以用于制造止血海绵、创伤辅料、人工皮肤、手术缝合线、组织工程基质等。但在应用前，胶原必须交联，以控制其物理性质和生物可吸收性。戊二醛和环氧化合物是常用的交联剂。残留的戊二醛会引起毒性反应，因此必须注意使交联反应完全。胶原交联以后，酶降解速度显著下降。

胶原也常被用作药物辅助材料，这方面的内容可参见本书第 7.5.4 小节。

2. 明胶

明胶是胶原蛋白的水解产物。胶原蛋白的分子在水解时，三股螺旋互相拆开，而且肽链有不同程度的断裂，生成能够溶于水的大小不同的碎片，即为明胶。市售的明胶呈淡黄色，外形有薄片状或粒状，无味，无臭。吸湿后易为细菌分解。明胶的相对分子质量为 $1.5\times10^4\sim2.5\times10^4$。

明胶易溶，在冷水中久浸即吸水膨胀并软化，质量可增加 5～10 倍。在热水中(40℃)即完全溶解成溶液。水溶液中明胶分子的构型、物理性质随所处的环境而不同。水溶液中分子存在溶胶和凝胶两种可逆变化的构型。在高于 35℃ 温度以上以溶胶形式存在。在 15℃～35℃ 的范围内，两种形式的明胶分子形成平衡状态共存。15℃以下主要以凝胶形式存在。

固体明胶易吸湿，通常含水分 10%～15%，实际上这部分水起着增塑剂的作用。含水量太低(5%以下)的明胶太脆，一般都需加入甘油或其他多元醇作为增塑剂。

明胶分子在不同的溶液中，可成为正离子、负离子或两性离子。所有 pH 值范围内都易溶于水，如加入与明胶分子上电荷相反的聚合物，则带电荷的聚合物能使明胶从溶液中析出。例如阿拉伯胶带负电荷，能和带正电荷的弱酸性明胶溶液反应，溶解度急剧下降。这种共凝聚作用在药物制剂工艺上有重要的用途，例如制备药物微胶囊。

明胶在室温、干燥状态下比较稳定，可放置数年不变质。但在较高的温度(35℃～40℃)和较高的湿度下保存的明胶倾向于失去溶解性，这可能与明胶分子中的肽键都参与氢键的形成，从而形成类似胶原蛋白的螺旋结构之故。在水溶液中，明胶能缓慢地水解转变成分子量较小的片断，黏度下降，失去凝胶能力。65℃以上解聚作用加快，加热至 80℃持续 1h 后，凝胶力将减少 50%。分子量越小，分解越快。

明胶通常由动物的骨骼或皮肤经过蒸煮、过滤、蒸发干燥后获得。用上述方法得到的明胶为粗制品，含有较多杂质。用于医用材料时需进行纯化精制。工业上常采用三种工艺制取纯化明胶，即酸提取工艺、碱提取工艺以及高压蒸汽提取工艺。在这些工艺中，均包括从原材料中除去非胶原杂质、将纯化的胶原转变为明胶、明胶的回收干燥三个步骤。

酸提取工艺适用于从猪皮胶原和骨胶原制备食用和医用明胶，用 3%～5%的无机酸(盐酸、硫酸、磷酸等)浸泡原料 10～30h 后,洗去过量酸,即得到纯化明胶。

碱提取工艺是采用饱和石灰水将粗明胶浸泡数月,洗涤中和后再蒸煮提取,由此可得到高质量的明胶。

高压蒸煮法是为了使处于骨组织内部(羟基磷灰石包裹之中)的胶原发生部分水解,变成可溶性形式,以便在较低温度提取时能够溶解出来。

明胶可以制成多种医用制品,如膜、管等。由于明胶溶于热水,在 60℃～80℃水浴中可以制备浓度为 5%～20%的溶液,如果要得到 25%～35%的浓溶液,需要加热至 90℃～100℃。为了使制品具有适当的机械性能,可加入甘油或山梨糖醇作为增塑剂。用戊二醛和环氧化合物作交联剂可以延长降解吸收时间。

明胶也被大量用作药物辅助材料,详细内容可参见本书第 7 章第 7.5.4 节。

3. 纤维蛋白

纤维蛋白是纤维蛋白原的聚合产物。纤维蛋白原是一种血浆蛋白质,存在于动物体的血液中。人和牛的纤维蛋白原分子量在 330 000～340 000 之间,二者之间的氨基酸组成差别很小。纤维蛋白原由三对肽链构成,每条肽链的分子量在 47 000～63 500 之间。除了氨基酸之外,纤维蛋白原还含有糖基。纤维蛋白原在人体内的主要功能是参与凝血过程。

纤维蛋白的制取采用在血浆或富含纤维蛋白原的血浆组分中加入氯化钙,激活其中的凝血因子,就可使纤维蛋白原转化为不溶性的纤维蛋白。不溶性的纤维蛋白通过洗涤、干燥和粉碎,可得到纤维蛋白粉。若不溶性的纤维蛋白将打成泡沫,再进行冷冻干燥,可制备纤维蛋白飞沫。将不溶性纤维蛋白加压脱水,则可以制备纤维蛋白膜。不溶性的纤维蛋白在 170℃以下是稳定的,能够耐受 150℃、2h 的加热处理以降低免疫性。

纤维蛋白具有良好的生物相容性,具有止血、促进组织愈合等功能,在生物医学领域有着重要用途。采用纤维蛋白粉或压缩成型的植入体进行体内植入实验,无论动物实验还是临床试验均未出现发热和严重炎症反应等不良反应,周围组织反应与其他生物吸收性高分子材料相似。纤维蛋白的降解包括酶降解和细胞吞噬两种过程,降解产物可以被肌体完全吸收,降解速度随产品不同从几天到几个月不等。通过交联和改变其聚集状态是控制其降解速度的重要手段。

目前,人的纤维蛋白或经热处理后的牛纤维蛋白已用于临床。纤维蛋白粉可用作止血粉、创伤辅料、骨填充剂(修补因疾病或手术造成的骨缺损)等。纤维蛋白飞沫由于比表面大,适于用作止血材料和手术填充材料。纤维蛋白膜在外科手术中用作硬脑膜置换、神经套管等。

4. 甲壳素与壳聚糖

甲壳素是由 β-(1,4)-2-乙酰氨基-2-脱氧-D-葡萄糖(N-乙酰-D-葡萄糖胺)组成的线性多糖。昆虫壳皮、虾蟹壳中均含有丰富的甲壳素。壳聚糖为甲壳素的脱乙酰衍生物,由甲壳素在 40%～50%浓度的氢氧化钠水溶液中于 110℃～120℃水解 2～4h 得到。甲壳素在甲磺酸、甲酸、六氟丙醇、六氟丙酮以及含有 5%氯化锂的二甲基乙酰胺中是可溶的,壳聚糖能在有机酸如甲酸和乙酸的稀溶液中溶解。从溶解的甲壳素或壳聚糖,可以制备膜、纤维和凝胶等各种生物制品。

甲壳素能为肌体组织中的溶菌酶所分解,已用于制造吸收型手术缝合线。其抗拉强度优于其他类型的手术缝合线。在兔体内试验观察,甲壳素手术缝合线 4 个月可以完全吸收。甲壳素还具有促进伤口愈合的功能,可用作伤口包扎材料。当甲壳素膜用于覆盖外伤或新鲜烧伤的皮肤创伤面时,具有减轻疼痛和促进表皮形成的作用,因此是一种良好的人造皮肤材料。

6.3.3 生物吸收性合成高分子材料

生物吸收合成高分子材料多数属于能够在温和生理条件下发生水解的生物吸收性高分子,降解过程一般不需要酶的参与。虽然生物吸收性天然高分子材料具有良好的生物相容性和生物活性,但毕竟来源有限,远远不能适应快速发展的现代医疗事业的需求。因此,人工合成的生物吸收性高分子材料有了快速发展的时间和空间。近年来生物吸收性合成高分子材料的研究进展很快,以聚 α-羟基酸酯及其改性产物为代表的一大批脂肪族聚酯型生物吸收性高分子材料已在临床上得到广泛的用途。

1. 脂肪族聚酯的合成

聚酯及其共聚物可由二元醇和二元酸(或二元酸衍生物)、羟基酸的逐步聚合来获得,也可由内酯的开环聚合来制备。缩聚反应因受反应程度和反应过程中产生的水或其他小分子的影响,很难得到高分子量的产物。开环聚合只受催化剂活性和外界条件的影响,可得到高分子量的聚酯,相对分子质量高达 10^6,单体完全转化聚合。因此,开环聚合目前已成为内酯、乙交酯、丙交酯的均聚和共聚合成生物相容性和生物吸收性高分子材料的理想方法。

除了五元环 γ-内酯外,其他内酯的聚合在热力学上都是反应有利的。例如,七元环 ε-己内酯(ε-CL)的聚合反应自由能的变化 ΔG 为 $-15\text{kJ}\cdot\text{mol}^{-1}$,因此容易进行聚合反应。三元、四元环酯具有高的环内张力,从焓效应方面看对聚合是十分有利的。而六元环和六元环以上内酯的开环聚合,其推动力是熵变。

内酯的开环聚合原则上可以由通常已知的各种聚合机理引发进行,如阳离子聚合、阴离子聚合、自由基聚合、配位聚合等。

用于内酯开环聚合的阳离子催化剂主要有:①质子酸,如 HCl、RCO_2H、RSO_3H 等;② Lewis 酸,如 $A1C1_3$、$FeCl_3$、$FeCl_2$、BF_3、BBr_3、$A1Br_3$、$TiBr_4$、$SnBr_4$、$SnCl_2$、$SnCl_n$ 等;③烷基化试剂,如 $CF_3SO_3CH_3$、Et_3OBF_4、FSO_3CH_3、$FSO_3CH_2CH_3$ 等;④酰化试剂,如 CH_3COOCl 等。

通过阴离子催化剂催化的阴离子开环聚合一般得到分子量较低的齐聚物,可用来进一步制备嵌段聚酯和特殊结构聚酯。

自由基活性中心对内酯的聚合效果不好,聚合物的分子量不高,转化率低。但采用氯代乙烯酮缩二醇为单体,通过自由基引发聚合得到了脂肪族聚酯-聚 γ-丁内酯。而通常 γ-丁内酯不能发生开环聚合。这一反应机理也适应于制备其他聚酮、聚酰胺和聚碳酸酯等。

2. 聚 *α*-羟基酸酯及其改性产物

聚酯主链上的酯键在酸性或者碱性条件下均容易水解,产物为相应的单体或短链段,可参与生物组织的代谢。聚酯键的降解速度可通过聚合单体的选择调节。例如,随着单体中碳/氧比增加,聚酯的疏水性增大,酯键的水解性降低。

脂肪族聚酯有通过混缩聚和均缩聚制备的两类产品。在混缩聚聚酯中,由含 4～6 个碳原子的单体合成的聚酯在生物体系环境中可以水解。例如由己二酸和乙二醇缩聚制备的聚己二酸乙二醇酯,当其分子量小于 20000 时,有可能发生酶催化水解。但若分子量大于 20000,则酶催化水解较困难,水解速度变得非常缓慢。此外,混缩聚聚酯的内聚能较低,结晶性差,难以制备高强度材料。

由 2～5 个碳原子的 ω-羟基酸聚合得到的均缩聚聚酯能够以较快的速度水解,与人体组织的愈合速度相近。同时,这些聚酯结晶性高,具有较高的强度和模量,因此,适合于加工成不同的形状,以满足不同的医用目的。

单组分聚酯中最典型的代表是聚 α-羟基酸及其衍生物。

乙醇酸和乳酸是典型的 α-羟基酸，其缩聚产物即为聚 α-羟基酸酯，即聚乙醇酸（PGA）和聚乳酸（PLA）。乳酸中的 α-碳是不对称的，因此有 D-乳酸和 L-乳酸两种光学异构体。由单纯的 D-乳酸或 L-乳酸制备的聚乳酸是光学活性的，分别称为聚 D-乳酸（PDLA）和聚 L-乳酸（PLLA）。由两种异构体乳酸的混合物消旋乳酸制备的聚乳酸称为聚 DL-乳酸（PLA），无光学活性。PDLA 和 PLLA 的物理化学性质基本上相同，而 PLA 的性质与两种光学活性聚乳酸有很大差别。

在自然界存在的乳酸都是 L 乳酸，故用其制备的 PLLA 的生物相容性最好。

聚 α-羟基酸酯可通过如下两种直接方法合成。①羟基酸在脱水剂（如氧化锌）的存在下热缩合；②卤代酸脱卤化氢而聚合。但是用这些方法合成的聚 α-羟基酸酯的分子量往往只有几千，很难超过 20000。这是由于 α-羟基酸聚合反应的平衡常数较小，而聚合体系的黏度一般较大，导致反应过程中生成的水难以蒸发除去，因此反应不容易进行完全。此外，聚 α-羟基酸酯在直接聚合过程中可能解聚为环状二酯，如乙交酯和丙交酯，也是导致聚合产物分子量较小的原因。通常只有分子量大于 25000 的聚 α-羟基酸酯才具有较好的机械性能。因此，直接聚合得到的聚 α-羟基酸酯一般只能用于药物释放体系，而不能用于制备手术缝合线、骨夹板等需要较高机械性能的产品。

为了制备高分子量的聚 α-羟基酸酯，目前采用环状内酯开环反应的技术路线。根据聚合机理，环状内酯的开环聚合有 3 种类型，即阴离子开环聚合、阳离子开环聚合和配位开环聚合。在阴离子开环聚合反应中，使用的催化剂为强碱，如 BzOK、PhOK、*t*-BuOK 和 BuLi 等。阳离子开环聚合的催化剂为 Lewis 酸，例如 $SnCl_2$、$SnCl_4$、$TiCl_4$、SbF_2、$ZnCl_2$、SnO、SnO_2、Sb_2O_3、MgO、$Sn(OCOR)_2$、CF_3SO_3H、$BF_3 \cdot OEt_2$ 等。配位开环聚合的催化剂有烷基金属化合物（Et_2Zn、Bu_2Zn、$AlEt_3$、$SnPh_4$、$Al(i\text{-}Bu)_3$ 等）、烷氧基金属化合物（$Al(OPr\text{-}i)_3$、$Zn(OBu)_2$、$Ti(OBu)_4$、$Zr(OPr)_4$、$Zn(OEt)_2$、$Sn(OEt)_2$]等以及双金属催化剂[$(EtO)_2AlOZnOAl(OEt)_2$、$ZnEt_2$—$Al(OPr\text{-}i)_3$等]。目前，商品聚 α-羟基酸酯一般采用阳离子开环聚合进行生产。由于医用高分子材料对生物毒性要求十分严格，因此要求催化剂对生物组织是非毒性的。目前，最常用的催化剂是二辛酸锡，其安全性是可靠的。由乙交酯或丙交酯开环聚合得到的聚酯 PGA 或 PLA 的反应式如图 6-5 所示。

$$\frac{n}{2}\ \text{(乙交酯/丙交酯环状二酯)} \xrightarrow{\text{催化剂}} \left[\text{OCHCO} \right]_n \ (\text{CH 上连 R})$$

乙交酯（R=H）
丙交酯（R=CH_3）

聚乙交酯（R=H）
聚丙交酯（R=CH_3）

图 6-5　乙交酯或丙交酯开环聚合示意图

由乙交酯或丙交酯开环聚合得到的聚酯 PGA 或 PLA 也称为聚乙交酯或聚丙交酯。由两种交酯共聚得到的聚酯，叫聚乙丙交酯，其性质可通过调节两种单体的比例进行控制。PGA 或 PLA 在室温下为结晶态。当其组成在 25：75～75：25（摩尔比）之间时，共聚产物与 PLA 一样为无定形玻璃态高分子，玻璃转化温度在 50℃～60℃。组成为 90：10 的聚乙丙交酯的性质接近于 PGA，但柔顺性改善，可作为生物吸收材料在临床上应用。

表 6-4 为 PGA、PLA 及其共聚物的物理性质。由表 6-4 可见，这些聚合物的熔点和热分解点都非常相近，因此必须严格控制加工温度。PGA 和 PLLA 结晶性很高，其纤维的强度和

模量几乎可以和芳香族聚酰胺液晶纤维(如 Kevlar)及超高分子量聚乙烯纤维(如 Dynema)媲美。PLA 基本上不结晶,低聚合度时在室温下是黏稠液体,没有应用价值。目前已经能够合成出平均分子量接近 100 万的 PLA,为 PLA 用于制备高强度植入体(例如骨夹板、体内手术缝合线等)奠定了基础。

表 6-4　　PGA、PLA 及其共聚物的物理性质

名称	结晶度	T_m/℃	T_g/℃	T_{de}/℃	拉伸强度 /MPa	模量 /GPa	伸长率
PGA	高	230	36	260	890	8.4	30%
PLA	不结晶	—	57	—	—	—	—
PLLA	高	170	56	240	900	8.5	25%
P-910*	高	200	40	250	850	8.6	24%

注:* 乙交酯与丙交酯 90∶10(摩尔比)的共聚产物。

通过改变其结晶度和亲水性可改变或控制聚 α-羟基酸酯的降解性和生物吸收性。例如,将丙交酯与己内酯共聚,得到的共聚物比 PLLA 具有更好的柔顺性。将乙交酯与 1,4-二氧环庚酮-2 共聚,产物的抗辐射能力增强,容易进行辐射消毒。如果将乙交酯与 1,3-二氧环己酮-2 共聚,则可得到柔顺性较好的聚(乙交酯-碳酸酯),用于制造单纤维手术缝合线。

3. 聚醚酯及其相似聚合物

PGA 和 PLLA 为高结晶性高分子,质地较脆而柔顺性不够。因此人们设计开发了一类具有较好柔顺性生物吸收性高分子——聚醚酯,以弥补 PGA 和 PLLA 的不足。

聚醚酯可通过含醚键的内酯为单体通过开环聚合得到。如由二氧六环开环聚合制备的聚二氧六环可用作单纤维手术缝合线。

将乙交酯或丙交酯与聚醚二醇共聚,可得到聚醚聚酯嵌段共聚物。例如,由乙交酯或丙交酯与聚乙二醇或聚丙二醇共聚,可得到聚乙醇酸-聚醚嵌段共聚物和聚乳酸-聚醚嵌段共聚物。在这些共聚物中,硬段和软段是相分离的,结果其机械性能和亲水性均得以改善。据报道,由 PGA 和聚乙二醇组成的低聚物可用作骨形成基体。

4. 其他生物吸收性合成高分子

除了上述 α-羟基酸酯类的高分子材料外,对其他类型的生物吸收高分子材料也进行了研究。

将吗啉-2,5-二酮衍生物进行开环聚合,可得到聚酰胺酯。由于酰胺键的存在,这些聚合物具有一定的免疫原性。而且它们能够通过酶和非酶催化降解,有可能在医学领域得到应用。

聚酸酐、聚原酸酯、聚磷酸酯和脂肪族聚碳酸酯等高分子也有大量的研究报道,主要尝试用于药物释放体系的载体。由于这些聚合物目前尚难以得到高分子量的产物,机械性能较差,故还不适于在医学领域作为植入体使用。

聚 α-氰基丙烯酸酯是一种生物可降解的高分子。该聚合物已作为医用黏合剂用于外科手术中。后文将详细介绍,此处从略。

6.4 高分子材料在医学领域的应用

6.4.1 高分子人工脏器及部件的应用现状

高分子材料作为人工脏器、人工血管、人工骨骼、人工关节等的医用材料,正在越来越广泛地得到运用。人工脏器的应用正从大型向小型化发展,从体外使用向内植型发展,从单一功能

向综合功能型发展。为了满足材料的医用功能性、生物相容性和血液相容性的严峻要求，医用高分子材料也由通用型逐步向专用型发展，并研究出许多有生物活性的高分子材料，例如将生物酶和生物细胞等固定在高分子材料分子中，以克服高分子材料与生物肌体相容性差的缺点。开发混合型人工脏器的工作也正在取得可喜的成绩。

根据人工脏器和部件的作用及目前研究进展，可将它们分成5大类。

(1) 能永久性地植入人体，完全替代原来脏器或部位的功能，成为人体组织的一部分。属于这一类的有人工血管、人工心脏瓣膜、人工食道、人工气管、人工胆道、人工尿道、人工骨骼、人工关节等。

(2) 在体外使用的较为大型的人工脏器装置、主要作用是在手术过程中暂时替代原有器官的功能。例如人工肾脏、人工心脏、人工肺等。这类装置的发展方向是小型化和内植化，最终能植入体内完全替代原有脏器的功能。据报道，能够内植的人工心脏已获得相当年份的考验，在不远的将来可正式投入临床应用。

(3) 功能比较单一，只能部分替代人体脏器的功能，例如人工肝脏等。这类人工脏器的研究方向是多功能化，使其能完全替代人体原有的较为复杂的脏器功能。

(4) 正在进行探索的人工脏器。这是指那些功能特别复杂的脏器，如人工胃、人工子宫等。这类人工脏器的研究成功，将使现代医学水平有一重大飞跃。

(5) 整容性修复材料，如人工耳朵、人工鼻子、人工乳房、假肢等。这些部件一般不具备特殊的生理功能，但能修复人体的残缺部分，使患者重新获得端正的仪表。从社会学和心理学的角度看，也是具有重大意义的。

表6-5列举了在制作人工脏器所涉及的高分子材料。

表6-5　　用于人工脏器的部分高分子材料

人工脏器	高分子材料
心　脏	嵌段聚醚氨酯弹性体、硅橡胶
肾　脏	铜氨法再生纤维素，醋酸纤维素，聚甲基丙烯酸甲酯，聚丙烯腈，聚砜，乙烯—乙烯醇共聚物(EVA)，聚氨酯，聚丙烯，聚碳酸酯，聚甲基丙烯酸-β-羟乙酯
肝　脏	赛璐玢(cellophane)，聚甲基丙烯酸-β-羟乙酯
胰　脏	共聚丙烯酸酯中空纤维
肺	硅橡胶，聚丙烯中空纤维，聚烷砜
关节、骨	超高分子量聚乙烯($\overline{M}_n$>300万)，高密度聚乙烯，聚甲基丙烯酸甲酯，尼龙，聚酯
皮　肤	硝基纤维素，聚硅酮-尼龙复合物，聚酯，甲壳素
角　膜	聚甲基丙烯酸甲酯，聚甲基丙烯酸-β-羟乙酯，硅橡胶
玻璃体	硅油，聚甲基丙烯酸-β-羟乙酯
鼻、耳	硅橡胶，聚乙烯
乳　房	聚硅酮
血　管	聚酯纤维，聚四氟乙烯，嵌段聚醚氨酯
人工红血球	全氟烃
人工血浆	羟乙基淀粉，聚乙烯基吡咯烷酮
胆　管	硅橡胶
鼓　膜	硅橡胶

续表

人工脏器	高分子材料
食　道	聚硅酮
喉　头	聚四氟乙烯，聚硅酮，聚乙烯
气　管	聚乙烯，聚四氟乙烯，聚硅酮，聚酯纤维
腹　膜	聚硅酮，聚乙烯，聚酯纤维
尿　道	硅橡胶，聚酯纤维

要制成一个完整的人工脏器，必须有能源，传动装置、自动控制系统及辅助装置或多方面的配合。然而，不言而喻，其中高分子材料乃是目前制造人工脏器的关键材料。

6.4.2 医用高分子材料的应用

1. 血液相容性材料与人工心脏

许多医用高分子在应用中需长期与肌体接触，必须有良好的生物相容性，其中血液相容性是最重要的。人工心脏、人工肾脏、人工肝脏、人工血管等脏器和部件长期与血液接触，因此要求材料必须具有优良的抗血栓性能。

从前面的讨论知，普通的高分子材料一般不具备抗血栓性，但可通过多种途径来改善。这一方面的研究工作已经取得了丰硕的成果。

近年来，在对高分子材料抗血栓性研究中，发现具有微相分离结构的聚合物往往有优良的血液相容性。因而引起人们极大的兴趣。例如在聚苯乙烯、聚甲基丙烯酸甲酯的结构中接枝上亲水性的甲基丙烯酸-β-羟乙酯，当接枝共聚物的微区尺寸在 20～30nm 范围内时，就有优良的抗血栓性。

在微相分离高分子材料中，国内外研究得最活跃的是聚醚型聚氨酯，或称聚醚氨酯。聚醚氨酯是一类线型多嵌段共聚物，宏观上表现为热塑性弹性体，具有优良的生物相容性和力学性能，因而引起人们广泛的重视。作为医用高分子材料的嵌段聚醚氨酯（Segmented Polyether urethane，SPEU）的一般结构式如下：

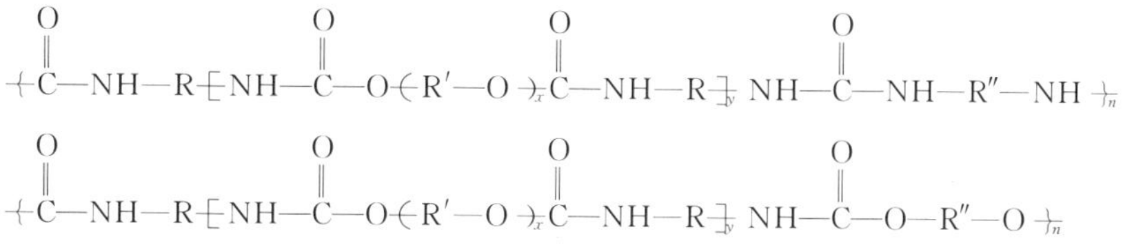

$$\left[\overset{\overset{\displaystyle O}{\|}}{C}-NH-R\left[NH-\overset{\overset{\displaystyle O}{\|}}{C}-O\left(R'-O\right)_x\overset{\overset{\displaystyle O}{\|}}{C}-NH-R\right]_y NH-\overset{\overset{\displaystyle O}{\|}}{C}-NH-R''-NH\right]_n$$

$$\left[\overset{\overset{\displaystyle O}{\|}}{C}-NH-R\left[NH-\overset{\overset{\displaystyle O}{\|}}{C}-O\left(R'-O\right)_x\overset{\overset{\displaystyle O}{\|}}{C}-NH-R\right]_y NH-\overset{\overset{\displaystyle O}{\|}}{C}-O-R''-O\right]_n$$

美国 Ethicon 公司推荐的 4 种医用聚醚氨酯，Biomer，Pellethane，Tecoflex 和 Cardiothane 基本上都属于这一类聚合物。它们的共同特点是分子结构都是由软链段和硬链段两部分组成的，在分子间有较强的氢键和范得华力。聚醚软段聚集形成连续相，而由聚氨酯、聚脲组成的硬链段聚集而成的分散相微区则分散在连续相中，因此具有足够的强度和理想的弹性。

如 Biomer 是一种线型芳香聚醚氨酯，它的制备过程可分为两步。首先由多元醇与异氰酸酯反应，形成以异氰酸酯基团封端的预聚体，然后在预聚体中加入乙二胺作扩链剂，反应得到聚醚氨酯（图 6-6）。

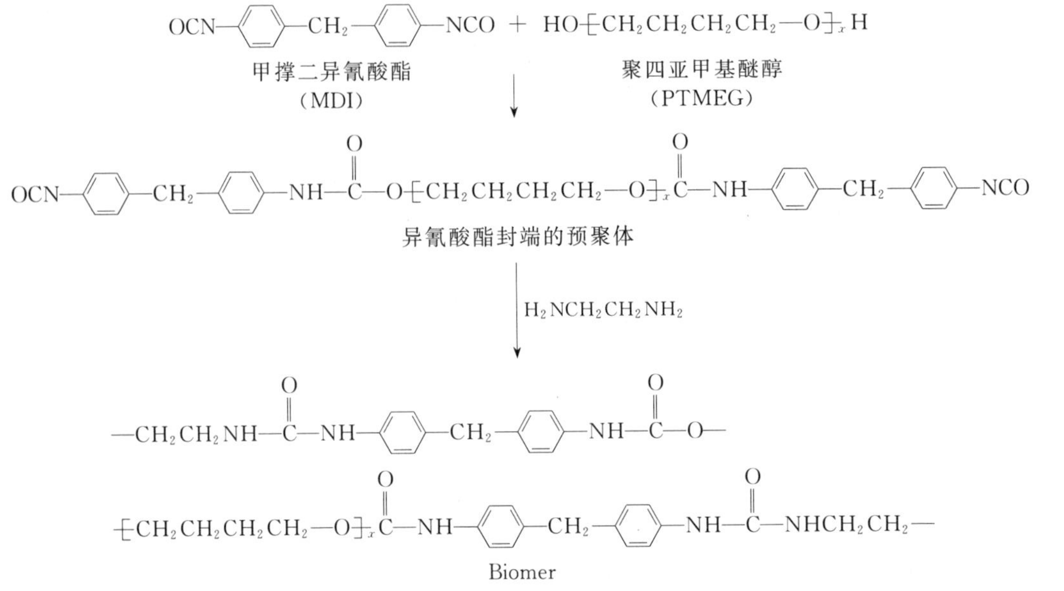

$$\mathrm{OCN{-}C_6H_4{-}CH_2{-}C_6H_4{-}NCO} + \mathrm{HO{-}\!\![CH_2CH_2CH_2CH_2{-}O]_{\mathit{x}}H}$$

甲撑二异氰酸酯（MDI）　　聚四亚甲基醚醇（PTMEG）

$$\downarrow$$

$$\mathrm{OCN{-}C_6H_4{-}CH_2{-}C_6H_4{-}NH{-}\overset{\displaystyle O}{\overset{\|}{C}}{-}O{-}\!\![CH_2CH_2CH_2CH_2{-}O]_{\mathit{x}}{-}\overset{\displaystyle O}{\overset{\|}{C}}{-}NH{-}C_6H_4{-}CH_2{-}C_6H_4{-}NCO}$$

异氰酸酯封端的预聚体

$$\Big\downarrow\ \mathrm{H_2NCH_2CH_2NH_2}$$

$$\mathrm{{-}CH_2CH_2NH{-}\overset{\displaystyle O}{\overset{\|}{C}}{-}NH{-}C_6H_4{-}CH_2{-}C_6H_4{-}NH{-}\overset{\displaystyle O}{\overset{\|}{C}}{-}O{-}}$$

$$\mathrm{{-}\!\![CH_2CH_2CH_2CH_2{-}O]_{\mathit{x}}{-}\overset{\displaystyle O}{\overset{\|}{C}}{-}NH{-}C_6H_4{-}CH_2{-}C_6H_4{-}NH{-}\overset{\displaystyle O}{\overset{\|}{C}}{-}NHCH_2CH_2{-}}$$

Biomer

图 6-6　聚醚氨酯的合成示意图

Pellethane 也是一种线型芳香聚醚氨酯。与 Biomer 不同的是它以 1，4-丁二醇为扩链剂，因此分子链中无脲基，柔顺性较 Biomer 更好。

Tecoflex 是一种线型脂环族聚醚氨酯，也用 1，4-丁二醇扩链，分子链中无脲基，柔顺性等接近于 Pellethane。

Cardiothane 是一种网状结构的芳香聚醚氨酯，用乙酰氧基硅氧烷作交联剂，耐热性、耐水解性和尺寸稳定性都比较好。

为了进一步提高聚醚氨酯的抗血栓性，人们还对其进行了不少改性工作。例如，将一些亲水性单体，如丙烯酰胺、甲基丙烯酸-β-羟乙酯接枝共聚到聚醚氨酯的表面，制备出了抗血栓性优良的 SPEU 水凝胶。冯新德等在聚醚氨酯薄膜上通过过氧化氢光氧化反应引入过氧化基团，然后在还原剂亚铁盐或 N，N-二甲苯胺作用下引发丙烯酰胺接枝共聚。此接枝反应主要发生在聚醚软段上，接枝点在醚键旁的 α-碳原子上。经这样处理的聚醚氨酯，抗血栓性进一步提高。

相反，在聚醚氨酯中引入疏水性基团，同样有助于提高抗血栓性。例如，用含氟二异氰酸酯和聚四亚甲基醚二醇先制成预聚物，然后用乙二胺作扩链剂，得到嵌段的含氟聚醚氨酯。它具有由聚醚构成的亲水性链段和由含氟的疏水性链段两相构成的微相分离结构。这种聚合物不仅有很高的抗血栓性，而且抗张强度达 70MPa，弹性、耐疲劳性都极为优异，因此可用作人工心脏的泵、阀材料。含氟聚醚氨酯的特性见表 6-6。

表 6-6　　含氟聚氨酯的特性

特　　性		EPU-20E	EPU-50E
最低热分解温度 /℃		160	
抗张特性	强度 /MPa	65～75	
	100%的定伸强度/MPa	40	20
	伸长率	600%～700%	700%～800%
血液凝固时间 /min		70～90	

此外，线型聚芳醚砜-聚醚氨酯嵌段共聚物、线型聚砜-聚硅氧醚氨酯嵌段共聚物均可较大程度提高材料的抗血栓性。

研究表明，嵌段聚醚氨酯与血小板、细胞的相互作用，与聚醚软段的分子量、微相分离的程度、微区的大小、表面化学组成、表面结构等因素密切相关。这一方面的研究，国内外学者做了大量的工作。从图 6-7 可看出，聚醚氨酯的血液相容性与聚醚链段的亲水性也有很大关系，由亲水性较好的聚乙二醇链段制备的聚醚氨酯，抗血栓性较好。

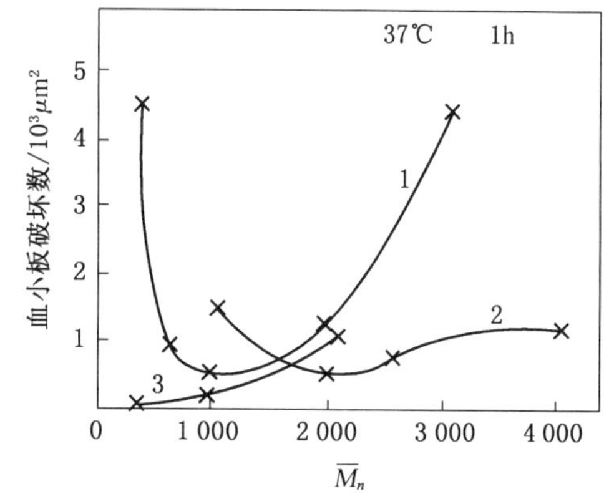

1—聚丙二醇软段；2—聚四亚甲基醚软段；3—聚乙二醇软段

图 6-7　分子量、聚醚亲水性与抗血栓性的关系

聚离子络合物（polyion complex）是另一类具有抗血栓性的高分子材料。它们是由带有相反电荷的两种水溶性聚电解质制成的。例如，美国 Amicon 公司研制的离子型水凝胶 Ioplex101 是由聚乙烯基苄基三甲基铵氯化物与聚苯乙烯磺酸钠，通过离子键结合得到的。这种聚合物水凝胶的含水量与正常血管相似，并可调节这两种聚电解质的比例，制得中性的、正离子型的或负离子型的产品。其中负离子型的材料可以排斥带负电荷的血小板，更有利于抗凝血。类似的产品还有聚对乙基苯乙烯三乙基铵溴化物与聚苯乙烯硝酸钠制得的产物，也是一种优良的人工心脏、人工血管的制作材料（图 6-8）。

此外，硅橡胶、聚四氟乙烯都是较好的血管材料。

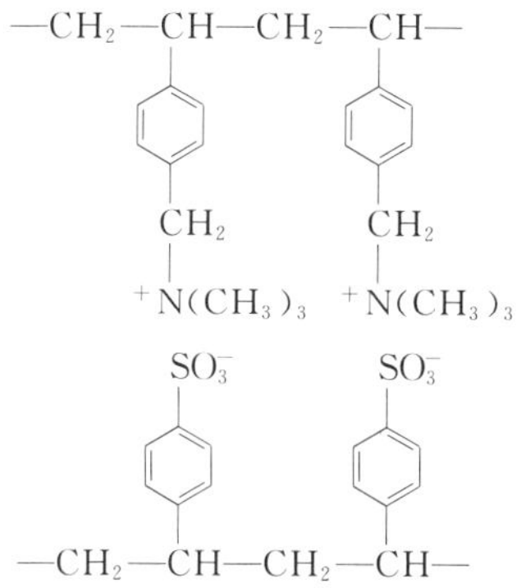

(a) Ioplex 101

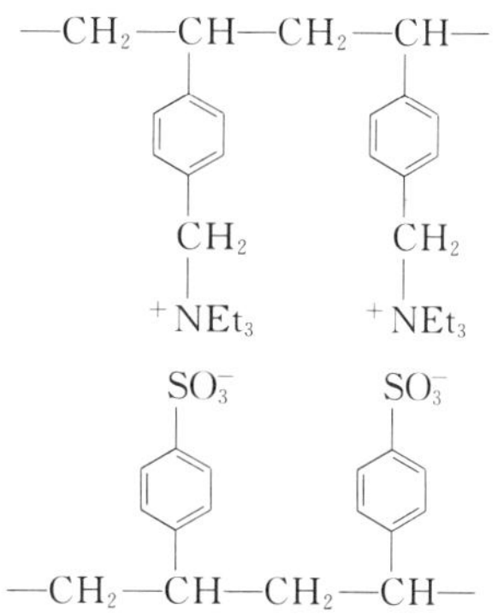

(b) 对甲基苯乙烯三乙基铵—聚苯乙烯磺酸盐

图 6-8　聚离子络合物结构示意图

2. 选择透过性膜材料与人工肾、人工肺

在前面的章节中，曾介绍了功能性高分子分离膜。本节将重点介绍选择性分离膜在血液净化系统（人工肾）和呼吸系统（人工肺）中的应用。

1）血液净化系统的膜材料与人工肾

肾脏的主要生理功能是过滤和排泄新陈代谢产物，将过剩的电解质、水排入尿中，以维持体液的酸碱平衡和渗透压的平衡。当疾病造成肾脏功能衰竭引起代谢紊乱时，便将危及生命。为了挽救药物不能治愈的病人，发明了人工肾。人工肾是利用高分子材料的透析、过滤和吸附性能，使代谢物进入外界配置好的透析液中，经透析、过滤处理后完成肾脏的功能。

目前，用人工肾进行血液净化基于以下几种方法，血液透析法(hemodialysis)；血液过滤法(hemofiltratio)；血液透析过滤法(hemodiafiltration)；血浆交换法(plasmaexchange)和血液灌流法(hemoperfusion)等。

(1) 血液透析法。

血液透析法的原理是使血液流过透析膜的一侧，膜的另一侧则流过经灭菌消毒处理的透析液。由于膜两侧各种离子的浓度不同，则血液中的废物、过剩的电解质、过剩的水可透过膜而进入透析液，达到净化血液的目的。据统计，一个慢性尿毒症患者每周透析 2～3 次，每次 5～6h，每次可从血液中透析出肌酸酐 1～2g、尿素 15～25g、水 2L，基本上相当于患者每天必须排除的废物量(表 6-7)。通过增加血液流量、降低膜的厚度、增加透析液流量和透析膜面积，可提高透析的效率。

表 6-7　　慢性尿毒症需排除的物质和量

物　质	排除量 /($g \cdot d^{-1}$)	物　质	排除量 /($g \cdot d^{-1}$)
尿　素	12	钾离子	0.5
肌酸酐	2	磷　酸	1.8
尿　酸	0.4	水	300
钠离子	0.4		

人工肾在工作时长时间接触血液、水、电解质等物质，因此对膜的要求为有良好的血液相容性和透水性；对分子量在 500～5 000 之间的尿毒性物质的透过性要优良，而且当溶质透过时对溶质分子量的依赖性要小；膜的含水机械强度要大。

现阶段用于制作人工肾透析膜的高分子材料主要有铜氨纤维素、醋酸纤维素、丙烯腈-间烯丙基苯磺酸钠共聚物、聚碳酸酯、聚甲基丙烯酸甲酯，乙烯-乙烯醇共聚物等。其中以铜氨纤维素的应用最为普遍，约占所有透析膜材料的 87%。

铜氨纤维素是将纤维素溶于氧化铜的氨溶液中，形成铜离子-羟基络合物，再用酸或碱处理后得到的。其分子中每个葡萄糖链节都含有 3 个亲水性的羟基，分子链间形成强的氢键，纤维素分子具有规整的立体结构，故屈曲性小，水中尺寸稳定性好。铜氨纤维素有密致的结晶区和排列混乱的非晶区混杂分布的微细结构，分子间有数纳米的间隙，这相当于分子量为 1～2 万溶质分子的大小。分子链上的羟基可与水分子形成氢键，使分子周围形成一层水膜。这些结构上的特点使其具有优良的透析性，见表 6-8，故广泛应用于血液净化系统。

表 6-8　　铜氨纤维素膜的透析性

牌号	膜厚 /μm	水的透过系数 L_p($\times 10^{10} cm \cdot s^{-1} \cdot Pa^{-1}$)	溶质透过系数 P_M($\times 10^4 cm \cdot s^{-1}$)		
			尿素	蔗糖	B-12
C1 IM	24	7.84	12.11	2.88	0.761
150 PM	25	4.15	11.17	2.12	0.577
200 PM	27	4.45	9.93	2.01	0.642
D2 IM	33	5.35	9.81	2.19	0.612

聚丙烯腈有良好的加工性，能制成强度很好的薄膜和中空纤维。但聚丙烯腈有很大的疏水性，用于透析膜时的超滤性和透析性不甚理想。因此，将磺酸基、酯基等亲水性基团引入聚丙烯腈，可大大改善其透析性。如丙烯腈-间烯丙基苯磷酸钠共聚物和丙烯腈-(甲基)丙烯酸-

N,N-二甲氨基乙酯共聚物,就是为这一目的研制的。实验表明,这两类共聚物的亲水性和韧性都优于聚丙烯腈。

聚甲基丙烯酸-β-羟乙酯是一种成膜性很好的聚合物,用它制成的透析膜,有良好的透析性。聚甲基丙烯酸-β-羟乙酯可制成全同立构和间同立构两种结构。将它们用六次甲基二异氰酸酯进行后交联,然后制得透析膜。实验结果发现,两种不同立体结构的交联聚甲基丙烯酸-β-羟乙酯透析膜对物质的扩散顺序是不同的。全同立构透析膜的扩散顺序为:尿素>NaCI>乙酰胺;而间同立构透析膜的扩散顺序为:NaCI>尿素>乙酰胺。

乙烯与醋酸乙烯酯共聚后彻底水解,可制得乙烯-乙烯醇共聚物(EVA)。分子中疏水性乙撑链节占30%的EVA所制的透析膜,具有最佳的血液相容性、透析性、机械强度和安全性。与铜氨纤维素相比,EVA透析膜中不含增塑剂,使用时溶出物少,抗血栓性好,而且不容易损伤白血球。

透析膜孔隙较小,传质面积大,在透析过程中,血液与高分子材料的接触机会较多,因此,用血液透析洁净化血液时,血球损伤的机会较多,易造成细胞内液、外液、脑脊髓液的组成和渗透压发生变化,引起头痛、呕吐等症状。为了进一步改进人工肾的功能,过滤型人工肾应运而生。

(2) 血液过滤法。

血液过滤法的原理类似于人体中肾小球的过滤作用。所用的分离膜是超滤膜而不是透析膜。它是用超滤膜过滤掉血液中的毒物和废物后,适当补充体液置换液,以调节血液的浓度。超滤膜的孔隙大于透析膜,因此,能更有效地去除血液中的废物,血液处理率大大提高,而且不易损伤血球和血小板,抗凝血性提高。常用的超滤膜有聚砜平膜和中空纤维膜、三醋酸纤维膜、聚酰胺中空纤维膜和EVA中空纤维膜等。

(3) 血浆交换法。

当肾脏和肝脏病患者的血液中出现不正常的蛋白质、抗原、抗体、免疫复合体等时,可用血浆交换法换掉血液中的有毒血浆,输入新的健康血浆。传统的血浆分离采用离心法,操作繁琐,交换速度低。近年来发展的膜分离法,交换速度大大提高。用分离膜制成的血浆交换器,一次可交换4~5L血浆。分离膜通常为用三醋酸纤维素、聚砜、聚碳酸酯、EVA等聚合物制备的多孔膜,膜的孔径为0.2~0.4nm。

(4) 血液灌流法。

血液灌流法常用于肝昏迷、严重肝障碍患者。它是用吸附剂与血液直接接触,从血液中吸附有毒物质,例如吸附除去导致严重黄疸病的血清胆红素等。常用的吸附剂有活性炭、活性炭纤维、大孔型吸附树脂等。单纯的吸附剂通常强度较低,易碎裂,临床应用中发现容易损伤血小板和白血球。研究发现,如果在吸附剂表面包覆上一层高分子被覆剂。就可大大减少被处理血液中的血小板、白血球损伤现象。最早使用的高分子被覆剂是硝基纤维素。将活性炭用硝基纤维索和肝素包覆后再用白蛋白处理,用于血液灌流,可取得良好的效果。

用作被覆剂的高分子材料首先要有良好的血液相容性,其次还应与吸附剂有良好的黏结性,否则,在使用中被覆剂会脱落污染血液。较好的被覆剂材料有甲基丙烯酸-β-羟乙酯、丙烯酰胺-甲基丙烯酸-β-羟乙酯共聚物、甲基丙烯酸甲酯-甲基丙烯酸已基硝酸钠共聚物,醋酸纤维素等。例如用聚甲基丙烯酸己基硝酸钠或其共聚物包覆活性炭,吸附肌酸酐的量可达空白活性炭吸附量的82%~92%。

活性炭虽然具有丰富的微孔结构和优良的吸附性能,但机械强度低,孔径分布不均匀,形状不规则，流体阻力大，而且对血清胆红素的吸附能力低，故使用效果不甚理想。大孔型吸附树脂是近十几年来发展起来的新型吸附剂，对血清胆红素、各种代谢产物、毒物和过量药物均有较强的吸附能力。例如，由童明容、何炳林等研制的 NK-110 大孔型吸附树脂，对血清胆红素在模拟溶液中的吸附率为 92.3%，在血液中的吸附率为 73.7%，有很大的实用价值。大孔型吸附树脂的吸附能力与树脂的孔径、比表面有关。例如，当 NK-110 的平均孔径大于 12.0nm时，对血清胆红素的吸附率随比表面增大而提高；而当平均孔径小于 12.0nm 时，即使比表面很大，但由于孔径小，其吸附率也很低。又如大孔型吸附树脂 AmberliteXAD-4 树脂的比表面高达 $750m^2/g$，但由于平均孔径仅 5.0nm，故吸附率仅为 16.7%。

何炳林等研制的另一种新型吸附剂——球形碳化树脂，是由苯乙烯-二乙烯基苯球形大孔型树脂经硝化后在高温下裂解而成的。这种碳化树脂对肌酸酐和尿酸的吸附率可达 98%以上，超过了椰壳活性炭的吸附能力。

高分子吸附树脂的机械强度、吸附能力、吸附选择性均高于传统的活性炭，而且不需用被覆剂处理，因此是血液净化吸附剂的发展方向之一。

2）氧富化膜与人工肺

氧富化膜又称富氧膜，是为将空气中的氧气富集而设计的一类分离膜。

将空气中的氧富集至 40%甚至更高，有许多实际用途。空气中氧的富集有许多种方法，例如空气深冷分馏法、吸附-解吸法、膜法等。用作人工肺等医用材料时，考虑到血液相容性、常温、常压等条件，上述诸法中以膜法最为适宜。

在进行心脏外科手术中，心脏活动需暂停一段时间，此时，需要体外人工心肺装置代行其功能；呼吸功能不良者，需要辅助性人工肺；心脏功能不良者需要辅助循环系统，用体外人工肺向血液中增加氧。所有这些，都涉及人工肺的使用。目前人工肺有两种类型：一类是氧气与血液直接接触的气泡型，特点是廉价、高效，但易溶血和损伤血球，仅能短时间使用，适合于成人手术。另一类是膜型，气体通过分离膜与血液交换氧和二氧化碳。膜型人工肺的优点是容易小型化，可控制混合气体中特定成分的浓度，可连续长时间使用，适用于儿童的手术。

人工肺所用的分离膜要求气体透过系数 P_M大，氧透过系数 P_{O_2} 与氮透过系数 P_{N_2} 的比值 P_{O_2}/P_{N_2} 也要大。这两项指标的综合性好，有利于人工肺的小型化。此外，还要求分离膜有优良的血液相容性、机械强度和灭菌性能。

人的动脉血液中氧的分压 $P'_{O_2} \approx 13.3kPa$，氧的饱和度 $S\approx$ 97%。静脉血液中氧的分压 $P'_{O_2} \approx 5.3kPa$，氧的饱和度 $S\approx$ 75%。，二氧化碳分压 $P'_{O_2} \approx 6.1 \sim 5.3$ kRa。成人血流量为 5L/min，氧气吸入量 $255cm^3/min$，排出的二氧化碳量约为氧的 1 倍。这些基本数据对于设计人工肺和选用气体选择性透过膜具有很重要的参考价值。

可用作人工肺富氧膜的高分子材料很多，其中较重要的有硅橡胶(SR)、聚烷基砜(PAS)、硅酮聚碳酸酯等，这些类型的富氧膜已作为商品应市。

硅橡胶具有较好的氧和二氧化碳透过性，抗血栓性也较好，但机械强度较低。在硅橡胶中加入 SiO_2后再硫化制成的含填料硅橡胶 SSR，有较高的机械强度，但血液相容性降低。因此，将 SR 和 SSR 粘合成复合膜，SR 一侧与血液接触，血液相容性好，SSR 一侧与空气接触，以增加膜的强度。这种复合膜已成为商品进入市场。此外，也可用聚酯、尼龙绸布或无纺布来增强 SR 膜。

聚烷基砜膜的 P_{O_2} 和 P_{CO_2} 都较大，而且血液相容性也很好，因此是一种较为理想的富氧膜。将聚烷基砜膜与微孔聚丙烯膜复合,可制得全膜厚度仅 25 μm、聚烷基砜膜层仅占总厚度 1/10 的富氧膜,它的氧透过系数为硅橡胶膜的 8 倍,二氧化碳透过系数为硅橡胶膜的 6 倍。

硅酮聚碳酸酯是将氧透过性和抗血栓性良好的聚硅氧烷与机械性能较好的聚碳酸酯在分子水平上结合的产物。用它制成的富氧膜是一种均质膜,不需支撑增强,而且氧富集能力较强,能将空气富化至含氧量 40%。

聚 γ-甲基-L-谷氨酸酯具有独特的富氧功能。将其以甲酸为溶剂制成分离膜,具有从水中富集溶解氧的特性,是一种制备为潜水者提供从水中吸取氧的装置的重要材料。表 6-9 是一些商品富氧膜或正在研制中的富氧膜的特性介绍。

表 6-9　人工肺用富氧化膜的特性

膜材料	膜形状	透过性	
		$P_{O_2}/(mL\cdot cm^{-2}\cdot s^{-1}\cdot Pa^{-1})$	P_{O_2}/P_{N_2}
聚乙烯二甲氨基苯缩醛	均相膜(平膜)	2.1×10^{-12}	6.3
聚 4-乙烯基吡啶	均相膜(平膜)	2.1×10^{-11}	12.2
芳香族聚酯	均相膜(平膜)	5.1×10^{-12}	7.2
硅橡胶/聚砜	复合膜(中空)	7.3×10^{-9}	5.4
橡胶/聚丙烯腈	复合膜(螺管)	3.8×10^{-10}	2.0
硅酮/聚碳酸酯	超薄膜(平膜)	1.3×10^{-10}	2.2
聚乙烯三甲基硅烷	不对称膜(平膜)	2.9×10^{-11}	4.0
聚烷基砜/聚丙烯	不对称膜(平膜)	1.8×10^{-8}	

3. 人工骨、关节材料

人工骨骼是高分子材料在医学领域中的最早应用。第一例医用高分子是用聚甲基丙烯酸甲酯作为头盖骨。现在,尼龙、聚酯、聚乙烯、聚四氟乙烯都已成功地用作人工骨骼材料。

人工关节有很多种类,如股关节股关节、膝关节、肘关节、肩关节、手关节、指关节等,其中以股关节和膝关节承受的力最大。20 世纪 60 年代之前使用的人工关节都是金属骨—金属臼关节,患者在使用中有痛苦感。1963 年出现了第一例金属骨—聚四氟乙烯宽骨臼的人工关节,开始了高分子人工关节的时代。

近年来,人工关节大多是以不锈钢、陶瓷等高强度材料作人工骨、以高分子材料为臼配合而成的。较理想的高分子材料是耐磨性优异的超高分子量聚乙烯(UHMWPE,分子量约 300 万)。它的砂磨耗指数仅是高密度聚乙烯和尼龙的 1/5～1/10,摩擦系数远远小于不锈钢。据报道,用不锈钢作大腿骨、UHMWPE 作臼组成的人工股关节,年磨损量为 0.14 mm,而用陶瓷作大腿骨、UHMWPE 作臼组成的人工股关节,年磨损量仅 0.07 mm。陶瓷材料比不锈钢有更好的耐腐蚀性,因此,陶瓷骨-UHMWPE 臼曾经被认为是一种很有发展前途的人工关节。但近来有消息报道,陶瓷骨并不像想象的那样有效。临床应用的陶瓷骨均出现不同程度的开裂和断裂。因此,人们将研究的注意力又重新转向骨水泥。

骨水泥是一类传统的骨用黏合剂,1940 年就已用于脑外科手术中,几十年来,一直受到医学界和化学界的重视。

骨水泥是由单体、聚合物微粒(150～200μm)、阻聚剂,促进剂等组成。为了便于 X 射线造影,有时还加入造影剂 $BaSO_4$。表 6-10、表 6-11 是常用骨水泥的基本组成和配方。骨水泥的固化过程是一个放热反应,当各组分混合后 7～10min,温度可高达 80℃～100℃。此外,甲基丙烯酸甲酯具有一定的细胞毒性，呈现较强的异物反应，手术中使用骨水泥时，可能引起血压下降、脂肪栓塞等不良后果。因此，在骨水泥研究中，对于骨水泥引起的组织反应、聚合热的排除、致癌性和单体毒性等问题，一直是研究者最关心的问题。表 6-12 是常用骨水泥的基本性能。

表 6-10　　骨水泥组成

组　分	MTBC 骨水泥	CMW 骨水泥
单体组分	甲基丙烯酸甲酯、对苯二酚	甲基丙烯酸甲酯、对苯二酚、二甲基甲苯胺
聚合物组分	甲基丙烯酸甲酯-甲基丙烯酸乙酯共聚物	甲基丙烯酸甲酯
引发剂组分	三正丁基硼、过氧化氢	过氧化二苯甲酰、二甲基甲苯胺

表 6-11　　临床应用骨水泥的一般配方

组　分	原料名称	用　量 /g
A 组分	聚甲基丙烯酸甲酯 过氧化氢	38.8 1.2
B 组分	聚甲基丙烯酸甲酯 对苯二酚 N,N-二甲基对苯甲胺 抗坏血酸	21.8 15×10^{-6} 0.18 0.004

表 6-12　　骨水泥的基本性能

项　目	MTBC 骨水泥	CMW 骨水泥
发热温度 /℃	66	85
压缩强度 /MPa	63.6	96.2
弯曲强度 /MPa	67.4	70.3
拉伸强度 /MPa	3.04	0.56
$BaSO_4$ 溶出量/10^{-6}	<1	<1
20d 内吸水量 /$(mg\cdot cm^{-3})$	1.42	1.92

为了提高骨水泥与骨骼表面的亲和力，增加材料的强度，现已提出了一种新的骨水泥——BC 骨水泥。BC 骨水泥以聚丙烯酸与磷酸盐为基本原料，压缩强度高，无毒，并有促进骨骼生长的生物活性，因而受到人们的广泛注目。表 6-13 为 BC 骨水泥的基本配方与性能。

表 6-13　　BC 骨水泥配方及性能

原料名称		含量	用量/g	固化时间 /min	压缩强度 /MPa
A 型	粉剂：磷酸三钙	100%	100	10	156
	液剂：聚丙烯酸 水	40% 60%	50		
B 型	粉剂：磷酸三钙 氢氧化磷灰石	70% 30%	100	3.5	85
	液剂：聚丙烯酸 水	50% 50%	50		

4. 人造皮肤材料

治疗大面积皮肤创伤的病人，需要将病人的正常皮肤移植在创伤部位上。在移植之前，创伤面需要清洗，被移植皮肤需要养护，因此需要一定时间。在这段时间内，许多病人由于体液的大量损耗以及蛋白质与盐分的丢失而丧失生命。因此，人们用高亲水性的高分子材料作为人造皮肤，暂时覆盖在深度创伤的创面上，以减少体液的损耗和盐分的丢失，从而达到保护创面的目的。聚乙烯醇微孔薄膜和硅橡胶多孔海绵是制作人造皮肤的两种重要材料。这两种人造皮肤使用时手术简便，抗排异性好，移植成活率高，已应用于临床。高吸水性树脂用于制作人造皮肤方面的研究，亦已取得很多成果。聚氨基酸、骨胶原、角蛋白衍生物等天然改性聚合物，都是人造皮肤的良好材料。

据报道，日本市场上出现一种高效人造皮肤，对严重烧伤的患者十分有效。这种人造皮肤的原料是甲壳质材料，从螃蟹壳、虾壳等中萃取出来，经过抽制成丝，再进行编织。这种人造皮肤具有生理活性，可代替正常皮肤进行移植，因此可减少患者再次取皮的痛苦。临床试验表明，这种皮肤的移植成活率达90%以上。

将人体的表皮细胞在高分子材料上黏附、增殖，从而制备有生理活性的人工皮肤，是近年来的又一研究动向，并已取得相当的成就。例如将由骨胶原和葡糖胺聚糖组成的多孔层与有机硅材料复合形成双层膜。将少量取自患者皮肤的表面细胞置于多孔层中，覆在创伤面上。不久表皮细胞即在多孔层中增殖而形成皮肤。此时，将有机硅膜剥下，多孔层则分解，被人体所吸收。用这种技术已能顺利地再造皮肤。另一种方法是在体外用高分子材料为基质进行组织培养来制造皮肤，然后再移植至创伤面。例如，用骨胶原凝胶为基质培养纤维芽细胞，然后将表皮细胞分散于其上，制得类似皮肤的多层结构的人造皮肤，再植入创伤面。

5. 医用黏合剂

黏合剂作为高分子材料中的一大类别，近年来，它的应用领域已扩展到医疗卫生部门，并且其适用范围正随着黏合剂性能的提高、使用趋于简便而不断扩大。目前，医用黏合剂在医学临床中有十分重要的作用。在外科手术中，医用黏合剂用于某些器官和组织的局部黏合和修补；手术后缝合处微血管渗血的制止；骨科手术中骨骼、关节的结合与定位；齿科手术中用于牙齿的修补。在计划生育领域中，医用黏合剂更有其他方法无可比拟的优越性。用黏合剂粘堵输精管或输卵管，既简便，无痛苦感，又无副作用，必要时还可很方便地重新疏通。

从医用黏合剂的使用对象和性能要求来区分，可分成两大类，一类是齿科用黏合剂，另一类则是外科用(或体内用)黏合剂。由于口腔环境与体内环境完全不同，对黏合剂的要求也不相同。此外，齿科黏合剂用于修补牙齿后，通常需要长期保留，因此，要求具有优良的耐久性能。而外科用黏合剂在用于黏合手术创伤后，一旦组织愈合，其作用亦告结束，此时要求其能迅速分解，并排出体外或被人体所吸收。下面将分别讨论介绍这两类黏合剂。

1) 齿科用黏合剂

齿科用黏合剂的历史可追溯到半个世纪以前。1940年，首次用于齿科修补手术的高分子材料是聚甲基丙烯酸甲酯。它是将甲基丙烯酸甲酯乳液聚合物与甲基丙烯酸甲酯单体混合，然后在修补过程中聚合固化。这种齿科修复黏合剂的硬度与黏结力均不够高，所以很快被淘汰。1965年出现了以多官能度甲基丙烯酸酯为基料，无机粉末为填料的复合粘合剂，性能大大提高，至今仍在齿科修复中广泛应用。

齿科黏合剂在口腔中使用，存在以下苛刻的条件：

(1) 大量水分的存在。口腔内有大量唾液,黏结时,难以使牙齿表面呈完全干燥状态。即使有微量水分存在,也会使黏结界面夹有水膜。黏结后,黏合剂始终处于100%湿润的状态。

(2) 牙齿表面性质的复杂性。牙齿表面通常被细菌性齿垢与唾液性齿垢等有机质膜所覆盖,呈疏水性,不易获得良好的黏结效果。此外手术中由于钻磨而形成的窝洞的待粘面上,往往会覆盖一层由磨屑构成的磨屑层。这层物质极难除去,成为黏结的主要困难。

(3) 温度变化。口腔内的温度会由于摄入食物的变化而频繁变化。因此,若修复黏合剂的热胀系数与牙质不一样,在黏结界面就会产生剥离应力,口腔内的细菌、微生物就会从剥离的黏结界面侵入,造成牙齿的重新龋蚀。

(4) 机械应力。牙齿在咀嚼时的机械应力反复作用于黏结面,而使黏结面破坏。

由此可见,牙齿的黏结和修补要比想象中复杂和困难得多。

牙科中使用的黏合剂,按照其被粘物的不同,可分为软组织用黏合剂和硬组织用黏合剂两大类。

(1) 软组织用黏合剂。

这是指用于齿龈或口腔黏膜等软组织的黏合剂。以前,软组织的缝合是通过缝合线手术完成的。黏合剂用于口腔内软组织的黏合,不仅快速,无痛苦,而且能促进肌体组织的自愈能力,因此这方面的应用越来越受到欢迎。

软组织的黏合目的是促进组织本身的自然愈合,所以通常只要保持一星期到10d左右的黏结力就可以了。但是它必须能迅速黏结,能与水分、脂肪等共存,无毒,不会产生血栓,而且不妨碍创伤的愈合过程,分解产物对肌体无影响。遗憾的是至今尚无能全面符合这些条件的理想黏合剂。因此,目前在进行口腔软组织手术时,都是黏合与缝合并用的。

最早用于齿科软组织黏合的黏合剂是α-氰基丙烯酸烷基酯。但这种黏合剂在有大量水分存在的口腔中黏结十分困难,所以现在已不再使用。取而代之的是称为EDH的组织黏合剂。EDH组织黏合剂的组成是α-氰基丙烯酸甲酯、丁腈橡胶和聚异氰酸酯按100∶100∶10～20(重量比)的比例配制而成,再制成6%～7%的硝基甲烷溶液。这种黏合剂具有较好的挠屈性和活体组织黏结性,最早是用作预防脑动脉瘤破裂的涂层的,后来发现对齿科软组织的黏合也有很好的效果。如用作齿槽脓漏症手术创面的黏合、牙根切除手术中牙根断端部分的包覆等。

(2) 牙齿硬组织用黏合剂。

牙齿的主要组成物为牙釉质、牙骨质、牙本质和齿髓。牙釉质和牙骨质构成齿冠的外层,最硬,莫氏硬度为6～7,主要成分为羟基磷灰石。牙本质稍软,莫氏硬度为4～5,含较多的有机质和水分。牙齿中心部位的齿髓则含有丰富的血管和神经活组织。牙釉质、牙本质和齿髓的材性差别很大,故黏结比较困难。为此,人们经过长期的努力,已经研制出大量的产品,但至今尚无十分理想的黏合剂。下面介绍一些有关的齿科用黏合剂及其研究工作。

① 磷酸锌粘固剂。

磷酸锌黏固剂是一种最老的齿科用黏合剂,至今已有100多年的历史。这种黏固剂的化学组成如表6-14所示。从表中可见,这是一种无机黏合剂。黏合剂分两部分,一部分为粉剂,主要成分为氧化锌。这些原料经混合、压制成坯、烧结、粉碎,制成粒度为3～5μm的粉末。黏固剂的另一部分为液剂,是含有Al和Zn的正磷酸溶液,含水量约30%。使用时混合。

表 6-14　　磷酸锌黏固剂的组成

粉剂		液剂	
ZnO	89.1%～92.7%	H_3PO_4	45.3%～63.2%
MgO	3.2%～9.7%	Al	1.0%～3.1%
Al_2O_3	0～6.8%	Zn	0～9.9%
SiO_2	0～2.1%		

这种黏固剂无毒，无刺激，但对牙釉质黏合力差，主要靠机械嵌合力作用定位。它的最大缺点是固化后的黏固剂会慢慢溶解在唾液或水中，寿命较短。

② 羧基化黏固剂。

羧基化黏固剂是对磷酸锌黏固剂的改性产品。它也是由粉剂和液剂两部分组成。粉剂中含氧化锌 89.5%～96.8%，氧化镁 4.7%～9.2%，经烧结后粉碎成粉末。液剂为聚丙烯酸水溶液，含量 39.1%～41.5%，聚丙烯酸平均分子量 23000～50000。使用时以 1.4～1.5g 粉剂对 1g 液剂混合。在固化过程中，液剂中的羧基与粉剂中氧化锌的 Zn^{2+} 螯合形成交联结构，生成难溶于水的有机盐. 同时，羧基还能与牙质中的 Ca^{2+} 螯合，故黏结力大大高于磷酸锌黏固剂。在羧基化黏固剂中加入单宁-氟化锌合剂，不仅能提高力学性能，而且对牙齿具有抑制龋蚀的效果。

③ 玻璃离子键聚合物黏固剂。

这种黏固剂的粉剂部分是能溶出离子的硅酸铝玻璃粉末，液剂部分是 50%浓度的聚丙烯酸水溶液。

这种黏固剂的优点是对牙釉质和象牙质均有优良的黏结性。而且它的外观是半透明的，与牙齿的色调基本一致，因此，也可用来修补门牙。

④ 聚甲基丙烯酸酯黏合剂。

最早用于齿料黏合剂的聚甲基丙烯酸甲酯由于黏结效果不好而淘汰。以后又研制了许多种聚甲基丙烯酸酯的齿科黏合剂，性能越来越完善。

中林等人合成的甲基丙烯酸-2-羟基-3-萘氧丙基酯（HNPM）和甲基丙烯酸乙氧基烷基磷酸酯（Rhenyl-P），其分子中同时具有亲水基和疏水基，对牙质材料既有黏结性又有生物相容性，其结构式如下：

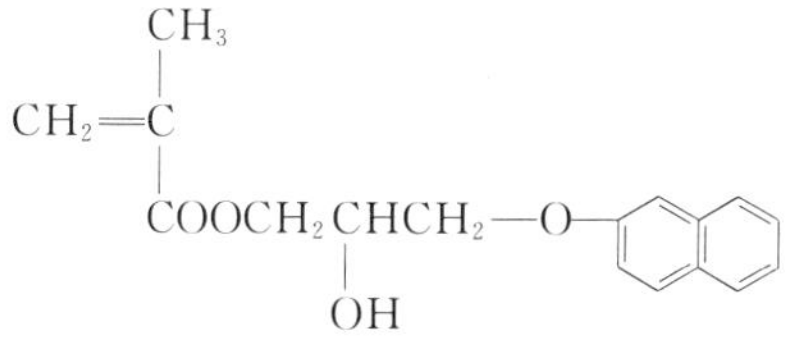

CH_3
$CH_2{=}C$
$COOCH_2CHCH_2—O—$（萘基）
OH
HNPM

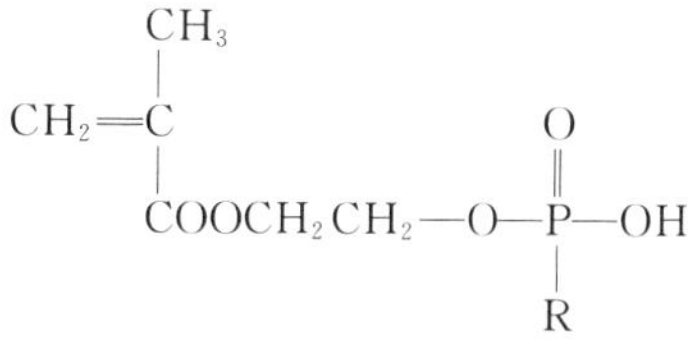

CH_3
$CH_2{=}C$　　O
$COOCH_2CH_2—O—P—OH$
R
Rhenyl-P

在使用时，将单体充分渗入牙组织中，然后经光照或用氧化还原引发体系引发聚合。

现在，最为广泛使用的齿科黏合剂是由鲍恩（R. Bowen）发明的双酚 A-双（3-甲基丙烯酰氧基-2-羟丙基）醚，简称 Bis-GMA）。其结构如右：

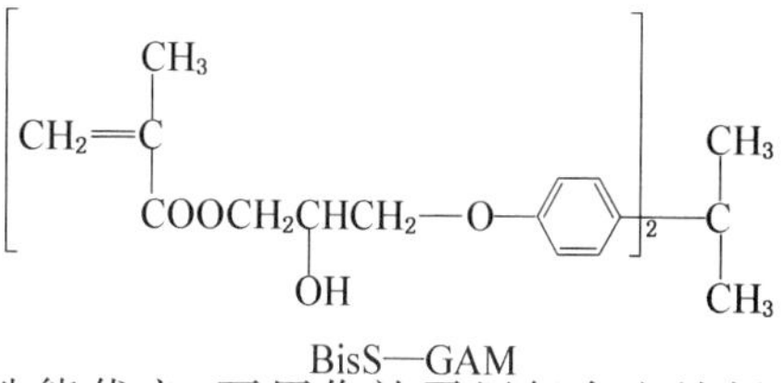

$[CH_2{=}C(CH_3)COOCH_2CH(OH)CH_2—O—C_6H_4]_2C(CH_3)_2$
BisS—GAM

它的分子中也同时具有亲水基和疏水基，因此，黏结性能优良，可用作补牙用复合充填树脂。由于它是双官能团单体，聚合时放热少，体积收缩小，聚合后成体型结构，耐磨，膨胀系数小。用紫外光照射或用过氧化苯甲酰-N，N-双(β-羟乙基)对甲苯胺引发体系引发，可在室温下快速聚合。

冯新德等将砜基引入上述单体，得到双酚 S-双(3-甲基丙烯酰氧基-2-羟丙基)醚，简称 BisS-GMA，其结构式如下：

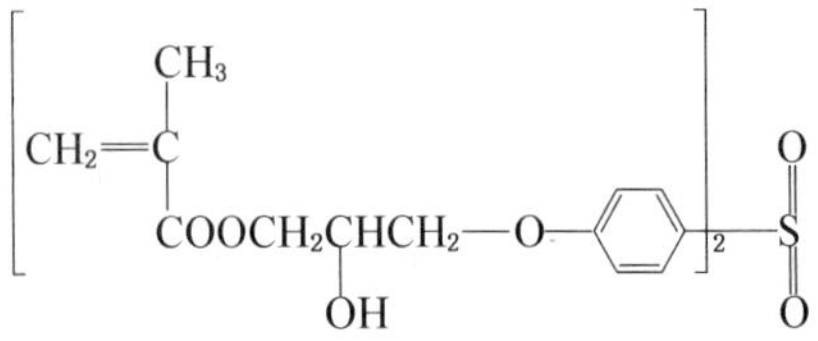

$$\left[CH_2{=}\underset{COOCH_2\underset{OH}{CH}CH_2{-}O{-}C_6H_4}{\overset{CH_3}{C}}\right]_2{-}\underset{O}{\overset{O}{\underset{\|}{\overset{\|}{S}}}}$$

BisS—GAM

这种含砜基的双酚 S 型单体，比 Bis-GAM 具有更高的黏结强度和反应活性。

齿科黏合剂尽管已经研究出许多产品，但从总体上看，黏结效果都还不甚理想。因此，在使用黏合剂前，往往要对牙齿作一些处理。

用磷酸浸蚀牙釉质的方法是目前为止最可靠的黏结增进法，效果十分显着。通过酸的浸蚀，牙釉质表面的污垢被去除，牙釉质被粗糙化，因此增加了嵌锁效应和增大了黏结面积，因而黏结性提高。浸蚀剂除磷酸外，还可用柠檬酸、乳酸、草酸、酒石酸和马来酸等。

鲍恩(R. Bowen)认为用偶联剂处理牙质可提高黏结剂与牙齿的黏结强度。如用 N-苯基甘氨酸-甲基丙烯酸缩水甘油酯(NPG-GMA)的 10%丙酮溶液做偶联剂，能提供极佳的黏接效果。这种具有表面活性的偶联剂既能与牙质中的 Ca^{2+} 螯合，又能与树脂进行化学反应，使黏合剂与牙质牢固地连接。此外，将羧基、磷酸基引入黏合剂，都能有效提高对牙齿的黏结性。

通过上述处理，对牙釉质的黏结在临床上已达到基本上满足要求的程度。但对牙本质的黏结仍然十分困难。因牙本质中 50%以上是有机质(骨胶原)和水，用酸处理会损伤牙本质和齿髓。因此至今尚无十分有效的黏结增进办法，有待于进一步的研究解决。

2) 外科用黏合剂

外科用黏合剂的应用范围很广，如胃、肠道、胆囊等消化器官的吻合；血管、气管、食道、尿道的修补和连接；皮肤、腹膜的黏合；神经的黏合；肝、肾、胰脏切除手术后的黏合；肝、肾、胰、肺等器官的止血；缺损组织的修复；骨骼的黏合等。其中大部分是对软组织的黏合(表 6-15)。

从作为黏合剂的功能来看，医用黏合剂与其他工业黏合剂并无区别。但因医用黏合剂的黏合对象是需要恢复机能的生物体，因此要求黏合剂不能阻碍其机能的恢复，仅在创伤愈合前起一暂时的黏合作用。黏合之后。要求能很快被分解、排泄或吸收。

表 6-15　外用黏合剂的使用目的与部位

使用目的	应用部位
吻　合	食道、胃、肠道、胆管、血管(动脉、静脉)、气管、支气管等的吻合
封　闭	胃、肠、气管、支气管、角膜穿孔的封闭；瘘管的封闭；创口开裂的封闭等
移　植	代用血管、皮肤、神经的移植
黏结连接	皮肤，腹膜、筋膜、尿道、输尿管、膀胱等的黏结；肺气肿患者肺的黏结；肝、肾、胰等切开部分的黏结；神经的连接等
防止出血、漏液	防止肾、肝、脾、肠、脑等的出血；防止腹膜、骨盘、消化器官的出血；防止脑脊髓液、淋巴液的渗出
其　他	痔疮手术，肾位移固定；中耳再造等

基于上述原因，外科用黏合剂应具备以下的特性：

(1) 对人体组织的黏结性要高；

(2) 黏结速度快；

(3) 能在常温、无压力下黏结；

(4) 富有挠屈性和弹性；

(5) 无毒；

(6) 不会引起组织反应，无副作用；

(7) 不会产生血栓；

(8) 耐体液性能良好；

(9) 分解后易排泄、易吸收；

(10) 易灭菌。

人体组织的创伤愈合或修复，主要依靠其本身组织的增殖，黏合剂的作用仅在于这种增殖期间暂时弥补它的功能。因此，通常对外利用黏合剂的耐久性并无要求。一般来说，黏结力有效保持期为5～15d左右，此后即希望它尽快地分解、排出体外或被人体所吸收。

外科用黏合剂经过50多年的发展，至今已有几十种品种。但根据使用要求，仍以较早开发的α-氰基丙烯酸酯最为合适。

α-氰基丙烯酸酯是一类瞬时黏合剂，单组分，无溶剂，黏结时无需加压，可常温固化，黏结后无需特殊处理。由于其黏度低，铺展性好，固化后无色透明，有一定的耐热性和耐溶剂性，尤其可贵的是它能与比较潮湿的人体组织强烈结合，因而被选作理想的外科用黏合剂，而且也是迄今为止唯一用于临床手术的黏合剂。

氰基丙烯酸酯类黏合剂在使用时以α-氰基丙烯酸烷基酯为主要成分，加入少量高级多元醇酯(如癸二酸二辛酯等)作增塑剂，可溶性聚合物(如聚甲基丙烯酸酯)作增黏剂，氢醌和二氧化硫作稳定剂。

α-氰基丙烯酸烷基酯是丙烯酸酯中α位置上的氢原子被氰基取代的产物，其结构通式为：

$$CH_2{=}C(CN)COOR$$

其中的烷基可以从甲基到辛基变化。临床应用中主要是甲基、乙基和丁基。实验室中还对其他直链烷基和带有侧链的以及氟代的烷基进行过研究。

由于α位置上的氰基是一个吸电子性很强的基团，可使β碳原子呈现很强的正电性，因此有很大的聚合倾向。其聚合过程如图6-9所示。

由图6-9可见，当α-氰基丙烯酸酯与阴离子接触时，立即受到阴离子的进攻而发生阴离子聚合。因此，当其在空气中暴露或与潮湿表面接触时，OH^-离子迅速引发其聚合。这就是它能作为瞬间黏合剂的原因。此外，α-氰基丙烯酸酯在光、热、自由基引发剂作用下亦很容易进行自由基聚合反应。

α-氰基丙烯酸酯的聚合速度和对人体组织的影响与烷基的种类关系很大。α-氰基丙烯酸甲酯的聚合速度最快，但对人体组织的刺激性最大。随着烷基的长度和侧链碳原子数的增加，聚合速度降低，刺激性也减小。此外，黏结速度随被黏物的性质不同也有差异。在水、生理盐水、葡萄糖水溶液、人尿等中α-氰基丙烯酸甲酯、乙酯和丙酯的黏合速度较快；而在乳汁、血清、淋巴液等含有氨基酸的物质中，则以 α-氰基丙烯酸丁酯和辛酯的黏合速度较快。因此，在临床应用中，根据被黏对象、部位和使用目的选择合适的品种。

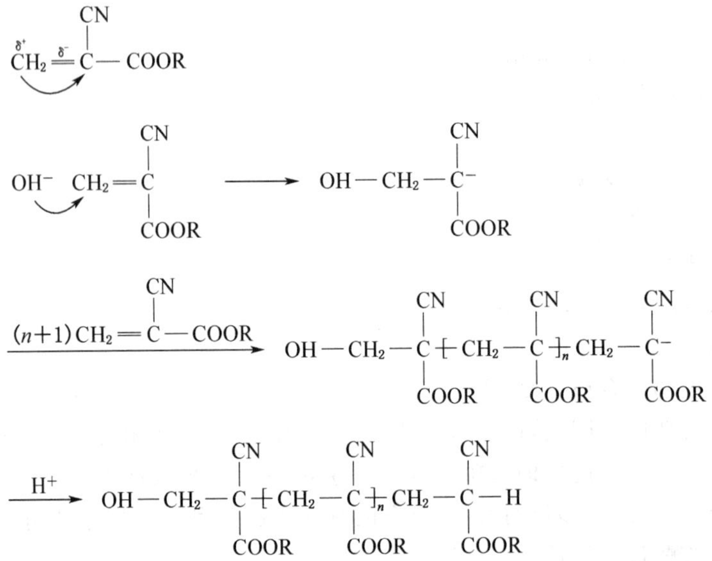

$$\overset{\delta^+}{CH_2}=\overset{\delta^-}{C}(CN)-COOR$$

$$OH^- \quad CH_2=C(CN)(COOR) \longrightarrow OH-CH_2-C^-(CN)(COOR)$$

$$\xrightarrow{(n+1)CH_2=C(CN)-COOR} OH-CH_2-C(CN)(COOR)\left[CH_2-C(CN)(COOR)\right]_n CH_2-C^-(CN)(COOR)$$

$$\xrightarrow{H^+} OH-CH_2-C(CN)(COOR)\left[CH_2-C(CN)(COOR)\right]_n CH_2-C(CN)(COOR)-H$$

图 6-9 α-氰基丙烯酸酯的聚合过程

α-氰基丙烯酸酯聚合物在人体内会分解成醛和氰基醋酸烷基酯。分解速度随烷基碳原子数增多而降低。水解物对人体的毒性也随烷基碳原子数增多而减小。α-氰基丙烯酸甲酯聚合物在人体内约 4 周左右开始分解，15 周左右可全部水解完；而 α-氰基丙烯酸丁酯则在 16 个月后仍有残存聚合物。分解后的产物大部分被排泄，少量被吸收。尽管各种 α-氰基丙烯酸酯聚合物的分解速度和分解产物不同，但通过对其致癌性和组织反应性等的深入跟踪观察，均未发现对人体有不良的影响。

除了 α-氰基丙烯酸酯外，外科用黏合剂还有少量其他品种，如硅橡胶、丁腈橡胶、聚氨酯、明胶-间苯二酚-甲醛复合黏合剂等，但使用尚不普遍，故不作详细介绍。

6.5 医用高分子的发展方向

医用高分子的发展已有 50 多年的历史，其应用领域已渗透到整个医学领域，取得的成果是十分显赫的。但距离随心所欲地使用高分子材料及其人工脏器来植换人体的病变脏器尚很远很远，因此尚需作深入的研究探索。就目前来说，医用高分子将在以下几个方面进行深入的研究。

1) 人工脏器的生物功能化、小型化、体植化

目前使用的人工脏器，大多数只有“效应器”的功能，即人工脏器必须与有功能缺陷的生物体共同协作，才能保持体内平衡。研究的方向是使人工脏器永久性地植入体内，完全取代病变的脏器。这就要求高分子材料本身具有生物功能。

2) 高抗血栓性材料的研制

前面曾介绍过，至今为止，尚无一种医用高分子材料具有完全抗血栓的性能。许多人工脏器的植换手术就是因为无法解决凝血问题而归于失败。因此，尽快解决医用高分子材料的抗血栓性问题，已成为医用高分子材料发展的一个关键性问题，受到各国科学家的重视。

3）发展新型医用高分子材料

至今为止，医用高分子所涉及的材料大部分限于已工业化的高分子材料，这显然不能适应和满足十分复杂的人体各器官的功能。因此，发展适合医学领域特殊要求的新型、专用高分子材料，已成为广大化学家和医学专家的共识。可喜的是，研究开发混合型人工脏器，即将生物酶和生物细胞固定在合成高分子材料上，制取有生物活性的人工脏器的工作，已经取得了相当大的成就，预计在不久的将来可得到广泛的应用。

4）推广医用高分子的临床应用

高分子材料在医学领域的应用虽已取得了很大的成就，但很多尚处于试验阶段。如何将已取得的成果迅速推广到临床应用，以拯救更多患者的生命，显然需要高分子材料界与医学界的通力协作。

思考题

1. 为什么要发展医用高分子材料？它对现代医学有什么意义？
2. 为什么在各种材料中，高分子材料最有可能用作医用材料？
3. 医用高分子有哪些分类方法？对医用高分子材料的基本要求有哪些？
4. 什么是高分子材料的生物相容性？生物相容性包括哪些方面？
5. 什么是血栓现象？血栓在生命活动中有什么作用？
6. 为什么高分子材料植入人体内会出现血栓现象？目前有哪些提高材料血液相容性的方法？
7. 什么是生物吸收性高分子材料？生物吸收性高分子材料一般应具有什么样的化学结构？
8. 有哪些影响生物吸收性高分子材料吸收速度的因素？哪些因素的影响最大？
9. 化学合成的生物吸收性高分子材料主要有哪几类？
10. 为什么聚醚型聚氨酯被广泛用作人工心血管材料？哪些结构因素使它们有良好的血液相容性？

参考文献

[1] 汪锡安，胡宁先，王庆生. 医用高分子[M]. 上海：上海科学技术文献出版社，1980.
[2] 安智珠. 聚合物分子设计原理[M]. 长沙：湖南科学技术出版社，1985.
[3] 陈义镛. 功能高分子[M]. 上海：上海科学技术出版社，1988.
[4] Szycher M. High Performance Biomaterials[M]. Lancaster：Technolmic Publishing Co，1991.
[5] Master D. Biomaterials. Novel materials from biological source[M]. New York：Stockton Press，1991.
[6] Park J，Lakes R S. Biomaterials[M]. 2nd ed. New York：Plenum Press，1992.
[7] Ottenbrite R M，Cjhiellini E. Polymers in medicine. biomedical and pharmaceutical applications[M]. Lancaster：Technolmic Publish Co，1992.
[8] Dumitriu S. Polymeric biomaterials[M]. New York：Marcel Dekker，1993.
[9] Silver Fh. Biomaterials. Medical devices and tissue engineering. an Intergrated Approach[M]. London：Chapman &hill，1994.
[10] 马建标. 功能高分子材料[M]. 北京：化学工业出版社，2000.
[11] 何天白，胡汉杰. 功能高分子与新技术[M]. 北京：化学工业出版社，2001.
[12] 郭红卫，汪济奎. 现代功能材料及其应用[M]. 北京：化学工业出版社，2002.

[13] 戈进杰. 生物降解高分子材料及其应用[M]. 北京:化学工业出版社,2002.
[14] 赵文元,王亦军. 功能高分子材料化学[M]. 北京:化学工业出版社,2003.
[15] 任杰. 可降解与吸收材料[M]. 北京:化学工业出版社,2003.
[16] 郭圣荣. 医药用生物降解性高分子材料[M]. 北京:化学工业出版社,2004.
[17] 高长有,马列. 医用高分子材料[M]. 北京:化学工业出版社,2006.
[18] 赵长生. 生物医用高分子材料[M]. 北京:化学工业出版社,2009.
[19] 曾戎,屠美. 生物医用仿生高分子材料[M]. 广州:华南理工大学出版社,2010.

7 药用高分子

7.1 概述

7.1.1 药用高分子的由来与发展

我国是医药文明古国,中草药用于治疗生物体疾病的历史十分悠久,天然药用高分子的使用要比西方国家早得多。东汉张仲景(公元 142—219)在《伤寒论》和《金匮要略》中记载的栓剂、洗剂、软膏剂、糖浆剂及脏器制剂等十余种制剂中,首次记载了采用动物胶汁、炼蜜和淀粉糊等天然高分子为多种制剂的赋形剂,并且至今仍然沿用。早在公元前 1500 年,人们就开始有意识地利用植物和动物治病。当时的药物主要是从动物、植物和矿物资源中采集的未经加工的粗制品。高分子化合物在医药中的应用虽然也有相当长的历史,但早期使用的都是天然高分子化合物,如树胶、动物胶、淀粉、葡萄糖以及动物的尸体等。如今,尽管天然高分子药物在医药中仍占有一定的地位,但无论从原料的来源、品种的多样化以及药物本身的物理化学性质和药理作用等方面看,都有一定的局限性,远远满足不了医疗卫生事业发展的需要。

近一个多世纪以来,通过有机合成的方法获得了大量的低分子药物。这些低分子药物疗效高,使用方便,为推动世界各国的医疗事业起了巨大的作用,在医学史上有着不可磨灭的贡献。但是,低分子药物虽然疗效很高,其中许多品种却同时存在着很大的副作用。例如,四环素是一种疗效极好的广谱抗菌素,对肺炎、阿米巴痢疾等疾病十分有效,但服用后常常引起胃肠道反应,如恶心、呕吐、腹泻等,还会导致牙齿发黄。此外,低分子药物通过口服或注射进入人体,在进药后的短时间内,血液中药剂的浓度远远超过治疗所需的浓度好多倍。但是它们在生物体内新陈代谢速度快,半衰期短,易排泄,故随着时间的推延,药剂的浓度很快降低而影响疗效,因而在发病期间要频繁进药。过高的药剂浓度常常带来过敏、急性中毒和其他不希望有的副作用。另一方面,低分子药物对进入体内指定的部位也缺乏选择性,这也是使进药剂量增多、疗效较低的原因之一。

在这种背景下,药用高分子的研究受到了人们的重视,并在高分子科学、生物学、医学和药理学等领域内,引起科学家们的广泛兴趣。

研究发现,高分子药物具有低毒、高效、缓释、长效等特点。它们与血液和肌体的相容性好,在人体内停留时间长。还可通过单体的选择和共聚组分的变化,调节药物的释放速率,达到提高药物的活性、降低毒性和副作用的目的。进入人体后,可有效地到达症患部位。因此,可降低用药剂量,避免频繁进药,在体内保持恒定的药剂浓度,使药物的药理活性持久,提高疗效。合成高分子药物的出现,不仅改进了某些传统药物的不足之处,而且大大丰富了药物的品种,为攻克那些严重威胁人类健康的疾病提供了新的手段。因此,以合成高分子药物取代或补充传统的低分子药物,已成为药物学发展的重要方向之一。

7.1.2 药用高分子的类型和基本性能

1. 药用高分子的定义和类型

药用高分子的定义至今还不甚明确。在不少专著中，将药用高分子按其应用目的不同分为药用辅助材料和高分子药物两类。前者是指在药剂制品加工时所用的和为改善药物使用性能而采用的高分子材料，如稀释剂、润滑剂、黏合剂、崩解剂、糖包衣、胶囊壳等。它们本身并不具有药理作用，只是在药品的制造和使用中起从属或辅助的作用。因此这类高分子从严格意义上讲不属于功能高分子，但显然属于特种高分子的范畴。而后者则不同，它依靠连接在聚合物分子链上的药理活性基团或高分子本身的药理作用，进入人体后，能与肌体组织发生生理反应，从而产生医疗效果或预防性效果。除了上述两类药用高分子材料外，近年来还逐渐形成了介于这二者之间的一类处于过渡态的高分子化合物。这类材料虽然本身不具有药理作用，但由于它的使用和存在却延长了药物的效用，为药物的长效化、低毒化做出了贡献。例如用于药物控制释放的高分子材料。本章将对这些药用高分子材料作较全面的介绍。

1）药用高分子辅助材料

药用高分子辅助材料指的是在将具有药理活性的物质制备成各种药物制剂中使用的高分子材料。国际药用辅料协会(IPEC)对其的定义是：药用辅料是在药物制剂中经过合理的安全评价的不包括生理有效成分或前体的组分。长期以来，人们都把药物辅助材料看成是惰性物质，对治疗疾病不起作用，在药品中仅起着一些从属的或辅助的作用。随着人们对药物从剂型中释放、被吸收的性能的深入了解，现在已普遍认识到，药用辅助材料有可能改变药物从制剂中释放的速度或稳定性，从而影响其生物利用度。由于药物制剂必须是安全、高效、稳定，因此作为药物制剂成分之一的药用高分子辅助材料同样要求是安全、有效、稳定的。

药用高分子辅助材料按其来源可分为天然药用高分子辅助材料、生物高分子药用材料和合成药用高分子辅助材料。其中，天然药用高分子辅助材料主要有淀粉、多糖、蛋白质和胶质等；生物药用高分子辅助材料主要有右旋糖酐、质酸、聚谷氨酸、生物多糖等；常用的合成药用高分子辅助材料有聚丙烯酸酯、聚乙烯基吡咯烷酮、聚乙烯醇、聚乙烯、聚丙烯、聚氯乙烯、聚苯乙烯、聚碳酸酯和聚乳酸等。此外还有利用天然或生物高分子的活性进行化学反应引入新基团或新结构产生的半合成高分子。

药物的控制释放和靶向问题已成为现代药物学最关心的问题之一，高分子药物控制释放材料由此产生。用高分子材料制备药物控制释放制剂主要有两个目的，一是为了使药物以最小的剂量在特定部位产生治疗效应，二是优化药物释放速率以提高疗效，降低毒副作用。有三种控制释放体系可以实现上述目的，即时间控制体系(缓释药物)、部位控制体系(靶向药物)、反馈控制体系(智能药物)。目前，第一种体系已经大量应用，第二、三种体系则正在发展之中。

2）高分子药物

一些水溶性高分子材料本身具有药理作用，可直接作药物使用，这就是高分子药物。

按分子结构和制剂的形式，高分子药物可分为三大类：

(1) 高分子化的低分子药物，或称高分子载体药物。其药效部分是低分子药物，以某种化学方式连接在高分子链上。

(2) 本身具有药理活性的高分子药物。这类药物只有整个高分子链才显示出医药活性，它们相应的低分子模型化合物一般并无药理作用。

(3) 物理包埋的低分子药物。这类药物中,起药理活性作用的是低分子药物,它们以物理的方式被包裹在高分子膜中,并能通过高分子材料逐渐释放。这类药物的典型代表为药物微胶囊。

这三类高分子药物各具特色,目前都有较快发展。

2. 药用高分子应具备的基本性能

药用高分子化合物及高分子药物的发展,不仅改变了传统的用药方式,开辟了药物制剂学的新领域,丰富了药物的类型,而且对制剂学与药理学提出了大量的新问题。由于对高分子化合物与药物之间的关系和影响、对高分子化合物在机体内的反应、吸收、分解和排泄等一系列机制等很多情况还不是十分清楚,故还需要进行大量深入的基础研究和临床研究。

由于药用高分子的使用对象是生物体,通过口服或注射等方式进入消化系统、血液或体液循环系统,因此必须具备一些基本的特性。对高分子药物的要求包括:

(1) 高分子药物本身以及它们的分解产物都应是无毒的,不会引起炎症和组织变异反应,没有致癌性。

(2) 进入血液系统的药物,不会引起血栓。

(3) 具有水溶性或亲水性,能在生物体内水解下有药理活性的基团。

(4) 能有效地到达病灶处,并在病灶处积累,保持一定浓度。

(5) 对用于口服的药剂,聚合物主链应不会水解,以便高分子残骸能通过排泄系统被排出体外。如果药物是导入循环系统的,为避免其在体内积累,聚合物主链必须是易分解的,才能排出人体或被人体所吸收。

换言之,药用高分子材料必须具备以下特点:①材料本身纯度要高,其中不应包含催化剂、添加剂以及单体等杂质,材料本身及其分解产物应无毒,不会引起炎症和组织变异反应,无致癌性;②材料能经受消毒处理;③对于导入方式进入循环系统的药物——体内包埋以及注射用高分子药物或辅助材料,必须是水溶性或亲水性的、生物可降解的、能被人体吸收或排出体外、具有抗凝血性并且不会引起血栓的高分子材料,作为体内包埋药物的载体还应有一定的持久性;④作为口服药物与制剂用高分子材料可以是不被人体消化吸收的惰性材料,最好具有生物可降解性,以便高分子残基能通过排泄系统排出体外;⑤能在体内水解为具有活性的基团;⑥具有适宜的载药能力和载药后适宜的释药能力等。

3. 高分子材料的毒性

药用高分子材料有无毒性是由高分子自身结构、合成高分子的单体、反应过程生成的副产物以及合成和加工助剂所决定的。一般来说,高分子材料的毒性是其析出物质的毒性的整体体现,也有的是由高分子的结构所引起的。

1) 单体

高分子材料的毒性常常来自于残留的单体。例如氯乙烯单体在血液中积存,将生成有致癌和诱变危险的代谢物。但是,单体有毒并不意味着聚合物有毒,如聚氯乙烯,其粉末进入动物体的消化系统后仍以原来的形式随粪便排出,并且,对动物的全身状态和行为不会产生影响,不会产生形态学变化,也不引起中毒症状。

药用高分子聚丙烯酸和丙烯酸树脂的单体丙烯酸也是有一定毒性的,尽管小白鼠的半数致死量为830mg/kg、大白鼠的为1250mg/kg,但是,对小白鼠的亚急性中毒试验发现丙烯酸具有累积性能,并对条件反射影响明显。慢性中毒试验的组织学检查发现,丙烯酸会导致动物的胃、肠、肝以及肾的退行性变化。研究还发现丙烯酸具有胚胎中毒作用和畸胎形成作用。因此，在作为药用高分子辅料使用聚丙烯酸和丙烯酸树脂时，要求其中单体残留不超过0.1%。

2）高分子结构

高分子材料的毒性因化学结构、相对分子质量大小以及聚集态结构的不同而有差异。聚乙烯醇对动物体的毒性非常小，且聚乙烯醇内服时可能渗入血液循环，而后经由肾脏排出。但它也可能积存在肾小球和肾小管中，并引起特殊变化，所以，聚乙烯醇主要用作膜剂、贴剂等外用制剂。

尽管聚N-乙烯基吡咯烷酮是良好的药用高分子辅料，用量不多时显然是安全的。但是，过多的摄入仍可能引发恶性肿瘤。聚1,3-双（对羧基苯氧基）丙烷-癸二酸[P（CPP-SA），CPP/SA=55/45]等聚酸酐在体外的细胞毒性极低，无致畸和致突变。将P（CPP-SA）分别植入大鼠、兔和猴的颅内、皮下或骨组织内，在植入部位周围只有极轻微的局部炎症反应，无严重致炎、致热、致突变和致畸等病变，动物无行为异常、无全身和神经系统毒性，并且聚酸酐是可生物降解的合成高分子材料，降解表现为独特的表面溶蚀特性，降解产物在体内无长期积累和不良反应。分子量≤50000的聚酸酐能很快通过肠道消化。如果将3.5%～4.5%的分子量大于80000的聚酸酐溶液注入人体超过1L时，它会滞留在脾和肝的网状内皮组织细胞内。

纤维素是耗量较大的药用高聚物之一，用作为固体制剂（片剂、散剂、胶囊剂）和口服混悬剂等的辅料，但不得用作注射剂或吸入剂辅料。因微晶纤维素的结晶在体内不会被破坏，进入循环系统和呼吸系统可导致肉芽产生。

3）合成和加工助剂

由单体聚合成高分子的反应通常是在催化剂存在的情况下进行的。若催化剂及其分解物残留在高分子产物中将是有害的。这也是为什么制备或生产药用高分子必须进行分离纯化的根本原因，否则所制备或生产的高聚物是不能作为药用高分子辅料和包装材料使用的。

高分子材料在加工过程中一般需要添加稳定剂等各种助剂。因此要求助剂是耐迁移的，并且无毒、符合卫生要求。例如用作药物包装用的聚丙烯的加工稳定剂为酚类抗氧剂1010、二月桂基硫代二丙酸酯和亚磷酸酯类抗氧剂Igonox l68等，这样的制品在80℃～100℃下使用时都不会有助剂析出，因而是安全的。

7.2 高分子药物

7.2.1 低分子药物高分子化的优点

通过对许多低分子药物的结构分析发现，在低分子药物分子中常常含有氨基、羧基、羟基、酯基等活性基团。这些基团是与高分子化合物结合的极好反应点。低分子药物与高分子化合物结合后，起医疗作用的仍然是低分子活性基团，高分子仅起了骨架或载体的作用。越来越多的事实表明，高分子骨架对药理基团有着一定的活化和促进作用。

高分子载体药物进入人体后，药理作用通过体液或生物酶的作用发挥出来。因此，与相应的低分子药物相比，高分子载体药物有以下优点：能控制药物缓慢释放，使代谢减速、排泄减少、药性持久、疗效提高；载体能把药物有选择地输送到体内确定部位，并能识别变异细胞；药物稳定性好；药物释放后的载体高分子是无毒的，不会在体内长时间积累，可排出体外或水解后被人体吸收，因此副作用小。

7.2.2 低分子药物与高分子的结合方式

林斯道夫(Ringsdorf)等提出,高分子载体药物应具有图 7-1 那样的模型。

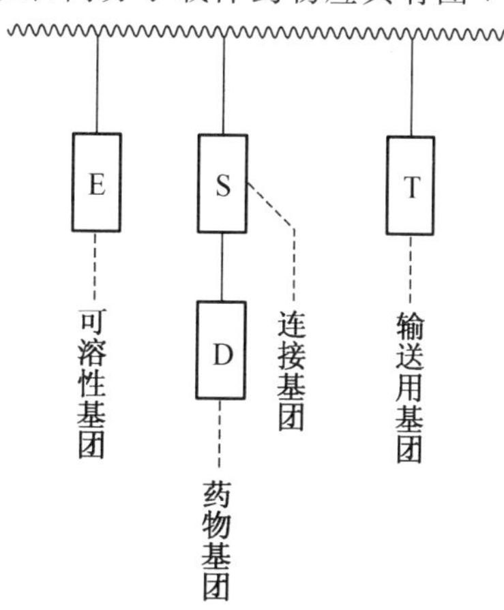

图 7-1 高分子载体药物的 Ringsdorf 模型

从图 7-1 可见,高分子载体药物中应包含四类基团:药理活性基团、连接基团、输送用基团和使整个高分子能溶解的基团。连接基团的作用是使低分子药物与聚合物主链形成稳定的或暂时的结合,而在体液和酶的作用下通过水解、离子交换或酶促反应可使药物基团重新断裂下来。输送用基团是一些与生物体某些性质有关的基团,如磺酰胺基团与酸碱性有密切依赖关系,通过它可将药物分子有选择地输送到特定的组织细胞中。可溶性基团,如羧酸盐、季铵盐、磷酸盐等的引入可提高整个分子的亲水性,使之水溶。在某些场合下,亦可适当引入烃类亲油性基团,以调节溶解性。上述四类基团可通过共聚反应、嵌段反应、接枝反应以及高分子化合物反应等方法结合到聚合物主链上。

高分子载体药物除了林斯道夫模型外,四类基团还可以其他方式组合,得到分子形态各异的模型。例如,药理活性基团位于主链中的主链型和位于分子两端的端基型等,它们通常是通过缩聚反应和活性聚合反应获得的(图 7-2)。

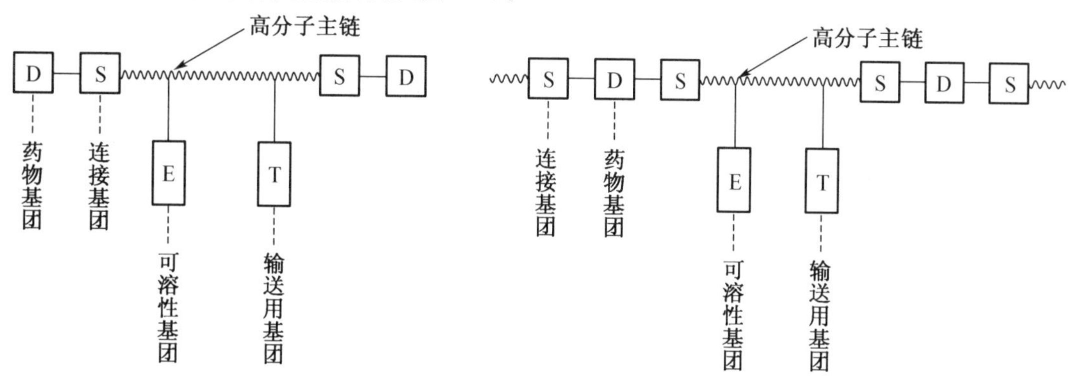

图 7-2 端基型和主链型高分子载体药物模型

在实际操作过程中,有许多技术问题必须认真对待。如在高温下药物基团会破坏而失活,因此,反应温度和反应方法需慎重选择;药物基团可能与其他活性基团反应而失去药理作用,必需有效保护;反应介质必须彻底清除;以及防止聚合物主链的断裂、交联而引起的分子量、结构的变化等。

7.2.3 高分子载体药物的研究和应用

药用高分子的研究工作是从高分子载体药物的研究开始的。第一个高分子载体药物是1962年研究成功的将青霉素与聚乙烯胺结合的产物。至今已研制成功许多品种，目前在临床中实际应用的药用高分子大多属于此类。

碘酒曾经是一种最常用的外用杀菌剂，消毒效果很好。但是由于它的刺激性和毒性较大，近年来日益受到人们的冷落。如果将碘与聚乙烯吡咯烷酮结合，可形成水溶性的络合物。其结构为：

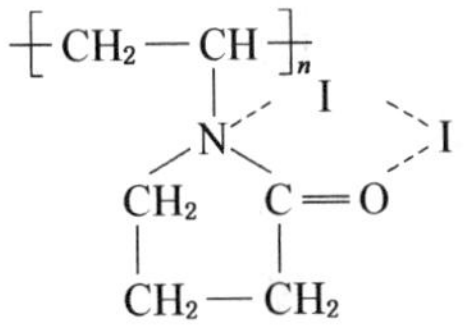

$$\left[CH_2-CH\right]_n \text{（N-吡咯烷酮环：}N—CH_2—CH_2—CH_2—C{=}O\text{，}N\cdots I\text{，}O\cdots I\text{）}$$

这种络合物在药理上与碘酒具有同样的杀菌作用。由于络合物中碘的释放速度缓慢，因此刺激性小，安全性高，可用于皮肤，口腔和其他部位的消毒。

青霉素是一种抗多种病菌的广谱抗菌素，应用十分普遍。它具有易吸收，见效快的特点，但也有排泄快的缺点。利用青霉素结构中的羧基、氨基与高分子载体反应，可得到疗效长的高分子青霉素。例如，将青霉素与乙烯醇-乙烯胺共聚物以酰胺键相结合，得到水溶性的药物高分子，其结构式如下：

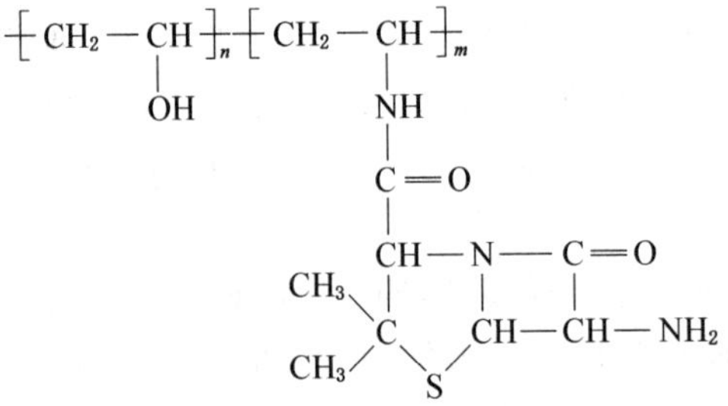

$$\left[CH_2-\underset{OH}{CH}\right]_n\left[CH_2-\underset{NH-C(=O)-\text{青霉素残基}}{CH}\right]_m$$

这种高分子青霉素在人体内停留时间比低分子青霉素长30～40倍。

鲍尼(P. Poni)等以乙烯基吡咯烷酮-乙烯胺共聚物或乙烯基吡咯烷酮—丙烯酸共聚物作骨架，也得到水溶性高分子青霉素，并具有更好的稳定性和药物长效性。而且聚乙烯吡咯烷酮本身可作血液增量剂，与生物体相容性良好。

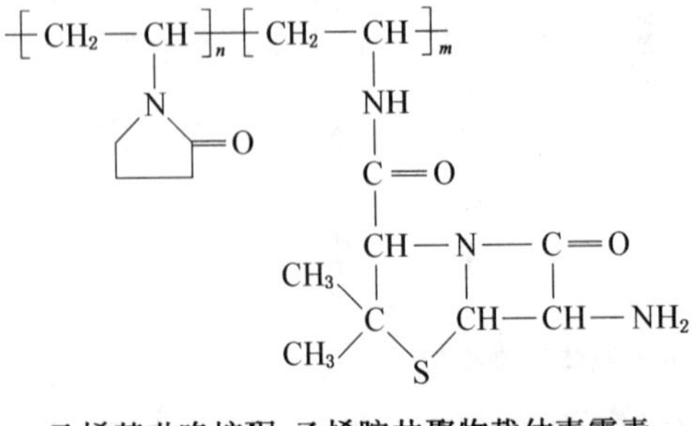

乙烯基吡咯烷酮-乙烯胺共聚物载体青霉素

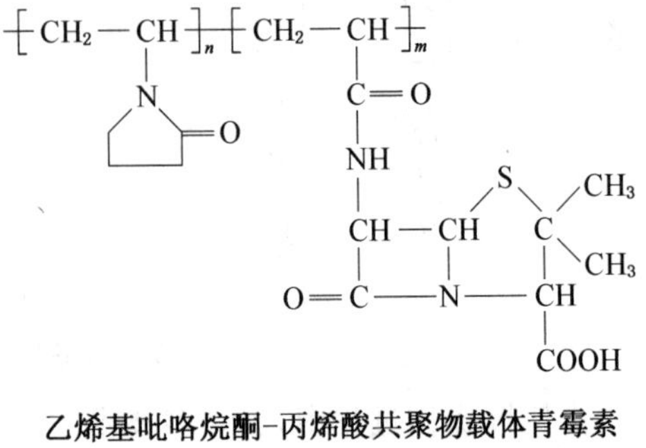

乙烯基吡咯烷酮-丙烯酸共聚物载体青霉素

利用分子中羧基和胺基的缩聚反应，可制得药理活性基团位于主链的聚青霉素，如图7-3所示。

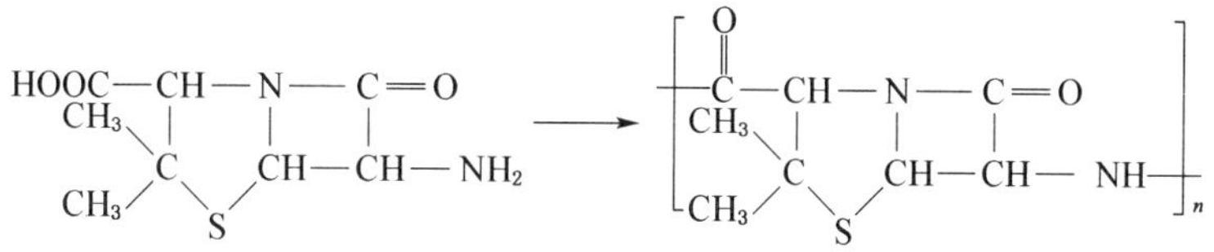

HOOC—CH—N—C═O
CH_3 C CH—CH—NH_2
CH_3 S
→
[—C(═O)—CH—N—C═O
CH_3 C CH—CH—NH—]$_n$
CH_3 S

图 7-3 主链型高分子青霉素的制备

此外，青霉素在一定条件下还可发生开环聚合，如图 7-4 所示。

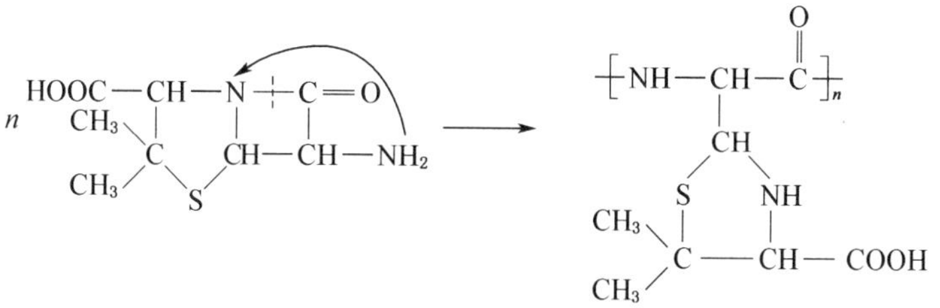

n HOOC—CH—N—C═O
CH_3 C CH—CH—NH_2
CH_3 S
→
[NH—CH—C(═O)]$_n$
CH
S NH
CH_3 C—CH—COOH
CH_3

图 7-4 开环聚合制备高分子青霉素

这种聚合物的分子量一般只能达到 1 000～3 000，其水解后的结构与原来青霉素结构不同，但实验结果表明仍有良好的抗菌作用，且比低分子青毒素有更好的持久性。

先锋霉素的结构与青霉素十分相近，因此，也可通过上述反应得到高分子载体药物。

链霉素也是一种广泛使用的抗菌性，但毒性很大，使用不当容易造成听力减退，严重时耳聋。将链霉素中的醛基与甲基丙烯酰肼缩合，所得单体再与甲基丙烯酰胺等水溶性单体共聚，可得水溶性的链霉素聚合物。这种聚合物的毒性大大低于低分子链霉素，且有更高的抗结核病活性。高分子链霉素的制备过程如图 7-5 所示。

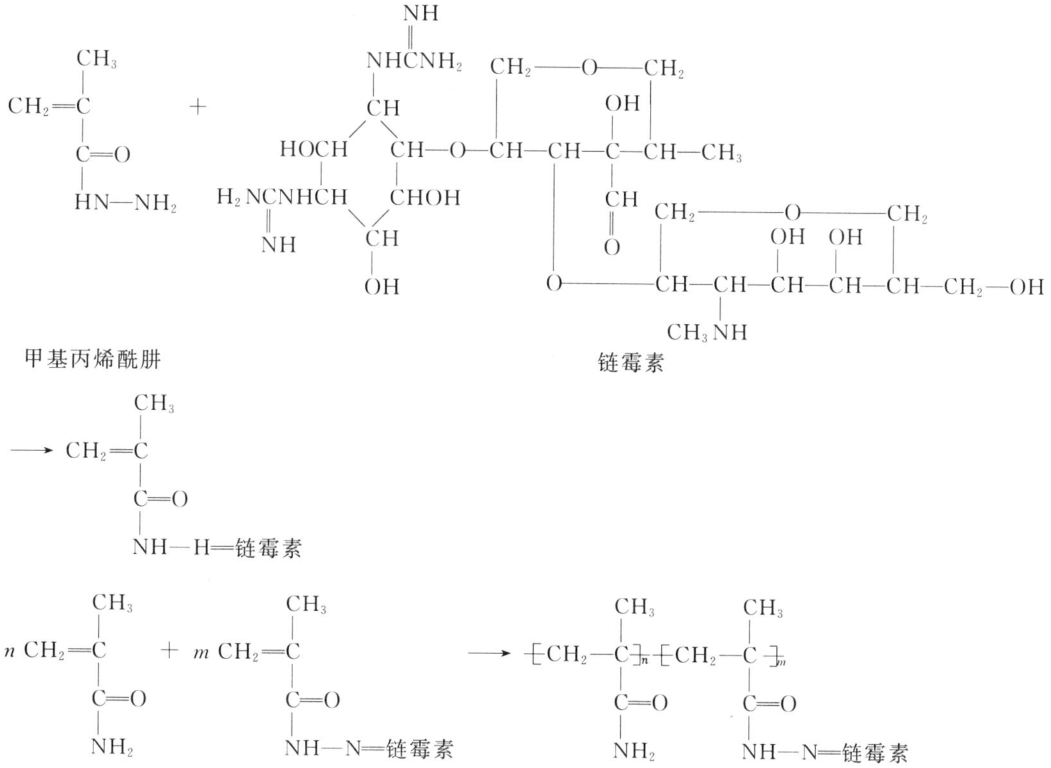

CH_3
CH_2═C
C═O
HN—NH_2

甲基丙烯酰肼

\+

NH
NHCNH$_2$
CH
HOCH CH—O—CH—CH—C—CH—CH_3
H_2NCNHCH CHOH
NH CH
OH
CH_2—O—CH_2
OH
CH═O
CH_2—O—CH_2
OH OH
O—CH—CH—CH—CH—CH—CH_2—OH
CH_3NH

链霉素

→ CH_3
CH_2═C
C═O
NH—H═链霉素

CH_3 CH_3
n CH_2═C + m CH_2═C
C═O C═O
NH_2 NH—N═链霉素
→ [CH_2—C]$_n$[CH_2—C]$_m$
CH_3 CH_3
C═O C═O
NH_2 NH—N═链霉素

图 7-5 高分子链霉素的制备

阿司匹林(乙酰基水杨酸)是一种传统的消炎药和解热镇痛药。近年来发现它还具有抗血小板凝聚的作用,于是重新引起了人们极大的兴趣。将阿司匹林以及其他水杨酸衍生物与聚乙烯醇、醋酸纤维素等含羟基聚合物进行熔融酯化,可使之高分子化。所得产物的抗炎性和解热镇痛性,比游离的阿司匹林更为长效。

也用活性酰胺1-(乙酰基水杨酸)苯并三氮唑与聚乙烯醇反应,用三乙胺作催化剂,也可得到与上述结构相同的高分子阿司匹林(图7-6)。

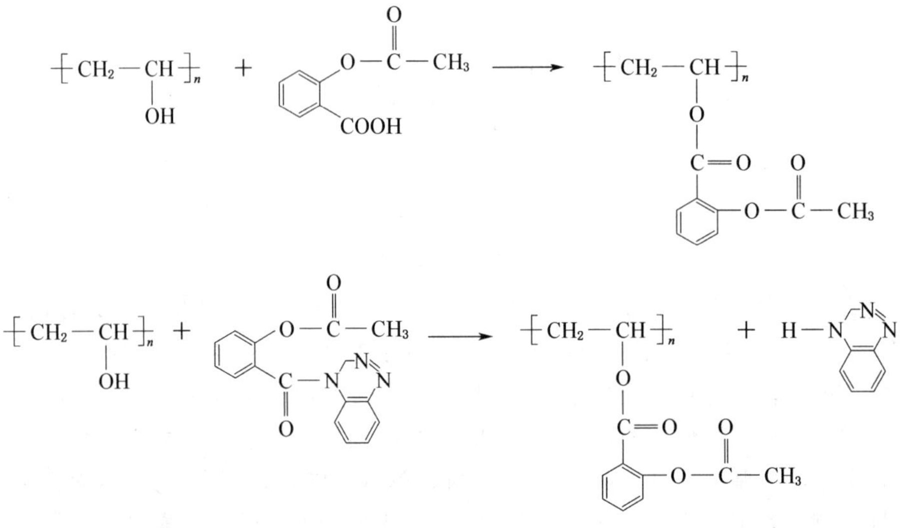

图7-6 阿司匹林的高分子化

类似的抗结核菌药物对氨基水杨酸(PAS)和抗癌剂草酚酮也可通过与聚乙烯醇结合得到高分子药物,其结构式如下:

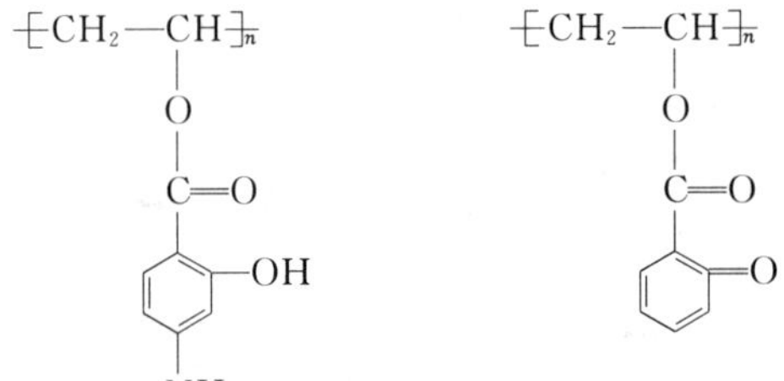

这种高分子PAS克服了PAS排泄快的缺点,用药量从原来的每天3～4次减为每天1次。可口服,亦可皮下注射。

对不同主链结构的高分子阿司匹林的水解反应研究表明,主链结构对水解结果有显著影响。例如,用聚甲基丙烯酸-β-羟乙酯作载体的高分子阿司匹林在二氧六环/水(9∶1,体积比)作溶剂、60℃、碱性条件下水解,产物中不仅有阿司匹林,还有基本等量的水杨酸。而以甲基丙烯酸-甲基丙烯酸-β-羟乙酯共聚物为载体,所得高分子阿司匹林在上述同样条件下水解,产物中的阿司匹林量约为水杨酸量的6倍。

维生素是人体生长和代谢所必需的微量有机物,所需量很小。按理说,人们每天食用的蔬菜、水果、谷物中的维生素已足够维持肌体活动的需要了。但实际上,维生素并不易被人体吸收,其中大部分在进入人体后又被排泄掉了,浪费很大。已经研制了多种维生素与高分子化合物结合的产物,药效大大提高。例如,V_{B1}中的羟基能顺利地与聚丙烯酸中的羧基结合(图7-7)。

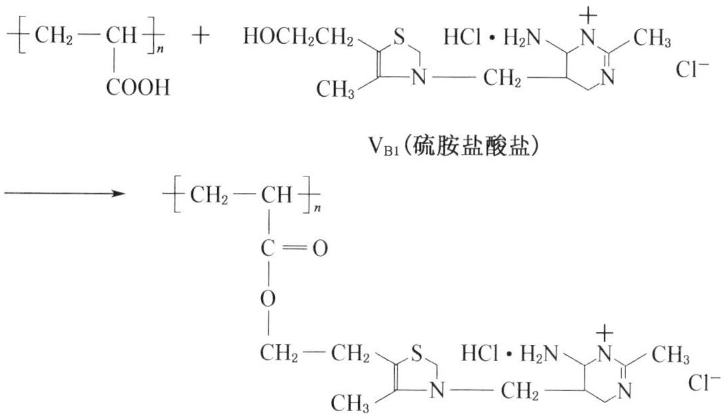

V_{B1}(硫胺盐酸盐)

图 7-7 V_{B1}通过聚丙烯酸酯的高分子化

利用半胱氨酸型聚合物中的 SH 基使 V_{B1} 开环加成，可得到与上述高分子 V_{B1} 不同结构的产物(图 7-8)，但药效基本不变。

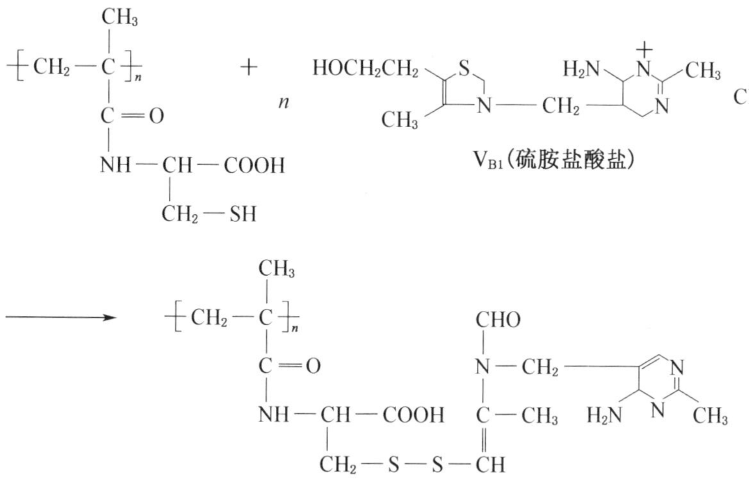

V_{B1}(硫胺盐酸盐)

图 7-8 V_{B1}通过半胱氨酸型聚合物的离子分子化

同样，V_C(抗坏血酸)中羟基与聚合物中的羧基以酯的形式结合，也可得到含 V_C 的聚合物(图 7-9)。

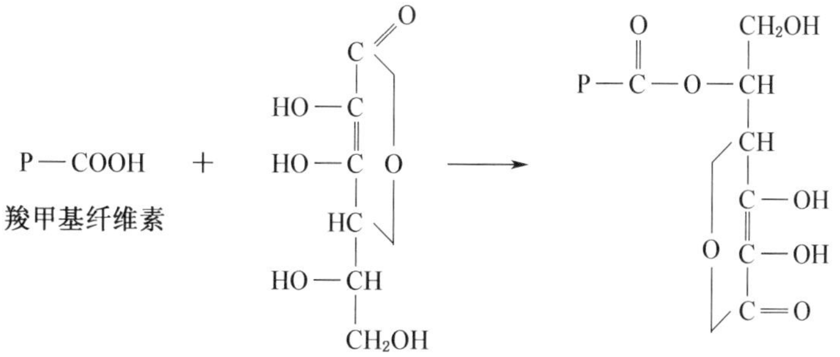

P—COOH +

羧甲基纤维素

图 7-9 V_C 的高分子化

对严重贫血的患者，临床上常用补血药来治疗。补血药的主要成分是亚铁盐。服用过量的亚铁盐会引起中毒，因此常用具有羟肟酸结构(N(OH)—C(=O))的 DFA(deferoxamine)来解毒。但 DFA 只能用于因铁盐少量过量引起的轻微中毒的情况，而对因大量铁离子过量而造成的急性

中毒不适用，因大量DFA与铁离子形成的螯合物同样是有毒的。因此，合成了一系列可溶性的高分子羟肟酸P-3，P-9，P-11，P-13，P-15等，P后面的数字表示两个相邻的羟肟酸基团之间间隔的原子个数。这些高分子羟肟酸能与铁离子形成稳定的螯合物(图7-10)，因此对人体无毒。

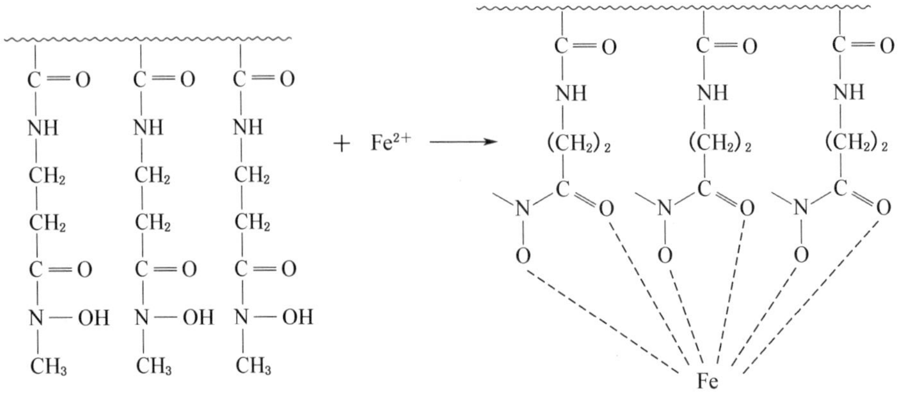

图7-10　高分子羟肟酸与铁离子的螯合的反应

长期以来，痛症对人类健康威胁极大。为此，人们与其进行了不懈的斗争，促进了抗癌药物的发展。高分子抗癌药物的研究与低分子抗癌药一样，极为活跃。

低分子抗癌药常常伴有恶心、脱发、全身不适等不良反应。如将这些药物与高分子结合，情况可大大改观。高分子药物进入人体后，可定向地到达病灶处，为变异细胞所吸收，不会在全身循环过久，从而避免了毒性作用。

在低分子抗癌药中，有很大部分是核酸碱类化合物。现已将核酸碱类抗癌药大分子化。这些核酸碱类聚合物具有DNA或RNA的某些性质，可以被肿瘤细胞所吸收，制止肿瘤细胞的复制，起到抗癌作用。

用以制备核酸碱类聚合物的单体主要是尿嘧啶、腺嘌呤的乙烯基衍生物，如烷硫基嘌呤的烯烃衍生物，5-氟尿嘧啶的乙烯基衍生物等。

乙烯基尿嘧啶是最简单的尿嘧啶单体，能在引发作用下聚合形成水溶性聚合物，它能像天然核酸那样彼此间通过氢键缔合形成高分子络合物，有良好的抗肿瘤作用。聚乙烯基尿嘧啶的制备见图7-11。

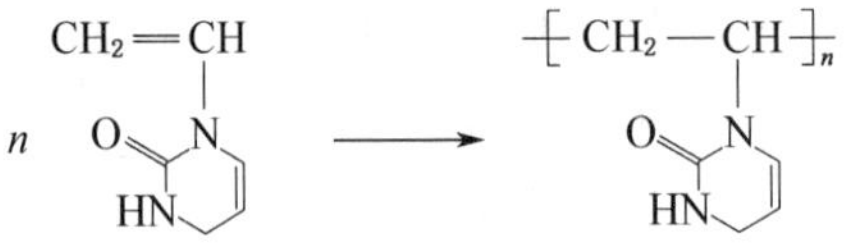

图7-11　聚乙烯基尿嘧啶的制备

用甲基富马酰氯与5-氟尿嘧啶(5-Fu)反应得到单体，均聚物和共聚物都具有抗肿瘤活性，据研究，这可能是由于它们能够缓慢释放出5-Fu之故。5-氟尿嘧啶的高分子化见图7-12。

除了已经研制出大量侧基型尿嘧啶类聚合物外，主链型的尿嘧啶聚合物也有不少报道。例如，1，3-二(N-羟甲基)5-氟尿嘧啶是一种水溶性抗肿瘤药物，经小白鼠试验，对肺癌和网织细胞瘤的抑制率达80%～92%。将其与活性很大的二元酰氯(如对苯二酰氯)缩聚，得到主链型药物如图7-13所示。

对大量主链型含5-Fu聚酯、聚硅氧烷的研究表明，这类高分子药物大部分有良好的抗肿

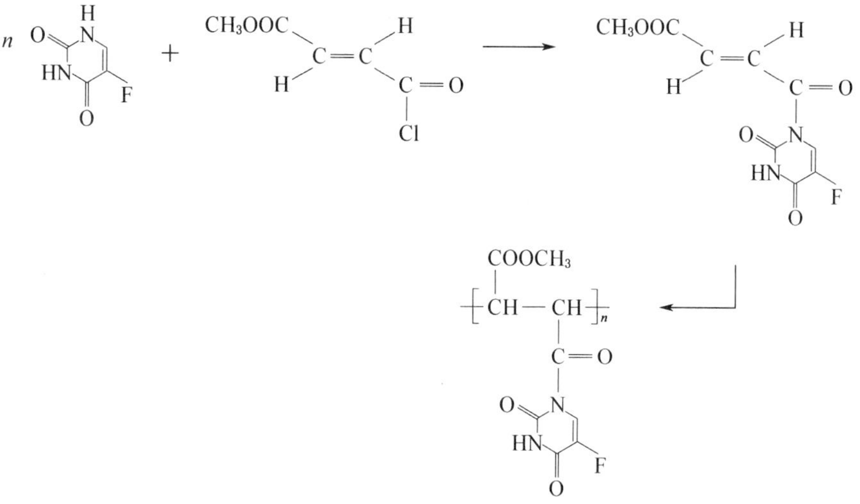

图 7-12 氟尿嘧啶的高分子化

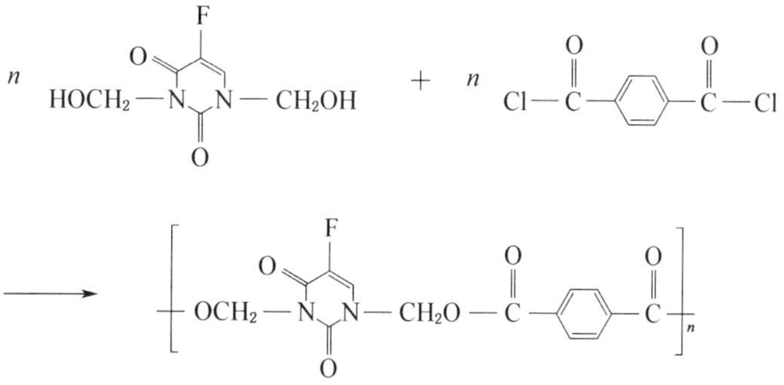

图 7-13 主链型高分子 5-氟尿嘧啶的制备

瘤活性，而且毒性小，能长效缓释。如卓仁禧等报道的一类含 5-Fu 聚酯，对肉瘤抑制率高于 40%，对肝癌抑制率达 45%左右。毒性试验结果为 LD_{50} 6 000 mg/kg，在家兔体内的吸收半衰期为 0.426h，消除半衰期为 27.72h。可见其确实具有一定的抗肿瘤活性、毒性小和长效缓释的特点。

氨甲嘌呤是一种治疗多种癌症的有效药。它的作用是与人体内的叶酸还原酶和二氢叶酸还原酶结合，抑制叶酸向四氢叶酸转换，而四氢叶酸是 DNA 和 RNA 合成的催化剂，因此，DNA 和 RNA 都受到抑制，从而控制了肿瘤细胞的增殖。但大量服用氨甲嘌呤，虽然肿瘤细胞受到抑制，正常细胞也同时被抑制，使人体机能的正常代谢被紊乱。为了改变这种状况，人们将氨甲嘌呤通过酰胺键、酯键等与聚赖氨酸、聚烯亚胺、聚乙烯醇、羧甲基纤维素、蛋白质等高分子连接，得到能在体内长期停留、能有效抑制肿瘤细胞增殖，而且副作用较小的高分子药物(图 7-14)。

激素、酶等生物活性物质在现代医学中有着十分重要的作用。但这些物质的活性寿命较短。大量服用激素对人体的副反应较大。如果将它们固定在高分子上，能延长它们的贮存寿命，在体内释放缓慢，而且生理活性不变。

例如，将睾丸激素(testosterone)接枝在季胺盐型高分子载体上(图 7-15)，所得聚合物在不同 pH 值条件下有不同的释放睾丸激素速率，见表 7-1。

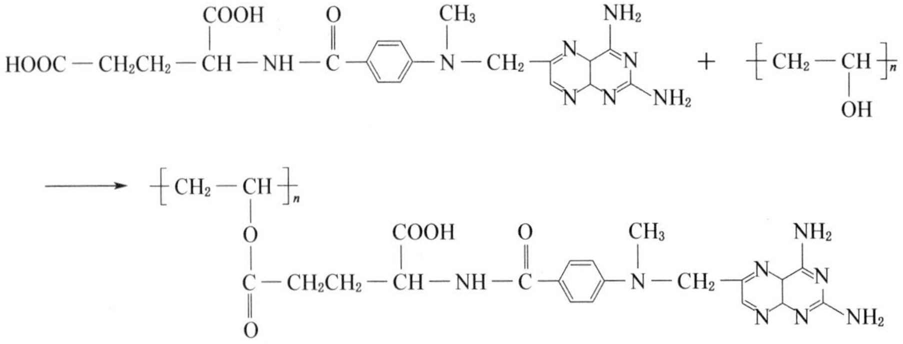

图 7-14　氨甲喋呤的高分子化

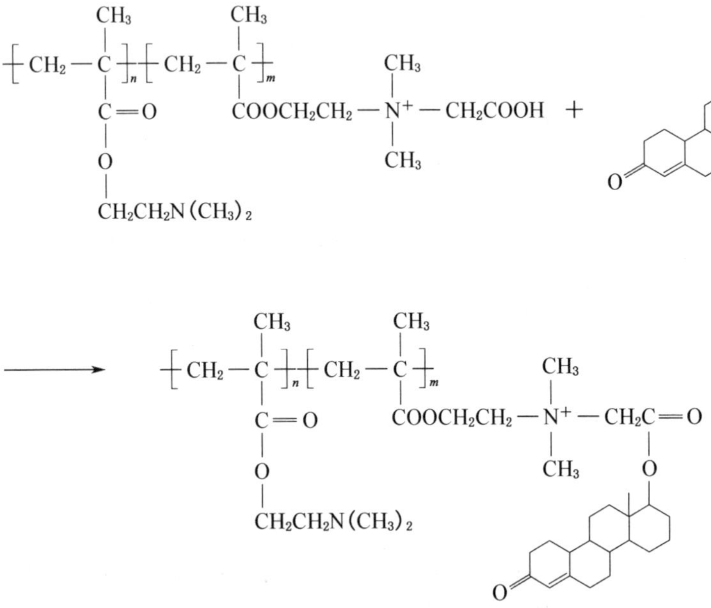

图 7-15　睾丸激素的高分子化

表 7-1　　　　睾丸激素聚合物在不同 pH 值时的释放量

缓冲液 pH 值	睾丸激素游离量
6.5	18%
7.2	40%
7.5	44%

将尿素酶上的氨基与下述高分子中的醛基结合而固定化，此固定化尿素酶活性为 73mg 尿素/mL(湿态固定化尿素酶)，酶活性为未改性时的 7.3 倍。

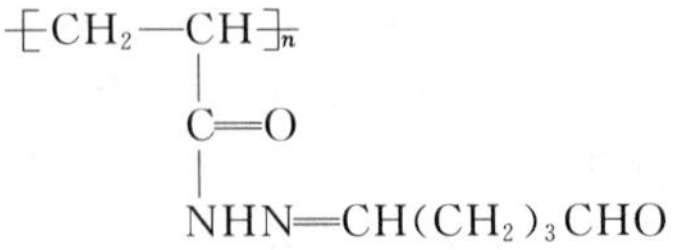

$$-\!\![CH_2-CH]_n\!\!- \quad (CH:\ C{=}O-NHN{=}CH(CH_2)_3CHO)$$

受高分子药物的启发和推动，高分子农药的研究近年来也十分活跃。低分子农药存在易流失，施药量大的缺点，易在植物中积累而造成公害。低分子农药与高分子结合后，增加了缓释性，可减少施药次数和施药剂量，避免流失，降低毒性，提高植物病虫害的防治效果。

2,4-D(2,4-二氯苯氧基乙酸)是一种著名的除草剂，同时具有防止花蕾、果实脱落和促进作物早熟增产的作用。将其与聚乙烯醇或聚丙烯酸-β-羟乙酯等亲水性聚合物结合，可得水溶性或亲水性良好的高分子农药(图 7-16)。

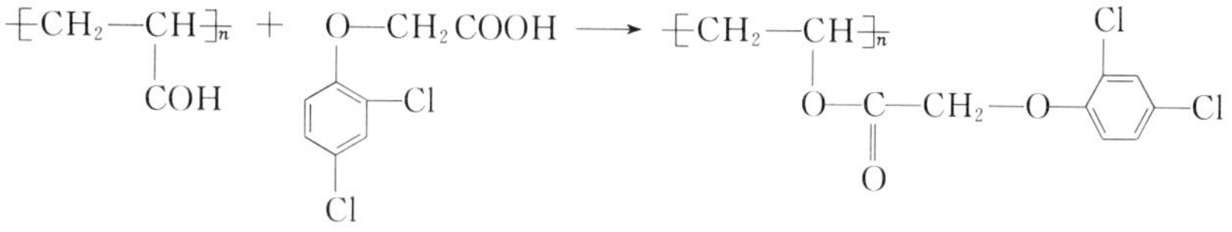

$$\text{-}[CH_2-CH]_n\text{-}\,(COH) + \text{2,4-}Cl_2C_6H_3-O-CH_2COOH \longrightarrow \text{-}[CH_2-CH]_n\text{-}\,(O-\underset{\|}{C}(O)-CH_2-O-C_6H_3Cl_2)$$

图 7-16　2，4-D 的高分子化

将 2,4-D 与铁、铜、钴、锰等金属盐体系混合，以醛类化合物作催化剂，加热后可得聚合物。其结构不甚明了，但药效明显提高。这种聚合物的施药量可减为原来的一半，而有效期则为原来的 3 倍。

具有强除草作用和中等程度杀菌力的农药 2,6-二氯苯甲醛能以缩醛的形式连接在聚乙烯醇和含有羟基的聚酰胺链上(图 7-17)。这种缩醛基团在微酸性条件下能水解，使 2,6-二氯苯甲醛缓慢释放出来。

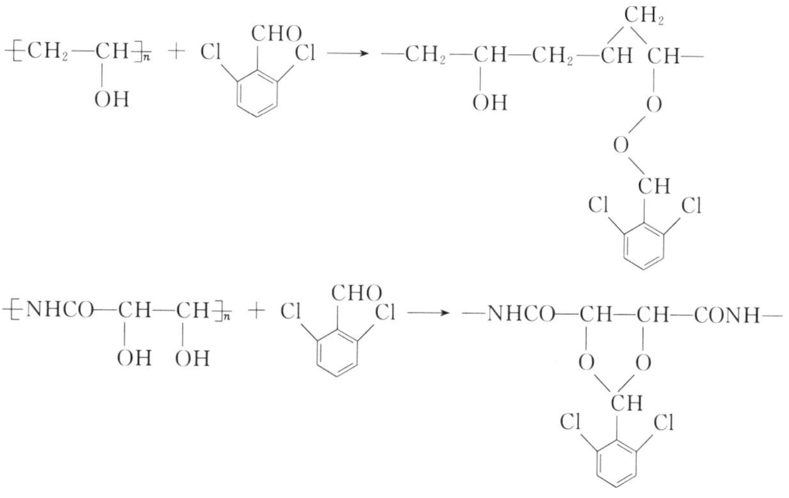

$$\text{-}[CH_2-CH(OH)]_n\text{-} + \text{2,6-}Cl_2C_6H_3CHO \longrightarrow -CH_2-CH(OH)-CH_2-CH(-O-)CH_2CH(-O-)- \;\;(\text{acetal: } >CH-C_6H_3Cl_2)$$

$$\text{-}[NHCO-CH(OH)-CH(OH)]_n\text{-} + \text{2,6-}Cl_2C_6H_3CHO \longrightarrow -NHCO-CH(-O-)-CH(-O-)-CONH- \;\;(\text{acetal: } >CH-C_6H_3Cl_2)$$

图 7-17　2，6-二氯苯甲醛的高分子化

从以上大量的例子可见，许多低分子药物在高分子化后，仍能保持其原来的药效。在某些情况下，高分子骨架还有活化和促进药理活性的作用。但必须注意到，相反的情况也同样存在。在有些情况下，低分子药物高分子化后，药效随高分子化而降低，甚至消失。例如，著名的抗癌药 DL-对(二氯乙基)氨基苯丙氨酸在变成聚酰胺型聚合物后，完全失去药效。反应式如图 7-18 所示。

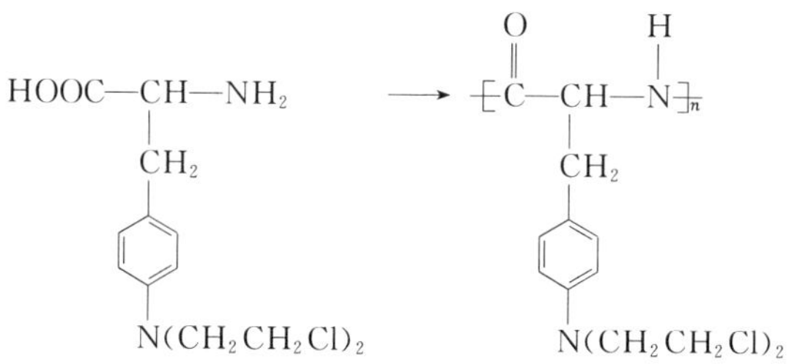

$$HOOC-CH(NH_2)-CH_2-C_6H_4-N(CH_2CH_2Cl)_2 \longrightarrow \text{-}[\overset{O}{\overset{\|}{C}}-CH(CH_2-C_6H_4-N(CH_2CH_2Cl)_2)-\overset{H}{N}]_n\text{-}$$

图 7-18　DL-对(二氯乙基)氨基苯丙氨酸的高分子化

又如治疗疟疾的特效药奎宁与丙烯酰氯反应得到奎宁丙烯酸酯单体，聚合后的产物成为不溶性的，而且失去药效。据推测，这可能一方面是由于奎宁丙烯酸酯中的两个乙烯基发生交联，另一方面是由于聚合过程中旋光度发生变化之故。奎宁高分子化的过程如图 7-19 所示。

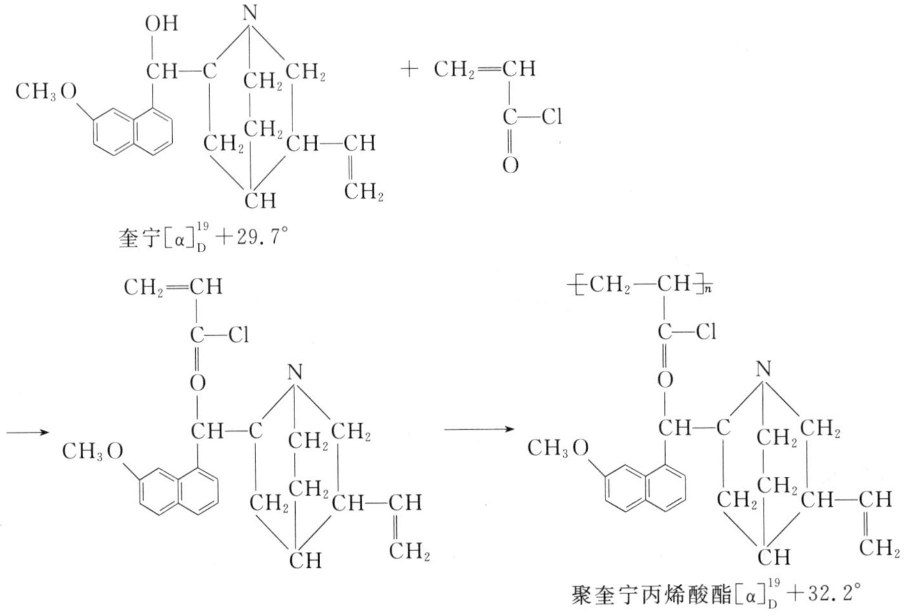

奎宁$[\alpha]_D^{19}$ $+29.7°$

聚奎宁丙烯酸酯$[\alpha]_D^{19}$ $+32.2°$

图 7-19　奎宁的高分子化

以上介绍了大量的高分子载体药物。从中可以看到，将低分子药物高分子化，是克服低分子药物的缺点、提高药物疗效的一种有效方法。但总的来说，到目前为止成功的例子并不很多。其中存在的问题是显而易见的。一是可利用的高分子骨架品种有限，主要限于聚乙烯醇、聚(甲基)丙烯酸酯、聚丙烯酰胺、纤维素衍生物等有活性基团的聚合物。二是结构因素对药理作用的影响尚不清楚，缺乏详尽的理论指导，造成很多药物高分子化后失去药理作用。因此，在低分子药物高分子化方面，还有许多工作要做。

7.3　药理活性高分子药物

7.3.1　药理活性高分子药物的特点

药理活性高分子药物是真正意义上的高分子药物。它们与第 7.2 节介绍的高分子载体药物不同，后者是将低分子药物作为化学基团连接在高分子链上，高分子链主要起骨架和载体作用，真正起疗效作用的还是低分子药物基团。而药理活性高分子则不同，它们本身具有与人体生理组织作用的物理、化学性质，从而能克服肌体的功能障碍，治愈人体组织的病变，促进人体的康复和预防人体的疾病等。

实际上，高分子药物的应用已有很悠久的历史，如激素、酶制剂、肝素、葡萄糖、驴皮胶等都是著名的天然药理活性高分子。合成的药理活性高分子的研究、开发和应用的历史不长，对许多高分子药物的药理作用也尚不十分清楚。但是，由于生物体本身就是由高分子化合物构成的，因此，人们相信，作为药物的高分子化合物，应该有可能比低分子药物更易为生物体所接受。

目前，药理活性高分子药物的研究工作主要从下面3个方面展开：

(1) 对已经用于临床的高分子药物，努力搞清其药理作用。

(2) 根据已有低分子药物的功能，设计既保留功能、又克服副作用的高分子药物。

(3) 开发新功能的药理活性高分子药物。

近年来，合成药理活性高分子药物的研究工作进展很快，已有相当数量的品种进入商品市场。

7.3.2 药理活性高分子药物的研究和应用

低分子量的聚二甲基硅氧烷具有低的表面张力，物理、化学性质稳定，具有很好的消泡作用，故广泛用作工业消泡剂。由于它无毒，在人体内不会引起生理反应，故亦被用作医用消泡剂，用于急性肺水肿和肠胃胀气的治疗，国内外都有应用。

但也有资料报道，聚二甲基硅氧烷在临床应用中有引起血管栓塞和脑部损伤的情况出现，故对其药理性能有待深入研究。

聚乙烯N-氧吡啶是一种具有药理活性的高分子，能溶于水中。注射其水溶液或吸入其烟雾剂，对于治疗因大量吸入含游离二氧化硅粉尘所引起的急性和慢性矽肺病有较好效果，并有较好的预防效果。研究表明，只有当聚乙烯N-氧吡啶的分子量大于3万时才有较好的药理活性，其低聚物以及其低分子模型化合物异丙基N-氧吡啶却完全没有药理活性。这可能是由于高分子量的聚乙烯N-氧吡啶更容易吸附在进入人体的二氧化硅粉尘上，避免了二氧化硅与细胞成分的直接接触，从而起到治疗和预防矽肺病的作用。

$$-\!\!\left[CH_2 - CH \right]\!\!-_n \quad (\text{CH 连接吡啶环，} N - O^-)$$

聚乙烯N-氧吡啶

不少聚氨基酸具有良好的抗菌活性，但其相应的低分子氨基酸却并无药理活性。例如表7-2所示，2.5μg/ml的聚L-赖氨酸可以抑制E. Coli菌(大肠杆菌)，但L-赖氨酸却无此药理活性，赖氨酸的二聚体的浓度要高至聚L-赖氨酸的180倍才显示出相同的效果。对S. Aureus菌(金黄色葡萄球菌)的抑制能力基本上也遵循此规律。

表7-2 聚赖氨酸的抗菌活性

名称	有效投药量 /(μg·ml^{-1})	
	E. Coli菌	S. Aureus菌
L-赖氨酸	—	—
二聚L-赖氨酸	450	—
聚L-赖氨酸	2.5	1
聚DL-赖氨酸	5	3
DL-鸟氨酸	—	—
聚DL-鸟氨酸	10	5
DL-精氨酸	—	—
聚DL-精氨酸	10	5

聚赖氨酸对细胞有独特的吸附性，前文曾介绍过，将抗肿瘤药物氨甲嘌呤连接在聚 D-赖氨酸或聚 L-赖氨酸上，有利于药物进入某些肿瘤细胞，提高药效。

肝素是生物体中的一种多糖类化合物，含有$-SO_3^-$，$-COO^-$及$-NHSO_3^-$等功能基团。它与血液有良好的相容性，具有优异的抗凝血性能。模拟它的化学结构，人工合成的含有这三种功能基团的共聚物，同样具有很好的抗凝血性能。但对主链结构、三种功能基团的比例等因素的影响作用，还有待于进一步探讨。肝素和合成肝素的结构如下：

$CH_2OSO_3^-$　COO^-　$CH_2OSO_3^-$　COO^-

O　O　O　O

OH　O　OH　O　OH　O　OH　O

$NHSO_3^-$　OH　$NHSO_3^-$　OH

肝素

CH_3　CH_3　CH_3

$-CH_2-C-CH_2-C-CH_2-C-$

COO^-　C=O　C=O

$^-O_3SOCH_2CH_2O$　$OCH_2CH_2NHSO_3^-$

仿肝素聚合物

一些水溶性的高分子化合物，对水和离子保持稳定的作用，与血液有良好的相容性，而且毒性小，不会透过毛细血管，能使血液维持适当的渗透压和黏度，因此可作为血浆增量剂，用于治疗外伤性急性出血及其他原因引起的血容量减少。例如，聚乙烯吡咯烷酮和聚 4-乙烯吡啶-N-氧撑都是较早研究成功的代血浆材料，其分子结构如下：

$\left[CH_2-CH\right]_n$　$\left[CH_2-CH\right]_n$

N　N

O　O

聚乙烯基吡咯烷酮　聚4-乙烯基吡啶-N-氧撑

聚乙烯吡咯烷酮对于治疗脊髓炎也有一定疗效。因它能抑制脊髓炎病毒在血液中的活动能力，从而降低其对人体的毒害作用。

早期的代血浆仅是血液增量剂，并无输送氧气和二氧化碳的能力。现在已由全氟烃逐步取代聚乙烯吡咯烷酮等。全氟烃是相对分子质量为 300～600 的液体，具有良好的血液相容性。以下是几种有代表性的全氟烃，具有良好的输送氧气和二氧化碳的能力。

CF_2　CF_2　F_9C_4　C_4F_9　CF_2

CF_2　CF　CF_2　N　CF_2　$CF-CF_2CF_2CF_2CF_3$

CF_2　CF　CF_2　C_4F_9　CF_2-O

CF_2　CF_2

全氟烃代血浆材料

阳离子聚合物和阴离子聚合物往往具有各种药理活性，是目前药理活性高分子的研究热点之一。主链型聚阳离子季胺盐具有遮断副交感神经、松弛骨骼筋络的作用，是治疗痉挛性疾病的有效药物。研究表明，对于以下结构的聚阳离子季胺盐，其镇痉挛作用强度、作用连续时间、毒性等与分子中的 R，X，n 等有关。

$$BrCH_2-C_6H_4-CH_2\!\left[\!-\overset{R}{\underset{R}{N^+}}-CH_2-X-CH_2-\overset{R}{\underset{R}{N^+}}-\right]_n CH_2CH_2-N(CH_3)_2 \cdot 2nBr^-$$

表 7-3 聚阳离子季胺盐的药理作用

编号	R	X	平均聚合度(n)	LD_{50} /($mg \cdot kg^{-1}$)	作用强度* /($mg \cdot kg^{-1}$)	作用连续时间/min
1M	CH_3-	$-C_6H_4-$	1	50	50	10～15
1P	CH_3-	$-C_6H_4-$	30	1.5	0.5	>180
2M	C_2H_5-	$-C_6H_4-$	1	15	50	10～15
2P	C_2H_5-	$-C_6H_4-$	22	0.8	0.5	>180
3M	CH_3-	$\left(CH_2\right)_8$	1	0.9	0.05	8
3P	CH_3-	$\left(CH_2\right)_8$	37	1.8	0.20	>90

注:使收缩的筋松弛 10%所需的投药量。

由表 7-3 数据知,高分子的药理活性持续时间普遍比低分子长 11～18 倍。聚合物 1P 和 2P 的作用强度比相应的低分子高 100 倍,但毒性也提高了 19～33 倍。聚合物 3P 的作用强度只有相应低分子的 1/4,而毒性却是 3M 的 1/2。这一例子说明,当低分子药物发展成为相应的高分子药物时,其药理活性和毒性变化很大。有些场合药理活性提高了,但毒性也随之提高了。也有些场合可能失去药理活性。因此,在研制高分子药物时,除了注意结构因素外,聚合度是获得高效低毒高分子药物的关键问题。

阳离子季胺盐的杀菌作用是人们熟知的,研究发现聚阳离子季胺盐也是良好的杀菌剂。聚季胺盐杀菌剂有两种结构形式。一种是主链型的,例如:

$$-\overset{R}{\underset{R}{N^+}}X^- -(CH_2)_n-\overset{R}{\underset{R}{N^+}}X^- -(CH_2)_n-$$

其中,R 为$-CH_3$,$-(CH_2)_mCH_3$,$-C_6H_5$等;X 为 Cl,Br 等离子。通常主链中次甲基的重复数 n 必须大于 2 才有杀菌作用。

另一种是季胺基团挂在主链上的侧基型,例如:

$$\left[CH_2-\underset{\underset{N^+X^-(R_1)(R_2)(R_3)}{|}}{CH}\right]_n$$

其中,R_1,R_2,R_3为$-CH_3$,$-(CH_2)_nCH_3$,$-C_6H_5$等;X 为 Cl,Br 等离子。

高分子杀菌剂的优点是可进行低温消毒,而且对人体无害。尤其对那些不易进行高温蒸煮消毒的物品(如电话机等)的消毒,有其独特的方便之处。由于它对人体皮肤无刺激作用,已用作注射、手术之前的皮肤消毒剂。将聚季胺盐与其他聚合物混合纺成纤维,可用于制备保健织物。

此外，阳离子聚合物对病毒、癌细胞都有一定的抑制作用。

在生物体内，存在一种承担防御作用的蛋白质——干扰素。诱发生物体的干扰素，要比单纯使用外来药物更能抵抗疾病的产生和发展。合成的阴离子聚合物就是一类能诱发产生干扰素、激发产生广普免疫活性、改进网状内皮系统的功能的重要物质，具有免疫、抗病毒、抗肿瘤的活性。在阴离子聚合物中，最引人注目的是由二乙烯基醚与顺丁烯二酸酐共聚所得的吡喃共聚物(图 7-20)。

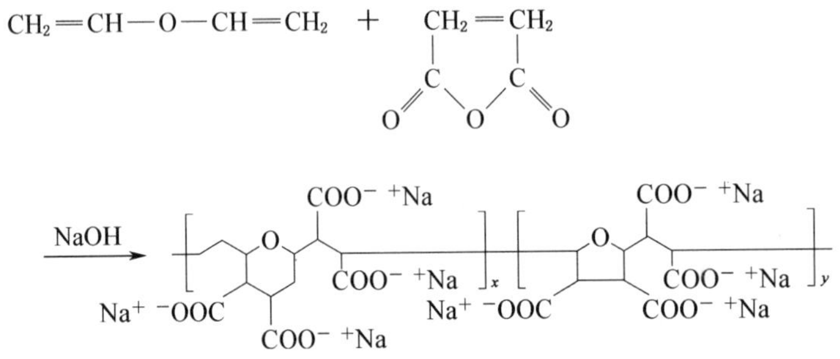

$$CH_2{=}CH{-}O{-}CH{=}CH_2 \quad + \quad \text{(顺丁烯二酸酐)}\ CH_2{=}CH_2,\ C(=O){-}O{-}C(=O)$$

$$\xrightarrow{NaOH} \left[\text{吡喃环}(COO^-\,{}^+Na)_4\right]_x\left[\text{呋喃环}(COO^-\,{}^+Na)_4\right]_y$$

图 7-20　吡喃共聚物的制备

吡喃共聚物是一种干扰素诱发剂，相对分子质量 17 000～450 000，具有广泛的生物活性。它能直接抑制多种病毒的繁殖，有持续的抗肿瘤活性，可用于治疗白血病、肉瘤，泡状口腔炎症、脑炎等。它还有良好的抗血凝性，有促进肝中钚的排除的功能。吡喃共聚物作为癌症的化疗剂研究已有多年。研究认为，它的抗肿瘤活性与它能活化巨噬细胞有关。吡喃共聚物的毒性比其他许多阴离子聚合物低得多，但用于临床试验仍然偏高，因此，作为抗癌药物，仍有许多研究工作要做。顺丁烯二酸酐的各种共聚物的药理活性差别很大，如顺丁烯二酸酐与苯乙烯的共聚物完全无吡喃共聚物的功能。分子量的影响也很大，如上述吡喃共聚物当相对分子质量低于 5 万时，药理活性消失。吡喃共聚物诱发干扰素的活性不如天然的多糖类化合物，但长效性和持续性则好得多。

心血管疾病是危害人类健康的多发病之一。已经研制了多种高分子心血管病药物。

聚丙烯酰胺是一种常用的高分子化合物。在水中加入 100 ppm 聚丙烯酰胺，可减少管道阻力约 40%。受此启发，将其用来治疗心血管疾病。众所周知，动脉血管硬化是由于血管壁纤维组织萎缩引起的，造成血管失去弹性，使血液流动紊乱。研究发现，在动脉血管中注入极少量聚丙烯酰胺(如 6mg/L)，就可减缓动脉血管硬化的程度，改善血管内血液流动的状况。

聚丙烯酰胺本身无毒，少量进入血液亦未见不良影响，但必须严格控制残余单体含量，因丙烯酰胺单体对中枢神经有麻痹作用。

聚乙烯磺酸钠是一种具有抗凝血作用的聚合物，对于治疗血栓性静脉炎有一定疗效，它与尼古丁戊酯配合对消除肌体浮肿、软化肌肤瘢痕都有良好的疗效，聚乙烯磺酸钠的分子结构如下：

$$\left[CH_2{-}\underset{\substack{|\\ SO_3Na}}{CH}\right]_n$$

聚乙烯磺酸酸钠的聚合单体是乙烯基磺酸钠。由于磺酸钠基团的强烈电斥作用，单体不易靠拢，因此，通过自由基聚合很难得到聚合物。有效的方法是采用等离子体引发聚合。

葡萄糖磺酸钠是一种半合成的抗凝血药物，对高血脂症和由高血脂引起的动脉硬化有一定的疗效，其结构式如下：

式中，R 为—SO_3Na 或—H。当其分子量为 7000 以下时，可供口服或静脉注射，当其分子量大于 7000 时，仅可口服。S 含量为 17%时，效果最好，相当于每个环中有两个磺酸基团。

7.4 药物微胶囊

7.4.1 微胶囊和药物微胶囊的基本概念

所谓微胶囊，是指以高分子膜为外壳、在其中包有被保护或被密封的物质的微小包囊物。就像鱼肝油丸那样，外面是一个明胶胶囊，里面是液态的鱼肝油。经过这样处理，鱼肝油由液体变成了固体。事实上，世界上第一个微胶囊专利也就是鱼肝油微胶囊。微胶囊的颗粒直径要比传统的鱼肝油丸小得多，尺寸范围在零点几微米至几千微米之间，一般为 5～200μm。微胶囊内被包裹的物质通常称为芯(core)、核(nucleus)或填充物(fill)；外壁称为皮(skin)、壳(shell)或保护膜(protecilve foil)。微胶囊中所包裹的物质，可以是液体、固体粉末，也可以是气体。

由于应用目的和制造工艺的不同，微胶囊的大小、形状可有很大变化，其包裹形式也有多种。常见的有图 7-21 所示几种类型。

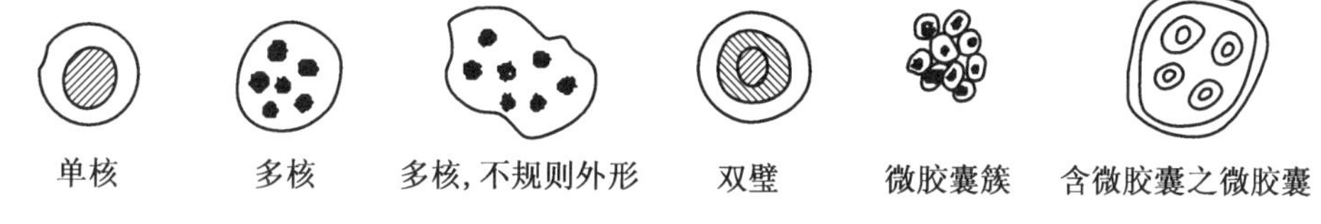

图 7-21 微胶囊的类型

微胶囊可以改变一个物质的外形而不影响它的内在性能。例如，一种液体物质经微胶囊化后就变成了固体粉末，其外形完全发生了变化，但在微胶囊内部还是液体，性质并不改变。但从另一意义上讲，物质的微胶囊化可改变其性质，它可以使物质分散成细小状态，经微胶囊化后，物质的颜色、比重、溶解性、反应性、压敏性、热敏性、光敏性均发生了变化。例如，一个比水重的物质可通过调节聚合物膜的比重和包入的空气量而使它浮于水面上。微胶囊的最大特点是可以控制释放内部的被包裹物质，使其在某一瞬间释放出来或在一定时期内逐渐释放出来。瞬间释放主要通过挤压、摩擦、熔融、溶解等作用使外壳解体；逐渐释放则是通过芯材向壳体外逐渐渗透或外壳逐渐溶解、降解而使芯材释放出来。

微胶囊在工农业生产、日常生活中有十分广泛的用途。例如，将无色染料包在微胶囊内，然后涂布在酸性底基的纸上。书写时，压力将微胶囊压破，无色染料遇酸而显色。这就是无碳复写纸的工作原理。将环氧树脂的固化剂微胶囊化混于环氧树脂中，可构成单组分环氧树脂黏合剂。黏合时，在外力作用下，微胶囊外壳破裂，固化剂与环氧树脂相遇接触而固化。把香料、驱蚊剂等的微胶囊混入内墙涂料中，依靠微胶囊外壳聚合物的渗透作用将香料、驱蚊剂逐渐释放出来，成为具有长效芳香、驱蚊作用的涂料。把农药、化肥微胶囊化则可得长效缓释农药、化肥。其他还可举出许多有意义的应用例子。药物的微胶囊化，也是微胶囊技术的一个重要应用领域。

药物的微胶囊化，就是将细微的药物颗粒用高分子膜保护起来形成的微小胶囊物。它是一种复合物，真正起药理作用的仍是低分子药物。

与普通的药物相比，药物微胶囊有不少优点。药物被高分子膜包裹后，避免了药物与人体的直接接触，药物只有通过对聚合物壁的渗透或聚合物膜在人体内被浸蚀、溶解后才能逐渐释放出来。因此能够延缓、控制药物释放速度，掩蔽药物的刺激性、毒性、苦味等不良性质，提高药物的疗效。此外，经微胶囊化的药物，与空气隔绝，能有效防止药物贮存过程中的氧化、吸潮、变色等不良反应，增加贮存稳定性。

目前，国内外已有眼科药物、抗菌消炎药物、抗痛药物、避孕药物以及激素、酶等多种药物微胶囊问世。

7.4.2 用作药物微胶囊膜的高分子材料

可用作微胶囊膜的材料很多，有无机材料，也有有机材料，但应用最普遍的是高分子材料。从理论上讲，任何可成膜的高分子材料都可用于制备微胶囊。但在实际应用时，要考虑芯材的物理、化学性质，如溶解性、亲油亲水性等，因此，真正能用作微胶囊膜的高分子材料并不是很多。

作为药物微胶囊的包裹材料，除了应满足 7.1.2 小节中提及的药用高分子应具备的基本性能外，还应该对药物有良好的渗透性，或能在人体中溶解或水解，使药物能以一定方式释放出来。

目前已实际应用的高分子材料中，天然的高聚物有骨胶、明胶、阿拉伯树胶、琼脂、海藻酸钠、鹿角菜胶、葡聚糖硫酸盐等。半合成的高聚物有乙基纤维素、硝基纤维素、羧甲基纤维素、醋酸纤维素等。应用较多的合成高聚物有聚葡萄糖酸、聚乳酸、乳酸与氨基酸的共聚物、甲基丙烯酸甲酯与甲基丙烯酸-β-乙酯的共聚物等。

选择药物微胶囊膜材料的工作是一项细致的工作，除了考虑上述条件外，还要考虑其使用环境和使用对象。例如，植入体内和注入血液、体液循环系统的微胶囊要能被体液分解并吸收，而在消化系统中释放的微胶囊，只要求药物能渗透即可，残余的聚合物膜可通过排泄系统排出体外。

7.4.3 药物微胶囊的制备方法

药物的微胶囊化是低分子药物通过物理方式与高分子化合物结合的一种形式。通俗地说，微胶囊化就是给分散得很细的药物颗粒“穿上外衣”的过程。在工业上和实验室中，药物微胶囊化的具体实施方法很多，归纳起来有以下几类：

（1）化学方法，包括界面聚合法、原位聚合法、聚合物快速不溶解法等；

（2）物理化学方法，包括水溶液中相分离法、有机溶剂中相分离法、溶液中干燥法、溶液蒸发法、粉末床法等；

（3）物理方法，空气悬浮涂层法、喷雾干燥法、真空喷涂法、静电气溶胶法、多孔离心法等。

在上述三大类制备微胶囊的方法中，物理方法需要较复杂的设备，投资较大，而化学方法和物理化学方法一般通过反应釜即可进行，因此应用较多。下面介绍几种常用的方法。

1. 界面聚合法

将两种带不同活性基团的单体分别溶于两种互不相溶的溶剂中，当一种溶液分散到另一种溶液中时，在两种溶液的界面上会形成一层聚合物膜。这就是界面聚合的基本原理。常用的活性单体有多元醇、多元胺、多元酚和多元酰氯、多元异氰酸酯等。其中，多元醇、多元胺和多元酚可溶于水相，多元酰氯和多元异氰酸酯则可溶于有机溶剂(油)相。反应后分别形成聚酰胺、聚酯、聚脲或聚氨酯。

如果被包裹的是亲油性药物，应将药物和油溶性单体先溶于有机溶剂，然后将此溶液在水中分散成很细的液滴。再在不断搅拌下往水相中加入含有水溶性单体的水溶液，于是在液滴表面上很快生成一层很薄的聚合物膜。经沉淀、过滤和干燥后，便得到包有药物的微胶囊。如果被包裹的是水溶性药物，则整个过程正好与上述方法相反。

运用界面聚合制备微胶囊要求药物能耐酸碱性，并不与单体发生反应。此外，包入微胶囊中的微量多余单体的去除也是必须认真对待的技术问题。界面聚合法所得微胶囊的壁很薄，约 $10^{-3}\sim10^{-2}$ μm，药物渗透性较好。颗粒直径 $10^{-3}\sim1$mm，可通过搅拌来调节。搅拌速度高，颗粒直径小且分布窄。加入适量表面活性剂也可达到同样目的。

2. 原位聚合法

所谓原位聚合法，就是单体、引发剂或催化剂以及药物处于同一介质中，然后向介质加入单体的非溶剂，使单体沉积在药物颗粒表面上，并引发聚合，形成微胶囊。也可将上述溶液分散在另一不溶性介质中，并使其聚合。在聚合过程中，生成的聚合物不溶于溶液，从药物液滴内部向液滴表面沉积成膜，形成微胶囊。

从上述方法介绍可知，原位聚合法要求单体可溶于介质中，而聚合物则不溶解。因此，其适用面相当广泛，任何气态、液态、水溶性和油溶性的单体均可应用，甚至可用低分子量聚合物、预缩聚物代替单体。此外，原则上各种聚合方法都可使用。为了使药物分散均匀，在介质中还常加入表面活性剂，或阿拉伯树胶，纤维素衍生物、聚乙烯醇、二氧化硅胶体等保护体系。

3. 水(油)中相分离法

用这种方法制备微胶囊时，首先将聚合物溶于适当介质中(水或有机溶剂)，并将药物分散于该介质中。然后向介质中逐步加入聚合物的非溶剂，使聚合物从介质中凝聚出来，沉积于药物颗粒表面而形成微胶囊。

4. 溶液中干燥法

这种方法是将药物溶液与聚合物溶液形成乳液，再将这种乳液分散于水或挥发性溶剂中，形成复合乳液。然后通过加热、减压、萃取、冷冻等方法除去溶解聚合物的溶剂，则聚合物沉积于药物表面，形成微胶囊。根据介质的不同，此法又可分为水中干燥法和油中干燥法两种方法，其中，水中干燥法是制备水溶性药物的最常用方法，它比界面聚合法优越之处在于它避免了单体与药物的直接接触，不会由于单体残留而引起毒性，也不必担心单体与药物发生反应而使药物变性或失去药理作用，因此，对那些容易失去活性或变性的药物(如酶制剂、血红蛋白等)尤为合适。

水中干燥法的具体实施过程为：先将含有被包覆药物的水溶液分散于含有聚合物和表面活性剂(如司盘型乳化剂)的有机溶液中，形成油包水(W/O)型乳液，再将这种乳液分散到含有稳定剂(如明胶、聚乙烯醇、吐温型乳化剂等)的水中，形成复合乳液[(W/O)/W]。然后通过加热、减压或萃取等方法除去溶解聚合物的有机溶剂，于是在药物颗粒表面形成一层很薄的聚合物膜。

7.4.4 药物微胶囊的应用

药物微胶囊的研究和应用是在20世纪70年代兴起的，已取得了许多成果，国内在这方面也做了大量的工作。

聚乳酸是一种性能优异的医用高分子材料，无毒，无炎症和过敏反应，在体内可降解成无毒的乳酸，并进一步代谢成二氧化碳和水。它在碱性条件下的降解速度高于酸性条件。例如，在0.01mol/L NaOH溶液中的降解速度是同浓度盐酸的2倍，在含脂酶的人工肠液中的降解速度是不含脂酶的人工胃液的8倍。实验结果表明，聚乳酸在动物体内约四星期后开始降解。用聚乳酸作微胶囊膜材料包埋抗癌药物丝裂霉素C，以患肉瘤和乳腺癌的老鼠为试验对象，一次投药量为20mg/kg体重，10d投药一次。结果癌细胞抑制率达85%，而未采用微胶囊型药物供药的，75%死亡。可见药物微胶囊的缓释性使毒性降低，疗效增加。

用丙交酯和ε-己内酯在负离子络合型催化剂存在下进行共聚制得的单分散性的嵌段共聚物($\overline{M}_w/\overline{M}_n \approx 1.12$)包埋十八甲炔诺酮(甾类抗生育药)，具有优良的缓释作用，而且释放速度相对恒定。

用甲基丙烯酸甲酯-甲基丙烯酸-β-羟乙酯共聚物包埋四环素，四环素可从聚合物膜向外渗透。试验结果表明，在四个月内的释放速度为零级释放，即释放速率恒定为常数，与包埋浓度无关。

维生素C因其分子中含有相邻的二烯醇结构，在空气中极易被氧化而变黄，与多种维生素和微量元素复合时问题更为突出。采用溶剂蒸发法研制了以乙基纤维素、羟丙基甲基纤维素苯二甲酸酯等聚合物为壁膜材料的V_C微胶囊，达到了延缓V_C氧化变黄的效果。将V_C微胶囊与V_C晶体同时暴露于空气中一个月，则V_C晶体吸湿黏结，色泽呈棕黄，而V_C微胶囊却保持干燥状态，色泽略黄。试验还表明，这种V_C微胶囊进入人体后，两小时内完全溶解释放。

配糖蛋白B(glycoprotein B)是一种免疫兴奋剂，主要用作小儿支气管炎的预防药物。但这种药物性质不稳定，易变质，贮存期很短。因此研制了以阳离子丙烯酸酯树脂为壁膜材料的微胶囊，大大提高了药物的贮藏稳定性。这种微胶囊在37℃，pH=1～3的介质中，30min即可充分溶解释放，因此能溶于人体胃液中并被吸收。由于其药物被高分子壁材所包埋，没有异味，更适合于儿童口服。

氨茶碱是一种有效的支气管扩张药物，但它的有效治疗剂量与中毒剂量十分接近。血液中氨茶碱浓度超过一定范围即会出现恶心、呕吐、心律不齐、心肺功能衰竭等不良反应，而频繁进药又给病人带来不便。用羟丙基甲基纤维素包埋氨茶碱制成的微胶囊，有很好的缓释性，安全性大大提高。

微胶囊技术在固定化酶制备中有明显的优越性。过去，酶固定化的技术是将酶包裹于凝胶中，或通过酶上的活性基团(如羟基、胺基等)，以共价键的形式与载体连接。但这些方法都会在一定程度上降低甚至失去酶的活性，而采用微胶囊技术后，由于酶包埋在微胶囊中，活性不会发生任何变化，使效力大大提高。

7.5 药用高分子辅助材料

现代药物都是以制剂的形式用于医疗卫生领域。各种制剂通过不同的给药途径到达肌体的有关组织和器官而发挥治疗作用。因此，药物的疗效、稳定性和安全性都与药物的剂型、制剂处方及制备工艺密切相关。而在这些药剂以及制剂过程和给药过程中，高分子辅助材料的使用随处可见，尤其是现代药物制剂更是如此。

7.5.1　高分子辅助材料在药剂制备过程中的应用

药物制剂按分散形式可分为固体类剂型，如散剂、丸剂、片剂等；胶体溶液类剂型，如胶浆剂、涂膜剂、微凝胶剂等；微粒剂型，如脂质体、微球剂、微胶囊剂、毫微粒剂、纳米粒剂等；混悬液类剂型，如合剂、洗剂、混悬剂等；乳剂类剂型，如乳剂、搽剂等；真溶液类剂型，如芳香水剂、糖浆剂、溶液剂、甘油剂及注射剂等；气体类剂型，如气雾剂、吸入剂、喷雾剂；还有中药等天然药物浸膏剂等。这些剂型的加工与应用过程几乎都离不开高聚物，尤其是固体类剂型和胶体溶液类剂型更是如此。

在选用高分子辅助材料时，应注意药物与高分子材料的配伍性，避免导致药物变性分解的化学反应出现。

由于大多数药物是小分子化合物，它们或是固体结晶粉末或是液体，因此，固体制剂的生产过程中都需要加入赋形剂，以保证药物原有的疗效和方便加工。固体结晶粉末有可能制成各种形状的片剂。但是，它们或是不适合高速机械的冲压成型加工，或是生物利用度低。而液体药物离开赋形剂几乎不可能制成固体片剂。利用高分子表面与界面的吸附和扩散等性质，实现对药物的吸附、包裹或黏合，制成流动性好、容易冲模的粒子或粉末，然后加压成片。在加工过程中，还能防止小分子药物的损耗及其对生产环境的污染。由此制成的药剂，与生物体的亲和性通常被改善，药效得以保证，并且高分子表面与界面允许药物的扩散释放。沉积固着于高聚物基体中的固态药物，借助亲水性高分子材料从生物体中吸收的体液而溶解，并从高分子基体中扩散至高分子基体的表面，最后，通过界面层扩散至体液中。

中药注射剂的配制一般要经过除去中药提取液中含有的树脂、黏液质等胶体杂质的工序，利用蛋白质或聚丙烯酰胺等含酰胺基的线形高聚物能与含有羟基的胶体杂质形成氢键缔合的特性，可以添加蛋白质或聚丙烯酰胺等高分子材料，使胶体杂质表面黏度迅速增高并凝聚沉积。另外，蛋白质分子的电荷因与含有酚羟基的鞣质酸接触而减少，导致水溶性下降而沉积，从而达到除去胶体杂质的目的。

7.5.2　高分子辅助材料在药物和药剂中的应用

高分子材料在传统制剂和现代的控制释放及靶向制剂中都有自己的独特作用，药用高分子辅助材料的发展促进了药剂技术的飞速进步。通过合成、改性、共混和复合等方法的改进，一些高分子材料在分子与颗粒尺寸、电荷密度、疏水性、生物相容性、生物降解性等的特殊性能，从而诞生出缓释、控释以及靶向制剂等新剂型。

在传统剂型中，所用的高分子材料仅仅是药物的被动载体，主要用作为片剂和一般固体制剂的辅料，这些辅料在药剂中起黏合、稀释、崩解、润滑等作用。就崩解而言，高分子的亲水性、吸湿膨胀破坏原固体制剂结构，或材料的毛细管吸水变硬而刚直以撑开原固体制剂结构，从而实现崩解。

可溶性高分子能使沉积或包裹于其中的疏水性或弱亲水性药物表面具有良好的可湿性，从而使药物的生物亲和性显著提高。

中药和天然药物的浸膏剂常用干燥淀粉作为其稀释剂，这是利用淀粉的高吸水性，从而便于制备干燥粉状药剂。高分子的长链结构使其具有较高的吸附能力，吸附在小分子药物粉末或微粒表面可使药物处于高度分散状态而不易聚集或附聚。

在现代药剂学中除了必需使用高分子材料作赋形剂外，还用高聚物作为缓释或控释药物系统的组件、骨架材料、微囊材料、膜材料以及胞衣材料等，用这类材料加工制成的药剂进入人体内就可以允许药物按照预定的速率释放。其中，控释给药系统是一类能够控制和计量给药速度，并能够保持药物时效的新剂型，药物以零级动力学速度释放，从而保证体内药物的最佳需要量。如高分子基控制释放药物的皮下植入剂与口服剂对释放速率的要求不相同，前者通常希望达到一年以上，后者则希望设计为12h左右。

靶向药剂是通过渗透或主动转运方式，将药物-载体复合物选择性地与特定靶细胞结合。由于它需要在人体的循环系统中运行，因此，所用的高分子载体必须是生物相容性的和生物可降解代谢的。在有效到达体内的病灶处后，高分子材料可在体内被缓慢降解而实现药物的控制释放。

在液体制剂中，采用最多的是蛋白质、酶类、纤维素类溶液、阿拉伯胶、淀粉浆、胶浆、右旋糖酐、聚乙烯吡咯烷酮和聚乙烯醇等水溶性高聚物。由上述水溶性高聚物在水中溶解而制成的胶浆或溶液，具有黏性和黏膜表面的覆盖性能，能够控制药物的释放，减少或降低药物的刺激性并提高药物的稳定性。在有些溶胶制剂的制备与应用中需加入一定量和一定浓度的高分子溶液，则是由于足够量的高分子链被吸附在溶胶粒子的表面上，阻碍了胶体粒子的聚集，可以提高溶胶体的稳定性。

由于高聚物单位质量的极限吸附量比相似条件下同类小分子的要大得多，因而具有抗聚集沉降功能，所以通常添加高分子作为混悬制剂的助悬剂。但是，聚丙烯酸（钠）等离子型高分子有时会引起絮凝作用。乳剂、微乳、微粒和微凝胶制剂，均要用高分子及其溶液作乳化剂，这种乳化剂可以在分散的油滴周围形成多分子膜，如聚乙二醇（PEG）是一种无毒、亲水、非免疫原性的高聚物，常被用作为各种微粒体的立体保护剂。有些高分子（如蛋白质、明胶、阿拉伯胶等）被吸附在油滴界面时，并不能有效地降低界面张力，但却能形成坚固的多分子膜，有效地阻碍油滴的合并。另外，高分子溶液还可以增加连续相的黏度，也有利于提高乳剂的稳定性。聚氧乙烯类或羟丙基纤维素等表面活性剂在口服制剂中还能够增加胃液的黏度，阻滞药物向黏膜吸收面扩散，从而使吸收速度随黏度的增加而减少，实现药物缓释。

7.5.3 高分子辅助材料在药物制剂中的应用形式

1. 充填材料

片剂、胶囊等口服固体制剂是医药中应用最为广泛的制剂。片剂要求药片的质量均一，包装、运输及储存过程中不易破裂，而且口服后药片又容易崩解使药物快速释放出来，因此需采用高分子材料来控制药物的可压缩性、硬度、吸潮性、脆性、润滑性、稳定性及在体内的溶解速度。高分子材料在这类制剂中作为充填材料的应用主要是用作稀释剂、润滑剂和吸收剂等。

许多药物疏水性太强，很难被水润湿，加工片剂时，需要加入少量的润湿剂，增加药物的分散性，使片面光滑美观，无缺陷。常被用作润湿剂的高分子材料有：聚乙二醇、聚山梨醇酯、环氧乙烷和环氧丙烷共聚物、聚乙二醇油酸酯等。

如果主药的剂量很小（小于0.1g）时，不易压制成片或装囊，在制剂制备时就需加入稀释剂，增加片重和体积。如果原料药中含有油类或其他液体时，需预先加入吸收剂，使成为固态，再加入其他辅料进行制片。用作稀释剂和吸收剂的材料有：微晶纤维素、粉状纤维素、糊精、淀粉、预胶化淀粉，乳糖等，所用的稀释剂也可同时起到黏合剂的作用。

液体制剂或半固体制剂中常需加入高分子材料作为共溶剂、脂性溶剂、助悬剂、凝胶剂、乳化剂、分散剂、增溶剂、皮肤保护剂等，属于这类的高分子材料有纤维素的酯及醚类、聚丙烯酸、聚氧乙烯/聚氧丙烯嵌段共聚物、聚乙二醇、聚乙烯基吡咯烷酮等。

2. 黏合剂与黏附材料

为了解决原料药粉压缩性差、自身难成片的问题，通常需要加入具有黏合性能的高分子材料，即黏合剂。作为黏合剂的高分子材料有：淀粉、预胶化淀粉、羧甲基纤维素钠、微晶纤维素、乙基纤维素、甲基纤维素、羟丙甲基纤维素、西黄蓍胶、琼脂、葡聚糖、聚乙烯基吡咯烷酮、海藻酸、聚丙烯酸、糊精、瓜尔胶等。一般是采用高分子材料的水或醇水溶液或分散液与药粉混合均匀，使药粉团聚而易于压片。黏合剂的用量通常限制在较低范围，以防止黏结性过强而阻碍药片崩解。

另外，具有生物黏附作用的高分子材料用于生物黏附片的制备，应用于口腔、鼻腔、眼睛、阴道及胃肠道的特定区段，通过黏膜输送药物，用于局部或全身治疗。能够很好地黏附于生物膜上的聚合物通常是阴离子型聚电解质。带有羰基、羟基的水溶性的高分子可呈现出较好的生物黏附性。这类高分子材料有纤维素醚类（羟丙基纤维素、甲基纤维素、羧甲基纤维素钠），海藻酸钠，聚丙烯酸，透明质酸、聚天冬氨酸、聚谷氨酸、聚乙烯醇及其共聚物、聚乙烯基吡咯烷酮及其共聚物、瓜耳胶、羧甲基纤维素钠等。

3. 崩解性材料

崩解剂的作用是克服因压缩而产生的黏结力，促进片剂在胃肠道中迅速崩解或溶解，使药物及时被吸收。崩解剂应具有亲水性且性质稳定，遇水迅速膨胀。这类材料有交联羧甲基纤维素钠、微晶纤维素、海藻酸、明胶、交联聚乙烯基吡咯烷酮、羧甲基淀粉钠、淀粉、预胶化淀粉等。崩解剂是通过高分子材料的毛细管作用吸水或在水中溶胀而促使片剂崩解的。如微晶纤维素，虽然自身不能在水中溶解，但可经毛细血管作用将水吸人药片中，使药片碎裂。而明胶则是通过其在水中的溶胀作用使药片崩解的。

4. 包衣膜材料

高分子材料良好的成膜性质在药物制剂中得到广泛的应用。例如，用于膜剂和包衣片剂的辅助材料，极大地促进了这类药物制剂的发展。

膜剂是指药物溶解或混悬于适宜的高分子成膜材料中加工制成的1mm以下厚度的薄膜状制剂，用于内服或外用。

膜剂成膜材料的选择需要考虑成膜的拉伸强度、柔软性、吸湿性和水溶性，可选择天然和合成的高分子。天然高分子成膜材料有明胶、阿拉伯胶、虫胶、琼脂、海藻酸及其盐、淀粉、糊精、玉米朊等。这类天然材料用于膜剂中需要加入防腐剂，以防止微生物的滋长。合成或半合成的高分子成膜材料有纤维素衍生物、聚丙烯酸、乙烯-醋酸乙烯酯共聚物、聚乙烯乙醛二乙胺乙酯、聚乙烯胺、聚乙烯基吡咯烷酮、聚乙烯氨基缩醛衍生物、聚乙烯醇等，其中聚乙烯醇以其良好的性质而被认为是最好的成膜材料，得到了大量的应用。

片剂包衣是指在药物片芯之外包上一层比较稳定的高分子外衣，对药片起到防止水分、空气、潮气的浸入，掩盖药物特有气味和味觉的作用。与糖衣相比，高分子包衣具有生产周期短、效率高、片重增加小（一般增加2%～5%）、包衣过程可实行自动化、对崩解的影响小等特点。近年来高分子包衣已广泛应用于片剂、丸剂、颗粒剂、胶囊剂等剂型中，对提高制剂质量，拓宽医疗用途起了十分积极的作用。

根据高分子衣料的性质，可制成胃溶、肠溶及缓释、控释制剂。胃溶衣片是指在胃液中溶解或崩解的片剂。肠溶衣片则是指在胃中保持完整而在肠道内崩解或溶解的包衣片剂。采用肠溶衣的目的主要是:①保护遇胃液能起化学反应而变质失效的药物;②避免药物对胃黏膜的刺激;③使药物在肠道内起作用,在进入肠道前不被胃液破坏或稀释;④促进药物在肠道吸收或在肠道保持较长的时间以延长其作用。

由于高分子材料分子结构、分子量大小等不同,对其成膜性能、溶解性和稳定性都有一定影响。如果单一材料不能满足包衣要求时,可使用两种或两种以上的薄膜衣材料,以达到较好的包衣效果。

常用的高分子包衣材料主要有纤维素衍生物(如羟丙基甲基纤维素、羟丙基纤维素、乙基纤维素、醋酸纤维素酞酸酯、羟乙基纤维素、羧甲基纤维素钠、甲基纤维素、羟丙基甲基纤维素酞酸酯等)、玉米朊、聚乙二醇、聚乙烯基吡咯烷酮、聚丙烯酸酯树脂类(由甲基丙烯酸酯、丙烯酸酯和甲基丙烯酸等单体按不同比例共聚而成的一大类聚合物)、聚乙烯缩乙醛二乙胺醋酸酯等。

高分子包衣虽然成本略高于或等于糖衣的原料成本,但缩短了工时,减低耗能,而且减少了裂片、吸潮等质量问题造成的损失,因此综合成本低于糖衣。另外,新型高分子包衣辅助材料的开发和包衣技术的发展,将赋予高分子包衣更好的性能,如靶向、控制药物释放等功能。

5. 保湿性材料

药物制剂中应用的保湿性材料可分为两大类。一类是疏水性的油类,如二甲基硅油、凡士林等,常用来制备保护性药膏,防止皮肤水分的蒸发。另一类是亲水性的物质,能够吸收较大量的水,用来制备凝胶剂、软膏及霜剂,保证制剂呈半固体状态并含有大量的水分。

用来制备凝胶剂的主要是水溶性基质,有天然高分子,如琼脂、黄原胶、海藻酸、果胶等;纤维素类的衍生物,如甲基纤维素、羧甲基纤维素、羟乙基纤维素等;合成高分子,如聚丙烯酸水凝胶、聚氧乙烯/聚氧丙烯嵌段共聚物等。

软膏剂及霜剂中的水性保湿材料主要有羊毛脂、胆固醇、低分子量聚乙二醇(平均相对分子质量在200～700之间)、聚氧乙烯山梨醇等。

6. 缓释和控释性材料

现代医学对药物的使用提出更安全、更有效的要求,按治疗要求的时间将所需量的药物尽可能向作用部位输送。为此要研究药物在体内的定向输送,利用各种技术来控制药物在体内的释放,从而保证获得最高的治疗效果、最小的毒副反应,这就是给药系统(Drug Delivery System,DDS)的研究目的。缓释和控释制剂是DDS中的一个部分,并越来越多地应用于常规的治疗中。按零级动力学释药的缓释、控释制剂则可长时间将血药浓度保持在有效浓度范围内,减少或避免毒副作用。

制备缓释和控释制剂,需要使用适当的辅助材料,使制剂中药物的释放速度和释放量达到预定要求,确保药物以一定速度输送到病患部位并在组织中或体液中维持一定浓度。缓释和控释制剂中起缓释和控释作用的辅助材料多为高分子化合物,利用高分子聚集态结构特点和溶解、溶胀及降解性质,通过溶出、扩散、溶蚀、降解、渗透、离子交换、高分子挂接等作用,达到药物的缓释和控释目的。

目前用于制备缓释和控释制剂的高分子材料主要有以下几类。

1) *骨架型缓释、控释材料*

(1) 水溶性或凝胶骨架。

药物的释放是通过水膨化层的扩散、高分子链的松弛等作用完成的。常用的骨架控释材料是羟丙基甲基纤维素(HPMC)。HPMC遇水形成凝胶,并逐渐溶解。通过调节HPMC的用量和规格来调节释放速度。此外还有甲基纤维素、羟乙基纤维素、羧甲基纤维素、海藻酸钠、聚乙烯基吡咯烷酮、聚丙烯酸、壳多糖、胶原、聚甲基丙烯酸-β-羟乙酯、聚甲基丙烯酸羟丙酯、聚乙烯醇/甲基丙烯酸酯共聚物等。通常骨架材料的分子量越大,药物释放速率越快。

(2) 可溶蚀或可生物降解骨架。

可溶蚀的骨架是不溶解但可溶蚀的蜡质材料,其常用的有巴西棕榈蜡、氢化植物油、硬脂醇、单硬脂酸甘油酯、聚乙二醇、聚乙二醇单硬脂酸酯、甘油酸酯等。通过孔道扩散与蚀解控制释放,有时需加入附加剂,如聚乙烯基吡咯烷酮、聚乙烯基月桂醇醚等。可生物降解或生物溶蚀骨架是由可生物降解或生物溶蚀性高分子材料构成的,主要有聚乳酸、聚乙醇酸/聚乳酸共聚物、乳酸与芳香族羟基酸共聚物(如对羟基苯甲酸、对羟基苯乙酸、对羟基苯丙酸或苦杏仁酸等)、聚己内酯、聚氨基酸(聚谷氨酸、谷氨酸/亮氨酸共聚物)、壳聚糖、聚 α-氰基丙烯酸酯、聚原酸酯等,是通过高分子链的断裂控制药物释放的。

(3) 不溶性骨架。

通过骨架材料内的孔道控制药物释放,在胃肠中不崩解,释药后随排泄物排出。这类材料有乙基纤维素、尼龙、聚 α-氰基烷基丙烯酸酯、聚甲基丙烯酸酯、聚乙烯、乙烯/醋酸乙烯共聚物、聚氯乙烯、聚脲、硅橡胶等。

2) 膜型缓释、控释材料

(1) 微孔膜包衣材料。

这类包衣材料通常是由胃肠道内不溶解的高分子材料(如醋酸纤维素、乙基纤维素、乙烯/醋酸乙烯共聚物、聚丙烯酸酯树脂等)与致孔剂(水溶性物质如 PEG、PVP、PVA、SDS、糖和盐等)混合形成衣膜,通过致孔剂在胃肠液中溶解形成微孔或通道,来控制药物释放。因此,要求衣膜材料具有一定的强度和耐胃肠液侵蚀性质,使衣膜在胃肠道内不被破坏,最后通过肠道排出。

(2) 肠溶膜包衣材料。

这类衣膜材料主要是利用其在胃中不溶,而在肠道中溶解的特性使制剂产生缓释作用。通过调节衣膜的组成可调节其药物释放速度。常用的高分子材料有醋酸纤维素酞酸酯、聚丙烯酸酯树脂、羟丙基甲基纤维素酞酸酯和醋酸羟丙基甲基纤维素琥珀酸酯等。

3) 高分子渗透膜

这是一类采用水不溶性高分子材料通过不同方法制备的微孔膜,具有一定大小的孔隙和孔隙率,亦称半透膜。膜的渗透性大小可用它们的水蒸气透过性表征。对常用的高分子膜材料而言,厚度为 25 μm 的膜,24h 水蒸气的透过量($g/100cm^2$)的大小顺序为:聚乙烯醇(0.155)、聚氨酯(0.046~0.155)、乙基纤维素(0.12)、醋酸纤维素(0.06~0.12)、醋酸纤维素丁酸酯(0.078)、流延法聚氯乙烯(0.016~0.031)、挤出法聚氯乙烯(0.009~0.016)、聚碳酸酯(0.012)、聚氟乙烯(0.005)、乙烯/醋酸乙烯共聚物(0.002~0.005)、聚酯(0.003)、聚乙烯涂层的赛璐玢(>0.002)、聚偏二氯乙烯(0.002)、聚乙烯(0.001)、乙烯/丙烯共聚物(0.001)、聚丙烯(0.001)、硬质聚氯乙烯(0.001)。这类高分子渗透膜用来制备渗透泵片,比骨架型缓释制剂更为优越。

4) 离子交换树脂

离子交换树脂是交联的聚电解质,分子链上带有大量离子基团,不溶于水和溶剂,因此可用于离子型药物的控制释放。

离子交换树脂分为阳离子和阴离子交换树脂两大类。离子型药物结合在带有相反电荷的离子交换树脂上,通过与释放介质中的离子进行交换,释放出药物。目前药用的有阴离子型的二乙烯苯/甲基丙烯酸钾共聚物交换树脂、羧甲基葡萄糖交换树脂等。

5）高分子挂接

高分子挂接是指采用本身没有或仅有弱的药理活性的聚合物，通过在体内可解离的基团或短链键合上药物小分子，形成高分子载体药物。这种高分子载体药物在体内通过降解作用，释放出药物分子，达到控制药物释放的目的。与小分子药物相比，高分子载体药物有许多优点。例如，高分子载体上可以连接大量药物分子，从而产生缓释效应；高分子载体上可同时连接药物和靶向基团，容易实现“自动寻找”功能；如果应用生物活性的高分子作为载体，可以将高分子的活性与小分子药物的活性配合起来等。但目前高分子载体药物也存在一些缺点，例如高分子化合物通常难以通过生物膜屏障进行转运，难以透过细胞膜进入细胞；如果高分子载体分子量大于肾的阈值，就难以透过肾滤过从血液中排出。

有关高分子载体药物的详细内容，可参阅本书第7.2.3节，此处从略。

7.5.4 天然药物高分子辅助材料

1. 天然药用高分子辅助材料的特点和分类

1）天然药用高分子辅助材料的特点

天然药用高分子辅助材料是指自然界存在的可供药物制剂作辅助材料的高分子化合物，重要的品种有淀粉、纤维素、阿拉伯胶、甲壳素、海藻酸、透明质酸、明胶以及白蛋白（如人血清白蛋白、玉米蛋白、鸡蛋白等）等。植物、动物和藻类是提取、分离和加工天然药用高分子材料的巨大自然宝库。

早期，人们将上述天然药用高分子材料直接用于药物制剂中。随着现代制剂工业的发展，药物新制剂、新剂型的不断出现，原始的天然药用高分子的性质已远远不能适应制剂的要求。因此，有必要根据其结构和性质进行物理、化学或生物的改性，使其能符合药用和制剂工业生产的特殊需要和应用要求。在改性过程中，天然药用高分子通过物理结构破坏、分子链的断裂、重排、氧化或引入特殊官能团，使材料的性质发生变化，导致具有新的性质的天然药用高分子衍生物的诞生。例如，淀粉的改性产物羧甲基淀粉、淀粉磷酸酯等；纤维素的改性产物微晶纤维素、羧甲基纤维素、邻苯二甲酸醋酸纤维素、甲基纤维素、乙基纤维素、羟丙基纤维素、羟丙基甲基纤维素、丁酸醋酸纤维素、琥珀酸醋酸纤维素等都是天然高分子的改性产物。

2）天然药用高分子辅助材料的分类

天然药用高分子辅助材料按照其化学组成和结构单元可以分为多糖类、蛋白质类和其他类。多糖类天然药用高分子辅助材料是糖基间通过苷键连接而成的一类高分子聚合体。其在医药工业中应用最多的首推淀粉、纤维素、阿拉伯胶，其次是海藻酸、甲壳素、果胶等。蛋白质类天然药用高分子主要是利用动物原料制取的一类聚L-氨基酸化合物，明胶以及白蛋白等属于此类。其他类则包含了各种无特定组成单元的天然药用高分子。

依据原料的来源，天然药用高分子辅助材料可分为淀粉及其衍生物、纤维素及其衍生物和甲壳素及其衍生物等。前者是指天然淀粉和由淀粉改性的产物，纤维素及其衍生物是天然纤维素及由纤维素改性的产物，后者则为天然甲壳素及甲壳素改性产物。其中纤维素衍生物在医药工业中的应用较为广泛。

此外，按照加工和制备方法，可将淀粉、纤维素、阿拉伯胶，海藻酸、甲壳素、果胶等直接从动物或植物体中提取的高分子材料称为天然高分子；将天然高分子经过化学改性得到的羧甲基淀粉、淀粉硫酸酸，羧甲基纤维素、邻苯二甲酸醋酸纤维素、甲基纤维素、乙基纤维素、羟丙基纤维素、丁酸醋酸纤维素、琥珀酸醋酸纤维素等称为天然高分子衍生物，或称为半合成高分子；将黄原胶、右旋糖酐以及聚谷氨酸等生物发酵或酶催化合成的生物高分子也归为天然高分子类。因此，药用天然高分子辅助材料还可分为天然高分子材料、生物发酵或酶催化合成的高分子材料和天然高分子衍生物三大类。

2. 多糖类天然药用高分子及其衍生物

多糖类高分子是由多个单糖分子脱水、缩合后通过苷键连接而成的一类高分子化合物。糖基和糖基之间的连接键苷键可为酸或酶催化水解，因此可以被人体及生物体分解或代谢利用。从其分子组成单元——糖基的种类看，多糖类高分子可分为由一种糖基聚合而成的均多糖(homosaccharide)，如纤维素、淀粉、甲壳素等，和含有两种或两种以上的糖基的杂多糖(heterosaccharide)，如阿拉伯胶、果胶、海藻酸等。从多糖形成的聚合糖链形状分类，可分为直链结构多糖(如纤维素)和既具有直链结构又具有支链结构的多糖(如淀粉、阿拉伯胶的)。

天然多糖化合物分子量都很大，一般为无定性粉末或结晶，易吸湿。有的可溶于水，但不能成真溶液；有的可形成胶体溶液；有的不溶于水，但可吸水膨胀。多糖没有甜味，也无还原性，有旋光性，但是没有变旋现象。一般均多糖为中性化合物，杂多糖表现为酸性，故杂多糖又称酸性多糖。

1) 淀粉

淀粉的分子式为$(C_6H_{12}O_5)_n$，是由许多葡萄糖分子缩合而成的多糖。在自然界是以一薄层蛋白包着的颗粒状存在于植物中。颗粒内除含有80%～90%的支链淀粉外，还含有10%～20%的直链淀粉。二者的结构单元均为D-吡喃型葡萄糖基。直链淀粉是葡萄糖基之间以α-1,4-苷键连接的线性聚合物，平均聚合度为800～3000，相对分子质量128000～480000。由于分子内的氢键作用，直链淀粉易形成链卷曲的右手螺旋形空间结构，约6个葡萄糖形成一个螺旋。其分子结构及构象见图7-22和图7-23。

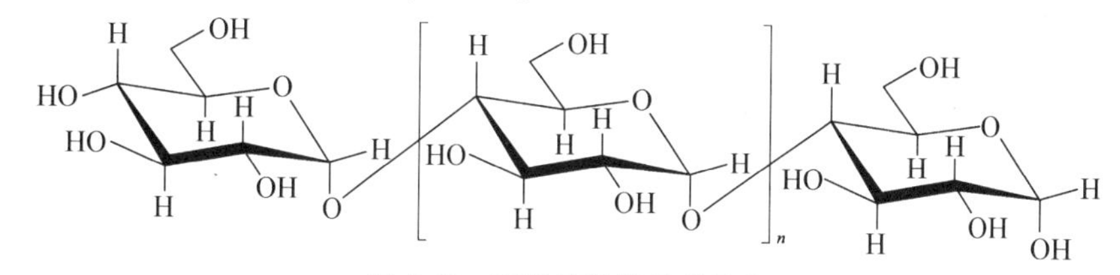

图 7-22 直链淀粉的化学结构

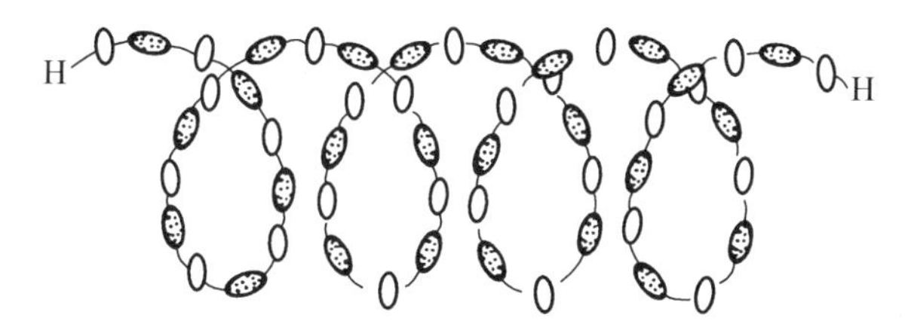

—葡萄糖单位； —α-1, 4-苷键

图 7-23 直链淀粉的分子构象

支链淀粉是一种高度分枝的大分子，各葡萄糖基单位之间以α-1,4-苷键连接构成主链，在主链分枝处又通过α-1,6-苷键形成支链，分枝点的α-1,6-苷键占总糖苷键的4%～5%。支链淀粉的分子量较大，根据淀粉来源及分支程度的不同，平均相对分子质量范围在1×10^7～5×10^8，相当于聚合度为5万～250万。一般认为每隔15个单元，就有一个α-1,6-苷键接出的分支。支链淀粉分子的形状犹如树枝状，其分子结构和构象分别见图7-24和图7-25。

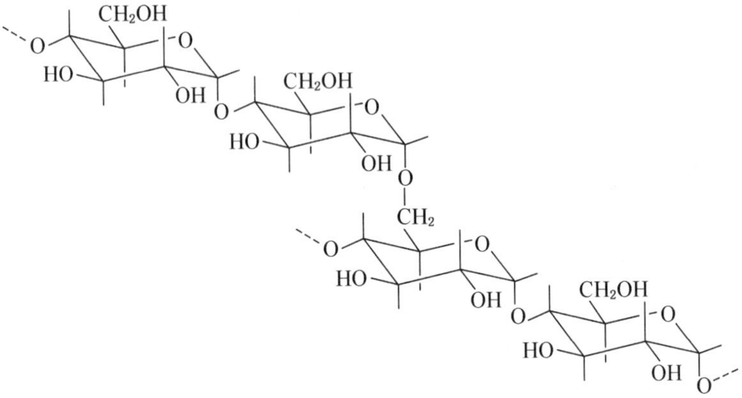

图 7-24　支链淀粉的化学结构

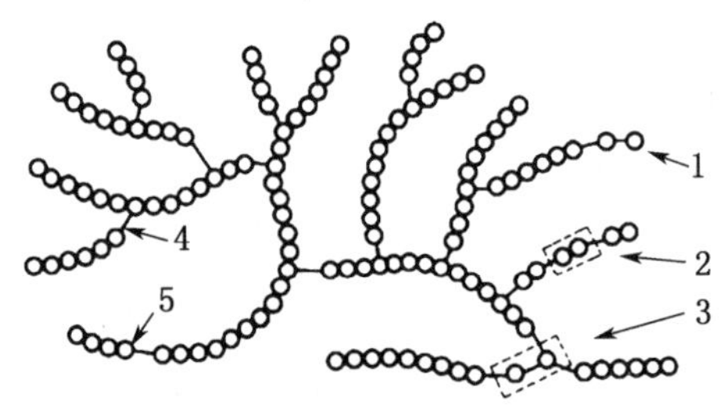

1—葡萄糖单元；2—麦芽糖单元；3—异麦芽糖单元；4—α-1,6-苷键；5—α-1,4-苷键

图 7-25　支链淀粉的分子构象

淀粉的分子量及分子量分布主要与其来源有关。例如，谷物淀粉的低分子量部分含量较高，超过 40%，其次为豆类、薯类淀粉，均小于 30%；而高分子量部分，以薯类所占的比例最大，其次为豆类、谷类淀粉；谷物中玉米淀粉的中等分子量比例较小；荸荠淀粉中直链淀粉含量约 29%，其分子量比玉米链淀粉大；豆类淀粉的直链淀粉含量大于 30%，其分子量也比玉米直链淀粉大。同一产地同一品种淀粉的重均分子量基本相同。但是同一品种不同产地的样品，其分子量差别可能很大。淀粉分子量分布的不均匀性，以及同种淀粉不同样品分子量的差异是自然形成的，无法控制。

淀粉颗粒内部结构类似于球晶体，由许多环层组成，层内的针形微晶体排列成放射状。一部分无定形的分子链将微晶体联系在一起。通常淀粉颗粒中结晶区为颗粒体积的 25%～50%，其余为无定形区。结晶区和无定形区之间没有明显的界线。淀粉颗粒内部的结构模型见图 7-26。

A—直链淀粉；B—支链淀粉

图 7-26　淀粉颗粒内部结构示意图

淀粉的基本性质可归纳如下。

(1) 溶解性和含水量。

淀粉的表面由于其葡萄糖单元的羟基排列于内侧，故呈微弱的亲水性并能分散于水。不溶于水、乙醇和乙醚等，但有一定的吸湿性。淀粉中含水量受空气湿度和温度变化影响。在一定的相对湿度和温度条件下，淀粉吸收水分与释放水分达到平衡，此时淀粉所含的水分称平衡水分(表 7-4)。尽管淀粉含有如此高的水分，但却不显示潮湿而是呈干燥的粉末状。

表 7-4 商品淀粉中的平衡水分含量

淀粉品种	水分含量	
	国内	国际
玉米淀粉	14%	15%
马铃薯淀粉	18%	21%
木薯淀粉	15%	18%

用作稀释剂和崩解剂的淀粉，宜用平衡水分小的玉米淀粉(表 7-4)。淀粉中的水分为自由水和结合水两种状态。自由水保留在物体团粒间或孔隙内，仍具有普通水的性质，随环境湿度的变化而变化。这种水与吸附它的物质只是表面接触，它具有生理活性，可被微生物利用。结合水不再具有普通水性质，温度低于－25℃也不会结冰，不能被微生物利用。排除这部分水，就有可能改变物质的物理性质。

(2) 水化、膨胀和糊化。

淀粉颗粒中的淀粉分子分别处于结晶相和无定形相。无定形相是亲水的，进入水中就可吸水而膨胀，然后整个颗粒膨胀。干淀粉在 0℃～40℃下产生的吸水为有限的可逆膨胀，继续加热，则淀粉微晶融化，对于低水分样品，融化温度可以超过 100℃。在过量水中，融化伴随着水化。若将淀粉加热至 60℃～80℃时，则颗粒可逆地吸水膨胀，至某一温度时，整个颗粒突然大量膨化、破裂，晶体结构消失，最终变成黏稠的糊，这种现象称为淀粉的糊化。发生糊化所需的温度称为糊化温度。糊化温度因品种而异，玉米淀粉、马铃薯淀粉和小麦淀粉的糊化温度范围较窄，玉米淀粉 62℃～72℃，马铃薯淀粉 56℃～66℃。糊化的本质是水分子进入淀粉粒中，结晶相和无定性相的淀粉分子之间的氢键断裂，破坏了缔合状态，分散在水中成为亲水性的胶体溶液。直链淀粉占有比例大时，糊化困难。

(3) 回生。

淀粉糊或淀粉稀溶液在低温静置一定时间，会变成不透明的凝胶，或析出沉淀，这种现象称为回生或老化，形成的淀粉称为回生淀粉。淀粉回生的本质是糊化的淀粉在温度降低时分子运动速度减慢，直链淀粉分子和支链淀粉分子的分枝趋于平行排列，互相靠拢，彼此以氢键结合，重新组成混合的微晶束(三维网状结构)，它们与水的亲和力降低，故易从水溶液中分离，浓度低时析出沉淀，浓度高时则形成凝胶体。回生可视为糊化的逆转，但回生不可能使淀粉彻底复原成生淀粉的结构状态。

(4) 水解。

淀粉分子中糖基之间的连接键——苷键可以在酸或酶的催化下裂解，形成相应的水解产物，呈现多糖特有的水解性质。

淀粉与水加热即可引起分子的裂解；与无机酸共热时，可催化裂解所有的苷键(α-1,4 和 α-1,6 苷键)。水解过程经历淀粉→糊精→低聚糖→麦芽糖→葡萄糖，最终产物是葡萄糖。糊精是淀粉低度水解的产物，是大分子低聚糖的碳水化合物。

淀粉在淀粉水解酶的催化下可以进行选择性水解反应。淀粉水解酶是催化水解淀粉的一类酶的总称，主要包括 α-淀粉酶、β-淀粉酶、葡萄糖淀粉酶和脱支酶。α-淀粉酶作用于淀粉时，从淀粉内部以随机方式选择性开裂 α-1,4-苷键，得到麦芽糖、糊精和葡萄糖等水解产物；β-淀粉酶作用于淀粉时的水解产物全为麦芽糖；葡萄糖淀粉酶对淀粉的水解产物全部是葡萄糖。

(5) 显色性。

淀粉和糊精分子都具有螺旋结构，每 6 个葡萄糖基组成的螺旋内径与碘/碘负离子($I_2 \cdot I^-$)

直径大小匹配，当其与碘试液作用时，$I_2 \cdot I^-$ 进入螺旋通道，形成有色包结物。螺旋结构越长，包结的 $I_2 \cdot I^-$ 越多，颜色越深。故直链淀粉与 $KI \cdot I_2$ 作用呈蓝色，支链淀粉呈紫红色，糊精则呈紫色或红色。加热显色溶液，螺旋圈伸展成线性，颜色褪去，冷却后螺旋结构恢复，颜色可重现。

淀粉的性质不仅仅与它的化学结构有关，更多的是与其分子量及分子量分布有关。分子量的大小与分布直接影响淀粉的黏度、流变特性、渗透压、凝沉性和糊化性能，影响淀粉的深加工及用途。例如支链多的薯类淀粉的增稠或胶黏性能好，而豆类淀粉的直链淀粉含量大于30%，凝胶性因直链淀粉分子的增大而增强，凝沉性极强。用作稀释剂、填充剂和崩解剂的淀粉，宜用平衡水分小的玉米淀粉和小麦淀粉。

在药物制剂中，淀粉主要用作片剂的稀释剂、崩解剂、黏合剂、助流剂等。作为崩解剂时用量一般为 3%～15%，而作为黏合剂时用量一般为 5%～25%。

2）淀粉衍生物

淀粉链上的羟基能进行酯化和醚化而得到相应的淀粉衍生物。用于药物制剂的淀粉衍生物主要有：羧甲基淀粉钠（CMS-Na）、羟乙基淀粉以及交联淀粉等。

（1）羧甲基淀粉钠。

羧甲基淀粉钠又称乙醇酸钠淀粉，为聚 α-葡萄糖的羧甲基醚。其结构式如下：

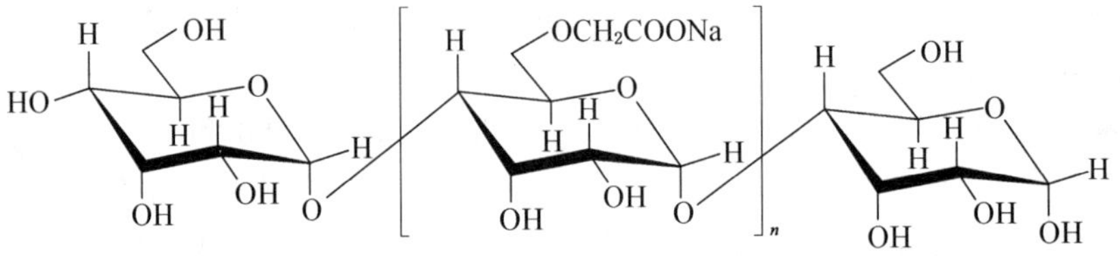

羧甲基淀粉钠为白色至类白色自由流动的粉末，无臭、无味，钠含量一般为 2.8%～4.5%，表观密度为 $0.75 g/cm^3$，粒径 30～100 μm。羧甲基淀粉钠常温下能分散于水，形成凝胶，在醇中溶解度约 2%，不溶于其他有机溶剂。对碱及弱酸稳定，对较强的酸不稳定。1%水溶液的 pH＝6.7～7.1，不易腐败变质。羧甲基淀粉钠具有较强的吸水性及吸水膨胀性，一般含水量在 10%以下，25℃及相对湿度为 70%时的平衡吸湿量为 25%，在水中的体积能膨胀 300 倍。市售品有不同黏度等级。2%的混悬液在 pH＝5.5～7.5 时黏度最大而且最稳定。pH＜2 时，析出沉淀，pH＞10 时，黏度下降。

羧甲基淀粉钠为无毒安全的口服辅助材料，具有良好的可压性，可作为片剂的赋型剂、崩解剂和微胶囊。直接用于压制片剂，可改善片剂的成型性，增加片剂的硬度而不影响其崩解性，用量一般为 4%～8%。羧甲基淀粉钠可导致片剂的速崩，加快药物的溶出，是速崩制剂优良的崩解剂。当含量约为 7.6%时，能获得最短的崩解时间，此时，片剂具有最合理的细孔结构。当崩解剂含量超过 8%时，片剂内部毛细管变粗，水分的快速渗透反而隔离了周围细孔结构区，使其中的空气不能及时逸出，阻止水分进入细孔，从而降低了崩解性。

（2）羟乙基淀粉。

羟乙基淀粉的制备方法有淀粉与环氧乙烷的碱催化反应法和淀粉与氯乙醇反应法两种。按照制备的工艺条件不同，可以制得不同取代度的羟乙基淀粉。低取代度的羟乙基淀粉的颗粒与原淀粉十分相似。随着取代度的提高，羟乙基淀粉的糊化温度逐步降低。

羟乙基淀粉的糊液黏度稳定，透明性好，黏胶力强；其醚键对酸、碱、热和氧化剂作用的稳定性好。

羟乙基淀粉可防止红细胞在冷冻和融解过程中发生溶血现象，比甘油和三甲基亚砜效果好，可保护细胞表面，易于洗除。常用的血浆增量剂是相对分子质量为4万和7万的右旋糖酐，它有优良的血压保持能力和血浆增量作用，但它对生物体有很强的异物性质，并且还发现有在脏器内沉着等副作用。支链淀粉在人体内的异物排斥性很弱，但容易被淀粉酶迅速分解掉，故不能体现出有效的血压保持能力。经羟乙基化后，对淀粉酶有了良好的抵抗性。取代度越高，受血液中淀粉酶的影响越小，就越有血浆增量作用的持久性。但为了体外排泄，取代度则不能太高。

羟乙基淀粉与二甲基亚砜复配可作为骨髓的良好冷冻保护剂。

(3) 交联淀粉与淀粉微粒

在交联剂的作用下，淀粉反应生成淀粉微粒。交联剂一般是小分子化合物，能被生物体所接受。常用的交联剂有：环氧氯丙烷、偏磷酸盐、乙二酸盐、丙烯酰类化合物等。由此得到醚化的交联淀粉、酯化交联淀粉、非离子型交联淀粉和离子型交联淀粉等。

交联淀粉的颗粒形状仍与原淀粉相同，但其交联化学键的强度远大于原淀粉分子中的氢键，因此增强了颗粒结构的强度，抑制颗粒的膨胀、破裂和黏度下降，使交联淀粉具有较高的冷冻稳定性和冻融稳定性。交联使淀粉的膜强度提高，膨胀度、热水溶解度降低，随着交联度的提高，这种影响越大。交联淀粉能耐酸、碱和剪切力，冻融稳定性好，可广泛用作医药工业的增稠剂。

3) 纤维素

纤维素(cellulose)大分子的结构单元是D-吡喃型葡萄糖基。其分子式为$(C_6H_{10}O_5)_n$。n的数值为几百至几千乃至一万以上，随纤维素的来源、制备方法而异。纤维素分子为长链线型多糖结构，与直链淀粉相似，没有分枝。其化学结构式如下：

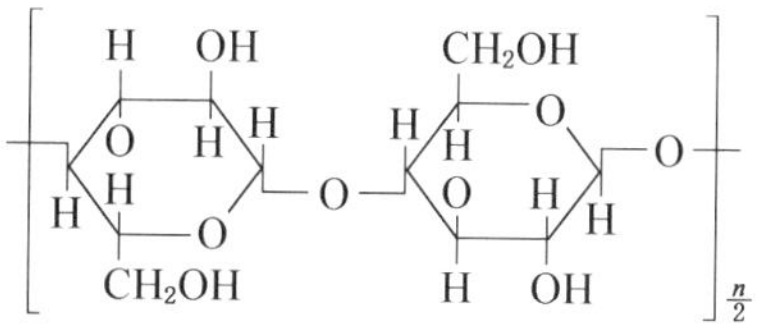

纤维素具有以下的基本性质。

(1) 化学反应性。

纤维素分子中每个葡萄糖单元均有3个醇羟基，其中两个为仲醇羟基，一个为伯醇羟基。纤维素分子中存在的大量羟基对纤维素的性质有决定性的影响，它们可以发生氧化、醚化、酯化、接枝共聚等反应。羟基的反应活性与其羟基类型有关。以酯化为例，伯醇羟基的反应速度大于仲醇羟基。

(2) 氢键的作用。

纤维素大分子中存在大量的羟基，它们可以在纤维素分子内或分子间形成缔合氢键，也可以与其他分子(如水或其他极性物质)形成氢键。由于纤维素的分子链聚合度很大，如果其所有的羟基都形成氢键，则分子间的作用力非常之大，甚至可能超过C—O—C的主要价键力。一般来说，纤维素中结晶区内的羟基都已经形成氢键，而在无定形区则有少量没有形成氢键的游离羟基。所以水分子可以进入无定形区，与分子链上的游离羟基形成氢键，即在分子链间形成水桥，发生膨化作用。当分子链中的氢键破裂和重新生成时，对纤维素的性质，如吸湿性、溶解度以及反应能力等都有影响。例如干燥的纤维素乙酰化的反应速度极慢，且不完全。如先对纤维素进行润胀处理，使氢键破裂，游离出羟基，则乙酰化速度加快，且乙酰化程度增加。同样，破坏纤维素分子间的氢键，有利于提高纤维素的吸湿性和溶解性。

(3) 吸湿性。

如前所述，在纤维素的无定形区，链分子中的羟基只是部分地形成氢键，还有部分是游离的。这部分游离的羟基易与极性水分子形成氢键缔合，产生吸湿作用。纤维素吸水后再干燥的失水量，与环境的相对湿度有关。纤维素在经历不同湿度的环境后，其平衡含水量的变化存在滞后现象，即吸附时的吸湿量低于解吸时的吸湿量。因为干燥纤维素的吸附是发生在无定形区氢键被破坏的过程，由于受内部应力的阻力作用，部分氢键脱开，但仍保留部分氢键，因而新游离出的羟基相对于解吸来说是较少的，当吸湿平衡了的纤维素脱水产生收缩时，无定形区的羟基部分地重新形成氢键。但由于纤维素凝胶结构的内部阻力作用，被吸着的水不易挥发，氢键不可能完全复原，重新形成的氢键较少，即吸着中心较多，故而吸湿量也较多。

(4) 溶胀性。

纤维素在水和碱液中能产生溶胀，这对纤维素衍生物的合成有很大的意义。纤维素的溶胀可分为结晶区间溶胀(液体只进入到结晶区间的无定形区)和结晶区内溶胀。水有一定的极性，能进入纤维素的无定形区发生结晶区间的溶胀，稀碱液(1%～6%NaOH)的作用也类似于水。但浓碱液(12.5%～19%NaOH)在20℃能与纤维素形成碱纤维素，所以能进入结晶区内发生有限溶胀。纤维素溶胀能力的大小取决于碱金属离子水化度，碱金属离子的水化度又随离子半径而变化，离子半径越小，其水化度越大，如氢氧化钠的溶胀能力大于氢氧化钾。纤维素的溶胀是放热反应，温度降低，溶胀作用增加。对同一种碱液并在同一温度下，纤维素的溶胀随其浓度而增加，至某一浓度，溶胀程度达最高值。

(5) 降解性。

纤维素在受热条件下可发生水解和氧化降解。随加热温度增加可形成降解程度不同的产物。在20℃～150℃，只进行纤维素的解吸(脱水蒸气，CO_2、CO等吸附物)，在150℃～240℃发生葡萄糖基脱水；240℃～400℃则发生纤维素分子中的苷键断裂，形成新的化合物(如焦油等)。温度大于400℃时，纤维素结构的残余部分进行芳构化，逐渐形成石墨结构。

纤维素受到较强烈的机械作用时，可发生机械降解，结果使聚合度下降。机械降解除了使纤维素大分子中的化学键断裂外，还可发生结晶结构以及大分子间氢键的破坏，因此比受氧化、水解或热降解的纤维素具有更大的反应能力和更高的碱溶解度。

(6) 水解性。

与淀粉(特别是直链淀粉)分子中苷键(α-1,4-苷键)在酸性条件下水解相比，纤维素分子中的苷键要稳定的多。后者需要在浓酸(常用浓硫酸或浓盐酸)催化或较高温度条件下才能与水作用，形成相应的降解产物。

在碱性条件下，纤维素一般是较稳定的。但在高温下也会发生碱性水解。

前面已经谈到，纤维素中存在两种不同的结构区域，一是结晶区，另一个是无定形区。将结晶度高的纤维经强酸水解除去其中的无定形区物质，可得到聚合度为220，相对分子质量为36000的结晶性纤维素，即微晶纤维素。

微晶纤维素为高度多孔性颗粒或粉末，呈白色，无臭，无味，易流动。不溶于水、稀酸、氢氧化钠液和大多数有机溶剂。具有良好的压缩成型性、黏结性和崩解性。

纤维素主要是经过物理或化学改性形成纤维素衍生物后供药物制剂工业作辅助材料应用。可用作片剂的稀释剂，硬胶囊或散剂的填充剂。在软胶囊剂中可用作降低油性悬浮性内容物的稳定剂，以减轻其沉降作用。也可作口服混悬剂的助悬剂。用作片剂黏合剂时浓度为5%～20%，用作崩解剂时浓度为5%～15%，用作助流剂时浓度为1%～2%。

微晶纤维素是在20世纪50年代后期研制成功的药用辅助材料。它具有良好的赋形性、黏合性和吸水润胀等作用，可用作直接压片的黏合剂、崩解剂和填充剂，丸剂的赋形剂，硬胶囊或散剂的填充剂。

微晶纤维素的另一重要应用是用作药物制剂的缓释材料，其缓释作用可能在于缓释剂的制备过程中，药物进入微晶纤维素的多孔结构，与微晶纤维素分子羟基形成分子间氢键，干燥成型后药物分子被固定。当所制得的制剂与介质溶液（水、胃液或肠液）接触时，微晶纤维素与药物分子间形成的氢键被破坏，使药物缓慢释放出来。

4）纤维素衍生物

全世界每年生产的纤维素有 5 千亿吨以上，被工业部门利用的约有 10 亿吨，其中约有 2%被制成各种纤维素衍生物。在历史上，硝酸纤维素是最早被合成的纤维素衍生物，第一个被应用于医药领域的则是醋酸纤维素。

纤维素的结构改性一般是按葡萄糖单体中三个羟基的化学反应特性（酯化、醚化、交联和接枝）来分类的。在药剂学领域中被应用的纤维素衍生物主要有醋酸纤维素、醋酸纤维素酞酸酯、羧甲基纤维素酯、甲基纤维素、羟丙基甲基纤维素，羟丙基甲基纤维素酞酸酯和醋酸羟丙基甲基纤维素琥珀酸酯等。这些化学改性的纤维素不仅能大大改善药物剂型的加工，而且显著影响药物传递过程，因此在医药领域有十分重要的作用。纤维素衍生物的结构通式如下：

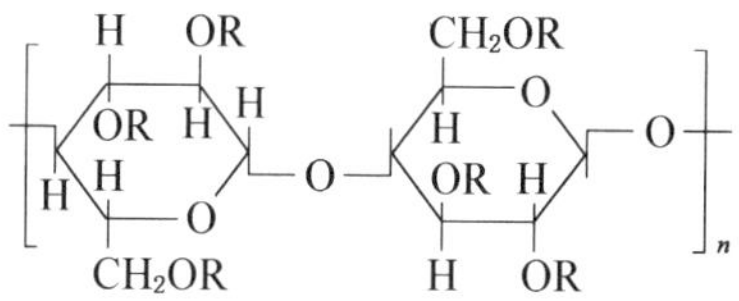

(1) 醋酸纤维素。

醋酸纤维素（celluloseacetate，CA）是部分乙酰化的纤维素，含乙酰基 29.0%～44.8%（质量比），即每个结构单元约有 1.5～3.0 个羟基被乙酰化。

纤维素经醋酸酯化后，分子结构中多了乙酰基，只保留少量羟基，降低了结构的规整性，因此，其耐热性提高，不易燃烧，吸湿性变小，电绝缘性提高。根据取代基的含量不同，其在有机溶剂中的溶解度差异很大，不同类型的醋酸纤维素在药剂学常用的有机溶剂中的溶解度见表 7-5。由表 7-5 可见，醋酸纤维素或二醋酸纤维素比三醋酸纤维素更易溶于有机溶剂。醋酸纤维素的乙酰基含量下降，亲水性增加，但熔点下降。

表 7-5　　醋酸纤维素在有机溶剂中的溶解度

溶剂	三醋酸纤维素	醋酸纤维素或二醋酸纤维素	溶剂	三醋酸纤维素	醋酸纤维素或二醋酸纤维素
二氯甲烷	溶	溶	丙酮/乙醇（9∶1）	不溶	溶
二氯甲烷/甲烷（9∶1）	溶	溶	丙酮	不溶	溶
二氯甲烷/异丙醇（9∶1）	溶	溶	环己酮	不溶	溶
丙酮/甲醇（9∶1）	不溶	溶			

药物制剂中用到的一般为醋酸纤维素和二醋酸纤维素。后者多用来作为缓释和控释包衣材料。二醋酸纤维素的平均相对分子质量约为 50 000，为白色疏松小粒、条状或片状粉末，无

毒，不溶于水、乙醇、碱溶液，溶于丙酮、氯仿、醋酸甲酯和二氧六环等有机溶剂，溶液有良好的成膜性能。

三醋酸纤维素具有较好的生物相容性，对皮肤无致敏性，多年来用作肾渗析膜直接与血液接触无生物活性且很安全，在生物 pH 范围内是稳定的，并能用辐射线或环氧乙烷灭菌，近年来，在经皮给药系统中用作微孔骨架材料或微孔膜材料，是透皮吸收制剂的载体。

(2) 醋酸纤维素酞酸酯。

醋酸纤维素酞酸酯(CAP)，是取代度约为 1 的醋酸纤维素在稀释剂吡啶中同酞酸酐酯化而成的半酯，亦即是部分乙酰化的纤维素的酞酸酯，国产品名纤维醋法酯。含乙酰基 17.0%～26.0%，含酞酰基 30.0%～36.0%。

醋酸纤维素酞酸酯为白色易流动有潮解性的粉末，有轻微的醋酸味，不溶于水、乙醇、烃类及氯化烃类，可溶于丙酮与丁酮及醚醇混合液，不溶于酸性水溶液，故不会被胃液破坏，但在 pH 为 6.0 以上的缓冲液中可溶解。熔点为 192℃，玻璃化转变温度为 170℃。吸湿性不大，在 25℃，相对湿度为 60%时的平衡吸湿量为 6%～7%。长期处于高温高湿条件，将发生缓慢水解，从而增加游离酸，并且改变黏度。例如，经 40℃，相对湿度 75%下放置 30 天，游离酞酸可达 10.32%:放置 60 天，游离酞酸可达 17.32%.经 60℃，相对湿度 100%放置 20 天后，CAP 在肠液中已不能溶解。

加入酞酸二乙酯作为增塑剂的 CAP 可作为肠溶包衣材料。由于使用时需加有机溶剂溶解，污染环境，并造成易燃易爆等不安全因素，因此，目前已开发了 CAP 的肠溶包衣水分散体。CAP 的水分散体和其他有机溶剂溶液相比，具有下列优点：避免了有毒蒸汽对操作人员的伤害；合成过程无单体、抑制剂、引发剂或催化剂残留；包衣材料溶液的黏度比同浓度的有机溶剂溶液低得多，用通常的喷雾包衣设备在片剂上的喷涂快而均匀；包衣好的片剂有更好的抗胃酸及在小肠上端被吸收的作用等。

(3) 醋酸纤维素丁酸酯。

醋酸纤维素丁酸酯(CAB)也是部分乙酰化的纤维素的丁酸酯。CAB 与醋酸纤维素有相似的性质，但熔点比醋酸纤维素低，疏水性强，熔点的高低与乙酰基和丁酰基的比例有关。CAB 与很多增塑剂有较好的相容性。可以溶解在丙酮中，吸湿性也较小。

CAB 可作为三醋酸纤维素的代用品。由于它的熔点较低，白色，光亮，熔后透明，已用作心电图纸的表层涂料。其本身无活性，在胃液中不溶解，因此用其置备的半透膜仅能透过水分，不能透过离子或药物，故可再在药物制剂中用作渗透泵片的半透膜包衣材料。

(4) 羧甲基纤维素钠及其他盐。

羧甲基纤维素钠(CMCNa)又称纤维素胶，视所用纤维素原料不同，CMCNa 相对分子质量在 $9\times10^4 \sim 7\times10^5$ 之间，其羧甲基取代度为 0.6～0.8。

羧甲基纤维素钠为白色纤维状或颗粒状粉末，无臭，无味，表观密度为 $0.75g/cm^3$，加热不融，在 227℃～252℃间变棕色及焦化。易分散于水中成胶体溶液，不溶于乙醚、乙醇、丙酮等有机溶剂，水溶液对热不稳定。有较强的吸湿性，在相对温度为 80%时，可吸附 50%以上的水分，因此影响制成品质量。

交联羧甲基纤维素钠又称改性纤维素胶，是 CMCNa 的交联产物，一般有两种规格：A 型 pH＝5.0～7.0，取代度为 0.60～0.85，氯化钠及乙醇酸钠总量低于 0.5%；B 型 pH＝6.0～9.0，取代度为 0.63～0.95，氯化钠及乙醇酸钠总量低于 1.0%。

交联羧甲基纤维素钠虽然是钠盐，但由于分子为交联结构，不溶于水，其粉末流动性好。

具有良好吸水溶胀性，故有助于片剂中药物溶出和崩解。

羧甲基纤维素钙(CMCCa)的取代度与 CMCNa 相近，但分子量较低，聚合度为 300±100，由于以钙盐形式存在，在水中不溶，但能吸收数倍量的水而膨化。

羧甲基纤维素钠在我国是最早开发应用的纤维素衍生物之一。作为药用辅助材料，常用作混悬剂的助悬剂，乳剂的稳定剂、增稠剂，凝胶剂，软膏和糊剂的基质，片剂的黏合剂、崩解剂，薄膜包衣材料，水溶性包囊材料，也可用作皮下或肌肉注射的混悬剂的助悬剂。但 CMCNa 不宜应用于静脉注射，因其易沉着于组织内，静脉注射在动物体内显示有过敏性。CMCNa 无毒，不能被胃肠道消化吸收。口服后能吸收肠内水分而膨化，使粪便容积增大，刺激肠壁，故可作为膨胀性通便药。在胃中微有中和胃酸作用，可作为黏膜溃疡保护剂。

交联羧甲基纤维素钠的特点是不溶于水而吸水性良好，故可作为片剂的崩解剂，加速药物溶出。

由于 CMCNa 口服易成糊状，老年人及小儿服用含 CMCNa 的固体制剂有堵塞的危险，因此又开发出羧甲基纤维素钙。它能弥补 CMCNa 的上述不良作用，而且钙盐也适宜需限制钠盐摄取的患者应用。羧甲基纤维素钙可作为助悬剂、增稠剂，丸剂和片剂的崩解剂、黏合剂和分散剂。

(5) 甲基纤维素。

甲基纤维素(MC)是纤维素的甲基醚，含甲氧基 27.5%～31.5%，取代度 1.5～2.2，聚合度 n 为 50～1500 不等。

甲基纤维素为白色或黄白色纤维状粉末或颗粒，无臭，无毒，相对密度 1.26～1.31，熔点 280℃～300℃，同时焦化。有良好的亲水性，在冷水中膨胀生成澄清透明及乳白色的粘稠胶状溶液。不溶于热水、饱和盐溶液、醇、醚、丙酮、甲苯和氯仿，溶于冰醋酸或等量混合的醇和氯仿中。甲基纤维素在冷水中的溶解度与取代度有关，取代度为 2 时最易溶，甲基纤维素的水溶液与其他非纤维素衍生物胶质溶液相反，温度上升，初始黏度下降，再加热反易胶化。取代度越高，胶化温度越低。煮沸时产生沉淀，冷却后可再溶解。因此配制其溶液时，应先用 70℃ 热水混合至所需一半体积时，再加冷水混匀，可得澄明溶液。有电解质存在时，胶化温度下降。有乙醇或聚乙二醇存在时，胶化温度上升，加蔗糖及电解质至一定浓度时，可析出沉淀。

甲基纤维素商品按黏度分有 15mPa・s、25mPa・s、100mPa・s、400mPa・s、1 500mPa・s、4 000mPa・s、8 000mPa・s 等不同等级。

甲基纤维素微有吸湿性，在 25℃ 及相对湿度为 80% 时的平衡吸湿量为 23%。在室温时，在 pH 值=2～12 范围内对碱及稀酸稳定。易霉变，故经常用热压灭菌法灭菌，与常用的防腐剂有配伍禁忌。

甲基纤维素为安全、无毒、可供口服的药用辅助材料。在肠道内不被吸收，给大鼠注射可引发血管性肾炎及高血压，故不宜用于静脉注射。美国药典及日本药局方收载其作为通便药，因它在肠内可吸水膨化，软化大便，增加容积，增加肠蠕动且无局部刺激作用。

在药剂产品中，低或中等黏度的甲基纤维素可作为片剂的黏合剂、片剂包衣等。高黏度甲基纤维素可用作崩解剂或作缓释制剂的骨架。高取代度、低黏度级的甲基纤维素可用其水性或有机溶剂溶液喷雾包片衣或包隔离层。此外还可作为胃内滞留片的骨架材料、微胶囊的壳材、助悬剂、增稠剂、乳剂稳定剂、保护胶体，亦可作隐形眼镜片的润湿剂及浸渍剂。高取代、高黏度甲基纤维素可作滴眼液。其 1%～5% 浓度的溶液可用作乳膏或凝膏剂的基质。

(6) 乙基纤维素。

乙基纤维素(EC)是纤维素的乙基醚，取代度为 2.25～2.60，相当于乙氧基含量 44%～

50%。乙基纤维素为白色或黄白色粉末或颗粒，相对密度 1.12，表观密度为 0.4g/cm^3。无臭、无味，不溶于水、胃肠液、甘油和丙二醇，易溶于氯仿及甲苯，遇乙醇析出白色沉淀。化学性质稳定，耐碱、耐盐溶液，有短时间的耐稀酸性。在较高温度、阳光或紫外光下易氧化分解，因此宜贮藏在避光的密闭容器内，置 7℃～32℃的干燥处。但与其他许多纤维素衍生物相比，EC 仍属于最稳定的。

药用乙基纤维素的玻璃化温度为 106℃～133℃不等，软化点很低，约为 152℃～162℃，这表明乙基纤维素中的氢键几乎不存在。药用乙基纤维素不易吸湿，置于 25℃，相对湿度为 80%的空气中，平衡吸湿量为 3.5%。浸于水中时，吸水量极少，且极易蒸发。市售商品有 7 mPa·s、10 mPa·s、20 mPa·s、45 mPa·s 及 100 mPa·s 等不同规格。

乙基纤维素是一种理想的水不溶性载体材料，适宜作为对水敏感的药物骨架、片剂的黏合剂、薄膜材料、微胶囊壳材和缓释包衣材料等。在乳膏剂、洗剂或凝膏剂中可作为增稠剂。乙基纤维素与很多增塑剂，如酞酸二乙酯、酞酸二丁酯、矿物油、植物油、十八醇等，有良好的相容性。

(7) 羟乙基纤维素。

羟乙基纤维素(HEC)是纤维素的部分羟乙基醚。外观为淡黄色至乳白色粉末，无臭，无味，具强烈的潮解性，其 1%(质量)水溶液 pH 值为 5.5，相对密度为 0.35～0.61，软化点为 134℃～140℃，205℃时分解。市售产品含水量在 5%以下，但由于具有潮解性，故贮藏条件不同，含水量不同。

羟乙基纤维素溶于热水或冷水中，可形成澄明、均匀的溶液，但不溶于丙酮、乙醇和乙醇等有机溶剂，在二醇类极性有机溶剂中能膨化或部分溶解。2%水溶液黏度一般在 2～20 000mPa·s，国外市售有溶解型号、快速分散型号等不同黏度产品。将其水溶液加热，也不形成凝胶，与表面活性剂相容性良好。水溶液在 pH＝2～12 间黏度变化不大，但 pH＝5 以下可能有部分水解。增加溶液温度，黏度下降，但冷却后可恢复原状。溶液经冰冻、高温贮藏或煮沸不产生沉淀或胶凝现象。易染菌，如长期贮藏应加防腐剂，与大多数水溶性抑菌剂相容性好，与酶蛋白、明胶、甲基纤维素、聚乙烯醇及淀粉等良好相容。

羟乙基纤维素主要用于眼科及局部外用制剂的增稠剂，片剂的黏合剂及薄膜包衣剂。一般认为无毒，无刺激性，大鼠口服不经胃肠道吸收。但由于其合成过程中有较多量的乙二醇残余物，故目前尚未被批准供食品用。但可作为眼科制剂、口服糖浆和片剂、耳科及局部外用的辅助材料。

(8) 羟丙基纤维素。

羟丙基纤维素(HPC)是纤维素的部分的聚羟丙基醚，含羟丙基的量为 53.4%～77.8%，相对分子质量为 5×10^4～1.25×10^6。

HPC 为灰白色，无臭，无味的粉末，具有热塑性。130℃软化，260～275℃焦化。相对密度为 1.22，表观密度约为 0.5g/cm^3。溶于温度低于 40℃的水中，而不溶于 50℃以上的水中，但在热水中能溶胀，加热胶化，在 40℃～45℃时形成絮状膨化物，冷却可复原。可溶于多种极性有机溶剂，如甲醇、乙醇、丙二醇、异丙醇、二甲基亚砜和二甲基甲酰胺。高黏度 HPC 的溶解性较差，加入共溶剂能显著地改变溶解能力。

HPC 的平衡含湿量通常在 2%～5%，但在 23℃及相对湿度为 84%时的平衡吸湿量为 12%。HPC 的干品虽有潮解性，但其粉末很稳定。HPC 水溶液在不良条件下，易受化学、生物及光降解而导致黏度降低。溶解后的 HPC 可与常用防腐剂产生配伍禁忌。

目前,国内外应用很广泛的低取代羟丙基纤维素(LHPC)是含羟丙基取代基较低的HPC。LHPC的取代基含量为5%～16%。

HPC口服无毒,皮肤一般无刺激、无致敏性,但是有个别报告用于雌二醇透皮贴片剂时出现过敏性接触性皮炎。与纯纤维素相似,口服后体内无代谢吸收。

HPC在药物制剂中,广泛用作黏合剂、成粒剂、薄膜包衣材料。高黏度型号能延缓片剂中药物的释放,故往往几种型号混合应用充当长效制剂的骨架。此外,还可作为微胶囊的壳材、胃内滞留片的骨架材料、混悬剂的增稠剂和保护胶体,也常用于透皮贴剂。

LHPC是一种较新型的片剂辅助材料,可作为缓释片剂骨架。在用作崩解剂的同时,还可以提高片剂的硬度,其崩解后的颗粒也较细,因此有利于药物的溶出。

(9) 羟丙基甲基纤维素。

羟丙基甲基纤维素(HPMC)是纤维素的部分甲基和部分聚羟丙基醚,属于非离子型高分子化合物,熔点190℃～220℃,焦化温度为225℃～230℃,玻璃化转变温度为170℃～180℃。由于羟丙基甲基纤维素中甲氧基含量和羟丙基含量的比例不同和黏度不同,因此存在性能上差别较大的多个品种,例如高甲氧基含量和低羟丙基含量的品种,它的性能接近于甲基纤维素。而低甲氧基含量和高羟丙基含量的品种,其性能接近于羟丙基纤维素。

HPMC是一种经环氧丙烷改性的甲基纤维素,故它具有与甲基纤维素相类似的冷水溶解和热水不溶的特性。HPMC在有机溶剂中的溶解性优于其水溶性,能溶于甲醇和乙醇溶液中,也能溶于氯代烃如二氯甲烷、三氯甲烷以及丙酮异丙醇和双丙酮醇等有机溶剂中。HPMC由于改性后含有羟丙基,使它在热水中的凝胶化温度较甲基纤维素大大提高。

HPMC具有其他纤维素醚类的增稠、分散、乳化、黏合、成膜、保水等作用,溶解性较甲基纤维素、羟乙基纤维素等优越,因此在工业中应用越来越广泛。

在医药工业中,HPMC作为无毒、安全的药用辅助材料,口服不吸收,不增加食物的热量,在各种剂型中作为成膜剂、增稠剂、阻滞剂、缓释剂、乳化剂、悬浮剂和薄膜包衣材料等。能使各种剂型的药剂更良好地分散均匀或坚韧不碎,或有缓释作用,或乳化稳定不分层等。近年来,HPMC用作基质、黏合剂、骨架材料、致孔道剂、成膜材料或包衣材料等,在缓释黏膜黏贴剂、控释丸剂、缓释微胶囊、缓释片、控释片、缓释栓剂合眼用制剂等新剂型开发中得到了广泛的应用。

(10) 羟丙基甲基纤维素酞酸酯。

羟丙甲纤维素酞酸酯(HPMCP)是HPMC的酞酸半酯。根据分子中含有的甲氧基、羟丙氧基和酞酰基数量不同,HPMCP可有多种规格。它的型号命名是在HPMCP后附上6位数的标号,分别表示不同取代基百分含量范围的中值,前两位数表示甲氧基,中间两位数表示羟丙基,后面两位数表示羧苯甲酸基。例如HPMCP220824,表示含甲氧基20%～24%,含羟丙基6%～10%,含羧苯甲酸基21%～27%。

HPMCP为白色或米黄色的片状物或颗粒,相对分子质量$2\times10^4\sim20\times10^4$。无臭,微有酸味或异味,有潮解性,熔点150℃,玻璃化转变温度133℃～137℃。不溶于水和酸性溶液,不溶于己烷,但易溶于丙酮/甲醇、丙酮/乙醇或甲醇/氯甲烷等1∶1质量比的混合液中。在pH为5.0～5.8以上的缓冲液中能溶解。HPMCP的化学与物理性质稳定,室温下放置30d,游离酞酸的最大含量为3.15%。在室温条件下,HPMCP吸收水分2%～5%,在25℃和相对湿度为80%时,平衡吸水量为11%。

HPMCP是性能优良的新型薄膜包衣材料。因HPMCP无味,不溶于唾液,故可用作薄膜包衣以掩盖片剂或颗粒的异味或异臭。口服应用安全无毒。不溶于胃液，但能在小肠上端快速膨化溶解，故是肠溶包衣的良好材料。应用时不必添加增塑剂，如用少量可以提高衣层的柔软性，增塑剂有二醋酸甘油酯、三醋酸甘油酯、酞酸乙酯或丁酯、蓖麻油、聚乙二醇等。也可用于制备缓释药物的颗粒，国外已有其水分散体出售。

HPMCP 已先后于 1981 年及 1985 年收入日本和美国的药典，我国正在研制中，尚无商品供应。

(11) 醋酸羟丙基甲基纤维素琥珀酸酯。

醋酸羟丙甲纤维素琥珀酸酯(HPMCAS)是 HPMC 的醋酸和琥珀酸混合酯，是性能优异的肠溶包衣材料。

HPMCAS 为白色至黄白色粉末，平均粒径 10 μm 以下。无味，有醋酸味。可溶于氢氧化钠、碳酸钠溶液，易溶于丙酮或二氯甲烷/乙醇混合液，不溶于水、乙醇和乙醚。极易溶于 pH＝5.5～7.1 缓冲液中。但含乙酰基高的(＞11%)和含琥珀酰基低的(＜9.6%)HPMCAS 在 pH＝5.5～7.1 的缓冲液中溶解性不好。

HPMCAS 有较强的吸湿性，它的平衡吸湿量在 25℃和相对湿度 82%时，大约 10%左右。HPMCAS 在 200℃前对热稳定，在 200℃以后，开始快速失重。HPMCAS 的稳定性较优良，45℃放置 3 个月，取代基含量无变化，40℃及相对湿度 75%中放置 3 个月，有较多醚基分解，乙酸基和琥珀基含量略有下降，故宜防潮贮藏。

HPMCAS 于 20 世纪 70 年代开发，80 年代被工业发达国家批准为用作片剂肠溶包衣材料、缓释性包衣材料和薄膜包衣材料。HPMCAS 口服安全无毒。在小肠上部溶解性良好，对于增加药物的小肠吸收比现行的长绒材料更好，是我国亟待开发的药用辅助材料品种。

5) 阿拉伯胶

阿拉伯胶来源于豆科的金合欢树属的树干创伤分泌渗出物，经空气干燥后形成的泪滴大小的干固胶块。阿拉伯胶主要由多糖组成。多糖中糖基种类包括 D-半乳糖、L-阿拉伯糖、L-鼠李糖和 D-葡萄糖醛酸，摩尔比为 3∶3∶1∶1。阿拉伯胶中主要含有两种组分：高分子量的阿拉伯胶糖蛋白(GAGP)和分子量较低的多糖，蛋白质含量约 4%，糖含量高达 85%以上。表 7-6 为阿拉伯胶的化学组成。

表 7-6　阿辑伯胶的化学组成

成分	质量含量	成分	质量含量
阿拉伯糖	28.4%	葡萄糖醛酸	19.3%
鼠李糖	13.0%	总糖量	98.2%
半乳糖	37.5%	蛋白质	2.0%

阿拉伯胶中的多糖是以 1,3-糖苷键相连的聚半乳糖链为主链的高度分支结构。分支链侧链中的阿拉伯糖、鼠李糖和葡萄糖醛酸以 1,3-糖苷键、1,6-糖苷键与主链上的半乳糖基相连。阿拉伯胶中的 GAGP 是由十余种氨基酸和四种单糖构成的富含脯氨酸的糖蛋白。其中蛋白质部分含量较高的四种氨基酸分别为羟脯氨酸(36.9%)、丝氨酸(19.4%)、脯氨酸(6.8%)和亮氨酸(8.8%)。糖链中葡萄糖醛酸、鼠李糖、阿拉伯糖和半乳糖的含量分别为 6.9%、8.2%、28.3%和 36.3%(质量)。GAGP 分子中侧链较多，这些侧链沿着主链缠绕形成一定的空间结构。

GAGP 由重复结构单元所组成，每个结构单元包括 4 个羟脯氨酸、2 个丝氨酸、1 个苏氨酸、1 个甘氨酸和 1 个组氨酸。蛋白质主链中，1/3 的氨基酸残基为羟脯氨酸，其中 12%不发生苷化，64%发生寡糖化，24%发生多糖化；多糖侧链沿着蛋白质主链的长轴形成缠绕的绳状结构，从而最大程度地形成分子内氢键。构成多糖侧链的单糖残基主要是半乳糖、阿拉伯糖、鼠李糖和葡萄糖醛酸。

阿拉伯胶的相对分子质量为 $2.0\times10^5\sim30\times10^5$，外观呈大小不一的泪珠状圆球颗粒，呈略透明的琥珀色。精制胶粉则为白色粉末或片状，相对密度 1.35～1.49。干粉非常稳定，可以长久贮存数十年也不发生形状的变化。

阿拉伯胶的基本性质如下。

(1) 溶解性和溶液黏度。

阿拉伯胶的分子量虽然很大，但由于具有高度分枝状结构，易溶于冷热水，在水中溶解度为多糖化合物之首，可达 50%。溶液黏度较低，其 50%含量的水溶液仍具有流动性。能溶解于甘油和丙二醇，但不溶于乙醇和其他有机溶剂。阿拉伯胶含水量在 25℃时约为 13%～15%，相对湿度在 70%以上时能吸收大量的水。

阿拉伯胶溶液的黏度视材料来源而不同，介质 pH 值及氯化钠通过影响其分子链上羧基的解离程度而影响溶液的黏度。例如在 pH 值为 2.5 以下和 10 以上，黏度显著下降。在 pH＝2.5～10 时，由于解离型增加，带电基团的排斥作用和折叠形分子的展开，黏度增加。

阿拉伯胶加酸可生成阿拉伯酸，后者水溶液的 pH＝2.2～2.7，比阿拉伯胶有更高的黏度，但作为乳化剂远不及阿拉伯胶温定。

(2) 流变性。

阿拉伯胶含量在 40%以下的水溶液呈牛顿流体特征，黏度不随剪切应变的改变而变化。只有当含量高达 40%以上时，溶液的特性才开始表现出假塑性流体特性。

(3) 酸稳定性。

阿拉伯胶在 pH＝2～10 时稳定性良好。溶液易霉变，可用微波辐射灭菌。溶液的最大黏度约在 pH＝5～5.5 附近，但在 pH＝4～8 范围内对阿拉伯胶性状影响不大，具有酸环境较稳定的特性。当 pH 值低于 3 时，结构上酸基的离子状态趋于减少，从而使得溶解度下降，导致黏度下降。

(4) 乳化稳定性。

阿拉伯胶结构上带有部分蛋白物质及鼠李糖，具有良好的亲水亲油性，是非常好的天然水包油型乳化稳定剂。其乳化稳定性能随胶中鼠李糖含量和蛋白质含量的增加而增加。加入电解质，增强表面分子的活性，可使界面分子更趋聚集，从而增加阿拉伯胶的疏水性。

(5) 热稳定性。

一般性加热阿拉伯胶的溶液不会引起性质改变。但长时间高温加热会使阿拉伯胶分子降解，导致乳化性能下降。

(6) 相容性。

阿拉伯胶能与大部分天然高分子和淀粉相互相容。在较低 pH 值条件下，阿拉伯胶与明胶能形成聚凝软胶用来包裹油溶物质。

阿拉伯胶作为药剂辅助材料历史悠久。其无色可食，口服安全。但由于含异种蛋白和多糖，故不宜作注射剂用添加剂。

含阿拉伯胶 10%～25%的水溶液的黏附力强，可作丸剂、片剂等固体制剂的黏合剂。但制成的颗粒坚硬，崩解和药物溶出速度较慢。故常与淀粉浆混合使用，以弥补其不足。

如前所述，阿拉伯胶是一种表面活性剂，可供制造内服用的 O/W 型乳剂，其乳化作用主要在于它形成界面膜的内聚力很大之故。因制成的乳剂干燥后常形成一层硬膜，故不宜作外用乳剂的乳化剂。阿拉伯胶的乳化作用极快，但分散度较小，常以阿拉伯胶与西黄蓍胶(15:1)合用，以增加乳剂的黏度和稳定性。

阿拉伯胶是复凝聚法制备微胶囊的一种常用天然水溶性外壳材料。具有成膜性好及成本低廉等特点。与明胶复配后适宜于通过喷雾干燥置备微胶囊。

此外，阿拉伯胶还可用作助悬稳定剂、胶囊稳定剂、增稠剂、缓释剂和保护胶体等。

6）甲壳素、壳聚糖及其衍生物

甲壳素又名几丁质、甲壳质、壳多糖，是由 2-乙酰葡萄糖胺以 β-1,4-苷键连接而成的线形氨基多糖，广泛存在于节足动物（如蜘蛛类、甲壳类）的翅膀或外壳中及真菌和藻类的细胞壁中。由于乙酰氨基的存在，甲壳素分子内氢键作用很强，形成类似纤维素的有序大分子结构，并以 α、β 和 γ 三种晶态存在。甲壳素的相对分子质量为 $1.0\times10^{6}\sim2.0\times10^{6}$，经提取的甲壳素，其分子量大幅度下降。甲壳素的结构式如下：

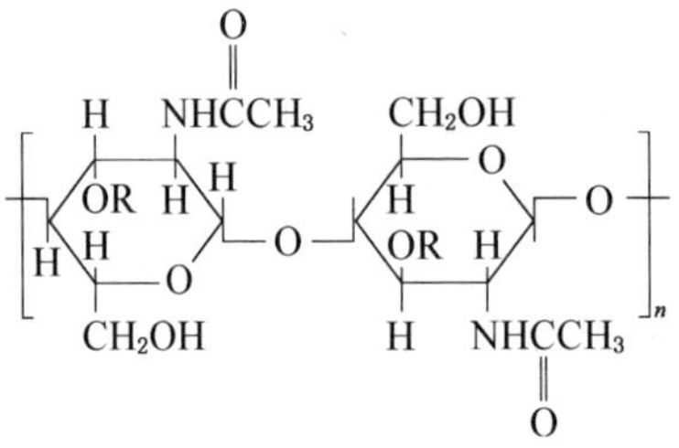

甲壳素为白色无定形固体或半透明的片状物，约 270℃分解，不溶于水、稀酸、稀碱和乙醚、乙醇等有机溶剂，可溶于无水甲酸、浓无机酸（如 HCl、H_2SO_4、H_3PO_4）、含 8%氯化锂的二甲基乙酰胺以及氯代醋酸和某些有机溶剂组成的二元溶剂。其溶于浓酸时伴随着降解发生，保湿能力强。不同来源和不同制备方法所得产物的分子量、乙酰基含量、溶解度、比旋度等有差异。

壳聚糖是甲壳素脱乙酰基的产物，因此又称脱乙酰几丁质、甲壳胺、可溶性甲壳素、黏性甲壳素等，相对分子质量为 $3.0\times10^{5}\sim6.0\times10^{5}$，是葡萄糖胺相互之间以 β-1,4-苷键连接而成的多聚线性碱性多糖。壳聚糖的结构式如下：

壳聚糖外观呈白色固体或米黄色结晶性粉末或片状，约 185℃分解，可溶于有机酸及弱酸稀溶液形成透明黏性胶体，在氯代醋酸与某些氯代烃组成的二元溶剂中能溶解或溶胀。脱乙酰度是壳聚糖的重要的性质之一，通常由 60%～100%不等。黏度和分子量也是壳聚糖的重要技术指标。分子量越高，黏度越大。根据产品的黏度不同，可以将壳聚糖分为高黏度（>1000Pa·s）、中黏度（100～200Pa·s）和低黏度（25～50 Pa·s）三种类型。壳聚糖吸湿性很强。但将壳聚糖粉末置密闭器中，在常温、干燥条件下，至少 3 年内可保持质量稳定。吸湿或水溶液不稳定，会产生分解，分解速度随温度的升高而加快。例如，壳聚糖 50%溶液放置 6 个月后，平均相对分子质量下降 30%。壳聚糖粉末暴露于光线下，易分解，最敏感的波长是 200～240nm 的紫外线，分解速度随波长的增长而减小。

甲壳素分子中的苷键可以在甲壳素酶、溶菌酶、N-乙酰葡萄糖胺酶等多种酶的催化下水解生成甲壳素低聚糖和乙酰氨基葡萄糖。壳聚糖则可在甲壳胺酶、壳二糖酶催化下水解，生成相应的水解产物——低聚壳聚糖和葡萄糖胺。甲壳素、壳聚糖及其衍生物具有良好的生物相容性和生物降解性，降解产物一般对人体无毒副作用，体内不积蓄，无抗原免疫性。

甲壳素和壳聚糖是20世纪70年代开始研究和应用的药用辅助材料，口服安全无毒。壳聚糖的小鼠口服 $LD_{50}>10g/kg$，小鼠皮下 $LD_{50}>10g/kg$，腹腔 LD_{50} 为 5.2g/kg，无皮肤刺激和眼刺激，对人体有良好的相容性，目前已被公认为是很有发展前途的天然高分子材料。甲壳素和壳聚糖及其衍生物由于其优异的性能，可作为药物制剂的多种辅料，文献中已报道的包括：作为片剂的填充剂（稀释剂）、黏合剂，改善药物的生物利用度及压片的流动性、崩解性和可压性；作为植入剂的载体，在体内具有可降解性；作为控释制剂的赋形剂和控释膜材料；微胶囊和微球的壳材；抗癌药物的复合物；薄膜包衣材料和透皮给药制剂的基质等。

7）透明质酸

透明质酸（HA）又名玻璃酸，是由 1,4-D-葡萄糖醛酸-β-1,3-D-N 乙酰葡萄糖胺的双糖重复单元联结构成的一种线性酸性黏多糖，分子链的长度及分子量是不均一的，双糖单元数为300～11000对，平均相对分子质量约为 $5.0\times10^5\sim8.0\times10^7$，医用级要求其相对分子质量为 $(10\sim25)\times10^7$，其结构式如下：

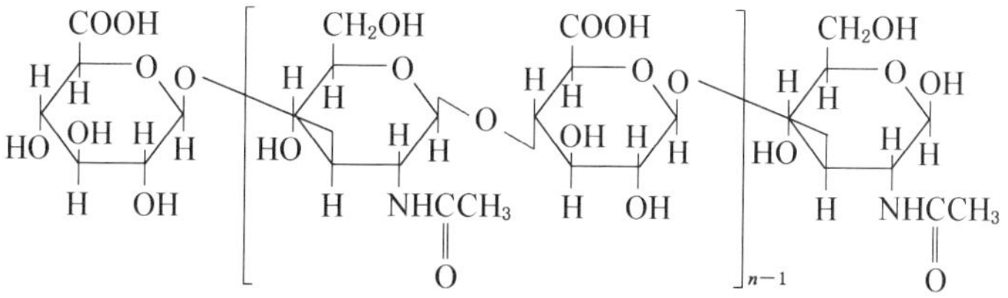

商品 HA 一般以钠盐，即透明质酸钠（SH）的形式出现，是透明质酸中的羧基与钠金属离子所成的盐。

HA 为白色、无臭、无味、无定形粉末，有吸湿性，不溶于有机溶剂，溶于水，水溶液具有较高的黏性，同时具有很好的润滑作用。HA 能形成良好的网状结构，因而具有分子筛作用。

SH 为白色纤维状或粉末状固体，有较强的吸湿性，溶于水，不溶于有机溶剂。

HA 作为药物已广泛应用于眼科和骨科中。近年来，HA 及其衍生物作为药用辅助材料也得到广泛的关注。HA 能够穿透皮肤各层，具有透皮促进作用及缓释储库的功效。由于其特殊的生理性能，理想的流变性，无毒，无抗原性，高度的生物相容性和体内的可降解性，水化作用形成的黏弹性等，使其成为缓释制剂中的理想载体。另外，HA 的聚电解质性质与带有阳离子基团的药物相互作用在延缓药物释放中也有相当的作用。

在眼科制剂中用0.1%～0.25%的 HA 含量即能够增强角膜表面水的存留，增加角膜的润湿性，提高眼部用药的生物利用度。在皮肤科制剂中，HA 的基质在皮肤表面能形成水化的黏弹性的覆盖层，一般选用的 HA 相对分子质量在 1×10^6 左右，相对分子质量超过 1.8×10^6，其对药物的渗透性就显著降低。

HA 可直接或间接参与细胞的黏附、迁移、生长及分化等许多生物学行为，在胚胎发育、形态发生、细胞定位、创伤愈合、感染等生理及病理情况下发挥重要作用，调节细胞外基质中浆液与蛋白的平衡，参与肿瘤的生长、浸润、转移、免疫逃逸及对化疗药物的拮抗。有助于某些药物对疾病的治疗，如肉芽组织的血管生成作用。因此，在治疗血管病变、动脉瘤以及肿瘤时，可将某些药物（如免疫调节剂、抗肿瘤药等）加入 HA 凝胶栓塞剂中，使药物在病变部位局部释放，避免药物的全身毒副作用，达到靶向给药的目的。

SH在二乙烯砜、甲醛、环氧化合物的作用下，可交联成HA凝胶，与药物一起溶胀，将药物吸收入凝胶网络中形成理想的缓释制剂。此外，SH具有良好的透皮促进吸收功能，与其他药物制成软膏、乳剂洗液等一系列皮肤外用制剂，可改变药物在皮肤上的扩散速率，促使皮肤或动脉壁的通透性明显增加，具有较好的保水、吸湿作用，利于药物吸收。SH用于大面积皮肤烧伤，可成为水和微生物的屏障，有利于外伤愈合。以主药低分子肝素和辅料SH、月桂氮卓酮及角质软化剂配制成软膏剂——海普林，在临床上用于治疗烧伤、血栓性脉管炎、血肿、冻疮、皮肤溃疡、湿疹皮炎、银屑病、接触性皮炎、皮肤瘙痒症、手足皲裂等多种皮肤病，取得较好疗效。

HA或SH是关节液及软骨基质的主要成分，对关节软骨有营养、润滑、保护及修复功能。在病理情况下，固体组织腔或液体组织腔内的SH含量下降时，会引起这些组织的正常生理功能及再生过程受损。此时，可以通过补充外源性黏弹性物质（如高黏弹性SH）来增加该腔内正常流变学状态，使其恢复功能，这种黏弹物补充疗法是近年来骨关节治疗的新医学概念。

骨科临床以SH局部注射补充黏弹物治疗骨关节炎、外伤性关节炎、膝关节僵硬、严重粉碎性髋臼骨折、髌骨软化症、腰椎管狭窄和骨科术后修复等，可在关节腔内起润滑作用，减少组织间摩擦，改善润滑液间组织的炎症反应，提高润滑液中SH含量，缓解患者的关节疼痛、肿胀、运动障碍等症状。SH在外科中可用于因交通事故和手术所致的组织缺损填充及烧伤病人的矫形，也可用于预防腹部手术的粘连。

在眼科手术中SH可作为黏弹性保护剂，实施黏弹性手术。对眼科手术而言，由于手术器械在眼内活动空间小，易造成眼内损伤和手术并发症。将SH注入眼前房并维持眼前房角一定空间深度，可利用SH的胶体特性及高黏稠性（比水高500倍），防止其从眼内手术切口溢出。其滑黏性有保护眼内组织、润滑缝线、防止机械和缝线对组织的损伤的功能，有利于异物取出和人工晶体植入等手术实施。临床上已用于囊内囊外白内障摘除手术、角膜移膜术、青光眼手术、外伤性眼科手术、视网膜脱离术、睫状体分离术、虹膜肿瘤摘除术、白内障乳化术、眼前房出血等20余种手术。另外，SH作为滑润剂可湿润眼球表面，防止上皮干燥，作用时间长。临床上常用其0.1%～0.2%溶液滴眼剂治疗干性角膜炎（干眼病），及用于术后、药物性外伤、配带亲水软镜等引起的角膜、结膜上皮损害，或与其他药物复配成滴眼液，用于治疗病毒性角膜炎、青光眼、慢性结膜炎、单疱病毒性角膜炎等。

8）海藻酸盐

海藻酸钠为褐藻的细胞膜组成成分，一般以钙盐或镁盐形式存在。海藻酸盐类于1881年首先被发现，但其结构式直至1965年由于核磁共振技术的发展才被确定。海藻酸由聚β-1,4-甘露糖醛酸与聚α-1,4-L-古洛糖醛酸结合的线型高分子，相对分子质量约为2.4×10^5结构式如下：

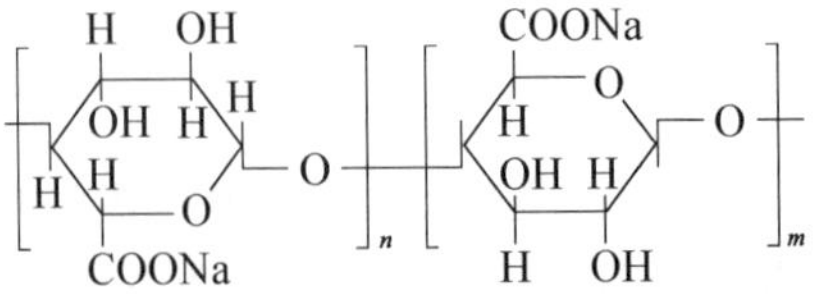

[结构式：$[\,\cdots\,]_n$ 单元含 H、OH、OH、H、H、H、H、O、COONa，经 O 连接；$[\,\cdots\,]_m$ 单元含 COONa、O、H、OH、H、H、OH，经 O 连接]

海藻酸钠为无臭、无味、白色至淡黄色粉末。性质与其原料来源及加工工艺密切相关。一般情况下不溶于乙醇、乙醚、有机溶剂及酸类（pH值在3以下）。能缓慢溶于水而形成粘稠液体，其低含量溶液（0.5%）在低切变速度（$1\sim100s^{-1}$）下近似牛顿流体。水溶液的黏度与pH

值有关，pH 值在 4 以下凝胶化，pH＝10 以上则不稳定。有良好的成膜性能，膜呈透明且坚韧。海藻酸钠与蛋白质、明胶、淀粉相容性好，与二价以上金属离子形成盐而凝固。海藻酸钠具有较强吸湿性，一般含水量为 10%～30%。

海藻酸钠与大多数多价阳离子反应会发生交联。如与钙离子交联形成网状结构的高分子凝胶，可控制水分子的流动性。

海藻酸钠无毒，无刺激性，广泛用于化妆品、食品及药物制剂。海藻酸钠粉末对人体黏膜有刺激性。海藻酸钠的急性毒性如下：猫腹腔注射 LD_{50} 为 0.25g/kg；兔静脉注射 LD_{50} 为 0.1g/kg；大鼠静脉注射 LD_{50} 为 1g/kg；大鼠口服 $LD_{50}>5g/kg$。

海藻酸钠可用于口服及局部外用，在片剂中可用作黏合剂、崩解剂、混悬剂的增稠剂及助悬剂、乳剂的稳定剂，糊剂及软膏的基质。最近还有用作药物的水性微胶囊的膜材和缓释制剂的载体。利用海藻酸钠的溶解度特性、凝胶和聚电解质性质作为缓释制剂的载体、包埋剂或生物黏附剂等。

3. 蛋白质类天然药用高分子及其衍生物

1）胶原

胶原的结构和性能已在第 6.3.2 小节中详细介绍，此处不再赘述。

胶原作为一种重要的生物材料，可用作在体内降解的辅助材料，用于代替给药系统所采用的不能生物降解的高分子辅助材料。胶原和以胶原蛋白为主的复合材料在创伤修复、作为贴壁细胞培养的微载体以及用于药物控制释放系统提高药物的长效性方面，均有较好的作用。

胶原还是一种安全、有效的软组织缺损的整形材料，用于软组织及骨缺损修复。用胶原作为角膜保护剂，在实施白内障手术时使用，可保护眼角膜不受损伤。另外，以胶原制成高强度纤维，可作为手术缝线；以胶原为辅助材料制备成贴剂、凝胶剂、喷雾剂、散剂等，可用于创伤治疗和伤口止血。

2）明胶

明胶是胶原蛋白的水解产物。其结构、性能与特点在第 6.3.2 小节已做介绍，此处从略。

由于明胶的凝胶具有热可逆性，冷却时凝固，加热时熔化，这一特性使其大量应用于制药工业中。在药物制剂生产中，明胶最主要的用途是作为硬胶囊、软胶囊以及微胶囊的壳材。由于明胶的薄膜均匀，坚韧而富有弹性，故可用作片剂包衣的隔离层材料。利用交联化明胶在人工胃液中不溶，但能吸收水分膨胀形成凝胶之特征，可用于制备胶囊而阻滞药物释放。利用空气动力学原理，适当控制胶囊内容物填充量，以保持胶囊的整体密度小于水，达到长时间漂浮液面，延长胃内滞留时间之目的。

此外，明胶还常用作栓剂的基质、片剂的黏合剂和吸收性明胶海绵的原料等。由于明胶与生物有良好的相容性，因此是理想的透皮制剂的基材。以甘油明胶为基质，氮酮为促透剂，制成脐部给药的多塞平栓剂，实现了透皮给药，消除了口服给药过程患者有嗜睡与口干等副作用，并对各型急、慢性荨麻疹有较好的疗效。

3）白蛋白

白蛋白又称清蛋白，是血浆中含量最多，但分子量最小的蛋白质。约占血液中总蛋白的 55%，相对分子质量为 66 500。白蛋白分子由 584 个氨基酸残基组成，其中含两个二硫桥，末端是天冬氨酸。

白蛋白是一种简单的蛋白质，分子中带有较多的极性基团，对很多药物离子具有高度的亲和力，能和这些药物可逆地结合而发挥运输作用。白蛋白的二级结构含有约48%的α-螺旋结构，15%的β-折叠片结构，其余为无规线团结构，因此具有很多的网状空隙，为携带药物创造了有利的空间条件。

人血白蛋白在固态时为棕黄色无定型的小块、鳞片或粉末。其水溶液是近无色至棕色的微有黏稠性液体，颜色的深浅与浓度有关。白蛋白易溶于稀盐溶液（如半饱和的硫酸铵）及水中。当硫酸铵的饱和度大于60%时，可析出沉淀。对酸较稳定，受热可聚合变化，但仍较其他血浆蛋白质耐热。蛋白质的浓度大时，热稳定性差。

白蛋白在人体内无抗原性，无过敏反应，在人体内能被降解吸收，因此是一种很有价值的药用材料或辅助材料安全的。白蛋白注射液在医疗上主要作为血浆代用品，能维持血浆正常的胶体渗透压，含量为25%的白蛋白20mL能维持的胶体渗透压约相当于血浆100mL或全血200mL的功能。可用于治疗严重急性的白蛋白损失（如失血、脑水肿、低蛋白血症、肝硬化及肾脏病引起的水肿和腹水等）。白蛋白可作为蛋白质类或酶类产品的稳定剂或新剂型微球的材料、抗癌药栓塞的载体，也可作为注射剂的共溶剂或冻干制剂的载体。

白蛋白具有良好的生物相容性和可生物降解性，因此被广泛用作抗肿瘤药物的载体，可在肿瘤部位形成栓塞，切断肿瘤细胞的给养。例如将白蛋白微球栓塞用于肝动脉，可实现在较长时间内维持肝脏局部药物高浓度，降低外周血浓度，起到栓塞、靶向和缓释的三重效果，对于提高药物疗效，降低全身毒副作用有重要意义。

7.5.5 合成药物高分子辅助材料

1. 合成药物高分子辅助材料的特点和类型

随着缓释、控释和靶向给药系统等新型药物制剂的研究和生产的不断扩大，天然药用辅助材料已经远远适应不了形势的需要。因此合成药用高分子辅助材料的应用得以快速发展。其中有些已经成为制剂技术创新的基本材料，如环境敏感性水凝胶的开发促进了智能释放药物传递体系的诞生；而两亲性、可生物降解嵌段共聚物的研制成功导致了药物纳米胶束型制剂的问世，并为细胞靶向提供了载体。

与天然高分子相比，药用合成高分子材料大多有明确的化学结构和分子量，来源稳定，性能优良，可供选择的品种及规格较多。另外，可以通过分子设计和新的聚合方法获得具有特定结构的高分子材料，能满足不同类型药物制剂尤其是新型给药系统的需要。但合成药用高分子也存在材料中易混杂的未反应单体、残余引发剂或催化剂和小分子副产物等，可能由此产生的生物不相容性问题及与药物的不良相互作用的弊病。为保证在药物制剂中应用的安全性，合成药用高分子辅助材料的生产条件一般较苛刻，制备过程较复杂，检验较严格，需满足药品生产质量管理规范要求，因此合成药用高分子辅助材料从开发到用于制剂生产需要较长的时间。

至今为止已经研发了许多用于药物制剂辅助材料的合成高分子材料，一般按其化学结构分类。例如，聚乙烯基类高分子（如聚丙烯酸酯类均聚物和共聚物、聚乙烯醇及其衍生物、聚乙烯基吡咯烷酮及其衍生物、乙烯/醋酸乙烯共聚物）、聚醚类高分子（如聚乙二醇及其衍生物）、聚酯类高分子（如聚乳酸类聚合物）、元素有机高分子（如有机硅聚合物）、聚氨基酸类高分子（如聚谷氨酸、聚天冬氨酸及其衍生物、聚L-赖氨酸）等。许多高分子材料在有关的书籍中多有介绍，因此本节中只对在药物制剂中应用较多的聚乙烯基吡咯烷酮及其衍生物、聚乳酸类聚合物和聚氨基酸类高分子三类高分子材料作简略介绍，其余的不作赘述。

2. 聚乙烯基吡咯烷酮及其衍生物

1）聚乙烯基吡咯烷酮

聚乙烯基吡咯烷酮(PVP)俗称聚维酮，是由德国科学家 Reppe 在 20 世纪 30 年代用 N-乙烯基-2-吡咯烷酮单体催化聚合而成的水溶性聚合物，其化学结构如下：

$$
\begin{array}{c}
\left[CH_2 - CH \right]_n \\
\quad | \\
\quad N \\
\;\; / \quad \backslash \\
CH_2 \qquad C{=}O \\
| \qquad\quad | \\
CH_2 - CH_2
\end{array}
$$

PVP 为白色至乳白色粉末，无嗅或几乎无嗅。玻璃化转变温度 175℃。极易吸湿，相对湿度 30%、50%和 70%时，吸湿量分别为 10%、20%和 40%，所以无论其原料或其制品均应干燥密闭贮藏。其 5%的水溶液的 pH＝3～7。PVP 水溶液可耐 110℃～130℃蒸汽热压灭菌，但在 150℃以上时，PVP 固体可因失水而变黑，同时软化。

PVP 不但易溶于水，而且在许多有机溶剂中极易溶解，如甲醇、乙醇、丙二醇、甘油、有机酸及其酯、酮、氯仿等，但不溶于醚、烷烃、矿物油、四氯化碳和乙酸乙酯。这种既溶于水，又溶于多种有机溶剂的高分子材料是十分少见的。

PVP 的化学性质稳定，能与大多数无机盐以及许多天然或合成聚合物、化合物在溶液中混溶。能与水杨酸、单宁酸、聚丙烯酸以及甲乙醚-马来酸酐共聚物等多种物质形成不溶性复合物或分子加成物，用碱中和这些多元酸可使复合物重新溶解。与碘、普鲁卡因、丁卡因、氯霉素等物质可形成可溶性复合物，因此有效延长药物作用时间，效果取决于两者复合的比例。PVP 用量越大，复合物在水中的溶解度越高。目前 PVP 与碘的配位化合物作为一种长效强力杀菌剂在中国药典及美国、英国药典均有收载。

PVP 具有优良的生理特性，安全无毒，不参与人体的代谢，对人体不具有抗原性，也不抑制抗体的生成，又具有优良的生物相容性，对皮肤、黏膜、眼等不会形成任何刺激。可作为血浆的代用材料。PVP 不被胃肠道吸收，在非胃肠道给药中，相对分子质量小于 2.0×10^4 的 PVP 很容易通过肾系统排出，而高分子量的 PVP 排出速度较慢。相对分子质量在 6.0×10^4 以上者则主要被肝、肾网状内皮系统吞噬。

PVP 可以从消化道、腹内、皮下及静脉途径进入人体，未发现其对人有任何致癌作用。长期口服 2 年亦未见副作用。静脉注射偶有休克反应和注射部位炎症及肿痛发生，这可能与 PVP 本身无关，而是残留单体所致，故 PVP 产品中残留单体应控制在 0.2%以下。PVP 的安全性使其广泛地用于食品、化妆品和医药工业。

目前在药物制剂中，PVP 主要用于黏合剂、固体分散体载体、助溶剂、包衣材料、眼用药水的助剂、微胶囊助流剂、缓释控释药物载体等，使用十分广泛。

2）交联聚乙烯基吡咯烷酮

交联 PVP 是乙烯基吡咯烷酮的高分子量交联物，是通过乙烯基吡咯烷酮单体和少量双功能基单体的聚合反应制备的。但实际产品经 X 射线衍射、差热分析等研究表明，生成的大分子是一种高度物理交联而非化学交联的网状结构分子。这种物理交联被认为是聚乙烯吡咯烷酮大分子链极度卷曲，相互间形成极强氢键结合的结果，真正化学交联的双功能基组成仅 0.1%～1.5%。在碱金属氧化物存在下，不用其他引发剂，在 100℃以上直接加热乙烯吡咯烷酮单体亦可得到类似交联产物。

交联 PVP 是白色、无味、流动性良好的粉末或颗粒，密度为 1.22g/cm^3，1% 水糊状物的 pH=5～8。交联 PVP 相对分子质量高（>1.0×10^6）并具交联结构，故不溶于水、有机溶剂以及强酸、强碱，但遇水可发生溶胀。交联 PVP 吸水膨胀体积可增加 150%～200%，略低于羧甲基纤维素和低取代羟丙基纤维素，远大于淀粉、海藻酸钠和甲基纤维素。交联 PVP 长期口服无毒、无副作用，不被胃肠道吸收。大鼠口服 LD_{50} > 6.8g/kg，小鼠腹腔注射 LD_{50} 为 12g/kg。

交联 PVP 由于其具有较高的毛细管活性、强的水合能力及相对较大的比表面积，因此遇水可迅速吸收大量水分，使交联键之间的折叠式分子链突然伸长，并被迫立即分离，使片剂内部的膨胀压力超过药片本身的强度，药片瞬时崩解。因此可作为片剂或硬胶囊的崩解剂。交联 PVP 还可作片剂干性黏合剂和填充剂、赋形剂，其粒度较小者可以减少压片剂片面的斑纹，改善其均匀分布性。在食品工业中交联 PVP 亦广泛用作酿酒和酿醋生产的助滤剂。

3. 聚乳酸类高分子

1）聚乳酸

聚乳酸（PLA）是 α-羟基丙酸缩合的产物。因为合成聚乳酸的单体为乳酸（α-羟基丙酸）和它的环状二聚体丙交酯，乳酸分子内有一个不对称碳原子，因此具有旋光性，可分为 L-乳酸、D-乳酸及外消旋 D,L-乳酸，相应的丙交酯也有三种异构体。故其聚合产物也有三种异构体：聚 L-乳酸（PLLA）、聚 D-乳酸（PDLA）和聚 D,L-乳酸（PDLLA）。乳酸及丙交酯的结构如图 7-27 所示。

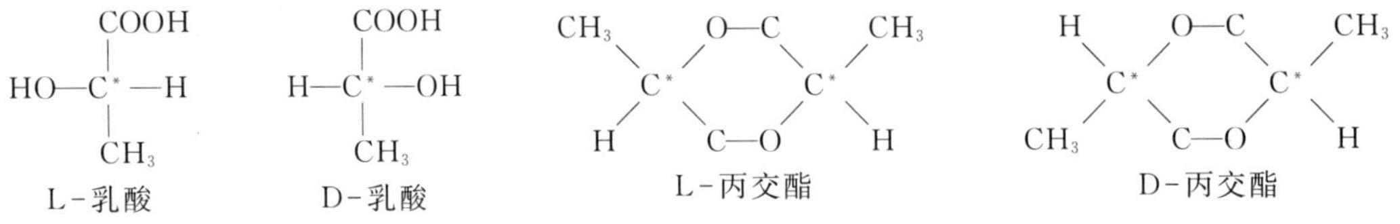

L-乳酸　D-乳酸　L-丙交酯　D-丙交酯

图 7-27　乳酸及丙交酯的化学结构

PLA 是浅黄色透明固体，所有 3 种聚乳酸均溶于氯仿、二氯甲烷、乙腈、四氢呋喃等有机溶剂，在水、乙醚、乙酸乙酯及烷烃类溶剂中不溶。光学活性的 PLLA 和 PDLA 的物理化学性质基本上相似，但是 PDLLA 的性能却有很大变化。如 PDLA 和 PLLA 的玻璃化转变温度约为 57℃，都是高结晶性聚合物，结晶度在 37%左右，熔点在 170℃左右。PDLLA 却是非晶态的聚合物，无熔融温度，玻璃化转变温度在 40℃～45℃。因此，立体规整性直接影响聚乳酸的机械性能、热性能和生物性能。

PLA 容易降解。降解过程主要为水解反应，按照本体侵蚀机理进行。降解速度与其分子量和结晶度有关。分子量越高，结晶度越大，降解越慢。PLLA 和 PDLA 的降解速率低于 PDLLA。

PLA 的端羧基对其水解起催化作用，随着降解的进行，体系中羧基含量增加，降解速率加快，而且微粒明显比纳米粒降解快。这是由于降解生成的酸性物质不易从较大粒子内扩散，因而留在粒子内对降解起催化作用之故。

PLA 的降解首先发生在聚合物无定形区，降解后形成的较小分子链可能重排而结晶，故结晶度在降解开始阶段有时会升高。在约 21d 后，结晶区大分子开始降解，机械强度下降。50d 后，结晶区完全消失。在降解初期，PLA 材料的外形和质量并无明显变化。例如，聚乳酸大约在 60d 内已有 50%左右酯键断裂，但依然能保持原来的状态和质量。随着分子量减少和一些疏水性甲基从大分子链上断裂，聚合物的亲水性和溶解性增大，水分子扩散进入材料的速度加快，水解反应自动加速，材料明显失重和溶解，直至完全消失。

2）乳酸类共聚物

PLA作为生物降解材料，在临床和医学领域得到了广泛的应用。但随着医学事业的发展，单独的聚乳酸均聚物已不能满足要求。如在药物控制释放体系中，对不同的药物要求其载体材料具有不同的释放速度，仅靠PLA的分子量及分子量分布来调节降解速度已远远不能满足实际需要。因此，人们采用工具的方法合成聚乳酸的各类共聚物，以改进聚乳酸的性能。例如乳酸/乙醇酸共聚物、乳酸/乙二醇嵌段共聚物等即为重要代表。

乳酸/乙醇酸共聚物（PLGA）的性能与PLA类似，外观为白色粉末。溶于氯仿、二氯甲烷、乙腈、四氢呋喃等有机溶剂，在水、乙醚、乙酸乙酯及烷烃类溶剂中不溶。其降解亦属水解反应，水解速度在很大程度上取决于共聚单体的配比。但无论二者配比如何，共聚物的结晶度均低于各均聚物。在等摩尔配比时，共聚物的结晶度最低，降解速度也最大。

体外水解研究表明，当共聚比例一定时，PLGA的水解速度随分子量的增加而减小，相应的释药速度也下降。例如在等摩尔配比共聚的材料中，相对分子质量为4.5×10^5的共聚物在80d内释药量仅约为相对分子质量为1.5×10^5共聚物的一半。

乳酸/乙二醇嵌段共聚物的合成有三种方法，一种是聚乙二醇单甲醚与丙交酯在亚锡类化合物催化下通过开环聚合，第二种是通过环氧乙烷与丙交酯的阴离子开环聚合反应，第三种是通过乳酸与聚乙二醇单甲醚的熔融缩聚。

PLA/PEG嵌段共聚物易溶于氯仿、二氯甲烷等、四氢呋喃、乙酸乙酯和丙酮，不溶于醇类溶剂如甲醇和乙醇等，在水中则形成胶束。将PLA/PEG嵌段共聚物与药物的混合溶液或其干燥物通过溶剂蒸发法、熔融分散法、渗析等方法分散到水中，即可得到药物的聚合物胶束。载药量与聚合物与药物间的相容性有关。相容性较好的，载药量较高，如PLA/PEG嵌段共聚物对紫杉醇的载药量可达到20%。随共聚物中PLA链段的比例增加，胶束粒径增大。当PLA的比例超过70%时，胶束不易形成。

PLLA/PEG嵌段共聚物的结晶性较强，降解速率和药物释放速率较慢。而PDLLA相是非晶态，具有较高的药物释放和降解速率，因此常被用来作为药物的纳米载体。PDLLA/PEG药物释放无突释现象，连续释药可达40h以上，药物的释放速率与聚合物的嵌段比、载药量、药物与聚乳酸的相互作用等因素有关。

聚乳酸是目前研究最多的可生物降解材料之一，目前广泛用于医用手术缝合线以及注射用微胶囊、微球、埋植剂等制剂的材料。1970年开始将聚乳酸用作药物长效缓释剂载体，1979年推出孕酮/PLGA缓释胶囊。药物的释放速度可以通过选择不同分子量、不同光学活性的乳酸共聚或不同类型聚乳酸混合以及添加其他适当成分予以调节。乳酸/乙醇酸共聚物也主要用作注射用微球、微囊以及组织埋植剂的载体等。

4. 聚氨基酸类高分子

聚氨基酸是一类生物降解高分子，对生物体无毒、无副作用、无免疫源性，具有良好的生物相容性，并可通过体内的水解或酶解反应最终降解为小分子的氨基酸，被人体吸收。其所带官能团的侧链，能直接键合药物，也能用贮存或基体方式与药物结合，且可通过改变侧链的亲疏水性、荷电性和酸碱性来调节药物的扩散速度与自身的生物降解性。因此，聚氨基酸作为一类较好的药物控制释放载体，在药物辅助材料领域得到了大量的研究和应用。

聚氨基酸类高分子可分为两类：一类是氨基酸的天然聚合物，如蛋白质，多肽激素，酶及活性肽等；一类是人工合成聚合物，如聚赖氨酸、聚精氨酸、聚谷氨酸等。本节仅介绍人工合成聚氨基酸的结构、性能和应用。

1）聚谷氨酸

聚谷氨酸（PGA）是谷氨酸通过肽键结合形成的一种多肽大分子。根据其基团连接方式的不同，PGA 有两种异构体，其化学结构如下：

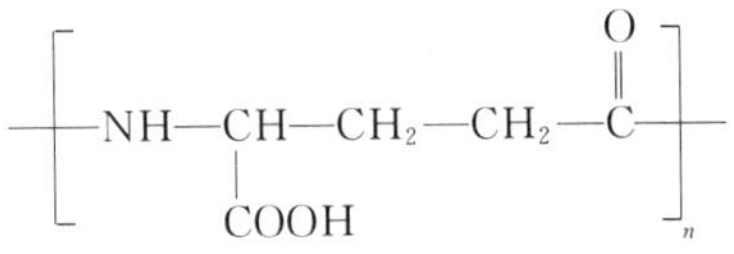

$$\left[-NH-\underset{\displaystyle COOH}{\underset{|}{CH}}-CH_2-CH_2-\overset{\displaystyle O}{\overset{\|}{C}}-\right]_n \qquad \left[-NH-\underset{\displaystyle \underset{\displaystyle \underset{\displaystyle COOH}{|}}{\underset{\displaystyle CH_2}{|}}}{\underset{\displaystyle CH_2}{\underset{|}{CH}}}-\overset{\displaystyle O}{\overset{\|}{C}}-\right]_n$$

γ-PGA 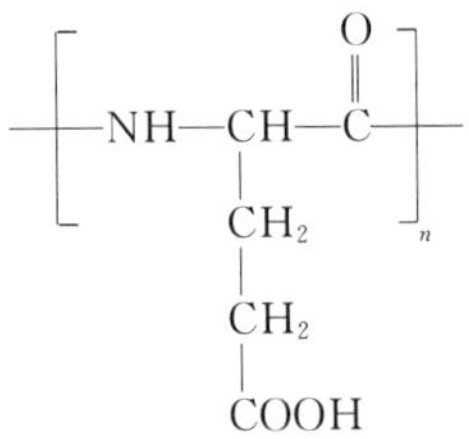　　　　α-PGA

PGA 无毒，生物相容性优良，低免疫原性，无毒副作用。在自然界或人体内能生物降解成内源性物质谷氨酸，在体内不产生积蓄和毒副作用，这是其他高分子材料所不可比拟。其水溶性极好，可增加药物的溶解性。本身为弱阴离子型聚合大分子，能够在血液循环中停留较长时间，对靶向给药具有重要意义。另外，PGA 分子链上具有活性较高的侧链羧基（—COOH），易与一些药物结合生成稳定的复合物，成为高分子载体药物，具有控制药物释放的作用。作为药物辅助材料，PGA 在抗癌和生物类药物的控制释放领域受到人们极大的关注。以下通过具体例子说明 PGA 作为药物辅助材料的应用。

作为药物的载体，PGA 的半乳糖基衍生物或甘露糖酯化衍生物可作为肝细胞特殊药物的载体，通过糖酯化的 PGA 的结合作用能够把药物运送到肝细胞中。动物静脉内给药实验表明，药物与糖酯化的 PGA 形成的复合物在肝脏中蓄积，起到了靶向作用。而且这种复合物在肝脏中可酶解为谷氨酸，不会引起不良反应。

PGA 与明胶有较好的兼容性，因此适合制作外科及手术用的黏合剂、止血剂及密封剂。例如，由明胶和 PGA 结合而成的可生物降解速效生物胶，是一种生物安全胶，在小鼠背部皮下组织进行实验，发现其能逐渐生物降解，不会引起严重的炎症反应。由 N-羟琥珀酰胺活化的 PGA 衍生物，在水溶液中短时间内能自发地与明胶形成胶体。这种外用胶与天然组织的黏结强度远比纤维蛋白胶高，因此是一种非常好的外科黏结材料，有望取代从人类血液组织中制备的纤维蛋白胶。

2）聚天冬氨酸及其衍生物

聚天冬氨酸（PASP）是一类研究较多的合成聚氨基酸，具有很好的生物相容性和可生物降解性。水溶性聚天冬氨酸是一种有效的阻垢剂和分散剂，易生物降解。活性试验表明，在应用上其性能与聚丙烯酸极其相似，是聚丙烯酸的良好取代品。

PASP 有两种构型，即 α 和 β 型，其化学结构如下：

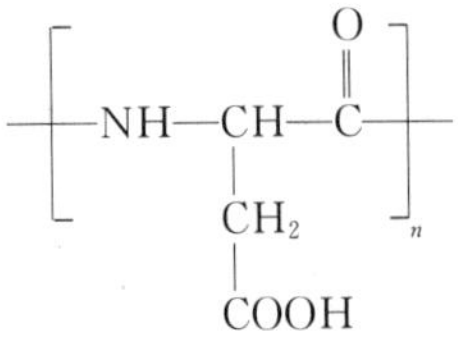

$$\left[-NH-\underset{\displaystyle \underset{\displaystyle COOH}{|}}{\underset{\displaystyle CH_2}{\underset{|}{CH}}}-\overset{\displaystyle O}{\overset{\|}{C}}-\right]_n \qquad \left[-NH-\underset{\displaystyle COOH}{\underset{|}{CH}}-CH_2-\overset{\displaystyle O}{\overset{\|}{C}}-\right]_n$$

α-PASP 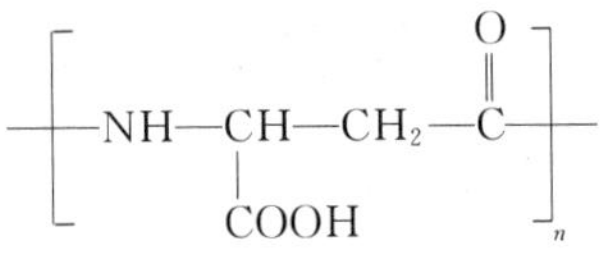　　　　β-PASP

天然的 PASP 是以 α 构型存在的。合成的 PASP 通常是两种构型的混合物。

PASP 在许多领域具有很高的应用价值。例如，它可以改变钙盐的晶体结构，作为一种优良的阻垢分散剂，用于循环冷却水系统、锅炉及油气田水处理，可防止管道结垢堵塞；可以和洗涤剂复配使用提高洗涤效果；能与钙、镁、铜、铁等多种离子形成螯合物，附着在金属容器表面阻止金属腐蚀，是一种良好的缓蚀剂；作为肥料添加剂能促进植物生长；相对摩尔质量较大的 PASP 具有优良的保湿性能，可用于制造日用化妆品和保健用品等。在医药领域中，可作为血浆膨胀剂。其良好的生物降解性和生物相容性，使其在药物控制释放领域受到关注，已经制备了多种 PASP 的共聚物，利用其侧链羧基的功能性，获得前体药物或通过静电、氢键等复合作用控制药物释放。

3）聚 L-赖氨酸

聚 L 赖氨酸(PLL)也是研究较多的一种聚氨基酸。其化学结构式如下：

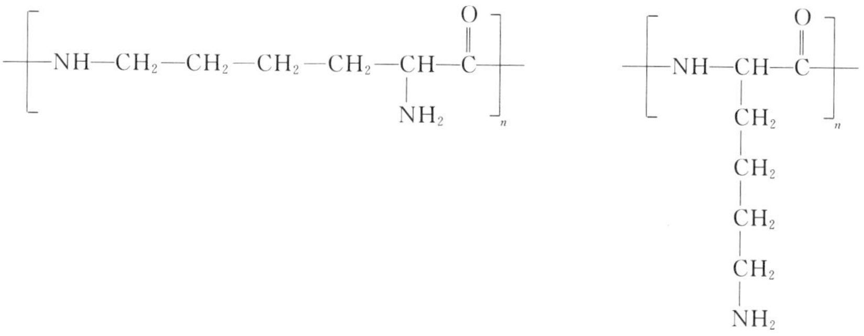

$$\left[NH-CH_2-CH_2-CH_2-CH_2-\underset{\underset{NH_2}{|}}{CH}-\overset{\overset{O}{\|}}{C} \right]_n \qquad \left[NH-\underset{\underset{\underset{\underset{\underset{NH_2}{|}}{CH_2}}{|}}{CH_2-CH_2-CH_2}}{|}}{CH}-\overset{\overset{O}{\|}}{C} \right]_n$$

PLL 带正电荷，易通过胞饮作用被肿瘤细胞摄取，因此与抗肿瘤药物 5-Fu 结合可用于癌症的治疗。此外，将 PLL 与 Pt(Ⅰ)键合可用于癌症化疗。研究表明 PLL/甲氨蝶呤复合物能使仓鼠卵巢细胞株对甲氨蝶呤的摄取量增加 200 倍，抑制细胞增殖的活性较直接使用甲氨蝶呤时提高了 100 倍。此外，PLL 与 PEG 的嵌段共聚物可用于与 DNA 药物分子形成离子复合物，可有效控制 DNA 的释放。

思考题

1. 什么是药用高分子？药用高分子分为哪几类？各有什么特点？
2. 高分子材料的毒性与哪些因素有关？
3. 为什么要发展高分子药物？与低分子药物相比，高分子药物有什么优点？
4. 在高分子载体药物中应包含哪几类基团？它们的作用是什么？
5. 高分子用作药理活性高分子药物，对它的基本要求是什么？
6. 什么是微胶囊？微胶囊有哪几种制备方法？药物微胶囊有什么优点？
7. 高分子药用辅助材料在制药领域中有什么用途？作为一种高分子药用辅助材料应具备什么基本特性？
8. 天然药用高分子辅助材料主要有哪些品种？它们用于药物辅助材料有什么特点？
9. 合成药用高分子辅助材料目前主要有哪些品种？它们用于药物辅助材料有什么特点？
10. 从分子结构出发讨论为什么聚酯类高分子较适合用作药用辅助材料？

参考文献

[1] 汪锡安,胡宁先,王庆生. 医用高分子[M]. 上海:上海科学技术文献出版社,1980.

[2] Ottenbrite R M. ACS Symposium series 545. Polymeric drugs and drug administration[M]. Washington D C:Am Chem Soc,1994.

[3] Maedah,Konno T. Neocarzinostatin:the past,present,ang futyre of an anticanoer drug[M]. Tokyo:Springer,1997.

[4] 廖工铁. 靶向给药制剂[M]. 成都:四川科学技术出版社,1997.

[5] 陆彬. 药物新剂型与新技术[M]. 北京:人民卫生出版社,1998.

[6] 严瑞瑄. 水溶性高分子[M]. 北京:化学工业出版社,1998.

[7] 侯惠民,王浩,张光杰. 药用辅料应用技术[M]. 北京:中国医药科技出版社,2002.

[8] 朱盛山. 药物制剂工程[M]. 北京:化学工业出版社,2002.

[9] 元英进,刘明言,董岸杰. 中药现代化生产关键技术[M]. 北京:化学工业出版社,2002.

[10] 郭圣荣. 医药用生物降解性高分子材料[M]. 北京:化学工业出版社,2004.

[11] 屠美. 药用高分子材料及其应用[M]. 广州:华南理工大学出版社,2006.

[12] 姚日生,董岸杰,刘永琼. 药用高分子材料[M]. 2 版. 北京:化学工业出版社,2008.

[13] 郑俊民. 药用高分子材料学[M]. 3 版. 北京:中国医药科技出版社,2009.

[14] 郭圣荣. 药用高分子材料[M]. 北京:人民卫生出版社,2009.

[15] 库马尔. 药用生物纳米材料[M]. 梁伟等,译. 北京:科学出版社,2009.

[16] 刘文. 药用高分子材料学[M]. 北京:人民出版社,2010.

8 高吸液性树脂

8.1 概述

8.1.1 高吸水性树脂

自古以来,吸水材料的任务一直是由纸、棉花和海绵以及后来的泡沫塑料等材料所承担的。但这些材料的吸水能力通常很低,所吸水量最多仅为自身重量的20倍左右,而且一旦受到外力作用,则很容易脱水,保水性很差。

20世纪60年代末期,美国首先开发成功高吸水性树脂。这是一种含有强亲水性基团并通常具有一定交联度的高分子材料。它不溶于水和有机溶剂,吸水能力可达自身重量的500～2000倍,最高可达5000倍,吸水后立即溶胀为水凝胶,有优良的保水性,即使受压也不易挤出来。吸收了水的树脂经干燥后,吸水能力仍可恢复。

由于上述的奇特性能,高吸水性树脂引起了人们较大的兴趣。问世20多年来,发展极其迅速,应用领域已经渗透到各行各业。如在石油、化工、轻工、建筑等部门中被用作堵水剂、脱水剂、增黏剂、速凝剂、密封材料等;在城市污水处理和河道疏浚工程中用于淤泥的增稠固化等;在医疗卫生部门中用作外用药膏的基材、缓释性药剂、能吸收血液和分泌物的绷带、人工皮肤材料、抗血栓材料等;在农业部门中用作土壤改良剂、保水剂、育苗床基材、苗木处理剂等。在日常生活,高吸水性树脂更是大有用武之地。如用于制作吸水性抹布、餐巾、鞋垫、一次性尿布、卫生巾等,也可用于制作缓释性香水囊、浸水即膨胀的玩具和插花材料等。

高吸水性树脂是在1968年由美国农业部北方研究中心的范特(Fanta)等人首先开发成功的,目的是用作土壤改良剂。它是淀粉和丙烯腈接枝共聚物的水解产物。而最早将高吸水性树脂商品化的是日本三洋化成公司。1975年,该公司研制成功用淀粉和丙烯酸接枝共聚后皂化的方法制备高吸水性树脂,解决了丙烯腈接枝法产品中残存有毒的丙烯腈单体的问题。1978年,该产品以“Sanwet IM-300”为商品名公开出售。1981年生产能力达1000t/年。目前世界上高吸水性树脂生产能力最大的是日本,其次为美国、西欧诸国。其中,日本的产量约占世界总产量的一半左右。

我国对高吸水性树脂的研究开发工作始于20世纪80年代初期。经过十几年的研究工作,已经取得了很大的成就。并在林业育苗、农业植保、卫生用品、化妆品、医用材料等方面得到广泛应用。但生产规模一般还都比较小,在应用的开发和推广方面还需作很大的努力。

高吸水性树脂是一类高分子电解质,因此,水中盐类物质的存在会显著影响树脂的吸水能力,在一定程度上限制了它的应用。如何提高高吸水性树脂对含盐液体(如尿液,血液、肥料水等)的吸收能力,将是今后高吸水性树脂研究工作中的一个重要课题。此外,对高吸水性树脂吸水机理的理论研究工作也将进一步开展,以指导这一类功能高分子材料向更高水平发展。

8.1.2 高吸油性树脂

在高度发达的工业社会，由含油污水、废弃液体以及油船、油罐泄漏事故造成的环境污染日益严重，已对环境及人类生活构成了极大的威胁。据统计，这些污染环境的油有36%来自城市工业废水排放，45%来自海洋上的油船泄漏。因此，优质吸油材料的开发已成为重大的研究课题。

吸油材料一般可分为传统吸油材料和高吸油性树脂。目前，我国所用的吸油材料主要是传统吸油材料，如植物纤维、硅藻土、活性炭等，它们的最大优点是价格低。但是，传统吸油材料存在着吸水、受压漏油、吸油效率低等致命缺点，这无疑限制了其在油水混合系统中的应用，而最近开发出来的高吸油树脂则克服了上述缺点，具有广阔的发展前景。

高吸油性树脂是一类交联聚合物。作为一类新型的自溶胀高效吸油材料，其具有吸油速率快、吸油倍率高、不吸水等特点，能有效回收水面浮油，净化工业含油污水。1966年，美国的Dow化学公司最先研究了高吸油性树脂并申请了专利，他们以烷基苯乙烯为单体，以二乙烯基苯或二丙烯酸乙二醇酯为交联剂。1973年，日本三井石油化学工业公司以甲基丙烯酸烷基酯或烷基苯乙烯为单体，经交联得到了高吸油性聚合物。1989年，日本帝京大学的村上谦吉也对高吸油树脂进行了研究。1990年，日本触媒化学工业公司用丙烯酸长链烷基酯，经交联制得了高吸油性树脂。之后，日本的三菱油化、东京计画等都先后申请了这方面的专利。触媒化学工业公司甚至进行了商品化生产。近几年，中国的一些科研院所也进行了一些研究，但尚无商品化生产的报道。由于吸油性树脂的研究和应用尚处于较初级阶段，故本章对吸油性树脂仅作简单介绍。

8.2 高吸水性树脂的类型和制备方法

8.2.1 高吸水性树脂的类型

根据原料来源、亲水基团引入方法、交联方法、产品形状等的不同，高吸水性树脂可有多种分类方法，如表8-1所示。其中以原料来源这一分类方法最为常用。按这种方法分类，高吸水性树脂主要可分为淀粉类、纤维素类和合成聚合物类三大类。下面分别介绍之。

1. 淀粉类

淀粉类高吸水性树脂主要有两种形式。一种是淀粉与丙烯腈进行接枝反应后，用碱性化合物水解引入亲水性基团的产物，由美国农业部北方研究中心开发成功；另一种是淀粉与亲水性单体(如丙烯酸、丙烯酰胺等)接枝聚合，然后用交联剂交联的产物，是由日本三洋化成公司首开先河的。

淀粉改性的高吸水性树脂的优点是原料来源丰富，产品吸水倍率较高，通常都在千倍以上。缺点是吸水后凝胶强度低，长期保水性差，在使用中易受细菌等微生物分解而失去吸水、保水作用。

2. 纤维素类

纤维素改性高吸水性树脂也有两种形式。一种是纤维素与一氯醋酸反应引入羧甲基后用交联剂交联而成的产物；另一种是由纤维素与亲水性单体接枝共聚的产物。

纤维素改性高吸水性树脂的吸水倍率较低，同时亦存在易受细菌的分解失去吸水、保水能力的缺点。

表 8-1 高吸水性树脂分类

分类方法	类别
按原料来源分类	(a) 淀粉类； (b) 纤维素类； (c) 合成聚合物类：聚丙烯酸盐系； 聚乙烯醇系； 聚氧乙烯系等
按亲水基团引入方式分类	(a) 亲水单体直接聚合； (b) 疏水性单体羧甲基化； (c) 疏水性聚合物用亲水单体接枝； (d) 腈基、酯基水解
按交联方法分类	(a) 用交联剂网状化反应； (b) 自身交联网状化反应； (c) 辐射交联； (d) 在水溶性聚合物中引入疏水基团或结晶结构
按产品形状分类	(a) 粉末状； (b) 颗粒状； (c) 薄片状； (d) 纤维状

由天然产物改性的高吸水性树脂除了上述淀粉类和纤维素外，还有由海藻酸钠、明胶等交联的产物，均已获得应用性的成果。

3. 合成聚合物类

合成的高吸水性树脂原则上可由任何水溶性高分子经适度交联而得。目前主要有 4 种类型

1）聚丙烯酸盐类

这是目前生产最多的一类合成高吸水性树脂，由丙烯酸或其盐类与具有二官能度的单体共聚而成。制备方法有溶液聚合后干燥粉碎和悬浮聚合两种。这类产品吸水倍率较高，一般均在千倍以上。

2）聚丙烯腈水解物

将聚丙烯腈用碱性化合物水解，再经交联剂交联，即得高吸水性树脂。如将废晴纶丝水解后用氢氧化钠交联的产物即为此类。由于氰基的水解不易彻底，产品中亲水基团含量较低，故这类产品的吸水倍率不太高，一般在 500～1000 倍左右。

3）醋酸乙烯酯共聚物

将醋酸乙烯酯与丙烯酸甲酯进行共聚，产物用碱水解后得到乙烯醇与丙烯酸盐的共聚物，由于存在较强的氢键作用，不加交联剂即可成为不溶于水的高吸水性树脂。这类树脂在吸水后有较高的机械强度，适用范围较广。

4）改性聚乙烯醇类

这类高吸水性树脂由聚乙烯醇与环状酸酐反应而成，不需外加交联剂即可成为不溶于水的产物。这类树脂由日本可乐丽公司首先开发成功，吸水倍率为 150～400 倍，虽吸水能力较

低，但初期吸水速度较快，耐热性和保水性都较好，故也是一类适用面较广的高吸水性树脂。

8.2.2 高吸水性树脂的制备方法

1. 淀粉类高吸水性树脂的制备方法

美国农业部北方研究中心最早开发的淀粉类高吸水性树脂是采用接枝合成法制备的。图8-1为丙烯腈接枝淀粉制备高吸水性树脂的示意图。即先将丙烯腈接枝到淀粉等亲水性天然高分子上，再加入强碱使氰基水解成羧酸盐和酰胺基团。这种接枝化反应通常采用四价铈作引发剂，反应在水溶液中进行。

$$\text{H—}\underset{\substack{|\\ \text{淀粉}}}{\overset{|}{\text{C}}}\text{—OH} + \text{Ce(IV)} \rightleftharpoons (\text{淀粉})\text{—Ce(IV)}$$

$$(\text{淀粉})\text{—Ce(IV)} \longrightarrow \text{Ce(IV)} + \text{H}^+ + \cdot\underset{|}{\overset{|}{\text{C}}}\text{—OH}$$

$$\cdot\underset{|}{\overset{|}{\text{C}}}\text{—OH} + n\text{CH}_2\text{=}\underset{\substack{|\\ \text{CN}}}{\text{CH}} \longrightarrow (\text{淀粉})\ \text{+CH}_2\text{—}\underset{\substack{|\\ \text{CN}}}{\text{CH}}\text{+}_n$$

$$(\text{淀粉})\text{+CH}_2\text{—}\underset{\substack{|\\ \text{CN}}}{\text{CH}}\text{+}_n \xrightarrow{\text{NaOH}}$$

$$(\text{淀粉})\text{+CH}_2\text{—}\underset{\substack{|\\ \text{COONa}}}{\text{CH}}\text{+}_x\text{+CH}_2\text{—}\underset{\substack{|\\ \text{CONH}_2}}{\text{CH}}\text{+}_y$$

图8-1 通过丙烯腈接枝淀粉制备高吸水性树脂的过程

除了四价铈盐引发剂外，亚铁盐-过氧化氢、焦磷酸锰、高锰酸钾等氧化剂均可用作上述反应的引发剂。研究发现，丙烯腈的接枝率与支链分子量对最终产品的吸水能力有极大影响。例如，使用未胶化的粒状淀粉进行接枝反应所得支链的重均分子质量为10万，接枝频率(即一个接枝支链所对应的脱水葡萄糖单元数)为500。而使用在70℃胶化处理30min的淀粉进行接枝，所得的支链重均分子质量为80万，接枝频率为4000。前者吸水能力为自重的300倍，而后者则为自重的1200倍。

用上述方法制得的高吸水性树脂虽有较好的吸水能力，但由于反应体系的黏度通常很大，水解反应不可能十分彻底，最终产品中会残留有毒的丙烯腈单体，故限制了它们的应用。

日本三洋化成公司采取的改进方法是将淀粉和丙烯酸在引发剂作用下进行接枝共聚。这种方法的单体转化率较高，残留单体仅0.4%以下，而且无毒性。但丙烯酸较易自聚，故一般接枝率不高，影响吸水能力。适当加入交联剂，如环氧氯丙烷、乙二醇缩水甘油醚、氧化钙等进行轻适度交联，将大大提高吸水能力，最终产品吸水率可达千倍以上。

国内的长春应用化学研究所采用 C_0^{60}-γ 射线辐照玉米淀粉和土豆淀粉产生自由基，然后在水溶液中引发接枝丙烯酰胺，也得到了吸水率达2000倍的高吸水性淀粉树脂。

用于制备高吸水性树脂的淀粉主要采用玉米淀粉和小麦淀粉，也可采用土豆、红薯和大米的淀粉为原料，甚至有直接采用面粉为原料的。

高吸水性树脂是高分子电介质，对含有离子的液体吸收能力显著下降，因此，产品的净化程度对吸水率影响很大。通常采用渗析、醇沉淀、漂洗和先将皂化物以酸形式沉淀分离净化，再用碱中和为中性的方法进行净化处理。产品的最终形式随净化和干燥的方式而异。醇沉淀及鼓风干燥的一般为粒状产品；渗析和酸沉淀及转鼓干燥的一般制成膜，也可加工为粒状；若用冷冻干燥，则可制得海绵状产品。这些形式都有各自的独特用途。以下为制备实例：

1）硝酸铈铵法

在500mL反应器中放入10g玉米淀粉，167mL水，加热至85℃，搅拌使之完全溶解。然后冷却至25℃，加入14.3g丙烯腈，2.93g 2-丙烯酰胺基-2-甲基丙烷磺酸，搅拌后加入引发剂3mL。引发剂是0.338g硝酸铈铵溶于3mL1N硝酸溶液中的混合物。反应2h，温度控制在25℃～30℃。然后滴加NaOH溶液，调节至pH为7，再加入200mL乙醇，使接枝共聚物沉淀析出。洗涤分离后，按1g接枝聚合物加20mL 0.5N NaOH溶液的比例进行皂化。接枝聚合物与NaOH溶液混合后先预热至混合液变黏稠，再加热至90℃～100℃，反应2h后取下冷却，用400mL水稀释，并用蒸馏水渗析至pH为6.3～7.1。在30℃空气中干燥，即得成品。产品的吸水率为每克树脂2880g水，吸尿能力为每克树脂62g尿液。

2）C_0^{60}-γ射线激活法

将丙烯酸3.68g、丙烯酰胺3.55g、淀粉40.5g、水10mL混合，通入氮气。30min后，以1.13mrad/h的剂量进行照射，总剂量应达0.1 mrad，并在环境温度下保持2h，即可得到接枝率达92.3%的聚合物。干燥后即得成品。产物吸水率达2000g水。

2. 纤维素类高吸水性树脂的制备方法

纤维素类高吸水性树脂的制备方法是1978年由德国的赫尔斯特(Holst)公司首先报道的。

纤维素分子中含有许多可反应的活性羟基，在碱性介质中，同时有多官能团单体作为交联剂存在下，用卤代脂肪酸（如一氯醋酸）或其他醚化剂（如环氧乙烷）进行醚化反应和交联反应，可得到在水中溶胀的纤维素醚类化合物。变更醚化反应和交联反应的条件，可得不同吸水率的高吸水性树脂。

纤维素也可采用与其他单体进行接枝共聚引入亲水性基团的方法来制取高吸水性树脂。制备方法与淀粉类基本相同。如单体可采用丙烯腈、丙烯酸及其盐、丙烯酰胺等，交联剂可采用双丙烯酰胺基化合物，如N,N-亚甲基二丙烯酰胺等，引发体系则可采用亚盐-过氧化氢、四价铈盐、黄原酸酯等，也可用γ射线辐射引发。不同的引发方法所得的共聚物，其分子量和支链数量差别很大。

与淀粉类高吸水性树脂相比，纤维素类的吸水能力比较低，一般为自身重量的几百倍，但是作为纤维素形态的吸水性树脂在一些特殊形式的用途方面，淀粉类往往无法取代。例如，与合成纤维混纺制作高吸水性织物，以改善合成纤维的吸水性能。这方面的应用显然非纤维素类莫属。以下为制备实例：

1）醚化法

在反应器中加入100g羧甲基纤维素，219g12.7%NaOH水溶液，670g异丙醇，于20℃下混合均匀。然后加入75mL环氧乙烷和1.44g双丙烯酰胺乙酸，于70℃下搅拌反应1h。滤出沉淀物并干燥，即得吸水率达每克树脂2645g水的高吸水性交联羧甲基纤维素(CCMC)。

2）C_0^{60}-γ射线激活法

将干燥的甲基纤维素20g，用γ射线以4.5 mrad/h的剂量辐照49h，然后将照射后的纤维素投入含有50g丙烯酰胺、2g N,N-亚甲基二丙烯酰胺、100g水的溶液中，反应30h。反应产物用甲醇沉淀、洗涤、过滤并干燥，得到接枝率为92.5%的高吸水性树脂，吸水率达1800gH_2O/g树脂。

3. 合成聚合物类高吸水性树脂的制备方法

合成聚合物类高吸水性树脂目前主要有聚丙烯酸盐系和聚乙烯醇系两大系列。根据所用原料、制备工艺和亲水基团引入方式的不同,衍生出许多品种。

1) 聚丙烯酸盐系

聚丙烯酸盐系高吸水性树脂的制备方法主要采用丙烯酸直接聚合皂化法、聚丙烯腈水解法和聚丙烯酸酯水解法 3 种工艺路线,最终产品均为交联型结构。

(1) 丙烯酸直接聚合皂化法。

将丙烯酸与二烯类单体在引发剂作用下进行共聚,可得交联型的聚丙烯酸。再用氢氧化钠等强碱处理,即得具有高吸水性的树脂。反应历程如图 8-2 所示。

$$CH_2{=}\underset{\displaystyle COOH}{\underset{|}{CH}} + CH_2{=}CH{-}R{-}CH{=}CH_2 \xrightarrow{\text{引发剂}}$$

$$\begin{array}{l} \sim CH_2{-}\underset{\displaystyle COOH}{\underset{|}{CH}}{-}CH_2{-}\underset{\displaystyle R}{\underset{|}{CH}}{-}CH_2{-}\underset{\displaystyle COOH}{\underset{|}{CH}}{-}CH_2{-}\underset{\displaystyle R}{\underset{|}{CH}}\sim \\ \sim CH_2{-}\underset{\displaystyle COOH}{\underset{|}{CH}}{-}CH_2{-}CH{-}CH_2{-}\underset{\displaystyle COOH}{\underset{|}{CH}}{-}CH_2{-}CH\sim \end{array} \xrightarrow{NaOH}$$

$$\begin{array}{l} \sim CH_2{-}\underset{\displaystyle COONa}{\underset{|}{CH}}{-}CH_2{-}\underset{\displaystyle R}{\underset{|}{CH}}{-}CH_2{-}\underset{\displaystyle COONa}{\underset{|}{CH}}{-}CH_2{-}\underset{\displaystyle R}{\underset{|}{CH}}\sim \\ \sim CH_2{-}\underset{\displaystyle COONa}{\underset{|}{CH}}{-}CH_2{-}CH{-}CH_2{-}\underset{\displaystyle COONa}{\underset{|}{CH}}{-}CH_2{-}CH\sim \end{array}$$

图 8-2　丙烯酸直接聚合皂化法制备高吸水性的树脂的过程

丙烯酸在聚合过程中由于强烈的氢键作用,自动加速效应十分严重,因此,反应后期极易发生凝胶。故在工艺上常采用丙烯酸钠与二烯类单体直接共聚的方法来解决聚合上的困难。

丙烯酸及其盐类是水溶性单体,若欲制得颗粒状的高吸水性树脂,常采用有机溶剂逆向悬浮聚合工艺。

(2) 聚丙烯腈水解法。

将聚丙烯腈用碱水解,再用甲醛、氢氧化铝等交联剂交联成网状结构分子,也是制备高吸水性树脂的有效方法之一。这种方法较适用于腈纶废丝的回收利用。

如用氢氧化铝交联腈纶废丝的皂化产物,最终产品的吸水率为自身重量的 700 倍。反应历程如图 8-3 所示。

$$\left[CH_2{-}\underset{\displaystyle CN}{\underset{|}{CH}}\right]_n \xrightarrow[90℃]{NaOH\cdot H_2O} \left[CH_2{-}\underset{\displaystyle COONa}{\underset{|}{CH}}\right]_{n-m}\left[CH_2{-}\underset{\displaystyle CONH_2}{\underset{|}{CH}}\right]_m$$

$$\xrightarrow[95℃]{Al(OH)_3} \begin{array}{c} \sim COO^- \quad\quad \sim COO^- \\ \diagdown \quad \diagup \\ \sim COO^- \cdots\cdots \boxed{Al(OH)_3} \cdots\cdots {}^-COO \sim \\ \diagup \quad \diagdown \\ COO^- \sim \quad\quad COO^- \sim \end{array}$$

图 8-3　聚丙烯腈水解法制备高吸水性树脂的过程

（3）聚丙烯酸酯水解法。

通过聚丙烯酸酯的水解引入亲水性基团是目前制备聚丙烯酸盐系高吸水性树脂最常用的方法。这是因为丙烯酸酯品种多样，自聚、共聚性能都十分好，可根据不同聚合工艺制备不同外形的树脂。用碱水解后，根据水解程度的不同，就可得到粉末状、颗粒状甚至薄膜状的吸水能力各异的高吸水性树脂。其中最常用的是将丙烯酸酯与二烯类单体在分散剂存在下进行悬浮聚合，再用碱进行部分水解的方法。变更交联剂用量和水解程度，产物的吸水率可在300～1000倍范围内变化。

用醋酸乙烯与丙烯酸酯共聚后水解，可得到性能更好的高吸水性树脂。这种树脂是由日本住友化学公司开发的。如用醋酸乙烯与丙烯酸甲酯共聚后用碱皂化，产物在高吸水状态下仍具有较高强度，对光和热的稳定性良好，且具有优良的保水性。以下为制备实例：

① 丙烯酸直接聚合皂化法。

在反应器中投入丙烯酸100g，水133g，氢氧化钠44.7g，过硫酸钾0.0667g，N，N-亚甲基二丙烯酰胺0.01g，山梨糖醇酐单硬脂酸盐8g，正己烷470g，混合后在60℃下搅拌反应1h，补加过硫酸铵0.02g，继续搅拌反应1h。然后过滤，干燥，得到吸水率为每克树脂850g水的高吸水性树脂。其中含未反应丙烯酸仅为330 ppm。

② 丙烯酸盐逆向悬浮聚合法。

用氢氧化钠中和丙烯酸至pH为7～8。取100g上述丙烯酸钠，加入过硫酸钾0.05g，乙二醇二缩水甘油醚2g，混合溶解加入到溶有5g单月桂酸山梨糖醇酯的300g环己烷中，逆相聚合3h，聚合温度70℃。产物经乙醇洗涤后干燥，得颗粒状高吸水性树脂。吸水能力为900～1250倍，吸收生理盐水能力为85～120倍。

③ 聚丙烯酸酯水解法。

在反应器中投入200mL水，0.05g分散剂，40g丙烯酸酯（已溶于0.6g引发剂），2g三乙二醇双丙烯酸酯，于80℃搅拌反应3～4h，然后滴加5%的NaOH溶液20mL，在60℃～80℃水解2h。反应结束后滤出固体，用乙醇洗涤数次，60℃下真空干燥，得到白色粉末状产物，吸水率为每克树脂700～900g水。

2）聚乙烯醇系

聚乙烯醇是一种水溶性高分子，分子中存在大量活性羟基，用一定方法使其交联，并引入电离性基团，可获得高吸水性的交联产物。所用的交联剂有顺丁烯二酸酐、邻苯二甲酸酐、双丙烯酰胺脂肪酸等。这些交联剂在起交联作用的同时，引入了电离性基团，起到了一举两得的效果。引发方式有引发剂引发和C_{0}^{60}-γ射线辐照引发等。

例如，用顺丁烯二酸酐交联聚乙烯醇的反应历程如图8-4所示。

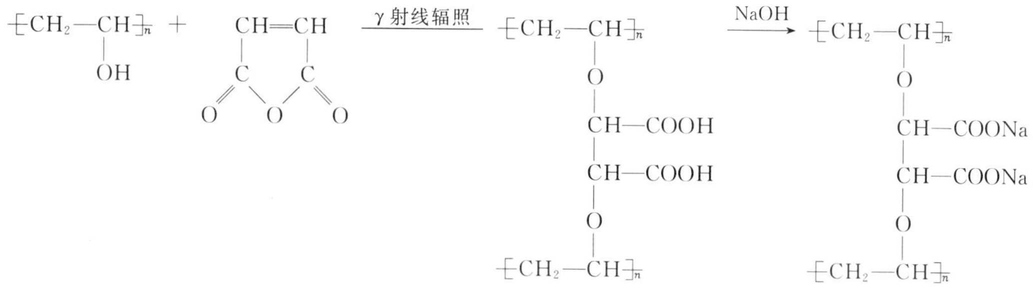

$-[CH_2-CH(OH)]_n-$ + 顺丁烯二酸酐（CH=CH，两端C=O经O成环） $\xrightarrow{\gamma射线辐照}$ $-[CH_2-CH]_n-$—O—CH(COOH)—CH(COOH)—O—$-[CH_2-CH]_n-$ $\xrightarrow{NaOH}$ $-[CH_2-CH]_n-$—O—CH(COONa)—CH(COONa)—O—$-[CH_2-CH]_n-$

图8-4 顺丁烯二酸酐交联聚乙烯醇制备高吸水性树脂

根据交联剂和皂化程度的不同，树脂的吸水率一般为自身重量的700～1500倍。

8.3 高吸水性树脂的结构特征与吸水机理

8.3.1 高吸水性树脂的结构及其对吸水性能的影响

高吸水性树脂可吸收相当于自身重量几百倍到几千倍的水，是目前所有吸水剂中吸水功能最强的材料。

决定高分子材料能否顺利实现吸水的因素是高分子树脂结构中是否存在对水具有亲和力的结构单元。这种结构单元可以是主链的组成部分，也可以是高分子链上的侧基。吸水性功能基团的性质、数量以及这些基团在高分子链上的分布状况构成了影响树脂吸液多少和快慢的重要原因。也就是说，在进行高吸水树脂分子结构设计时，吸水性功能基团的影响是需要考虑的一个主要因素。

对于高吸水性树脂来说，其重要的功能性基团就是各种亲水性基团。

除了各种离子性基团以外，醚、羟基、胺基等基团也都有可能与水分子中的氢结合，形成氢键，促进高吸水性树脂的吸水性能。这些基团包括：

阴离子：$—COO^-$，$—SO_3^{2-}$，$—OPO_3^-$

阳离子：$—N^+(CH_3)_3$

两性离子：$—O^-PO_3CH_2CH_2N^+(CH_3)_3$

非离子：$—OH$，$—NH_2$，$—NO(CH_3)_2$，$—SOCH_3$，$—PO(CH_3)_2$，$—CH_2CH_2O—$

从化学组成和分子结构来看，高吸水性树脂是分子中含有亲水性基团和疏水性基团的交联型高分子。从直观上理解，当亲水性基团与水分子接触时，会相互作用形成各种水合状态。例如水分子与亲水性基团中的金属离子形成配位水合，与电负性很强的氧原子形成氢键等。高分子网状结构中的疏水基团因疏水作用而易于斥向网格内侧，形成局部不溶性的微粒状结构，使进入网格的水分子由于极性作用而局部冻结，失去活动性，形成“伪冰”(False ice)结构。亲水性基团和疏水性基团的这些作用，显然都为高吸水性树脂的吸水性能作了贡献。

因此，高吸水性树脂的吸水过程包括以下几个步骤：

(1) 被吸收液体与树脂相互作用，实现溶剂化。当高吸液性树脂结构中存在较多孔洞时，通过毛细管作用，也可以实现外部液体向树脂内部的流动。

(2) 树脂由原来的纯粹高分子链之间的相互作用，逐渐变成高分子链—被吸收液体之间的作用，使得吸液树脂出现溶胀。溶胀的结果，就是分子链之间的距离进一步扩大，让更多的被吸收物质进入高分子本体，实现深层的溶剂化。

(3) 溶剂化作用导致的分子链扩张与高分子链熵弹性的回缩之间达成平衡，高吸液性树脂不再有吸收更多液体的能力。随着溶剂化的进行，高分子链越来越伸展，在使树脂体积膨胀、吸收更多的液体的同时，也使高分子链构象数减少。从热力学角度来看，根据熵增加原理，高分子链的回弹性就会逐渐增加，又会阻碍高分子链进一步的伸展。也就是说，吸液过程中的溶剂化会使得高分子链的趋于伸展；但是，另一方面，树脂的三维体型交联结构又会限制高吸液性树脂的无限膨胀乃至溶解。最终会形成一个热力学平衡，吸液量达到最大。整个吸液过程类似于交联高聚物在溶剂中的溶胀。

实验证明，由于亲水性水合作用而吸附在高吸水性树脂中亲水基团周围的水分子层厚度

约为 $5\times10^{-10}\sim6\times10^{-10}$m，相当于2～3个水分子的厚度。研究认为，第一层水分子是由亲水性基团与水分子形成了配位键或氢键的水合水，第二、三层则是水分子与水合水形成的氢键结合层。再往外，亲水性基团对水分子的作用力已很微弱，水分子不再受到束缚。按这种结构计算，每克高吸水性树脂所吸收的水合水的重量约为6～8g，加上疏水性基团所冻结的水分子，也不过15g左右。这个数字，与高吸水性树脂的吸水量相比，相差1～2个数量级，而与棉花、海绵等的吸水量相当。显然，还有更重要的结构因素在影响着树脂的吸水能力。

研究发现，高吸水性树脂中的网状结构对吸水性有很大的影响。未经交联的树脂基本上没有吸水功能。而少量交联后，吸水率则会成百上千倍地增加。但随着交联密度的增加，吸水率反而下降。图8-5为交联剂聚乙二醇双丙烯酸盐（PAGDA）对聚丙烯酸钠系高吸水性树脂吸水能力的影响。由图8-5可见，当交联剂用量从0.02g增至0.4g时，聚合物的吸水能力下降60%以上。另外，从淀粉与丙烯腈接枝共聚所得共聚物的吸水能力变化来看，随聚丙烯腈用量和平均分子量的增大，吸水量也随之增加（图8-6）。这些例子都证明，适当增大网状结构，有利于吸水能力的提高。

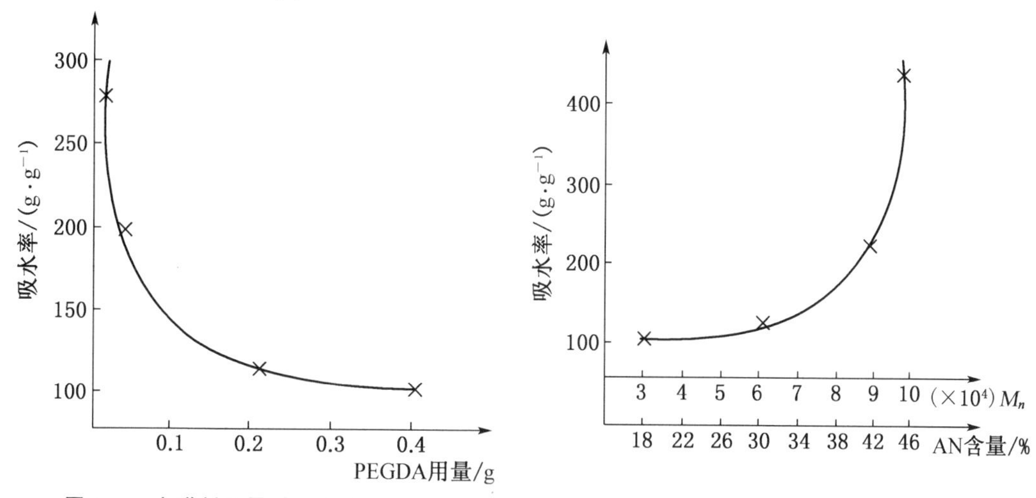

图8-5　交联剂用量对吸水能力的影响　　**图8-6　AN含量对吸水能力的影响**

由此可见，被高吸水性树脂吸收的水主要是被束缚在高分子的网状结构内。据测定，当网格的有效链长为 $10^{-9}\sim10^{-8}$m时，树脂具有最大的吸水性。网格太小，水分子不易渗入，网格太大，则不具备保水性。此外，树脂中亲水性基团的存在也是必不可少的条件，亲水性基团吸附水分子，并促使水分子向网状结构内部的渗透。因为在普通水中，水分子是以氢键形式互相联结在一起的，运动受到一定限制。而在亲水性基团作用下，水分子易于摆脱氢键的作用而成为自由水分子，这就为网格的扩张和向网格内部的渗透创造了条件。

水分子进入高分子网格后，由于网格的弹性束缚，水分子的热运动受到限制，不易重新从网格中逸出，因此，具有良好的保水性。差热分析结果表明，吸水后的树脂在受热至100℃时，失水仅10%左右，受热至150℃时；失水不超过50%，可见其保水性之优良（表8-2）。

高吸水性树脂吸收水后发生溶胀，形成凝胶。在溶胀过程中，一方面，水分子力图渗入网格内使其体积膨胀，另一方面，由于交联高分子体积膨胀导致网格向三维空间扩展，使网键受到应力而产生弹性收缩，阻止水分子的进一步渗入。当这两种相反的作用相互抵消时，溶胀达到了平衡，吸水量达到最大。

表 8-2　　丙烯腈接枝淀粉的热失水率

牌　号	100℃时失水率	150℃时失水率
SAN52	9.9%	44.6%
SAN53	11.1%	39.3%
SAN61	5.4%	—
SAN62	10.5%	47.3%
SAN63	11.6%	49.2%

除了以上介绍的结构影响外，高吸水性树脂的吸水过程往往还兼具聚电解质形成溶液的特点。由于高吸水性树脂往往具有强亲水的离子型亲水基团。因此，在吸水时，不仅会有溶剂化导致的溶涨，而且随着亲水基团的进一步离解，树脂上所荷离子数目增多，静电斥力增大，使树脂网络扩张；同时为了维持电中性，反离子不能过多地向外部溶剂扩散，这样，树脂网络内的可移动反离子含量就较高于外部溶液中的浓度，导致网络内外的渗透压随之增加，水分子进一步渗入。随着吸水量的增大，网络内外的渗透压差趋向于零，最终达到吸水平衡。这也是高吸水性树脂一般来说吸水速度较快、吸水量较多的重要原因。图 8-7 为含有皂化基团的高聚物吸水模型。

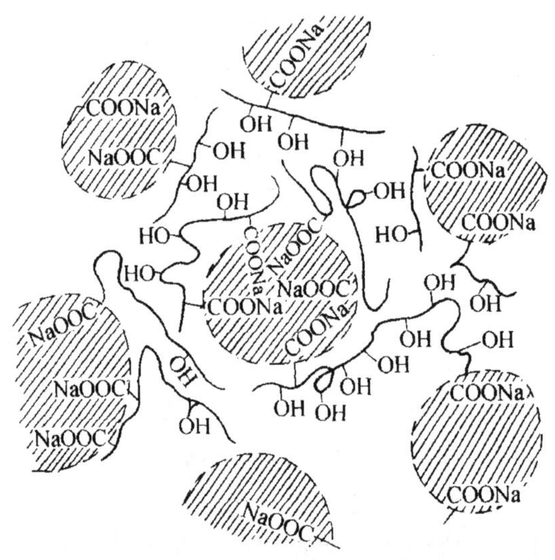

图 8-7　高聚物皂化基团的吸水模型

8.3.2　似晶格模型溶液理论和高弹性统计理论

从以上的讨论不难理解，如果不考虑亲水性基团电解质离子强度的影响，吸水率 Q(吸水后的体积与吸水前的体积之比)与树脂的交联度和所吸水的性质有关。它们之间的关系可以从弗洛利-哈金斯(Flory-Huggins)的似晶格模型溶液理论和高弹性统计理论导出。

在溶胀过程中，体系的自由能变化应有两部分所贡献，一部分是高聚物与溶剂的混合自由能 ΔF_m，另一部分是网格的弹性自由能 ΔF_{el}。

$$\Delta F = \Delta F_m + \Delta F_{el} \tag{8-1}$$

由弗洛利-哈金斯理论知：

$$\Delta F_{\mathrm{m}}=RT[n_1\ln\varphi_1+n_2\ln\varphi_2+\chi_1 n_1\varphi_2] \tag{8-2}$$

由高弹性统计理论则可导出

$$\Delta F_{\mathrm{el}}=\frac{1}{2}NkT(\lambda_1^2+\lambda_2^2+\lambda_3^2-3) \tag{8-3}$$

在式(8-2)和式(8-3)中,R 为气体常数;T 为绝对温度;n_1 和 n_2 分别为体系中水和高分子的摩尔数;φ_1 和 φ_2 则分别为体系中水分子和高分子的体积分数;χ_1 为哈金斯参数,表征溶剂与高分子的亲和能力;N 为单位体积中交联高分子的有效链数目(相邻两交联点之间的链称为一个有效链),k 为玻尔兹曼(Boltzmann)常数;λ 是溶胀后与溶胀前交联高分子各边长之比,高吸水性树脂通常是各向同性的,故溶胀后各边长的 λ 都相等(图 8-8)。

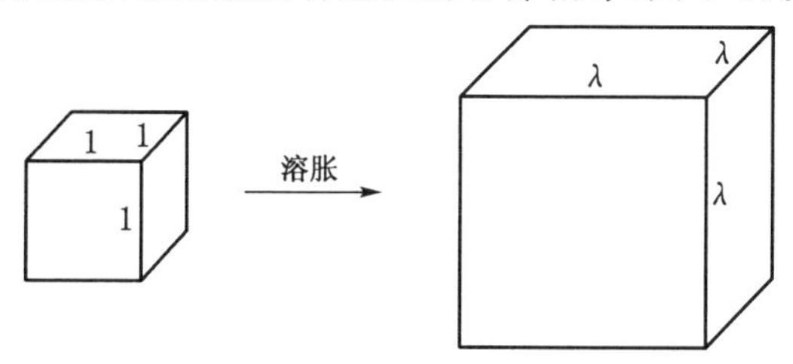

图 8-8　各向同性交联高分子的溶胀示意图

因此

$$\lambda_1=\lambda_2=\lambda_3=(1/\varphi_2)^{1/3} \tag{8-4}$$

将上述关系代入式(8-3),可得

$$\Delta F_{\mathrm{el}}=\frac{1}{2}NkT(3\lambda^2-3)=\frac{1}{2}NkT(3\varphi_2^{-\frac{2}{3}}-3)=\frac{3\rho_2 RT}{2\overline{M}_{\mathrm{c}}}(\varphi_2^{-\frac{2}{3}}-1) \tag{8-5}$$

式中,ρ_2 为高分子的密度,$\overline{M}_{\mathrm{c}}$ 是有效链的平均分子量。

在吸水达到溶胀平衡时,溶胀体内部水的化学位与溶胀体外部水的化学位相等,即 $\Delta\mu_1=0$。

$$\Delta\mu_1=\frac{\partial\Delta F}{\partial n_1}=\frac{\partial\Delta F_{\mathrm{m}}}{\partial n_1}+\frac{\partial\Delta F_{\mathrm{el}}}{\partial\varphi_2}\frac{\partial\varphi_2}{\partial n_1}=0 \tag{8-6}$$

对于交联网络,整块试样就是一个高分子,链段数 χ 可作无穷大处理,并且 $\varphi_2=1/(1+n_1V_1)$,因此由上式可得

$$\ln(1-\varphi_2)+\varphi_2+\chi_1\varphi_2^2+\frac{\rho_2 V_1}{\overline{M}_{\mathrm{c}}}\varphi_2^{\frac{1}{3}}=0 \tag{8-7}$$

式中,V_1 为水的摩尔体积,φ_2 是高吸水性树脂在溶胀体中所占的体积,亦即吸水率 Q 的倒数:

$$\varphi_2=Q^{-1} \tag{8-8}$$

高吸水性树脂的交联度不高,$\overline{M}_{\mathrm{c}}$ 较大,吸水率 Q 可达几百至几千,故 φ_2 很小。将式(8-7)中的 $\ln(1-\varphi_2)$ 展开,略去高次项,可得如下近似式:

$$Q^{\frac{5}{3}}=\frac{\overline{M}_{\mathrm{c1}}}{\rho_2 V_1}\left(\frac{1}{2}-\chi_1\right)=\frac{V_2}{V_1}\left(\frac{1}{2}-\chi_1\right) \tag{8-9}$$

其中，V_2为高吸水性树脂的摩尔体积。

由式(8-9)可见，高吸水性树脂的交联密度较小($\overline{M}_c$较大)，有利于吸水率提高。所吸液体与树脂的亲和力越大(χ_1越小)吸水率也越大。这些结果都与实验事实相符。

上述讨论仅考虑了交联网络对树脂吸水性的影响。但实际上，高吸水性树脂中亲水性基团的电解质离子强度对树脂的吸水能力也有决定性的影响。因此，讨论中必须考虑这一因素。

在高吸水性树脂的立体网格分子间，高分子电解质吸引着与它成对的可动离子和水分子。由于网格内外侧的可动离子浓度不同，使网络内侧产生比外侧高的渗透压。正是这种渗透压升高的驱动力作用和高分子电解质与水分子之间的亲和力，使聚合物产生了异常的吸水现象。另一方面，网格的橡胶弹性则抑制吸水过程的进行。这两种因素的平衡决定了树脂的吸水能力。弗洛利(Flory)在大量研究的基础上，对式(8-9)进行了如下的修正：

$$Q^{\frac{5}{3}}=\left[\left(\frac{i}{2V_2 s^{\frac{1}{2}}}\right)^2+\frac{\left(\frac{1}{2}-\chi_1\right)}{V_1}\right]\Bigg/\frac{V_c}{V_0} \tag{8-10}$$

其中，V_2为高吸水性树脂的摩尔体积；i/V为单位体积树脂中的电荷浓度；s为被吸液体中电解质的离子强度；V_c为有效网格的摩尔体积；V_0为体系的总体积。

不难看出，式(8-10)中的第一项的物理意义为电解质离子强度的影响，第二项表示树脂与水的亲和力，分母的交联密度则决定了网格的橡胶弹性。

式(8-10)能较好解释纤维素类和合成树脂类具有网状结构的高吸水性树脂的吸水功能，但尚不能解释部分并不交联的淀粉类树脂的高吸水现象。因此，对高吸水性树脂的吸水机理，还有待于进一步的研究。

8.4 高吸水性树脂的基本特性及影响因素

从前面讨论不难看出，影响高吸水性树脂特性的主要因素有树脂的化学组成、链段结构、交联程度以及外部环境条件等。下面对高吸水性树脂的基本特性及影响因素作一简单分析。

8.4.1 高吸水性

作为高吸水性树脂，高的吸水能力是其最重要的特征之一。从目前已经研制成功的高吸水性树脂来看，吸水率均在自身重量的500～1200倍左右，最高可达4000倍以上，是纸和棉花等材料吸水能力的100倍左右。

考察和表征高吸水性树脂吸水性的指标通常有两个：一是吸水率，二是吸水速度。

1. 吸水率

吸水率是表征树脂吸水性的最常用指标。物理意义为每克树脂吸收的水重量。

目前有许多测定吸水率的方法，各方法之间无统一标准，所得吸水率数值也不尽相同。所以单纯比较文献所载树脂的吸水率数据是不可靠的。归纳起来，吸水率的测定方法可分为两类：一类是过滤法，做法是将树脂浸没于水中充分浸润后过滤，分别测定树脂凝胶和滤液的重量。另一类是所谓布袋法，即将树脂封入布袋中，浸入水中一定时间后，取出测定其重量。其他还有所谓流动法、茶袋法、离心分离法等，都可归入上述两类。

影响树脂吸水率有很多因素，除了产品本身的化学组成之外，还与产品的交联度、水解度和被吸液体的性质等有关。

1）交联度对吸水性的影响

高吸水性树脂在未经交联前，一般是水溶性的，不具备吸水性或吸水性很低，因此通常需要进行交联。

但实验表明，交联密度过高对吸水性并无好处。式(8-10)也表明了这一点。交联密度过高，一方面，网格太小而影响水分子的渗透，另一方面，橡胶弹性的作用增大，也不利于水分子向网格内的渗透，因此造成吸水能力的降低，如用三乙二醇双丙烯酸酯（TEGDMA）交联部分水解聚丙烯酸甲酯（HPMA）时，当 TEGDMA 用量为单体重量的 0.6%以下时，吸水率随 TEGDMA 的用量增加而增加；当 TEGDMA 用量大于 1.1%时，吸水率随 TEGDMA 用量的增加而显著降低，HPMA 对盐溶液、合成尿、合成血的吸收能力与交联剂的关系，都遵循上述同样的规律(图 8-9 和图 8-10)。

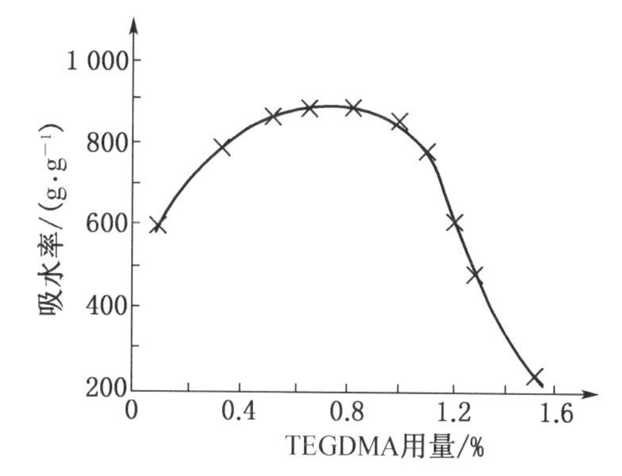

图 8-9　HPMA 吸水率与 TEGDMA 用量的关系

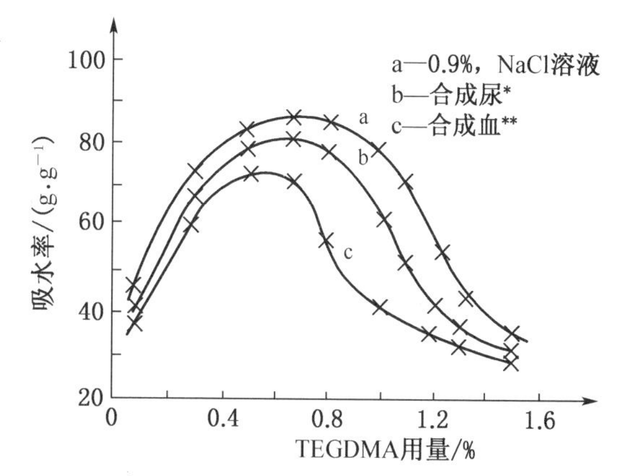

* 合成尿组成：去离子水 98.09%，尿素 1.94，NaCl 0.80%，$MgSO_4 \cdot 7H_2O$ 0.11%，$CaCl_2$ 0.06%

** 合成血组成：去离子水 88.14%，甘油 10.0%，NaCl 1.0%，Na_2CO_3 0.4%，羧甲基纤维素 0.46%

图 8-10　HPMA 吸液率与 TEGDMA 用量的关系

2）水解度对吸水率的影响

高吸水性树脂的吸水率一般随水解度的增加而增加。但事实上，往往当水解度高于一定数值后，吸水率反而下降。这是因为随着水解度的增加，亲水性基团的数目固然增加，但交联剂部分也将发生水解而断裂，使树脂的网格受到破坏，从而影响吸水性。表 8-3 表明了部分水解聚丙烯酸甲酯(HPMA)的水解度与吸水性的关系。

表 8-3　HPMA 的水解度与吸水率的关系

水解度		24%	44%	50%	58%	67%	80%	85%	92%
吸水率/(g·g⁻¹)		217	409	685	721	865	1082	1100	390
吸液率/(g·g⁻¹)	0.9%NaCl 溶液	27	35	62	84	90	65	52	31
	合成尿	20	32	68	76	88	62	53	26
	合成血	19	30	56	72	85	55	46	27

3）被吸液的 pH 值与盐分对吸水率的影响

高吸水性树脂是高分子电解质，水中盐类物质的存在和 pH 值的变化都会显著影响树脂的吸水能力。这是因为酸、碱、盐的存在，一方面影响亲水的羧酸盐基团的解离，另一方面由于盐效应而使原来在水中应扩张的网格收缩，与水分子的亲和力降低，理论上反映在式(8-10)中哈金斯参数 χ_1 的增大，因此吸水率 Q 降低。

表 8-3、表 8-4、图 8-11 和图 8-12 中的实验结果均反映了这种倾向。因此，将高吸水性树脂用于吸收尿液、血液，以及农业、园林部分用于肥料水等含盐液体时，吸收能力将大大降低，

这也是今后研究高吸水性树脂要解决的一个重要问题。

表 8-4 Sanwet IM-300 的吸液能力

被吸液	吸液率/(g·g^{-1})
去离子水	700
生理盐水(1.6%NaCl)	65
羊血	70

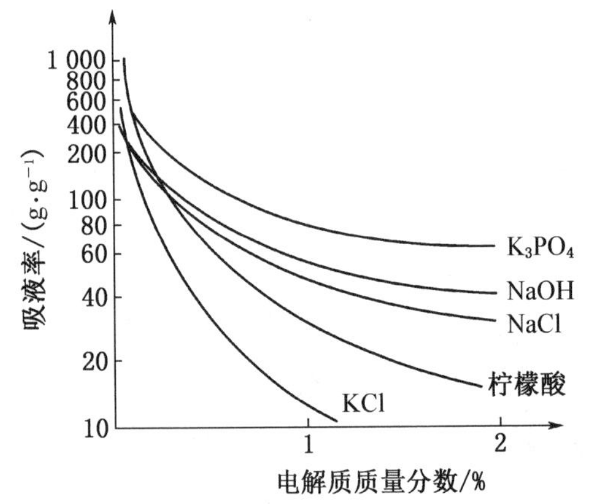

图 8-11 Sanwet IM—1000 对电解质溶液的吸收能力

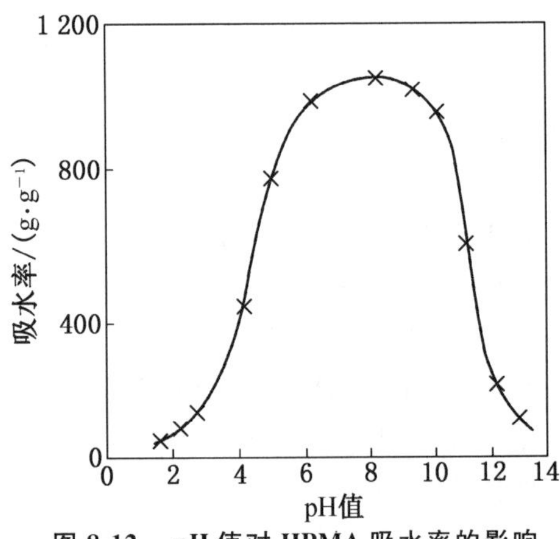

图 8-12 pH 值对 HPMA 吸水率的影响

2. 吸水速率

在树脂的化学组成、交联度等因素都确定之后。高吸水性树脂的吸水速度主要受其形状所影响。一般来说，树脂的表面积越大，吸水速度也越快。所以，薄膜状树脂的吸水速度通常较快，而与水接触后易聚集成团的粉末状树脂的吸水速度相对较慢，因此，为了提高树脂的吸水速率，可将其制成薄膜状、多孔状、鳞片状或较粗大的颗粒状。图 8-13 为不同形状的 Sanwet IM-300 的吸水速率。

与纸张、棉花、海绵等吸水材料相比，高吸水性树脂的吸水速率较慢，一般在 1min 至数分钟内吸水量达到最大。

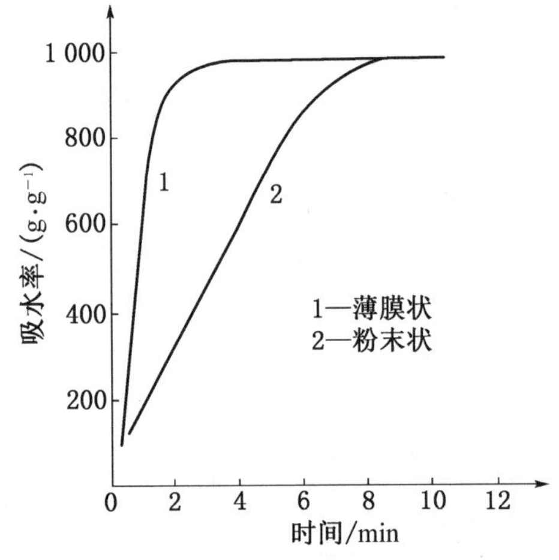

图 8-13 树脂形状对吸水速率的影响

8.4.2 加压保水性

与纸张、棉花和海绵等材料的物理吸水作用不同，高吸水性树脂的吸水能力是由化学作用和物理作用共同贡献的。即利用分子中大量的羧基、羟基和羧酸氧基团与水分子之间的强烈范得华力吸收水分子，并由网状结构的橡胶弹性作用将水分子牢固地束缚在网格中。一旦吸足水后，即形成溶胀的凝胶体。这种凝胶体的保水能力很强，即使在加压下也不易挤出来。

例如，将 300g 砂子与 0.3g(0.1%)高吸水性树脂混合，加入 100g 水，置于 20℃、相对湿度 60%的环境下，大约 30d 后，水才蒸发干，而如果不加高吸水性树脂，则在同样条件下，只需 7d，水分就完全蒸发。

又如，对吸收了 500 倍水的高吸水性树脂分别加上 45g/cm^2 和 160g/cm^2 的压力，吸水量只降低到树脂自重的430倍和380倍，而对吸收了18倍水的纸浆，分别加上上述同样的压力，结果吸水量分别降低至纸浆自重的2倍和1倍，所吸的水几乎全部被挤了出来。表8-5也显示了同样的结果。

表8-5 高吸水性树脂与棉花保水性比较

吸水材料	吸收液	吸液率/($g \cdot g^{-1}$)	
		未加压	加压7 kg/cm^2
棉花	去离子水	40	2.1
	尿液	32	1.8
HSPAN	去离子水	850	810
	尿液	54	40

8.4.3 吸氨性

高吸水性树脂一般为含羧酸基的阴离子高分子，为提高吸水能力，必须进行皂化，使大部分羧酸基团转变为羧酸盐基团。但通常树脂的水解度仅70%左右，另有30%左右的羧酸基团保留下来，使树脂呈现一定的弱酸性。这种弱酸性使得它们对氨那样的碱性物质有强烈的吸收作用。

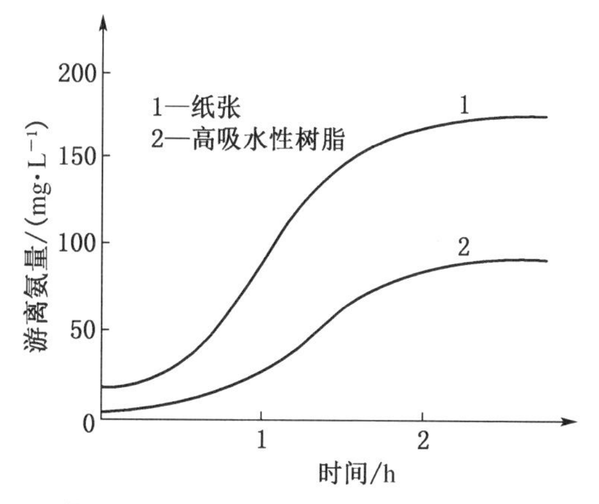

图8-14 吸水性材料吸氨能力的比较

高吸水性树脂的这种吸氨性，特别有利于尿布、卫生用品和公共厕所等场合的除臭，因为尿液是生物体的排泄物，其中含有尿素酶。在尿素酶的作用下，尿液中的尿素逐渐分解成氨。而高吸水性树脂不仅能吸收氨，使尿液呈中性，同时还有抑制尿素酶的分解作用的功能，从而防止了异味的产生。图8-14表明了高吸水性树脂的吸氨性和对尿素酶的抑制作用。

8.4.4 增稠性

许多水溶性高分子，如聚氧乙烯、羧甲基纤维素、聚丙烯酸钠等，均可作为水性体系的增稠剂使用。高吸水性树脂吸水后体积可迅速膨胀至原来的几百倍到几千倍，因此增稠效果远远高于上述增稠剂。例如，用0.4%(wt)的高吸水性树脂，能使水的黏度增大约1万倍，而用普通的增稠剂，加入0.4%，水的黏度几乎不变。要达到这么高的粘度通常需要加入2%以上才行。

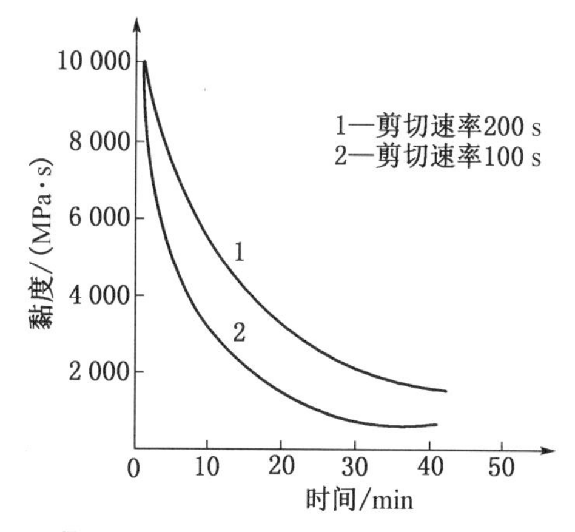

图8-15 HPMA增稠体系的触变性

高吸水性树脂的增稠作用在体系的pH值为5～10时表现得尤为突出。例如，含淀粉类高吸水性树脂HSPAN 0.1%的水，黏度为1900 mPa·s，而在其中加入8%氯化钾，黏度上升至5000 mPa·s。经高吸水性树脂增稠的体系，通常表现出明显的触变性。即体系的度在受到剪切力后随时间迅速下降，而剪切停止后，黏度又可恢复(图8-15)。

高吸水性树脂的这种增稠特性，可用于油田钻井、水溶性涂料、纺织品印染、食品工业和化妆品中作为增稠剂，具有十分远大的前景。

8.5 高吸水性树脂的应用

高吸水性树脂问世以来，它的奇特性能立即引起了人们极大的兴趣，应用领域迅速扩大到日常生活、工业、农业、医疗卫生等各个行业。下面简要介绍高吸水性树脂在各个领域内的应用。

8.5.1 在日常生活中的应用

将高吸水性树脂用于日常卫生用品是国外最早开发的用途，目前仍为高吸水性树脂最重要的应用领域。

用高吸水性树脂制作的日常卫生用品有婴儿一次性尿布、宇航员尿巾、妇女卫生用品、餐巾、手帕、绷带、脱脂棉、手术床衬垫等。其中尤以一次性尿布和妇女卫生巾受到消费者极大欢迎。这类制品的制作方法大体为：将高吸水性树脂粉末均匀撒在两层透水、透气性良好的无纺布之间，再通过蒸汽使树脂糊化而与无纺布牢固黏结，干燥后即得成品。图 8-16 为卫生巾的结构示意图。

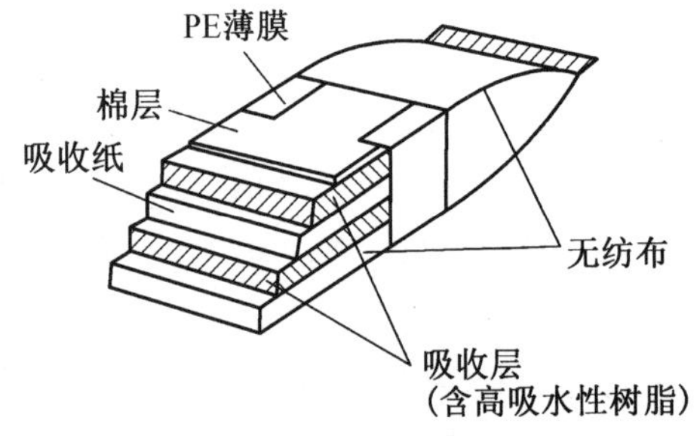

图 8-16　卫生巾结构示意图

近年来，制作工艺逐步改进为将高吸水性树脂掺入纸浆中造纸，或与其他树脂一起混纺织布，可得到吸水性良好，生产成本较低的卫生用品。

在一般的日常卫生用品中，高吸水性树脂用量为 5%～10%。例如，在总重量为 5.5g 的卫生巾中含 0.4g 高吸水性树脂，吸液率为每克树脂 120～130g 水，比不加树脂时高 70%，同时还能吸收人体异味，保湿性好，使用时无湿漉感，重量轻，提高了人体的运动自由度和着装感，因此深受消费者欢迎。日本于 20 世纪 70 年代推出高吸水性树脂制作的卫生巾以来，迅速取代了传统的产品，据介绍，目前日本市场上 70%以上的尿布和卫生巾是采用高吸水性树脂制作的。

高吸水性树脂用作公共厕所、车站、码头等人流量大的公共场所和家庭等的芳香除臭剂，有其独特的效果。例如，将高吸水性树脂浸渍香水后，置于公共场所或家庭中，树脂的缓释性使香水逐步释放，同时又可吸收人体的异味和从尿液中分解出来的氨，达到了芳香除臭的效果。实验表明，在 50 m^2 的厕所中悬挂三只各吸收了 20g 香水的香囊，可使空气中的游离氨从 0.03 mg/m^3 下降到 10^{-4} mg/m^3，有效期可达 3 周以上。

利用高吸水性树脂的增稠性，可用于化妆品、洗涤剂、水性涂料等的增稠。经高吸水性树脂增稠的化妆品，保存期大大延长，使用时无油性化妆品的油腻感，并能有效地防止皮肤的干燥、开裂。用高吸水性树脂增稠的水性涂料，贮存时表面不易结皮，涂刷性、流平性和防流挂性均得到改善。作为内墙涂料使用时，具有调节空气湿度之功效。

随着人们生活水平的提高，家庭养花和插花越来越普遍。高吸水性树脂作为无土栽培的基材，一次吸足水分和养料后，在花卉生长期间可不必再浇水和施肥，既方便卫生，又有利于植物生长。在同样条件下，将水仙花球茎置于高吸水性树脂培养基中培养和置于水中培养，前者可提前 3～7d 开花，且不易倒伏。用高吸水性树脂作为插花的基材，可延长鲜花的鲜活期 5d 左右。

8.5.2 农用保水剂

在干旱地区或干燥的季节，为了保证植物的发芽和正常生长，如何保存土壤中的水分是农业工作者十分关心的问题。用高吸水性树脂作为土壤保水剂已有许多成功的例子，取得了明显的效果。

高吸水性树脂加入土壤中，可改善土壤的团块结构，增加土壤的透气、透水和保水性能，避免肥料的流失，有利于植物根系的生长发育。

埃及曾在干旱地区使用高吸水性树脂加入土壤中试种向日葵，获得良好效果。在每立方米土壤中掺入 3 kg 树脂，一次性施足肥料并浇透水，可保持向日葵在整个生长期内不必再浇水。昼夜温差由原来的平均 15℃降低为平均 8℃。因此向日葵生长旺盛，平均每亩地增产葵花籽 80 kg，每百粒籽增重 8g。我国甘肃某地用 0.5%高吸水性树脂掺入土壤种植大白菜，亩产增加 60%。大白菜单棵重由原来的平均 3.5 kg 增加到 5 kg。

据统计，在土壤中加入 0.1%高吸水性树脂，可使小麦平均增产 10%～15%，烟草增产 35%～40%，种子发芽周期缩短 2～3d。

高吸水性树脂用作苗木移植保水剂，可大大降低苗木的死亡率。例如，将山茶花树苗和珊瑚树树苗的根部裸露放置 24h 后移植，山茶花成活率为零，珊瑚树成活率为 10%。而若将它们的根部在 0.15%Sanwet IM-300 水溶胀液中浸渍后放置 24h，然后移植，成活率均达 100%。

近年来，日本、美国等发明了一种流体播种法，即将已在育苗床中发芽的种子(芽长 5～10mm)与高吸水性树脂水凝胶混合后播种。由于流动性的水凝胶可保护芽种不受损伤，使播下的种芽生长整齐，成活率提高，生长期缩短。例如用于菠菜的播种，成活率提高 5%，生长期缩短 7～8d，大大提高了经济效益。

由于高吸水性树脂用作农用保水剂的使用十分简便，可拌种，喷洒、穴施，或调成糊状浸种或浸泡根部，而且成本低廉，处理白菜、番茄田每亩耗资仅一美分，处理 100 株幼树苗不足一美分，故在美国、日本、西欧、中东等国已广泛应用于农林业。

8.5.3 在工业中的应用

高吸水性树脂在工业部门中已有多方面的应用。

利用高吸水性树脂的增稠性和润滑性，将其混入水泥浆或灰浆中，可改善水泥浆和灰浆的运输状况，提高土建工程的效率。

将高吸水性树脂加入水泥中，还可用于建筑工程和地下工程中防止水分渗透的堵水剂和水泥管道连接的密封材料。

在城市污水处理和河道疏竣工程中，用高吸水性树脂将淤泥增稠固化，从而改善挖掘条件，并有利于运输。

在油田钻探中，用高吸水性树脂作为钻头的润滑剂和泥浆的凝胶剂，可防止泥浆的飞溅和克服钻头因黏附泥浆后不能继续工作的困难。

将高吸水性树脂与塑料或橡胶混合制成密封材料，是其在工业领域中的一大应用领域。在这种应用中，首先要解决的是高吸水性树脂与塑料或橡胶的混合问题。高吸水性树脂是亲水性高分子，一般与亲油性的塑料或橡胶不相容，因此提出了许多解决办法，如添加表面活性剂，将高吸水性树脂制成微细水凝胶再分散在橡胶基体中等，使相容性得到一定程度的改善。这种密封材料一遇到水就急速膨胀，因此具有良好的密封性。目前这种密封材料已用于水泥管道连接和各种输水泵的密封。上海的黄浦江越江隧道和地铁工程也采用这种密封材料作为止水材料。

电线电缆的绝缘层常用塑料制成。在使用中，塑料会吸收少量空气中的水分。在高压电场作用下，这些水分会发生电离使塑料产生水树枝化现象，从而使绝缘层破坏而失去绝缘性。试验表明，如果在绝缘层与金属线芯间加入适量的高吸水性树脂，可有效防止水和潮气沿电缆纵向的扩展，避免电缆绝缘层中水树枝化的产生和蔓延，保证电缆的绝缘性和寿命。

利用高吸水性树脂的吸水性大、同时几乎不吸收油和非极性溶剂的性质，可使高吸水性树脂用作工业脱水剂。例如，在由 80g 汽油和 20g 水制成的乳液中，加入 0.2g 高吸水性树脂，处理后的油中含水仅 500 ppm。用含高吸水性树脂 0.1%的无纺布作为滤布过滤含水油脂和溶剂，一次过滤即可达到脱水的效果，含水量低于 3%。采用淀粉接枝聚丙烯酸钠脱除加氢用油脂中的水分，脱水速度比传统工艺提高一倍，而能耗降低 20%左右。

高吸水性树脂对水溶性溶剂，如甲醇、乙醇，丙酮等也有吸收作用，因此不适用于水溶性溶剂的脱水(表 8-6)。

表 8-6 高键水性树脂的脱水性*

溶　剂	含水率/(wt%)	
	处理前	处理后
甲　苯	5.0	0.4
煤　油	5.0	0.2
甲乙酮	5.0	2.2
甲　醇	5.0	3.1

注：* 高吸水性树脂为 Sanwet IM-300，用量为溶剂的 0.1%。

通常用的农用聚烯烃薄膜，存在容易结水滴、易发雾、平行光线透过率太大、容易引起农作物烧焦、容易互相黏连等缺点。但如果在薄膜制备过程中加入高吸水性树脂，则上述缺点都可得到一定的克服，而且扩散光线透过率大大提高，保温性增加，被认为是农用薄膜的发展方向之一。

由于高吸水性树脂具有平衡水分的功能，在高湿度下能吸收水分，而在低湿度下又能释放出水分，利用这一特性，已研制出含高吸水性树脂的壁纸和涂料，用于室内装潢、食品容器内壁的涂装、家用电器表面的装饰等，可防上墙壁和器壁的结露，调节湿度。用颗粒状的高吸水性树脂代替硅胶作电子仪器、天平等精密仪器的干燥剂，可避免频繁更换干燥剂的麻烦。用硅胶干燥剂，平均每 3～5d 需更换或再生一次，而用高吸水性树脂，可延长至一个月左右更换一次。

高吸水性树脂分子中含有大量羧酸盐基团，从结构上看，类似于弱酸性离子交换树脂，因此具有一定的离子交换能力。另一方面，作为高分子电解质，高吸水性树脂又类似高分子絮凝剂。因此，在环境保护、防止工业废水污染方面，也有其独特的功效。如用由醋酸乙烯/丙烯酸乙酯共聚物制备的高吸水性树脂处理电镀废液，经两次循环，可将其中金属氰化物含量从 3000ppm降至 20ppm 以下，而且絮凝物紧密，过滤十分方便，此外，在造纸行业、冶金行业、食品行业，高吸水性树脂作为废水处理剂都有十分成功的例子。

8.5.4 用作医疗卫生材料

高吸水性树脂在医疗卫生方面的应用已取得很大的成功。如用作能保持被测溶液的医用检验试片、含水量大而使用舒适的外用软膏、能吸收渗出液并可防止感染化脓的治伤绷带、能吸收血液和分泌物又保持呼吸畅通的鼻腔用塞子等。利用其药剂保持性,可用作缓释性药物的基体,以延长药物在体内的有效期。利用其水不溶性,可用作药片、药丸的崩解剂。利用其渗透性,可用作药物微胶囊的皮膜,也可用作人工肾脏的过滤材料,以调节血液中的水分。利用其成膜性,可制成水汽透过性、细菌过滤性、药物保持性均优良的人造皮肤。

高吸水性树脂在亲水性表面上形成的水膜具有良好的润滑作用。因此,将含有高吸水性树脂的水凝胶涂在导尿管、胃镜导管、肠镜导管等表面上,可十分容易地插入人体,减少病员的痛苦。患食道癌的病人需将食道切除,用涤纶纤维编织的人工食道代替。将纤维素类高吸水性树脂与涤纶树脂混纺制成的人工食道,在使用中,食道表面形成水膜,使病人吞食方便。在隐形眼镜表面涂上高吸水性树脂水凝胶,可改善镜片与眼球的接触状态,提高眼镜的使用安全性。目前已有用亲水性的聚甲基丙烯酸羟乙酯经交联皂化后直接用作隐形眼镜的本体材料,可靠性又进了一大步。

在医用材料中,抗血栓问题是制造人工脏器时必须考虑的首要问题,血栓是指生物体的血液在表皮损伤时自动凝固的现象,是生物体的自然保护性反应。高分子材料作为人工脏器植入人体后,由于肌体的排异性反应,也会产生血栓,引起部分组织坏死。因此,抗血栓问题是近年来十分活跃的研究课题。目前,材料的抗血栓性可通过多种方法获得。研究发现,具有微相分离结构的聚合物和在表面上易形成水膜的亲水性聚合物,往往具有良好的抗血栓性。而高吸水性树脂恰好符合这一结构特点,因此是一种较好的抗血栓材料。

例如,将聚乙烯醇系高吸水性树脂水凝胶用于人工骨关节的滑动部位以代替软骨,可收到十分满意的效果(图 8-17)。水凝胶在受压时,渗出的水形成水膜,具有润滑作用。因此,在人工骨关节的应用中,水凝胶的弹性、应力变形、复原性、润滑性等诸多功能都得到了充分发挥,并避免了发生血栓的危险。

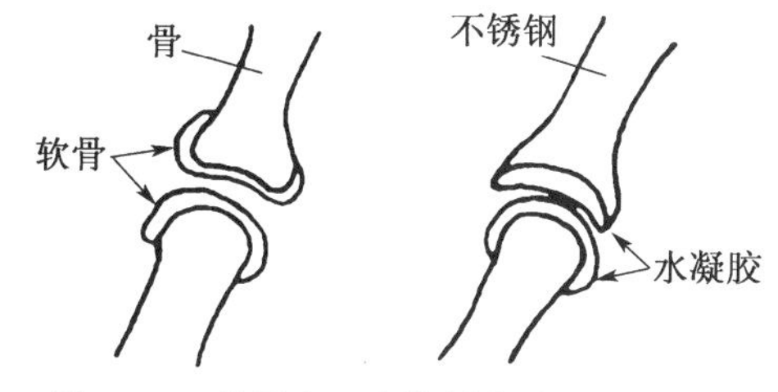

图 8-17 使用高吸水性树脂的人工关节

高吸水性树脂用作人造皮肤,也是其较为成功的应用。大面积皮肤创伤的病人在进行正常皮肤移植之前,有一段养护期。在养护期间,需作保水性处理,以防止体液的损耗和盐分的损失。用高吸水性树脂制成的人造皮肤,能有效地达到这一目的。

这种人造皮肤由硅橡胶多孔性海绵作为皮肤接触层,因硅橡胶与人体确极好的相容性。在接触层上面复合一层含有高吸水性树脂的无纺布,其中浸渍有治疗创造必须的药物、水分和盐分。最上面则是保护纸层,以避免空气污染和接触污染。这种人工皮肤使用方便,抗排异性好,它本身虽无生理活性,但用它处理过的创面,皮肤移植成活率和恢复周期均优于普通纱布处理的情况。目前,这种人造皮肤已正式作为商品应市。

8.5.5 在食品工业中的应用

高吸水性树脂在食品工业中的应用,近年来不断得到开发。例如,用作包装材料、保鲜材料、脱水剂、食品增量剂等。

在食品包装材料方面，“接触脱水薄板”技术的开发是十分出色的。将高吸水性树脂的高吸水性和渗透压较高的蔗糖溶液的吸水力结合起来，就可得到脱水能力很强的脱水薄板材料。图8-18是接触脱水薄板的构造示意图。图中半透膜的上面是渗透压发生源——蔗糖溶液层，蔗糖层的上面是高吸水性树脂层。需要脱水处理的鱼、肉、蔬菜等物质放在用这种脱水薄板制成的包装盒中，仅一夜时间即可吸干水分，成为很好的加工品，有利于鱼、肉、蔬菜等物质的保存和运输。

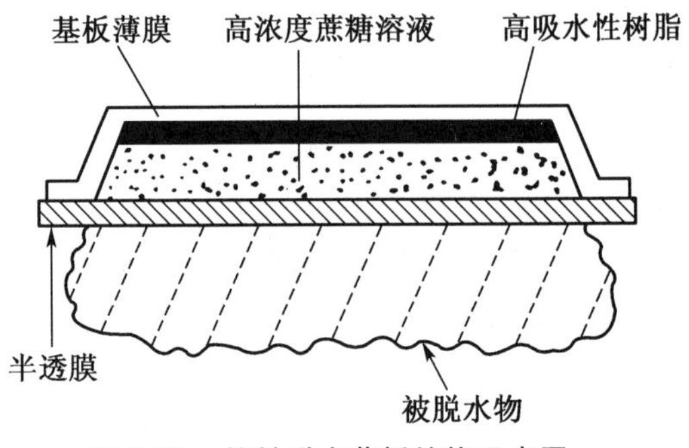

图 8-18　接触脱水薄板结构示意图

此外，高吸水性树脂用于食品的保鲜，比以前用的聚烯烃薄膜有效得多。据统计，用聚乙烯薄膜包装碗豆荚，鲜活期为7d，而用含0.1%聚乙烯醇类高吸水性树脂的聚乙烯薄膜包装，鲜活期可达15d。又如，用聚乙烯薄膜包装运输活鱼，24h后的存活率为84%，而改用含高吸水性树脂的聚丙烯薄膜包装，存活率上升至92%。其他还有大量的事实表明，用高吸水性树脂作为包装材料，有利于食品的保鲜。

高吸水性树脂无毒、无味，不易被人体所吸收，因此还可用作食品添加剂。

如在奶制品中添加高吸水性树脂，可提高制品的固体含量，改善制品的成型工艺性。加了高吸水性树脂的掼奶油和蛋糕裱花材料，由于增加了触变性，外形更美观，口感更舒适。又如，利用高吸水性树脂通常不为人体所吸收的特点，将其加入到面包、蛋糕等焙烤食品中，能起到既膨松食品、又降低热量的作用。据测定，两块同样体积的面包，加了0.1%高吸水性树脂的，其热量降低15%～20%。这些应用称为食品增量剂，对提高食品质量有一定帮助，并为现代消费者所欢迎。

此外，用高吸水性树脂进行食品脱水处理、果汁饮料的澄清、酒类中有害金属离子的去除以及食品工业废水的处理，都已得到实际的应用。

8.5.6　在其他方面的应用

高吸水性树脂有许多其他方面的用途。如用作液相色谱固定相、紫外线吸收剂、铸造黏合剂、船舱吸湿剂、电池阳极胶化剂、造纸施胶剂、纤维吸湿剂、酶固定剂、消防凝胶涂料、遇水膨胀玩具等。

高吸水性树脂的应用领域几乎涉及各行各业，并且还在不断扩大它的应用范围。虽然其发展历史不长，但已充分显示了强大的生命力。我国对高吸水性树脂的研究起步较晚，并且由于成本价格的原因和传统习惯势力的影响，应用尚不普遍。但随着研究工作的不断探入，应用领域将不断拓宽，预计今后能得到进一步的发展。据统计，根据我国的国情，仅将高吸水性树脂在妇女卫生用品方面的应用全面推广，每年就至少需要高吸水性树脂1400t。仅此一例，就可看出高吸水性树脂在我国是大有发展前景的。

8.6　高吸油性树脂

8.6.1　高吸油性树脂的吸油机理

高吸油树脂是由亲油性单体经交联制得的，具有三维交联网状结构。

高吸油树脂与油性溶剂接触时,树脂分子中的亲油性链段与油分子发生溶剂化作用,油分子进入到树脂的网络结构中。当油分子进入得足够多时,高分子链段开始伸展,树脂发生膨胀,但是由于交联点的存在,高分子链段伸展到一定程度后受到网格的约束而回缩,直到平衡。

高吸油性树脂的吸油机理与高吸水性树脂的吸水机理相似,但是后者可利用氢键吸水,吸水量很大,前者则只能利用范德华力来吸油,因此吸油率相对较低。

8.6.2 高吸油性树脂的种类

根据单体的不同,高吸油性树脂基本可分为聚丙烯酸酯类和聚烯烃类两大类。而根据用途不同,高吸油性树脂可分为不同的形态:粒状固体型、粒状水浆型、织物型、包覆型、片状型、乳液型等。

1. 聚丙烯酸酯类树脂

丙烯酸酯和甲基丙烯酸酯是常见的聚合单体,来源广泛,聚合工艺较为成熟。因此有关该类产品的文献很多,并成为国内研究高吸油性树脂的主要方向。可选用的丙烯酸酯以 8 个碳以上的烷基酯为主。此外还有壬基酚酯以及 2-萘基酯等。为了改进材料的内部结构,也常用丙烯酸乙酯或丙烯酸丁酯作为共聚单体。

2. 聚烯烃类树脂

聚烯烃分子内不含极性基团,因此该类树脂对油品的亲和性能更加优越。尤其是长碳链烯烃对各种油品均有很好的吸收能力,成为国外高吸油性树脂研究的新热点。已见报道的工艺有叔丁基苯乙烯与二乙烯基苯在聚异丁烯基材中的共聚,以及 1-十八碳烯与马来酸酐共聚,再用烯丙醇酯化、聚合交联。由于高碳烯烃来源较少,至今仍处于研究开发阶段。

8.6.3 高吸油性树脂的合成

从 1966 年起,美国 DOW 化学工业公司就对高吸油性树脂进行了研究。他们采用烷基苯乙烯与二乙烯基苯、二甘醇甲基丙烯酸多官能度单体等进行共聚,合成得到了高吸油性树脂。1973 年,日本三井石化则以甲基丙烯酸烷基酯或烷基苯乙烯为基本单体,也是经交联制得聚合物。1990 年,日本触媒化学工业公司合成了侧链上有长链烷基的丙烯酸酯的交联聚合物。1991—1992 年,日本的三菱油化、三洋化成、东洋油墨公司、东京计画公司等相继申请了高吸油性树脂的专利。同时日本触媒化学工业公司开始了商品化生产。下面分别介绍高吸油性树脂合成的特点。

1. 单烯-双烯化学交联

从美国 DOW 化学公司开始,其后三井石化、触媒化学工业公司都采用了这种方法。所用单体均为含有 4～20 个碳原子的烷基苯乙烯、甲基丙烯酸长链烷基酯;而交联剂则采用二乙烯基苯、乙二醇二丙烯酸甲酯、甲基丙烯酸二甘醇酯、邻苯二甲酸烯丙基酯、二丙烯酸丙二醇酯等双烯单体。

聚合方法采用悬浮法两步聚合,即先在较低的温度下聚合一段时间,然后升温,再继续聚合一段时间,最后得到聚合物。例如,日本触媒化学工业公司的制备实例:将壬基酚丙烯酸酯 99.794 份(质量),交联剂 1,6-己二醇二丙烯酸酯 0.206 份混合,先 80℃下聚合 2h,然后在 90℃下聚合 2h。所得产物的粒径为 100～1 000μm。吸油量为:三氯乙烯 25g/g 树脂,己烷 8g/g 树脂,丁醇 7g/g 树脂,汽油 12g/g 树脂。

2. 溶剂致孔的单烯-双烯化学交联

1992年日本东京计画公司开发了分别针对脂肪系油类和芳香族系油类的高吸油性树脂。具体方法为在水性介质中，反应单体和致孔剂混合在一起进行悬浮聚合，然后水洗除去分散剂，再除去致孔剂，干燥后得到产物。

合成用于吸收脂肪系油类的高吸油性树脂所用的单体为 $CH_2CXCO_2R_1$，交联剂为双烯单体 $CH_2CXCO_2R_2O_2XCCH_2$，其中 $R_1=C_{4-20}$烷基，$R_2=C_{4-20}$亚烃基，X为H或甲基；而致孔剂用量为10～500质量份(单体为100份)。

合成用于吸收芳香族系油类的高吸油性树脂所用的单体为 $CH_2CXCO_2R_1R_2Y$，交联剂为双烯单体 $CH_2CHCO_2R_3O_2CXCH_2$(其中 R_1 为 CH_2 或 C_2H_4；R_2=苯基、萘基、蒽基；$R_3=C_{1-4}$亚烃基或二甲苯基)和 $P(C_2H_4)nC_6H_4PCMe_2C_8H_4CO(C_2H_4)n$(其中 $n=0.1$，X=H、CH_3等)。

从对单体的选择可以看出，树脂的性能强烈依赖单体和致孔剂的选择。单体主要对吸油的类别有影响，而致孔剂则影响孔结构，进而影响吸油性能。

高吸油性树脂的制造技术和传统的吸附树脂有些类似。在单体中加入固体填料作为致孔剂，聚合开始后，油相中的单体逐渐加成到增长着的分子链上。由于致孔剂的作用，大分子按一定的空间结构增长。当达到凝胶点时，体型大分子和致孔剂发生相分离，除去致孔剂即得到高吸油性树脂。以下为制备实例：

用于吸收脂肪系油类的高吸油性树脂的制备：将2-乙基己基甲基丙烯酸酯82质量份，丙烯酸丁酯15份，丁烯双甘醇二丙烯酸酯3份，AIBN1.2份，醋酸乙酯100份混合，投入420份0.12%PVA水溶液中，在50℃下聚合24h。过滤后水洗，得到粒径为150μm的粒子。将致孔剂抽去，于50℃干燥24h，即得到高吸油性树脂。所得产物的吸油率为每克树脂23g。

用于吸收芳香系油类的高吸油性树脂的制备：将2-萘基甲基丙烯酸酯50质量份，苯基丙烯酸酯30份，间二甲苯100份混合，投入480份0.1%PVA水溶液中，在50℃～62℃下悬浮聚合25h，最后得到平均粒径300μm的球型多孔高吸油性树脂。所得产物的吸油率为每克树脂60g。

3. 官能团化学交联

东洋油墨公司采用α-烯烃和顺丁烯二酸共聚制备高吸油性树脂。因为顺丁烯二酸含有两个羧基，所以可以加入某些可与羧基反应的化合物，或是带有反应性的基团的树脂，加热反应使其脱水而形成交联聚合物，即得高吸油性树脂。

4. 辐射化学交联

1989年日本帝京大学的村上谦吉采用高能射线照射含有交联剂的高分子溶液制备高吸油性树脂。这类高分子有醋酸乙烯/氯乙烯共聚物、聚苯乙烯、聚甲基丙烯酸甲酯、聚丙烯、苯乙烯/丁二烯共聚物、苯乙烯/丙烯腈共聚物等；交联剂则为过氧化物、三氮杂苯、硫磺等。所制得的高吸油性树脂对卤代烷的吸收能力为每克树脂13g。

5. 聚氨酯泡沫

由于在油田的泄漏事故现场往往需要紧急处理，而可将聚氨酯原料现场发泡，以此发泡体作为油吸收剂，以小规模的设备即可应付大量的泄漏油。为此，日本东洋橡胶工业公司进行了研究。其中多元醇化合物多为聚醚类多元醇(PEG、PPG等)和聚酯类多元醇(如聚己二酸酯等)，而异氰酸酯化合物多使用甲苯二异氰酸酯(TDI)，二苯基甲烷二异氰酸酯(MDI)，发泡剂为氟利昂气体，匀泡剂为有机硅系材料。

原料的选择对吸油性能有较大的影响。研究表明，多元醇的重均分子量至少应在 1000 以上才有较好的吸油性。当其未发泡时，吸油率只有每克树脂 3g；而当其发泡后吸油率可达到每克树脂 50g。

6. 复合高吸油性树脂

1992 年，日本三洋化成开发了由丙烯酸系交联共聚物和聚氨酯泡沫复合形成的高吸油性树脂。这种高吸油性树脂由双组分组成，A 组分为含有≥20%（质量）的聚丙烯酸酯和 0.01%～2%的交联剂；B 组分则为聚氨酯发泡材料。这种高吸油性树脂可吸收自重 100 倍左右的甲苯。

8.6.4 影响高吸油性树脂性能的主要因素

高吸油性树脂的性能与其结构直接相关，而结构由于其合成方法与过程有关。下面就这些因素作一简单讨论。

1. 单体结构的影响

不同的单体得到的树脂性能（主要为吸油率）差别很大。这是因为单体不同，生成的树脂对油品的亲和力不同。

首先，单体的极性直接影响着树脂对油品亲和力的大小，对树脂的吸油率及吸油速率起着决定性的作用。当树脂与油品的溶度参数相近时，树脂达到最大吸油率。例如，对丙烯酸酯类树脂而言，单体的酯基碳链越长则对非极性油品的吸收性越好。但也有文献指出，若酯基的链过长，吸油率也将下降，这与树脂的有效网络容积有关。

其次，单体的空间结构决定了树脂的内部微孔的数量和大小，对油品选择性有很大影响。一般来说，选择多支链的单体可有效地提高树脂内微孔的数量，但它对聚合性能的影响也不可忽视，需综合考虑。

最后，选用适当的共聚单体可改进树脂的亲和性能及内部结构，因此是改善树脂性能的有效手段。

2. 交联剂种类与用量的影响

交联剂不同，所得的树脂性能也不同。高吸油性树脂的交联方式有物理交联、化学交联和离子结合三种。其中最常用的是化学交联法。选用的交联剂以含两个不饱和键以上的烷烃、芳烃或丙烯酸酯类为主。其用量和结构对树脂性能有很大影响。

交联剂的用量决定着树脂交联度的大小，也就决定了三维交联网状结构的伸展能力。当交联剂用量较大时，交联点间的链段较短，活动范围小，树脂的溶胀能力较低，则吸油性也较低。而当交联剂用量太低时，树脂可能会溶于油中或吸油后形成凝胶状，使吸油率较低，同时也不利于回收和使用。综合考虑，应在不影响使用的前提下尽可能降低交联剂的用量。

交联剂的结构则决定了树脂网状结构的大小及形状。有关文献在这方面进行了有益的探索，并发现树脂网络空间的大小及形状应与油品分子相适应，并非交联剂的链越长越好。也就是说应根据目标油品的分子结构及大小来选择适当结构的交联剂。

3. 引发剂的影响

引发剂一般选用常见的油溶性自由基引发剂，如过氧化二苯甲酰或偶氮二异丁腈。引发剂的类型对树脂的性能影响不大，应对其用量进行更多地考察。

引发剂的用量影响着树脂的分子量和交联度。当引发剂用量过大，则反应速度太快，导致交联度增加和分子量降低，故吸油率下降；引发剂用量过小，则反应速度较慢，交联度过小，吸油率也会减少，且吸油后呈无强度的凝胶状。通常，随引发剂用量的增加，树脂吸油率将有峰值出现，可通过正交试验确定其最佳用量。

4. 分散剂的影响

分散剂的主要作用是使树脂在聚合过程中形成稳定、均匀的颗粒，决定着树脂的粒径大小，同时对转化率及分子量也有间接的影响。

选用合适的分散剂及其用量，不仅能降低生产成本，还能减少树脂的分散剂残余量，对提高产品的吸油速率起着重要作用。

5. 聚合工艺的影响

随着乳液聚合工艺的不断发展，出现许多新兴的聚合技术，如运用致孔技术改善树脂结构，就可在基本保持原有工艺的基础上，大幅度地提高树脂的吸油率和吸油速率。

目前，这方面的研究运用还很少。但采用新的聚合技术是从本质上改善树脂性能的最佳方案，必将成为今后的发展方向。

思考题

1. 什么是高吸水性树脂？什么是高吸油性树脂？
2. 从化学组成和分子结构来分析高吸水性树脂吸水性能。
3. 高吸水性树脂的基本性能有哪些？
4. 影响高吸水性树脂吸水性能的因素有哪些？
5. 试解释高吸水性树脂为什么具有吸氨性。
6. 试举例说明高吸水性树脂的应用。
7. 高吸油性树脂的基本性能有哪些？
8. 影响高吸油性树脂吸油性能的因素有哪些？

参考文献

[1] 美国道化学公司. 水的精制有机液体回收方法[P]. 日本特公昭 4527081，1970.
[2] 日本三井石油化学公司. 吸油树脂的制备方法[P]. 日本特公昭 5015882，1975.
[3] 日本高分子学会高分子实验编委会. 功能高分子[M]. 李福绵，译. 北京：科学出版社，1983.
[4] 陈义鏞. 功能高分子[M]. 上海：上海科学技术出版社，1988.
[5] 孙酣经. 功能高分子材料及应用[M]. 北京：化学工业出版社，1990.
[6] 俊滕隆清. 高吸油性树脂的开发与应用[J]. 机能材料，1990，10(11)：43-47.
[7] 机能材料市场数据. 吸油性材料的市场动向[J]. 机能材料，1991，11(7)：41-47.
[8] 何曼君，陈维孝，董西侠. 高分子物理[M]. 上海：复旦大学出版社，1993.
[9] 王国建，王公善. 功能高分子[M]. 上海：同济大学出版社，1995.
[10] 林润雄，姜斌，黄毓礼. 高吸水性树脂吸水机理的探讨[J]. 北京化工大学学报. 1998，25(3)：20-25.
[11] 王解新，陈建定. 高吸水性树脂研究进展[J]. 功能高分子学报，1999，12(2)：211-217.
[12] 付亚娟，王正平. 高吸油性树脂综述[J]. 应用科技，2001，28(4)：33-34.
[13] 叶先郎，张卫英，李晓. 高吸油性树脂的研究进展[J]. 合成树脂及塑料，2003，20(6)：66-69.
[14] 单国荣，徐萍英，翁志学，等. 单一化学交联与物理-化学复合交联高吸油性树脂的比较[J]. 高分子学报，2003，1(1)：52-55.

[15] 赵文元,王亦军. 功能高分子材料[M]. 北京:化学工业出版社,2003.
[16] 许晓秋,刘廷栋. 高吸水性树脂的工艺与配方[M]. 北京:化学工业出版社,2004.
[17] 李建颖. 高吸水与高吸油性树脂[M]. 北京:化学工业出版社,2005.
[18] 王爱勤,张俊平. 有机-无机复合高吸水性树脂[M]. 北京:科学出版社,2006.
[19] 何小维. 高吸水性碳水化合物材料[M]. 北京:化学工业出版社,2006.
[20] 崔英德,黎新明,尹国强. 绿色高吸水树脂[M]. 北京:化学工业出版社,2008.

9 高分子表面活性剂

9.1 概述

高分子表面活性剂是指分子量达到数千以上，又有一定表面活性的物质。由于高分子表面活性剂兼具有增黏性和表面活性，因此在石油开采、医药、化妆品、涂料工业、农药工业、环境治理等领域中有巨大的应用前景。

高分子表面活性剂的应用已有很长的历史，一些天然高分子长期以来一直作为表面活性剂使用。如淀粉、纤维素及其衍生物。近年来发展迅速的甲壳素、壳聚糖等也可归属于这一类。

最早使用的天然高分子表面活性剂，如淀粉、纤维素及其衍生物等天然水溶性高分子化合物，它们虽然具有一定的乳化和分散能力，但由于这类高分子化合物具有较多的亲水性基团，与低分子表面活性剂的性能相差很大。如一般不会在水中形成胶束，故其表面活性较低。1951年Stauss将含有表面活性基团的聚合物——聚1-十二烷-4-乙烯吡啶溴化物命名为聚皂，从而出现了合成高分子表面活性剂。1954年，美国Wyandotte公司发表了聚氧乙烯-聚氧丙烯嵌段共聚物作为非离子表面活性剂的报道，以后，各种合成高分子表面活性剂相继开发并应用于各种领域。

与低分子表面活性剂一样，高分子表面活性剂也是由亲水和亲油两部分组成。高分子表面活性剂的溶液黏度高，成膜性好，在各种表面、界面有很好的吸附作用，因而，分散性、絮凝性和增溶性均优于低分子表面活性剂，用量较大时还具有强的乳化、稳泡、增稠、成膜和黏附作用。高分子表面活性的毒性也相对较低。但相对低分子表面活性剂来说，高分子表面活性剂降低表面张力、界面张力、去污力、起泡力和渗透力方面比较差，多数情况不形成胶束。在通常情况下，高分子表面活性剂的表面活性伴随着分子量提高急剧下降。例如，聚乙烯醇是一种常用的高分子表面活性剂，但质均聚合度为$2\sim8\times10^4$，水解度为83.9%的聚乙烯醇的表面张力只有50mN/m (1.0%水溶液，25℃)；广泛使用的聚氧化乙烯-氧化丙烯嵌段共聚物的表面活性最佳可达33.1mN/m(牌号Pluronic 104，0.1%水溶液)，但其分子量仅8.1×10^3。因此，合成高分子量、高表面活性的两亲性聚合物，成为近年来表面活性剂的主要研究方向。

9.2 高分子表面活性剂的分类与特性

9.2.1 高分子表面活性剂的分类

高分子表面活性剂按离子类型分类，可分为阴离子型、阳离子型、两性离子型和非离子型四类；按来源，可分为天然、天然改性(半合成)及合成高分子表面活性剂三类；按其结构特征可分为无规型、嵌段型和接枝型三类；根据其疏水部分的化学组成则还可将高分子表面活性剂分为碳氢型(常规型)、碳氟型、硅氧烷型和含金属型四类。

1. 天然及改性高分子表面活性剂

许多水溶性的天然高分子物质,如水溶性蛋白质、树脂等,都是很好的表面活性剂。常见的种类有:纤维素类、淀粉类、腐殖酸类、木质素类、壳聚糖等。

天然高分子表面活性剂中一般羟基含量较高,亲水性过高,因此表面活性不高。通过接枝、嵌段等方法将合成高分子链接入天然高分子表面活性剂分子链中,可显著提高其表面活性。天然高分子表面活性剂的改性是长期以来高分子表面活性剂发展的一个非常重要的方向。

2. 合成高分子表面活性剂

合成高分子表面活性剂可通过两亲性单体的均聚,或由亲水单体和亲油单体通过无规共聚、嵌段共聚和接枝共聚等方法制备,也可在水溶性高分子上引入两亲性单体或亲油性单体制得。因此合成高分子表面活性剂在结构上可分为无规型、嵌段型和接枝型三大类。

9.2.2 高分子表面活性剂的特性

1. 降低表面张力

因为高分子表面活性剂的亲水链段和疏水链段在表面或界面间具有一定的取向性,所以具有降低表面张力和界面张力的能力。但高分子表面活性剂降低表面张力的能力往往比低分子表面活性低,而且随分子量增大,表面活性降低。这可能是因为高分子表面活性剂在表面上的吸附状态随分子量而异。如果分子量较大,则高分子表面活性剂可发生分子内或分子间的缠绕而呈球状,以致被表面吸附分子的有效面积比分子量小时少,因此降低表面张力的能力降低。

2. 乳化作用

部分两亲性嵌段和接枝共聚物溶于水中时,由于两个链段与水的亲和力不同,因此会发生自组装而形成胶束。并且存在形成胶束的最高临界浓度(CMC)值。因此这些高分子表面活性剂往往具有良好的乳化功能。如聚苯乙烯-聚氧化乙烯嵌段共聚物(PS-b-POE)、聚异丁烯-聚氧化乙烯-聚异丁烯三嵌段共聚物(PIB-b-POE-b-PIB)可用作苯乙烯乳液聚合的乳化剂。

3. 分散作用

高分子表面活性剂由于具有两亲性结构,在颗粒悬浮体系中,其分子的一部分可吸附在粒子表面,其他部分则溶于作为连续相的分散介质中。当聚合物的分子量不太高时,伸展于分散介质中的分子链具有空间阻碍效应,可有效阻止颗粒的接近,从而防止产生凝聚。

4. 凝聚作用

当高分子表面活性剂的分子量很高时,同一分子可同时吸附在多个颗粒上,从而在粒子之间产生架桥作用,使颗粒相互凝聚而形成絮凝物。因此高分子表面活性剂在此起到了絮凝剂的作用。

5. 其他功能

高分子表面活性剂由于分子量较高,因此本身起泡能力不强,但因溶液黏度较大,稳定泡沫的能力则较强,因此可用作泡沫稳定剂。另外高分子量也赋予高分子表面活性剂良好的成膜性和黏附性,因此可在造纸工业、化妆品领域找到用武之地。

9.3 天然高分子表面活性剂及其改性

天然高分子化合物,如淀粉、纤维素和壳聚糖等,在自然界中的储量十分丰富,而且价格低廉，来源广泛，因此在高分子表面活性剂领域中占有十分重要的地位。但这类高分子表面活性剂的表面活性较低，越来越不能适应现代科学对其的要求，因此对天然高分子表面活性剂的改性研究已成为天然高分子表面活性剂发展的重要方向。

9.3.1 淀粉基表面活性剂

淀粉是由许多葡萄糖分子缩合而成的多糖，有直链和支链两种不同结构，分别称为直链淀粉和支链淀粉。淀粉广泛存在于植物的谷粒、果实、块根、块茎、球茎等中，为植物的主要能量储存形式，如米、麦、番薯、马铃薯以及野生的橡子、葛根中淀粉含量都很丰富。淀粉不溶于冷水。和水加温至50℃～60℃，膨胀而变成具有黏性的半透明胶体溶液，这种现象称“糊化”。淀粉的这些特性决定了它直接作为表面活性剂的效率不高。通常需要进行化学改性。根据化学改性的方式，可分为直接改性法和转化改性法两种。前者是将淀粉直接改性，后者是将淀粉先降解为单糖或低聚糖，再将其与高级脂肪醇或高级脂肪酸反应进行改性。

1. 直接改性法

直接改性法即以淀粉为原料，直接对其进行化学改性来制取淀粉酯、羧甲基淀粉和两性改性淀粉等表面活性剂。

1）*淀粉酯类表面活性剂*

淀粉酯是变性淀粉中的一类。常见的有醋酸淀粉酯、磷酸淀粉酯和烯基淀粉酯等。淀粉酯的制备方法如图9-1所示。

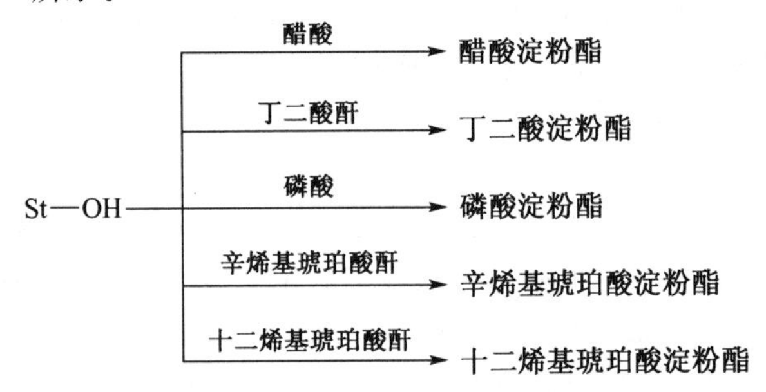

图9-1 淀粉酯的制备方法

研究发现，取代度越高的淀粉酯，其溶液表面张力越低。以辛烯基琥珀酸淀粉酯为例，当取代度为0.0157时，其临界胶束浓度对应的表面张力为20mN/m。因此，取代度较高的淀粉酯可作为高品质的表面活性剂。

经过改性制备的淀粉酯的溶液黏度通常要比原淀粉高。例如，用十二烯基琥珀酸酐对淀粉进行改性后，得到的十二烯基琥珀酸淀粉酯的最高黏度可达320MPa·s，而未经改性的原淀粉的最高黏度仅为230MPa·s。丁二酸淀粉酯在较低的剪切速率下，其黏度为90MPa·s，而对应的未经改性的玉米淀粉的黏度为2.5MPa·s。可见改性后的淀粉有极强的增稠能力，可作为增稠剂使用。

2）*羧甲基淀粉类表面活性剂*

羧甲基淀粉是一种以淀粉为原料，经醚化反应得到的变性淀粉。

羧甲基淀粉（或钠盐）是以氢氧化钠作为催化剂，通过淀粉与一氯醋酸的反应制备的。淀粉中的葡萄糖单元上的羟基与羧甲基形成醚键，削弱了羟基之间的氢键作用，因此淀粉的水溶性增加。因为每个葡萄糖单元上有3个羟基，理论上取代度能达到3。但实际上每个葡萄糖单元上只有 0.3～0.5 个羟基能被羧甲基取代，因此多数取代度为 0.3～0.5。随着取代度的增加，羧甲基淀粉水溶解度增加。因此，在保持淀粉颗粒形态的水溶液体系中，不可能制得取代度大于 0.1 的羧甲基淀粉。如果要制备高取代度的产品，需要在非水介质中进行。

羧甲基淀粉属于阳离子表面活性剂，它的结构特点决定了其具有良好的螯合作用、离子交换作用和絮凝作用。同时具有良好的增稠、糊化、吸水、黏附、成膜、耐酸碱、透明等优良特性。可作为乳化剂、增稠剂、稳定剂、填充剂等助剂，被广泛用于洗涤用品、制药、食品、印染、涂料等行业。

3）两性改性淀粉

两性改性淀粉是在羧甲基淀粉的基础上进一步引入阳离子基团形成的。例如，以羧甲基淀粉为基础，以硝酸铈铵为引发剂，在羧甲基淀粉中接枝上丙烯酰胺。然后以甲醛、二甲胺为醚化剂，通过曼尼奇反应（Mannich reaction）对接枝在淀粉分子上的丙烯酰胺进行胺甲基化改性，引入季铵基团，即可制得两性改性淀粉。下图所示的是两性改性淀粉的一个例子。

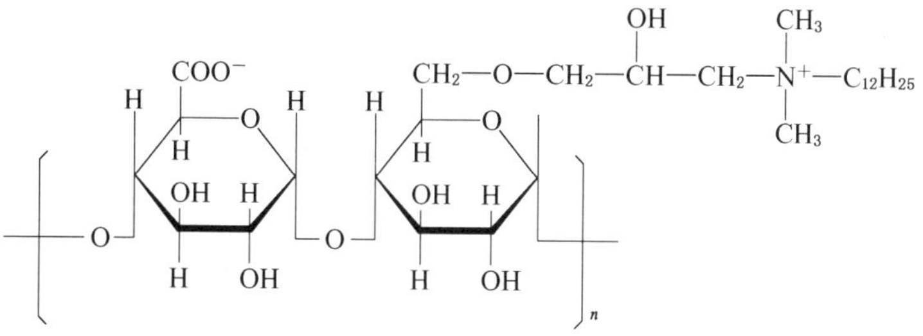

图 9-2　两性改性淀粉

两性改性淀粉对悬浮颗粒有很强的凝聚作用，因此可在环境治理、造纸工业中有广泛的应用。

2. 转化改性法

淀粉的转化改性法是先将淀粉水解为葡萄糖，之后对葡萄糖进行化学改性来制备山梨醇类、烷基糖苷类和葡糖胺类表面活性剂。

1）山梨醇类表面活性剂

早在 20 世纪 40 年代，以司盘（Span，失水山梨醇脂肪酸酯）为代表的山梨醇类表面活性剂便已由美国阿特拉斯公司研制成功。

山梨醇类表面活性剂通常是油包水型（W/O）乳化剂，具有很强的乳化、分散、润滑作用，可与各类表面活性剂混用。

失水山梨醇与不同高级脂肪酸反应可形成的各种不同的酯，乳化能力会有很大不同。如由失水山梨醇与月桂酸形成的失水山梨醇月桂酸酯（Span-20）、由失水山梨醇与棕榈酸形成的失水山梨醇单棕榈酸酯（Span-40）、由失水山梨醇与硬脂酸形成的失水山梨醇单硬脂酸酯（Span-60）和由失水山梨醇与油酸形成的失水山梨醇单油酸酯（Span-80）等。

典型的制备过程如图 9-3 所示。

从图 9-3 可见，反应得到的失水山梨醇是以 1,4 位失水山梨醇酯为主要成分的复杂混合物。Span-20 的 HLB 值为 8.6，Span-40 为 6.7、Span-60 为 4.7，Span-80 为 4.3。可见 Span-20 的乳化能力最强。

山梨醇类表面活性剂可作为乳化剂、润湿剂、分散剂、稳定剂、消泡剂、抗静电剂等，广泛用于食品、医药、化妆品、纺织印染助剂及化工等行业。

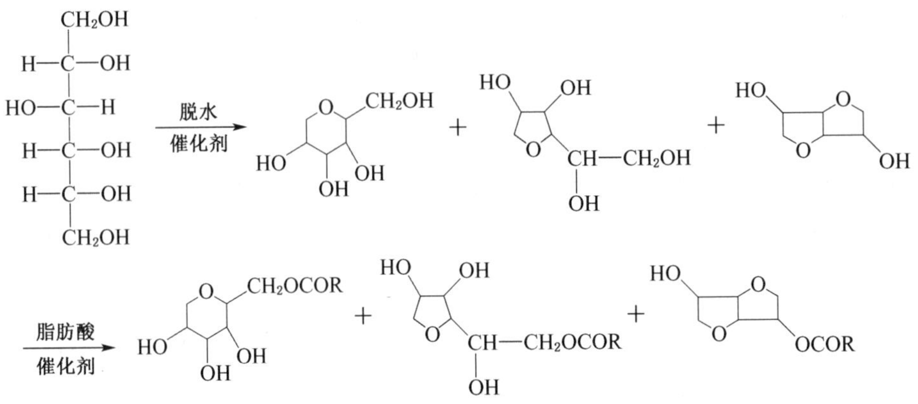

图 9-3　山梨醇类表面活性剂的制备方法

2）烷基糖苷类表面活性剂

烷基糖苷(APG)是由脂肪醇与葡萄糖缩合苷化得到的一种非离子表面活性剂。

早在1893年,德国的Fischer首次报道了甲基糖苷的制备技术。目前用于工业化生产的有直接苷化法和转糖苷化法两种。图9-4所示的是直接苷化法的反应过程。

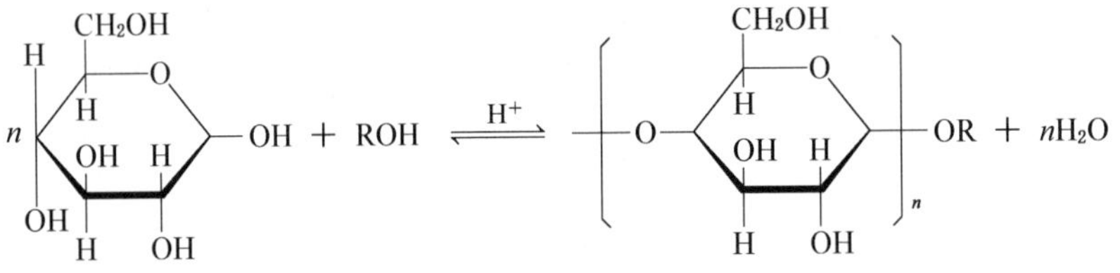

图 9-4　烷基糖苷的制备方法

烷基糖苷的HLB值约为10～14。研究表明,在室温下,十二烷基糖苷的表面张力已达26.0mN/m,较聚氧乙烯脂肪醇(LAE)和十二烷基苯磺酸钠(C_{12}LAS)均低(表9-1),表现出良好的表面活性特征。

表 9-1　APG与其他表面活性剂的性能比较(25℃,蒸馏水)

表面活性剂	表面张力 /($mN \cdot m^{-1}$)	润湿时间 /s	CMC值 /($mmol \cdot L^{-1}$)
APG	26.0	18	0.3
LAE	27.5	12	0.41
C_{12}LAS	29.3	8	6.0

烷基糖苷类表面活性剂因具有良好的表面活性、低刺激性和低毒性的特性,可作为手洗及机洗餐具洗涤剂中活性物质的主要原料。此外,还可以应用于工业清洁剂、高档日用化妆品和食品工业中。

9.3.2　纤维素类表面活性剂

纤维素是构成植物细胞膜的主要物质,广泛存在于植物体内,可以说是一种取之不尽,用之不竭的天然资源。纤维素是由D-吡喃型葡萄糖以β-1,4连接的天然高分子。构成纤维素的葡萄糖单元中含有三个羟基,为亲水部分,其余部分为疏水部分,因此具有表面活性剂的特征。但由于纤维素分子中羟基的氢键作用很强,因此不溶于水。在作为表面活性剂使用时,须将纤维素中的部分羟基用其他化合物醚化，以降低分子链的氢键作用，增加水溶性。但水溶性太强的纤维素醚的表面活性不高，因此可进一步在水溶性纤维素醚的基础上进行接枝反应，以调节亲水性和亲油性的平衡。

例如，将甲基纤维素、羟乙基纤维素和羟丙基纤维素等水溶性纤维素醚在适当条件下与带长链烷基的疏水性物质进行高分子化学反应，可制备了具有良好表面活性的含长链烷基纤维素类高分子表面活性剂。典型反应如图 9-5 所示。

纤维素醚—OH
CH₂—CH
O
OH
纤维素醚—OCH₂CH
COCl
纤维素醚—OC
O
X
纤维素醚—O
NCO
O N
纤维素醚—OC—N
ClCH₂
纤维素醚—O—CH₂

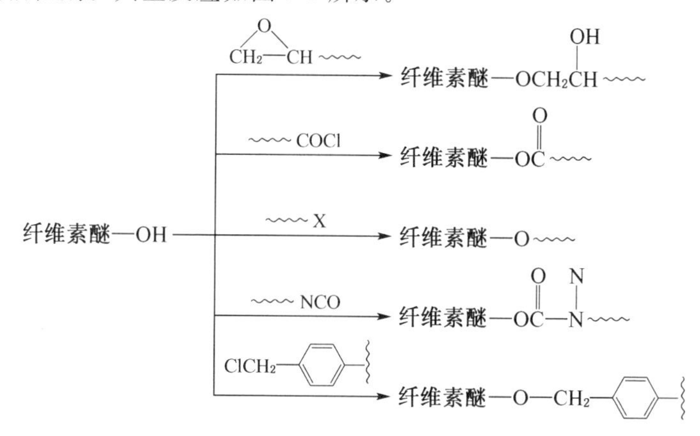

图 9-5 长链烷基纤维素的制备方法

含长链烷基纤维素类表面活性剂的性能在很大程度上受引入的烷基疏水链长短、数目及所用原料纤维素衍生物和改性剂种类的影响。如对于含 C_{20}—C_{24} 的烷基羟乙基纤维素类高分子表面活性剂，当其分子中长链烷基含量为 0.78%时，仅需很少的用量就可使水/甲苯的界面张力大大降低。

将羧甲基纤维素(CMC)、羟乙基纤维素(HEC)等在超声波作用下降解，形成大分子自由基，然后引发具有两亲性结构的表面活性剂大单体(壬基酚聚氧乙烯醚丙烯酸酯、十二烷基聚氧乙烯醚丙烯酸酯、硬脂酸聚氧乙烯醚丙烯酸酯)及第三单体(苯乙烯或甲基丙烯酸甲酯)参与反应，可制备出具有嵌段结构，兼具表面活性和增稠性能的改性纤维素共聚物。其中，用 CMC 引发十二烷基醇聚氧乙烯醚丙烯酸酯(聚氧乙烯聚合度 $n=9$)的共聚物(结构式见下图)，当浓度为 5×10^{-4}g/mL 时，其最低表面张力为 31mN/m，其表面活性已非常接近于低分子表面活性剂。

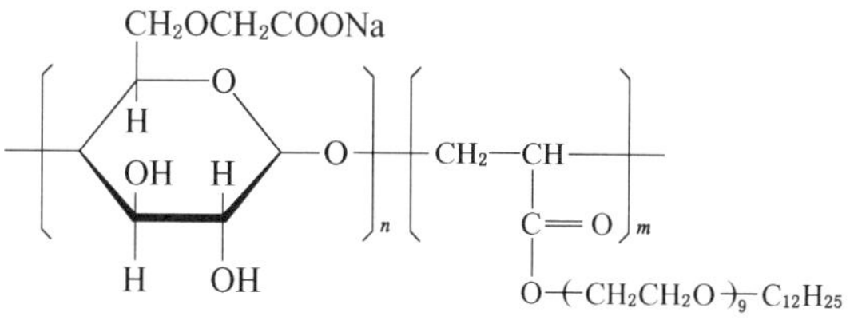

CH₂OCH₂COONa
O
H
OH H
O
H OH
n
CH₂—CH
C=O
m
O—(CH₂CH₂O)₉—C₁₂H₂₅

9.3.3 壳聚糖类表面活性剂

壳聚糖(CTS)是甲壳素脱乙酰化的产物，其分子中存在羟基和氨基。脱乙酰基程度决定了大分子链上氨基的数量，从而影响其性能。通过对羟基和氨基进行化学改性，不仅可以改善它们的溶解性能，而且可赋予壳聚糖更多的功能特性。

壳聚糖具有可生物降解性、无毒、耐腐蚀等特点，同时具有生物和免疫活性，生物相容性良好，在生物医学及制药等方面的应用极其广泛。此外，壳聚糖还可用于制作人工肾透析膜和隐形眼镜。由壳聚糖制备出的微胶囊，是一种生物降解型的高分子膜材料，是优良且极具发展前途的医用缓释体系。

将经过化学改性的壳聚糖与长链的高分子化合物反应，可制备不同类型的高分子表面活性剂。

例如，将羧甲基壳聚糖与不同碳链长度的烷基缩水甘油醚在碱性条件下进行反应，可制备一系列阴离子型高分子表面活性剂。引入的疏水基越长，表面张力下降越多，即表面活性越大。这类型离子型高分子表面活性剂的表面张力可在 30～40mN/m 之间。

将壳聚糖分别与丁基缩水甘油醚和丁二酸酐反应，进行亲水和疏水改性，可制备非离子型两亲性壳聚糖衍生物(2-羟基-3-丁氧基)丙基-丁二酰化壳聚糖(HBP-SCCHS)，其表面张力可达 51.23mN/m，且具有良好的起泡性能和泡沫稳定性，对液体石蜡具有比吐温 60 更好的乳化力。

对不同分子量的(2-羟基-3-十二烷氧基)丙基-羟丙基壳聚糖(HDP-HPCHS)的表面活性研究结果表明，不同相对分子质量的 HDP-HPCHS 产物均具有良好的水溶性和表面活性。其表面活性随分子量的减小而增大，而临界胶束浓度(CMC)随其分子量的降低呈现出逐渐增大后又趋降低的变化趋势(表 9-2)。

表 9-2　　HDP—HPCHS 的表面活性参数(25℃)

样品编号	1	2	3	4
特性黏数[η] /($ml \cdot g^{-1}$)	94.8	53.7	50.9	31.5
表面张力 /($mN \cdot m^{-1}$)	42.4	39.0	38.8	30.0
界面张力 /($mN \cdot m^{-1}$)	32.4	35.9	36.1	44.9
CMC /($mg \cdot L^{-1}$)	2.6	8.1	8.5	3.4

注：$[\eta]=6.589\times10^{-3}M^{0.88}$

9.4 合成高分子表面活性剂

合成高分子表面活性剂是通过人工合成方法制备的具有两亲结构的高分子化合物，一般为线型高分子。根据其结构特征，通常将合成高分子表面活性剂分为阴离子型、阳离子型和非离子型三类。近年来，随着高分子设计的不断深入，两亲性嵌段共聚物和接枝共聚物用作高分子表面活性剂的研究也有很大进展。本节先按其离子特性介绍各类合成高分子表面活性剂，然后对两亲性嵌段共聚物和接枝共聚物这两类特殊结构高分子表面活性剂的制备方法作一概述。

9.4.1 阴离子型高分子表面活性剂

阴离子型高分子表面活性剂是指其亲水基团由羧基、磺酸基和磷酸酯基等酸性基团构成的两亲性聚合物。

羧酸型高分子表面活性剂常采用含羧基单体通过均聚或共聚获得，也可通过含酯基单体聚合后水解转化为含羧基聚合物。常用的含羧基单体有丙烯酸、甲基丙烯酸、顺丁烯二酸酐等。

例如，将丙烯酸或丙烯酸盐用过硫酸盐作为引发剂进行自由基水溶液聚合，可直接得到水溶性阴离子聚合物。反应过程如图 9-6 所示。

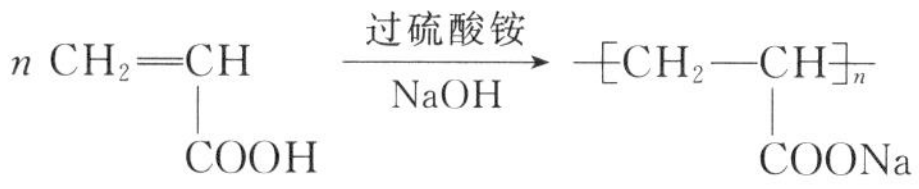

$$n\,CH_2{=}CH(COOH) \xrightarrow[NaOH]{\text{过硫酸铵}} -[CH_2-CH(COONa)]_n-$$

图 9-6 聚丙烯酸钠的制备

用顺丁烯二酸酐与苯乙烯共聚。因为顺丁烯二酸酐自身不会均聚，因此与苯乙烯共聚时，当顺丁烯二酸酐用量很大时，可制备近乎交替的共聚物。产物经碱性处理后可得水溶性的苯乙烯-顺丁烯二酸交替共聚物(图 9-7)。

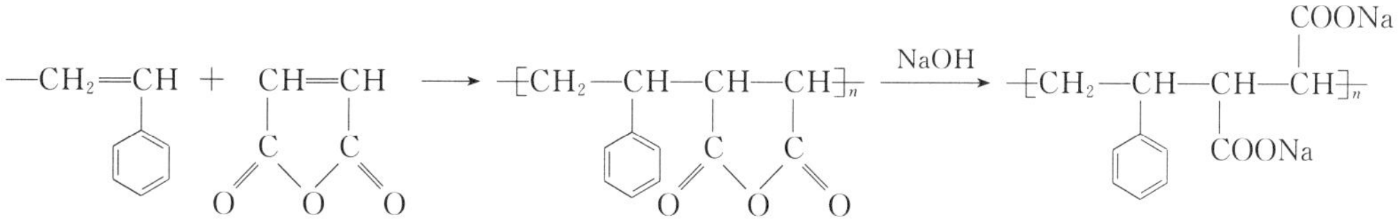

图 9-7 苯乙烯-顺丁烯二酸酐交替共聚物的合成

聚磺酸型高分子表面活性剂可通过含乙烯基磺酸盐、苯乙烯磺酸盐等单体的聚合获得。这类单体本身是水溶性的，因此可采用过硫酸盐等水溶性引发剂进行水溶液聚合。也可先制备聚苯乙烯，然后通过磺化反应引入磺酸基团。图 9-8 为这两种聚合方法的示意图所制得的聚苯乙烯磺酸盐具有良好的分散作用，也可作为抗静电剂使用。

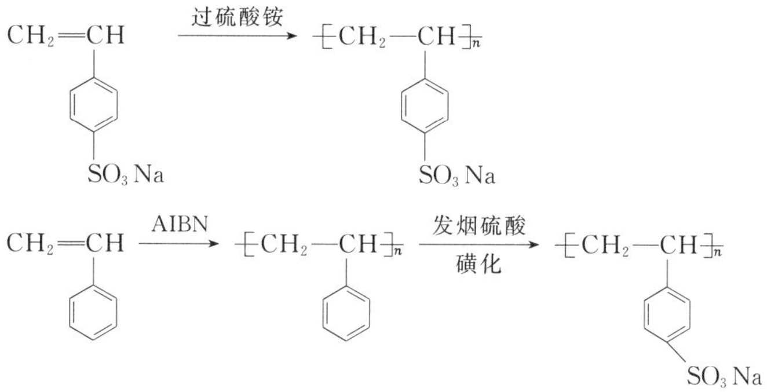

$$CH_2{=}CH(C_6H_4SO_3Na) \xrightarrow{\text{过硫酸铵}} -[CH_2-CH(C_6H_4SO_3Na)]_n-$$

$$CH_2{=}CH(C_6H_5) \xrightarrow{AIBN} -[CH_2-CH(C_6H_5)]_n- \xrightarrow[\text{磺化}]{\text{发烟硫酸}} -[CH_2-CH(C_6H_4SO_3Na)]_n-$$

图 9-8 聚苯乙烯磺酸钠的制备

将萘磺酸盐与甲醛进行缩聚反应可得到萘磺酸盐型高分子表面活性剂，可用作染料分散剂和混凝土减水剂。反应过程如图 9-9 所示。

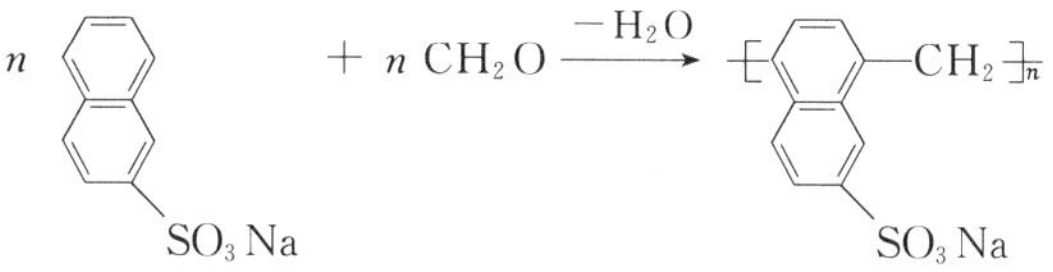

$$n\,C_{10}H_7SO_3Na + n\,CH_2O \xrightarrow{-H_2O} -[C_{10}H_6(SO_3Na)-CH_2]_n-$$

图 9-9 萘磺酸盐型高分子表面活性剂的制备

9.4.2 阳离子型高分子表面活性剂

阳离子型高分子表面活性剂除极少数的聚硫盐及聚磷盐外，大部分都是含有季铵盐的高分子，通常通过含有乙烯基的脂肪胺或芳香胺聚合后，再经季铵化后所得。也可直接通过季胺单体直接聚合而成。

例如，将苯乙烯低聚物在二氯甲烷中进行氯甲基化，再用三甲胺对聚对氯甲基苯乙烯进行季铵化改性，即可得到聚季铵盐高分子表面活性剂，反应过程见图 9-10。

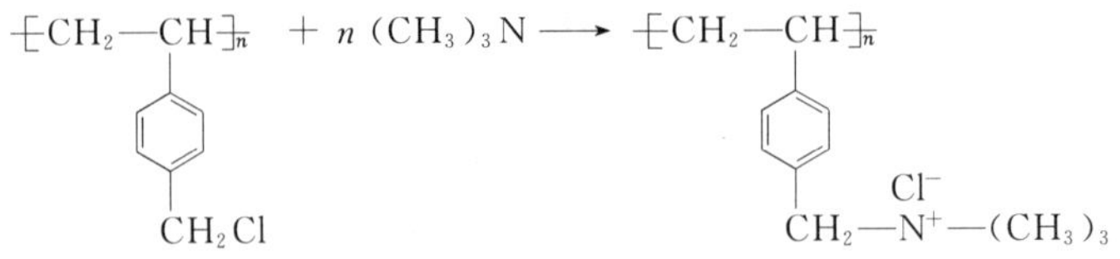

$$-\!\!\left[CH_2-CH\right]\!\!-_n(C_6H_4CH_2Cl) + n\,(CH_3)_3N \longrightarrow -\!\!\left[CH_2-CH\right]\!\!-_n(C_6H_4CH_2-N^+-(CH_3)_3\;Cl^-)$$

图 9-10 聚季铵盐高分子表面活性剂的制备

将 4-乙烯基吡啶盐进行均聚，可直接得到聚吡啶盐高分子表面活性剂，如图 9-11 所示。

$$n\,CH_2{=}CH(C_5H_4N^+Cl^- - C_{12}H_{25}) \longrightarrow -\!\!\left[CH_2-CH\right]\!\!-_n(C_5H_4N^+Cl - C_{12}H_{25})$$

图 9-11 聚吡啶盐高分子表面活性剂的合成

为了提高阳离子型高分子表面活性剂的水溶性和调节其亲水亲油平衡，常将乙烯基的脂肪胺或芳香胺与其他单体共聚。丙烯酰胺几乎是所有的阳离子型高分子表面活性剂的共聚单体，这主要是因为丙烯酰胺水溶性好，价廉，得到的聚合物分子量高（$>5\times10^6$），在很大范围内竞聚率接近阳离子单体的竞聚率。

阳离子型高分子表面活性剂有较好的分散、凝聚、乳化作用，在农药、造纸和环境保护等领域有广泛的应用。

9.4.3 非离子型高分子表面活性剂

在高分子表面活性剂中，非离子型高分子表面活性剂无论在产量上还是在用途方面均具有十分重要的意义。目前广泛使用的 OP 类表面活性剂就是低分子量烷基酚聚氧乙烯醚类的表面活性剂。此外，蓖麻油聚氧乙烯醚、聚乙烯醇、聚乙二醇和聚丙烯酰胺都是非离子型高分子表面活性剂的重要代表。

1. 聚氧乙烯醚类表面活性剂

聚氧乙烯分子中含有大量亲水性乙氧基，水溶性良好，不适合直接作为表面活性剂。在聚氧乙烯的分子末端引入一个亲油性链段，使分子链具有适当的亲水亲油平衡，则成为一类重要的表面活性剂。其中烷基酚聚氧乙烯醚类的表面活性剂是目前最广泛使用的一类非离子型表面活性剂。这类产品中较重要的有壬基酚聚氧乙烯醚系列（NP）、辛基酚聚氧乙烯醚系列（OP）、仲辛酚聚氧乙烯醚（SOP）等。

烷基酚聚氧乙烯醚是酚醚中产量较大的一类，它的用途广泛，不仅具有良好的乳化力，而且有较好的润湿力和渗透力，在水油乳化、乳液聚合等方面均有应用。此类产品经磷酸酯化反应，还可制得酚醚磷酸酯及磷酸酯盐。

烷基酚聚氧乙烯醚中最典型的代表为 OP 型表面活性剂。OP 型表面活性剂是分子末端带有一个辛烷基酚的聚氧乙烯醚（Polyoxyethylene octylphenol ether），常用通式 OP-X 表示。其中 X 为整数数字，代表聚氧乙烯醚的聚合度。如 OP-10 即为含有 10 个乙氧基的辛烷基酚聚氧乙烯醚。

如果将烷基酚聚氧乙烯醚中的烷基酚改成植物油或脂肪酸，则形成了另一类重要的非离子型表面活性剂：植物油醚和酯类非离子表面活性剂。

植物油醚和酯类非离子表面活性剂的重要代表有蓖麻油聚氧乙烯醚（EL）、米糠油聚氧乙烯醚、松香酸聚氧乙烯酯（RPEO）、油酸聚氧乙烯酯（AO）等品种。这类表面活性剂常用作农药表面活性剂，也可作为工业洗涤剂、分散剂，等等。其中蓖麻油聚氧乙烯醚是其代表性品种，在农药用混合型乳化剂中应用较多，产量也较大。在作为家用或农用杀虫剂的助剂方面也有应用。

2. 其他类型非离子型高分子表面活性剂

除了烷基酚聚氧乙烯醚外，其他类型的非离子型高分子表面活性剂主要有聚乙烯醇、聚乙二醇和聚丙烯酰胺等。

乙烯醇本身不稳定，因此聚乙烯醇是通过聚醋酸乙烯酯在酸性或碱性条件下水解转化而成的。聚乙烯醇的表面活性不强，主要用作醋酸乙烯酯乳液聚合的保护胶体、悬浮聚合的分散剂等，也可作为植物油、矿物油和石蜡的乳化剂。

聚乙二醇型高分子表面活性剂是在酸性或碱性催化剂存在下，使环氧乙烷进行开环聚合制得的。分子结构中的亲水基团为乙氧基。由于分子链中疏水基团较少，因此表面活性不高。主要用作纺织助剂中的上浆剂、增稠剂等。

将环氧乙烷和环氧丙烷进行嵌段聚合，所得产物具有良好的乳液作用，可以作为乳液聚合用乳化剂和低泡型洗涤剂使用（详见本书第 9.4.5 节）。

聚丙烯酰胺是又一类非离子型高分子表面活性剂。它是以过硫酸盐作为引发剂，由丙烯酰胺进行自由基水溶液聚合制备的。这类聚合物有很强的吸附絮凝作用，因此是典型的非离子型高分子絮凝剂，在造纸工业中用以增强纸的拉力和提高纸浆得率。

9.4.4　接枝型高分子表面活性剂

接枝型高分子表面活性剂是一条主链上带有若干条支链，要么以主链为亲水链段，要么以支链为亲水链段。由主链和支链构成梳状两亲性的高分子结构。其表面活性取决于亲水链段和疏水链段的结构、比例、各段的分子量以及在溶液中的分子形态。

接枝型高分子表面活性剂主要可通过大分子单体法、偶合法、活性中心法制备。

1. 大分子单体法

大分子单体法是制备接枝型高分子表面活性十分有效的方法，其特点是可以通过分子设计制备具有特定结构的大分子单体，然后通过各种聚合方法制备支链长短一致的结之共聚物，结构与性能间的关系十分明确。

例如，通过阴离子聚合反应制备聚氧乙烯大分子单体有两种方法。第一种方法是用一种不饱和引发剂引发环氧乙烷的阴离子聚合，而双键因不参加聚合而保留在聚氧乙烯链的末端。第二种方法是借助于聚氧乙烯活性链与不饱和亲电试剂之间的反应而在聚氧乙烯末端引入双键。

在第一种方法中，采用对烯丙苯甲醇钾引发环氧乙烷的阴离子聚合。由于对烯丙苯甲醇钾具有很低的亲核性，因而它不会和 α-甲基苯乙烯的双键反应。反应式如图 9-12 所示。

$$CH_2{=}\overset{\overset{\large CH_3}{|}}{C}-C_6H_4-CH_2OK \xrightarrow{n\ \underset{O}{CH_2-CH_2}} CH_2{=}\overset{\overset{\large CH_3}{|}}{C}-C_6H_4-CH_2O{+}CH_2CH_2O{+}_nH$$

图 9-12　不饱和引发剂引发环氧乙烷制备大分子单体

所得到的大分子单体以偶氮二异丁腈为引发剂，可以成功实现与苯乙烯自由基共聚反应，得到具有不同表面活性的高分子表面活性剂。

在第二种方法中，可将环氧乙烷用烷基锂作为引发剂进行聚合，得到末端为阴离子的活性连，然后与含双键化合物反应而得到聚氧乙烯大分子单体。

2. 偶合法

偶合法是借助于一种聚合物的活性末端基与另一种聚合物链上的活性点之间的反应。这些活性末端基可以是离子聚合反应中产生的活性末端，也可以是一些对底物高分子链上某些特定位置具有较高反应活性的基团。

例如，酯交换反应可被用来合成聚甲基丙烯酸甲酯-聚氧乙烯接枝共聚物。将聚氧乙烯的末端羟基转换成醇钾，然后用以进攻聚甲基丙烯酸甲酯上的羰基，可将聚氧乙烯链接到聚甲基丙烯酸甲酯上，如图 9-13 所示。

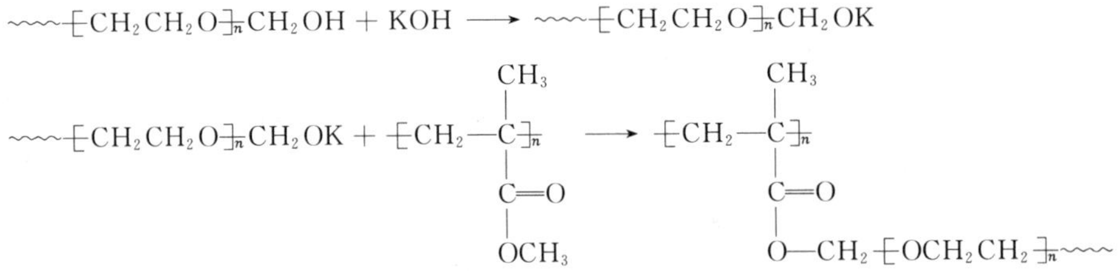

$$\sim\!\!\sim\!\!\sim [CH_2CH_2O]_n CH_2OH + KOH \longrightarrow \sim\!\!\sim\!\!\sim [CH_2CH_2O]_n CH_2OK$$

$$\sim\!\!\sim\!\!\sim [CH_2CH_2O]_n CH_2OK + [CH_2-C(CH_3)(C{=}O\text{-}OCH_3)]_n \longrightarrow [CH_2-C(CH_3)(C{=}O\text{-}O-CH_2[OCH_2CH_2]_n\sim\!\!\sim\!\!\sim)]_n$$

图 9-13　聚甲基丙烯酸甲酯-聚氧乙烯接枝共聚物的制备

聚氧乙烯醇钾与聚对氯甲基苯乙烯的偶合可得到相应的接枝共聚物。接枝共聚物的结构示意如图 9-14 所示。

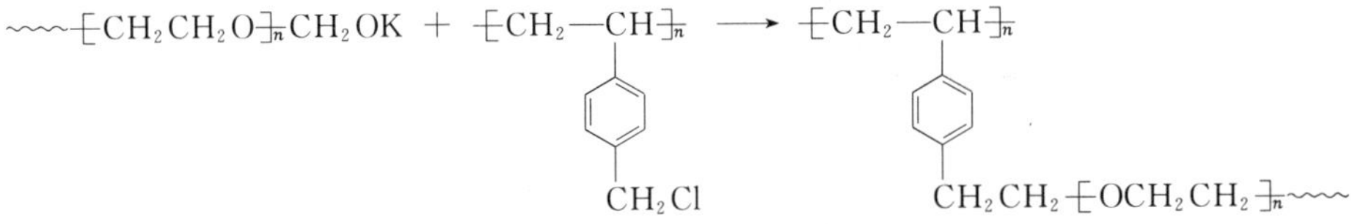

$$\sim\!\!\sim\!\!\sim [CH_2CH_2O]_n CH_2OK + [CH_2-CH(C_6H_4CH_2Cl)]_n \longrightarrow [CH_2-CH(C_6H_4CH_2CH_2[OCH_2CH_2]_n\sim\!\!\sim\!\!\sim)]_n$$

图 9-14　聚对甲基苯乙烯-聚氧乙烯接枝共聚物的制备

其中，聚对氯甲基苯乙烯可通过普通的自由基聚合或阴离子聚合制得。若采用原子转移自由基聚合(ATRP)进行对氯甲基苯乙烯的聚合，则可制备末端含有大量氯甲基的超支化聚合物。进一步与聚氧乙烯醇钾偶合后，可制得两亲性的超支化聚合物。研究结果表明，这种两亲性超支化聚合物在水中的浓度很低时，可形成单分子胶束，可作为泡沫稳定剂、介孔材料模板，等等。

3. 活性中心法

活性中心法即采用某些特殊的方法使高分子链上形成可进一步引发其他单体聚合的活性中心，这种活性中心可以是阴离子或阳离子，也可以是自由基。反应中心引发另一种单体的聚合反应从而得到接枝共聚物。

例如采用高价铈盐如硝酸铈盐或硫酸盐与有机还原剂如醇、硫醇、醛和胺共存时，将形成一种氧化还原体系，这种氧化还原反应会产生能引发乙烯基单体聚合的自由基。其反应式如图 9-15 所示。

$$Ce^{4+} + RCH_2OH \longrightarrow R\dot{C}HOH + RCH_2O^{\cdot} + Ce^{3+} + H^+$$

图 9-15　高价铈盐与有机还原剂的氧化还原反应

利用这一反应，将硝酸铈铵催化聚乙烯醇反应，制备含有活性自由基的聚乙烯醇，然后引发聚丙烯酰胺，可制备有良好表面活性的聚乙烯醇-聚丙烯酰胺接枝共聚物。图 9-16 为这一反应的实例。

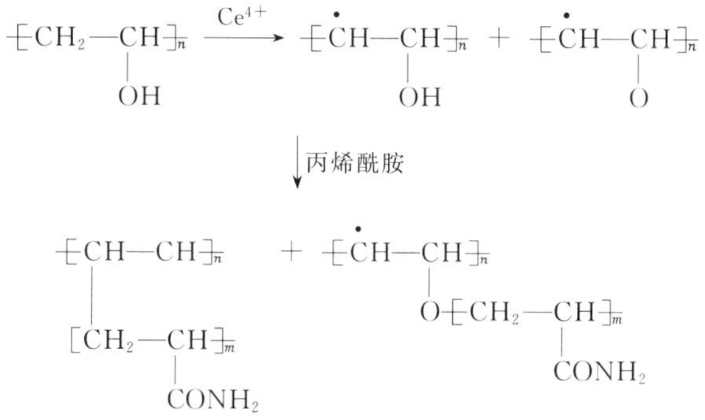

$$\mathrm{\left[CH_2-CH(OH)\right]_n \xrightarrow{Ce^{4+}} \left[\dot{C}H-CH(OH)\right]_n + \left[\dot{C}H-CH(O\cdot)\right]_n}$$

$$\downarrow \text{丙烯酰胺}$$

$$\mathrm{\left[CH-CH(OH)\right]_n\text{, with } \left[CH_2-CH(CONH_2)\right]_m \text{ grafted on the first CH} \;+\; \left[\dot{C}H-CH(O\!-\!\left[CH_2-CH(CONH_2)\right]_m)\right]_n}$$

图 9-16 活性中心法制备高分子表面活性剂

采用硫酸铈铵催化羧甲基纤维素钠（NaCMC）反应，制备含有活性自由基的羧甲基纤维素钠，然将具有表面活性的低分子阳离子表面活性剂氯化十二烷基二甲基烯丙基铵（JT-12）接枝到高分子链上，制得了接枝型高分子表面活性剂 NaCMC-g-JT-12。表面张力测定实验结果表明，随着 NaCMC-g-JT-12 质量浓度的升高，溶液的表面张力都有下降的趋势。与原始的羧甲基纤维素钠相比，所得产物溶液的表面张力均小于 NaCMC，且接枝率越高，其溶液的表面张力越低。

9.4.5 嵌段型高分子表面活性剂

嵌段型高分子表面活性剂是由两种亲水亲油性能不同的分子链通过头尾相接形成的高分子表面活性剂。嵌段数量可以是两段，也可以是多段，根据各链段的亲水性和亲油性决定。与接枝型高分子表面活性剂类似，他们的表面活性同样取决于亲水链段和疏水链段的结构、比例、各段的分子量以及在溶液中的分子形态。

常见的二嵌段或三嵌段共聚物因亲水基团和亲油基团均位于大分子主链上，随着分子链的增加，大分子容易卷曲形成多分子或单分子胶束，使表面活性逐步降低。因此要合成分子量较高，同时具有较强表面活性的嵌段型高分子表面活性剂，必须对分子结构进行设计。一般应满足以下条件：

（1）控制聚合物结构与组成，使大分子在界面上的吸附自由能小于或等于形成胶束的自由能，以阻碍胶束的形成；

（2）使分子链上带有较强的吸附基团，形成较强的侧向吸附力，可在界面上吸附而形成较牢固的吸附层。

聚氧化乙烯-聚氧化丙烯嵌段共聚物、聚乙烯亚胺嵌段共聚物等典型的嵌段型高分子表面活性剂的表面张力一般在 22～35mN/m 之间。

嵌段型高分子表面活性剂的合成基本上可分为 3 种方法：顺序聚合法、偶合法和后改性法。

1. 顺序聚合法

活性聚合是近年来发展十分迅速的新型聚合方法。这种方法特别适合于制备嵌段共聚物。利用前一单体的活性聚合所得到的聚合物活性链上的活性端基进一步引发后一单体的聚合，即可得到嵌段共聚物。

阴离子聚合是最适合制备单分散聚合物和高纯度嵌段共聚物的方法，在制备嵌段型高分子表面活性剂方面也有独到之处。如通过阴离子聚合制备的聚苯乙烯-聚氧化乙烯嵌段共聚物，各段分子量均可严格控制，因此可调节其亲水亲油平衡。图 9-17 为聚苯乙烯-聚氧化乙烯嵌段共聚物的制备示意图。通过类似方法也可制备三嵌段或多嵌段的高分子表面活性剂。

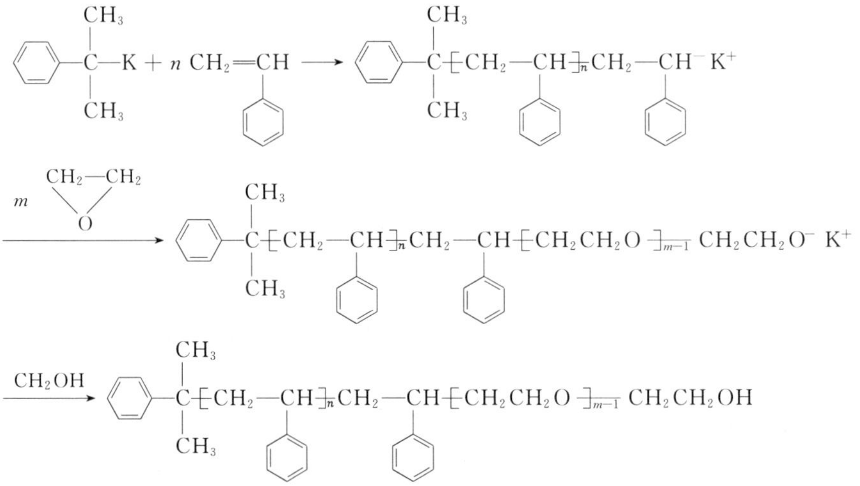

$$C_6H_5-C(CH_3)_2-K + n\,CH_2=CH(C_6H_5) \longrightarrow C_6H_5-C(CH_3)_2-[CH_2-CH(C_6H_5)]_n CH_2-CH(C_6H_5)^- K^+$$

$$\xrightarrow{m\ \underset{O}{CH_2-CH_2}} C_6H_5-C(CH_3)_2-[CH_2-CH(C_6H_5)]_n CH_2-CH(C_6H_5)-[CH_2CH_2O]_{m-1} CH_2CH_2O^- K^+$$

$$\xrightarrow{CH_2OH} C_6H_5-C(CH_3)_2-[CH_2-CH(C_6H_5)]_n CH_2-CH(C_6H_5)-[CH_2CH_2O]_{m-1} CH_2CH_2OH$$

图 9-17　聚苯乙烯-聚氧化乙烯嵌段共聚物的制备示意图

2. 偶合法

将两种带有活性端基的高分子链通过偶联剂联结成嵌段共聚物是较简单而有效的方法。例如，先通过阴离子聚合得到聚氧化乙烯和聚氧化丙烯，然后通过二卤化物偶合实现嵌段共聚。图 9-18 显示的是这种方法的一个例子。

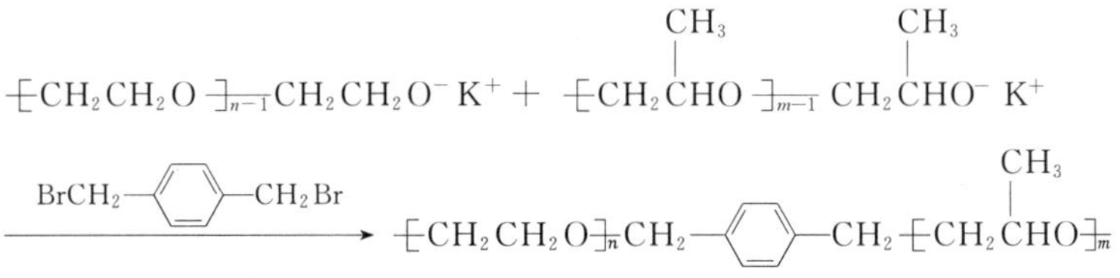

$$[CH_2CH_2O]_{n-1} CH_2CH_2O^- K^+ + [CH_2CH(CH_3)O]_{m-1} CH_2CH(CH_3)O^- K^+$$

$$\xrightarrow{BrCH_2-C_6H_4-CH_2Br} [CH_2CH_2O]_n CH_2-C_6H_4-CH_2-[CH_2CH(CH_3)O]_m$$

图 9-18　偶合法制备聚氧化乙烯-聚氧化丙烯嵌段共聚物示意图

3. 后改性法

有些聚合物没有相应的单体，有些则在聚合过程存在副反应，这些因素都限制了某些两亲性嵌段共聚物的制备，因此，通过对某些不具备两亲性的嵌段共聚物进行改性，也是制备嵌段型高分子表面活性剂的方法之一。

例如，聚甲基丙烯酸-聚乙烯醇嵌段共聚物无法采用常规聚合方法制备，因聚乙烯醇必须通过聚醋酸乙烯酯转化而来，而聚甲基丙烯酸则必须通过水溶液聚合制备，两者无法在一个匹配的聚合体系中完成。但如果采用以下方法，这一问题就迎刃而解了。

将甲基丙烯酸叔丁酯采用 ATRP 方法聚合，得到聚甲基丙烯酸叔丁酯。然后以此作为大分子引发剂引发醋酸乙烯酯的聚合。得到聚甲基丙烯酸叔丁酯-聚醋酸乙烯酯嵌段共聚物。其中后一步聚合虽不是活性聚合，但却能得到聚合度较高的聚合物。将聚甲基丙烯酸叔丁酯-聚醋酸乙烯酯嵌段共聚物在酸性或碱性条件下水解，其中聚甲基丙烯酸叔丁酯链段转变为聚甲基丙烯酸，而聚醋酸乙烯链段转变为聚乙烯醇链段，因此得到聚甲基丙烯酸-聚乙烯醇嵌段共聚物。该聚合物可作为悬浮聚合的高效分散剂和保护胶体。其反应过程简示如图 9-19 所汇款单。

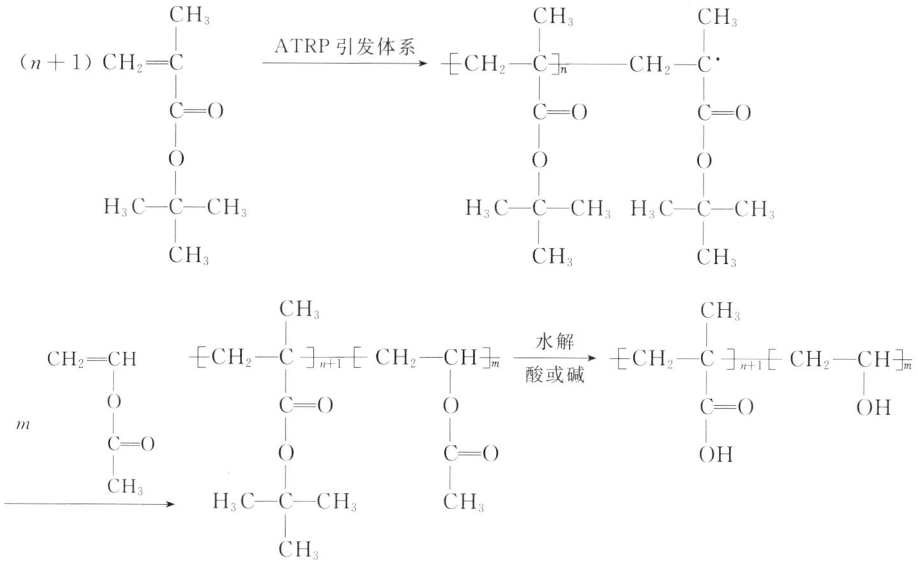

$$(n+1)\ CH_2{=}C(CH_3)\text{—}C({=}O)\text{—}O\text{—}C(CH_3)_3 \xrightarrow{\text{ATRP 引发体系}} \text{⁅}CH_2\text{—}C(CH_3)(COOC(CH_3)_3)\text{⁆}_n\text{—}CH_2\text{—}\dot{C}(CH_3)(COOC(CH_3)_3)$$

$$\xrightarrow{m\ CH_2{=}CH\text{—}O\text{—}C({=}O)\text{—}CH_3} \text{⁅}CH_2\text{—}C(CH_3)(COOC(CH_3)_3)\text{⁆}_{n+1}\text{⁅}CH_2\text{—}CH(OC({=}O)CH_3)\text{⁆}_m \xrightarrow[\text{酸或碱}]{\text{水解}} \text{⁅}CH_2\text{—}C(CH_3)(COOH)\text{⁆}_{n+1}\text{⁅}CH_2\text{—}CH(OH)\text{⁆}_m$$

图 9-19 聚甲基丙烯酸-聚乙烯醇嵌段共聚物的制备

在嵌段型高分子蓖面活性剂中，环氧乙烷和环氧丙烷的嵌段共聚物是最早工业化的高分子表面活性剂之一。这种高分子表面活性剂是将环氧乙烷在酸性或碱性催化剂作用下与聚丙二醇进行嵌段共聚而成的，是一类聚醚型的高分子表面活性剂。其反应过程如图 9-20 所示。

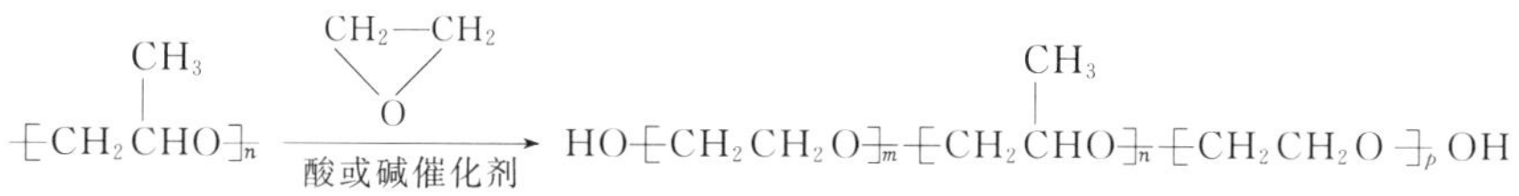

$$\text{⁅}CH_2CH(CH_3)O\text{⁆}_n \xrightarrow[\text{酸或碱催化剂}]{CH_2\text{—}CH_2\ (\text{环氧})} HO\text{⁅}CH_2CH_2O\text{⁆}_m\text{⁅}CH_2CH(CH_3)O\text{⁆}_n\text{⁅}CH_2CH_2O\text{⁆}_p OH$$

图 9-20 聚醚型嵌段共聚高分子表面活性剂的制备

通过调节聚氧化乙烯和聚氧化丙烯链段的数量和聚合度，可使环氧乙烷-环氧丙烷嵌段共聚物的 HLB 值从 3～12 间变化，因此可广泛用作起泡剂、乳化剂、洗涤剂和分散剂等。

这种制备嵌段型高分子表面活性剂的方法似乎很难严格地归属到上述 3 种方法中。

9.5 特种高分子表面活性剂

特种高分子表面活性剂主要是指含氟和含硅的高分子表面活性剂。这两类高分子表面活性剂除了具有特种低分子量活性剂和高分子表面活性剂的一般特征外，还由于其较高的分子量和特殊的分子结构而具有一些特殊的功能和性能。

9.5.1 含硅高分子表面活性剂

1. 含硅高分子表面活性剂的特点与性能

含硅高分子表面活性剂的疏水基是聚甲基硅氧烷链，亲水基是硅氧烷链上的一个或多个极性基团。疏水基骨架硅氧链具有很好的柔顺性，且链周围被甲基或其他烷基覆盖，因此分子链极性很小，常温下呈液态，在水或非水溶剂中都有很高的表面活性。在水中的表面张力仅为 20～21 mN/m。通常含硅高分子表面活性剂中的聚甲基硅氧烷链的平均相对分子质量在几千以上，然后在聚甲基硅氧烷骨架引入亲水基团。

含硅高分子表面活性剂根据亲水基团中极性基团的种类也可分为阴离子型、阳离子型、两性离子型和非离子型四类。引入羧基、磺酸基或硫酸酯基为阴离子型，引入季铵得到阳离子型，引入氧化乙烯链段、氧化丙烯链段、葡萄糖基、麦芽糖基得到非离子型，引入甜菜碱基则为两性型含硅高分子表面活性剂。

非离子型是有机硅高分子表面活性剂中性能较好、应用最广的一种，其中又以聚醚硅氧烷最为重要。这类聚醚改性硅油由性能差别很大的聚醚链段与聚硅氧烷链段通过化学键连接而成。亲水性的聚醚链段赋予其水溶性，而疏水性的聚二甲基硅氧烷链段则赋予其低表面张力。可通过调整硅氧链段与亲水性聚醚链段的比例和聚醚部分中的环氧乙烷(EO)与环氧丙烷(PO)的比例来调整表面活性剂的亲水亲油平衡值 HLB。聚醚链段在分子中的比例越大，共聚物的水溶性越好。氧化乙烯基与氧化丙烯基的比例增大，HLB 也越大，在水中溶解度增大，浊点也相应增高。氧化乙烯链节与氧化丙烯链节的共存能形成非常有效的油包水型乳化液及三重乳化液用乳化剂。

因此，作为一种高分子表面活性剂，聚醚硅氧烷在许多方面的性能是一般高分子表面活性剂甚至纯硅氧烷无法比拟的。它既具有传统硅氧烷类产品的耐高低温、抗老化、疏水、电绝缘、低表面张力等优异性能，同时又具有聚醚链段提供的润滑、柔软效果，良好的铺展性和乳化稳定性等特殊性质。聚醚改性硅油现已广泛用作聚氨酯泡沫匀泡剂、化妆品、涂料助剂(流平剂、润湿剂、消泡剂等)、纺织助剂(抗静电剂、柔软整理剂、消泡剂)、日化助剂(调理剂、乳化剂)、造纸用柔软剂、油田化学品(消泡剂、破乳剂)等。

2. 含硅高分子表面活性剂的类型和制备

含硅高分子表面活性剂主要是通过有机硅单体或聚合物与有机化合物或聚合物反应制备的。产品主要是各种改性硅油。

1) 氨基改性硅油

氨基改性硅油是阳离子型硅油，通过含氢硅油与烯丙基胺或二甲基烯丙基胺的反应制备。反应式如图 9-21 所示。

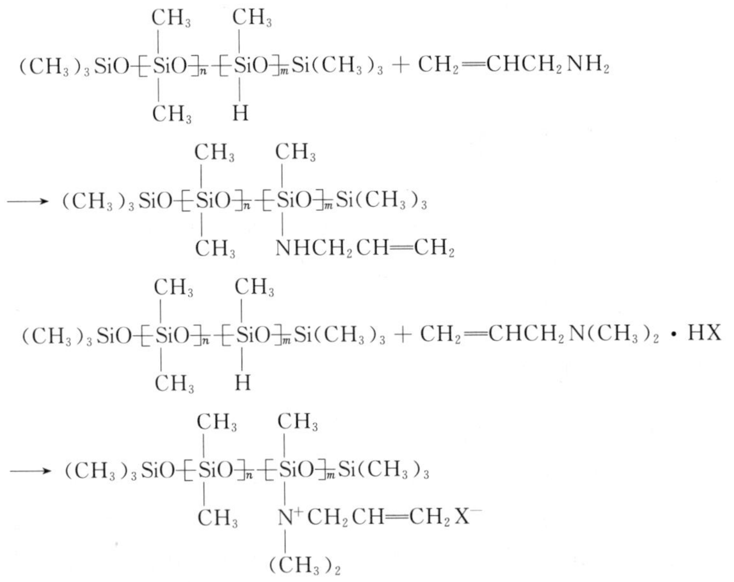

$$(CH_3)_3SiO\left[\overset{CH_3}{\underset{CH_3}{Si}}O\right]_n\left[\overset{CH_3}{\underset{H}{Si}}O\right]_m Si(CH_3)_3 + CH_2{=}CHCH_2NH_2$$

$$\longrightarrow (CH_3)_3SiO\left[\overset{CH_3}{\underset{CH_3}{Si}}O\right]_n\left[\overset{CH_3}{\underset{NHCH_2CH=CH_2}{Si}}O\right]_m Si(CH_3)_3$$

$$(CH_3)_3SiO\left[\overset{CH_3}{\underset{CH_3}{Si}}O\right]_n\left[\overset{CH_3}{\underset{H}{Si}}O\right]_m Si(CH_3)_3 + CH_2{=}CHCH_2N(CH_3)_2\cdot HX$$

$$\longrightarrow (CH_3)_3SiO\left[\overset{CH_3}{\underset{CH_3}{Si}}O\right]_n\left[\overset{CH_3}{\underset{\underset{(CH_3)_2}{N^+}CH_2CH=CH_2X^-}{Si}}O\right]_m Si(CH_3)_3$$

图 9-21　含氢硅油与烯丙基胺或二甲基烯丙基胺反应制备氨基改性硅油

通过二氯甲基硅烷与烯丙基胺的反应制备氨基硅烷，然后水解、聚合形成齐聚物也是制备氨基改性硅油的方法之一(图 9-22)。

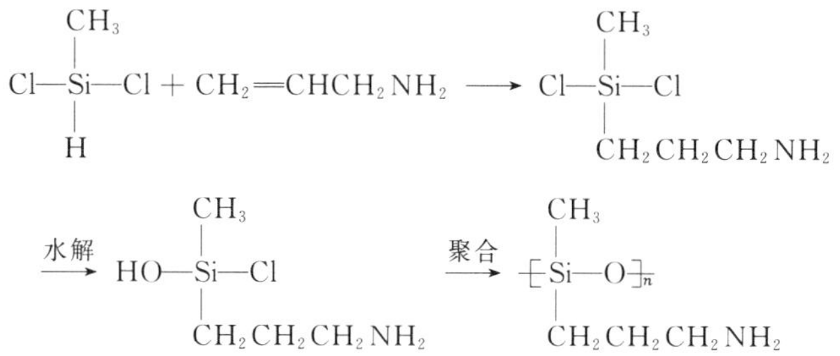

$$Cl-\underset{H}{\overset{CH_3}{Si}}-Cl + CH_2{=}CHCH_2NH_2 \longrightarrow Cl-\underset{CH_2CH_2CH_2NH_2}{\overset{CH_3}{Si}}-Cl$$

$$\xrightarrow{水解} HO-\underset{CH_2CH_2CH_2NH_2}{\overset{CH_3}{Si}}-Cl \xrightarrow{聚合} {\Big[}\underset{CH_2CH_2CH_2NH_2}{\overset{CH_3}{Si}}-O{\Big]}_n$$

图 9-22　二氯甲基硅烷与烯丙基胺反应制备氨基改性硅油

2) 羧基改性硅油

羧基改性硅油是阴离子型硅油。通过含氢硅油与丙烯酸或甲基丙烯酸的反应可直接制备羧基改性硅油(图 9-23)。

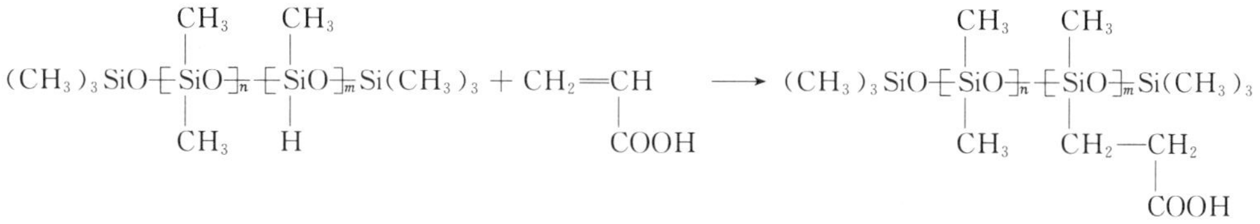

$$(CH_3)_3SiO{\Big[}\underset{CH_3}{\overset{CH_3}{SiO}}{\Big]}_n{\Big[}\underset{H}{\overset{CH_3}{SiO}}{\Big]}_mSi(CH_3)_3 + CH_2{=}\underset{COOH}{CH} \longrightarrow (CH_3)_3SiO{\Big[}\underset{CH_3}{\overset{CH_3}{SiO}}{\Big]}_n{\Big[}\underset{CH_2-CH_2-COOH}{\overset{CH_3}{SiO}}{\Big]}_mSi(CH_3)_3$$

图 9-23　含氢硅油与丙烯酸反应羧基改性硅油

也可通过二氯甲基硅烷与(甲基)丙烯酸的反应制备羧基硅烷，然后水解、聚合形成齐聚物来制备羧基改性硅油(图 9-24)。

$$Cl-\underset{H}{\overset{CH_3}{Si}}-Cl + CH_2{=}\underset{COOH}{CH} \longrightarrow Cl-\underset{CH_2CH_2COOH}{\overset{CH_3}{Si}}-Cl \xrightarrow{水解} HO-\underset{CH_2CH_2COOH}{\overset{CH_3}{Si}}-OH \xrightarrow{聚合} {\Big[}\underset{CH_2CH_2COOH}{\overset{CH_3}{Si}}-O{\Big]}_n$$

图 9-24　二氯甲基硅烷与丙烯酸反应制备羧基改性硅油

3) 聚醚改性硅油

聚醚改性硅油是一种典型的非离子型硅油。通过含氢硅油与聚醚(聚氧化乙烯、聚氧化丙烯和聚氧化乙烯-聚氧化丙烯嵌段共聚物)的反应可直接制备聚醚改性硅油(图 9-25)。

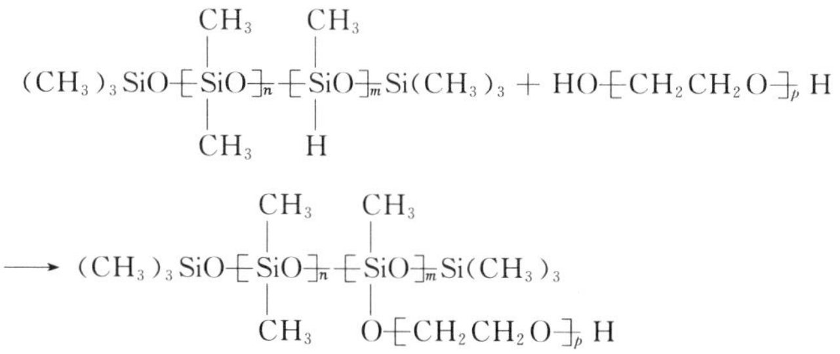

$$(CH_3)_3SiO{\Big[}\underset{CH_3}{\overset{CH_3}{SiO}}{\Big]}_n{\Big[}\underset{H}{\overset{CH_3}{SiO}}{\Big]}_mSi(CH_3)_3 + HO{\big[}CH_2CH_2O{\big]}_pH$$

$$\longrightarrow (CH_3)_3SiO{\Big[}\underset{CH_3}{\overset{CH_3}{SiO}}{\Big]}_n{\Big[}\underset{O[CH_2CH_2O]_pH}{\overset{CH_3}{SiO}}{\Big]}_mSi(CH_3)_3$$

图 9-25　聚醚改性硅油的制备

4) 羟基改性硅油

羟基改性硅油可通过含氢硅油与不饱和醇或二元醇的反应制备(图 9-26)。

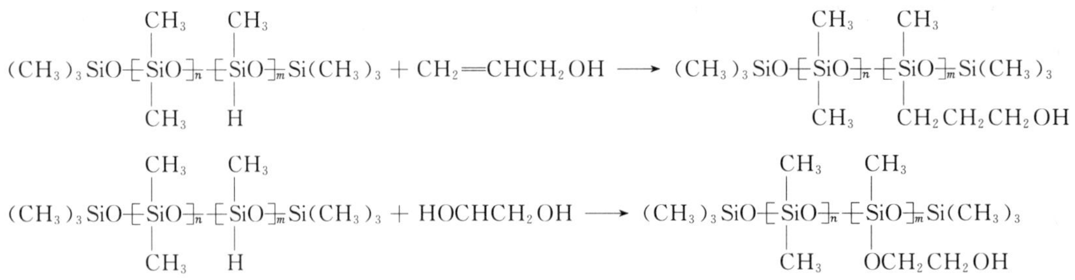

$$(CH_3)_3SiO\text{-}[\underset{CH_3}{\overset{CH_3}{Si}}O]_n\text{-}[\underset{H}{\overset{CH_3}{Si}}O]_m\text{-}Si(CH_3)_3 + CH_2{=}CHCH_2OH \longrightarrow (CH_3)_3SiO\text{-}[\underset{CH_3}{\overset{CH_3}{Si}}O]_n\text{-}[\underset{CH_2CH_2CH_2OH}{\overset{CH_3}{Si}}O]_m\text{-}Si(CH_3)_3$$

$$(CH_3)_3SiO\text{-}[\underset{CH_3}{\overset{CH_3}{Si}}O]_n\text{-}[\underset{H}{\overset{CH_3}{Si}}O]_m\text{-}Si(CH_3)_3 + HOCHCH_2OH \longrightarrow (CH_3)_3SiO\text{-}[\underset{CH_3}{\overset{CH_3}{Si}}O]_n\text{-}[\underset{OCH_2CH_2OH}{\overset{CH_3}{Si}}O]_m\text{-}Si(CH_3)_3$$

图 9-26 羟基改性硅油的制备

5）环氧改性硅油

环氧改性硅油可通过含氢硅油与含环氧基的不饱和单体进行加成反应，或通过含羟基的环氧化合物与含氯硅烷的反应制得(图 9-27)。

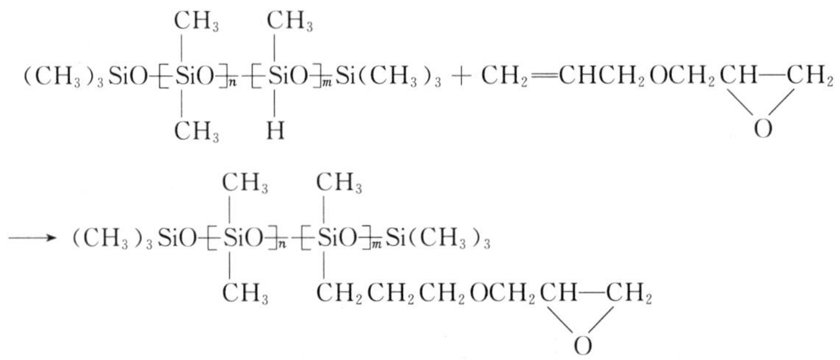

$$(CH_3)_3SiO\text{-}[\underset{CH_3}{\overset{CH_3}{Si}}O]_n\text{-}[\underset{H}{\overset{CH_3}{Si}}O]_m\text{-}Si(CH_3)_3 + CH_2{=}CHCH_2OCH_2\underset{\diagdown O \diagup}{CH{-}CH_2}$$

$$\longrightarrow (CH_3)_3SiO\text{-}[\underset{CH_3}{\overset{CH_3}{Si}}O]_n\text{-}[\underset{CH_2CH_2CH_2OCH_2\underset{\diagdown O \diagup}{CH{-}CH_2}}{\overset{CH_3}{Si}}O]_m\text{-}Si(CH_3)_3$$

图 9-27 环氧改性硅油的制备

6）酯改性硅油

通过在硅油分子中引入酯剂或聚酯，可制备酯改性硅油。如采用己内酯与羟基硅油进行酯化反应制备酯改性硅油的反应如图 9-28 所示。

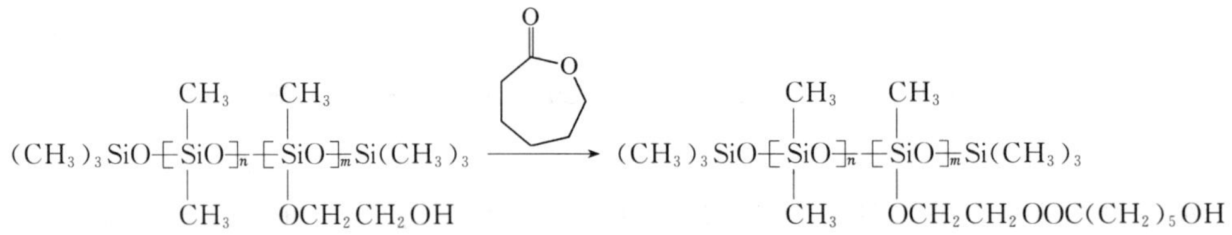

$$(CH_3)_3SiO\text{-}[\underset{CH_3}{\overset{CH_3}{Si}}O]_n\text{-}[\underset{OCH_2CH_2OH}{\overset{CH_3}{Si}}O]_m\text{-}Si(CH_3)_3 \xrightarrow{\varepsilon\text{-己内酯}} (CH_3)_3SiO\text{-}[\underset{CH_3}{\overset{CH_3}{Si}}O]_n\text{-}[\underset{OCH_2CH_2OOC(CH_2)_5OH}{\overset{CH_3}{Si}}O]_m\text{-}Si(CH_3)_3$$

图 9-28 酯改性硅油的制备

9.5.2 含氟高分子表面活性剂

1. 含氟高分子表面活性剂的特点与性能

含氟高分子表面活性剂主要是碳氢链疏水基团中的氢原子部分或全部为氟原子所取代的高分子表面活性剂，它的性能不同于传统的碳氢类高分子表面活性剂和含硅高分子表面活性剂。

氟原子直径小，电负性大；C—F 键能高、键长短，具有高度的稳定性，因而使含氟高分子表面活性剂具有“三高”(高表面活性、高耐热性、高化学稳定性)、“二憎”(憎水、憎油)的特性。

因此，与有机硅、烃类表面活性剂相比，含氟高分子表面活性剂在憎水憎油性、防污性、耐洗性、耐摩擦性、耐腐蚀性等方面都有着不可比拟的优势。

含氟高分子表面活性剂的主要特性表现在以下几个方面：

1）高表面活性

C—F 键的内聚力小，与极性分子将的作用力弱，显示出显著的憎水和憎油性，这是其他任何材料均不具有的结构特征。例如聚全氟烷基丙烯酸酯溶于水中 1%时，可将水的表面张力从 72mN/m 降低至 20mN/m。

2）高热稳定性

C—F 键中的氟原子的电负性很大，键距短，键能大，因此分子不容易断裂。又由于氟原子的半径大于碳原子，因此对碳原子的屏蔽作用很强，故大大提高了 C—C 的热稳定性。

3）高化学稳定性

C—F 键的键能大，对外界介质有较强的抵抗能力，耐酸、碱均十分优异。此外，自然界中不存在天然的 C—F 烃，因此对一般生物体不显活性，不容易降解。高分子量的全氟烷烃高分子表面活性剂无毒，但低分子的全氟烯烃是有毒的。因此，含氟高分子表面活性剂中残余单体的含量应严格控制。

4）其他

含氟高分子表面活性剂还具有低摩擦系数、低折射率、高绝缘性等特点。

含氟高分子表面活性剂按亲水基的结构也可分为阴离子型、阳离子型和非离子型三种。非离子型是含氟高分子表面活性剂中最重要的一类。

含氟高分子表面活性剂最重要的应用是基于含氟聚合物的低表面能。含氟高分子表面活性剂可在其他物质的表面上形成一层薄膜，使其表面张力显著降低，小于一般的液体，从而表现憎水、憎油和防污的功能。含氟高分子表面活性剂在大气中有良好的防污效果，一旦表面被沾污后，则十分容易清洗去除。

2. 含氟高分子表面活性剂的类型和制备

含氟高分子表面活性剂的主要品种有含氟聚丙烯酸酯共聚物、含氟聚氨酯、含氟聚醚、氟硅聚合物等。一些典型的含氟表面活性剂的例子如图 9-29 所示。

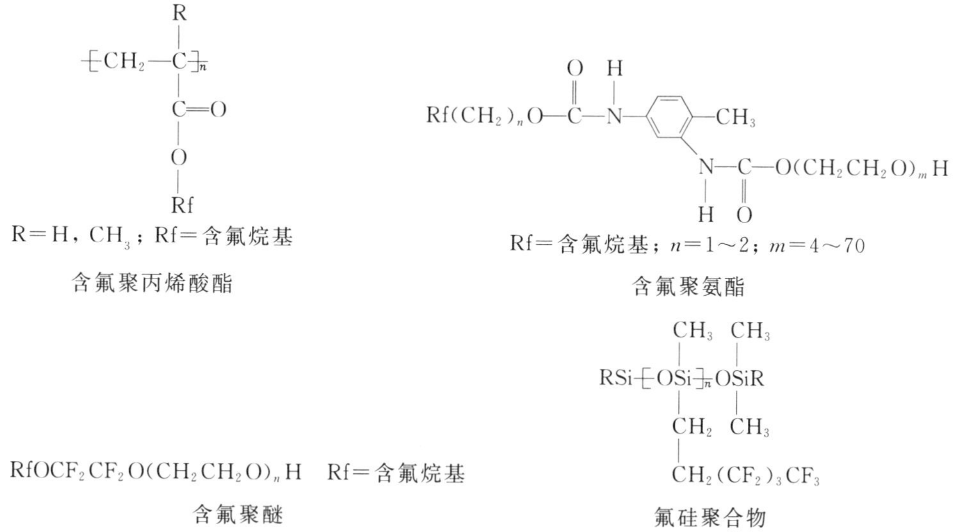

$-[CH_2-C(R)(COORf)]_n-$

R=H，CH_3；Rf=含氟烷基

含氟聚丙烯酸酯

$Rf(CH_2)_nO-C(=O)-NH-C_6H_3(CH_3)-NH-C(=O)-O(CH_2CH_2O)_mH$

Rf=含氟烷基；n=1～2；m=4～70

含氟聚氨酯

$RfOCF_2CF_2O(CH_2CH_2O)_nH$　Rf=含氟烷基

含氟聚醚

$RSi-[OSi(CH_3)(CH_2CH_2(CF_2)_3CF_3)]_n-OSi(CH_3)_2R$

氟硅聚合物

图 9-29　典型的含氟表面活性剂

含氟高分子表面活性剂的制备方法主要有电解氟化法、调聚反应法和阴离子聚合法 3 种。

1）电解氟化法

将有机化合物单体溶解在无水氢氟酸中，在 5～6V 电压下进行电解，即可生成全氟化合物。例如，丙烯酸经电解氟化后，可形成全氟丙烯酸。聚合并经中和后得到阴离子型含氟高分子表面活性剂聚全氟丙烯酸钠（图 9-30）。

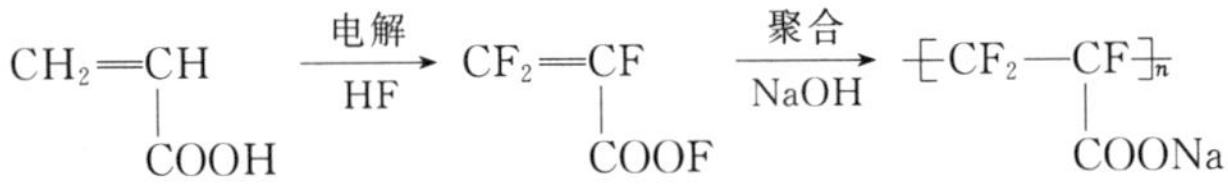

$$CH_2{=}CH(COOH) \xrightarrow[HF]{\text{电解}} CF_2{=}CF(COOF) \xrightarrow[NaOH]{\text{聚合}} {\left[CF_2{-}CF(COONa) \right]}_n$$

图 9-30　电解氟化法制备含氟高分子表面活性剂

上述聚全氟丙烯酸钠可进一步进行酰胺化、季铵化，制备阳离子型高分子表面活性剂；将环氧乙烷加成到全氟聚合物上，则可制备非离子型含氟高分子表面活性剂。

此法的优点是操作简单，缺点是副反应较多，全氟化合物的收率较低。

2）调聚反应法

将四氟乙烯在调聚物 CF_3I、CH_3CH_2I 的存在下进行自由基聚合，产物为分子链中含有含碘基团的聚四氟乙烯线型调聚物。在调聚物的含碘部位引入亲水性基团，即形成含氟高分子表面活性剂。

用这种方法制备含氟高分子表面活性的收率较高，副反应也较少。但所制备的高分子表面活性剂中亲水基团的分布不均一。

3）阴离子聚合法

将四氟乙烯、六氟丙烯或全氟环氧丙烷等在含氟阴离子存在下进行阴离子聚合，生成 C_6—C_{14} 的齐聚物。然后将亲水基团引入齐聚物，即可制得含氟高分子表面活性剂。例如，阳离子型全氟聚氧化丙烯表面活性剂的制备如图 9-31 所示。

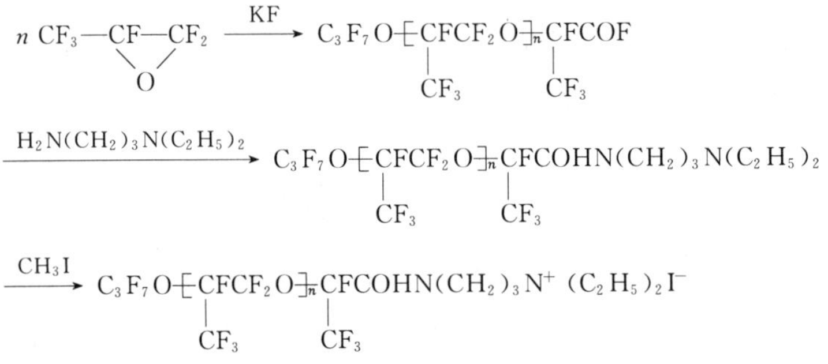

$$n\, CF_3{-}\underset{\diagdown O \diagup}{CF{-}CF_2} \xrightarrow{KF} C_3F_7O{\left[\underset{CF_3}{\underset{|}{C}}FCF_2O \right]}_n \underset{CF_3}{\underset{|}{C}}FCOF$$

$$\xrightarrow{H_2N(CH_2)_3N(C_2H_5)_2} C_3F_7O{\left[\underset{CF_3}{\underset{|}{C}}FCF_2O \right]}_n \underset{CF_3}{\underset{|}{C}}FCOHN(CH_2)_3N(C_2H_5)_2$$

$$\xrightarrow{CH_3I} C_3F_7O{\left[\underset{CF_3}{\underset{|}{C}}FCF_2O \right]}_n \underset{CF_3}{\underset{|}{C}}FCOHN(CH_2)_3N^+(C_2H_5)_2I^-$$

图 9-31　阳离子型全氟聚氧化丙烯表面活性剂的制备

9.6　高分子表面活性剂的应用

由于高分子表面活性剂具有低分子表面活性剂所不具有的许多特殊功能，因而在各种工业部门得到了广泛的应用。下面就高分子表面活性剂应用的几个行业作一简介。

9.6.1　造纸工业

高分子表面活性剂具有良好的乳化、增溶和分散作用，在造纸工业得到了广泛的应用。目前应用的主要范围为滤水性助留剂、施胶剂、分散剂、增强剂和抗静电剂等。

助留剂的应用是为了提高抄纸工艺中微细纤维及填料的留着率，加快浆料滤水性。用作助留剂的高分子表面活性剂一般为聚乙烯亚胺和阳离子型丙烯酰胺聚合物。

表面施胶剂具有能增强纸张表面强度、改善印刷适性和表面抗水性等功能，近年来发展很快。高分子表面活性剂由于具有良好的渗透性和成膜性被广泛用作施胶剂。表面施胶剂品种很多，如天然改性高分子表面活性剂中的改性淀粉、氧化淀粉、磷酸酯淀粉、醋酸酯淀粉、壳聚糖、羧甲基纤维素和阳离子瓜尔胶等；合成高分子表面施胶剂如聚乙烯醇、聚苯乙烯-马来酸盐及其半酯的共聚物、聚丙烯酰胺、聚苯乙烯-丙烯酸及其酯类共聚物、甲基丙烯酸-甲基丙烯酸酯共聚物等都有广泛的应用。有些阳离子表面活性剂本身也是良好的施胶剂，如阳离子聚酰胺环氧氯丙烷。

为了提高印刷用涂料纸和白板纸的印刷效果，需要涂布含有黏土和碳酸钙之类的白色涂料。涂料的主要成分为黏合剂和颜料，需要使用分散剂来分散颜料。纸张涂料的分散剂多采用丙烯酸类聚合物。

制浆造纸产生的污水量很大，已成为各国日益重视的问题。污水处理的办法很多，近年来使用表面活性剂作为絮凝剂取得了明显的效果。造纸工业污水处理中常用品种有聚丙烯酰胺（非离子、阴离子、阳离子、两性离子等品种）；淀粉改性物如阳离子淀粉、两性淀粉等；壳聚糖及其改性物等品种。

9.6.2 采油工业

在石油开采中，常使用水溶性高分子表面活性剂以提高采收率。在油田中广泛应用的水溶性高分子表面活性剂有改性淀粉、纤维素醚、磺化木质素、水解聚丙烯酰胺、聚乙烯醇、聚丙烯酸盐、丙烯酸和甲基丙烯酸及其衍生物的共聚物、苯乙烯磺酸盐—马来酸酐共聚物等，它们虽然对水的表面张力降低很小，但它们分子中含有—OH、—COOH、—$CONH_2$、—C＝O、—SO_3^-、—COO^-等活性基团，吸附于两相界面之后，能显著改变界面状态，因此，在油田中被广泛用作增稠剂、絮凝剂、分散剂、降阻剂、阻垢剂、流动控制剂、钻探泥浆稠度调节剂等。

原油一般都含有较大量的水，并以乳化的形式存在，很难分离。为了降低原油中的含水量，常需加入破乳剂，以破坏稳定的油水型乳液，从而实现油水分离。我国部分原油的含水率高达30%。有些原油中不但含水，还含蜡和沥青。因此原油破乳剂应是多效复合剂，能同时起脱水、脱盐、防蜡、降黏等作用，这就要求破乳剂不但具有较强的表面活性、合适的HLB值、良好的润湿性，而且还有足够的絮凝能力。高分子表面活性剂在这些方面的优势就使其成为破乳剂的主要使用对象，如聚乙二醇醚缩乙醛、阳离子化聚乙烯醇都是品质优良的破乳剂。

9.6.3 合成橡胶、合成树脂工业

高分子表面活性剂还广泛用于橡胶、合成树脂工业，作为乳液聚合用乳化剂、分散剂、表面改性剂等。近年来，人们开发了许多两亲性高分子表面活性剂，并作为乳化剂应用于乳液聚合之中。如两亲性嵌段共聚物PS-b-POE（聚苯乙烯-聚氧化乙烯嵌段共聚物）、PIB-b-POE-b-PIB（聚异丁烯-聚氧化乙烯三嵌段共聚物）可作苯乙烯乳液聚合的优良乳化剂。带磺酸基的PVA衍生物、甲基丙烯酸十八烷基酯-甲基丙烯酸共聚物等可用于反相乳液聚合物和非水乳液聚合物的制备。

在合成树脂工业中，聚乙烯醇、聚乙烯醇-聚二甲基硅氧烷嵌段共聚或接枝共聚物以及聚

乙烯丙酰胺等系表面活性剂都可用于悬浮聚合的分散剂。

两亲性嵌段和接枝共聚物还被广泛用作高分子合金的相容剂。

9.6.4 无机材料工业

高分子表面活性剂在无机材料工业中主要作为分散剂使用，如用作陶瓷制造的分散剂、金属电镀用分散剂等。如在陶瓷粉末制备过程中，适当地使用高分子表面活性剂可以改善粉末制备过程中颗粒的分散状态，对控制粉末的团聚、提高组分的均匀性具有积极的意义。

例如，超细粉末的制备和应用远比普通粉体复杂，这主要是由于物质超细化后，其比表面积显著增加，因而具有巨大的表面能，粒子处于极不稳定状态，使得具有强烈的相互吸引而达到稳定的趋势。超细粉末的团聚，严重地影响了其烧结性能和其产品的应用性能，是当今超细粉末技术研究中的一个重要而急待解决的同题。利用高分子表面活性剂可实现颗粒间的高静电效应和空间位阻效应，使颗粒间的静电斥力增大，将颗粒界面间的非架桥羟基和吸附水彻底遮蔽，降低颗粒界面间的表面张力，从而实现对颗粒间的团聚的控制。

在水泥混凝土、耐火材料和陶瓷行业，采用聚羧酸盐系共聚物作为高效减水剂，可大幅度减少胶凝材料用量，提高制品的强度。这类聚羧酸盐系减水剂被称为“第三代高效减水剂”。

9.6.5 环境治理

絮凝剂是阳离子型高分子表面活性剂的一大应用领域。水中悬浮的固体粒子大都表面带负电荷。由于负电荷的相互排斥使得粒子很难凝集沉降，因此混浊的水很难澄清。当有阳离子型高分子表面活性剂加入时，它所带的正电荷与悬浮粒子的负电荷中和，使悬浮粒子很快凝集。另外高分子对悬浮粒子的吸附架桥作用，也使粒子互相凝集。这双重作用加速了粒子的凝集，达到絮凝目的。因此与非离子型高分子表面活性剂相比，阳离子型高分子表面活性剂用于水处理时，用量少得多，而絮凝效果则好得多。

高分子表面活性剂作为絮凝剂，主要应用于工业上的固液分离过程，包括沉降、澄清、浓缩及污泥脱水等工艺，应用的主要行业有：城市污水处理、造纸工业、食品加工业、石油化工、冶金工业、选矿工业、染色工业和制糖工业及各种工业的废水处理。常用的絮凝剂主要为聚丙烯酰胺及其改性产品、聚二甲基二烯丙基氯化铵等阳离子型高分子表面活性。

丙烯酸类聚合物和马来酸类聚合物可以作为防垢剂使用。这类聚合物具有良好的螯合作用，能够捕集重金属离子，具有抑制结晶增长、进而把污垢分散于水中的功能，在油田输送管道、井筒防蜡防垢等方面用大量的应用。如丙烯酸-丙烯酰胺共聚物、醋酸乙烯酯-马来酸酐共聚物都是效果良好的防垢剂。

以甲壳素为原料，在碱性条件下，与一氯乙酸反应引入羧甲基，同时进行水解脱乙酰基，即可制成既可溶解于稀酸、稀碱，又可溶解于水的两性壳聚糖。这类两性壳聚糖可广泛应用于食品、印染废水处理、金属离子螯合等。在食品工业废水处理中，壳聚糖最有特色，只用 5×10^{-6} g/L 的壳聚糖，即可使废水的生化需氧量(BOD)减少 80%～85%，磷酸盐低于 0.5×10^{-6}g/L。

9.6.6 日用化学品工业

天然高分子化合物如蛋白质、淀粉、纤维素及其改性产品等天然高分子表面活性剂，聚乙二醇、聚乙烯醇、聚氧乙烯醚等水溶性高分子表面活性剂，由于具有亲水基，因而能够与水作用形成氢键，显示出良好的保湿效果，它们常被用于膏、霜、乳液等化妆品之中。

聚乙烯吡咯烷酮、羧甲基纤维素等高分子表面活性剂能使气泡膜得到强化,并延长气泡保持时间,对气泡的性质和外观给予明显的影响。因此它们在一些与泡沫有密切关系的化妆品中广泛应用。如剃须膏、泡沫浴及洗发香波等,其中聚乙烯吡咯烷酮在用于洗发香波之类的发用化妆品中,不仅具有泡沫稳定作用,而且会残存在漂洗后的毛发上,可赋予其柔润的光泽。

聚乙烯吡咯烷酮在用作牙膏的泡沫稳定剂时,还具有除去牙斑的功效。羧甲基纤维素应用于香波或泡沫浴等之中,由于其胶体保护作用,可使洗脱的悬浮污垢不再重新附在皮肤或毛发上,即具有所谓的抗再沉积效果。

阳离子型高分子表面活性剂还常用作化妆品中的杀菌剂或用于护发及改善头发的梳理性。

9.6.7 纺织印染工业

高分子表面活性剂作为纺织印染助剂应用已有较长历史。聚醚类高分子表面活性剂常被用作低泡洗涤剂、乳化剂、分散剂、消泡剂、抗静电剂、润湿剂、匀染剂等;聚乙烯醇等高分子化合物作为增稠剂和保护胶体广泛应用于乳液型印染助剂的制备中;羧甲基纤维素等纤维素衍生物被用于洗涤剂作为再沾污防止剂;聚丙烯酸及其共聚物被用作螯合分散剂;木质素磺酸盐、酚醛缩合物磺酸盐等被用作不溶性染料的分散剂等。

活性染料在纤维和织物染色中的应用比例不断扩大。但活性染料染色后部分染料不与纤维反应形成共价键,而是水解后沾在织物表面形成浮色,影响染色织物的牢度。染色后一般需要进行皂洗处理,以去除织物表面的浮色,提高织物的水洗和摩擦牢度。近年来,皂洗剂的开发较为活跃,主要为低泡皂洗剂。另外,在纺织品印花后要经过水洗(或皂洗)退浆,以洗去织物上未固着的染料和用毕的浆料及其他印染助剂,以提高色牢度,得到图案鲜艳清晰的印花织物。

在上述洗涤剂的开发中,高分子表面活性剂扮演了十分重要的角色。高分子表面活性剂克服了低分子表面活性剂泡沫较多,难以洗清,用水量大等不足。另外,高分子表面活性剂所具有的吸附性能、络合能力以及胶体保护性能等,使高分子表面活性剂与染料有很强的结合能力,对织物表面的浮色有很强的去除作用,并且能使洗下来的染料稳定地存在洗涤液中,不再沾污到织物上去。例如,以聚丙烯酸盐和马来酸-丙烯酸共聚物为原料制备的无泡皂洗剂,用于活性染料染色和印花后的洗涤。具有无泡、浊点高、皂洗效果好的优点。以聚乙烯吡咯烷酮为原料制备的防沾色洗涤剂对防止洗涤过程中从有色织物上洗脱的染料再沾污到白色织物上具有良好的效果。

9.6.8 其他

高分子表面活性剂具有良好的乳化性、分散性及保护胶体的作用,因而在医药、农药及化学工业中得到广泛应用。在纺织行业中可用作织物上浆剂及聚酰胺类织物的整理剂。在颜料、油漆和塑料工业中,可在颜料研磨、乳胶漆的制备、玻璃纸和聚氨酯泡沫塑料的制造中作为助剂使用。在制革行业可用作复鞣填充剂、匀染剂和染色助剂、脱脂剂等。此外还可作为混凝土和砂浆防冻剂、玻璃表面保护剂、润湿剂、等等。

思考题

1. 什么是高分子表面活性剂？
2. 与低分子表面活性剂相比，高分子表面活性剂有什么优缺点？
3. 天然高分子表面活性剂有哪些类型？为什么要对水溶性天然高分子进行改性？
4. 天然高分子有哪些改性方法？
5. 什么是两亲性聚合物？它们与合成高分子表面活性剂有什么关系？
6. 合成高分子表面活性剂有哪些类型？分类的依据是什么？
7. 合成高分子表面活性剂有哪些制备方法？各有什么优缺点？
8. 叙述两亲性接枝与嵌段高分子的结构特征，为什么它们能作为表面活性剂使用？
9. 什么是特种高分子表面活性剂？它们的特点是什么？
10. 高分子表面活性剂有哪些应用领域？与低分子表面活性剂的应用领域有何不同？

参考文献

[1] 梁兴荣.阳离子型高分子表面活性剂及其应用[J]. 合成材料老化与应用，1991(4)：28-33.
[2] 易昌凤，徐祖顺，程时远.高分子表面活性剂的功能与用途[J].湖北化工，1997(2)：8-10.
[3] 徐国才.接枝型高分子表面活性剂的合成、性质及应用[J].化工进展，1999(2)：43-46.
[4] 许珂敬，杨新春，刘风春，等. 高分子表面活性剂对氧化物陶瓷超微颗粒的分散作用[J]. 中国陶瓷，1999，35(5)：15-18.
[5] 严瑞瑄. 水处理剂中间体的现状和发展[J]. 化工进展，1999(6)：14-16.
[6] 曹亚，李惠林，徐僖.羧甲基纤维素系列高分子表面活性剂的嵌段结构对其形态和性能的影响[J].高分子学报，2001(1)：3-7.
[7] 沈一丁.高分子表面活性剂[M].北京：化学工业出版社，2002.
[8] 沈一丁. 接枝型高分子表面活性剂的制备[J].咸阳师范学院学报，2002，17(4)：22-26.
[9] 李晶晶，徐宝财. 高分子表面活性剂在废水处理中的应用[J]. 精细化工，2002，19(增刊)：109-112.
[10] 赵文元，王亦军.功能高分子材料化学[M].北京：化学工业出版社，2003.
[11] 步绍静，靳正国，刘晓新，等. 模板组装纳米 TiO_2 多孔膜及形成机理[J]. 化学反应工程与工艺，2004，20(4)：310-315.
[12] 高德霖，张琪. 农药制剂的水基化与高分子表面活性剂[J]. 精细化工原料及中间体，2004(1)：5-8，11.
[13] 黄月文，刘伟区，罗广建. 有机硅、氟高分子表面活性剂在建材中的应用发展[J]. 高分子通报，2005(3)：89-95.
[14] 王祥荣，李伟勇. PVP 在印染加工用洗涤剂中的应用研究[J]. 印染助剂，2005，22(5)：8-10.
[15] 郑晖，魏玉萍，程静，等.天然高分子表面活性剂[J].高分子通报，2006(10)：59-68.
[16] 王学川，王固霞. 聚醚改性硅油高分子表面活性剂[J]. 北京皮革(中外皮革信息版)，2006(1)：74-78.
[17] 卿大咏. 一种接枝型高分子表面活性剂的合成[J]. 日用化学工业，2008，38(2)：91-94.
[18] 钮菊良.高分子表面活性剂及其在纺织印染加工中的应用[J].印染助剂，2008，25(3)：1-4.
[19] 郭敏，俞从正，马兴元. 高分子表面活性剂及其在制革工业中的应用前景[J]. 皮革科学与工程，2009，19(1)：39-42.

10 高分子染料

10.1 概述

21 世纪是人类与自然环境相互协调发展的世纪。在不断开发新材料,改善已有材料性能的同时,更要注重环境保护以及人类自身的健康。当今世界生态环境急剧恶化,1972 年联合国在斯德哥尔摩召开第一次人类环境会议,将环境污染、人类健康等问题提到议事日程当中。之后,世界各国纷纷制定环保法规,借以保护环境和生态平衡。绿色化学正是基于环境无害或环境友好的思想发展起来的一门新兴学科。借助于绿色化学,发达国家竞相发展绿色工业,虽然目前绿色产品的总产值所占比例不大,但是它的发展势不可挡。

在染料领域,一般染料(活性染料除外)是通过离子键、氢键、疏水性相互作用等固定在被染材料上,通常结合力不强,在放置、水洗、干洗过程中,由均匀分散状态迁移至材料表面后,会发生不断脱落和变色的情况。许多染料潜在的致癌性又相继被发现。同时更多的有机染料的癌变性还待进一步的证实。1994 年德国颁布了禁用部分偶氮染料的法令,22 种致癌芳香胺合成的染料受到禁用,这使人们将目光转向高分子染料的合成和开发。

低分子染料的高分子化就可以有效地解决上述问题。高分子染料就是将染料小分子结合到聚合物的主链或侧链上,用于各种染色过程的材料。高分子染料具有如下优点:

(1) 高分子染料明显改善了一般小分子染料易迁移的缺点,尤其是偶氮染料和蒽醌染料的耐迁移性大大提高。

(2) 高分子染料在溶剂中一般很少溶解或完全不溶解,不易褪色。

(3) 高分子染料分子量极大,不能为细胞膜所透过,不会被细菌、微生物分解。因此,不为生物体所吸收,对生物体无害。

(4) 高分子染料具有较高熔点,耐热性大大提高。相容性则因材料而异,如果染料高分子所用的单体与被着色高分子单体化学结构相似,则相容性好。

高分子染料属于功能高分子。很显然,由于大分子中含有发色基团,能成为结构有色材料,符合材料学发展的方向,同时也符合绿色染料化学发展的宗旨。

根据高分子染料合成的思路,主要有以下 3 类:

(1) 合成高分子量的染料以便改善通用低分子染料自身无法克服的缺陷,染料染色性能的差异成为研究的焦点。

(2) 赋予通用高分子材料发色基团,使高分子材料具有特殊光学性能,拓展已有功能,或可使原本难以着色的材料得到令人满意的染色效果。

(3) 合成新的高分子染料,用以满足特殊的需求。

10.2 高分子染料的制备

高分子染料的合成方法主要有染料单体的均聚或共聚反应、染料单体与其他单体的缩合反应、聚合物的化学改性等。

10.2.1 可反应染料单体的聚合反应

可反应的染料单体多含有丙烯酰基、丙烯腈基、乙烯基或乙烯砜基等不饱和基团。利用这些可聚合基团通过均聚反应(1)或与可聚合单体的共聚反应(2)制得高分子染料(图 10-1)。两种合成路线中,由于可反应的染料单体的反应活性较低,均聚反应实现较为困难,因此共聚反应的应用更为广泛。

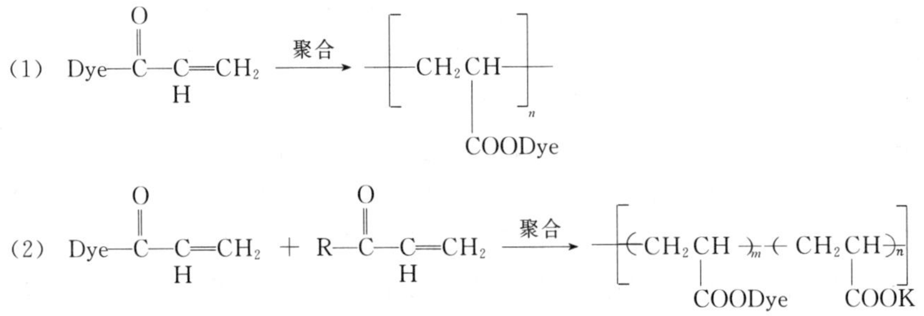

$$(1)\quad \text{Dye}-\overset{\overset{\displaystyle O}{\|}}{C}-\underset{\underset{\displaystyle H}{|}}{C}{=}CH_2 \xrightarrow{\text{聚合}} \left[-CH_2\underset{\underset{\displaystyle \text{COODye}}{|}}{CH}-\right]_n$$

$$(2)\quad \text{Dye}-\overset{\overset{\displaystyle O}{\|}}{C}-\underset{\underset{\displaystyle H}{|}}{C}{=}CH_2 + R-\overset{\overset{\displaystyle O}{\|}}{C}-\underset{\underset{\displaystyle H}{|}}{C}{=}CH_2 \xrightarrow{\text{聚合}} \left[(CH_2\underset{\underset{\displaystyle \text{COODye}}{|}}{CH})_m(CH_2\underset{\underset{\displaystyle \text{COOK}}{|}}{CH})_n\right]$$

图 10-1 可反应染料单体的聚合反应

目前为止,国内外学者已对含不饱和基团的染料与乙烯、丙烯和苯乙烯等单体的共聚进行了大量的研究。结果一致表明,相对于乙烯、丙烯和苯乙烯等单体的均聚反应,含不饱和基团的染料参与的共聚反应,均导致产物分子量的降低。这是由于染料中存在的强阻聚作用基团(如硝基、酚基)会使聚合活性降低,因而不饱和染料与乙烯、丙烯和苯乙烯等单体的共聚也是相当困难的。染料与不饱和单体共聚反应得到的分子量远低于后者均聚体的聚合物,且分子量降低程度、聚合物的收率和染料转化率均随染料的结构和用量而呈现较大差异。其中效果较好的如采用溴丙烯酰胺作活性基的吡唑啉酮型染料(结构式见下图)与甲基丙烯酸羟乙酯共聚,在染料初始含量为 15wt%时,聚合物收率可达 95%。

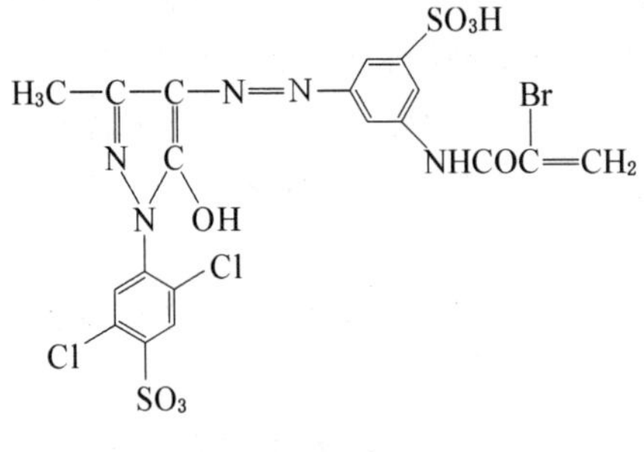

$$H_3C-C{=}C(OH)-N(Ar)-N{=}\ \ (\text{吡唑环})\ -N{=}N-C_6H_3(SO_3H)(NHCOC(Br){=}CH_2),\quad Ar = C_6H_2Cl_2SO_3$$

10.2.2 可反应染料单体与其他单体的缩合反应

该方法通常是采用分子中含有 2 个或 2 个以上的$-NH_2$、$-OH$、$-COOH$ 或$-COOR$ 基团的染料单体进行缩合反应而获得高分子染料。缩合反应的实施,通常采用界面缩聚或熔融缩聚法,而较少采用溶液聚合。含有两个氨基的染料与二元酰氯缩合制备高分子染料的反应路线如图 10-2 所示。

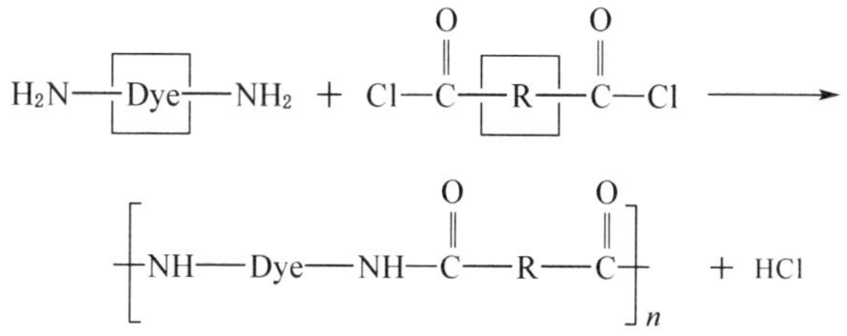

$$H_2N-\boxed{Dye}-NH_2 + Cl-\overset{O}{\overset{\|}{C}}-\boxed{R}-\overset{O}{\overset{\|}{C}}-Cl \longrightarrow$$

$$\left[NH-Dye-NH-\overset{O}{\overset{\|}{C}}-R-\overset{O}{\overset{\|}{C}}\right]_n + HCl$$

图 10-2 可反应染料单体的缩合反应

有色聚酰胺、聚酯的合成多采用缩合方法。研究者们采用这种方法已合成了萘酰亚胺类的高分子染料、聚酯型氨基蒽醌类染料等。研究结果表明,用这种方法合成的高分子染料一般具有交替结构,溶解性较差,且合成工艺复杂,因此随染料浓度的增加,分子量往往有一个最大值。

利用缩合反应制备的高分子染料热稳定性好并具有优良的光牢度和耐溶剂性,在纺丝、色母粒着色和光学材料中得到重要的应用。

10.2.3 化学改性法合成高分子染料

化学改性法也被称为垂挂色素法,是通过化学反应将染色基团引入高分子侧链上的方法。这种方法灵活易行,近年来得到广泛关注。聚丙烯酸、聚乙烯醇等合成高分子和藻酸盐类、琼酯类等许多天然高分子都可作为此类高分子染料的骨架。

采用聚丙烯酸作高分子骨架,并在高分子骨架的亚甲基上引入氨基,与对乙酰氨基苯磺酰氯进行磺酰胺化反应,重氮化后与 2-萘酚-6-磺酸偶合合成的高分子染料的结构如下:

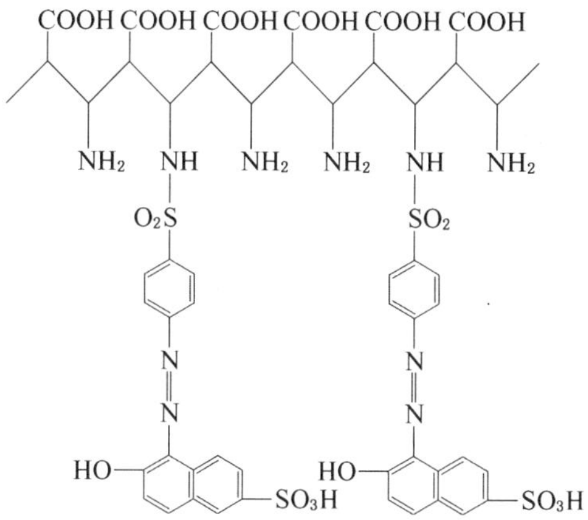

COOH COOH COOH COOH COOH COOH
NH_2 NH NH_2 NH_2 NH NH_2
O_2S SO_2
N=N N=N
HO— —SO_3H HO— —SO_3H

这类方法合成的高分子染料由于其较大的溶解度、色泽稳定性及高纯度,显示出其他合成方法所不能替代的重要性,在医药、油墨及某些特殊领域(如动物标志、亲和色谱等方面)得到重要应用。

10.2.4 染料重氮化合成高分子染料

重氮盐对光的稳定性较差,在光的照射下会发生分解,形成自由基。利用重氮盐的这种性质,可将含有氨基的低分子染料(如铜酞菁、稠芳环染料、偶氮染料等)重氮化后,作为引发剂引发其他单体的聚合,从而得到含染色基团的高分子。由于此染料分子作为引发剂只参与链引发,故只有端基着色。

此外重氮盐还可与偶合组分进行偶合反应。高分子侧链中含有偶合组分,如苯酚、萘酚、活性亚甲基等,均可与重氮盐进行偶合反应,制备成高分子染料。同理,高分子也可以制成重氮盐与偶合组分反应,但由于高分子重氮盐不稳定,制备较为困难。

10.3 高分子染料的应用

高分子染料可在许多领域代替传统染料使用,并在一些高新技术领域得到广泛重视与应用。

10.3.1 在油墨与涂料中的应用

高分子染料在油墨和涂层材料中较早投入使用,并且随着高新技术的发展对打印及涂层材料不断提出新的要求而发展。

传统的油墨及涂料多采用溶剂型的。具有良好抗洗涤性能的人造铅笔墨水于20世纪90年代问世,这种墨水采用了聚氧烯烷链中含有发色体的高分子染料液体。某些高分子染料由于具有良好的耐热性、耐水性、耐溶剂萃取性以及耐日晒等,在涂层材料中已有较好应用。法国PCUK公司合成了各种适用于环氧丙烯酸系、聚丙烯酸系、聚氰基丙烯酸系的高分子染料。Nippon Zeon有限公司则通过聚合手段得到彩色球状微粒,可用在涂层材料中。

近年虽出现部分水基涂料,但由于所用颜料与基体材料为物理混和,颜料用量大且分散性差。高分子染料的成功运用开辟了一个新时代。近年来在喷射印刷、打印墨水、涂层材料中均有采用高分子染料的报道。德国Helling制备了一种具有储存稳定性的高分子染料用于喷射打印。此高分子染料是由偶氮染料与聚合单体共聚而成的,所得的水溶性聚合分散染料粒径小(≤300nm),制得的油墨具有高度的耐擦拭、耐水性和良好的光泽度,并且不会堵塞喷嘴。彭勇刚等采用活性蓝染料与壳聚糖反应制得高分子染料,并通过对比发现,此染料的耐摩擦牢度、皂洗牢度明显优于普通染料。

10.3.2 在塑料及合成纤维着色中的应用

高分子染料在塑料、合成纤维中的应用可分为两种情况:① 一次加工法,通过反应得到浅色的着色高分子,可直接作为可加工的聚合物加以应用;② 二次着色法,要预先制成色泽深浓的高分子染料,作为色母粒用于无色聚合物的着色或应用于各种功能性材料。

采用传统小分子无机及有机颜料作为塑料着色的色母粒组分,由于与载体树脂等组分相容能力低,因此制备过程中需要使用大量的分散剂才能达到颜料颗粒均匀分散效果,影响物理性能。可溶性染料可以克服上述不足之处,但是它不耐溶剂却成了限制其应用的致命弱点。高分子染料的特点则克服了上述两种方法的缺陷,可以取得较为理想的应用效果。

高分子染料用于塑料材料着色的一个极成功的例子是由Milliken公司商业化的Reactint系列染料,其聚合度一般为5~10,用于代替聚氨酯泡沫塑料着色中所采用的颜料。Reactint染料的结构式如下:

$$Ar-N{=}N-C_6H_4-N\begin{matrix}(CH_2CH_2O)_5H\\(CH_2CH_2O)_5H\end{matrix}$$

陈林等以溶液聚合法合成了以 4-[(N,N′-二-b-羟乙基)氨基-4′-硝基偶氮苯为染料单体的共聚酯染料,对其进行的分析结果表明,共聚酯染料具有较好的热稳定性和耐溶剂萃取性。将此共聚酯染料用于聚酯类塑料材料着色,相容性、加工性能均得到改善。Hildebr 制备染色塑料或聚合染料粒子的聚合染料用于染色聚酯树脂具有良好的各项牢度,并具有非常好的耐晒性。

高分子染料在合成纤维着色中的应用始于 1973 年 Marechal E 等对聚酸胺和 PET 高分子染料进行的系统性研究。20 世纪 80 年代中期,Parton 报道了将偶氮苯染料与丙烯酸酯进行共聚反应制备高分子染料的例子,结构式如下:

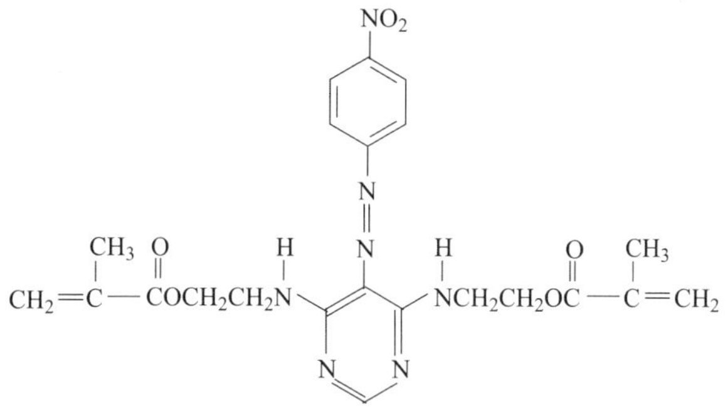

偶氮苯与丙烯酸酯共聚的染料结构式

杨锦宗等采用改性和未改性的水溶性明胶、酪素、毛蛋白与活性染料反应制得了蛋白质高分子染料。解决了现有高分子染料中染料母体在离分子骨架上结合量少的缺陷。将之用于皮革毛纤维等的染色,提高了染色产品的各项性能。Maradiya 研究了含噻吩聚合单体的聚合染料用于疏水性纤维。结果表明,着色后的尼龙和聚酯纤维具有良好的各项牢度,并且耐洗、耐磨、透气等性能优越。

高分子染料由于其良好的相容性、耐热、耐溶剂、耐迁移等特性,在塑料、合成纤维着色领域中有较好的应用前景。

10.3.3 在食品着色方面的应用

为了增加食品外观的吸引力,色素广泛应用于食品工业。聚合物骨架与传统的食品色素化学结合,分子量达到 1000 以上时,在人体消化系统中不会被人体吸收,通过肠道排出体外,就不会或大大降低其对人体的危害。因此,原先一些具有毒性的染料,如果以聚合体形式出现,获得了非吸收性和无毒性。

具体内容参见本书第 11.4.1 小节。

10.3.4 在固体染料激光器中的应用

目前用作固体染料激光器固体基质的有机聚合物主要是环氧聚合物、三嗪聚合物、聚丙烯酸酯、聚甲基丙烯酸酯、聚乙烯基乙烯酸酯、甲基丙烯酸-甲基丙烯酸甲酯共聚物。

在光学透明的环氧聚合物中掺入罗丹明 6G 和罗丹明 C,在泵浦能量密度为 1J/cm^2(λ=530nm)时,其光转换效率分别为 43%和 42%。

1992 年,Hermes 等将磺基罗丹明掺入聚丙烯酸盐中,制成激光棒,用倍频 Nd:YAG 激光器泵浦,从绿光(495~580nm)到红光(640~770nm)激光转换最大输出能量为 66mJ,其脉冲宽度为 10.8μs。1993 年,又将激光染料掺入丙烯酸酯塑料中制成塑料染料激光棒,这种新型激光棒可用闪光灯或固体激光进行泵浦。10cm 长塑料染料激光棒，斜率效率可达 62%，在 5Hz 重复频率时，寿命可达 6000 次脉冲。美国加州大学巴巴拉分校的 Moses 报道导电聚合物 MHE-PPV 中的聚光作用，在用倍频 Q 开关 Nd：YAG 激光器泵浦时，测得 MHE-PPV 的量子效率与罗丹明 6G 差不多，发射波为 600nm 左右。Barashkov 等在聚甲基丙烯酸酯和环氧聚合物中掺入氨基香豆素、罗丹明等激光染料，染料可分散于未改性的聚合物中，也可经化学键结合于聚合物基质上进行改性，这两种系统都可用 Nd：YAG 激光器（$\lambda=355$nm）作泵浦源。经激光染料活化的聚乙烯乙酸乙酯激光材料，则可用 XeC1 准分子激光器作泵浦源。

10.3.5 在生物医学方面的应用

许多功能性高分子染料具有生物活性，可用于杀菌、疾病诊断等。如今，功能性高分子染料已在疾病检测、DNA 测序、荧光探针、光动力治疗等方面得到了实际应用，在高科技医疗领域起到重要作用。

1. 荧光探针色素

荧光探针是通过模拟天然化合物在分子和细胞水平上“探测”结构和过程的荧光化合物，广泛用于生物技术的研磨中，以观察位置和进行定量测量，也可用于电子学、聚合物化学、医学，法医学和其他各种领域。

2. DNA 测序荧光染料

荧光染料特别适合与生物应用，可以形成高灵敏度的试剂，用能与样品中的特定生物组分优先结合的染料，测定特定组分的存在及其数量，能监测特定细胞在不同环境中的分布，进而测定细胞的离子、电荷及新陈代谢性能。

标记 DNA 测序技术中所用的荧光染料，其要求是：吸收光谱应尽量靠近可见光 R 发射光谱的红光区，避免 DNA 自身的蓝色荧光干扰；能发射足够强度的荧光；不影响 DNA 片段在电场中的泳动；染料本身无毒害。

目前用于 DNA 序列的荧光染料主要是呫吨类和菁类化合物，荧光多为黄、绿、红色，荧光量子产率较高。

呫吨类荧光染料主要是荧光素和罗丹明类的染料。菁类荧光染料为近红外吸收的荧光染料，用于半导体激光器激发，近年来颇受人们的关注。许多菁类荧光染料符合这个要求。菁类荧光染料的水溶性较好，与 DNA 作用的条件缓和，DNA 与染料的结合物稳定性好，而且能很好地抑制由于染料分子聚集而引起的荧光猝灭现象。二吡咯烷硼二氟类染料（简称 BDY）荧光团为电中性，且亲脂性，很容易溶解在极性溶解剂和细胞膜中。BDY 比其他荧光团有更高的吸收强度和荧光产率，其本身有很深的颜色。

光动力治疗用色素为高分子染料，可用于光动力治疗中，酚菁在光动力治疗中的应用，为肿瘤等疑难疾病的诊治开辟一个新的领域。

10.3.6 在其他方面的应用

由于高分子染料对细胞膜几乎没有渗透性，也不易被细菌和酶分解，因此误食后不会被体内吸收，仍原封不动排出体外，不对肌体产生毒害作用，因此这类染料特别适合制造幼儿玩具；利用功能高分子染料难以透过细胞膜的特点，可用于粉、霜、发蜡、指甲油等化妆品的染色，提高化妆品的安全性；由于功能高分子染料耐高温性，耐溶剂性和耐迁移性性能优异，安全性高，可用于食品包装材料。除上面的应用领域外，功能高分子染料还应用于皮革染色、彩色胶片和光盘等染色。如果在降低成本方面取得较大进展，相信会在更广阔的领域获得应用。

功能高分子染料用量少，作用效果好，耐溶剂性和稳定性较强，在酸碱指示剂、光电显示材料、印染、彩色胶片、核酸亲和色谱、光电化学电池的电极增敏膜以及激光光盘记录材料、液晶显示、国防科技等许多领域有广泛的应用，但真正实用化、器件化的高分子染料种类较少，开发更多稳定性强、可器件化的高分子染料将是以后发展的趋势。

思考题

1. 什么是高分子染料？
2. 高分子染料的类别有哪些？试举例说明。
3. 有哪些主要的高分子染料合成方法？
4. 举例说明高分子染料的应用领域及优点。

参考文献

[1] Marachal E. Macromolecular dyes. Oligomeric and unsaturated dyes for UV curing[J]. Pure & Appl Chem,1980,52:1923-1928.

[2] Parton B. Coloured polymers:EP,0205290[P]. 1986.11.17.

[3] Bondar M V,Przhonskaya O V,Tikhonov E A, et al. Stimulated emission of radiation by colored polymers pumped by an XeClexcimer laser[J]. Kvantovaya Elektron,1990,17(12):1562-1564.

[4] hermes R E,Mcgrew J D,Wiswall C E. A diode laser-pumped Nd:YAG-pumped polymerichost solid-state dye laser[J]. Appl Phys Commun,1992,11(1):1-6.

[5] Barashkov NN,Yaroslavtsev V T,Murav'evag. M, et al. Spectral-luminescent,photochemical,and lasing properties of laser dye-modified polymethylmethacrylate and epoxy polymers[J]. Kvantovaya Elektron,1993,58(3～4):386-393.

[6] Shealy D B,Malgorzata L,Jacek L. Synthesis,chromatographicseparation and characterization of near-infrared labeled DNA oligomers for use in DNA sequencing[J]. Anal Chem,1995,67(2):247-251.

[7] 吴政宁，张雪松，杨锦宗，等. 高分子染料的合成研究 2. 乙烯砜型染料与丙烯腈的溶液共聚合[J]. 高分子学报，1995,10(5):513-518.

[8] Konstantinova T,Grabchev I. On the copolymerization of styrene with some dyes that are naphthalimide derivatives[J]. J Appl Polym Sci,1996,62(3):447-447.

[9] Randolph J B,Waggoner A S. New energy transfer dyes for DNA sequencing[J]. Nucleic Acids RES,1997,(25):2816-2822.

[10] 严宏宾，沈永嘉，董黎芬，等. 萘酰亚胺类共聚色素的合成[J]. 功能高分子学报，1997(2):195-199.

[11] 庞孝铁，辛忠，戴干策，等. 聚合色素的研究Ⅺ. 蒽醌型聚酯色素的合成与可加工性[J]. 功能高分子学报，1998,11(3):355-340.

[12] 张淑芬，杨锦宗. 化学改性法合成高分子染料的研究[J]. 染料工业，1998,35(6):12-15.

[13] 杨锦宗，张淑芬. 蛋白质高分子染料. 中国，1205350A[P]. 1999.1.20.

[14] 杨虎，朱谱新，吴大诚. 高分子染料的合成与应用及展望[J]. 染料工业，2000,37(6):4-7.

[15] 马建标. 功能高分子材料[M]. 北京：化学工业出版社，2000.

[16] 孟庆华，黄德音，方明，等. 含蒽醌可聚合染料单体-1,5-二(β-羟乙氧基)蒽醌的合成[J]. 染料工业，2000,37(5):10-12.

[17] 陈林,孟庆华,黄德音等. 含偶氮共聚酯型聚合染料的合成与性能研究[J]. 金山油化纤,2001,(4):11-13.

[18] Maradiyah R. Thiophene based monomeric and polymeric disperse dyes forhydrophobic fibers[J]. International Journal of Polymeric Materials,2001,49(3):295-309.

[19] 彭勇刚,赵振河,栾野梅,等. 高分子染料的合成及应用[J]. 纺织高校基础科学学报,2002,15(2):168-171.

[20] Hildebr,Rainer,Sutter Peter. Preparation of dyed plastics or polymeric dye particles. WP,2002051924[P]. 2002.07.04.

[21] 王俊,钟安永,陈德本,等. 酞菁酮衍生物与聚电解质的自组装[J]. 化学研究与应用,2003,15(2):218-221.

[22] 王世敏,余响林,周丽荣,等. 功能高分子染料在高新技术中的应用[J]. 精细石油化工进展,2004,5(9):39-42.

[23] 程万里. 染料化学[M]. 北京:中国纺织出版社,2010.

11 高分子食品添加剂

11.1 概述

在现代食品加工中，为了满足食品的加工工艺、增加色泽味觉、延长存储期限等方面的需要，往往需要添加各种食品添加剂，如色素、抗氧防腐剂、甜味剂、增稠剂、乳化剂，等等。食品添加剂的使用可大大提高食品的感官质量、延长食品的货架寿命，因此对食品工业的发展具有十分重要的意义。

但由于食品是一种最终进入人体的特殊商品，随着人们对食品安全要求的提高，对食品添加剂的安全性和无害性提出了越来越高的要求。食品添加剂对人体的危害主要是由于食用后，或被人体吸收进入体内循环，或被积累在某些部位造成的。如果采用的食品添加剂不能被人体吸收，可直接通过排泄系统排出体外，则其危害性将大大下降。

传统的食品添加剂大部分为小分子化合物，其在体内的稳定性较差，易被人体吸收而进入循环系统，或积累在肝脏、肾脏等部位，对人体造成危害。相比之下，高分子食品添加剂的安全性将会大大提高。因为大多数高分子化合物不能被人的消化道所吸收，也不宜在体内积累，因此最终将通过排泄系统排出体外。

近年来，高分子食品添加剂的研究和应用日益受到人们的重视，食品添加剂的高分子化和天然化已成为食品添加剂的主要发展方向。事实上，天然食品添加剂中，有很大一部分本身就是高分子物质，如淀粉、果胶、海藻酸盐等。

高分子食品添加剂的使用性和安全性受到聚合物结构、组成和分子量大小的影响。因此在制备高分子食品添加剂时必须要考虑以下影响因素。

(1) 具有良好的化学稳定性。作为高分子食品添加剂，活性基团与高分子骨架之间的连接和高分子骨架本身必须能够耐受复杂的化学和生物环境的影响，例如在食品加工、运输、储存中的光、热、微生物和食品中其他成分的影响下和在人体内体液和酶的作用下不会发生键的断裂和降解反应，以防止有生物活性的低分子量的降解产物出现在人体循环系统。

(2) 具有足够大的分子量。由于人体肠道的吸收与被吸收物质的分子量有直接关系，为了确保高分子添加剂在体内的非吸收特性，必须保证食品添加剂具有足够大的分子量和分子体积。一般认为，分子量至少要大于10 000，并保证分布范围要窄，以最大限度地减少能被人体吸收的低分子量分子的相对含量。

(3) 具有一定的溶解性能。由于食品添加剂要考虑在食品加工和食用过程中的外观和使用性能，在使用条件下具有一定溶解性能对于高分子食品添加剂来讲意义更加重要。因此，高分子骨架的溶解特征是必须考虑的因素之一，以保证添加剂在食品中的良好分散和作用发挥。比如一般要求高分子甜味素有良好的水溶性才能发挥甜味作用，需要在聚合物骨架中接入足够数量和强度的亲水性基团；对用于油和脂肪的高分子抗氧剂则应考虑加入一定量的亲脂性基团以增加脂溶性。

(5) 不会破坏食品风味和外观。使用的高分子食品添加剂必须是没有那些能让人产生不愉快的气味和颜色,以保持食品的风味和外观。一般来说,高分子量的物质挥发性都普遍很小,产生不良气味的可能很小。

(6) 与食品中其他成分的相容性和混合性要好。食品添加剂必须要有与其他食品成分良好的相容性和混合性,这样才能不影响食品的加工处理工艺和过程。

11.2 高分子食品增稠剂

增稠剂又称糊料,是一类重要的食品添加剂,主要用于改善和增加食品的黏稠度,保持流态食品、胶冻食品的色、香、味和稳定性,改善食品物理性状,并能使食品有润滑适口的感觉。通过使用食品增稠剂,可提高食品的黏稠度或形成凝胶,从而改变食品的物理性状,赋予食品黏润、适宜的口感,并兼有乳化、稳定或使呈悬浮状态的作用,尤其对流态食品或冻胶食品的色、香、味、结构和食品的相对稳定性起着十分重要的作用。

食品增稠剂大多属于亲水性高分子化合物,按来源分为动物类、植物类、矿物类、合成类或半合成类。通常简单地划分为天然增稠剂和合成增稠剂两大类。天然增稠剂大多数是从含多糖类黏性物质的植物及海藻类植物中制取的,如淀粉、果胶、琼脂、明胶、海藻脂、角叉胶、糊精、黄耆胶、多糖素衍生物等;合成增稠剂包括化学改性的天然材料如甲基纤维素、羧甲基纤维素等纤维素衍生物、淀粉衍生物、干酪素等,以及人工合成的聚丙烯酸钠、聚氧化乙烯、聚乙烯吡咯烷酮、聚乙烯醇等。饮料生产中最常用的增稠剂要有羧甲基纤维素钠、藻酸丙二醇酯、卡拉胶、黄原胶、果胶、瓜尔豆胶、刺槐豆胶等。下面就这些主要的增稠剂作简单介绍。

11.2.1 羧甲基纤维素钠

羧甲基纤维素钠(CMC)亦称羧甲基纤维素,为葡萄糖聚合度为 200~500 的纤维素衍生物,白色或类白色的粉末或纤维状物质,无臭,有吸湿性。其结构式为:

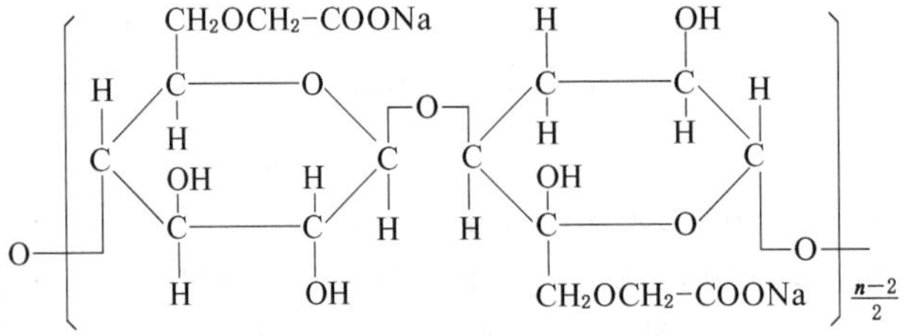

[结构式:两个葡萄糖环单元经 —O— 相连,分别带 $CH_2OCH_2-COONa$、H、OH 取代基,重复单元下标 $\frac{n-2}{2}$]

CMC 的性质主要由羧基的置换度(醚化度)所决定。醚化度在 0.3 以上时在碱液中可溶。水溶液黏度由 pH 值、聚合度决定。醚化度在 0.5~0.8 时在酸性中也不沉淀。CMC 溶于水后成为透明的黏稠溶液,其黏度随溶液浓度和温度而变化。1%水溶液 pH 为 6.5~8.5,当 pH>10 或<5 时,溶液黏度显著降低。60℃以下黏度稳定,在 80℃以上温度长时间加热会降低黏度。用作食品增稠剂的 CMC 的醚化度为 0.6~0.7。

CMC 于 1918 年由德国首先制得,第二次世界大战期间,德国将其用于合成洗涤剂。美国 Hercules 公司于 1946 年生产出精制的 CMC 产品,并开始应用于食品增稠剂。被认可为安全的食品添加剂。20 世纪 70 年代我国开始用作食品增稠剂,90 年代以后被普遍使用。联合国粮食及农业组织(FAO)和世界卫生组织(WHO)在经过很严格的生物学、毒理学研究和试验后,已批准将纯 CMC 用于食品。国际标准的安全摄入量(ADI)是 25mg/(kg · d),即大约每人1.5g/d。

CMC具有增稠、悬浮、乳化、稳定等多种功能。在食品应用中不仅是良好的增稠剂和乳化稳定剂，而且具有优异的冻结、熔化稳定性，并能提高产品的风味，延长贮藏时间。在豆奶、冰淇淋、雪糕、果冻、饮料、罐头中的用量约为1%～1.5%。CMC还可与醋、酱油、植物油、果汁、肉汁、蔬菜汁等形成性能稳定的乳化分散液，其用量为0.2%～0.5%。特别是对动、植物油、蛋白质与水溶液的乳化性能极为优异，能使其形成性能稳定的匀质乳状液。在饮料生产中主要用于果肉型果汁饮料的增稠剂、蛋白质饮料的乳化稳定剂和酸乳饮料的稳定剂。

近年来，CMC在食品领域不断被开发，在葡萄酒生产中应用羧甲基纤维素钠的研究也已开展。

11.2.2 藻酸丙二醇酯

藻酸丙二醇酯(PGA)又称褐藻酸丙二醇酯，是海藻酸中的一部分羧基被丙二醇酯化，另一部分羧基被碱中和的产物。白色至黄白色粉末，基本无味或略具芳香味，溶于水成黏稠的胶状溶液，不溶于乙醇等有机溶剂。

PGA浓度高时黏度较大。在pH值3～4范围内，随pH降低而黏度增大。在pH值为3附近时最稳定，在pH值在7以上发生水解，黏度显著降低。在60℃左右时稳定，温度升高时黏度下降。即使在90℃，pH值为3.1的酸性溶液中亦能相对稳定，既不会像海藻酸那样容易凝胶化，也不会像羧甲基纤维素那样引起黏度下降而降低其使用效果。

PGA可单独或与其他增稠剂组合使用，作为酸性饮料的增稠剂，可获得良好的流变学特性，使固形物成分很好地悬浮于果汁中，提高果肉型饮料的稳定性。还可作为果汁饮料、酸乳饮料的稳定剂以及乳化香精的乳化稳定剂等。PGA一般用量为0.1%～0.5%。FAO/WHO食品添加剂专门委员会规定的日摄入量(ADI)为25mg/kg体重，规定的使用标准为1%以下。

11.2.3 卡拉胶

卡拉胶(Carrageenan)又称角叉菜胶、鹿角菜胶，最初起源于爱尔兰南部的卡拉根郡。18世纪开始工业化生产。它是自红藻类海藻，如麒麟菜及角叉藻、杉藻等中提取的一种水溶性胶体物质，是世界三大海藻胶工业产品(琼胶、卡拉胶、褐藻胶)之一。它是由半乳糖及脱水半乳糖所形成的多糖类硫酸酯的钙、钾、钠、镁、钙盐和3.6-脱水半乳糖直链聚合物所组成。依其半乳糖残基上硫酸酯基团的不同，卡拉胶可分为七种：κ-卡拉胶，ι-卡拉胶，γ-卡拉胶，λ-卡拉胶，ν-卡拉胶，φ-卡拉胶，ξ-卡拉胶，其分子量一般介于$1\sim5\times10^5$之间。目前工业生产和使用的主要有κ-型、ι-型和λ-型三种。天然产的卡拉胶往往不是均一的多糖，而是多种均一组分的混合物或者是结合型结构，很多时候结构中还混有其他碳水化合物取代基(如木糖、果糖或酮酯类物质)。

卡拉胶不溶于有机溶剂，也不溶于冷水，但在冷水中可溶胀成胶块状，易溶于热水形成半透明的胶体溶液，在70℃以上热水中溶解速度提高。在中性或碱性溶液中卡拉胶很稳定(pH=9时最稳定)，即使加热也不会发生水解。在酸性溶液中，尤其是pH=4以下时易发生酸催化水解，从而使凝冻强度和黏度下降。成凝冻状态下的卡拉胶比溶液状态时稳定性高，在室温下被酸水解的程度比溶液状态小得多。在钾离子存在下能生成热可逆凝胶。在低浓度时形成低黏度的溶胶，接近牛顿流体，浓度升高则形成高黏度溶胶，则呈非牛顿流体。与刺槐豆胶、魔芋胶、黄原胶等胶体可产生协同作用，能提高凝胶的弹性和保水性。

作为天然食品添加剂，卡拉胶在食品行业已应用了几十年。联合国粮农组织和世界卫生组织食品添加剂专家委员会于2001年取消了卡拉胶日允许摄取量的限制，确认它是安全、无毒、无副作用的食品添加剂。

卡拉胶广泛应用于食品行业如可可奶、冰激凌、速溶咖啡、果冻、果汁饮料、牛奶布丁、炼乳、奶酪制品、婴儿奶制品、酸奶、糖果、罐头、豆酱、面包等的制造中，用于啤酒澄清、制作人造蛋白质和人造肉或制作保健食品等。卡拉胶亦可用于日用化工行业如牙膏、润肤制品、洗发香波、洗涤剂、空气清新剂、水彩颜料、陶瓷制品等的加工制作。卡拉胶还大量用于医药行业，如作为微生物培养基、缓释胶囊/片剂、药膏基、鱼肝油乳化剂等。

卡拉胶具有可溶性膳食纤维的基本特性，在体内降解后的卡拉胶能与血纤维蛋白形成可溶性的络合物。可被大肠细菌酵解成CO_2、H_2、沼气及甲酸、乙酸、丙酸等短链脂肪酸，成为益生菌的能量源。

近年来研究发现，卡拉胶本身具有特殊的医药疗效，它对许多重要病毒病原(如疱疹病毒、艾滋病病毒、黏液病毒、棒状病毒等)具有广谱抑制活性，卡拉胶还对免疫系统具有持续性作用，是有效的抗胃蛋白酶活、抗溃疡、抗凝血物质。我国卡拉胶的研究起步较晚，直到1985年才形成真正意义上的卡拉胶工业化生产。

10.2.4 黄原胶

黄原胶又称黄胶、汉生胶，是一种自然多糖和重要的生物高聚物，由甘蓝黑腐病野油菜黄单胞菌以碳水化合物为主要原料，经好氧发酵生物工程技术产生的。1952年由美国农业部伊利诺斯州皮奥里尔北部研究所分离得到的甘蓝黑腐病黄单胞菌，并使甘蓝提取物转化为水溶性的酸性胞外杂多糖而得到。目前被广泛应用于食品、石油、地矿、陶瓷、纺织、印染、医药、造纸、灭火、涂料、化妆品等20多个行业，被誉为“工业味精”，是目前世界上生产规模最大且用途极为广泛的微生物多糖。

黄原胶外观为淡白色或浅米黄色粉末，无味、无臭、适用安全性强。美国食品与药物管理局于1969年批准黄原胶可用于食品中，1983年联合国粮食及农业组织(FAO)批准黄原胶作为世界范围内使用的食品添加剂，且对其添加量不做限制。我国技术监督局1992年批准颁布了食品添加剂黄原胶国家标准，于1993年8月1日开始实施。

作为一类食品添加剂，黄原胶有独特的性能。与其他多糖类溶液相比，即使是低浓度也会产生很高的黏度，1%水溶液的黏度相当于同浓度明胶水溶液黏度的100倍，从而可作为良好的增稠剂和稳定剂。在剪切作用下，溶液的黏度会迅速下降，一旦剪切作用解除，溶液的黏度会立即恢复，这种触变性可赋予食品如冰淇淋、火腿肠、果汁和植物蛋白型饮料、焙烤食品以良好的外形和口感。在较大的温度范围内(−18℃～130℃)能保持其原有的功能，因此是生产冷冻食品和焙烤食品的良好辅料。其黏度基本上不受酸碱的影响，在pH值1～12范围内能保持原有特性，从而使其有广泛的应用范围。具有极强的抗氧化和抗酶解作用，即使在次氯酸纳、双氧水、生物活性酶存在下仍能发挥作用。具有广泛的相溶性。与瓜尔豆胶、槐豆胶混合物可产生有益的协同作用。与高浓度盐类、糖类共存时，仍保持稳定的增稠特性。对不溶性固体颗粒和油滴具有良好的悬浮性。已经形成的稳定体系，即使经反复冻结-解冻，对其性能也不会产生明显影响。

基于以上特性，黄原胶被认为是性能最优越的生物胶，被大量应用在食品、果汁、饮料、饲料、化妆、医药、陶瓷、消防、石油等行业，其市场增长潜力超过所有的亲水性胶。

11.2.5 果胶

果胶(pectin)是一类聚半乳糖醛酸，其主要成分是部分甲酯化的 α-1，4-D-聚半乳糖醛酸，分子量约 $5\sim30\times10^4$。外观为褐色或灰白色的颗粒或粉末，具有良好的水溶性，不溶于有机溶剂。在适宜条件下其溶液能形成凝胶和部分发生甲氧基化，残留的羧基单元以游离酸的形式存在或形成铵、钾、钠和钙等盐。其结构式如下：

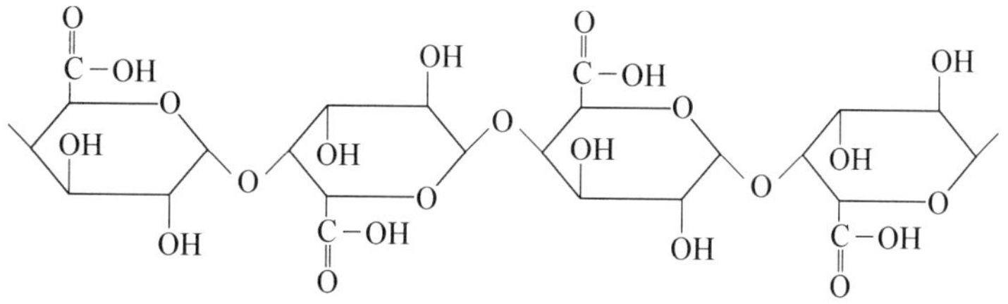

果胶广泛存在于植物的细胞壁和细胞内层，为内部细胞的支撑物质。不同的蔬菜、水果口感有区别，主要是由它们含有的果胶含量以及果胶分子结构的差异决定的。柑橘、柠檬、柚子等果皮中约含 30%果胶，是果胶的最丰富来源。按果胶的组成可有同质多糖和杂多糖两种类型：同质多糖型果胶如 D-半乳聚糖、L-阿拉伯聚糖和 D-半乳糖醛酸聚糖等；杂多糖果胶最常见，是由半乳糖醛酸聚糖、半乳聚糖和阿拉伯聚糖以不同比例组成，通常称为果胶酸。不同来源的果胶，其比例也各有差异。部分甲酯化的果胶酸称为果胶酯酸。天然果胶中约 20%～60%的羧基被酯化。果胶的粗品为略带黄色的白色粉状物，溶于 20 份水中形成黏稠的无味溶液，带负电。

果胶在食品工业中主要作增稠剂、稳定剂、胶凝剂、乳化剂和品质改良剂使用。在果汁饮料或固体饮料中使用，可使饮料增黏，或使精油、果粒等悬浊稳定化。在果汁饮料中的用量为 0.05%～0.1%，在浓缩果汁中用量为 0.1%～0.2%。适量的果胶能使冰淇淋、果酱和果汁凝胶化。

使用时用糖浆润湿或同 3 倍量以上的砂糖混合，可使果胶更易溶于水。

11.2.6 明胶

明胶(gelatine)为动物的皮、骨、腱与韧带中含有的胶原，经部分水解后得到产品。明胶主要成分为 83%以上的蛋白质、15%以下的水分和 2%以下的无机灰分。是一种无脂肪的高蛋白，且不含胆固醇，因此是一种天然营养型的食品增稠剂。

明胶为无色或淡黄色透明颗粒状物，性脆，几乎无臭无味。在 5～10 倍量冷水中膨润，可溶于热水、甘油和醋酸，不溶于醚、乙醇等有机溶剂。溶于热水时成为非常黏的溶胶，5%以下浓度不凝胶，5%～15%的溶液可形成凝胶。凝胶化温度与其浓度和共存的盐的种类、浓度以及溶液 pH 值有关。30℃左右液化，20℃～25℃凝胶。

明胶可作为饮料的增稠剂、稳定剂，同时作果汁和酒的澄清剂使用。

据报道，全世界的明胶有 60%以上用于食品糖果工业。在糖果生产中，明胶用于生产奶糖、蛋白糖、棉花糖，果汁软糖、晶花软糖，橡皮糖等软糖。明胶具有吸水和支撑骨架的作用，明胶微粒溶于水后，能相互吸引、交织，形成叠叠层层的网状结构，并随温度下降而凝聚，束缚糖和水完全充塞在凝胶空隙内，使柔软的糖果能保持稳定形态，即使承受较大的荷载也不变形。明胶能控制糖结晶体变小，减少脆性，有利于成型，便于切割，从而防止了各类型糖果的破碎，提高成品率。

11.2.7 海藻酸钠

海藻酸钠(sodium alginate)又名褐藻酸钠、海带胶、褐藻胶、藻酸盐，是由海带中提取的天然多糖碳水化合物。

海藻酸(alginate)是存在于褐藻类中的天然高分子，是从褐藻或细菌中提取出的天然多糖，类似于细胞外基质中的糖胺聚糖，无亚急性/慢性毒性或致癌性反应，具备良好的生物相容性。可作为食用的食品添加剂，也可作为支架材料用于医学用途。海藻酸是由古洛糖醛酸(G段)与其立体异构体甘露糖醛酸(M段)两种结构单元以三种方式通过 α-1,4 糖苷键链接(MM段、GG段和 MG段)，从而形成一种无支链的线性嵌段共聚物。当其 6 位上的羧基与钠离子结合，就构成了海藻酸钠盐。海藻酸钠的分类方法较多。从结构上分，可分为高 G/M 比、中 G/M 比、低 G/M 比 3 种。从黏度上分，可分为低黏度、中黏度和高黏度海藻酸钠。不同品质的海藻酸钠对于胶珠结构的影响是很大的。一般认为，高 G/M 比，中低黏度的海藻酸钠适于用来制备胶珠。当胶珠应用于生物工程领域时，应选择医用级别的海藻酸钠。

海藻酸溶于碱性溶液，使溶液具有黏性。微溶于水，不溶于大部分有机溶剂。干燥的海藻酸钠在密封良好的容器内于 25℃及以下温度储存相当稳定。其粉末遇水变湿，微量的水合作用使其表面具有黏性。然后迅速黏合在一起形成团块，团块很缓慢地完全水化并溶解。如果水中含有其他与海藻酸盐竞争水合的化合物，则海藻酸钠更难溶解于水中。水中的糖、淀粉或蛋白质会降低海藻酸钠的水合速率，混合时间有必要延长。单价阳离子的盐(如 NaCl)在浓度高于 0.5%时也会有类似的作用。含 1%海藻酸钠的蒸馏水溶液的 pH 值约为 7.2。在 pH 值为 5～9 时稳定。海藻酸钠溶液的黏性与其聚合度直接相关，储藏时黏性的降低可用来估量海藻酸钠降解的程度。高聚合度的海藻酸钠稳定性不及低聚合度的海藻酸钠。

海藻酸钠广泛应用于食品、医药、纺织、印染、造纸、日用化工等行业，作为增稠剂、乳化剂、稳定剂、黏合剂、上浆剂等使用。

在 20 世纪 70 年代，美国食品药品监督管理局(FDA)已授予海藻酸钠“公认安全物质”的称号。自 20 世纪 80 年代以来，褐藻酸钠在食品应用方面得到新的拓展。一般认为其无毒，无刺激。联合国粮食及农业组织/世界卫生组织食品添加剂联合专家委员会推荐海藻酸钠的摄取量为 50mg/kg·d。

海藻酸钠不仅是一种安全的食品添加剂，而且可作为仿生食品或疗效食品的基材。由于它实际上是一种天然纤维素，可减缓脂肪糖和胆盐的吸收，具有降低血清胆固醇、血中甘油三酯和血糖的作用，可预防高血压、糖尿病、肥胖症等现代病。它在肠道中能抑制有害金属如锶、镉、铅等在体内的积累。正是因为海藻酸钠这些重要作用，在国内外已日益被人们所重视。日本人把富含有海藻酸钠的食品称为“长寿食品”，美国人则称其为“奇妙的食品添加剂”。

11.2.8 瓜尔豆胶

瓜尔豆胶又称瓜尔胶，是由豆科植物瓜尔豆(cyamposis tetragonolobus)的种子去皮去胚芽后的胚乳部分，经干燥粉碎后进行加压水解，再用 20%的乙醇沉淀，离心分离后干燥粉碎而得。主要产地是巴基斯坦和印度的干燥地带或美国的东南部。

瓜尔豆胶主要成分是分子量为 $5\sim80\times10^4$ 的配糖键结合的半乳甘露聚糖，即由半乳糖和甘露糖(1∶2)组成的高分子量水解胶体多糖类。白色至淡黄褐色粉末。能溶解于热或冷水中形成黏稠液。1%水溶液黏度约为 4～5Pa·s，为天然胶中黏度最高者。添加少量四硼酸钠则转变成凝胶。水溶液为中性，黏度随 pH 值的变化而变化，pH 值 6～8 时黏度最高，pH 值 10 以上黏度迅速降低，pH 值 6～3.5 之间黏度随 pH 值降低而降低。pH 值为 3.5 以下时黏度又增大。

瓜尔豆胶在食品工业中有着广泛的应用，例如：

(1) 在冷饮如冰淇淋、雪糕、冰霜中具有优良的增稠、乳化和稳定作用，可防止冰晶产生。在饮料如花生奶、杏仁奶、核桃奶、酸奶、豆奶、粒粒橙、果汁、果茶、各种固体饮料及八宝粥中起到增承持水和稳定剂作用，并可改善口感。

(2) 在面制品如面条、挂面、方便面、粉条中起到黏结、保水、增加筋力的作用，可提高面制品的品质，延长货架寿命。如在制面过程中添加 0.2%～0.6%瓜尔豆胶，可使面条表面光滑，增加面条弹性，耐煮，不易断，水煮不混汤。

(3) 在肉制品如火腿肠、午餐肉、各种肉丸中起到黏结、爽口、保水和增加体积等作用。在制肉糜时可迅速结合游离水分，改善肠衣的充填性，消除烹煮、烟熏和储藏期间脂肪和游离水的分离，改善肉制品的坚实度。

11.2.9 刺槐豆胶

刺槐豆胶也称槐豆胶、角豆胶、洋槐豆胶、长角豆胶，是由产于地中海一带的刺槐树种子加工而成的植物子胶。白色或微黄色粉末，无臭或稍带臭味。在食品工业中主要作增稠剂、乳化剂和稳定剂。

刺槐豆胶的结构是一种以半乳糖和甘露糖残基为结构单元的多糖化合物，分子量 3×10^5 左右。

刺槐豆胶不溶于酒精等有机溶剂和油脂，在冷水中只有部分溶解，加热至 85℃保持 10min 以上才能溶解。充分溶解的浓度为 1%的槐豆胶的粘度可达到 3Pa·s；呈非牛顿流体的假塑性流体特性，具有触变性。pH 值在 3～11 范围内对胶溶液的性状影响不大。

刺槐豆胶与卡拉胶、黄原胶等天然胶配合可产生协同效果，大大增加其黏度和成胶特性。调节其比例，可制成各种不同弹性的胶冻。

在食品工业上，刺槐豆胶常与其他食用胶复配用作增稠剂、持水剂、黏合剂及胶凝剂等。用刺槐豆胶与卡拉胶复配可形成弹性果冻，而单独使用卡拉胶则只能获得脆性果冻。刺槐豆胶与海藻胶和氯化钾复配被广泛用作宠物罐头食品中的复合胶凝剂。刺槐豆胶与琼脂复配可显著提高凝胶的抗破裂强度。

刺槐豆胶、卡拉胶与 CMC 的复合是良好的冰淇淋稳定剂，用量为 0.1%～0.2%。刺槐豆胶在奶制品及冷冻奶制品甜食中可充当持水剂，增进口感以及防止冰晶形成。

在奶酪生产中可加快奶酪的凝固作用，增加产量，用量一般为 0.2%～0.6%。

在肉制品加工中可改善持水性，改进肉食的组织结构和冻熔稳定性。

在膨化食品生产中可赋予润滑作用，增加产量，并有延长货架寿命的作用。

在面制品制备中可用以提高面团的吸水效果，改进面团品质，延长老化时间。

11.2.10 羟丙基淀粉

羟丙基淀粉(HPS)是一种淀粉醚，是美国《食品化学药典》(FCC)中认可的 21 种变性淀粉之一。

羟丙基淀粉是由环氧丙烷与淀粉在碱性条件下催化反应而成的。常用的催化剂为

NaOH,反应温度为40℃～50℃。反应式如图11-1所示。

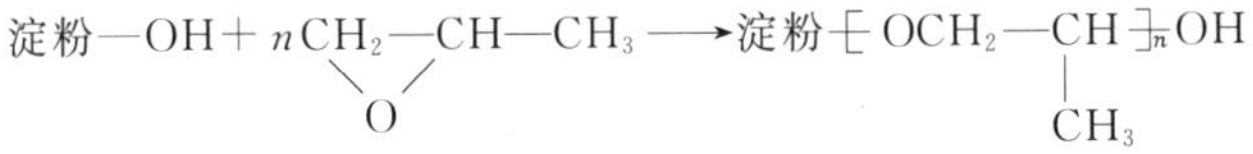

$$\text{淀粉}—OH + nCH_2—CH—CH_3 \longrightarrow \text{淀粉}{+}OCH_2—CH(CH_3){+}_nOH$$

（其中 $CH_2—CH$ 通过 O 成环氧）

图11-1 羟丙基淀粉的制备方法

羟丙基淀粉的醚化度采用淀粉中每个葡萄糖残基被羟丙基取代的平均数来表示,称为取代度(DS)。用作食品增稠剂的羟丙基淀粉的DS值通常在0.1～1.0之间。

羟丙基淀粉产品为白色粉末,无异味,在水中极易分散。贮存时易吸潮膨胀。由于亲水性增加,羟丙基淀粉的起始糊化温度比原淀粉提前15℃左右,糊化峰值黏度到达的温度比原淀粉低23℃左右,糊化峰值黏度到达时间也比原淀粉快5min左右。

由于在淀粉中引入了亲水性的羟丙基,削弱了淀粉分子间的氢键作用,使得淀粉更容易于膨胀和糊化。

羟丙基淀粉属非离子性,因此可与很多水溶性食品胶配伍,混溶性能良好。在加热蒸煮过程中,糊液黏度稳定、无泡沫、渗透力好,可耐高温、低温、酸、碱、盐、电解质及机械剪切。

羟丙基淀粉中的取代醚键的稳定性高。在水解、氧化、糊精化、交联等反应过程中,醚键都不会断裂,取代基团不会脱落。受电解质和pH值的影响小,能在较宽的pH值条件下使用。

羟丙基淀粉糊液具有良好的黏度稳定性。在室温条件下保存120h,黏度几乎没有什么变化。冷却时黏度增大,但随温度降低增加的趋势减弱。重新加热后,仍能恢复到它原来的黏度和透明度。

由于羟丙基淀粉所具有的上述特点,被广泛用作食品增稠剂、悬浮剂、黏结剂和包衣等。作为增稠剂特别适用于冷冻食品和方便食品,使食品在低温贮存时仍具有良好的保水性。因其对电解质影响的稳定性高,更适合于含盐量高的食品中。作为悬浮剂可用于浓缩橙汁和酱油中,流动性好,放置不分层,不沉淀。作为黏结剂可用于钙奶片、薄荷糖片的压片成型。由于其成膜性能好,用作食品涂层和包装薄膜等能有效地防止氧气渗入,提高食品的贮存稳定性。

11.3 高分子食品乳化剂

11.3.1 概述

在食品工业中,乳化剂具有十分重要的地位。通常水和油是无法融合在一起的。但是在很多食品中,油和水的共存却又不可避免。比如蛋糕、冰激淋、咖啡伴侣、蛋白饮料、火腿肠等等,在生产过程中都需要把油或者脂肪均匀分散到水中。此外,油水分离的饮品使人难以饮用。但是如果把油均匀分散在水中形成乳白色的液体,大大改善了其外观和口感,使人产生饮用的欲望。如奶茶、椰奶、椰酱和杏仁露等,要想获得悦目的外观和细腻的口感都必须将油均匀分散。

传统的食品乳化剂大多为脂肪酸的酯化产物。这些小分子食品乳化剂的乳化性能一般都很好,但所形成的乳液稳定性较差,难以经受高温以及长时保存的考验。而蛋白质中的氨基酸也有亲水和疏水的结构,因此蛋白质也可用作食品乳化剂。蛋白质的分子量很大,所形成的乳液要比采用小分子乳化剂时稳定得多。但蛋白质分子的乳化能力往往不如小分子乳化剂高。因此将小分子乳化剂和蛋白质大分子复合使用,是提高食品制品质量的常用方法。此外,蛋白质除了具有乳化作用外,本身也是营养成分,所以用蛋白质作乳化剂越来越受到重视。食品中另一种常用的乳化剂是大豆卵磷脂。它是大豆深加工过程中的副产物，因为其正统的出身和传说中的“保健功能”而受到人们广泛的青睐。

近年来，通过人工合成方法制备的高分子乳化剂在食品工业中得到越来越多地应用。与天然高分子乳化剂相比，合成高分子乳化剂具有产量大、性能稳定、乳化能力强等优点。聚甘油脂肪酸酯是其中的重要代表。

11.3.2 蛋白质

1. 蛋白质简介

蛋白质(protein)是一种复杂的有机化合物，旧称“朊”。组成蛋白质的基本单位是氨基酸，氨基酸通过脱水缩合形成肽链。蛋白质是由一条或多条多肽链组成的生物大分子，每一条多肽链有二十至数百个氨基酸残基不等；各种氨基酸残基按一定的顺序排列。蛋白质的氨基酸序列是由对应基因所编码。除了遗传密码所编码的20种“标准”氨基酸，在蛋白质中，某些氨基酸残基还可以被翻译后修饰而发生化学结构的变化，从而对蛋白质进行激活或调控。多个蛋白质往往结合在一起形成稳定的蛋白质复合物，发挥某一特定功能。产生蛋白质的细胞器是核糖体。

蛋白质是生命的物质基础，没有蛋白质就没有生命。因此，它是与生命及与各种形式的生命活动紧密联系在一起的物质。机体中的每一个细胞和所有重要组成部分都有蛋白质参与。蛋白质占人体重量的16.3%，即一个60kg重的成年人体内约有蛋白质9.8kg。人体内蛋白质的种类很多，性质、功能各异，但都是由20多种氨基酸按不同比例组合而成的，并在体内不断进行代谢与更新。被食入的蛋白质在体内经过消化分解成氨基酸，吸收后在体内主要用于重新按一定比例组合成人体蛋白质，同时新的蛋白质又在不断代谢与分解，时刻处于动态平衡中。因此，食物蛋白质的质和量、各种氨基酸的比例，关系到人体蛋白质合成的质和量。尤其是青少年的生长发育、孕产妇的优生优育、老年人的健康长寿，都与膳食中蛋白质的质和量有着密切的关系。

用于食品乳化剂的蛋白质主要有酪蛋白和酪蛋白酸钠、大豆蛋白和多糖-蛋白质配合物等。

2. 酪蛋白和酪蛋白酸钠

酪蛋白是哺乳动物如牛、羊和人奶中的主要蛋白质。它不是单一的蛋白质，根据其电泳迁移速率分为α-酪蛋白、β-酪蛋白和γ-酪蛋白等。在乳汁中，酪蛋白一般以酪蛋白磷酸钙络合物的形式存在，能自行聚集形成胶束。固体的酪蛋白是一种坚硬、致密的非结晶凝乳。有较强的吸湿性，当浸入水中则迅速膨胀。常温下在水中可溶解0.8%～1.2%，微溶于25℃水和有机溶剂，溶于稀碱和浓酸中。

酪蛋白酸钠是用碱(如NaOH)处理酪蛋白凝乳，将酪蛋白转变成可溶性的酪蛋白酸盐，然后经巴氏杀菌、喷雾干燥制成的。

酪蛋白和酪蛋白酸钠因其分子中具有亲水基团和亲油基团，因此有良好的乳化、增稠和胶粘性能。其柔和的风味和良好的持水性，可用于午餐肉、香肠、火腿肠等肉类制品中，既可以使脂肪乳化而不析出，又可改善成品的质感和口感。例如，通过对添加酪蛋白酸钠制备的香肠样品的扫描电镜照片的分析，证明了酪蛋白酸钠可在脂肪球表面形成1μm厚的强韧亲水蛋白膜，从而稳定了肉糜的脂肪-蛋白质-水体系。

酪蛋白和酪蛋白酸钠用于焙烤食品中除了利用其乳化性外，还可增加制品中蛋白的含量。用于冰淇淋、咖啡伴侣、搅打型糕点中，赋予制品良好的外形、口感。用于汤料、乳制品、快餐等可增加黏稠性。

3. 大豆蛋白

大豆蛋白是大豆类产品中所含的蛋白质。大豆蛋白是由多种亚单元构成的混合物，每一亚单元的组成和分子量都不相同，故大豆蛋白有较宽的分子量分布范围。大豆中蛋白质中约90%可在pH值为4.5左右沉淀，沉淀部分为大豆球蛋白，未沉淀部分为大豆乳清蛋白。大豆球蛋白由四个主要成分组成，即2S、7S、11S和15S球蛋白。其中11S球蛋白占34%，7S球蛋白占27%。

与动物蛋白相似，大豆蛋白能吸附到油-水界面上，其分子链展开、重新排列，亲水基团深入水中，亲油基团与油滴相连，同时还可以围绕油滴形成带电层，阻止油滴的凝聚，从而起到乳化、稳定等作用。

大豆蛋白的乳化性能受pH值、温度、固体含量、加工条件等因素的影响。大豆蛋白具有复杂的初级结构和空间结构，其结构特征决定它的功能特性，因此，凡是能够改变蛋白结构的因素，都将影响其功能特性。这也许是许多大豆蛋白产品质量不稳定的重要原因。

大豆蛋白属于植物蛋白。与动物蛋白相比，在食品工业上具有来源广、价格低、营养高的优点，因此近年来应用日益广泛。如用于肉类制品中作乳化剂、稳定剂；在奶类、饮料食品中作乳化剂、悬浮剂和稳定剂；用于焙烤食品和谷类食品中作为组织改良剂、稳定性和食品营养增强剂；用于调味品、冷冻甜食中可作为起泡剂等。近年来还有用大豆蛋白制成人造仿制食品的报道。

4. 蛋白质-多糖配合物

多糖是由多个单糖分子缩合、失水而成，结构复杂且庞大的糖类物质。其通式为$(C_6H_{10}O_5)_x$。从广义上讲，凡符合高分子化合物概念的碳水化合物及其衍生物均称为多糖。分子量从5×10^3至10^6。淀粉和纤维素是自然界中最丰富的均一性多糖。多糖分子中大量的羟基使得它有良好的亲水性，并且在分散介质能形成黏稠溶液，因此具有阻止胶粒聚集的能力，常被用作食品中的稳定剂。

如前所述，蛋白质凭借其独特的两亲性结构可吸附在分散粒子的表面，亲水基团伸入水相形成吸附膜以降低表面张力，同时围绕着胶粒的空间保护层可阻止胶粒的聚集。但蛋白质在水中的溶解性能一般不佳，影响了其作为乳化剂的特点。

利用蛋白质分子中的氨基和多糖分子链末端含有的还原性碳基残基，使两者进行美拉德反应(maillard reaction)而结合，形成既有蛋白质的良好的表面活性又具有多糖的亲水性能的蛋白质-多糖配合物，因而作为“绿色”食品乳化剂有着广泛的应用前景。

例如，将可作为食品乳化剂的共轭血浆蛋白质与作为食品稳定剂的半乳甘露聚糖通过maillard reaction制成配合物，研究发现其乳化能力较共轭血浆蛋白质提高1.4倍，在pH值为3的酸性溶液中和浓度为0.2mol/L的NaCl溶液中，均显示有效的乳化性能。

蛋白质-多糖配合物是一类具有广泛应用前景的高分子食品乳化剂和食品稳定剂，对于改善食品的品质，增加食品中蛋白质含量具有重要的意义。目前的研究大部分尚在试验室范围内，可望在不久的将来在各种乳化食品及发泡食品，如仿乳食品、果汁饮料、含乳饮料、酸奶、冰淇淋、蛋糕等中使用。

11.3.3 大豆卵磷脂

1. 大豆卵磷脂简介

“卵磷脂”一词是由希腊文“Lekiths”派生出来，意指“蛋黄”。1844年法国人Gohley从蛋黄中发现卵磷脂(蛋黄素),并以希腊文命名为 Lecithos(卵磷脂英文名为 Lecithin),也自此揭开了卵磷脂神秘的面纱。卵磷脂是生命的基础物质,人类生命自始至终都离不开它的滋养和保护。卵磷脂存在于每个细胞之中,更多的是集中在脑及神经系统、血液循环系统、免疫系统以及肝、心、肾等重要器官。卵磷脂最初是在蛋黄中被发现,一只鲜蛋黄中约含 10%卵磷脂。近年来卵磷脂被誉为与蛋白质、维生素并列的"三大营养素",倍受社会的关注。

事实上,卵磷脂以丰富的姿态存在于自然界当中。它存在于一切动物和植物的细胞和脑中,是细胞表面包膜的主要成份,影响各种物质对细胞膜的透过。

从化学结构上看,卵磷脂是一种由磷脂酸与胆素结合而成的大分子。由于蛋黄卵磷脂的制取受萃取技术、工艺的限制和成本的考虑,从动物蛋黄成功制取的量非常少。所以通常所说的卵磷脂泛指的是大豆卵磷脂。

大豆卵磷脂又称大豆蛋黄素,是精制大豆油过程中的副产品。市面上粒状的大豆卵磷脂是大豆油在脱胶过程中沉淀出来的磷脂质,再经加工、干燥之后的产品。

2. 大豆卵磷脂的类型

根据加工工艺的不同,大豆卵磷脂可分为以下几种类型。

(1) 天然粗制大豆卵磷脂。也称为浓缩大豆磷脂,是大豆油的油脚经真空脱水制得,其丙酮不溶物(主要是磷脂和糖脂)含量为 60%~64%,大豆油含量为 36%~40%。

(2) 改性大豆卵磷脂。由浓缩大豆磷脂经化学改性制成,具有较好的亲水性,通常是水包油(O/W)体系的乳化剂。产品的丙酮不溶物含量与天然粗制磷脂相同,但亲水性和乳化性都显著提高。近年来在饲料中应用较为广泛。改性大豆磷脂进一步精制提取可制成改性粉末大豆磷脂。

(3) 粉末大豆卵磷脂。也称脱油磷脂粉,由浓缩大豆磷脂经丙酮脱油精制而得的纯天然高纯度磷脂混合物产品,丙酮不溶物含量较高,为 95%~98%。

(4) 精制大豆卵磷脂。粉末大豆磷脂经乙醇抽提纯化后分为醇溶部分和醇不溶部分两种。醇溶部分磷脂酰胆碱含量高,亲水性增强,是水包油(O/W)型乳化剂。醇不溶部分为磷脂酰乙醇胺和磷脂酰肌醇,是油包水(W/O)型乳化剂。

3. 大豆卵磷脂的结构和性质

1) 大豆卵磷脂的结构

大豆卵磷脂实际上是多种磷脂的混合物,主要包含甘油醇磷脂和神经醇磷脂两类。

(1) 甘油醇磷脂。

构成甘油醇磷脂的醇是甘油,它的两个羟基的一个为脂肪酸所替换,另一个为磷酸及含氮碱类化合物所取代。

不同基团取代时,构成不同类型的磷脂,主要有磷脂酰乙醇胺,也称脑磷脂(PE)、磷脂酰胆碱,又称卵磷脂(PC)、磷脂酰肌醇,又称肌醇磷脂(PI)、磷脂酰丝胺酸(PS),此外还有磷脂酰甘油(PG)、二磷脂酰甘油、缩酰磷脂、溶血胆碱磷脂(LPC)、溶血乙醇胺磷脂(LPE)等。

(2) 神经醇磷脂。

即鞘脂类物质,属于复合磷脂。主要有神经鞘磷脂、酰基鞘胺醇、脑干和神经节甙脂等。其组成均含有三个基本结构成分:一分子脂肪酸,一分子鞘胺酸或其衍生物,一个带电的极性头部。神经醇磷脂的典型代表鞘磷脂(SPM)是动物组织中含量最丰富的鞘脂类,极性头部是磷脂乙醇胺或磷酰胆碱,由磷酸基和神经酰胺的第一个羟基以酯链相连而构成。

大豆卵磷脂中各种磷脂的组成比例与大豆的产地、品种等有关。不同原料磷脂中脑磷脂和卵磷脂的含量差异较大。

2）大豆卵磷脂的性质

纯净的大豆卵磷脂在高温下是一种白色固体物质。由于精制处理和空气接触等原因，常常呈现淡黄色或棕色。

（1）吸水性。

大豆卵磷脂分子中含有的磷酸根和氨基醇亲水基团以及碳氢键疏水基团的作用，使得磷脂是一种良好的表面活性剂，能使水油两个不相溶的相形成稳定的乳胶体。磷脂当遇水时能吸水膨胀，在油脂中溶解度大大降低，从而在油中析出。

（2）溶解度。

大豆卵磷脂溶于油脂、脂肪酸及有机溶剂（如苯、乙醚、己烷等），部分溶于乙醇，极难溶于丙酮和乙酸甲酯，不溶于水。

（3）氧化热分解。

大豆卵磷脂在空气或阳光中不稳定，易氧化酸败而变黑，但在油脂中比较稳定。卵磷脂一般保存在油脂中，也正是利用了这一特性。

（4）水解性。

大豆卵磷脂在酸性或碱性环境下易被水解，水解产物为脂肪酸、甘油、磷酸、氨基醇、肌醇等。

4. 大豆卵磷脂在食品工业中的应用

大豆卵磷脂的乳化、分散、湿润以及改善食品的起泡性与操作性能使其被广泛应用于糖果、巧克力、饼干、肉类制品、速溶食品、奶类及奶制品、人造奶油及其他食品的制作中。我国现在主要用作乳化剂或营养添加剂。

大豆卵磷脂本身的乳化能力不很强，因此通常与其他乳化剂和稳定剂结合使用。在人造奶油、糖果、巧克力、速冻食品以及面包等烘烤食品中，其用量一般为小于1%。

大豆卵磷脂对其所在环境的离子较敏感。实验结果表明，当盐度超过5%，pH值小于4时，其乳化特性有所降低。

在食品烹调中，大豆卵磷脂是最佳的发泡剂。其优点是能在较长的时间内保持需要的发泡能力，同时又能防止食物黏连和焦化，以及它只使油脂介质发泡而不明显的喷溅。同时，由于发泡作用人为地增加了热传导介质的体积，从而明显地减少了烹炸食物所用油脂的用量。适用炸制的食物有肉类、鱼类、家禽和蔬菜，如鸡块、鸡片、猪排、鱼片和薯条等。

大豆卵磷脂加入巧克力中可以降低黏度，促进人造奶油的乳化。用于制作粉末状食品，能使产品迅速溶解和润湿。

含有大豆卵磷脂的速溶蛋白粉能与肉类迅速彻底地混合，某些水解胶体也能较容易地被迅速掺入食品中，具有嫩肉增鲜的作用。

大豆卵磷脂的抗油脂氧化性目前已在油脂生产中得到应用。实验表明，卵磷脂在油中含量≥0.2%，可显著地提高菜籽油、葵花籽油以及大豆油的抗氧化性。如在60℃储存条件下，可以保存8个星期。卵磷脂在Cu、Fe、Mn等离子存在的条件下，其抗氧化作用很高，原因在于它们可以提高油脂中的过氧化物及过氧化氢的分解活性。而且，这种活性在氮的参与下也有显著提高。卵磷脂对鱼油的抗氧化性作用实验表明，含丙酮不溶物达65%的大豆卵磷脂具有最大的抗氧化作用。

大豆卵磷脂在化妆品中也有广泛使用，除了可以保护皮肤免受刺激、活化皮肤呼吸、保持皮肤湿润、提高化妆品的分散外，还可作为头发润滑剂等。

11.3.4　聚甘油脂肪酸酯

1. 概述

聚甘油脂肪酸酯(PGFE)简称聚甘油脂，是一类新型、高效和性能优良的多羟基酯类非离子型表面活性剂，其分子结构可表示如下：

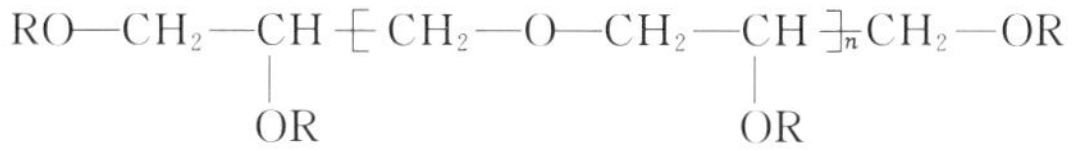

$$\mathrm{RO{-}CH_2{-}\underset{\displaystyle OR}{\underset{|}{CH}}{-}\!\left[CH_2{-}O{-}CH_2{-}\underset{\displaystyle OR}{\underset{|}{CH}}\right]_n\!{-}CH_2{-}OR}$$

式中，R 为 H 或脂肪酰基，n 为 0、1、2、……等整数。

聚甘油脂肪酸酯的乳化性能比单甘油脂肪酸酯优越得多，原因就在于聚甘油脂肪酸酯中具有更多亲水性羟基，因此亲水性良好，且其亲水性随聚甘油的聚合度增加而增强。而亲油性则随脂肪酸中烷基不同而不同。所以通过改变聚甘油的聚合度、脂肪酸种类及酯化度，可得到一系列 HLB 值(亲水亲油平衡值)为 1～20，从亲油性到亲水性不同性能的聚甘油脂肪酸酯产品，以适于各种特殊用途。

聚甘油脂肪酸酯外观从淡黄色油状液体至蜡状固体，与其结合脂肪酸有关。聚甘油脂肪酸酯因兼有亲水、亲油双重特性，因此具有良好乳化、分散、湿润、稳定、起泡等多重性能。在人体代谢过程中可分解，从而参与代谢，被人体利用，具有高度安全性，是一类高效安全添加剂，被联合国粮农组织和世界卫生组织(FAO/WHO)推荐使用。同时聚甘油脂肪酸酯在各种酸、碱环境中均相当稳定，在含盐量较高的溶液中也有很好乳化性。聚甘油脂肪酸酯无色、无味、不易发生水解，对产品外观、气味均无不良影响；可与其他乳化剂复配，具有良好协同增效作用，因而广泛应用于食品、日化、石油、纺织、涂料、塑料、农药、橡胶、医药等领域。

2. 聚甘油脂肪酸酯的制备方法

聚甘油脂肪酸酯的制备一般分两步完成。第一步，通过甘油缩合或甘油酯与甘油加成反应制备聚甘油；第二步，通过聚甘油与脂肪酸的直接酯化反应，或聚甘油与甘油三酯进行酯交换反应，得到相应的聚甘油脂肪酸酯。

1）聚甘油的制备

聚甘油是一种复杂的混合体，含有线型、支链型和环状结构的聚甘油。其反应通式如图 11-2 所示。

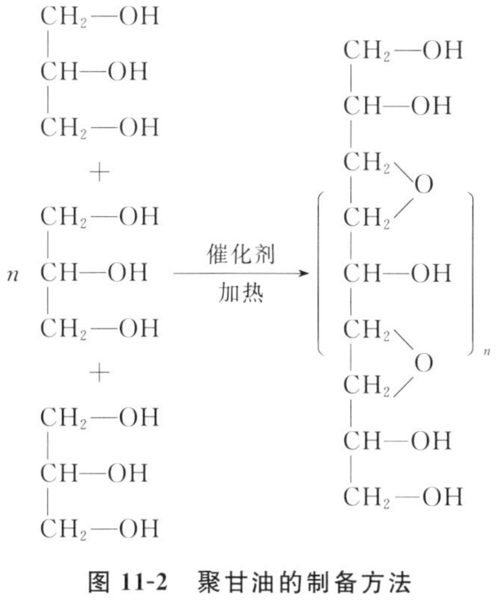

$$\begin{array}{c}\mathrm{CH_2{-}OH}\\ |\\ \mathrm{CH{-}OH}\\ |\\ \mathrm{CH_2{-}OH}\\ +\\ \mathrm{CH_2{-}OH}\\ |\\ n\ \mathrm{CH{-}OH}\\ |\\ \mathrm{CH_2{-}OH}\\ +\\ \mathrm{CH_2{-}OH}\\ |\\ \mathrm{CH{-}OH}\\ |\\ \mathrm{CH_2{-}OH}\end{array} \xrightarrow[\text{加热}]{\text{催化剂}} \begin{array}{c}\mathrm{CH_2{-}OH}\\ |\\ \mathrm{CH{-}OH}\\ |\\ \mathrm{CH_2{\diagdown}}\\ \quad\mathrm{O}\\ \left(\begin{array}{c}\mathrm{CH_2{\diagup}}\\ |\\ \mathrm{CH{-}OH}\\ |\\ \mathrm{CH_2{\diagdown}}\end{array}\right)_n\\ \quad\mathrm{O}\\ \mathrm{CH_2{\diagup}}\\ |\\ \mathrm{CH{-}OH}\\ |\\ \mathrm{CH_2{-}OH}\end{array}$$

图 11-2　聚甘油的制备方法

其中 n 为 0、1、2、……28 或更高。据理论预测，聚甘油的聚合度最高可达 30，但通常情况下仅能得到二至十二聚甘油。因为作为食品添加剂的聚甘油，聚合度最高规定为 12，更高聚合度的聚甘油不允许作为食品添加剂，因此很少生产。

聚甘油脂肪酸酯的质量很大程度上取决于聚甘油的质量。在各种结构的聚甘油中，由线型聚甘油制备的聚甘油脂肪酸酯的乳化效果最好，而由环状聚甘油制备的聚甘油脂肪酸酯的乳化效果最差。因此，聚甘油的合成是制备高品质聚甘油脂肪酸酯的关键步骤。目前聚甘油的制备主要有酸法和碱法等，产物中的各种结构聚甘油的含量不同，性能也有较大的差别。

(1) 酸法。

酸法即在硫酸、醋酸钠等催化剂作用下，在 120℃～128℃下反应 15～18h，通入惰性气体，以除去反应时生成水和改善产物色泽。但该法通常需要在减压条件下进行，对设备要求较高，反应时间较长，产品色泽较深，副产物环状聚甘油含量也较高。

(2) 碱法。

目前工业化生产聚甘油一般采用碱法。即采用真空加料法将无水甘油加入反应器中，在 120℃～150℃下预先加热 10～30min，然后加入 0.01%～5%(质量比)的粉状碱性催化剂(如 NaOH 等)，并不断强烈搅拌。逐渐将温度升至 220℃～280℃，反应 5～6h。检验碱含量 ≤0.1时为反应终点。整个过程须通入氮气或二氧化碳等惰性气体进行保护，并在体系中添加还原性金属如 Al 或 Mg 等，避免丙烯醛或其他有色缩合物的生成，影响产品质量。反应结束后通过蒸馏除去未参加反应的甘油，然后用 HCl 调节 pH 值至中性，加入活性炭或活性白土、MgO 等吸附剂，80℃下搅拌 30min，进行脱色。或采用离子交换树脂脱色。最后用分子蒸馏法蒸馏得到聚甘油。

曾对包括氢氧化物、氧化物及碳酸盐在内的各种碱性催化剂进行催化聚合试验，发现其活性顺序如下：$K_2CO_3 > Li_2CO_3 > Na_2CO_3 > KOH > NaOH > CH_3ONa > Ca(OH)_2 > LiOH > MgCO_3 > MgO > CaO > CaCO_3 \approx ZnO$。从该顺序中可见，碳酸盐比氢氧化物催化活性强，其原因是在高温条件下，碳酸盐在聚甘油体系中溶解性比氢氧化物好。然而在使用上述不同催化剂合成聚甘油时，用 NaOH 作催化剂时反应较易控制，产品色泽较浅，成本也最低。而用其他几种催化剂时，反应速度虽较快，但副反应较多，产品色泽等方面不理想，因此，工业上一般选用固体 NaOH 作为催化剂。

甘油的聚合反应可由改变操作条件，如反应温度、反应时间、压力、催化剂种类等调节聚合度。其聚合度可通过生成水的重量、产物黏度、羟值等方法检测。

该法具有原料充足、价格低廉、反应步骤少、对设备要求低、副产物环状聚甘油含量低等优点，但仍有产品成分较复杂等缺点。

(3) 从合成甘油残渣中回收聚甘油。

采用环氧氯丙烷水解过程制备甘油的过程中，会产生占甘油总量约 3%～5%的聚甘油，在甘油蒸馏过程中残存于塔底，为深褐至黑色黏稠液体或半固体，称之甘油沥青。其中含聚合度为 2～6 的聚甘油 80%左右。用酒精等有机溶剂从甘油蒸馏残渣中萃取，然后用活性炭等精制，得到聚甘油。

该法原料价格低廉，还可变废为宝。但受原料来源的限制，反应步骤多，产品质量也较差。

(4) 其他方法。

采用环氧氯丙烷与 NaOH 水溶液反应，可高效率地得到聚甘油，副产物可用电渗析除掉。该法产品质量好，但原料价格较昂贵。

将二烯丙醚或二烯丙醇与氯水反应进行氯代醇化，再用碱水脱氯，可得二聚甘油或三聚甘油。

用 NaOH 水解环氧丙烷，可制得高分子量聚甘油；

将甘油或二聚甘油与 NaOH 反应，使部分羟基烷氧基化，再使之与二氯代醇反应可得到聚甘油。

用氟化硼作催化剂，加热普通甘油到 100℃，可制得聚甘油。

目前这些合成路线均尚未能进行工业化生产。

由此可见，各种制备聚甘油的方法各有其优缺点。但总体来说，碱法操作简单，容易控制反应条件和反应进程，比较适于工业化生产。

2）聚甘油脂肪酸酯的制备

聚甘油通过与脂肪酸的酯化反应，或通过与动植物油脂进行酯交换反应，即可得到相应的聚甘油脂肪酸酯。由于聚甘油分子链中含有多个羟基，其中端基上的羟基为伯羟基，其反应活性比位于分子链中间的仲羟基的高，所以酯化开始后，反应首先发生在伯羟基上，酯化生成端基酯，即单酯。如果脂肪酸用量较多，反应会进一步在仲羟基上发生，生成多酯。通过酯交换法形成聚甘油脂肪酸单酯的过程示意如图 11-3 所示。

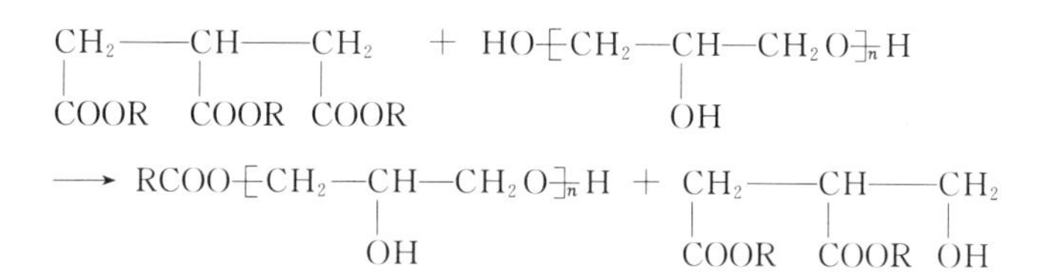

图 11-3 聚甘油脂肪酸酯的制备

聚甘油与脂肪酸的酯化反应主要有以下几种方法。

（1）脂肪酸酯化法。

这是聚甘油脂肪酸酯最常用的工业生产方法。

将脂肪酸熔化后投入反应釜内，升温至 80℃，抽真空至 0.04MPa。通入氮气，再升温至 160℃，恒温 2h，保持真空 0.08MPa。恒温完成后，投入一定量精制聚甘油，继续升温至 230℃，在 0.06MPa 真空下反应 2h。检测反应产物的酸值接近零时为反应终点。停止真空和氮气，降温至 90℃出料。

所用脂肪酸可以是硬脂酸、棕榈酸、油酸、月桂酸等高级脂肪酸，也可以是原子数较低的低级脂肪酸。为得到色、味良好的聚甘油脂肪酸酯，通常在酯化反应中加入亚硫酸盐，并采用热稳定性好的脂肪酸。在酯化反应时通常无需另加催化剂而直接利用甘油聚合时所加碱性催化剂即可。碱性催化剂在酯化过程中除具有催化作用外，还可使部分脂肪酸变成脂肪酸盐，有助于聚甘油在较高温度下溶解于酯产品，提高聚甘油的转化率，而且产品质量较好。

（2）酯交换法。

采用油脂与聚甘油进行醇解酯交换反应也是制备聚甘油脂肪酸酯的常用方法，所用油脂可以是硬化油（如硬脂酸甘油酯）、棕榈油或其他油脂。

将油脂与聚甘油投入反应釜，在碱性催化剂作用下，200℃～240℃下反应 2～8h，然后除去下层未反应聚甘油，对上层物精制即得聚甘油酯。

碱催化酯交换法制备聚甘油脂肪酸酯可在较低温度下进行，如油酸甲酯与三聚甘油在碳酸钾催化下进行酯交换，80℃即可反应，产物水解得三聚甘油单油酸酯。

(3) 酯酶合成法。

取等量聚甘油与硅胶，通过磁力搅拌使聚甘油吸附于硅胶上。然后将吸附了聚甘油的硅胶悬浮于脂肪酸甲酯中，加入一定量酯酶制剂，在 60℃无溶剂条件下搅拌进行反应。反应结束后，减压过滤反应混合物，除去酯酶与硅胶(可以再使用)，获得聚甘油脂肪酸酯。该法克服传统化学方法须在较高温度或压力下才能制取聚甘油酯的缺点，反应可在较温和条件下进行，有利于抑制副反应，提高产品质量。

3. 聚甘油脂肪酸酯的应用

聚甘油脂肪酸酯是近 30 年来发展起来的新型乳化剂。它的用途极为广泛，而且不断有新的用途在研究和开发中。其功能主要有：乳化作用、黏度调节作用、控制调整结晶作用、品质改良作用、抗菌作用等。

聚甘油脂肪酸酯于 1935 年合成成功，在欧美曾作为人造奶油的乳化剂。但由于当时产品的质量不佳，因此未能大规模推广。20 世纪 60 年代，聚甘油的精制工艺被改进，使聚甘油脂肪酸酯的品质大大提高，因而在食品和化妆品中得以应用。20 世纪 70 年代后期，欧美国家相继开始大规模生产，并在食品制备中大量应用。目前在联合国粮农组织和世界卫生组织(FAO/WHO)确认的 30 多种食品乳化剂中，聚甘油脂肪酸酯名列其中。日本生产的聚甘油脂肪酸酯大约 80%用作食品添加剂，并在日化、医药、纺织等领域也逐步得到推广应用。我国聚甘油酯的开发和应用起步比较晚，直到 20 世纪 80 年代中期才偶尔见到关于聚甘油脂肪酸酯研究的报道。近些年来我国在这方面的研究开发和应用取得了可喜成果，并开始步入工业化生产。

聚甘油脂肪酸酯在食品制备中的主要用途简单介绍如下。

1) 食品乳化剂

食品乳化剂是聚甘油脂肪酸酯的最主要用途。它可用作水包油型(O/W)、油包水型(W/O)或双重乳化型(W/O/W 或 O/W/O)乳液的乳化剂。

例如，国外生产一种橘橙或酸奶型的具有酸味且产生清凉感的泡沫奶油，一般的乳化剂对酸不稳定而不能使用。而采用十聚甘油单硬脂酸酯与有机酸单甘酯并用，生产的泡沫酸味奶油质量十分稳定。

双重乳液有 W/O/W 型乳液和 O/W/O 型乳液两种。W/O/W 型乳液是将 W/O 型乳液分散在水中而形成的。采用高 W/O 性能的聚甘油脂肪酸酯滴加到亲水性乳化剂水溶液中进行再乳化，即可制得 W/O/W 型双重乳液。与通常的乳化剂相比，用少量的聚甘油脂肪酸酯就可以制成稳定性好的乳化液。当今在低热量、低脂肪类食品的研发中，双重乳化技术的应用引起人们的重视。由于聚甘油脂肪酸酯的开发成功，使得双重乳化技术推广应用成为可能。同样，聚甘油脂肪酸酯还可以用作 O/W/O 型乳液的乳化剂。目前，利用这种双重乳化作用开发的食品有咖啡奶油、人造奶油、冰淇淋、饮料、蛋黄酱、调味汁等。

2) 结晶调整剂

聚甘油脂肪酸酯具有抑制结晶或促进结晶的作用。如高酯化度的十聚甘油十硬脂酸酯(12 个羟基中有 10 个酯化)的聚甘油脂肪酸酯具有抑制结晶的作用。相反，低酯化度的六聚甘油五硬脂酸酯(8 个羟基中有 5 个酯化)的聚甘油脂肪酸酯则具有促进结晶的效果。通过调整聚甘油酯的酯化度，不必改变油脂的特性就可调节结晶速度，并可改善油脂的质量，使其晶粒细微、具有光泽。如在巧克力的储存过程中，由于温度变化在其表面浮现出油脂或砂糖的结晶，产生白斑或白色混浊状并失去光泽，此现象称之为“巧克力起霜”。如果在可可脂中加入

1%十聚甘油十硬脂酸酯,可可脂迅速形成微细结晶,防止结晶生长,抑制可可脂结晶从V型向VI型转移(可可脂有六种晶型,其VI型是造成可可脂起霜的主要原因),从而防止巧克力起霜。

亲水性聚甘油脂肪酸酯具有促进结晶化的效果。如四聚甘油单硬脂酸酯是α型结晶乳化剂。另外,亲水性聚甘油脂肪酸酯还具有抗冻效果,可改善O/W型乳液的耐冻融性。如用亲水性聚甘油酯可以制造不使用蛋黄,但却有蛋黄味道的调味酱,而且制成的调味酱具有良好的耐冻融性。

3)黏度调节剂

巧克力是由可可脂、可可粉、奶粉、蔗糖等混合制成的。黏度调节剂可改善这些成分的分散性,降低油脂与蔗糖间的摩擦力,形成平滑的组织结构,从而使黏度降低、结晶稳定、防止起霜。增加可可脂比例可降低黏度,但生产成本增高。为了降低成本,可添加卵磷脂或蔗糖酯等,但效果欠佳。而采用亲油性聚甘油脂肪酸酯,其降低黏度的能力明显优于卵磷脂和蔗糖酯。

另外,聚甘油脂肪酸酯还具有降低含蛋白质的O/W型乳液黏度的作用。

4)淀粉改良剂

聚甘油脂肪酸酯具有改善淀粉黏度、防止淀粉老化的作用,因而可用于淀粉类食品的品质改良方面。如十聚甘油单月桂酸酯对淀粉有防老化作用,可改善面包、点心类食品的加工质量。能降低淀粉的黏性,提高耐冲击性,增加烘烤容积,使面包变得松软,并改善食品风味和咀嚼口感。

5)其他方面

聚甘油脂肪酸酯具有良好的抗菌作用。日本学者大量的实验结果表明:中等链长(C8—C12)脂肪酸系聚甘油酯对细菌、霉菌、酵母菌等有较强的抑制作用。例如,聚甘油脂肪酸酯对肉毒杆菌和耐热性细菌有很强的抗菌作用,但随聚甘油酯中脂肪酸残基种类的不同而有所差异。如十聚甘油单月桂酸酯和十聚甘油单肉豆蔻酸酯对厌气性细菌中耐热性最强的热嗜酸梭菌抗菌作用最强,而对好气性耐热细菌嗜热脂肪杆菌仅能抑制细菌生长。因此,聚甘油脂肪酸酯的抗菌作用应按照食品的不同组成来选择聚甘油酯和确定最适添加量。

聚甘油脂肪酸酯亦可作为食品着色助剂。如用水溶性色素将油进行热稳定着色或将色素变成亲油性时,可使用聚甘油脂肪酸酯。

聚甘油脂肪酸酯可用作口香糖和奶油糖果的软化剂,防止咀嚼时粘牙,并赋予塑性和柔软感。

聚甘油脂肪酸酯还可作鱼类、肉类加工制品的品质改良剂。如鱼肉、畜肉加工时使用聚甘油脂肪酸酯可提高其弹性,使肉质细腻。

11.4 其他高分子食品添加剂

11.4.1 高分子食用色素

在食品工业中,色素被广泛地应用,其主要目的是改善食品外观,这种食品添加剂被称为食用色素。许多天然食品具有天然的色泽,这些色泽能促进人的食欲,增加消化液的分泌,因而有利于消化和吸收,是食品的重要感官指标。但是,食品的天然色泽在加工、贮存过程中容易褪色或变色。为了改善食品的色泽和提高色泽的稳定性，人们常常在加工食品的过程中添加食用色素，以改善感官性质和贮存稳定性。

在食品中添加色素并不是现代人的专利。其实，在我国古代，人们就知道利用红曲色素来制作红酒，用蔬菜中的叶绿素制作青团糕点等。中国人讲究食品的“色、香、味”，食品的色泽往往成为人们评判食品质量的第一要素。

传统的食品色素大部分为小分子化合物，可分为天然色素与人工合成色素两大类。天然色素来自天然物，主要由植物组织中提取，也包括来自动物和微生物的一些色素。常用的天然色素如胡萝卜素、叶绿素、血红素、花黄素、姜黄素、栀子黄等。人工合成色素是指用人工化学合成方法所制得的有机色素，主要是以煤焦油中分离出来的苯胺染料为原料制成的。由于天然色素受到地域、品种和产量的限制，远远满足不了现代食品工业对色素的需求，因此人工合成色素应运而生。自从1856年英国人帕金合成出第一种人工色素——苯胺紫之后，人工合成色素越来越多地扮演着改善食品色泽的角色。

在很长的一段时间里，由于人们没有认识到人工合成色素对人体健康的危害，并且合成色素与天然色素相比较，具有色泽鲜艳、着色力强、性质稳定和价格便宜等优点，许多国家在食品加工行业普遍使用合成色素。

但是随着科学技术的发展和人们健康意识的提高，许多小分子有色物质对人体的危害作用被揭示。为了满足人们对食品色泽的要求，同时保证食品的安全，使用高分子色素或将色素高分子化成为人们解决上述问题的重要办法之一。

最常见的高分子化色素的制备方法是将小分子色素通过共价键连接到高分子骨架上。如果连接色素分子与高分子骨架的化学键足够稳定，则小分子色素在人体内不会被水解而脱落，因而将不能被肠道吸收而对身体无害。

高分子色素的制备主要有两种途径。一是通过在小分子色素结构中引入可聚合基团制成单体，再利用聚合反应制成高分子色素。二是可通过接枝反应，将含有色素结构的小分子直接引入高分子骨架中。为了改善高分子色素的水溶性，通常还需要在聚合物骨架中引入亲水基团。

例如，一种高分子蓝色素的合成是通过如下反应获得的。将半当量的溴代蒽醌型色素与带有氨基的线性聚合物反应而实现色素的高分子化，然后再将高分子骨架中未反应的氨基磺酰化，转变成水溶性基团，则成为可供使用的水溶性高分子色素。这是通过接枝反应制备高分子色素的例子(图11-4)。

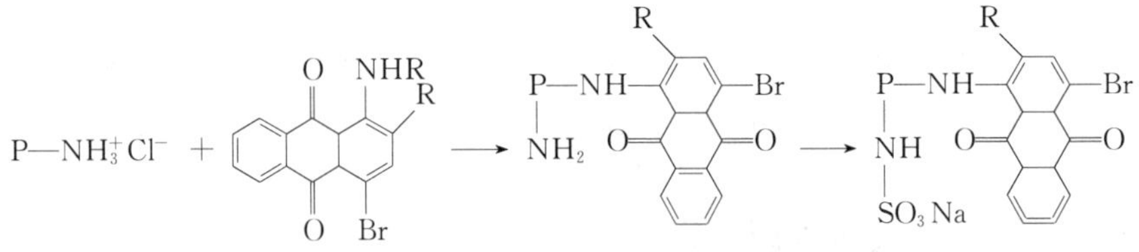

$P-NH_3^+Cl^-$ + (O, NHR, R, O, Br) ⟶ (P—NH, NH_2, R, Br, O, O) ⟶ (P—NH, NH, SO_3Na, R, Br, O, O)

注：式中，P代表聚合物

图11-4　接枝反应制备高分子色素的实例

偶氮苯是一类具有鲜明颜色的染料中间体。但是小分子偶氮苯被怀疑是一种潜在的致癌物质。如苏丹红即是一种偶氮苯类色素。但偶氮苯类色素经过高分子化后，被人体吸收的能力大大降低，因此安全性将大大提高。例如，一种偶氮苯类的色素，通过在分子中引入甲基丙烯酰基作为可聚合基团后，即可经聚合反应得到橘红色的高分子色素(图 11-5)。这是通过在小分子色素结构中引入可聚合基团在进行聚合反应制成高分子色素的范例。

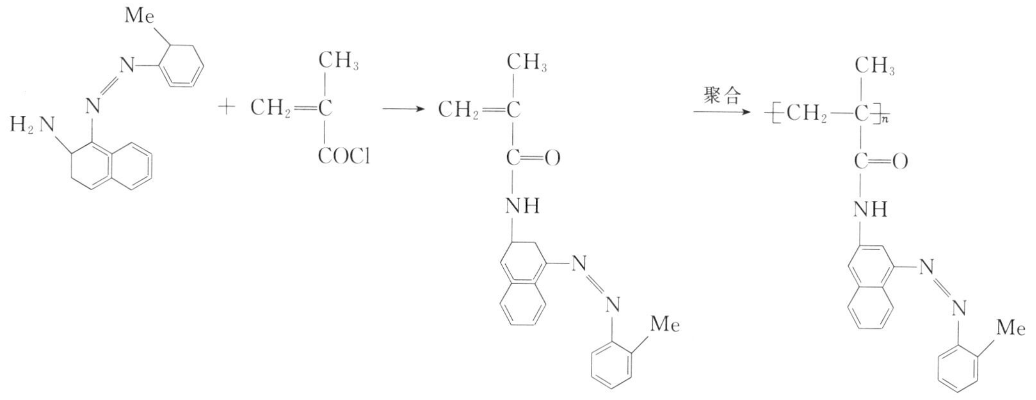

图 11-5 偶氮苯类高分子色素的制备方法

11.4.2 高分子食品抗氧化剂

食品中的油脂、蛋白质在贮存过程中由于与氧气接触会发生氧化反应，导致食品的变质。抗氧化剂能有效阻止或延缓食品的氧化变质，提高食品稳定性和延长贮存期。长期以来，食品、饮料等行业一直使用化学合成抗氧化剂进行油脂及食品的防腐保鲜，如丁基羟基苯甲醚(BHA)、二丁基羟基甲苯(BHT)、没食子酸丙酯(PG)和叔丁基对苯二酚(TBHQ)等。但是由于多数小分子抗氧化剂能被人体吸收并对人体有害。并且容易挥发或迁移而失去抗氧化作用。因此人们对人工合成食品抗氧化剂的安全性问题提出了质疑。动物试验结果证明，将 BHT 及其代谢产物 BHT-OOH、BHT-OH 和 BHT-SCH_3 注射到雄性幼鼠腹膜内，会使鼠肺细胞增生、肺组织增重。据悉，目前部分发达国家已限量或禁止使用对人体有毒副作用的人工合成抗氧化剂，比如北欧已禁止使用 BHA、BHT 等合成抗氧化剂，美国、日本及西欧国家也已限量使用。

β-胡萝卜素、迷迭香、茶多酚、维生素 E 和香椿叶乙醇提取物都是效果良好的天然抗氧化剂，对人体无害，同时还有一定的保健作用。但是这类天然抗氧化剂由于昂贵的价格和有限的来源使得它们难以在量大面广的食品工业中普遍使用。

高分子化的食品抗氧化剂是近年来食品抗氧化剂发展的一个重要方向。由于高分子氧化剂是非挥发性的，因此，可以长期保持其抗氧化作用。高分子在人体内的非吸收性也大大减少了对人体的不利影响。此外，抗氧化剂主要用于含有油类和脂肪的食品，并经常需要经受高温处理过程，因此，一般要求具有良好的脂溶性质和热稳定性。高分子抗氧化剂可满足这些要求。

高分子抗氧化剂的制备可通过以下几条途径进行：一是通过在小分子抗氧化剂结构中引入可聚合基团制成单体，再利用聚合反应制成高分子抗氧化剂。这种可聚合基团可以是双键，也可以是能相互缩合的官能团。二是可通过接枝反应，将含有抗氧化剂结构的小分子直接引入高分子骨架中。

例如，将没食子酸丙酯(3,4,5-三羟基苯甲酸正丙酯)与甲基丙烯酰氯反应，制备带有可聚合双键的抗氧化剂单体，再经自由基聚合即可制的高分子化的没食子酸丙酯(图 11-6)。

这种高分子抗氧化剂也可通过先制备聚丙烯酰氯，然后与没食子酸丙酯进行接枝反应来

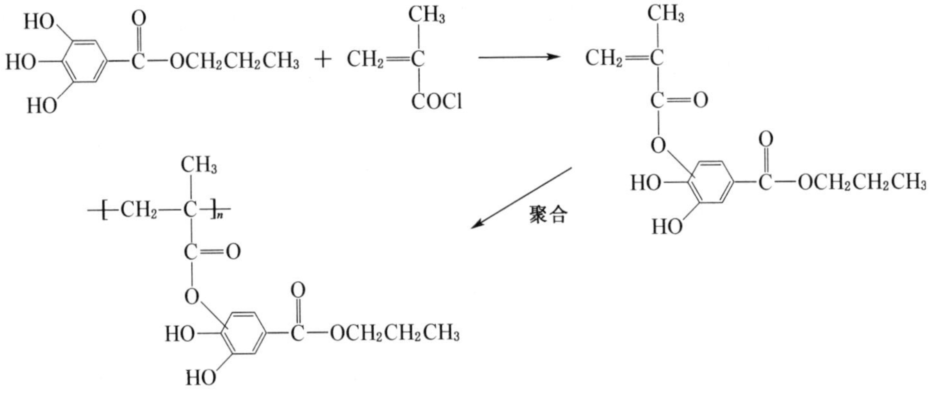

HO, HO, HO — C(=O)—$OCH_2CH_2CH_3$ + CH_2=C(CH_3)—COCl ⟶ CH_2=C(CH_3)—C(=O)—O—(HO, HO)—C(=O)—$OCH_2CH_2CH_3$

聚合

$-[CH_2-C(CH_3)]_n-$ —C=O —O— HO, HO —C(=O)—$OCH_2CH_2CH_3$

图 11-6　没食子酸丙酯的高分子化

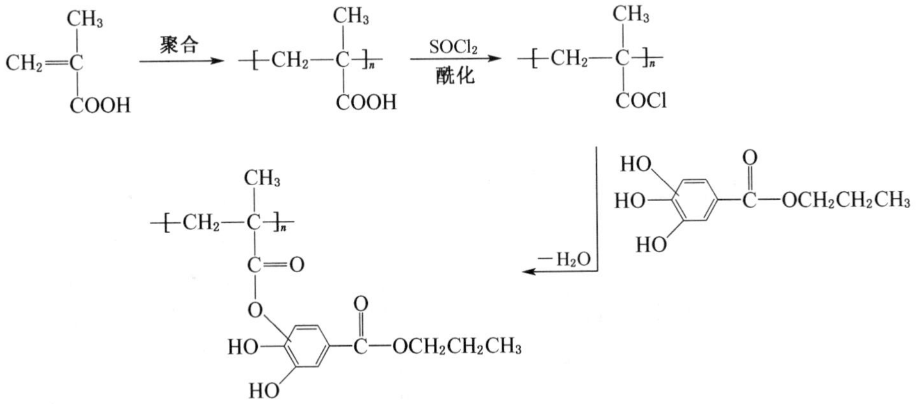

CH_2=C(CH_3)—COOH —聚合→ $-[CH_2-C(CH_3)]_n-$ COOH —$SOCl_2$ 酰化→ $-[CH_2-C(CH_3)]_n-$ COCl

HO, HO, HO —C(=O)—$OCH_2CH_2CH_3$　$-H_2O$

$-[CH_2-C(CH_3)]_n-$ —C=O —O— HO, HO —C(=O)—$OCH_2CH_2CH_3$

图 11-7　接枝的反应法制备高分子化设食子酸丙酯

制备(图 11-7)。

高分子抗氧化剂也可以通过含有双功能基的小分子抗氧化剂单体经缩聚反应制备。例如,二乙烯基苯在铝催化剂存在下,与羟基苯甲醚、叔丁基苯酚、对甲基苯酚、双酚 A 和叔丁基氢醌等反应可以得到如下结构的多酚类高分子抗氧化剂。

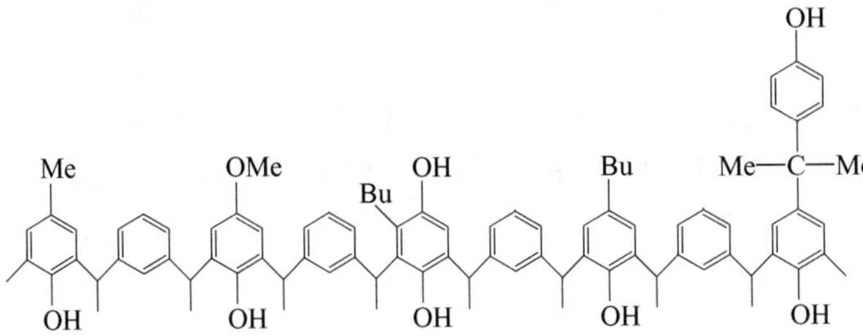

Me　OMe　Bu OH　Bu　OH Me—C—Me

OH　OH　OH　OH　OH

11.4.3　高分子甜味剂

糖类作为天然的甜味剂在食品工业中被最广泛地使用。但是糖类化合物作为一种主要营养成分可参与人体的代谢过程,被人体吸收后容易转变为脂肪而积累起来。现代医学研究表明,过多食用糖类是造成肥胖症的主要原因之一。同时,糖类也是造成儿童龋齿的重要因素。糖尿病人若过量食用糖类更会造成严重后果。糖类物质在食品工业中被称为营养性甜味剂,如蔗糖(白糖)、葡萄糖、果糖、蜂蜜是常用的营养性甜味剂。

实际上，除了糖类之外，还有许多虽具有甜味，但是不参与代谢，没有营养成分的天然或合成化合物被用于食品的制备，这类物质统称为非营养性甜味剂。如山梨糖醇、甘露糖醇、麦芽糖醇和木糖醇是常用的天然非营养性甜味剂，而阿斯巴甜（L-天冬氨酰-L-苯丙氨酸甲酯）、AK 糖（乙酰磺胺酸钾）、蔗糖素（4，1′，6′-三氯-4，1′，6′-三脱氧半乳型蔗糖）和糖精钠（邻苯甲酰磺酰亚胺钠）则是典型的合成非营养性甜味剂。但是越来越多的案例表明，这类化合物通常也能被人体吸收，造成不利的生理影响。如食用过多的木糖醇和麦芽糖醇易引起腹泻，甚至导致胃肠功能紊乱。阿斯巴特在体内代谢过程中的主要降解物为苯丙氨酸，对正常人无害，但可影响苯丙酮尿病患者的发育。糖精钠则被认为是一种潜在的致癌物质。

如果将这些小分子甜味剂的结构以某种方式连接到高分子骨架上，则有可能消除上述天然和合成甜味剂的不利影响。例如，将阿斯巴甜通过共价键键合到聚乙烯醇上可以制成高分子化的甜味剂（图 11-8）。

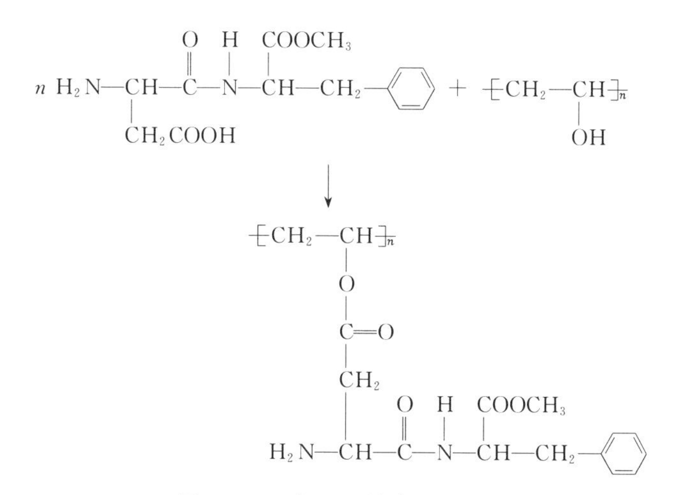

图 11-8　阿斯巴甜的高分子化

研究发现，这种高分子甜味剂完全不参与人体的代谢过程，食用后 24h 内完全排泄，因此不会对人体造成不良影响。

从以上介绍可知，高分子食品添加剂是食品添加剂的未来发展方向之一。但是，食品添加剂的安全性是关系消费者生命和健康的大问题，必须慎之又慎。因此高分子食品添加剂的研究和发展过程也是十分谨慎的。目前，大部分的研究结果都是限于实验室的范围，能否获得批准使用，需要经过长期的论证和考验。在没有获得国家正式批准时，任何情况下都不能随意作为食品添加剂使用。

思考题

1. 为什么要发展高分子食品添加剂？与传统的食品添加剂相比，高分子食品添加剂有什么特点与优势？
2. 从安全性和实用性角度出发，对高分子食品添加剂的化学结构有什么基本要求？
3. 高分子食品添加剂主要由哪些类型？各有什么用途？
4. 高分子食品增稠剂和高分子食品乳化剂主要有哪些品种？
5. 大豆卵磷脂主要包括哪些品种？它们的结构和性能有什么特点？

6. 用作食品乳化剂的蛋白质主要有哪几类？蛋白质作为食品乳化剂有什么优点和缺点？
7. 聚甘油脂肪酸酯属于什么类型的表面活性剂？
8. 什么是高分子食用色素？可通过什么方法制备？
9. 高分子食品抗氧化剂有什么作用？可通过什么方法制备？
10. 什么是甜味剂？什么是高分子甜味剂？可通过什么方法制备？

参考文献

[1] 郑建仙.功能性食品甜味剂[M].北京:中国轻工业出版社,1997.

[2] 曾颢,周家华,刘永,等.食用高分子乳化剂在食品工业上的应用[J].食品研究与开发,2002,23(1):8-11.

[3] 曾名湧,董士远.天然食品添加剂[M].化学工业出版社,2005.

[4] 邹英昭,邹华生,于江虹.食品乳化剂线性聚甘油脂肪酸酯的合成[J].食品科技,2005(8):46-48.

[5] 张宝华,张剑秋.精细高分子合成与性能[M].北京:化学工业出版社,2005:109-112.

[6] 远山.大豆卵磷脂的应用[J].精细化工原料及中间体,2007(9):23-24.

[7] 周燕霞,崔正刚,陈莉.聚甘油脂肪酸酯合成剂应用[J].粮食与油脂,2008(7):6-10.

[8] 孙宝国.食品添加剂[M].北京:化学工业出版社,2008.

[9] 黄肖容,徐卡秋.精细化工概论[M].北京:化学工业出版社,2008.

[10] 黄来发.食品增稠剂[M].北京:中国轻工业出版社,2009.

[11] 赵新淮,徐红华,姜毓君.食品蛋白质:结构、性质与功能[M].北京:科学出版社,2009.

[12] 郝利平.食品添加剂[M].北京:中国农业出版社,2010.